Heinz-Ulrich Nennen
Ökologie im Diskurs

Wozu all die Gelehrtheit,
wenn sie nicht ausreicht,
die Folgen zu bedenken.

(*Faust*, *Puppenspiel*)

Heinz-Ulrich Nennen

Ökologie im Diskurs

Zu Grundfragen der Anthropologie und Ökologie und zur Ethik der Wissenschaften

Mit einem Geleitwort von Dieter Birnbacher

Springer Fachmedien Wiesbaden GmbH

Ursprünglich erschienen bei Westdeutscher Verlag GmbH, Opladen 1991

Umschlaggestaltung: Horst Dieter Bürkle, Darmstadt
Satz: Michael Averstegge, HuG Hightech-Publisher

ISBN 978-3-531-12258-8 ISBN 978-3-322-83704-2 (eBook)
DOI 10.1007/978-3-322-83704-2

Inhaltsverzeichnis

Geleitwort

Mit derselben Selbstverständlichkeit, mit der die ökologische Krise zu einem Bestandteil des öffentlichen Bewußtseins geworden ist, ist die Auseinandersetzung mit den ethischen und naturphilosophischen Fragen des menschlichen Umgangs mit der Natur zu einem Teil der philosophischen Debatte geworden. Hier wie dort reichen die Wurzeln des Bewußtseinswandels in eine Zeit weit vor der ‚Krise' zurück. Es bedurfte nur noch der akuten Zuspitzung der Probleme, um dem seit langem schwelenden Unbehangen zur Artikulation zu verhelfen.

Wie jede Krise hat die ökologische Krise eine objektive und eine subjektive Seite. Was die eine Seite betrifft, so steht mittlerweile fest, daß sie nicht nur eine Ausgeburt von Saturiertheit und Sinnverlust oder von hysterischer Zukunftsangst ist, sondern ihr fundamentum in re in den unübersehbaren Schäden und Gefährdungen hat, die von einer im Zuge des Wirtschaftswachstums drastisch zunehmenden zivilisatorischen Nutzung und Übernutzung der Natur ausgegangen sind und weiterhin ausgehen. Warnsignale wie der rapide Artenschwund, das Waldsterben, die Wasserverknappung oder die zunehmende Zerstörung der schützenden Ozonschicht der Atmosphäre stellen die Verletztheit der Naturkreisläufe unter Beweis und zeigen, wie wenig die Selbstheilungskräfte der Biosphäre ausreichen, die vom Menschen geschlagenen Wunden spurlos vernarben zu lassen. Den nachfolgenden Generationen — wie auch den Bevölkerungen in den wirtschaftlich schwächeren Ländern — werden Hypotheken aufgebürdet, die sie auch bei bestem Willen nicht zurückzahlen können.

Auf der subjektiven Seite hat die Krise einen Prozeß der zunehmenden Sensibilisierung für die Verluste, zugleich damit aber auch für die Werte und Wertigkeiten der Natur in Gang gebracht, der über das ursprüngliche Problemgebiet der Umweltbelastung und der drohenden Ressourcenerschöpfung weit hinausreicht. Nicht nur die akute Schädigung der unmittelbaren Lebensumwelt und die schleichende Gefährdung der langfristigen physischen Lebensgrundlagen sind problematisch geworden, sondern ebenso andere eingespielte Verhaltensweisen zur Natur, etwa die radikale Instrumentalisierung von zum Teil hochsensiblen Säugetieren in Tierexperimenten und großindustrieellen Formen der Tierhaltung, oder die großflächige Zerstörung erhaltungswürdiger Landschaften und Landschaftsbestandteile zugunsten der Befriedigung menschlicher Konsum–, Sicherheits– und Mobilitätsbedürfnisse. Ausmaß und Geschwindigkeit der Bewußtseinsveränderungen mag man daran ermessen, daß es heute beinahe schon unglaublich scheinen will, daß noch vor kurzem Tausende von Säugetieren gequält wurden, um die Sicherheit von Luxuserzeugnissen wie Kosmetika zu testen. Die Bewußtseinsveränderungen haben sich zudem als stabiler und unumkehrbarer erwiesen, als anfangs selbst die Randgruppen zu hoffen wagten, die sie auf ihre Fahnen geschrieben hatten.

Zugleich hat der gesellschaftliche Bewußtseinswandel eine Reihe neuer und schwieriger Entscheidungsprobleme aufgeworfen. Die Normen und Kriterien, nach denen zwischen Nutzungsansprüchen und Schutzbemühungen, zwischen wirtschaftlichen und ökologischen Zielen, zwischen Krisenbewältigung für die Gegenwart und Krisenrisiko für die Zukunft abzuwägen ist, sind alles andere als evident. Sieht man einmal von den eklatanten Mißständen ab, über deren umgehende Beseitigung allseits Einigkeit besteht, sind nahezu alle Fragen, die das Verhältnis zwischen Mensch und Natur betreffen, umstritten. Verständlicherweise wird an dieser Stelle vielfach auf die Ökologie verwiesen, so als könne diese Teilwissenschaft der Biologie, die sich zu ihrer eigenen Überraschung plötzlich im Scheinwerferlicht öffentlicher Erwartungen sieht, aus sich heraus die gesuchten normativen Vorgaben und Orientierungen liefern und zur umfassenden ‚Leitwissenschaft' werden. Aber obwohl die Ökologie wichtige Einsichten beisteuert — z.B. wie aus Nebeneffekten Haupteffekte werden —, ist sie mit der Aufgabe einer ethischen Neubestimmung des Mensch–Natur–Verhältnisses sichtlich überfordert. Die anstehenden ökologischen Wahlentscheidungen können nicht lediglich unter der Berufung auf den ökologischen Stand des Wissens getroffen werden, sondern bedürfen eines zwar umfassend und multidisziplinär informierten, aber letztlich doch wertbestimmten und wertbestimmenden ethischen Diskurses.

Zu den überzeugendsten Partien von Nennens umfassender Kritik der begrifflichen und historischen Voraussetzungen des ökologischen Diskurses gehört für mich der Nachweis, daß sich der Diskurs über die Ziele von Umwelt– und Naturschutz weder durch die Berufung auf die Natur des Menschen noch durch den Rekurs auf die ‚Natur der Natur' umgehen läßt. Das Wesen des Menschen ist keine Vorgabe, die den Spielraum möglicher Umgangsweisen mit der außermenschlichen Natur eingrenzt, sondern vielmehr eine Aufgabe, die ihrerseits normativer Setzung und Begründung bedarf. Das vom Menschen Gesollte läßt sich nicht aus seiner Seinsweise, Ethik nicht aus Anthropologie ableiten. Daß der Mensch immer schon zerstörerisch in die Natur eingegriffen hat, kann von sich aus weitere zerstörerische Eingriffe weder rechtfertigen noch verbieten. Ebensowenig kann ein ‚normativer Naturbegriff', wie er von einigen der an der Debatte beteiligten Naturphilosophen postuliert wird, das letzte Wort nicht sein: Aus der Natur, wie sie sich dem naturwissenschaftlichen oder naturphilosophischen Blick darbietet, lassen sich vielerlei, zum Teil gegensätzliche Natur–Modelle herleiten. Die entscheidende Frage, von *welcher* der vielen möglichen Natur–Utopien wir uns im praktischen Handeln leiten lassen sollen, läßt sich nicht durch den Hinweis auf das So–Sein der Natur beantworten, sondern fordert eine Besinnung darauf, was uns — über die ökonomischen Nutzungsziele hinaus — an der Natur wichtig ist und auf Dauer wichtig bleiben wird. Hier ist der Ansatzpunkt für eine kulturhistorische Aufarbeitung der Naturästhetik, wie sie Nennen vornimmt, sowie für eine mögliche Anknüpfung an den Mimesis Begriff der Frankfurter Schule, wie sie im Schlußkapitel angedeutet wird — zwei von den vielen Themen dieses Werks, von denen man sich wünscht, daß sie in künftigen Diskursen zur ökologischen Umgestaltung unserer Gesellschaft aufgegriffen und zur Geltung gebracht werden.

Dieter Birnbacher

Vorwort

Der Vielfalt unterschiedlichster Kriterien, vor deren Hintergrund in ökologischen Grundsatz–Debatten mitunter äußerst voraussetzungsreiche Hypothesen initiiert werden, soll in den Studien dieses Buches detailliert und systematisch nachgegangen werden. Ausgangspunkt ist dabei die Genese der Deszendenztheorie, deren Bedeutung — insbesondere durch ihre Politisierung in Sozialdarwinismen — weit über ein bloßes Datum interner Wissenschaftsgeschichte hinausging und so zu einer über lange Zeit nicht beantwortbaren Herausforderung für eine Anthropologie wurde, die sich ihrerseits erst im Jahre 1928 mit der anthropologischen Wende formieren konnte. Mit der Rekonstruktion der interdisziplinären Diskurse innerhalb dieser ‚neuen' Anthropologie soll im ersten Kapitel in Erfahrung gebracht werden, was sich mit Gewißheit auf die Frage nach der Conditio humana antworten läßt. Der von vielen unterschiedlichen Disziplinen dabei zusammengetragene Reichtum der Erkenntnisse kann zum einen als beispielhaft gelten für die Möglichkeiten der kommenden und nunmehr multidisziplinären Diskurse um Ökologie, zum anderen aber zeigt sich auch, was nicht weniger als Beispiel erachtet werden sollte, daß Theorien und Theoreme verantwortungshalber mitunter negativ bleiben müssen, wenn die Unsicherheit positiver Aussagen ein gewisses Maß übersteigt, und das gilt offenbar in Fragen nach ‚dem' Wesen ‚des' Menschen. Da es häufig zu beobachten ist, wie anthropologische Konstanten vermeintlicher Anthropina im Vorfeld ökologischer Diskurse als nicht hinreichend überprüfte Prämissen zu Schlußfolgerungen herangezogen werden, die sich beim Stand der Erkenntnisse letztlich gar nicht erweisen ließen, galt in diesem Teil das Augenmerk dem Projekt einer kritischen Anthropologie, die sich über ihre Aussagemöglichkeiten positiv wie negativ Rechenschaft ablegen kann.

Die Rekonstruktionsversuche im zweiten Kapitel galten zunächst einmal der einfachen, aber nicht einfach zu beantwortenden Frage, was Ökologie eigentlich sei; ihren zwei Seiten korrespondieren daraufhin zwei Rekonstruktionsversuche; die Entwicklung von Ökologie als Unterdisziplin der Biologie seit ihrer Begründung 1866 durch Ernst Haeckel, war ebenso nachzuvollziehen, wie die allmähliche Inanspruchnahme derselben Disziplin im Vexierbild der neuen Medien–Öffentlichkeit. Es erschien schließlich angebracht, drei mögliche Begründungsebenen ökologischer Kategorien voneinander zu unterscheiden, um in dementsprechenden Studien genauer entwickeln zu können, worauf in der Apologie jeweils rekurriert wird, wenn aus naturwissenschaftlichen, ethi-

schen und vor allem auch aus ästhetischen Gründen hergeleitet wird, warum Maßnahmen zum Schutz von Umwelt oder Mitwelt ergriffen werden sollen.
Im Diskurs über ‚Ethik und Ökologie' formierte sich dann die Erkenntnis, daß sich die Frage nach der Möglichkeit ökologischer Verantwortung dahingehend beantworten läßt, daß es sich dabei um die Utopie einer zureichenden Heuristik handelt; diesem Problem galten die darauffolgenden Studien. Die Auseinandersetzung mit der von Hans Jonas vorgelegten Ethik führte zu Erkenntnissen, aufgrund derer die Ablehnung dieses Ansatzes angeraten schien; dementsprechend war daraufhin im dritten Kapitel die aporetische Struktur im Verhältnis zwischen utopischem einerseits und ökologischem Denken andererseits aufzulösen. In der anschließenden, phänomenologisch gehaltenen Darstellung der ökologischen Kritik utopischer Ambitionen entstand die Einsicht, daß ein jeder Wille zu ökologischer Verantwortung — trotz fundamentaler Kritik — dennoch auf utopisches Denken nicht verzichten kann, soll in der Auseinandersetzung zwischen ökologischem Bewußtsein und dem Geist der instrumentellen Vernunft, im Diskurs über Legitimität und Legitimationsfragen, sich ein positiver Begriff über ökologische, vertretbare Praxis einstellen.
Der Prozeß, in dem sich seit der ökologischen Wende von 1972 dieses Bewußtsein einer in Umweltfragen zunehmend kritischer werdenden Öffentlichkeit bisher vollzogen hat, mit seinen möglichen Tendenzen und Konsequenzen, war daran anschließend zu rekonstruieren; insbesondere anhand einer Studie über die Literatur der späten 80er Jahre sollten jene Motive ergründet werden, die den offensichtlich gestiegenen Bedürfnissen nach Neuer Mythologie und Neuer Unmittelbarkeit zugrundeliegen. Dabei zeigten sich ernstzunehmende Anzeichen für das Aufkeimen einer bislang noch nie dagewesenen Wissenschaftsfeindschaft und überraschenderweise, daß unter wechselseitigem Vorwurf des Irrationalismus sich beide Seiten, diejenige des ökologischen Bewußtseins ebenso wie jene des Geistes der instrumentellen Vernunft, in verstärktem Maße um Legitimität durch eine neue und jeweils adäquate Kosmologie bemühen.
Im Rahmen einer Auseinandersetzung mit der Theorie von Niklas Luhmann wurde dann im vierten Kapitel der Versuch unternommen, die Möglichkeiten und Grenzen einer Instrumentalisierung der instrumentellen Vernunft zu bestimmen; hier ließ sich der soziologische Kontext des aufkommenden, zuvor in seinen Motiven bereits dargestellten Zweifels in die Funktionsfähigkeit der Systeme weiter spezifizieren, als voraussehbare, universale Vertrauenskrise. Um nun hinsichtlich der Wissenschaften einer solchen Legitimationskrise zuvorzukommen — wie sie sich exemplarisch anhand der Plausibilitätskrise der szientistisch–pragmatischen Systemtheorie bereits bemerkbar macht —, war abschließend das zuvor gefundene Theorem einer zureichenden ökologischen Heuristik in die Funktion des maßgeblichen Kriteriums für eine erforderliche Wissenschaftsethik eingesetzt worden. Die gesuchte Heuristik ließ sich noch eingehender bestimmen, als eine durch das Prinzip von Mimesis erweiterte Rationalität und selbst wenn die daraufhin gefolgerten Forderungen utopisch

erscheinen mögen, so kann mit großer Sicherheit konstatiert werden, daß sie nichts weniger als unumgänglich notwendig sein werden.

Die Arbeit wurde im Oktober 1984 begonnen und sämtliche Studien sind nacheinander verfaßt worden, so wie sie in diesem Band versammelt sind, dabei setzen sie einander voraus; Teile der Anthropologie, insbesondere der Kulturanthropologie mußten allerdings im Verlaufe der Arbeit nochmals einer Revision unterzogen werden, als Fundamente waren sie gleichsam noch tiefer anzulegen, was der ursprünglich vorgesehene Text nicht zu leisten vermochte. — Im Unterschied zur bindenden Vorschrift beim Verfassen naturwissenschaftlicher Texte, steht es dem Autor philosophischer Untersuchungen frei, die Perspektivität der Perspektiven zu kennzeichnen. Ich habe mich entschlossen, die Erste Person Plural zu verwenden; nur dadurch konnte der Anspruch zum Ausdruck kommen, an dem sich vor der Leserin, dem Leser, der Gedankengang dieser Arbeit soll messen lassen können, verfaßt worden zu sein, nicht lediglich aus der Perspektive des Autors, sondern aus der Perspektive von Diskursen in ihrem Für und Wider, wo sich jederzeit plötzlich Gegenstimmen zu Wort melden und fundamentale Widersprüche geltend machen können.

Angesichts der eingangs gegebenen konzisen Darstellung des Gedankengangs, der die einzelnen Studien miteinander verbindet, könnte dennoch der Eindruck entstanden sein, von Anfang an sei der Weg zuvor festgelegt gewesen, dieser Eindruck aber wäre falsch. Zu den hiermit vorgelegten Auseinandersetzungen mit Texten und Dokumenten, bei den Versuchen, die Perspektiven zu orientieren an Gedanken, die ihrerseits wiederum erst noch antizipiert werden mußten, waren viele Debatten, Diskussionen und Meta–Diskurse erforderlich, und denen, die sich die Zeit nahmen, im Für und Wider der Gedanken, der Gangbarkeit möglicher Wege nachzugehen, soll nun der Dank des Autors ausgesprochen werden.

Besonders danken möchte ich Herrn Prof. Dr. Wilhelm Goerdt für die umsichtige Betreuung während der vergangenen Jahre. Ich danke Herrn Priv.-Doz. Dr. Alexander Haardt für wesentliche Grundsatzdebatten und Herrn Prof. Dr. Willi Oelmüller dafür, daß ich in seinen Kolloquien wichtige Anregungen erhalten habe. — Danken möchte ich Klaus Ceynowa, Wolfgang Elger, Friedrich Hermani, Eberhard Hüppe, Lutz Meyer, Martin Meyer, Clemens Ritter, Sebastian Schellong, Daniele Schmidt, Klaus Wingenfeld, Uwe Zirkel, den Damen und Herren des Lesesaales und am Computer der Universitätsbibliothek Münster, der Westfälischen Wilhelms-Universität für einen Druckkostenzuschuß, sowie Sabine Thiemann, die das Typoskript erstellte und ganz besonders habe ich zu danken Frau Dagmar Scholz.

Ascheberg, den 30. Juni 1989 Heinz–Ulrich Nennen

Kapitel 1

Anthropologie

1.1 Darwin, Darwinismus und verspätete Anthropologische Wende

Als Charles Darwin am 27. Dezember 1831 zu einer ausgedehnten Forschungsreise aufbrach, herrschte noch die Ansicht Linnés vor, nach der — in Übereinstimmung mit dem Schöpfungsbericht — die Arten der lebenden Wesen unveränderlich seien. Zwar hatte Lamarck zuvor das Prinzip der funktionellen Anpassung (durch Gebrauch bzw. Nicht–Gebrauch von Organen) eingeführt und dadurch die Abstammungslehre begründet, aber damit war noch nicht jener Riß entstanden, der schließlich die jeweiligen Arten vom vermeintlichen Ursprung ihrer Urzeugung am fünften Tage trennen sollte. Auf seiner Reise um die Welt machte Darwin zwei für die spätere Theorie wichtige Beobachtungen: Beim Studium der Fauna zu beiden Seiten der Anden stellte er große Unterschiede fest, und in den Monaten September und Oktober 1835, beim Besuch der Galapagos–(Schildkröten–)Inseln im Pazifischen Ozean, sah er sich mit dem erklärungsbedürftigen Phänomen einer einzigartigen Tierwelt konfrontiert, wie sie nur auf diesem Archipel beheimatet ist. In einem Brief vom 8. Oktober 1864 an Ernst Haeckel faßte Darwin nochmals die maßgeblichsten seiner Reisebeobachtungen zusammen:

> „In Südamerika traten mir besonders drei Klassen von Erscheinungen sehr lebhaft vor die Seele: erstens die Art und Weise, in welcher nahe verwandte Species einander vertreten und ersetzen, wenn man von Norden nach Süden geht; — zweitens die nahe Verwandtschaft derjenigen Species, welche die Südamerika nahe gelegenen Inseln bewohnen, und derjenigen Species, welche diesem Festland eigentümlich sind; dies setzte mich in tiefes Erstaunen, besonders die Verschiedenheit derjenigen Species, welche die nahe gelegenen Inseln des Galapagos–Archipels bewohnen; — drittens die nahe Beziehung der lebenden zahnlosen Säugetiere (Edentata) und Nagetiere (Rodentia) zu den ausgestorbenen Arten. Ich

> werde niemals mein Erstaunen vergessen, als ich ein riesengroßes Panzerstück ausgrub, ähnlich demjenigen eines lebenden Gürteltieres."[1].

Um die Anschauung von der Unveränderlichkeit der Arten weiterhin aufrechtzuerhalten und um angesichts dieser Unstimmigkeiten insbesondere dem Zweifel in den Schöpfungsbericht zuvorzukommen, hätte man nun behaupten müssen, die Tiere der Galapagos-Inseln seien vom Schöpfer eigens in einem besonderen Akt hervorgebracht worden. Es sei kaum in Zweifel zu ziehen, so bemerkte Ernst Krause bereits in einer der ersten Biographien, „... dass bei diesem Besuche der Galapagos-Inseln Darwins Vertrauen auf das Dogma von der Unveränderlichkeit der Arten, welches gewiss damals bereits erschüttert war, den Todesstoss erhalten hat."[2].

Nach seiner Rückkehr im Jahre 1836 entwarf Darwin bei der Auswertung seiner Forschungsunterlagen in ersten Skizzen 1839 (heute unauffindbar), 1842 und 1844 die charakteristischen Merkmale der neuen Theorie einer ‚erweiterten Abstammungslehre'. Angeregt durch die Lektüre des 1798 von Thomas Robert Malthus verfassten ‚Essay on the Principle of Population' gegen Ende des Jahres 1838, entwickelte er eine Theorie der Deszendenz, in der ‚Selektion' zum zentralen Prinzip erhoben wird.

> „... Ich nahm bald wahr, daß Selektion der Schlüssel zum Erfolg des Menschen beim Hervorbringen nützlicher Rassen von Tieren und Pflanzen ist. Wie aber Selektion auf Organismen angewendet werden könnte, die im Naturzustand leben, blieb für mich noch einige Zeit ein Geheimnis. Im Oktober 1838, also 15 Monate, nachdem ich meine systematischen Untersuchungen begonnen hatte, las ich zufällig zum Vergnügen Malthus' ‚Population', und da ich hinreichend darauf vorbereitet war, durch fortgesetzte Beobachtungen der Tier- und Pflanzenwelt den überall stattfindenden Kampf um die Existenz (struggle for existence) zu würdigen, durchblitzte mich sofort der Gedanke (it at once struck me), daß unter solchen Umständen günstige Variationen dahin tendieren würden, erhalten zu bleiben, und ungünstige zerstört werden. Das Ergebnis würde die Bildung neuer Arten sein. Hier hatte ich nun endlich eine Theorie mit der ich arbeiten konnte ..."[3]

Von zwei Agenzien werde der sogen. ‚Kampf ums Dasein' bestimmt, wie Darwin bereits in den ersten Entwürfen formuliert, um an der Metaphorik

[1] Zit. n.: Ernst Haeckel: Natürliche Schöpfungsgeschichte. Erster Teil. Gemeinverständliche Werke. Bd. I; hrsg. v. H. Schmidt-Jena; Leipzig, Berlin 1924. S. 139.

[2] Ernst Krause (Hrsg.): Gesammelte kleinere Schriften von Charles Darwin. Ein Supplement zu seinen grösseren Werken. Bd. I. Leipzig 1885. S. 66.

[3] Charles Darwin: The Autobiography of Charles Darwin; hrsg. v. N. Barlow; London 1958. S. 5, S. 119f. Zit. n.: Heinz-Georg Marten: Sozialbiologismus. Biologische Grundpositionen der politischen Ideengeschichte; Frankfurt, New York 1983. S. 71f.

dieses ,naturalistischen' Soziomorphismus die Grundzüge seiner Theorie zu entwickeln: Es überleben diejenigen Tiere, die einem Lebensraum am besten angepaßt sind, und zu einer weiteren Auslese kommt es durch den Kampf der Männchen um die Weibchen.

Der von Darwin seit 1856 verfolgte Plan eines umfangreichen ersten Werkes scheiterte zunächst am 10. Oktober 1858; Alfred Russel Wallace war — unabhängig von Darwin — während seines Aufenthaltes auf den molukkischen Inseln zu ähnlichen Schlußfolgerungen gelangt. Sein Essay ,Über das Gesetz, welches die Einführung neuer Species reguliert hat', war bereits am 16. September 1855 veröffentlicht worden, ohne daß Darwin davon Kenntnis erhalten hatte. — Darwin war bestürzt als er an jenem Herbsttag endlich davon erfuhr, und als honoriger Mann gedachte er, Wallace den Vortritt zu lassen, doch die Freunde Lyell und Hooker wußten einen Ausweg: Im Journal der Linnean Society von London erschienen 1858 drei Texte, für die beide Autoren gemeinsam zeichneten.[4] Die Geschichte der Darwinschen Theorie beginnt mit dem Erscheinen dieser drei Schriftstücke, also bereits 1858 und nicht wie oft behauptet 1859.

Das Grundlagenwerk Darwins wurde im September 1859 veröffentlicht, unter dem Titel: ,On the Origin of favoured races in the struggle of life'. Nicht nur in Fachkreisen wurde sehr bald besonders über eine Frage debattiert, indessen sollten sich die Gemüter schnell erhitzen und weil Darwin selbst sich dazu nicht äußern wollte, kaprizierten sich andere als die konsequenteren Darwinisten, diese wollten sogleich auch den Menschen mit einbegriffen sehen in die neue Deszendenztheorie. So zählte etwa Thomas Henry Huxley schon frühzeitig zu den (konsequentesten) Verfechtern der Darwinschen Theorie. Auf einer Versammlung der britischen Naturforscher im Jahre 1860 zu Oxford kam es zu einem Disput, in seinem Brief vom 4. 7. 1860 an Sir Charles Bunbury berichtet Sir Charles Lyell:

> „Der Bischof von Oxford frug, ob Huxley von grossväterlicher oder grossmütterlicher Seite mit einem Affen verwandt wäre. Huxley erwiderte: ,dass wenn ihm die Wahl eines Ahnen so gestellt würde, ob er lieber einen Affen möchte oder jemand, der, nachdem er eine scholastische Erziehung erhalten habe, seine Logik dazu gebrauche, ein ununterrichtetes Publikum zu missleiten, ... so würde er nicht einen Augenblick zögern, dem Affen den Vorzug zu geben'."[5].

An einer einzigen Stelle der 1859 erschienenen ,Entstehung der Arten' erwähnt Darwin den Menschen. Zu diesem Zeitpunkt hatte er sich aber bereits Jahrzehnte gerade mit dieser Fragestellung befaßt, dennoch schreibt er zurückhal-

[4] Vgl. hierzu: Günter Altner: Darwin, seine Theorie und ihr Zustandekommen. In: Ders. (Hrsg.): Der Darwinismus. Die Geschichte einer Theorie. (Wege der Forschung Bd. CDIL); Darmstadt 1981. S. 5f.

[5] Zit. n.: Ernst Krause (Hrsg.): Gesammelte kleinere Schriften ... a.a.O. S. 89.

tend in der Vorrede: „Viel Licht mag auch noch über den Ursprung des Menschen und seine Geschichte verbreitet werden."[6]. — Problematisch erscheint im Nachhinein jedoch nicht so sehr die Beantwortung der leidigen Ursprungsfrage durch eine ebenso empirisch wie theoretisch versierte Naturgeschichtsschreibung, sondern vielmehr die Naturalisierung der Anthropogenese, die Biologisierung der Menschwerdung und die damit gegebenen Möglichkeiten für sozialdarwinistische Weltanschauungen und dementsprechende politische Programme. Seit ihrem Anbeginn ist die Theoriegeschichte der Evolutionstheorien von der stetigen Präsenz eines nur variierten aber in Entsprechung zum jeweiligen Zeitgeist wiederkehrenden Phänomens geprägt, einer mangelnden Differenzierung zwischen dem natürlichen Ursprung des Menschen und dem Ursprung seiner Natur. Aus Gründen der Kulturanthropologie hatte Alfred Russel Wallace offenbar daher bereits im Mai 1864 in der ‚Anthropological Review' die Anerkennung einer Sonderstellung des Menschen in der Natur und damit eine Ausnahme von der Darwinschen Deszendenztheorie gefordert. Die notwendige Korrektivfunktion anthropologischer Diskurse, die neuerliche Fragestellung nach der Conditio humana hätte damit einsetzen können: „... als der erste rohe Speer gefertigt ... als er zuerst Feuer anmachte, ... als das erste Saatkorn gesäet ... — von diesem Augenblicke entstand in der Natur eine grosse Revolution, ... ", so Wallace, denn von nun an sei ein Wesen entstanden, mit einer gewissen Überlegenheit gegenüber der Natur.[7]

Darwin hielt sich noch bis zum Jahre 1871 zurück, versuchte Anhänger zu mäßigen und Anfeindungen auszuweichen; er nimmt erst dezidiert Stellung, als ihm die Anerkennung seiner Theorie insgesamt gefährdet zu sein scheint, dann erst läßt er sein zweites Hauptwerk veröffentlichen: ‚The descent of man and on selection in relation to sex'.
Dieses Werk hat explizit den Menschen zum Thema, und noch in der Vorrede gibt er dem Leser zu bedenken, ihm habe nicht vorgeschwebt jemals darüber zu schreiben: „Viele Jahre hindurch habe ich Notizen über den Ursprung oder die Abstammung des Menschen gesammelt, ohne daß mir etwa der Plan vorgeschwebt hätte, über den Gegenstand einmal zu schreiben, ..."[8]. Daraufhin erläutert er die Aufgaben des Werkes; die Beantwortung der Fragen, ob auch der Mensch von einer früheren Species abstamme, welcher Art seine Entwicklung sei und welche Rolle den sogen. Menschenrassen zukomme. Den größten Anstoß unter Zeitgenossen dürfte Darwin durch den von seiner pejorativ sogen. ‚Affentheorie' ausgehenden Affront gegen das ehedem fraglose Verständnis dessen, was das ‚Menschliche' eines Wesens kennzeichnet, erregt haben. Zu einem Menschenbild, das sich aus der im Schöpfungsbericht

[6] Charles Darwin: Die Entstehung der Arten durch natürliche Zuchtwahl oder die Erhaltung der bevorzugten Rassen im Kampfe ums Dasein. Übers. v. D. Hoek; Leipzig o.J. (um 1890). S. 658.

[7] Zit. n.: Ernst Krause (Hrsg.): Gesammelte kleinere Schriften ... a.a.O. S. 135f.

[8] Charles Darwin: Die Abstammung des Menschen und die geschlechtliche Zuchtwahl. Bd. I. Gesammelte Werke. Bd. V. Übers. v. J. V. Carus; 2. Aufl., Stuttgart 1899. Einleitung S. 1.

verbrieften Ebenbildlichkeit Gottes herleitete, in der Hochstimmung eines Zeitgefühls, dem die Dampfmaschinen zum Symbol menschlicher Fähigkeit bei der Bezähmung ‚rohester' Naturkräfte wurde, stand die Botschaft dieser Theorie — wie sie aufgenommen wurde — merklich disparat. So kam es am Sonnabend, dem 7. November 1877, als Darwin von der Universität Cambridge die Ehrendoktorwürde verliehen wurde, zu einem bezeichnenden Zwischenfall. Als die Feierlichkeit ihren Höhepunkt erreicht hatte, wurde von der Galerie ein ausgestopfter Affe herabgelassen, dieser hing an einem Metallreifen, der das ‚missing link', das seinerzeit auch sogen. ‚Brückentier', die noch nicht gefundene Zwischenform zwischen Affe und Mensch symbolisieren sollte; als letztes wurde schließlich ein Student in voller Montur herabgelassen.[9] Die Ironie der symbolischen Darstellung dieser Demonstration sollte offenbar nicht nur auf die noch ungesicherte Hypothese einer ‚Abstammung aus dem Tierreich' anspielen, sondern mit der Inszenierung von Anthropogenese als Vorgang sollte der anwesenden Festgesellschaft offenbar deren Unvorstellbarkeit vor Augen geführt werden. — Darwin hatte die Frage nach dem Ursprung des Menschen erklärbar gemacht und zugleich mehrere drängende und neue Fragen aufgeworfen, die nun um so mehr beunruhigten. In der Satire war zu Recht die Gegenfrage gestellt worden: Wie kommt eigentlich der Affe in die Montur des Studenten?

Die Selektionstheorie ist Teil einer langen Wirkungsgeschichte in deren Verlauf nach den Kriterien der neuzeitlichen Wissenschaft stetig Stück um Stück die Elemente einer auf den Menschen hin zentrierten Kosmologie aufgelöst wurden. Als Folge der Kopernikanischen Wende hatte die Erde bereits ihre zentrale Position im Kosmos verloren; der vermeintliche Mittelpunkt des Kosmos war in die ewige Bewegung einer Umlaufbahn versetzt worden. Nach ihrer Dislokation, nachdem die Erde einmal in Bewegung geraten war, konnte nunmehr auch die Frage nach ihrer möglichen Geschichtlichkeit eröffnet werden. In einer Reihe kühner Versuche, die seit der Renaissance immer wieder unternommen worden waren, erschien dann 1749, als erster wissenschaftlicher Entwurf einer Erdgeschichte, die ‚Theorie de la Terre' von Georges Louis Leclerc Comte de Buffon. Er teilte die Geschichte der Erde in sieben Epochen, wobei der Mensch als Spätgeborener in der sechsten erscheint, formal wird also dem Schöpfungsbericht noch genüge getan. Damit war unter geologischem Akzent die Möglichkeit einer Naturgeschichte eröffnet. Fragen nach dem ungewiß gewordenen Alter der Erde standen zunächst im Vordergrund, Buffons Leser fühlten sich insbesondere auch zu praktischen Studien animiert und stießen dabei immer wieder auf Relikte anderer Epochen einer zu vermutenden Erdgeschichte. — Daran sollte Darwin schließlich anknüpfen, während seiner Reise auf der ‚Beagle' sandte er laufend erdgeschichtliches Studienmaterial nach London, zur Stützung einer Forschungshypothese des Geologen Charles Lyell. Dieser hatte in seinen

[9] Vgl.: Wolfgang Büchel: Gesellschaftliche Bedingungen der Naturwissenschaft; München 1975. S. 143.

1830 erschienenen ‚Principles of Geologie' die Behauptung aufgestellt, durch eine Beobachtung gegenwärtig wirkender geologischer Kräfte sei letztlich die gesamte Erdgeschichte rekonstruierbar. Die Suche galt also durchgängigen kausal-mechanischen Prinzipien und was nach dem von Lyell vertretenen ‚Aktualismus' für Geologie und Erdgeschichte gelten sollte, das übertrug Darwin schließlich auf Biologie und Naturgeschichte. Dementsprechend hatte er auch das Selektions-Prinzip formuliert, als analog gebildete Hypothese eines an jedem Ort und zu jeder Zeit wirkenden Mechanismus.

Nach der geozentrischen war nun auch die geostatische Position verloren gegangen, auf die Relativierung im Raum folgte die Relativierung in der Zeit, damit war der zweite elementare Verlust einer Grundposition der anthropozentrischen Kosmologie eingetreten. Die Zentralperspektive einer auf den Fluchtpunkt des Menschen hin zentrierten Schöpfung verlor ihre Gültigkeit, man hatte sich den Menschen als ein in der Naturgeschichte, im Tier-Mensch-Übergangsfeld entstandenes Lebewesen vorzustellen.

Zuletzt führte eine neue Heilmethode zu einer weiteren — wenn nicht zur bittersten — Zumutung, denn sie sollte den inneren Kosmos betreffen: Die erstmals 1896 so genannte ‚Psycho-Analyse'. Sigmund Freud setzt sich selbst ins Erbe dieser Wirkungsgeschichte, seine besondere Verehrung gilt dem ‚Vorbild seines größten Lehrers, Darwin'.[10] War dieser schon zu Lebzeiten mit Kopernikus verglichen worden, so kam nun die Reihe in der Genealogie der ‚ungeheuren Kränkungen' an ihn, die Einordnung in die Sequenz Kopernikus und Darwin attestierte er sich selbst:

> „Nachdem Kopernikus der Menschen-Erde den zentralen Platz im Universum streitig gemacht, nachdem Darwin den Menschen des sechsten Tages entthront hatte, fügte ihm Freud, wie er stolz zu Protokoll gab, ‚die dritte und empfindlichste Kränkung' seiner ‚naiven Eigenliebe' zu — in der Entdeckung: daß dieses bevorzugte Geschöpf Gottes ‚nicht einmal Herr im eigenen Hause' sei."[11].

Am Ende dieser Reihe fundamentaler Enttäuschungen wird die Frage nach dem Menschen selbst immer drängender, zumal mit jeder neu gegebenen Antwort die Zahl der offenen Fragen sich vermehrte. Auf die Destruktion zentraler Positionen einer vormals verbindlichen Weltanschauung folgten Gefährdung, Gewagtheit und Rückhaltlosigkeit, der Begriff des ‚Menschen' bekam Wagnischarakter;[12] der Mensch wurde sich selbst zum Problem und die dringliche Fragestellung lautete: „Was charakterisiert das Menschenhafte

[10] Vgl.: Ludwig Marcuse: Sigmund Freud. Das Geheimnis Mensch; München 1982. S. 201.
[11] Ebd. S. 47.
[12] Vgl.: Helmuth Plessner: Die Aufgabe der philosophischen Anthropologie (1937). In: Ges. Schr. Bd. VIII: Conditio humana; hrsg. v. G. Dux, O. Marquard u. E. Ströker; Frankfurt 1983. S. 37.

eines Lebewesens?“[13], wie lautet die Antwort auf die Frage nach der Conditio humana?

1.2 Anthropologie ohne Anthropina: Exzentrische Positionalität

Die ersten Säugetiere traten im Mesozoikum, dem Erdmittelalter, auf. Ihre Stammesgeschichte ist geprägt von einer rasanten Ausgestaltung der Hirnareale.[14] Sie lebten erstmals am Rande der Saurierwelt, kurz bevor diese ausstarben gab es bereits erste Säuger, die lebend gebaren. Aus einem der Stämme der Plazentatiere entwickelten sich Baumbewohner mit speziellen Gliedmaßen, sogen. Herrentiere — die Primaten. Im Oligozän, dem mittleren Tertiär (Entstehung der Alpen, Einbruch des Mittelmeers) traten dann ‚echte‘ Affen auf. Verfügten die ersten Säuger bereits über ein gut entwickeltes Hirn — im Verhältnis zur Körpergröße —, so wurde es bei den Primaten noch weiter ausgestaltet. Der für Säuger primäre Geruchssinn trat bei ihnen hinter den Gesichtssinn zurück, der Blick wurde zentriert, nach vorn für tiefenscharfes, räumliches Sehen und wie bei Jagdtieren auf Einzeldinge gerichtet.[15] — Damit erreicht die entwicklungsgeschichtliche Darstellung ihre kritische Phase, eine jede Anthropogenealogie läuft Gefahr, vorschnell den gesamten Zusammenhang herstellen zu wollen — „... in einer der schwersten Fragen der Anthropologie.“[16]. — Die Phase der Hominisation wird heute in der letzten Epoche des Tertiär, dem Pliozän vermutet. Am Ende einer Stammesgeschichte von 600.000 Generationen,[17] vor mehr als 2 x 10^6 Jahren[18] waren erste Menschen entstanden. Indes läßt sich die Frage nach dem Ursprung des Menschen durch Fossilfunde allein nicht beantworten, das Problem kann nicht einer einzelnen Wissenschaft zugewiesen werden; die Menschwerdung ist „... nicht ein tierischer Werdegang, der an

[13] Helmuth Plessner: Der Aussagewert einer Philosophischen Anthropologie (1973). In: Ges. Schr. Bd. VIII. A.a.O. S. 396.

[14] Siehe hierzu: Dietrich Starck: Die Neencephalisation. In: Gerhard Heberer (Hrsg.): Menschliche Abstammungslehre. Fortschritte der ‚Anthropogenie‘ 1863–1964; Stuttgart 1965.

[15] Vgl.: Helmuth Plessner: Die Frage nach der Conditio humana (1961). In: Ges. Schr. Bd. VIII. A.a.O. S. 169.

[16] Adolf Portmann: Das Ursprungsproblem. In: Biologie und Geist; 3. Aufl., Frankfurt 1982. S. 52.

[17] Vgl.: Günther Bergner: Geschichte der menschlichen Phylogenetik seit dem Jahre 1900. In: Gerhard Heberer (Hrsg.): Menschliche Abstammungslehre. A.a.O. Abb. 17, S. 49.

[18] Vgl.: Gerhard Heberer: Über den systematischen Ort und den physisch-psychischen Status der Australopithecinen. In: Ders. (Hrsg.): Menschliche Abstammungslehre. A.a.O. S. 352.

einem bestimmten Punkte in eine letzte Etappe von menschlichem Gepräge übergeht.“[19].

Die Probleme um eine möglichst genaue Rekonstruktion der menschlichen Anagenese sollen ausgeklammert werden. Unser Augenmerk wird sich auf zentrale Momente richten, die als Prinzipien der Anthropogenese angenommen werden müssen: Wie kam es zur Verdrängung der tierischen Natur und zur Setzung einer menschlichen–, wie ist ein derartiger Loslösungsprozeß überhaupt vorstellbar, daß ein Lebewesen die Bindung an die angestammte Umwelt zerreißt?
Indem diese Protomenschen die Grenzen der angestammten Lebensräume überschritten, sich von der Adaption an die für sie ehedem spezifischen Biotope lösten und allmählich zu einer ubiquitären Lebensweise übergingen, indem sie durch die Annahme der Bipedie sich über die umgebende Natur erhoben, ergab sich zugleich auch ein Abstand zur eigenen, zur inneren Natur. Theoretisch läßt sich der gesamte Phänomenkomplex nur rekonstruieren als Prozeßfolge mit Wechselwirkung: Indem sie der Umwelt gegenübertraten, begegneten sie sich selbst. So geriet der Mensch in die Mitte zwischen Innen- und Außenwelt, in die Stellung einer besonderen Existenz, die Helmuth Plessner mit dem 1928 konzipierten Begriff der ‚exzentrischen Positionalität‘ belegte.[20]
Wenn im selben Akt des Gegenübertretens äußere und innere Welt gleichzeitig konstituiert werden, dann wird die Schwierigkeit verständlich, die Hominisationsphase als Prozeßfolge im Einzelnen zu rekonstruieren. Nach Aussage von Arnold Gehlen ließe sich nachweisen, daß „... für die minimalste menschliche Leistung, ... bereits alle menschlichen Eigenschaften ins Spiel treten ...“.[21]

Der Prozeß der Menschwerdung scheint mit der Aufrichtung begonnen zu haben, damit verbunden war eine weitere, vielleicht entscheidende Cerebralisation, auch die Hände wurden frei als absolute Werkzeuge, doch nicht nur vorteilhaft war die neue Haltung: Infolgedessen veränderte sich der Geburtskanal, so daß sich ein Kind seither während der Geburt drehen muß und gebären also im Vergleich zu den Primaten außerordentlich erschwert ist. — Drei hauptsächliche Beweggründe lassen sich angeben, wenn quadrupede Lebewesen sich aufrichten: Schreck, Neugier, Droh- und Angriffshaltung.[22] Wohl kaum ließe sich ein anderes Anthropinon angeben, als dasjenige von der aufrechten Haltung, das häufiger zu überaus feierlichen Bemerkungen veranlaßt hätte. „Das Tier ist nur ein gebückter Sklave; ... (...) Der Mensch

[19] Adolf Portmann: Das Ursprungsproblem. A.a.O. S. 64.

[20] Helmuth Plessner: Der Aussagewert einer Philosophischen Anthropologie. A.a.O. S. 390f.

[21] Arnold Gehlen: Der Mensch. Seine Natur und seine Stellung in der Welt; 12. Aufl., Wiesbaden 1978. S. 126.

[22] Vgl.: Helmuth Plessner: Die Frage nach der Conditio humana. A.a.O. S. 170. — Benno Kummer: Die Mechanischen Probleme der Aufrichtung auf die Hinterextremität im Hinblick auf die Evolution der Bipedie des Menschen. In: Gerhard Heberer (Hrsg.): Menschliche Abstammungslehre. A.a.O. S. 228ff.

ist der erste Freigelassene der Schöpfung; er steht aufrecht."[23] — „Als die Natur den Menschen erhob, erhob sie ihn zur Herrschaft über die Erde."[24] Nach der Aufrichtung — soviel läßt sich vermuten — wird das gesamte Leben ringsum auf diese ersten Menschen völlig anders reagiert haben: Andere Tiere werden die neue Haltung zuallererst als ‚Drohgebärde' aufgefaßt haben und bei den Menschen selbst dürfte diese erste Erfahrung der Außenwelt zunächst einmal Ent–setzen ausgelöst haben. Durch die Annahme einer un–tierischen Haltung distanzierten sich die ersten Menschen von der animalischen Natur. Spätestens in dem Moment, als die anderen Tiere flohen, muß ihnen die aufgetretene Distanz bewußt geworden sein; sie waren ins Abseits geraten, waren nun als Tiere nicht mehr feststellbar — weil sie sich ausgegrenzt hatten. Ein solches ‚Erwachen' im Prozeß der Bewußtwerdung kann auch entwicklungspsychologisch beschrieben werden, als Verlust einer glücklichen Kindheit unter den Tieren:

> „Das Kind zeigt noch keine Spur von jenem Hochmut, welcher dann den erwachsenen Kulturmenschen bewegt, seine eigene Natur durch eine scharfe Grenzlinie von allem anderen Animalischen abzusetzen. Es gesteht dem Tiere ohne Bedenken die volle Ebenbürtigkeit zu; ... "[25].

Als Ontogenese begegnet uns die Menschwerdung bei jedem menschlichen Individuum immer wieder neu: Die Metamorphosen in den embryonalen und fetalen Stadien rufen Momente der Phylogenese in Erinnerung. Bis zum 7. oder 8. Monat postnatal haben Schimpansen– und Menschenkinder den gleichen Grad der Entwicklung.[26] Schimpanse und Mensch haben 99,5% ihrer Entwicklungsgeschichte gemeinsam, dann aber wird die aufrechte Haltung durch aktives Streben erlernt, in dieser Phase entwickelt sich zugleich auch das Sprachvermögen.

Einige Hominiden verließen ihr obligates tierisches Milieu, wobei eigentlich jedes Tier auf eine spezifische Umwelt hin festgelegt ist, daher müssen sie bereits über einen Grad der Entwicklung verfügt haben, der es ihnen erlaubte, die Grenzen ihres angestammten Lebensraumes zu überschreiten. Sie wurden ubiquitär, weil sie sich von nun an selbst einrichteten, auch unter Zuhilfenahme künstlicher Mittel. Mit der neuen bipeden Lebensweise entwickelte sich das frei gewordene Auge–Handfeld, aus der Greifhand des Affen wurde die menschliche Manipulierhand, die nicht mehr der Fortbewegung dienen mußte. Die primären Sinne Hören, Riechen und Schmecken traten weiter

[23] Johann Gottfried Herder: Ideen zur Philosophie der Geschichte der Menschheit. Erster Theil. Sämtliche Werke. Bd. XIII; hrsg. v. B. Suphan; Hildesheim 1967. S. 146.
[24] Ebd. S. 151.
[25] Sigmund Freud: Totem und Tabu. Einige Übereinstimmungen im Seelenleben der Wilden und der Neurotiker. Gesammelte Werke. Bd. 9; London 1948. S. 154.
[26] Vgl.: Adolf Portmann: Biologische Fragmente zu einer Lehre vom Menschen; 2. erw. Aufl., Basel 1951. S. 76.

zurück, an deren Stelle traten Sehen, Greifen und Tasten[27]. — Ein neues Niveau der Wahrnehmung ermöglichte die Orientierung in verschiedenen Lebensräumen: „Die eigenartige Fernstellung, diese Distanzierung der ‚Umwelt' zur ‚Welt', deren der Mensch fähig ist, vermag das Tier nicht zu vollziehen, ... "[28]. So gesehen ist der Mensch ein ‚Naturflüchtling'.
Im Unterschied zur zentrischen Lebensweise der Tiere geht die Orientierung des Menschen nicht mehr im Zentrum einer spezifischen Umwelt auf. Der Horizont menschlicher Umwelt–Erfahrung ist ‚offen', das Tier aber ist festgestellt „... in den sicheren Zäunen und Grenzen seiner Umweltstruktur."[29], der Horizont seiner Umwelt ist ‚geschlossen'. Jacob von Uexküll prägte diese Begriffe und begründete damit die Ethologie. In seinen Studien rekonstruierte von Uexküll die Umwelt–Wahrnehmung von Tieren als artspezifische Ausschnitte von Umgebungs–Merkmalen. Dabei sei es die Aufgabe der von ihm begründeten ‚Umweltforschung' diese Merkmale herauszusuchen, um damit die Umwelt des Tieres zu rekonstruieren.[30] Die so erhaltenen ausschnitthaften Umwelten ordnete Uexküll hierarchisch nach der Komplexität der Umwelteindrücke in ein Stufenschema. Eine solche Auffassung der Tierreiche erzeugt die Vorstellung immer größerer Kreise, die den nächst kleineren umschließen.

> „Dem Beobachter stellt sich das niedere Tier zusammen mit seiner Umwelt als eine geschlossene Einheit dar, während die Einheit des höheren Tieres mit seiner Umwelt niemals vom niederen Tier erfaßt werden kann."[31]

Die faszinierenden Beschreibungen verschiedenster Umwelt–Räume durch von Uexküll, wie z.B. dem der viel zitierten Zecke, waren für Max Scheler (Die Stellung des Menschen im Kosmos, 1928) und Helmuth Plessner (Die Stufen des Organischen und der Mensch, 1928, einige Monate später erschienen) von wesentlicher Bedeutung. Methodisch verfahren beide mit Grenzbegriffen als Kriterien. Bei der Analyse von Umweltbedingungen und -grenzen in der Welt der Minerale, Pflanzen, Tiere und Menschen ergibt sich dann eine Stufenfolge mit einem zunehmenden Grad der Offenheit. Damit war, 51 Jahre nachdem Darwin ‚The descent of man' veröffentlicht hatte, endlich die Anthropologische Wende eingeleitet. Die Frage, wie sich bereits aus den Titeln der beiden Werke ersehen läßt, galt der Stellung des Menschen in der Natur, veranlaßt dadurch, wie Scheler anführt, „... daß zu keiner Zeit der Geschichte der Mensch sich so problematisch geworden ist wie in der Gegenwart."[32]. Die philosophische

[27] Vgl.: Helmuth Plessner: Die Frage nach der Conditio humana. A.a.O. S. 171.
[28] Max Scheler: Die Stellung des Menschen im Kosmos; 10. Aufl., Bern, München 1983. S. 40f.
[29] Max Scheler: Die Stellung des Menschen ... a.a.O. S. 39.
[30] Vgl.: Jacob von Uexküll u. Georg Kriszat: Streifzüge durch die Umwelten von Tieren und Menschen. Ein Bilderbuch unsichtbarer Welten. Bedeutungslehre; Frankfurt 1970. Einl. S. 11.
[31] Jacob von Uexküll: Umwelt und Innenwelt der Tiere; Berlin 1909. S. 252.
[32] Max Scheler: Die Stellung des Menschen ... a.a.O. S. 10.

Anthropologie entstand als Reaktion auf die Ergebnisse und Erfolge der Naturwissenschaften, die der Philosophie Anspruch und Gegenstand streitig zu machen schienen. Die Zahl der Arbeiten zum Thema wuchs daraufhin sprunghaft an, so daß bereits sieben Jahre später der Münchener Psychologe und Philosoph Friedrich Seifert die ‚anthropologische Wende' verzeichnete.[33]

Zur Darstellung der menschlichen Position in der Natur wird vom Mensch/Tier-Vergleich ausgegangen, dabei kommt den Umweltbegriffen Uexkülls die Rolle der Kriterien zu. So besteht nach Scheler vergleichsweise „... nur ein — allerdings sehr großer — gradueller ...“[34] Unterschied zwischen einem klugen Schimpansen und Edison; der Mensch hat danach lediglich den höheren Rang in der ‚Stufenfolge der psychischen Kräfte'. — Arnold Gehlen lehnt dagegen derartige Stufenschemata ab;[35] für ihn ist der Unterschied zum Tier zu groß, als daß er noch graduell zu beschreiben wäre, die Menschwerdung wird bei ihm im Sinne eines qualitativen Sprunges aufgefaßt. Im Anknüpfungspunkt seiner Anthropologie setzt Gehlen voraus, im Menschen liege ein ganz einmaliger, sonst nicht versuchter Gesamtentwurf der Natur vor.[36] Der Gegensatz beider Standpunkte ist unübersehbar, die Hintergründe bedürfen der Erläuterung.

Zunächst einmal müssen seit Darwin graduelle Schritte in einer allmählichen Entwicklung des Menschen angenommen werden, dabei ist nun, im Vergleich zum anthropozentrischen Weltbild vormals, die Behauptung einer Sonderstellung und eines qualitativen Unterschiedes zwischen Mensch und Tier nachzuweisen. In der Auseinandersetzung Gehlens mit Scheler geht es, wie Erich Rothacker zutreffend bemerkt, um das Problem einer Metaphysik. „Gehlen ist gegenüber metaphysischen Fragen außerordentlich reserviert, während Scheler gleich mit Kopfsprung in die letzten metaphysischen Tiefen hineinspringt und sowohl Leben als Geist sofort im Weltgrund verwurzelt.“[37] — „Ich bitte mit großem Ernst ...“ so Arnold Gehlen, „... meine notorische Zurückhaltung in Sachen der Metaphysik ... verstehen zu wollen.“[38]. Gehlen möchte in der Anthropologie den Einzelwissenschaften verbunden bleiben, Scheler will darüber hinaus, um zu einer Wesenserkenntnis des Menschen zu kommen.[39]

---

[33] Siehe hierzu: Friedrich Seifert: Zum Verständnis der anthropologischen Wende in der Philosophie. In: Blätter f. Dtsch. Phil. Bd. 8 (6); Berlin 1934/35. S. 393–410.

[34] Max Scheler: Die Stellung des Menschen ... a.a.O. Anm. S. 37.

[35] Vgl.: Arnold Gehlen: Der Mensch. A.a.O. S. 20ff.

[36] Vgl. ebd. S. 14.

[37] Erich Rothacker: Philosophische Anthropologie; 4.Aufl., Bonn 1975. Vgl. insbes. S. 46f. Zit. v. S. 47.

[38] Arnold Gehlen: Stellungnahme zu den Hauptsachen. In: Zeitschr. f. Phil. Forschg. Bd. VI. 1951/52. S. 96.

[39] Die Anthropologie Schelers führt nach Joachim Ritter, „... statt zum Relativen zum Beständigen, statt zu den Tatsachen zu ihrem Wesen. Sie ist nicht empirisch, sondern metaphysisch.“ (Joachim Ritter: Über den Sinn und die Grenze der Lehre vom Menschen (1933). In: Subjektivität. Sechs Aufsätze; Frankfurt 1980. S. 46.). Der Forschungsstand werde bei Scheler zunächst zusammengefaßt und dann metaphysisch gewendet, seine Aussagen stünden zwar im glänzenden Schein einer Weltanschauung, seien

Der Unterschied zum Tier scheint in der neuen Positionalität des exzentrischen Bewußtseins zu liegen, das ‚von außerhalb' hinzutritt und seither die Aufgaben des zurückgetretenen Instinktes übernommen hat. Die Bindung an den Instinkt wurde gelockert und gelöst, an seine Stelle ist beim Menschen ein exteriores, ein Distanz–Bewußtsein getreten, vor diesem und durch dieses muß sich der enge, tierspezifische Horizont geöffnet haben. „Weil der Mensch exzentrisch organisiert und damit hinter sich gekommen ist, lebt er in Abhebung von allem, was er und was um ihn ist."[40] Beim Grad der Umweltoffenheit in der Wahrnehmung eines Menschen ist ein Standort verfügbar, von dem aus er sich selbst und das Umfeld in anderer Weise als das Tier wahrnimmt: Es ist seine exzentrische Positionalität. Von seiner exzentrischen Position aus läßt sich Inneres als ein Anderes betrachten, aus dieser distanzierten Haltung heraus läßt sich ebenso eine Handlung durch ein Bewußtsein — von außerhalb des Zentrums — begleiten, es ist die einfachste Zustandsform des Um–sich–Seins oder der Reflexion.[41] — Damit ergibt sich

---

aber ohne wissenschaftliche Funktion (vgl. ebd. S. 60.). Die ‚metaphysische Anthropologie' Schelers überspringe den wissenschaftlichen Sinn des Problems von Geist und Leben: „Wissenschaftlich ist das Problem von Geist und Natur außerordentlich verzweigt und im Ganzen noch sehr wenig geklärt; jedenfalls stehen hier noch die verschiedensten Perspektiven und Möglichkeiten offen." (Vgl. ebd. S. 49.).

Odo Marquard beschreibt in seiner Analyse des allgemeinen Begriffs der philosophischen Anthropologie ihre dreifache Frontstellung: Ihre Abkehr von traditioneller Schulmetaphysik, von mathematischer Naturwissenschaft und bei der aufgekommenen Resignation der Geschichtsphilosophie (Problem einer Vernunft in der Geschichte), auf der Suche nach Bezugspunkten für eine Weltanschauung in Krisenzeiten, ihre Hinwendung zur Lebenswelt und zur Natur als dem ‚woran man sich halten kann'. (Odo Marquard: Zur Geschichte des philosophischen Begriffs ‚Anthropologie' seit dem Ende des achtzehnten Jahrhunderts. In: Schwierigkeiten mit der Geschichtsphilosophie. Aufsätze; Frankfurt 1982.)

Ähnlich wie Ritter (vgl. ebd. S. 50f.), der sich allerdings speziell mit Scheler und Heidegger auseinandersetzt, attestiert Jürgen Habermas solchen ‚reaktiven philosophischen Disziplinen', sie trieben nicht mehr das Geschäft einer prima philosophia, sie seien rezeptiv und nicht mehr fundamental, ließen sich Wissenschaft ‚geben', ließen sie aber nicht ‚entspringen'. Im Unterschied zu Ritter meint Habermas damit die philosophische Anthropologie insgesamt (!) zu treffen. (Jürgen Habermas: Philosophische Anthropologie (Ein Lexikonartikel. 1958). In: Kultur und Kritik. Verstreute Aufsätze; 2. Aufl., Frankfurt 1977. S. 92.)

Für Marquard allerdings, wie er in der Schlußpassage seines 1963 gehaltenen Vortrags betont, ist „... eine Zuwendung zur Anthropologie nicht mehr ausgeschlossen." (Odo Marquard: Ebd. S. 144.).

[40] Helmuth Plessner: Die Stufen des Organischen und der Mensch. Einleitung in die philosophische Anthropologie. Ges. Schr. Bd. IV: Die Stufen des Organischen und der Mensch. A.a.O.; Frankfurt 1981.

[41] „Der Mensch ist das Wesen mit Reflexion, mit der Distanz zu sich selber, mit der Möglichkeit also der Selbstbetrachtung, ..." (Adolf Portmann: Das Ursprungsproblem. A.a.O. S. 62.) — In ähnlichem Zusammenhang unterscheidet Scheler die ‚einfache Rückmeldung' an ein Zentrum beim Tier vom ‚geistigen Akt' beim Menschen „ ... wesensgebunden an eine zweite Dimension und Stufe des Reflexaktes." (Max Scheler: Die Stellung des Menschen ... a.a.O. S. 41.). Kraft seines Wesens vermag der Mensch nach Scheler nicht nur die Umwelt zur Welt zu erweitern und etwas zum–Gegenstand–zu–machen, er kann dabei auch sich selbst vergegenständlichen. (Vgl. ebd. S. 41f.)

als genuines Kriterium für die Phylogenese zur Conditio humana der Begriff der Distanz: „Nur der Mensch, als Mensch, distanziert Dinge, auf die er in seinem Bereich trifft, und versetzt sie ... “[42].
Die geforderte unmittelbare Ableitung des Menschen vom Tier bereitet dennoch Schwierigkeiten, weil die Evolutionslinie Mineral–Pflanze–Tier–Mensch nur nachzuvollziehen wäre durch eine besonders feine Stufung, insbesondere im Tier–Mensch–Übergangsfeld. Dagegen trägt aber die Menschwerdung einen gewissen Charakter von Plötzlichkeit. In diesem Sinne verstehen wir auch die Aussage Arnold Gehlens, wonach im Menschen ein ganz einmaliger, sonst nicht versuchter Gesamtentwurf der Natur vorliege.[43] Darstellungen, die eine fein gestufte Anthropogenese vorstellen, haben bislang stets hypothetischen Charakter und sollten — der Redlichkeit halber — die problemhafte Theoriebildung gerade im kritischen Bereich des Übergangs nicht verheimlichen.

> „Während der eine behutsam das Bekannte und Gesicherte vom Hypothetischen sondert und sich mit dem Torso begnügt, drängen andere stürmisch zu einem umfassenden Bilde, ... Und gerade dieses unbewußte Vordringen, ... gibt den großen Evolutionstheorien einen Zug des Mythischen.“[44]

Es bleibt dem kritischen Denker seinerseits die Wahl zwischen Polemik und Süffisance angesichts gesamt–theoretischer Darstellungen, wie dem des Ganges von der ‚Ursuppe zum Atompilz‘ oder vom ‚Flitzebogen zur Harfe‘ — ganz abgesehen von der Behauptung, die ersten Menschen hätten sich aufgerichtet, um in der Savanne besser sehen zu können —, bei denen stets die problematische Hypothetik vernachlässigt auf der Strecke bleibt. Denn es wird so eine Kontinuität versprochen und vorgegaukelt, die keinesfalls, wenn man die Einzeldisziplinen befragt, bisher hinreichend nachgewiesen werden konnte. Die Vorsicht mit der einzelne Forscher ihre Vermutungen äußern, ist auffallend genug:

> „In der Vorfahrenreihe des Menschen führte der Evolutionsweg von einer arborikolen zu einer terrikol–bipeden Form, die vor der Australopithecinen–Phase gelebt haben muß. Eben dieser Abschnitt der zum Menschen führenden Evolution ist fossil noch längst nicht hinreichend belegt. Hätten wir aber einige Fossilien aus der Phase des Übergangs zur Terrikolie, dann könnten wir vielleicht Veränderungen am Skelett feststellen, die in Beziehung zum Wechsel des Biotops stehen. Über die Ursachen und Zusammenhänge, die diesen Übergang vom Baum– zum ausschließlichen Bodenleben bewirkten, sagen uns die Fossilien

[42] Martin Buber: Urdistanz und Beziehung; Heidelberg 1951. S. 21.
[43] Vgl.: Arnold Gehlen: Der Mensch. A.a.O. S. 14.
[44] Adolf Portmann: Der naturforschende Mensch. In: Biologie und Geist. A.a.O. S. 76.

> selbst gar nichts. (...)(...) Ich selbst lege auf die psychologische Komponente bei diesem Biotopwechsel so großen Wert, weil sie einerseits erklären könnte, daß der Vorgang selbst sehr schnell verlief und andererseits verständlich machen würde, daß die Tiere etwas nicht taten, wozu sie physisch noch durchaus in der Lage wären. Erst als der Schreitfuß entwickelt war, ... war diesen Wesen das Baumleben endgültig verschlossen, weil die physischen Voraussetzungen dazu fehlten. Der Schreitfuß kann aber erst im Zusammenhang mit einem ausschließlichen Bodenleben entwickelt worden sein, ...“[45].

Die Anthropogenese wird sich zweifelsohne in einem länger währenden Prozeß vollzogen haben, ihre ‚psychologische Komponente‘, worauf Helmut Hofer zu Recht aufmerksam macht, muß jedoch sehr früh bereits, möglicherweise von Anfang an, wirksam gewesen sein. Fraglich ist, ob bereits der ‚erste‘ Biotopwechsel, die Loslösung von der Bindung an die erste Natur und der damit einsetzende Übergang zur ubiquitären Lebensweise bereits mit Bewußtsein vollzogen wurde. — Empirisch werden sich diese Fragen vermutlich nie klären lassen, die Theorie zeigt jedenfalls Widersprüche zwischen der Forderung nach gleitendem Übergang und jenen Phänomenen, denen zufolge die Menschwerdung nur in einem Akt sich hat vollziehen können. Es gibt allerdings eine Möglichkeit in dieser Frage zu vermitteln, durch die Bildung einer spezifischen Hypothese: Der eigentliche Anfang der Hominisation im Tier-Mensch-Übergangsfeld mag sich zufällig begeben haben, aber sehr bald muß ein wie immer motivierter ‚Wille‘ mit dementsprechender Selbstkontrolle die weiteren Schritte so bestimmt haben, daß sie nicht einfach wieder zum Ausgangspunkt zurückführten.

Versuche zur Beantwortung der Frage nach dem Ursprung des Menschen sind stets in der anthropologischen Theoriebildung zum Anlaß genommen worden, dem zentralen Problem näher zu kommen: einer Bestimmung des menschlichen Wesens. Gäbe es die Möglichkeit einer Wesensbestimmung, dann könnte eine dementsprechende Anthropologie immerhin zur Fundamentaldisziplin weitergehender Erwägungen werden, aus einer einmal bestimmten Natur des Menschen ließen sich weitestgehende Folgerungen ableiten, und der Hiatus zwischen Ethologie und Ethik wäre überwindbar geworden. Die Aussichten auf eine in diesem Sinne ‚positive‘ Anthropologie sind jedoch äußerst gering und gerade die Aufgabe der realistischeren Variante einer ‚negativen Anthropologie‘ ist in vielen Diskursen mitunter unverzichtbar; häufig gehen programmatische Äußerungen auf vorausgesetzte Grundannahmen und Generalisierungen zurück, die weit über den Rahmen dessen hinausgehen, was sich anthropologisch überhaupt sagen läßt.

---

[45] Helmut Hofer: Prolegomena primatologiae. In: Ders. u. Günter Altner: Die Sonderstellung des Menschen. Naturwissenschaftliche und geisteswissenschaftliche Aspekte; Stuttgart 1972. S. 50.

Was im Rigorismus der an Darwin anschließenden Debatten darwinistischer, sozialdarwinistischer Prägung und in den von den jeweiligen Protagonisten damit verknüpften Grundsatzprogrammen häufig kaum in Erwägung gezogen wurde, läßt sich bereits frühzeitig einer Diktion Nietzsches entnehmen, wonach der Mensch als noch nicht festgestelltes Tier aufzufassen sei.[46] Es gelte, so Nietzsche an anderer Stelle, den ‚Erbfehler der Philosophen' zu vermeiden, der darin liege, vom jeweils gegenwärtigen Menschen auszugehen, um daraufhin ein bestimmtes, gleichbleibendes menschliches Wesen zu behaupten: „Alles aber ist geworden; es gibt keine ewigen Tatsachen ..."[47]. ‚Historisches Philosophieren' sei angeraten, aber damit auch die ‚Tugend der Bescheidung', so schließt Nietzsche diesen Gedankengang. — Der Grund dafür, warum sich eine darwinistisch geprägte ‚politische Anthropologie' bis zum Soziobiologismus und schließlich bis zum Rassismus hatte formieren können, liegt vermutlich darin, daß der Darwinismus mit seinen beiden zentralen Theoremen, dem Evolutionismus und dem Selektionsprinzip einer jeden politischen Ideologie etwas zu bieten schien.[48] Die Versuchung, sich seiner zu bedienen, um sich gegenüber dem politischen Gegner zu profilieren, war weitaus größer als alle Bedenken. Dagegen sind Einwände gegen eine Anthropologie innerhalb der Grenzen bloßer Naturphilosophie allerdings ausgesprochen traditionsreich. So konnte sich etwa Ernst Bloch auf den italienischen Humanisten Pico della Mirandola berufen, als er in einer Leipziger Vorlesung die Offenheit des menschlichen Wesens zum Zeichen menschlicher Würde erklärte: „Daß allein der Mensch nicht ist, daß er ein Dasein im Fluß hat, das ist seine Würde."[49]. Durch den Vergleich mit der Wandlungsfähigkeit eines Chamäoleons beschreibt Pico in seiner ‚Rede über die Würde des Menschen' das nicht festgelegte, offene Wesen des Menschen.[50] „Wir sind unter der Bedingung geboren, das zu sein, was wir wollen; ..."[51] Sein Einwand gegen eine naturalistische Anthropologie verdeutlicht auf frappante Weise die andauernde Präsenz jener Reduktionshypothese:

> „Die Naturphilosophie wird Streit und Zwiespalt der Meinungen schlichten, die die unruhige Seele hin und her zerren und gänzlich zu zerreißen drohen. Dies jedoch dergestalt, daß wir an den Satz des Heraklit gemahnt werden, die Natur sei durch Krieg

---

[46] Vgl.: Friedrich Nietzsche: Jenseits von Gut und Böse. Vorspiel einer Philosophie der Zukunft. Werke in sechs Bänden. Bd. IV; hrsg. v. K. Schlechta; 5. Aufl., München, Wien 1966. S. 623.

[47] Friedrich Nietzsche: Menschliches, Allzumenschliches. Ein Buch für freie Geister. Erster Band. Werke ... a.a.O. Bd. II. S. 448.

[48] Siehe hierzu: Heinz-Georg Marten: Sozialbiologismus. A.a.O.

[49] Ernst Bloch: Zwischenwelten in der Philosophiegeschichte. Aus Leipziger Vorlesungen. Gesamtausgabe. Bd. 12; Frankfurt 1977. S. 181.

[50] Vgl.: Giovanni Pico della Mirandola: De dignitate hominis. Lat. u. Dtsch., übers. v. H. H. Reich (Respublica Literaria. Studienreihe zur Europäischen Bildungstradition vom Humanismus bis zur Romantik. Bd. 1); Berlin, Zürich 1968. S. 31.

[51] Ebd. S. 33.

> entstanden und werde deshalb von Homer als ‚Wettstreit' bezeichnet; so zeigt uns die Naturphilosophie selbst, daß sie keine echte Ruhe noch unerschütterlichen Frieden gewährleisten kann; das sei Aufgabe und Vorrecht ihrer Herrin, der heiligen Theologie."[52].

Nicht dem Darwinismus, sondern der neuen Anthropologie sollte es vorbehalten bleiben, die von Pico angeführte Rolle der Theologie zu säkularisieren. Darwin hatte zwar den Menschen des sechsten Tages entthront, aber damit zugleich die vom Schöpfungsbericht versicherte Ebenbildlichkeit des Menschen mit Gott fragwürdig werden lassen. Die neuerliche Fragestellung nach der Position des Menschen in der Natur rekurriert dagegen einfach darauf, daß es in der menschlichen Gesellschaft eben nicht wie im Tierreich zugeht. Dessen ungeachtet hatte die vermeintliche Aufklärung durch den naturwissenschaftlich ambitionierten Retro–Soziomorphismus (als Projektion vom Manchestertum auf die Natur und wieder auf die menschliche Gesellschaft zurück) die Darwinisierung des Sozialverhaltens so eindrucksvoll belegt und programmatisch werden lassen, daß jedes humanistische Ansinnen als unzeitgemäße Sentimentalität erscheinen mußte. Erst mit der anthropologischen Wende von 1928 entsteht eine geistige Gegenbewegung, die Renaissance des Renaissance–Humanismus, für den Zeitgeist kommt sie allerdings mindestens zwanzig Jahre zu spät.
Insbesondere Helmuth Plessner sollte in seiner Anthropologie einige der zentralen Gedanken des italienischen Humanisten wieder aufnehmen, oft unter Verwendung gleichlautender Sprachbilder:

> „Zwischen Tier und Engel gestellt, ein Zwitterwesen, verrät der Mensch in seiner Umweltoffenheit ein typisches Zurückbleiben hinter den Möglichkeiten, durch die er über jede Umweltverbindung von vornherein hinausreicht: ein die Tierheit hinter sich lassendes Tier."[53].

> „So beschloß der Werkmeister ..., daß der, dem er nichts Eigenes mehr geben konnte, an allem zugleich teilhätte, ... Also ließ er sich auf den Entwurf vom Menschen als einem Gebilde ohne unterscheidende Züge ein; er stellte ihn in den Mittelpunkt der Welt und sprach zu ihm: ‚Keinen festen Ort habe ich dir zugewiesen und kein eigenes Aussehen, ich habe dir keine dich allein auszeichnende Gabe verliehen, ... Die beschränkte Natur der übrigen Wesen wird von Gesetzen eingegrenzt, die ich gegeben habe. Du sollst deine Natur ohne Beschränkung nach deinem freien Ermessen, dem ich dich überlassen habe, selbst bestimmen. Ich habe dich in die Weltmitte gestellt, damit du um so leichter alles erkennen kannst, ...

[52] Ebd. S. 41.
[53] Helmuth Plessner: Die Frage nach der Conditio humana. A.a.O. S. 189.

> Ich habe dich nicht himmlisch noch irdisch, nicht sterblich noch unsterblich geschaffen, damit du dich frei, aus eigener Macht, selbst modellierend und bearbeitend zu der von dir gewollten Form ausbilden kannst. Du kannst ins Untere, zum Tierischen, entarten; du kannst, wenn du es willst, in die Höhe, ins Göttliche wiedergeboren werden."[54]

Wenn das Wesen des Menschen offen ist, weil eine jede konkrete Objektivierung sich angesichts seiner vielfältigen Ausdrucksmöglichkeiten als allgemein unzutreffend erweisen läßt, dann kann dennoch auf einer der Metaebenen der Theorie die Frage nach dem Prinzip der Conditio humana gestellt und beantwortet werden. Klassischerweise sind die Versuche zur Wesensbestimmung mittlerweile unzählige Male unter der Voraussetzung vermeintlicher Anthropina unternommen worden; eine Aufführung sämtlicher bislang behaupteter Anthropina erübrigt sich, kaum ein menschliches Vermögen dürfte den Begriffsbestimmungen entgangen sein. In seiner Studie zur Geschichte der Anthropologie führt Michael Landmann folgende Anthropina auf: Klugheit, Sprache, Ethik, Vernunft, Freiheit vom Instinkt und Freiheit zu produktiver Selbstbestimmung, sowie Kultur als Zentralanthropinon.[55] Dieser Katalog läßt sich beliebig erweitern, so entspricht nach Sören Kierkegaard die Angst und nach Karl Marx die Arbeit dem Wesen des Menschen, während Johan Huizinga den Ursprung des menschlichen Wesens gerade im Spiel entdecken zu können glaubte. — Jeder dieser Begriffe entspricht immer nur einem spezifischen Seinsbereich, einer besonderen Ausdrucksweise des menschlichen Wesens und kann ihm insgesamt kaum gerecht werden, auf dieser Theorieebene schließen sich Lachen und Weinen ebenso aus wie Arbeit und Spiel. Wird dann unter einer derartigen Bestimmung generalisiert, so ergeben sich mitunter groteske Situationen, wie etwa jene Begebenheit von der Denis Diderot berichtet hat: Zu einem Orang-Utan ‚der wie ein in der Wüste predigender heiliger Johannes' aussah und in einem Glaskäfig des Parks von Versailles eingesperrt war, sagte einst der Kardinal von Polignac: „Sprich und ich taufe dich!"[56].

Die Frage nach der Conditio humana — wenn die Offenheit des menschlichen Wesens anerkannt wird, läßt sich erst auf einer Meta-Metaebene der anthropologischen Theorie beantworten. Wie sich anhand von historischen Studien im Nachhinein erweisen ließe, war bislang noch eine jede, vermeintlich-endgültige Wesensbestimmung lediglich vom jeweils herrschenden Zeitgeist souffliert worden. In sozialphilosophischen, soziokulturellen oder auch poli-

---

[54] Giovanni Pico della Mirandola: De dignitate hominis. A.a.O. S. 29.

[55] Michael Landmann: Philosophische Anthropologie. Menschliche Selbstdarstellung in Geschichte und Gegenwart; 5. durchges. Aufl., Berlin, New York 1982. Vgl. die Seiten: 12, 56, 58, 90, 172 und 192.

[56] Denis Diderot: Gespräche mit d'Alembert. In: Philosophische Schriften I; Frankfurt 1967. S. 579f. Zit. nach: Wolf Lepenies: Soziologische Anthropologie. Materialien; erw. Ausg., Frankfurt, Berlin, Wien 1977. S. 132.

tischen Diskursen und Debatten ist die Korrektivfunktion anthropologischer Rückfragen stets dann unverzichtbar, wenn in naturwissenschaftlicher Manier durch universalistische Theoreme eine quasi-naturgesetzliche Bestimmung des Menschen zugrunde gelegt oder behauptet werden soll. Erst nach der sehr späten Wende von 1928 wurde diese unverzichtbare Aufgabe von einer neuen und negativen Anthropologie aufgenommen, die sich seither nicht mehr vorrangig um ein einheitliches Bild vom Menschen bemüht, sondern in einem nunmehr säkularisierten Verständnis des Bilderverbots sich gerade gegen Generalisierungen dessen richtet, was häufig aus anderweitigen Erwägungen als ausschließlich ‚menschlich' geltend gemacht werden soll. Generös läßt sich seither stets einwenden, daß wir uns innerhalb der interdisziplinären Grenzen der Anthropologie bewegen müssen und nicht mehr über die Natur des Menschen aussagen können, als sich mit Hilfe der zu Gebote stehenden Theorien, Disziplinen und Methoden im Für und Wider der Diskurse darlegen läßt.

Es sind drei Problemkreise, denen ein auf der Meta-Metaebene geltend gemachtes Prinzip zugleich entsprechen können muß, der Ursprungsfrage, der Umweltwahrnehmung durch unser Bewußtsein oder dem Unterschied zum Tier und dem Spezifikum menschlicher Lebensweise, der Kultur. Wird ein solches Prinzip mit dem Anspruch formuliert, in der bereits dargestellten Vielheit der Anthropina, deren Einheit, und unter dem Eindruck der verschiedenen Ausdrucksmöglichkeiten des Menschen, deren Bedingung aussprechen zu können, dann läßt sich die Frage nach der Conditio humana nur in abstracto beantworten. — Szenisch läßt sich dieses Prinzip auf zweierlei Weise zum Ausdruck bringen, durch Darstellung von Zerrissenheit ebenso wie durch Aktualisierung von Einheit. Eine sich daran anknüpfende Spekulation könnte in der Entdeckung der Negation den Ursprung des menschlichen Bewußtseins vermuten, das sich in der Zeit ständig neu orientiert, wahrnimmt und setzt. Unser Bewußtsein ist ein Distanz-Bewußtsein, wir orientieren uns nicht in erster Linie anhand von Positionen wie hier und dort oder jetzt und gleich, sondern über die jeweiligen Differenzen im Verhältnis zueinander, so, wie wir sie für ausgemacht halten. Daraus folgt ein möglicher Ansatz für eine Philosophie des Bewußtseins, die aber hier nur unter einer für diese Arbeit eingeschränkten Frage nach der Sonderstellung des Menschen in der Natur entwickelt werden kann.

Distanz wird offenbar permanent neu aktualisiert in einem Dialog zwischen zwei Bewußtseinspositionen, einer zentrischen und einer exzentrischen Positionalität. Distanz-zu-haben zur äußeren fremden und zur eigenen, der inneren Natur, wäre demnach das Hauptcharakteristikum des Menschen.[57] Was insbesondere als Beweis für die Leistungsfähigkeit dieses Begriffs genommen werden kann: Es lassen sich alle Anthropina daraus entwickeln. Der Begriff der Distanz ist in jedem Fall immer vorauszusetzen, er ist vorgängig, auch und vor allem in der Entwicklungsgeschichte selbst.

[57] Vgl. hierzu auch: Erich Rothacker: Philosophische Anthropologie. A.a.O. S. 86.

So kann von der Aufrichtung gesagt werden: Der aufgerichtete Mensch ist von der Tierwelt distanziert. Nach einer interessanten Bemerkung von Ernst Benz bringt sich diese Distanz auch heute noch in Erinnerung, nämlich im Schwindel vor einer Tiefe: Die Anziehungskraft der Tiefe bringe den Menschen aus dem Gleichgewicht, aus seiner im Grunde unnatürlichen Haltung der Balance, und doch sei in jenem altkirchlichen, liturgischen Ausruf ‚Stômen kalôs!', ‚Lasset uns in Schönheit stehen!', das Geheimnis der aufrechten, menschlichen Haltung ausgedrückt.[58] — Der Mensch müsse Enge überwinden, um überhaupt zu werden, so Rothacker, „... er muß aus der animalischen Drangenge heraus ins Freiere, ins Weitere, ins Übersichtliche, ins Wagende — und so entsteht Distanz."[59]. Das Distanzierungsvermögen muß ontogenetisch wie auch phylogenetisch bereits vor jeder Semantik, vor jedem begrifflichen Denken als deren Möglichkeit und als Bedingung auch für unser sprachliches Vermögen vorhanden gewesen sein. Die Anthropogenese wäre demnach ausgelöst worden durch den Zusammenbruch der ursprünglichen Einheit in der Anschauung bzw. Umweltwahrnehmung im Tier–Mensch-Übergangsfeld; über den vermutlichen ‚Auslöser' kann allerdings nur noch spekuliert werden.

Die Conditio humana ergibt sich mit ihrem genuinen Kriterium, dem Begriff der Distanz zuerst im Anschauungsraum. Schauen aus der Distanz — von dieser Position aus begreift der Mensch seine Stellung in der Natur als andersartig im Vergleich zu anderen Lebewesen, durch seine exzentrische Positionalität ist er nicht mehr auf eine ganz bestimmte Umwelt festgelegt. Gleichzeitig bedingt die Exzentrizität, so Helmuth Plessner, „... daß der Mensch an der Unmittelbarkeit seines Wissens, an der Direktheit seines Realkontakts, wie sie für ihn mit absoluter Evidenz besteht, irre wird."[60]. Der entsprechende Begriff bei Arnold Gehlen lautet ‚Reizüberflutung', die Umweltoffenheit stellt zunächst einmal grundsätzlich eine Belastung dar. Der Mensch unterliege einer durchaus untierischen Reizüberflutung, konstatiert Gehlen, einer „... ‚unzweckmäßigen' Fülle einströmender Eindrücke, die er irgendwie zu bewältigen hat."[61]. Dieser zweite Aspekt menschlicher Offenheit wird uns nun weiter beschäftigen; die beängstigende Wirkung des geöffneten Horizonts läßt sich besonders eindrucksvoll mit den Worten von Giambattista Vico vergegenwärtigen:

> Die ersten Menschen verloren „... sich in einem Irrsal oder tierhaften Herumstreifen in dem wilden Urwald der Erde, um die scheuen und widerspenstigen Frauen zu verfolgen, um den wilden Tieren zu entgehen, und gelangten, so losgelöst, ... schließlich in den Zustand von Bestien; dann aber wurden sie bei gewissen, ... Gelegenheiten,

[58] Vgl.: Ernst Benz: Grand Canyon. In: Geist und Landschaft; Stuttgart 1972. S. 111.
[59] Erich Rothacker: Philosophische Anthropologie. A.a.O. S. 126.
[60] Helmuth Plessner: Die Stufen des Organischen ... a.a.O. S. 405.
[61] Arnold Gehlen: Der Mensch. A.a.O. S. 36.

erschüttert und aufgejagt von einem grauenhaften Schrecken, vor einer Gottheit ... so daß einige schließlich innehielten und sich an bestimmten Orten verbargen; ...“[62].

1.3 Konstitution von Lebenswelten, Kulturalisation und Domestikation des Menschen

Es kommt mit dem Menschen, so Karl Löwith, ein ‚Riß in die Natur‘[63], denn „... er hat von Natur aus die Macht, sich gegen alle Natur und seine eigene zu stellen.“[64]. Wird bei Versuchen zur Rekonstruktion der Anthropogenese ein kontinuierlicher Verlauf angenommen, dann wäre für eine erste, länger währende Phase die Existenz von tierischen Menschen oder menschlichen Tieren zu vermuten. Anhand von konkreten Vorstellungen etwa über Aussehen, Bewegungsart oder Lebensweise in der Übergangsphase läßt sich diese Frage jedoch nicht entscheiden, maßgeblich für die Conditio humana ist vielmehr ‚der‘ erste Bewußtseinsakt; dieser aber kann sich in charakteristischer Weise nur als Ereignis und daher nur plötzlich eingestellt haben, denn auch das erste menschliche Bewußtsein steht bereits, wie Plessner betont, in ‚Querlage‘[65] zum Naturleben ringsum, und nicht nur die Psyche, sondern der Mensch als solcher befindet sich damit unmittelbar in einer Grenzsituation. Zwar sind die insbesondere von Arnold Gehlen zur Begründung der Kulturalisation vorgebrachten Theoreme einer in diesem Augenblick auf das geöffnete Bewußtsein einströmenden ‚Reizüberflutung‘ und einem darauf einsetzenden Bedarf nach ‚Entlastung‘ durch Institutionen erhellend, dennoch kann sich der Beginn der Bewußtwerdung nicht so vollzogen haben, wie mit Hilfe dieser funktionalen Metaphorik unterstellt wird.

Versuche mit dem Ziel, sich diejenige Situation vorzustellen, in der sich möglicherweise zum ersten Mal ein Bewußtseinsakt vollzogen haben könnte, sind für eine philosophische Anthropologie unverzichtbar, auch wenn sie zu einem überwiegenden Teil nur spekulativ vorgenommen werden können; die empirisch gesicherten Daten und Kriterien lassen dabei ein ausgesprochen breites Spektrum offen, so daß sich Imaginationen, Projektionen und Phantasie fast ungehindert entfalten können. — Mit der hier vertretenen

[62] Giambattista Vico: Die Neue Wissenschaft über die gemeinschaftliche Natur der Völker. Übers. v. E. Auerbach; München 1924. S. 52.

[63] Vgl.: Karl Löwith: Natur und Humanität des Menschen (1957). In: Sämtliche Schriften 1; hrsg. v. K Stichweh; Stuttgart 1981. S. 283.

[64] Karl Löwith: Töten, Mord und Selbstmord: Die Freiheit zum Tode (1962). In: Sämtliche Schriften. A.a.O. S. 415.

[65] Vgl.: Helmuth Plessner: Die Stufen des Organischen ... a.a.O. S. 384.

Theorie kommen wir zu einem Ergebnis, das der von Gehlen vertretenen Sozialanthropologie fast vollständig widerspricht. — Zwar vollzieht sich der erste Akt einer Reflexion, und sei er noch so rudimentär, gewiß im Bewußtsein eines einzelnen oder weniger Individuen einer Gruppe, aber dennoch kann den anderen Mitgliedern der Gruppe dieses Phänomen in ihrer Wahrnehmung als Quelle der Irritation kaum verborgen geblieben sein. Eine differenziertere Wahrnehmung führt unmittelbar zu einem differenzierteren Verhalten, die Konfrontation mit den in der Gruppe noch geltenden Codizes des Verhaltens dürfte unvermeidlich gewesen sein. Demnach wären also die ersten bewußten Wahrnehmungen nicht mit einem zuwenig, sondern mit einem zuviel an ‚Institution' konfrontiert gewesen.

Auch die Behauptung, Kultur sei aus funktionalen Gründen entstanden, um den Verlust einer verlorenen instinktiven Sicherheit zu kompensieren, ist zu relativieren. Abgesehen davon, daß im Rahmen der Kompensationstheorien aus unerfindlichen Gründen die Orientierungsleistung von Instinkten ungleich höher bewertet wird als diejenige eines Bewußtseins. Der behauptete Verlust der Instinktsicherheit hätte nur aufgrund eines plötzlich vollzogenen Wechsels des Biotops eintreten können, denn der artspezifische Instinkt ist immer nur an das artspezifische Biotop adaptiert; ein solcher Schritt läßt sich allerdings nur gegen den Instinkt und mit Bewußtsein vollziehen. Durch seine Orientierung wird dagegen ein Tier innerhalb der Grenzen der Umwelt gehalten, in die es eingepaßt ist. Verändert sich das Ökotop, so wird es fliehen, wenn es nicht fliehen kann, muß es sich veränderten Umweltbedingungen anpassen, gelingt dieses nicht, so wird es sterben. — Die Grenzen der artspezifischen Umwelt zu überwinden bedeutet, Determinismen in Wahrnehmung und Verhalten außer Funktion zu setzen, daher bedarf das Bild vom homo compensator, die Rede von der kompensierungsbedürftigen mangelnden Instinktsicherung, die den Ursprung unserer Kultur(-bedürftigkeit) erklären sollte, selbst einer Erklärung; die ursprüngliche Bindung und der damit verbundene Determinismus kann nicht einfach verloren gegangen sein. Der ‚Schritt' über die Grenze, vom umweltzentrierten Tierleben zur exzentrischen Positionalität, setzt die Fähigkeit zur bewußten Wahrnehmung immer schon voraus. Unmittelbar einsetzende Empfindungen des Unwohlseins, Furchtreaktionen bis zur Ataxie, die unmittelbar eintreten, wenn ein instinktiv geleitetes Repertoire von Wahrnehmungs- und Verhaltensmustern im artuntypischen Raum nicht mehr orientiert, müssen überwunden werden oder sind zumindest auszuhalten; aber sie können nur überwindbar und aushaltbar sein unter der Ägide einer Orientierung, in der das geschlossene System der Instinkte durch eine Offenheit ersetzt wurde, die das Betreten fremder Welten und die Konfrontation mit unbekannten Eindrücken nunmehr gestattet. — Bereits erste Bewußtseinsakte führen unmittelbar zu Differenzierungen im Verhalten und damit zu psychologischen, insbesondere aber zu sozialpsychologischen Folgeerscheinungen, wenn, was vermutlich der Fall gewesen sein wird, nur

einige Mitglieder der Gruppe ihre Interaktionen reflektiert vorzunehmen beginnen. Die Verhaltensweise dieser Individuen dürfte aus der Sicht der Gruppe als unverständlich, zumindest aber nicht mehr ‚eindeutig' erfahren worden sein, wobei sich die Kommunikation zwischen beiden Gruppen einem Verhaltensforscher als gestört erweisen müßte. Mit diesem spekulativen Modell eines Szenarios im Tier–Mensch–Übergangsfeld (TMÜ) würde sich auch erklären lassen, warum ein Teil der Australopithecinen das Leben als Baumbewohner aufgaben, vielleicht aufgeben mußten. Möglicherweise um den beschriebenen Konflikten zu entkommen, könnten sie in die Savannen emigriert sein, in ein Terrain, wohin ihnen nur bewußtseinsorientierte Individuen folgen konnten. Die Instinktorientierung eines Baumbewohners gewährleistet kein Überleben in der Savanne; wie bemerkt sichert die ursprüngliche Orientierung gerade an den Grenzen ihres Aktionsbereiches.
Gewiß handelt es sich bei dem hier vertretenen Modell des TMÜ um ein Zusammenspiel von Spekulationen, die, würden sie in narrativer Weise artikuliert, allzuleicht den Verdacht erregten, es handle sich hier um die Dichtung eines Ursprungs–Mythos auf der Grundlage der Anthropologie. Niemand kann von sich behaupten, dabei gewesen zu sein; dennoch wir halten dieses Modell für vertretbar, weil es die Anthropogenese fast durchgängig genetisch zu beschreiben in der Lage ist und kaum Diskontinuitäten konzedieren muß. Zugleich zeigen sich bei einem derartigen Versuch einer strengen Genealogie die Begründungsprobleme sämtlicher in der Anthropologie vertretenen Defizittheorien, die sich als Variationen zum Thema ‚Mängelwesen' nach wie vor großer Beliebtheit erfreuen.
Drei weiterführende Fragen lassen sich direkt aus dem hier vertretenen Modell herleiten; während die eine sich an eine dementsprechende Bewußtseinsphilosophie richtet, erfordert die andere eine Einsicht in die Antworten einer Kommunikationstheorie, um die Rolle der Sprache im Verlauf der Anthropogenese zu verstehen und schließlich wäre ebenso auch auf das Verhältnis beider Momente, Bewußtsein und Sprache und nicht zuletzt auf das Verhältnis ihrer Theorien zueinander einzugehen. — In der Bewußtseinsphilosophie hatten wir die Theorie Plessners von der ‚exzentrischen Positionalität' zugrunde gelegt. Wenn es demnach konstitutiv für ein Bewußtsein ist, daß zwei funktional noch näher zu bestimmende ‚Bewußtseine' miteinander in einem metasprachlichen Diskursverhältnis stehen, wobei die eigentliche Leistung von Bewußtseinsakten, ihre Reflexivität, dadurch zustande kommt, daß diese beiden Momente auseinandertreten und sich distanzieren, sich versetzen können um sich währenddessen aufeinander zu beziehen, so hätte die Theorie zu klären, wie jeweils die Perspektiven, und auf welche ‚Anweisung' hin, gewählt und eingenommen werden und wie sich beide Momente der Reflexion, das jeweilige positionale Zentrum und die jeweils eingenommene exzentrische Perspektivität, miteinander verständigen.[66] — Die causa prima für die

[66] An dieser Stelle ist es allerdings nur möglich, diese Fragen aufzuwerfen, um den Hintergrund theoretischer Konsequenzen zumindest etwas zu erhellen, eine dezidierte

Hominisation, die Ursache für die Sonderstellung des Menschen in der Natur, liegt, so viel kann bereits behauptet werden, im Bewußtsein des Menschen. Es handelt sich um die Ur–Erfahrung einer Dichotomie, die sich bei jedem Menschen immer wieder einstellt — genauer handelt es sich um die Erfahrung von Erfahrung, den wie Plessner formuliert, Doppelaspekt von ‚Leib sein und Körper haben‘:

> „Als Leib bin ich ein Außending, das anderen Körpern im Wege steht oder Platz macht und im Unterschied zur Selbstempfindung meines Leibes mich zur Wahrnehmung und Abschätzung von Distanzen und Tragfähigkeit zwingt. (...)(...) Mein eigenes Körper–Sein stellt sich mir, dem Subjekt, als ein Konflikt dar, dessen Unlösbarkeit mit der Subjekt–Objekt–Spaltung gegeben ist. Die Spaltung zwingt den Menschen zu handeln, eine Art des Verhaltens, die den Tieren verschlossen ist. (...)(...) Das für ein Subjekt gebrochene Verhältnis von eigenem Körper und eigenem Leib kann zwar seinen Konfliktcharakter nicht verlieren, ... Das Pragma wurzelt aber in der Gebrochenheit von Leib und Körper, in der Verschränkung von innen und außen, ... “ [67].

Bereits ein rudimentärer Bewußtseinsakt zerbricht die Einheit von Erleben und Handeln, beide Momente treten auseinander und verdoppeln sich in der Reflexion, im Bewußtsein wird Erleben erlebbar und Handeln erfahrbar und eines der einfachsten äußeren Kennzeichen für Reflexionsprozesse ist das Probehandeln, damit setzt sich der Mensch in ein diskursives Verhältnis zur Welt, und das Interaktionsverhalten differenziert sich . — Es wäre die Erfüllung eines Traumes, des Wunsches wohl eines jeden Linguisten, wenn es nur möglich wäre, wie Claude Hagège formuliert: „Bei der Geburt einer Sprache dabeizusein, wenn vorher kein Verständigungsmittel vorhanden war, würde das Menschlichste am Menschen von Grund auf begreifen lassen ...“[68]. Aber, so wendet er selbst ein, es ließe sich, wie bei den meisten Humanwissenschaften, so auch in der Sprachwissenschaft, die Entstehung des zu untersuchenden Gegenstandes experimentell nicht nachvollziehen.[69] Keines der Experimente unter Laborbedingungen verfügt über eine Theorie, die sich gegen den zentralen Vorwurf einer unzulässigen Analogiebildung erwehren könnte; sei es eine Untersuchung über Kreolsprachen (sogen. Pidgins, Sprachen, die sich in Kolonien unter der Sklaverei zu entwickeln begannen, als verschiedenste Ethnien aufeinandertrafen) oder eine entwicklungspsychologisch orientierte Beschäftigung mit dem Sprachlernverhalten bei Kindern, — schließlich bleibt stets ein

---

Auseinandersetzung muß einer anderen Themenstellung überlassen bleiben.

[67] Helmuth Plessner: Anthropologie der Sinne (1970). In: Ges. Schr. Bd. III: Anthropologie der Sinne. A.a.O.; Frankfurt 1980. S. 369f.

[68] Claude Hagège: Der dialogische Mensch. Sprache–Weltbild–Gesellschaft. Übers. v. M. Hübner; Hamburg 1987. S. 31.

[69] Vgl. ebd. S. 31.

breiter Raum für Spekulationen. Auf die ungeteilte Aufmerksamkeit nicht nur der Fachwelt stießen die Verständigungsversuche mit den Schimpansenweibchen Washoe und Sarah, wobei die Psychologen B. T. u. R. A. Gardner sich der amerikanischen Taubstummensprache bedienten und D. Premack eines Zeichensystems um die fehlenden physiologischen Voraussetzungen zu kompensieren. Ohne die Ergebnisse hier nochmals zu kommentieren,[70] ist es dennoch bemerkenswert, daß nach wie vor beide Schlußfolgerungen möglich sind in dieser Frage, ob menschliches Sprachvermögen einzigartig sei. Die Versuche dürften umso brisanter für diejenigen gewesen sein, die in der Sprache die Bedingung für die Möglichkeit des Menschlichen finden möchten. Zu konzedieren, die Sprache sei ‚das' Anthropinon schlechthin, sehen wir uns allerdings auch hier nicht genötigt, und es ist dabei besonders instruktiv in den Worten eines Linguisten, der sich Gedanken über das Mißlingen der erwähnten Versuche macht, das von uns vertretene Prinzip wiederzuerkennen:

> „Aber trotz allem genügt das nicht. (...) Die Wissenschaftler haben ihnen beigebracht, auf Aussagen aus Symbolen zu reagieren, die Symbole haben die Affen zuvor durch Dressur verstehen gelernt. Um die Bedingungen für Sprache zu erfüllen, müßte zum einen eine begriffliche Intelligenz vorhanden sein, um reine Zeichen anordnen zu können, und zum anderen müßte die Initiative zur Kommunikation von beiden Teilen des Paares Sender–Empfänger ausgehen, wobei sich dieses Verhältnis ständig umkehrt: Der Empfänger übernimmt, wenn er zum Sender wird, sämtliche Funktionen des Senders und umgekehrt."[71].

Wie im dargestellten Modell vermutet, könnte es sich gerade beim Auftreten sprachlicher Kompetenz um den gesuchten Auslöser der Hominisation gehandelt haben, zudem gehört die Funktion von Sprache und die damit verbundene Fähigkeit zur Interaktion zweifelsohne zur unabdingbaren Voraussetzung von Kulturalisation. Dennoch handelt es sich selbst bei diesem Stellenwert nicht um die causa prima der Hominisation, aus der dann alles weitere zu folgern wäre, sondern allenfalls um eine causa efficiens, eine Bedingung, die ihrerseits wiederum der Bedingung bedürfte. Die Antwort auf die Frage nach dieser Bedingung verweist wieder auf das von uns vertretene Prinzip zurück; im Bewußtsein muß die notwendige und ‚erste' Bedingung zuvor bereits erfüllt worden sein, so daß die Möglichkeit von Sprechakten und seien sie anfangs nur rudimentär, gegeben ist. Die Fähigkeit zum Dialog setzt voraus, daß jeder Teilnehmer sich prinzipiell in die Lage des Anderen, sich ins Ver–stehen, ver–setzen können muß, ob der Dialog schließlich tatsächlich zustandekommt, ist (nur) in diesem

---

[70] Siehe hierzu: Helmuth Plessner: Zur Anthropologie der Sprache (1975). In: Ges. Schr. Bd. VIII. A.a.O.

[71] Claude Hagège: Der dialogische Mensch. A.a.O. S. 111.

Zusammenhang zweitrangig. Im Bewußtsein vollzieht sich gleichermaßen, was im Dialog als eine Form der Vermittlung und Auseinandersetzung im Medium der Sprache gesucht wird. Nur — wir denken, empfinden, erleben und intendieren, wir be-denken, empfinden oder fühlen-nach und reflektieren im Bewußtsein auf eine metasprachliche Weise; eingenommene Positionen oder abgegebene Stellungnahmen sind dabei selbst bereits das Ergebnis eines Verfahrens, in dem Stellung genommen und Positionen aufeinander bezogen wurden. Positionalität, d.h. hier schlicht Perspektivität und die dazwischen verorteten Beziehungsverhältnisse auf der jeweiligen Grundlage spezifischer Motivationen sind die Parameter von Verständigung. — Bewußtsein einerseits, Sprache und Interaktion andererseits sind nicht nur zur bequemen Theoriefindung voneinander abgrenzbare Bereiche. Es ist die Kognition selbst, die in der Dichotomie von Erleben und Handeln vermittelt und trennt. Wäre es nicht dem autonomen Bewußtsein eines jeden Menschen anheimgestellt, selbst Einsicht zu nehmen, dann müßten sich etwa auch die Einstellungen eines ökologischen Bewußtseins, die Maximen einer ökologischen Ethik ‚erzeugen' lassen; wäre ein jeder innerer Dialog, vom Empfinden ganz zu schweigen, sprachlich, niemand würde um Worte ringen. Nur wenn das allzu mißverständliche, technizistische Sender-Empfänger-Modell vorausgesetzt wird, erscheint es so, als sei Kommunikation ‚Übertragung von Information'. Diskurse lassen sich nicht auf Bewußtsein reduzieren, und Kognition läßt sich nicht zurückführen auf eine Kommunikationstheorie; beide sind, wenn wir Anthropogenese und Kulturgeschichte betrachten, gleichrangig und nicht ineinander überführbar.

Eine Monadologie sogen. ‚autopoietischer Systeme', wie sie neuerdings von Humberto R. Maturana und Francisco Varela entwickelt wurde, scheint in diesem Streit der Fakultäten zwischen Bewußtseinsphilosophie und Kommunikationstheorie vermitteln zu können. Diese Theorie könnte schließlich beiden Positionen gerecht werden, obwohl die Theoretiker der Maturana-Schule bei angrenzenden Fragestellungen allzu leicht der universalistischen Versuchung einer evolutionären Erkenntnistheorie nachgegeben haben. Die im ‚radikalen Konstruktivismus' entwickelte Kognitionstheorie ist vielversprechend, weil hier erstmals wieder, anstelle der üblichen technomorphen Deutungen durch Anwendung kybernetischer Konstruktionen, eine nicht nur mit den neuesten Erkenntnissen der Hirnphysiologie vereinbare Revision unternommen wird, die unter dem Begriff ‚geschlossener Systeme' auf Individualebene wiederentdeckt, was einmal ‚Subjekt' genannt wurde. Die basale Funktion von Sprache als System des Orientierungsverhaltens, so Maturana, bestehe

> „... nicht in der Übermittlung von Information oder in der Beschreibung einer unabhängigen Außenwelt, über die wir sprechen können, sondern in der Erzeugung eines konsensuellen Verhaltensbereiches zwischen sprachlich interagierenden Systemen im Zuge

der Entwicklung eines kooperativen Interaktionsbereiches."[72].

Es gebe keine ‚Übertragung' von Information, so Maturana, der Hörer erzeuge Information vielmehr stets selbst — durch Konnotation: „Der Hörer erzeugt Information dadurch, daß er seine Ungewißheit durch seine Interaktionen in seinem kognitiven Bereich reduziert. Konsens ergibt sich nur durch kooperative Interaktionen, ..."[73].
Wie immer das Medium von Bewußtseinsprozessen beschaffen sein mag, es ist vermutlich metasprachlich. Distanz, Schauen aus der Distanz, Beobachtung, Selbstbeobachtung, Beobachtung von Beobachtung sind vorauszusetzen, wenn bewußte Orientierung allmählich die Instinktbindung zu lösen beginnt. Mit einer an Scheler erinnernden Formulierung beschreibt Dieter Claessens die notwendige Verbindung zwischen Anthropogenese und Kulturalisation:

> „Jedes Tier hat über seine körperliche Außengrenze hinaus noch um sich herum gelagerte unsichtbare Grenzen, ... Das Übertreten dieser Grenze löst Reaktionen aus. Das Phänomen der Grenze ist also in mehrfacher Hinsicht in der Evolution, der ‚Natur', zu finden. Die Grenze, die die von uns gemeinte Gruppe um sich legt, hat eine neue, qualitativ andere Bedeutung."[74].

Kulturalisation und Anthropogenese bedingen sich wechselseitig und — um ein wenig vorzugreifen — es handelt sich gewiß um weit mehr als lediglich um ‚Kompensation', wenn nun die Möglichkeit wahrgenommen werden konnte, von einer rein passivischen zur aktiven Umweltanpassung überzugehen. Während ein Tierleben sogleich nach der Geburt mit dem artgemäßen Verhalten in Bewegung und Sinnesleben beginnt, verfügt der neugeborene Mensch weder in Bewegungsart, Körperhaltung oder Kommunikationsweise über den ‚artgemäßen Typus der Reifeform'.[75] Die Dauer der Schwangerschaft beim Menschen müßte, wie Adolf Portmann anhand von Vergleichsuntersuchungen, die er seit 1937 anstellte, nachweisen konnte, 21 Monate betragen. Erst nach einem Jahr erreicht der neugeborene Mensch den Ausbildungsgrad, den ein seiner Art entsprechendes Säugetier in statu nascendi bereits verwirklicht.[76] Es liegt nahe, diesem Zu-früh-auf-die-Welt-Kommen einen praktischen Sinn beilegen zu wollen, schließlich gehen mit der Hilflosigkeit in der postnatalen Phase, dem ‚extrauterinen Frühjahr' weit geöffnete Sinne einher. Portmann bezeichnet den Menschen

---

[72] Humberto R. Maturana: Erkennen: Die Organisation und Verkörperung von Wirklichkeit. Ausgewählte Arbeiten zur biologischen Epistemologie (Wissenschaftstheorie, Wissenschaft und Philosophie 19); Braunschweig, Wiesbaden 1982. S. 73.

[73] Ebd. S. 57.

[74] Dieter Claessens: Das Konkrete und das Abstrakte. Soziologische Skizzen zur Anthropologie; Frankfurt 1980. S. 84f.

[75] Vgl.: Adolf Portmann: Zoologie und das neue Bild vom Menschen. Biologische Fragmente zu einer Lehre vom Menschen; 2. Aufl., Basel 1956. S. 68ff.

[76] Vgl. ebd. S. 68ff.

daher als ‚sekundären Nestflüchter', „... er ist Nestflüchter, ohne ‚flüchten' zu können, er ist Nesthocker, aber mit den offenen, wachen Sinnesorganen des Nestflüchters."[77]. Es scheint, als sei die natürliche Prägung zugunsten der Enkulturalisation zurückgedrängt und auf das lebensnotwendigste beschränkt worden:

> „Während beim höheren Säuger die entscheidende Körperformung und Strukturbildung intrauterin abgeschlossen wird und das Neugeborene als kleines Abbild der Art zur Welt kommt, so wird bei uns das Heranbilden zu typischer Haltung, Bewegungsart und Kommunikationsform in einzigartiger Weise in den Sozialkontakt eingeordnet und von ihm mitbestimmt."[78].

Wie der neugeborene Mensch, so wird auch jede Generation in die jeweils gegebenen sozio-kulturellen Zusammenhänge hineingeboren, an deren Vielfalt sich zugleich wieder das Potential dessen erkennen läßt, was es bedeutet, als ein nicht festgestelltes Tier sich Lebenswelten und Lebensweisen erschaffen zu können. Die Generationen der Erwachsenen versuchen Einfluß zu nehmen. Kulturerwerb wird zum Lernprozeß, Enkulturalisation wird mitunter zur Erziehung; kulturspezifische Lebensweisen, Weltanschauungen und Werthaltungen sollen vermittelt, überliefert und tradiert werden. Ein Hinweis Ekkehard v. Braunmühls' soll hier nicht unerwähnt bleiben. Der Antipädagoge zitiert den Spruch einer babylonischen Tontafel, deren Alter auf mindestens 3000 Jahre geschätzt wird: „Die heutige Jugend ist von Grund auf verdorben, sie ist böse, gottlos und faul. Sie wird niemals so sein, wie die Jugend vorher, und es wird ihr niemals gelingen, unsere Kultur zu erhalten."[79].

Auch das Ausbleiben konkreter Antworten auf die Frage, ‚Was ist der Mensch?', ist ein Ergebnis und als negatives Theorem ebenso zu bewerten, wie Theorien und Hypothesen, die sich als begründbar erweisen lassen. Damit soll uns im Verlauf unserer Untersuchungen ein Kanon von Begriffen zur Verfügung stehen, der es erlaubt, Rückfragen zu stellen, insbesondere dann, wenn es gilt, die in Debatten über Ökologie verwandten Kriterien auf ihre Begründbarkeit zu überprüfen; generell soll dabei der Anspruch gelten, daß Prämissen für Behauptungen, die in ihren Aussagen auf irgendein Verständnis etwa des Wesens oder der Natur des Menschen rekurrieren und daraus Folgerungen ableiten, als anthropologische auszuweisen, zu vertreten und nicht zuletzt zu begründen sind. — Wenn etwa den Kontrahenten in Debatten über Ökologie mitunter Neoromantizismus oder Neorousseauismus vorgeworfen wird, so wäre ein dementsprechender Exkurs nicht nur angeraten, sondern angebracht. Besonders fatal, gleichsam kontraintentional wirkt in

[77] Ebd. S. 10.
[78] Adolf Portmann: Das Ursprungsproblem. A.a.O. S. 63f.
[79] Ekkehard v. Braunmühl: Antipädagogik. Studien zur Abschaffung der Erziehung; Weinheim, Basel 1975. S. 17.

ökologischen Utopien, von ihren Vertretern mitunter gänzlich unbemerkt, ein fortgesetzter Eurozentrismus; das Ideal des ‚natürlichen Menschen', der im ‚Einklang mit der Natur' unter friedfertigen Menschen ein glückliches Leben führt, ist Ausdruck eines verständlichen Wunsches, aber läßt sich eine solche Utopie anthropologisch begründen oder ethnologisch nachweisen?
Utopien schildern fremde oder fiktive Seinsweisen umwillen der eigenen, ihr wirklicher Ort (u–topos) ist nirgends. Beim Ideal vom ‚edlen Wilden' handelt es sich um eine Projektionsfigur, die als Reaktion auf die Kontingenzerfahrungen innerhalb einer Kultur geschaffen wurde, deren Sozialstrukturen in zunehmender Weise den Irritationen sozialgeschichtlicher Wandlungsprozesse unterworfen wurden. Als Montaigne in seinem Essay ‚Des Cannibales' das Bild vom ‚edlen Wilden' erschuf, war sein Motiv — Kulturkritik. Damit war jener utopisch–skeptische Impuls entstanden, der zum ständigen Begleiter der Entwicklungen von Neuzeit und Moderne werden und sich bis in die Zeit der ökologischen Diskurse fortsetzen sollte. Doch das Motiv bleibt ein Ideal, das Bild vom ‚Aristokraten des Urwaldes'[80] ist ein intellektuelles Antidot gegen die ausgemachten Risiken der Zivilisation.
Wenn etwa Rousseau in seinem ‚Émile' schreibt, der natürliche Mensch ruhe in sich, er sei eine Einheit und ein Ganzes,[81] so verhält sich seine Aussage merklich disparat zu den Antworten der neueren Anthropologie (von der er allerdings auch keine Kenntnis haben konnte) zum selben Problem. Der Widerspruch klärt sich auf, sobald Rousseau als Utopiker gedeutet wird: „Die Idee des Paradieses, des Standes der Unschuld, des goldenen Zeitalters, ohne die noch keine menschliche Generation gelebt hat ...", so Helmuth Plessner „... ist der Beweis für das, was dem Menschen fehlt, und für das Wissen darum, Kraft dessen er über dem Tier steht."[82].

> „Die Exzentrizität bedeutet für den so Gestellten einen in sich unlösbaren Widerspruch. (...) Er ist in sein Leben gestellt, er steht ‚dahinter', ‚darüber' und bildet daher die aus dem Kreisfeld ausgegliederte Mitte der Umwelt. Exzentrische Mitte bleibt aber ein Widersinn, ... Weil also die Existenz des Menschen für ihn einen realisierten Widersinn birgt, ... braucht er einen Halt, ..."[83]

Genau diejenige Einheit und Ganzheit, die Rousseau dem ‚Naturmenschen' attestieren möchte, dürfte in der Phase der Hominisation bereits mit dem ersten Bewußtseinsakt zerbrochen worden sein. Vor diesem Hintergrund wäre es zutreffender, den Menschen als einen zu beschreiben, der mit sich selbst uneins ist, der über Symbole, Handlungen und Religionen sich zu

[80] Vgl.: Karl–Heinz Kohl: Entzauberter Blick. Das Bild vom Guten Wilden und die Erfahrung der Zivilisation; Berlin 1981. S. 21ff.
[81] Vgl.: Jean–Jacques Rousseau: Emil oder Über die Erziehung. Vollst. Ausg.; 6. Aufl., Paderborn, München, Wien, Zürich 1983. S. 12.
[82] Helmuth Plessner: Die Stufen des Organischen ... a.a.O. S. 383.
[83] Ebd. S. 420f.

orientieren sucht, dennoch aber niemals zu sich kommen kann, denn die Suche nach Identität evoziert das jeweils Nichtidentische und zudem deren Dialektik. Das eigentliche Problem ist nicht die viel behauptete verlorene Instinktsicherheit, die vom Bewußtsein mehr als nur kompensiert werden kann, was das nackte Überleben anbelangt, sondern die Frage ist, woran sich das Orientierungsvermögen eines Bewußtseins seinerseits wieder orientieren kann. Es ist die Metaebene, auf der das Problem entsteht wie ein solches potentielles Vermögen tatsächlich verwirklicht werden kann; wenn Bewußtsein immer Bewußtsein von etwas ist, dann setzt jede Orientierung ihrerseits Strukturen voraus, durch die eine bestimmte Wahrnehmung von ‚Wirklichkeit' erst erzeugt werden muß, Strukturen, die im Bewußtsein erst realisiert werden müssen, und erst dann setzt das Orientierungsvermögen ein.

Diese Möglichkeit, Lebenswelten nunmehr konstituieren zu können, indem die Wahrnehmung sich anhand von Strukturen orientiert, die die Welt wie ein Netz überziehen sollen, so daß diese wie ein geordnetes Ganzes erscheint, hat zu einer unermeßlichen Vielfalt kultureller Variationen zum Thema ‚Sinn' geführt. — Die Variationsbreite menschlicher Kulturen erfaßt nach einer Analyse von Friedrich Keiter 18 Primär- und 217 Sekundär-Themen, die „... sich in einer freien Weise kombinieren können, die wenig durch Korrelationen oder Stilbindungen eingeengt wird." [84]. George Peter Murdock zählte 3000 verschiedene Kultursysteme und nicht verwunderlich erscheint dann auch die Unsicherheit bei der wissenschaftlichen Begriffsbildung[85]; so dürften mittlerweile ca. 300 verschiedene Definitionen von ‚Kultur' nachweisbar sein. Die lateinische Wortbedeutung zunächst trägt zwei Aspekte: ‚cultura' ist die Pflege von etwas, insbesondere beim Ackerbau die „... Pflege, um die Wirksamkeit der Natur zu erhöhen, ..."[86]. Der erste Aspekt bezieht sich also auf die Natur; durch gezielte Einwirkung wird aus der ‚wilden' Pflanze, aus dem freilebenden Tier die Kultur- oder ‚Nutz'-pflanze und das domestizierte Tier. Der zweite Aspekt mit der antiken Bedeutung ‚cultus' kommt unserem heutigen Kulturbegriff näher, gemeint ist die (Geistes-)Pflege einer menschlichen Lebensweise, also die ‚Pflege der Natur' des Menschen, besonders auch als Bildung.[87] Den eigentlichen, selbstständigen Begriff verwendet überraschend spät erstmals Samuel Pufendorf.[88] Zunächst war

[84] Vgl.: Friedrich Keiter: Verhaltensbiologie des Menschen auf kulturanthropologischer Grundlage (Monographien und Studien zur Konflikt-Psychologie. Abt. I: Konflikt-Analyse. Bd. 4); München, Basel 1966. S. 300ff., Zit. v. S. 303.

[85] Vgl. ebd. S. 9, S. 301ff. u. S. 347.

[86] Joseph Niedermann: Kultur. Werden und Wandlungen des Begriffs und seiner Ersatzbegriffe von Cicero bis Herder (Biblioteca dell' ‚Archivum Romanicum'. Serie I: Storia-Letteratura-Paleografia. Vol. 28°); Firenze 1941. S. 24.

[87] Vgl. ebd. S. 20ff.

„Kultivieren, tr.: Etwas anbauen; es pflegen; für gedeihliches Fortbestehn und höhere Ausbildung desselben Sorge tragen: Ein Land k., urbar machen; ... seinen Geist k., bilden; ..." (Wörterbuch der Deutschen Sprache. Mit Belegen von Luther bis auf die Gegenwart von D. Sanders. Bd. 1; Leipzig 1860. S. 1048.)

[88] Siehe hierzu: Emanuel Hirsch: Der Kulturbegriff. Eine Lesefrucht. In: Dtsch. Viertel-

Kultur die Sorge um ‚Veredelung' des von Natur aus Gegebenen, kultivieren ist demnach die Tätigkeit des Formens und Überformens; „... alles nicht von Natur Gegebene, sondern vom Menschen ... der Natur Hinzugefügte (der menschlichen Natur wie der Natur der Dinge), ist Kultur." [89]. Erst seit Pufendorf ist ‚cultura' nicht mehr Funktion von etwas, „... sondern umgekehrt, ein Etwas (origo) ist Funktion von cultura, d.h. cultura ist ein Begriff mit substantiellem Inhalt geworden."[90]. Wird, wie in den vorangestellten Definitionen, der Begriff von Kultur streng an der Domestikation von Tieren und Pflanzen orientiert und damit an die Einführung von Ackerbau und Viehzucht geknüpft, was dem engen Begriffsrahmen entspräche, den auch die Etymologie vermittelt, dann verfügten Wildbeutergesellschaften, Nomaden- und Hirtenvölker insgesamt nicht über ‚Kultur'. Zweifelsohne aber verfügen auch diese Gesellschaften über Strukturen von Sinn, die die notwendige Orientierung der Orientierung ausrichten, über Deutungen von Welt, über Kosmologie und Religion und insofern auch über ‚cultus'. Unter funktionalen Gesichtspunkten nehmen wir daher für uns eine Ausweitung des Begriffsrahmens vor, zugrunde gelegt wird dabei die bereits eingeführte Kategorie ‚Sinn'.

Kriegerische Auseinandersetzungen zwischen Wildbeutern und Nomaden einerseits und Bauern andererseits sind geschichtsnotorisch vom biblischen Brudermord bis zum Genozid im sogen. ‚wilden Westen' oder in Tasmanien. Der nicht-funktionale, tradierte Kulturbegriff, dem wir nun weiter folgen werden, formiert sich offensichtlich ex negativo; bereits von der bloßen Existenz des Anderen geht Gefahr aus: Der ‚Gast' ‚hostis' ist Fremdling und damit auch (potentiell) zugleich ‚Feind' und Gegner, der Begriff sucht die genauere Differenzierung nicht, im individuell oder auch im sozio-kulturell Fremden hat er sie bereits gefunden.

> „Der Grund für die beständige Bildung des Horizontes der Vertrautheit ist in der Tat eine zur Wesensverfassung der Mächtigkeit des Menschen gehörige Angst oder Bedrängtheit, die zugleich die feindselige Reaktion als Gegenschlag im Gefolge hat. Aber diese Angst ist verwurzelt in der Unheimlichkeit des Fremden und nicht in dessen möglicherweise abträglichen Wirkung auf die eigene Sphäre der Vertrautheit; ... Denn das Fremde ist das Eigene, Vertraute und Heimliche im Anderen und ... darum ... das Unheimliche. (...) Der Mensch sieht ‚sich' nicht nur in seinem Hier, sondern auch im Dort des Anderen. Die Sphäre der Vertrautheit ist also nicht von ‚Natur' begrenzt ... , sondern sie ist offen und erschließt ihm dadurch die Unheimlichkeit des Anderen in der unbegreiflichen Verschränkung des Eigenen mit dem Anderen. (...)(...) Was dem Menschen jeweils unheimlich und fremd ist und wie sich

[89] Joseph Niedermann: Kultur. A.a.O. S. 159.
[90] Ebd. S. 167.

> ihm die Fremdheit gestaltet, welche die aggressive Abwehr- und Schutzstellung bedingt, hängt von seiner jeweiligen Lebensstellung zu sich und ‚Welt' ab. Man darf nicht sagen, daß die Welt oder die Natur das zunächst Unheimliche und Feindselige sei. (...) Die berühmte positivistische Idee von der schreckerfüllten Urzeitstufe, auf der dem Menschen alles grauenhaft und unverständlich war, ist längst durch die Ethnologie und Völkerpsychologie widerlegt!"[91]

Der Vorgriff ins Unbekannte, so Plessner weiter, verlange Sicherung gegen dieses. Seitens der Kulturanthropologie scheint nichts gegen das hier formulierte Prinzip zu sprechen; allgemein kann geltend gemacht werden: Kulturen sichern und stabilisieren ihre Funktion als Sinnsysteme angesichts dessen, was die interne Ordnung ihrer Strukturen irritiert. Fraglich ist jedoch, ob sich ebenso auch verallgemeinern läßt, wie Sicherung gegen Unbekanntes stattfindet, ob dabei der Vorgriff ins Unbekannte immer schon intendiert ist oder ob sich Kulturen mitunter nicht gerade gegen Unbekanntes sichern, nicht nur ‚um' danach zu greifen, sondern vielmehr auch ‚um' von diesem nicht ergriffen zu werden. Damit nähert sich unser Diskurs zur Anthropologie dem

[91] Helmuth Plessner: Macht und menschliche Natur. Ein Versuch zur Anthropologie der geschichtlichen Weltansicht (1931). In: Ges. Schr. Bd. V: Macht und menschliche Natur; Frankfurt 1981. S. 192–198.

Es ist philosophisch ebenso befremdlich, wie kulturanthropologisch nachvollziehbar, daß die Wahl der Kriterien für Historizität allzu häufig auf einen ausgemachten Eurozentrismus zurückgeht. Es ist verständlich, wenn subjektiv davon ausgegangen wird, die beste Art zu leben sei immer noch die eigene —, aber es sollte gleichwohl ebenso selbstverständlich sein, daß dementsprechende Kategorien, die nur dem eigenen kulturellen Hintergrund entlehnt sind, schlechterdings nicht mit dem Anspruch universaler Geltung und noch dazu mit wissenschaftlichem Impetus geltend zu machen sind. Gewiß sind die Folgen der vielfältigen Historismus–Debatten und der Kulturkreis–Lehren für die Konzeption einer ‚Weltgeschichte' katastrophal, aber die Behauptung vom quasi naturgesetzlichen Verlauf von Geschichte hat schließlich die Gegenthesen von Relativismus und Perspektiven–Pluralismus selbst herausgefordert. Probabilistische Erweise, denen zufolge Universalismus möglich sein muß, weil wir seiner bedürfen — etwa um in der Vielheit ihrer Stimmen die Einheit der Vernunft wahren zu können —, verstärken eher noch die Verdachtsmomente, wonach, wenn nicht qualifizierbare Argumente vorgebracht werden, schlicht die Undurchführbarkeit derartiger Konzeptionen einzugestehen sei.
Es müßte eigentlich einsichtig sein, auch unter Nicht–Ethnologen und ohne selbst Feldstudien betrieben zu haben, daß wir doch nicht einfach unsere eigenen Maßstäbe anlegen dürfen, wenn es gilt, fremde, ja vielleicht befremdliche Lebensweisen zu erfahren, zu beschreiben oder etwa zu beurteilen. Eine alle hermeneutische Behutsamkeit hinter sich lassende Verfahrensweise, die alle erdenklichen kulturellen Identitäten so lang nivelliert, bis sie ins bereitgestellte Prokrustesbett einer universalen Historie hineinpassen, darf nicht einmal beanspruchen, wissenschaftlich zu heißen. — Beim Versuch einen universalisierbaren Begriff von Geschichtlichkeit zu bestimmen, kann diese nicht selbst vorausgesetzt werden, wenn es gilt, auch solche Gesellschaften miteinzubeziehen, die von sich aus die Phänomene historischer Wandlungen nicht aufweisen. Allzu leicht gerät dem auf Entwicklung fixierten Selbstverständnis der Wunsch zum Vater des Gedankens seiner Genealogie, und selbst die, die nichts von ihr ahnen, sollen dieser dennoch die Ehre erweisen, ein Unterfangen, von dem letztlich nur der Erkenntniswert einer abstrakt gehaltenen Autobiographie erwartet werden darf.

problematischen Übergang von der Kulturanthropologie zu einer Theorie der Historizität.
Um einen auch ethnologisch vertretbaren Übergang von der Kulturanthropologie zu einer Theorie der Historizität zu entwickeln, läßt sich eine idealtypische und polarisierende Unterscheidung von Mythos und Utopie voraussetzen. Ausgehend von den beiden Extremen rückwärts gewandter Utopien, bzw. vorwärtsgewandter Mythen lassen sich Gesellschaften mit einer auf Vergangenheit gerichteten Tendenz von solchen unterscheiden, deren ,Traumzeit' nicht etwa wie bei den australischen Aborigines in ,der' Vergangenheit, sondern in ,der' Zukunft liegt. Insofern kann von einer mythisch orientierten Gesellschaft gesagt werden, sie verfüge über eine durch Riten aktualisierte Historizität, die gerade so angelegt ist, Wandlungsprozesse zu vermeiden; jeglicher ,Fortschritt' würde schließlich die Distanz zu jenen idealen Zeiten vergrößern, von denen die Mythen erzählen.
Bezeichnend ist, daß der Begriff ,Kultur' bereits eine prozessuale Wertung mitausdrückt. Etymologie und Archäologie führen daraufhin zu äußerst instruktiven Erkenntnissen. Wie bereits anhand der lateinischen Wortgeschichte ersichtlich wurde, setzt ,kultivieren' eine seßhafte, ursprünglich die bäuerliche Lebensweise voraus. Der Übergang zu dieser Lebensweise vollzog sich jedoch, im Verhältnis zu den immensen Zeiträumen vom TMÜ bis zur sogen. neolithischen Revolution, ausgesprochen spät. Vermutlich waren es Hirtenvölker, die allmählich vom Nomaden–Dasein zur Seßhaftigkeit, zu einer mit größter Wahrscheinlichkeit niemals zuvor praktizierten Lebensweise übergingen. Es ist unbedingt notwendig, sich die seinerzeit gewiß empfundene Ungeheuerlichkeit dieser Veränderungen vor Augen zu führen, denn es wurde dabei nicht nur mit der überlieferten Lebensweise gebrochen, sondern auch mit dem bisherigen Verhalten zur Natur. Um die Gewagtheit des Unternehmens zumindest annähernd nachvollziehen zu können, nehmen wir einmal an, es handelte sich dabei um Hirtenvölker, deren Weltbild einer totemistischen Kosmologie entsprochen haben könnte, was allerdings nur vermutet werden darf; diese hätten daraufhin nicht nur mit dem Zorn der Ahnen, sondern zudem noch mit einer Nemesis–Natur zu rechnen. — Die Motive, die zu diesem Schritt bewogen haben mögen, sind kaum mit Gewißheit zu eruieren, in dieser Frage läßt sich allerdings das allzu eingängige Argument vom ,Selektionsdruck', von dem ausgehend sich die pragmatistische Kette ,Mängelwesen–Mangelzustand–Werkzeug–Technik–Überleben' ebenso eindrucksvoll wie unbegründet heranführen läßt, in keinem Fall anwenden, denn die Klimate waren günstig wie selten zuvor. Es muß sich im wahrsten Sinne des Wortes um eine Entscheidung gehandelt haben; im Innern der manifesten Orientierung an einer idealen Urzeit entstanden Impulse mit entgegengesetzter Tendenz, die Bereitschaft zur Innovation setzt den Gedanken einer Intention auf ,Entwicklung' voraus, als Keimzelle von Fortschrittsdenken, Zielorientierung und Utopie.

Seßhaftigkeit und Tierzucht bedingen Pflanzenanbau und die Domestikation von Tier und Pflanze bedingt ihrerseits die Domestikation des

Menschen.[92] Ohne an dieser Stelle im Detail die Vor- und Nachteile der Seßhaftigkeit und der Lebensweise einer Wildbeutergesellschaft gegeneinander abzuwägen, sei darauf hingewiesen, daß infolgedessen eine große Zunahme der Bevölkerung zu verzeichnen ist, was allgemein als Zeichen für den Erfolg dieser Subsistenzweise gedeutet wird. Aber die Erfahrung von Hungersnöten, Seuchen und Dürrezeiten, ebenso, wie eine beträchtliche Zunahme der Arbeit sind gleichwohl Erfahrungen, die den Gesellschaften von Jägern, Sammlern und Nomaden — entgegen der landläufigen Meinung — weitgehend erspart bleiben.

> „Die ältesten Belege für Anbau und Tierzucht stammen aus einem Teilgebiet des Vorderen Orients, das von den Geographen als ‚Fruchtbarer Halbmond' bezeichnet wird. Es handelt sich dabei um den sichelförmigen Streifen wohlbewässerten Landes, der von Palästina im Südwesten hinaufreicht bis zum Oberlauf des Tigris und sich von dort in der Fußzone der türkisch-iranischen Gebirgsketten nach Südosten erstreckt bis fast zum Persischen Golf. (...) Schon vor der Bestätigung durch archäologische Befunde wurden in diesem Gebiet aufgrund einer anderen Hypothese die Zentren von Ackerbau und Viehzucht vermutet; denn hier überschneiden sich die Verbreitungsgebiete der wilden Ausgangsformen früher Haustiere und Kulturpflanzen, ... So war es naheliegend, den Ursprungsherd von Getreidekultivation und Haustierdomestikation hier zu lokalisieren. (...)(...) Inzwischen sind an einer ganzen Reihe von Fundorten Ablagerungen erfaßt worden, die in die Zeit des Übergangs zwischen Wildbeutertum und bäuerlicher Wirtschaft gehören, ... (...). Fest steht bereits heute, daß der Zeitraum dieses

[92] „*dem-, demə-* ‚bauen', ursprüngl. wohl ‚zusammenfügen'; Wurzelnomen *dĕm-, dŏm-, dm-, dm̥-*, davon abgeleitet *domo-, domu-* ‚Haus'. Gr. δέμω ‚baue', von der schweren Basis Partiz. Perf. Pass. δεδμημένος, dor. (Pindar) νεόδματος ‚neugebaut', ... Die Bedeutung ‚fügen, passen' in got. *ga-timan*, as. *teman*, ahd. *zeman* ‚geziemen, passen', wozu dehnstufig got. *ga-tēmiba* Adv. ‚ziemend', mnd. *be-tāme* ‚passend', ahd. *gi-zāmi* ‚geziemend' und tiefstufiges Abstrakt ahd. *zumft*, mhd. *zumft zunft* ‚Schicklichkeit, Regel, Verein ‚Zunft' ... (...) (...) Eine alte Abzweigung unserer Wz. ist *demā-* ‚zähmen', ursprgl. wohl ‚ans Haus fesseln, domestizieren'. (...) (*demə-*), *domə-*, d_o*mə-* ‚zähmen, bändigen'; Partiz. Pass. *dm̥̄-tó-s*, d_o*mə-tó-s*; *domo-s* und d_o*mo-s* ‚zahmes Tier, zahm', d_o*mi̯o-s* ‚junger, zu zähmender Stier', *domə-tor-* ‚Bezwinger', *domə-tu-* ‚Bändigung' (...) (...) lat. *domō* (**domā-i̯ō* = *damāyáti*), *domās* (**domā-si* = ahd. *zamōs*) ‚bändige, zähme', Perf. *domui* (aus **domə-u̯ai*), Partiz. *domitus* (nach *domuī* und *domitor* aus **dm̥ātos*, idg. **dm̥̄-to-s* umgebildet), *domitor* ‚Bezähmer' ... " – „*ku̯el- ku̯elə-* ‚drehen, sich drehen, sich herumbewegen, fürsorglich um jemanden herum sein, wohnen' u. dgl.; *ku̯elo-, ku̯olo-* ‚Drehung, Rad', *ku̯ol-so-* ‚Hals' (lat. ir. germ.), *ku̯eku̯lo-, ku̯oku̯lo- (?)* ‚Rad'. Ai. *cárati, calati* ‚bewegt sich, wandert, weidet, treibt' usw., dehnstufig *cā́ra-* m. ‚Gang', usw.; av. *čaraiti* ‚versatur, obliegt einer Tätigkeit' usw., *čarāna-* ‚Feld', apers. *parikarā* ‚pflege! cole!'; ... lat. *colō, -ere* ‚bebaue, bewohne; pflege; ehre' (**ku̯elō*); *colōnus* ‚Landwirt, Bauer', *incolere* ‚bewohnen', *incola* ‚Einwohner', *inquilīnus* ‚Insasse', *Esquiliae* ‚Außensiedlungen'; über *anculus* ... " (Julius Pokorny: Indogermanisches etymologisches Wörterbuch. Bd. I; Bern, München 1959. Zit. v. S. 198ff. u. S. 639.)

> Übergangs etwa vom 12. bis zum 8. Jahrtausend v. Chr. reicht. Am Anfang des 7. Jahrtausends finden sich im gesamten Gebiet, ... voll entwickelte bäuerliche Siedlungen, ...“ [93] — „Fragt man sich, wie lange es gedauert haben mag, bis Wildschafe oder Wildziegen sich im Zusammenleben mit dem Menschen so weit verändert hatten, daß dies auch an den allein überlieferten Knochenfunden erkennbar wird, so ist man wieder auf Analogieschlüsse angewiesen. Beobachtungen an Zootieren beispielsweise zeigen, daß schon nach wenigen Generationen nicht mehr die Größe der Wildformen erreicht wird. Auch andere Veränderungen stellen sich in Zeiträumen ein, die in archäologischer Sicht als ganz kurz gelten müssen. (...)(...) Wenn wir also gegen Ende des 8. Jahrtausends v. Chr. an den Fundorten des Fruchtbaren Halbmondes erstmals Reste von Hausschafen und Hausziegen finden, so spiegeln diese Funde tatsächlich den damals gerade erfolgten Übergang zu einer voll entwickelten bäuerlichen Wirtschaft ... Erst die Kombination von pflanzlicher und tierischer Nahrungsproduktion hat jenen Wandel bewirkt, der als ‚neolithische Revolution‘ in den historischen Wortschatz eingegangen ist.“[94]

Im umhegten Raum entstehen also Verhältnisse, die anders sind, Kultur und Natur gehen nicht mehr ineinander auf, vor den Augen der neolithischen Züchter entwickelt sich eine zweite Natur, und es ist mehr als bemerkenswert, daß auch der terminus ‚telos‘ hier seine Wurzeln hat und den Impressionen der neuen Lebenswelt nachhaltig Rechnung trägt.[95] Kultivierung ist zielgerichtetes Handeln, die Intention verfolgt dabei selbstgesetzte Zwecke des Verbesserwollens, mit der dementsprechenden Grundhaltung ist auch die Disposition zur Naturbeherrschung potentiell bereits gegeben. Kultur und Natur treten in das Verhältnis ihres Gegensatzes, im Inneren herrscht eine beliebige Ordnung und außen die Wildnis. Ihr Sinnbild ist die Grenze durch die sich diese Lebenswelt stabilisiert. Das eingenommene Land, das eingefangene Tier und die eingeführte Pflanze unterliegen von nun an Selektionsgesichtspunkten in Hinsicht auf Zwecke, die der Mensch gesetzt

---

[93] Hans–Peter Uerpmann: Die Anfänge von Tierhaltung und Pflanzenbau. In: Hansjürgen Müller–Beck (Hrsg.): Urgeschichte in Baden–Württemberg; Stuttgart 1983. S. 408–411.

[94] Ebd. S. 420–422.

[95] „gr. πέλω, πέλομαι ‚bin in Bewegung‘ (π Äolismus), Aor. ἔπλετο, Partiz. περιπλόμενος ‚umzingelnd (eine Stadt); sich herumdrehend, den Kreislauf vollendend (ἐνιαυτός)‘, mit außeräol. τε- = *kᵘe-: περιτελλόμενος in ders. Bed. (τέλλω ‚vollende‘ Pind.), hom. τελέθω ‚bin, werde‘, kret. τέλομαι ‚ἔσομαι‘, ‚kypr. τενται ‚er wird sein‘, auch τέλος‘ n. ‚Ende‘, eigentl. ‚Wende‘ (τελέω ‚vollende‘, τέλειος, τέλεος aus *τελεσ-ϝο-ς ‚fertig, vollendet, reif, erwachsen‘, τελευτή ‚Vollendung, Beendigung, Ende‘), wozu τέλσον (*τελσϝον, vgl. oben ai. *karṣū́-*) ‚Grenzfurche‘ d.i. ‚Wendestelle des Pfluges auf dem Acker‘; πόλος ‚Achse (Drehpunkt); umgepflügtes (umgewendetes) Land‘, πολέω ‚bewege mich herum, verweile‘, ... πολεύω ‚bewege mich herum‘ (γῆν ‚pflüge um‘), ion. att. ἐπιπολῆς ‚auf der Oberfläche‘, ἐμπολή ‚Handelsware‘; πωλέομαι ‚bewege mich an einem Orte herum, komme häufig hin‘; ...“ (Julius Pokorny: Indogermanisches etymologisches Wörterbuch. Bd. I. A.a.O. S. 639)

hat, aber auch dieser selbst lebt nun in Verhältnissen, die bindend sind. Vor diesem Hintergrund erscheint der Impetus, mit dem Gordon Childe — der den Begriff der ‚neolithischen Revolution' prägte — sein Urteil fällt, ausgesprochen unverständlich: „Die Befreiung aus der Enge des Wildentums brachte eine Umwälzung in Wirtschaftsform und angewandtem Wissen, welche die Beteiligten aus Nutznießern zu tätigen Mitarbeitern der Natur machte."[96]. Bei solcher Beurteilung wäre eher das Gegenteil angemessen; werden beide Lebensweisen miteinander verglichen, dann trat anstelle des weiten Lebensraumes beim Wildbeuter die Enge eines bäuerlichen Milieus, auch wurde hier nicht der Mensch zum Mitarbeiter der Natur (als habe diese förmlich darum gebeten), sondern die Natur wurde zur Mitarbeiterin des Menschen erklärt.

Zwischen Kultur als Sinnsystem tradierter Deutungen und Differenzierungen einerseits und Welt andererseits, verlief zuvor eine eher imaginäre Grenze, an der sich das jeweilige Sinn-Verstehen lebensweltlicher Orientierung durch den wechselseitigen Bezug zwischen Innen und Außen stabilisierte. Nun aber wurde der umgrenzte Naturraum zur Kulturreservation, im Innern ein Hof, ein Dorf oder eine befestigte Stadt, Jericho[97].

Als zweite Natur erscheint Kultur jedoch nun nicht mehr nur imaginär sondern substantiell, zwei Welten waren entstanden, deren übergreifende Deutung für eine jede Kosmologie zu einem Problem werden mußte, denn die Sinnbilder des einen stimmten nicht mehr mit den Sinnbildern des anderen überein. Wie Hermann Müller-Karpe vermutet, könnte daraufhin die Abhängigkeit des Menschen von der alles durchwaltenden göttlichen Macht in Frage gestellt worden sein:

> „Es wäre dies ein Geschehen, das dem in der religiösen Tradition vieler Völker vor allem des Vorderen Orients als so entscheidend wichtig gewerteten Sündenfall entsprechen würde. Die Möglichkeit ist nicht auszuschließen, daß die Erinnerung an ein solches Geschehen durch mehrere Jahrtausende hindurch, in den Kult und später in den Mythos eingebettet, bewahrt wurde."[98].

Mit dieser nicht ganz glücklich gewählten Unterscheidung von ‚Kult' und Mythos versucht Müller-Karpe die vermutete religionsgeschichtliche Entwicklung zu erläutern. Gemeint ist jedoch das spezifische Phänomen einer Mythendifferenzierung, die sich teils nachweisen, allgemein aber nur vermuten läßt; als

---

[96] Gordon Childe: Stufen der Kultur. Von der Urzeit zur Antike; Stuttgart, Zürich, Salzburg o.J. S. 60.

[97] „Bereits in neolithischer Zeit Bau einer ersten Mauer (bis zu 5 m Höhe erhalten), davor Wehrgraben (9 m breit, 3 m tief). Stadtgebiet ca. 4 ha. Im Westen ein Turm von 9 m Durchmesser mit Innentreppe (noch heute ersteigbar). Jericho ist damit die älteste befestigte Stadt der Welt." (Abraham Negev: ‚Jericho'. In: Ders. (Hrsg.): Archäologisches Lexikon zur Bibel. Bearb. v. J. Rehork; München, Wien, Zürich 1972. S. 187-188.)

[98] Hermann Müller-Karpe: Geschichte der Steinzeit; 2. durchges. u. erg. Aufl., München 1976. S. 276.

Folge der Neolithisierung werden, so die an den Osiris–Mythen nachgewiesene Ätiologie, die Vorstellungen göttlicher Mächte anthropomorphisiert.[99] „Die alten Kultformen genügten augenscheinlich den nach neuen Dimensionen verlangenden religiösen Bedürfnissen ... nicht mehr.“[100] Solche Differenzierungen und Transformationen, in deren Verlauf die Darstellung göttlicher Mächte zunehmend menschliche Züge erhält, wären demnach nicht nur Ausdruck dessen, daß sich der Mensch nunmehr selbst als Naturmacht zu begreifen beginnt, sondern zugleich immer auch Indikatoren für Historizität und von wiederum gegen diese gerichteten Kompensationsversuchen. Bei der Übernahme des Ackerbaus können bereits Enkelinnen, wie Hansjürgen Müller–Beck hervorhebt „... die Traditionen ihrer Großmütter in weniger als einem Jahrhundert aufgegeben haben. Auch die Übernahme der Viehzucht brauchte kaum viel längere Zeit.“ [101]. Die Erfahrung sozio–kultureller Wandlung ist stets auch Erfahrung von Kontingenz, Mythen ‚erklären‘, warum Welt und Lebenswelt auf eine bestimmte Weise eingerichtet sind und nicht vielmehr ganz anders, Umbruchzeiten fordern den Zweifel in ihre Verbindlichkeit heraus; gleichsam als Reaktion auf die mit Veränderungen verbundenen Irritationen wandeln sich ‚Erklärungen‘, transformieren die Mythen und transgredieren zum Utopischen. Insofern wären Phänomene solcher Differenzierung — also Mythen u.U. selbst bereits, wie Max Horkheimer und Theodor W. Adorno in ihrer ‚Dialektik der Aufklärung‘ dargestellt haben, maßgeblich charakteristisch für den ersten Akt eines (möglichen) Prozesses, in dem neben der ‚Mimesis‘ erstmalig auch eine säkularisierende, profanisierende und letztlich verdinglichende ‚Ratio‘ auftritt, die ihrerseits wiederum ständig vom Schatten ihres ‚Nichtidentischen‘ nicht nur begleitet sondern verfolgt, unterminiert und dabei insbesondere in Kunst, Ästhetik und Philosophie mit den Irritationen ihrer eigenen Kontingenz konfrontiert wird.

> „Als sprachlich entfaltete Totalität, deren Wahrheitsanspruch den älteren mythischen Glauben, die Volksreligion, herabdrückt, ist der solare, patriarchale Mythos selbst Aufklärung, mit der die philosophische auf einer Ebene sich messen kann. Ihm wird nun heimgezahlt. Die Mythologie selbst hat den endlosen Prozeß der Aufklärung ins Spiel gesetzt, in dem mit unausweichlicher Notwendigkeit immer wieder jede bestimmte theoretische Ansicht der vernichtenden Kritik verfällt, nur ein Glaube zu sein, bis selbst noch die Begriffe des Geistes, der Wahrheit, ja der Aufklärung zum animistischen Zauber geworden sind. (...) Wie die Mythen schon

[99] Siehe: Siegfried Schott: Mythe und Mythenbildung im alten Ägypten (Untersuchungen zur Geschichte und Altertumskunde Ägyptens. Bd. 15); Leipzig 1945.

[100] Hermann Müller–Karpe: Geschichte der Steinzeit. A.a.O. S. 330.

[101] Hansjürgen Müller–Beck: Die späte Mittelsteinzeit. In: Ders. (Hrsg.): Urgeschichte in Baden–Württemberg. A.a.O. S. 403f.

> Aufklärung vollziehen, so verstrickt Aufklärung mit jedem ihrer Schritte tiefer sich in Mythologie."[102]

Die Hochkulturen der von Karl Jaspers sogen. ‚Achsenzeit' hatten bei mitunter gravierenden Unterschieden dennoch offenbar eines gemeinsam: die Person des Herrschers oder der Herrscherin, die als göttliche Menschen oder menschliche Götter verehrt worden waren. Im Gotteskönigtum wurden die auseinandergetretenen Reiche der ersten und der zweiten Natur wieder in eins gesetzt und umklammert durch Theokratie, so daß die mit der neolithischen Revolution einsetzenden Differenzierungen von Kultur und Natur in einer höheren Ordnung wieder aufgehoben und gleichsam post festum legitimierbar gehalten werden konnten. So schreibt beispielsweise Johannes Pedersen über die kanaanäische Religion zu jener Zeit, bevor israelitische Stämme (ca. 1200 v.u.Z.) in Kanaan einwanderten:

> „Wahrscheinlich hat der König — jedenfalls in älterer Zeit — beim Fest die Rolle des leitenden Gottes gespielt. Er war der Träger des Segens des Volkes und konnte als Repräsentant des Volkes für das Volk handeln. Gleichzeitig war er jedoch durch seine Weihe geheiligt, und damit war ihm göttliche Kraft verliehen, so daß er dem Volk gegenüber die Götter repräsentieren konnte. (...)(...) Der König nimmt also eine Doppelstellung ein, oder besser eine Übergangsstellung zwischen Göttern und Menschen. (...) In den Göttern sind die tragenden Kräfte des Lebens konzentriert. Die Menschen und die Natur müssen sich durch die Kraft der Götter erneuern, aber auch die Kraft der Götter muß sich erneuern durch die unablässige Neuschaffung von Heiligkeit." [103].

Eine derartige Kosmologie trägt mit dem von der neolithischen Revolution induzierten Dualismus zwischen Kultur und Natur, Himmel und Erde, Götterwelt und Lebenswelt bereits die Potentiale einer Historizität in sich, die nur noch jenes sprichwörtlichen Funkens bedarf, um tatsächlich prozessual zu werden. Mit nachhaltiger Skepsis kommentiert Giambattista Vico die zu vermutenden subjektiven Motive: „Zuerst fühlen die Menschen das Notwendige, dann achten sie auf das Nützliche, darauf bemerken sie das Bequeme, weiterhin erfreuen sie sich am Gefälligen, später verdirbt sie der Luxus, schließlich werden sie toll und zerstören ihr Erbe."[104].
Gewiß haben alle menschlichen Gesellschaften Geschichte, eine gleich lange, die bis zum Ursprung im TMÜ zurückreicht. Doch zeigen bestimmte Kulturen mehr, andere aber weniger Veränderungen im Prozeß ihrer Geschichte. Es

---

[102] Max Horkheimer u. Theodor W. Adorno: Dialektik der Aufklärung. Philosophische Fragmente; Frankfurt 1969. S. 14.
[103] Johannes Pedersen: Kanaanäische Religion. In: Handbuch der Religionsgeschichte. Bd. 2; hrsg. v. J. P. Asmussen u.a.; Göttingen 1972. S. 51f.
[104] Giambattista Vico: Die Neue Wissenschaft ... a.a.O. S. 101.

ist daher für eine Theorie der Historizität unabdingbar, auch auf solche Gesellschaften anwendbar zu sein, die sich unserer Auffassung nach — also ‚für uns' — als ‚geschichtslos' darstellen. Eine dementsprechende Theorie muß neben Kriterien positiver Historizität auch solche umfassen, die den Phänomenen einer ‚negativen Historizität' gerecht werden können. Claude Lévi-Strauss unterstellt den nicht-kumulativen, stationären Gesellschaften ‚eine besondere Weisheit', die sie veranlasse, einer jeden Veränderung ihrer Struktur, die das Eindringen von Geschichte ermöglichen würde, verzweifelt Widerstand zu leisten.[105] Lévi-Strauss zufolge sind es vornehmlich drei Prinzipien, nach deren Maßgabe sich stationäre Gesellschaften dem Eintritt in gesellschaftliche Wandlungsprozesse widersetzen: Erstens, Einheit hat Vorrang vor Veränderung, zweitens, eine tiefe Ehrfurcht vor Naturkräften, drittens, die Abneigung, sich historischem Werden zu verpflichten.[106] Er warnt durchaus zu Recht vor dem eurozentrischen Standpunkt, stationäre Kulturen am Maßstab von Zivilisationen beurteilen zu wollen, vor ‚falschem Evolutionismus', verschiedene Kulturen, verschiedene Zeiten als Stadien oder Etappen einer einzigen Entwicklung betrachten zu wollen, die zum gleichen Ziel führen müsse.[107] Unter funktionalen Gesichtspunkten betrachtet, dienen z.B. die für unser Verständnis mitunter äußerst komplizierten Heiratsregeln dieser Kulturen in erster Linie dem Ziel, möglichst viele Verwandte zu erzielen, um damit Verbindungen zu erhalten, die das Auftreten bewaffneter Konflikte unmöglich machen sollen. So steht auch der Ausgang eines Rituals oftmals von vornherein fest, Beschlüsse können nur einstimmig gefaßt werden, strukturell muß der Interaktionismus einzelner Gruppen so determiniert sein, daß Antagonismen schlechterdings nicht auftreten. Ein in diesem Zusammenhang beliebtes und instruktives Beispiel stammt von dem Ethnologen K. E. Read: „Als die Gahuku-Gama auf Neuguinea anfingen, Fußball zu spielen, konnten zwei gegnerische Klans tagelang um den Ausgang spielen — so lange, wie es notwendig war, um ein Unentschieden zu erzielen."[108]. ‚Gewinnen' bedeutet im Symbolismus der Indianer ‚töten'. — Den Unterschied zwischen ‚Primitiven' und ‚Zivilisierten' suchte Lévi-Strauss in einem Gespräch durch Verwendung von Metaphern der Thermodynamik zu erläutern. Kulturen mit negativer Historizität — am ‚Nullpunkt der Geschichte' — verfahren demnach ‚regelmäßig und zyklisch', wobei sie nacheinander mehrere Stadien durchlaufen, um schließlich zum Ausgangspunkt zurückzukehren und um

---

[105] Vgl.: Claude Lévi-Strauss: Strukturale Anthropologie II. Übers. v. E. Moldenhauer u.a.; Frankfurt 1975. S. 39.

[106] Vgl. ebd. S. 357f.

[107] Vgl. ebd. S. 381 und 371.

[108] K. E. Read: Leadership and Consensus in a New Guinea Society. In: American Anthropologist, 1959, N.S., 61 (3). S. 428. Hier zit. n.: Marshall Sahlins: Kultur und praktische Vernunft. Übers. v. B. Luchesi; Frankfurt 1981. S. 79. Siehe auch Claude Lévi-Strauss: Strukturale Anthropologie II. A.a.O. S. 358.

ihren Lauf von neuem zu beginnen.[109] Eine solche Gesellschaft sei bestrebt, fortzubestehen „ ... wie eine Uhr, deren Räder alle harmonisch am selben Werk teilhaben ...“[110]. — Wenn aber nun Mythen, Riten und Verhaltensnormen versagen — wie im Falle der neolithischen Revolution, in deren Folge die Deutungssysteme nicht mehr Natur als auch Kultur wechselseitig aufeinander beziehen konnten —, dann ist das Auftreten virulenter Antagonismen kaum noch zu vermeiden, im Sinne der von Lévi-Strauss verwandten Metaphorik kommt es daraufhin zu einem sozialen Gefälle, einem ‚Energiegefälle‘ und somit zur Historizität.
Eine jetzt ‚heiß‘ gewordene Gesellschaft tritt in Widerspruch zur tradierten kulturellen Ordnung, die soziale Interaktion verläuft nicht mehr in den herkömmlichen, zyklischen Bahnen und die Mythen werden transformiert um auf höherer Ebene die auseinanderdriftende Polarität von Lebenswelt und Sinnorientierung wieder mit adäquaten Deutungssystemen in Übereinstimmung zu bringen. Stattdessen aber sind zunächst geschichtlich bewegende Ereignisse an der Tagesordnung, als Ausdruck des Bemühens um wieder ausgewogene, soziale und kulturelle Verhältnisse. — Nach diesem Modell müßten ‚unruhige Verhältnisse‘ eigentlich kurzfristige und vorübergehende Zeiterscheinungen sein; die Historizität müßte unmittelbar jeweils wieder auf ihren Nullpunkt zurücksinken, sobald soziale Konflikte bereinigt, sozio-kulturelle Widersprüche wieder ausgeglichen sind, — Zivilisationen vergleicht Lévi-Strauss dagegen mit „... Maschinen, die einen latenten Antagonismus von Wärmeentwicklung und Abkühlung in sich bergen.“[111]. Die Ursachen dieser besonderen geschichtlichen Virulenz, die Tatsache, daß sie sich im Prozeß der Zivilisation nicht wieder ‚abkühlen‘, vermutet er im Prinzip dieser Gesellschaften:

> „Das große Problem der Zivilisation bestand also darin, ein soziales Gefälle aufrechtzuerhalten. Wir haben gesehen, wie dieses Gefälle in Form der Sklaverei, der Leibeigenschaft und schließlich in der Bildung des Proletariats entstand. (...) In der Gesellschaft selbst oder durch die Unterwerfung eroberter Völker mußte ständig ein Gefälle zwischen einer herrschenden und einer beherrschten Gruppe geschaffen werden. Dieses Gefälle ist aber immer nur vorläufig, wie bei einer Dampfmaschine, ...“[112].

Elman R. Service hat in einer breit angelegten und äußerst instruktiven Studie das plausible Modell einer Theorie der Ursprünge des Staates und der Zivilisation vorgelegt. Für den Ansatz seiner Theorie und zugleich als Bedingung für die Entwicklung der Hochkulturen von Mesopotamien und Ägypten (um 3500 bis 3000 v.u.Z.), im Industal (um 2500 v.u.Z.), am

---

[109] Vgl.: Claude Lévi-Strauss: ‚Primitive‘ und ‚Zivilisierte‘. Nach Gesprächen aufgezeichnet von G. Charbonnier. Übers. v. A. Kuoni u. K. Reinhart; Zürich 1972. S. 38ff.
[110] Ebd. S. 36.
[111] Ebd. S. 36.
[112] Ebd. S. 41.

großen Knie des Huang-ho in China (1500 v.u.Z.), in Mittelamerika und an der Küste Perus (um die Zeitenwende), bedient sich Service des ersten der ,drei Typen der legitimen Herrschaft' nach Max Weber.[113] Anhand von ethnologischem Vergleichsmaterial sucht er zu rekonstruieren, wie, wann, unter welchen Bedingungen und mit welchen Folgen egalitäre Gesellschaften den idealtypischen ,evolutionären Weg von der Big-man-Gesellschaft über das Häuptlingstum zur Zivilisation' hatten einschlagen können.[114]
Wir hatten bereits mehrfach auf die zentrale Rolle des Gottes-Königtums als eines offenbar integrierenden und gemeinsamen Bestandteils der frühen Hochkulturen hingewiesen; es gilt nun, den Prozeß der Mythentransformation zu skizzieren. Wie also wird aus einer egalitär-segmentalen Gesellschaft schließlich eine hierarchische — mit dauerhaft zugeschriebenen, differenzierten, hohen und niedrigen Statusrängen? — Zunächst treten politische Führer, so Service,

> „... nur fallweise in Erscheinung, ihr Handeln ist sporadisch und beschränkt sich gewöhnlich auf den Kontext ihres speziellen Kompetenzbereiches. Die ihrer Person inhärente Macht läßt den ursprünglichen Charismabegriff Max Webers als angemessene Kennzeichnung erscheinen. Die Gesellschaft geht davon aus, daß die Fähigkeiten ihres Führers in der Tat überdurchschnittlich sind, und erkennt ihm damit Macht zu. Diese Art Macht ist freilich bei den meisten primitiven Gesellschaften so begrenzt und persönlich, daß man am besten nicht von Macht, sondern von Einfluß spricht."[115].

Ein solches embryonales Häuptlingstum kann sich jedoch erst dann in ein reales verwandeln, wenn die charismatische Macht als Filiationslinie perpetuiert und als vererbbare Ämterhierarchie etabliert wird; so kann ein Häuptling z.B. ein Redistributionssystem einführen oder maßgeblich verbessern oder auch die handwerkliche Spezialisierung subventionieren.[116] Wenn sich nun die mit seiner Person verbundenen Neuerungen allgemeiner Beliebtheit und Anerkennung erfreuen, so wäre der vorübergehende Einfluß einer solchen Autorität als dauerhafte Zuerkennung von Kompetenz (verbunden mit den Risiken von Inkompetenz, die u.U. den gesamten Komplex gefährden kann) zu institutionalisieren, um auch nach dem Tod des ,Big-man' fortführbar und vor allem als

[113] „Charismatische Herrschaft, kraft affektueller Hingabe an die Person des Herrn und ihre Gnadengaben (Charisma), insbesondere: magische Fähigkeiten, Offenbarungen oder Heldentum, Macht des Geistes und der Rede. Das ewig Neue, Außerwerktägliche, Niedagewesene und die emotionale Hingenommenheit dadurch sind hier Quellen persönlicher Hingebung." (Max Weber: Die drei reinen Typen der legitimen Herrschaft. In: Gesammelte Aufsätze zur Wissenschaftslehre; hrsg. v. J. Winckelmann; 3. erw. u. verb. Aufl., Tübingen 1968. S. 481.)

[114] Vgl.: Elman R. Service: Ursprünge des Staates und der Zivilisation. Der Prozeß der kulturellen Evolution. Übers. v. H. Fliessbach; Frankfurt 1977. S. 376.

[115] Ebd. S. 106.

[116] Vgl. ebd. S. 113.

legitime Macht anerkennbar zu sein. Aus einer Häuptlingslinie, so Service weiter, entwickelt sich vermutlich stets auch eine Priesterlinie,

> „... die bei ihren göttlichen Ahnen Fürsprache für die Gesellschaft einlegt. Soweit Häuptlingstümer ethnologisch bekannt sind, sind sie in aller Regel, vielleicht sogar universell, Theokratien. (...) In der Häuptlingslinie erblickt man gewöhnlich die direkten Nachfahren des Begründers dieser Linie und der Gesellschaft als ganzer, der mittlerweile in den Status der Hauptgottheit erhoben worden ist.“[117].

Ein solches Autoritätssystem entsteht also durch seine übernatürliche Sanktion in der Mythologie, bei Androhung von Strafe durch das Eingreifen höherer Mächte. Die nachweisbaren Phänomene solcher Transformationen wiederholen sich später nochmals, wenn die Zivilisationsprozesse der genannten Hochkulturen in ihre formative Phase eintreten; die jeweils höchste Gottheit setzt dann den Status der Lokalgottheiten und damit die Geltung der mit diesen verbundenen Häuptlingstümer herab, zur Legitimation einer universalen Geltung erfordert die Transposition nunmehr auf der Meta-Metaebene das Hen kai pan. — Fassen wir die nach Service maßgeblichen Kriterien noch einmal zusammen, so sind es drei Momente, von denen die Hochkulturen der Achsenzeit in ihrer formativen Phase geprägt werden: Zum einen von einer erblichen Ungleichheit, die ihren Ursprung im Häuptlingstum hat, zum anderen vom wechselseitigen Bedingungsverhältnis zwischen einer zunehmenden Arbeitsteilung und einem funktionierenden System der Redistribution, — der gesamte sozio-kulturelle Komplex lebensweltlicher Strukturen, ihre sozio-ökonomische Ordnung wie auch ihre politische Verfasstheit aber müssen stets und bereits während ihrer Entwicklung von den Prinzipien einer Theokratie getragen worden sein.

Es ist nicht möglich, an dieser Stelle auch auf die möglichen Implikationen dieser Theorie zur Staatstheorie einzugehen, dennoch sollen zwei der von Service herausgearbeiteten Ergebnisse nicht unerwähnt bleiben, von denen insbesondere die Theorien von Karl August Wittfogel[118] und Gordon Childe[119] betroffen sind. — Zwar kannten, mit Ausnahme der Schwendtwirtschafts-Gartenbauern des mesoamerikanischen Tieflandes, alle archaischen Kulturen ein System der Wasserkontrolle, aber es sei, so Service, das politische System, welches das Kanalssystem schafft — und nicht umgekehrt.[120] „Kurz, wir finden nirgends gute Belege für ein Zusammentreffen hydraulischer Systeme großen Stils mit ‚despotisch‘-politischen Systemen großen Stils.“[121] —

[117] Ebd. S. 113.
[118] Karl August Wittfogel: Die orientalische Despotie. Eine vergleichende Untersuchung totaler Macht. Übers. v. F. Kool; Köln, Berlin 1962.
[119] Gordon Childe: The Urban Revolution. In: Town Planning Review 21 (1) S. 3–17.
[120] Vgl.: Elman R. Service: Ursprünge des Staates ... a.a.O. S. 338ff.
[121] Ebd. S. 340.

Im Gegensatz zu Childe, der für den Übergang von den neolithischen Dorfkulturen zur Zivilisation eine zweite, eine ‚urbane Revolution' zu konstatieren können glaubte, so daß demnach also Urbanismus nicht nur als Merkmal sondern als Ursache der frühen Hochkulturen zu gelten hätte, betont wiederum Service, Urbanismus sei kein Symbol, kein kausaler, nicht einmal ein guter Indikator für Zivilisation; alle klassisch-archaischen urbanen Entwicklungen resultieren vielmehr ursprünglich aus der Anlage von Zeremonialzentren, die zugleich auch als Vorrats- und Redistributionszentren fungiert haben.[122] — Letztlich bleibe der entscheidende Eindruck, so hebt Service in einer Zusammenfassung nochmals hervor,

> „daß eine positive und negative Konditionierung des Volkes im Kontext des Religiösen die bei weitem direkteste und durchgreifendste Ursache für den ‚Konsens der Beherrschten' war. Es könnte sogar sein, ... daß es gerade in diesem religiösen Kontext mehr als in jedem anderen den Herrschenden möglich war, zu planen und zu gestalten und den Konsens durch ‚social engineering' herbeizuführen. Wie tröstlich muß es nicht sein, zu wissen, daß die Götter der eigenen Gesellschaft die größten im Universum und ihre Stellvertreter auf Erden heiligmäßige Menschen sind; denn dann ist man wirklich ein auserwähltes Volk. Aber freilich auch: wie bequem für eine herrschende Gruppe müßten derartige Überzeugungen sein!"[123].

Wie sich anhand der häufigen Verwendung des Sündenfall-Motivs heute allenfalls noch erahnen läßt, dürfte sich inmitten der Prosperität stets auch der Ausdruck des Unbehagens an der Kultur gefunden haben. Erst Schriften ermöglichen uns einen genaueren Einblick und Vorstellungen von einem Zeitgeist, dessen fulminanter Tenor offenbar frühzeitig bereits vom Diskant der Kulturkritik kontrapunktiert wurde. Vermutlich ist die Kritik der Kultur so alt wie diese selbst. — Bei Tshuang-tse, einem chinesischen Philosophen des 4. Jhds. v.u.Z., der zwei glänzende Angebote des Königs Wei von Tsch'u auf ein Ministeramt ausschlug und mit seiner Lehre dem legendären Lao-tse, dem geheimnisvollen Autor des Tao-te-ching und Begründer der Schule der Taoisten, noch am nächsten stand, findet sich eine Textpassage mit dem Ausdruck unversöhnlichster Zivilisationskritik. Geschildert werden die ‚Stufen des Verfalls', die Folgen werden in glänzendem anaphoretischen Stil beschrieben, das ‚LEBEN' verfällt, der ‚SINN' geht verloren und auch die Entstehung des Ackerbaus wird erwähnt:

> „Die Männer des höchsten Altertums lebten inmitten des Unbewußten. Sie waren eins mit ihrem Geschlecht und erreichten Ruhe

[122] Vgl.: Ebd. S. 347ff. — Siehe hierzu insbesondere: Paul Wheatley: The Pivot of the Four Quarters: A Preliminary Inquiry into the Origins and Character of the Ancient Chinese City; Chicago 1971.
[123] Elman R. Service: Ursprünge des Staates ... a.a.O. S.367.

und Vergessenheit. Zu jener Zeit war Licht und Dunkel in stillem Einklang; Geister und Götter störten nicht; die Jahreszeiten hatten ihre Ordnung; alle Wesen blieben ohne Verletzung, und die Schar der Lebenden kannte keinen vorzeitigen Tod; die Menschen hatten wohl Erkenntnis, aber sie gebrauchten sie nicht: das war die höchste Einheit. Zu jener Zeit handelte man nicht, sondern ließ stets der Freiheit ihren Lauf. Als dann das LEBEN verfiel, kamen Feuerspender (Sui Jen) und Brütender Atem (Fu Hi) zur Herrschaft über die Welt. Darum ging wohl alles seinen Gang, aber die Einheit war nicht mehr vorhanden.

Als dann das LEBEN noch weiter verfiel, da kamen der göttliche Landmann (Schen Nung) und der Herr der gelben Erde (Huang Di) zur Herrschaft über die Welt. Darum herrschte wohl Friede, aber die Dinge gingen nicht mehr ihren Lauf. Als dann das LEBEN noch weiter verfiel, da kamen Yau und Schun zur Herrschaft über die Welt. Sie brachten die Strömung des Ordnens und Besserns in Lauf, befleckten die Reinheit, zerstreuten die Einheit, verließen den SINN und stellten statt seiner das Gute auf, gefährdeten das LEBEN und stellten statt seiner die Tugenden auf. Von da ab ging die Natur verloren, und man folgte dem Verstand. Verstand tauschte mit Verstand die Kenntnisse aus, und doch war man nicht mehr fähig, der Welt eine feste Ordnung vorzuschreiben. Darauf fügte man Formenschönheit hinzu und häufte die Kenntnisse. Aber die Formenschönheit zerstörte den Inhalt, und Kenntnisse ertränkten den Verstand. Da wurden die Leute vollends betört und verwirrt, und kein Weg führte mehr zurück zur wahren Natur und zum Urzustand."[124].

Eine der wohl legendärsten Schilderungen jener Zeiten vor dem Fall geht im Hellenischen auf den von den Musen des Helikon selbst autorisierten Hesiod zurück. Auch wenn spätere Generationen von Philosophen ihn ebenso der Lüge bezichtigten, wie er selbst gegen Homer vorgebracht hatte, dieser habe nicht die Wahrheit gesagt, so spricht dennoch einiges für die Annahme, daß mit Hesiod die griechische Philosophie zwar nicht ihren eigentlichen Anfang nahm, aber bei ihm doch ihre Voraussetzungen fand.[125] Er firmierte nicht

[124] Dschuang Dsi: Das wahre Buch vom südlichen Blütenland. A. d. Chin. übertr. u. erl. v. R. Wilhelm; Düsseldorf, Köln 1977. S. 174f. — Die Autorschaft des Tschuang-tse (bei Richard Wilhelm: Dschuang Dsï) für den o. zit. Text wird bezweifelt. Nach Alfred Forke ist Tschuang-tse ‚wohl der geistige Urheber des nach ihm benannten Werkes, aber nicht sein Verfasser'. Siehe hierzu: Alfred Forke: Geschichte der alten chinesischen Philosophie (Abhandl. a. d. Gebiet d. Auslandskunde. Bd. 25. Reihe B: Völkerkunde, Kulturgeschichte u. Sprachen. Bd. 14); 2. Aufl., Hamburg 1964. Vgl. S. 312f.

[125] Siehe hierzu: Hans Diller: Hesiod und die Anfänge der griechischen Philosophie (1946). In: Kleine Schriften zur antiken Literatur; hrsg. v. H.-J. Newiger u. H. Seyffert; München 1971. S. 19–34.

nur als negatives Vorbild für seine Kritiker, sondern er schuf für diese zugleich auch — möglicherweise ohne es überhaupt zu erahnen, mit seiner Trennung von Theogonie und Kosmogonie die Voraussetzung ihrer Diskurse. Am Anfang steht damit die Möglichkeit der Frage, was vor den Göttern gewesen sein könnte, die, wird sie positiv beantwortet, mit ihrem Prinzip fast zwangsläufig zum Prozeß der Mythen-Aufklärung führt, vielleicht gerade, weil Hesiod die von ihm selbst aufgeworfene Frage, dem Urteil seiner Kritiker zufolge, so ‚schlecht' beantwortet hatte. Wäre Philosophie als dasjenige Denken zu beschreiben, das methodisch verfährt und seine Verfahrensweisen wiederum selbst als Problemstellung erfährt, so kann Hesiod schlechterdings nicht der Vorwurf gemacht werden, kein Philosoph zu sein, denn als Dichter — von den Musen allerdings berufen, die Wahrheit zu sagen — suchte er sich lediglich von Homer zu unterscheiden. — Wenn allerdings Hesiod zu Beginn der Theogonie die Epiphanie der Musen schildert und diese ihm dabei ihr Verhältnis zur Wahrheit offenbaren: „Seht, wir reden viel Trug, auch wenn es wie Wirklichkeit / klänge, ... "[126], so wäre er drei Jahrhunderte später in einem möglichen Dialog gewiß mit der Frage konfrontiert worden, woher er denn jeweils Gewißheit darüber habe erlangen können, ob vor ihm die Musen tatsächlich wahr gesprochen haben.
Hesiod schildert in seiner Theogonie die Genealogie der Götter Uranos-Gaia, Kronos und Zeus; Uranos wird von Kronos entmannt, dieser verschlingt seine Kinder und wird wiederum von Zeus gefesselt — eine analoge Bildung eines Sukzessionsmythos wie bei hethitischen und churritischen Mythen des 2. Jhts. v.u.Z.[127] — Indessen konnte sich der Verfasser in seiner Genealogie der fünf Menschengeschlechter, vom goldenen über das silberne und diejenigen des Erzes und dem der Heroen bis zum eisernen Zeitalter, der Kommentare und Bewertungen der jeweiligen Verhältnisse aus der Sicht des kundigen Agrariers nicht enthalten; er vergleicht die einzelnen Zeiten miteinander nicht nur nach dem Verhältnis zwischen Göttern und Menschen, sondern auch nach der vermutlichen Fruchtbarkeit, dem zu veranschlagenden Arbeitsaufwand und dem Zustand des Ackergerätes. So scheint in seiner Darstellung das goldene Zeitalter zwar paradiesisch zu sein: „Frucht bescherte die nahrungsspendende Erde / Immer von selber, unendlich und vielfach. Ganz nach / Gefallen / "[128], und dennoch — ‚schufen'[129] die Menschen des goldenen Zeitalters „... ruhig ihr Werk und waren in Fülle gesegnet, / Reich an Herden und Vieh, geliebt

[126]Hesiod: Theogonie. In: Sämtliche Werke. Übers. v. Thassilo von Scheffer; hrsg. v. E. G. Schmidt; Leipzig o.J. S. 4, Zeile 28.
[127]Vgl. hierzu: Ernst Günther Schmidt in seiner Einleitung zur Hesiod. Sämtliche Werke. A.a.O. S. XXIX.
[128]Hesiod: Werke und Tage. In: Sämtl. Werke. A.a.O. S. 56, Zeile 117ff.
[129]„καρπὸν δ' ἔφερε ζείδωρος ἄρουρα
αὐτομάτη πολλόν τε καὶ ἄφθονον· οἳ δ' εθελημοὶ
ἥσυχοι ἔργ' ἐνέμοντο σὺν ἐσθλοῖσιν πολέεσσιν."
(Hesiodi: Opera et Dies. Ed. F. Solmsen. Scriptorum classicorum bibliotheka Oxoniensis; Repr. Oxford 1984. S. 54, Zeile 117f.)

von den seligen Göttern."[130].
Folgen wir einer instruktiven Bemerkung über das, nach dem silbernen, dritte Geschlecht, das nunmehr von Kronos geschaffen worden war, so wählt Hesiod für dieses Zeitalter das Attribut ‚Erz' offenbar im Hinblick auf das verwandte Metall, aber eine noch weitergehende Differenzierung ist beigefügt: „All ihre Waffen waren aus Erz und ehern die Häuser, / Erz ihr Ackergerät; noch gab es kein schwärzliches Eisen."[131]. Bei diesem ‚nicht schwärzlichen Eisen'[132] wird es sich vermutlich um Bronze gehandelt haben, was zugleich erklären würde, warum Hesiod zwischen dem ehernen und dem eisernen Zeitalter das Geschlecht der Heroen aufführt, das seinem Wesen nach dem Zentralmotiv der Degradation widerspricht, denn es wird immerhin als ‚ein göttlich Geschlecht von Helden', von ‚Halbgöttern' vorgestellt.[133] Zweifelsohne suchte der Dichter in seiner Geschichte der Götter- und Menschengeschlechter hier den Anschluß an die noch vorhandene Erinnerung an die mykenische Zeit. — Dem fünften und eisernen Geschlecht kann jedoch, wie der Dichter es sieht, nur noch rechtschaffene Arbeit (besonders auch hinsichtlich des verklagten und zu ermahnenden Bruders) helfen, er selbst aber bedauert: „Wäre ich doch ... / ... zuvor oder wäre später geboren!"[134]. Dementsprechend wird dem Zeitgenossen nicht nur die Notwendigkeit von Arbeit vor Augen geführt, sondern auch ihre Tugendhaftigkeit, wie Hesiod im Hinblick auf seinen Bruder Perses versichert, und schließlich werden noch Ehre und Ansehen aufgeführt, die, dem Dichter zufolge, demjenigen zuteil würden, der seinen Besitz auf Autarkie gründet und nicht ‚nach andern Genossen umhergafft, nur seiner Arbeit achtet'.[135]

„Vor Verdienst aber setzten den Schweiß die unsterblichen Götter;
Lang und steil jedoch erhebt sich zu diesem der Fußpfad
Und zu Anfang auch rauh; doch wenn du zur Höhe gelangtest,
Leicht dann zieht er dahin, so schwer er anfangs gewesen.
...
...
Der ist Göttern und Menschen verhaßt, der, ohne zu wirken,
Hinlebt; gleicht er doch den faul-nichtsnutzigen Drohnen,
Die da als zwecklose Fresser das Werk der Bienen vernichten.

[130] Hesiod: Werke und Tage. A.a.O. S. 56, Zeile 119ff.
[131] Ebd. S. 57, Zeile 150f.
[132] „μέλας δ' οὐκ ἔσκε σίδηρος." (Hesiodi: Opera et Dies. A.a.O. S. 55, Zeile 151.)
[133] Vgl.: Hesiod: Werke und Tage. A.a.O. S. 58, Zeile 158f.
[134] Ebd. S. 58, Zeile 174f. Siehe hierzu: Jens-Uwe Schmidt: Adressat und Paraineseform. Zur Intention von Hesiods ‚Werken und Tagen' (Hypomnemata. Untersuchungen zur Antike und zu ihrem Nachleben. Heft 86); Göttingen 1986.
[135] Vgl. ebd. S. 71, Zeile 443ff.

Dir aber sei gelegen an wohlgemessener Arbeit,
Daß dir immer die Scheuern mit Früchten des Jahres gefüllt sind.
Arbeit macht ja reich die Männer an Herden und Habe,
Fleißige Arbeit macht dich auch den Ewigen werter
Und den Menschen dazu; sie hassen ja müßige Leute.
Arbeit bringt keine Schande, die Faulheit aber bringt Schande.
Wenn du der Arbeit ergeben, bald wird dich der Faule beneiden
Um deine Fülle; der Fülle aber folgt Ehre und Ansehn.“ [136]

Wenn Hesiod seiner Zeit vor Augen zu führen versucht, im Unterschied zu jenen Geschlechtern der Menschheitsgeschichte, die früher, allem Elend fern und ohne Mühsal lebten, hätten die Götter nunmehr vor Verdienst den Schweiß gesetzt, wenn er dabei unterstellt, die vorausgegangenen, besseren Zeiten seien unwiederbringliche Vergangenheit, dann sind bereits bei ihm die Bedingungen für die Möglichkeit einer Mythen–Transformation erfüllt. Mythen beziehen sich nicht einfach nur auf Ursprungszeiten, sie ‚erzählen' nicht nur von ihrer Traumzeit, sie müssen sich selbst auch mit dieser, vielleicht als diese, im Ritus, im Kultus, in der heiligen Handlung, am geweihten Ort, etc., ständig wieder er–neuern, — wird jedoch ihr Referendum, etwa die Zeit, auf die sie orientieren, in Frage gestellt oder auch nur angezweifelt, so verlieren sie unmittelbar auch ihre Referenz, ihr Vermögen zur Apokatastasis panthon. So läßt sich bei Hesiod beobachten, wie eine Transformation von Ursprungsmythen in Utopien vorbereitet wird. Wo die Referenz–Zeit nicht mehr einer idealen Vergangenheit entsprechen kann, wenn diese als verloren gilt, müssen die Mythen nun selbst konvertieren, um sich zunächst als Retro–Mythen neu zu orientieren, damit aber tragen sie bereits den Impuls des Utopischen in sich. — Dem Titanen Prometheus sollte es überlassen und nicht zuletzt auch überantwortet werden, zur neuen Integrationsfigur zu werden, den weiteren Verlauf der Geistes– und Sozialgeschichte zu bestimmen. Die bereits für die formativen Phasen der Hochkulturen charakteristische Neigung Göttergestalten zu anthropomorphisieren, um zugleich die Gestalt der Autorität durch das Motiv der privilegierten Teilhabe zu ‚theomorphisieren', sollte sich unter seiner Ägide besonders nachhaltig zum Ausdruck bringen. In der Gestalt des Prometheus ist schließlich jene Deutungsmöglichkeit angelegt, die neben der Furcht vor den möglichen Konsequenzen der Hybris zugleich auch jene Perspektive eröffnet, aus der letztlich die vollkommen säkularisierte Welt des homo absconditus folgen konnte, der seinerseits allenfalls noch transzendente, über–natürliche Götter neben sich zu dulden bereit sein wird. Seltsam an dieser Figur des Zivilisations–Heiligen ist, daß er bei seinen Taten stets von einer menschenfreundlichen Gesinnung ausgeht, daß ihm zwar —

[136] Ebd. S. 64ff., Zeile 288–313.

recht besehen — alles mißlingt, was aber dennoch niemals ihm, sondern etwa dem Epimetheus angelastet wird. Prometheus sucht vorangegangene Mißerfolge stets zu kompensieren, macht aber ‚alles nur noch schlimmer': Nach gescheitertem Betrug soll durch Feuerraub, also durch Technik und mit Hilfe von Erfindungen, wenigstens die nun notwendig gewordene Arbeit erleichtert werden, daraufhin aber reicht Zeus nun seinerseits wieder die Übel der Pandora. Was Hesiod noch als Verfallsprozeß erschienen war, den es durch gerechte Ordnung und rechtschaffene Arbeit aufzuhalten galt, wobei er ex negativo den Blick auf die Phänomene von Historizität lenkte, sollte schließlich in Vertrauen und Hoffnung, in den Glauben an einen von Menschen machbaren Fortschritt umgedeutet werden. Die Verfallstheorie wurde in ihr Gegenteil verkehrt, die Vorzeit sollte nicht mehr als golden und glücklich erscheinen, sondern als primitiv und roh.[137] Anaximandros behauptete, der Mensch sei ursprünglich aus andersartigen Lebewesen entstanden, aber weil er im Unterschied zu diesen nicht alsbald zur Selbsterhaltung fähig sei, sondern einer lange währenden Bemutterung bedürfe, hätte der Mensch, wäre er von Anfang an so gewesen, niemals überleben können.[138] Möglicherweise haben wir mit diesem Fragment den Beginn jener Anthropologie vom Mängelwesen vor Augen, die seither immer wieder aufgegriffen und vertreten werden sollte. Auch bei diesem frühen Theorem handelt es sich offenbar um den Versuch, aus der Sicht des Kulturmenschen zu erläutern, wie Künste und Handwerk in die Welt kamen. So erklärt Xenophanes: „Die Götter haben den Sterblichen nicht von Anfang an alles offenbart, sondern erst nach und nach finden diese suchend das Bessere."[139]. Protagoras wählt für seine Mutmaßungen über die Urgeschichte der Menschheit die Form eines Mythos. In seiner Darstellung geht er über Hesiod und Aischylos hinaus; erstmals wird von ihm ein schlüssiger Zusammenhang hergestellt zwischen dem Theorem vom Mängelwesen, der daraus folgenden Kompensationsbedürftigkeit des Menschen und einer mit inbegriffenen Rechtfertigung des Prometheus, wobei vor allem auch dessen Motivation — warum sich dieser überhaupt derart für das Menschengeschlecht einsetzt — einen ersten nachvollziehbaren Hintergrund erhält. Protagoras zufolge war gar nicht der weitsichtige Prometheus verantwortlich, sondern sein ungleicher Bruder, der nicht vorausschauende Epimetheus, dieser hatte die unzureichende Ausstattung des Menschen verschuldet, weil er bei der Verteilung der Fähigkeiten nicht genügend kalkuliert hatte.[140] Folgten wir Protagoras, so wären auch Götter von den Geboten der Ökonomie nicht frei, die besagten Fähigkeiten hätten demnach auch für diese gewissermaßen

---

[137] Siehe hierzu: Siegfried Lauffer: Der antike Fortschrittsgedanke. In: Actes du XIème Congrès International de Philosophie. Bruxelles, 20.–26. Août 1953, Vol. XII: Histoire de la Philosophie: Méthodologie Antiquité et Moyen Age; Amsterdam 1953. S. 37–44.

[138] Vgl.: Anaximandros: Fragment 39. In: Die Vorsokratiker. Die Fragmente und Quellenberichte. Übers. u. eingel. v. W. Capelle; Leipzig 1935. S. 87.

[139] Xenophanes: Fragment 45. In: Die Vorsokratiker. A.a.O. S. 125.

[140] Platon: Protagoras. Übers. u. erl. v. O. Apelt; 3. neubearb. Aufl., Hamburg 1956. Kap. 11.

nur als ‚knappes Gut' zur Verfügung gestanden. Mit seiner Variante der Prometheus–Mythe wird Protagoras dem Mythischen nur noch formal gerecht. Augenscheinlich provoziert gerade diese Erzählung die Auseinandersetzung und motiviert eher Fragen zu stellen, als daß der Duktus des Hermetischen, die Immunität eines tatsächlichen Mythos gegen weitere Nachfrage noch gewahrt wäre oder hätte gewahrt bleiben sollen. Es handelt sich hier also um einen Retro–Mythos, um eine Philosophie, die sich des Mythischen als eines Stilmittels bedient. Schließlich hatte der Skeptiker im Jahre 410 v.u.Z. Athen verlassen müssen, weil er seine Schrift ‚Von den Göttern' mit den Worten eingeleitet hatte:

> „Von den Göttern vermag ich nichts festzustellen, weder, daß es sie gibt, noch, daß es sie nicht gibt, noch, was für eine Gestalt sie haben; denn vieles hindert ein Wissen hierüber: die Dunkelheit der Sache und die Kürze des menschlichen Lebens."[141].

Um klären zu können, warum Protagoras in seiner urgeschichtlichen Spekulation dennoch von den Göttern spricht, bleibt letztlich nur noch eine Möglichkeit: Es geht ihm bereits nicht mehr um diese, sondern um den homo absconditus. — Daraufhin würde auch die kontrafaktische Evidenz des Mängelwesen–Mythos in seiner gesamten Rezeptionsgeschichte nachvollziehbar; maßgeblich ist offenbar nicht der Vergleich zum Tier, sondern der Unterschied zu dem, worüber Götter (nur) verfügen (können). Und gerade so hatte auch bei Hesiod die Geschichte der Schicksalsgemeinschaft zwischen Prometheus und den Menschen begonnen:

> „Denn als sich einst die Götter
> und sterblichen Menschen
> verglichen ..."[142].

Nachdem wir nun mit der Prometheus–Mythe und dem Mängelwesen–Theorem in unserer Studie den Übergang von der Hochkultur zur Zivilisation erreicht haben, wäre es gewiß sehr instruktiv, im Anschluß an diese Untersuchungen noch die Auseinandersetzung mit den, auch in der gegenwärtigen Anthropologie immer noch vielberufenen anthropologisierenden Deutungen von Technik und Arbeit zu suchen. Wir können dagegen bereits unsere Vermutung als gesichert betrachten, daß der vor dem Hintergrund vermeintlicher Wesens–Anthropologien diesen beiden Faktoren eingeräumte zentrale Stellenwert einer wesensgemäßen Notwendigkeit von Arbeit und Technik nicht haltbar sein wird. Auch hierbei handelt es sich keinesfalls um Anthropina, ihre geschichtsphilosophische Überhöhung und nicht zuletzt ihre anthropologische Universalisierung läßt sich nicht aufrechterhalten, — die Anthropologie vom Mängelwesen ist anthropologisch unbegründbar.

[141] Protagoras. Fragment 18. In: Die Vorsokratiker. A.a.O. S. 333.
[142] Hesiod: Theogonie. A.a.O. S. 26, Zeile 535f.

„Dsï Gung war im Staate Tschu gewandert und nach dem Staate Dsin zurückgekehrt. Als er durch die Gegend nördlich des Han-Flusses kam, sah er einen alten Mann, der in seinem Gemüsegarten beschäftigt war. Er hatte Gräben gezogen zur Bewässerung. Er stieg selbst in den Brunnen hinunter und brachte in seinen Armen ein Gefäß voll Wasser herauf, das er ausgoß. Er mühte sich aufs äußerste ab und brachte doch wenig zustande.

Dsï Gung sprach: ‚Da gibt es eine Einrichtung, mit der man einen Tag hundert Gräben bewässern kann. Mit wenig Mühe wird viel erreicht. Möchtet Ihr die nicht anwenden?‘ Der Gärtner richtete sich auf, sah ihn an und sprach: ‚Und was wäre das?‘ Dsï Gung sprach: ‚Man nimmt einen hölzernen Hebelarm, der hinten beschwert und vorn leicht ist. Auf diese Weise kann man das Wasser schöpfen, daß es nur so sprudelt. Man nennt das einen Ziehbrunnen.‘ Da stieg dem Alten der Ärger ins Gesicht, und er sagte lachend: ‚Ich habe meinen Lehrer sagen hören: Wenn einer Maschinen benützt, so betreibt er all seine Geschäfte maschinenmäßig; wer seine Geschäfte maschinenmäßig betreibt, der bekommt ein Maschinenherz. Wenn einer aber ein Maschinenherz in der Brust hat, dem geht die reine Einfalt verloren. Bei wem die reine Einfalt hin ist, der wird ungewiß in den Regungen seines Geistes. Ungewißheit in den Regungen des Geistes ist etwas, das sich mit dem wahren SINNE nicht verträgt. Nicht daß ich solche Dinge nicht kennte: ich schäme mich, sie anzuwenden.“[143]

1.4 Defizittheorien: Der Mensch — wesentlich ein Mängelwesen?

Angesichts der bisher vorgebrachten Theorien zur Anthropologie, Kulturanthropologie und zur Theorie von Historizität, wäre eine jede bislang unter dem Thema ‚Mängelwesen‘ vertretene Behauptung einer menschlichen Grunddisposition zu Kultur im engeren Sinne, als Angewiesenheit auf Arbeit und Technik, eine jede auf spezifisch zivilisatorische Lebensweltformen insistierende Kompensationstheorie zu verwerfen. Das Bild eines von der Natur stiefmütterlich ausgestatteten Menschen spiegelt nur, was es zeigen soll, die vermeintliche Einsicht in die Notwendigkeit einer bestimmten Lebensweise, der eigenen, und attestiert sich allzu leicht, sie sei die einzig mögliche. So berichtet Lévi-Strauss von dem Ethnographen Curt Nimuendajú, der, nach einem Aufenthalt in der Zivilisation, wenn er seine Feldstudien in Ostbrasi-

[143] Dschuang Dsi: Das wahre Buch ... a.a.O. S. 135f.

lien wieder aufnehmen wollte, bei seiner Ankunft von Menschen empfangen wurde, die „... vor Mitleid schluchzten bei dem Gedanken an die Leiden, die er erlitten haben mußte so weit entfernt von dem einzigen Ort — ihrem Dorf —, an dem zu leben ihnen lebenswert erschien."[144].

Es mangelt der Anthropologie gewiß nicht an Theorien. Die eigentlichen Defizite liegen eher in den Fragen ihrer Heuristik, denn ihre Antworten bewegen sich stets, wie sich herausstellte, in den mitunter äußerst problematischen wechselseitigen Bedingungen zwischen ‚Wesens'-Anthropologie, Kulturanthropologie und — einer Theorie von Historizität. Wenn Arnold Gehlen den Menschen als ein, im Vergleich zu allen höheren Säugern, morphologisch hauptsächlich durch Mängel bestimmtes Lebewesen auffaßt und diesen Ansatz seiner Theorie mit dem lapidaren Hinweis vertritt, „... innerhalb natürlicher, urwüchsiger Bedingungen würde er als bodenlebend inmitten der gewandtesten Fluchttiere und der gefährlichsten Raubtiere schon längst ausgerottet sein."[145], so wäre gerade diese Behauptung zu erweisen gewesen. Allzu zielstrebig werden unter Voraussetzung der insbesondere seit Herder[146] konstatierten Wesens-Aussage, von angeblich biologisch induzierten Mängelzuständen, mit Nachdruck solche Konzeptionen verfolgt, die zwar mit anthropologischem Anspruch vertreten werden, bei denen es sich aber eher um Selbstdeutungs-Versuche handelt, wie sie vom Selbstverständnis wissenschaftlich-technischer Zivilisation souffliert werden. Vorausgesetzt wird, was zu erweisen wäre, nämlich die universelle Geltung der vermeintlichen Anthropina ‚Arbeit' und ‚Technik', durch die sich augenscheinlich der vitiöse Zirkel der Mängel-Wesen-Anthropologie schließt, wobei sie ihre vermeintliche Evidenz allerdings ausschließlich der dabei eingesetzten autobiographisch-ethnozentrischen Metaphorik verdankt. Allenfalls kann diesen Ansätzen zugestanden werden, Anthropologie ‚für uns' (zweifelsfrei eine contradictio in adjecto) zu sein, ihre Anwendbarkeit als Kulturanthropologie ist nach Maßgabe ihrer Kriterien relativ und letztlich nichts weiter als eine zudem noch geschichtsmetaphysisch unterlegte Geschichtsphilosophie. Johannes Weiß kommt in seiner Kritik der Institutionenlehre Gehlens zum selben Ergebnis:

> „Gehlens Unternehmen, den Menschen als das zwecktätig die Erhaltung und Steigerung seiner Lebenschancen betreibende Wesen darzustellen, systematisiert das herrschende Selbstverständnis des Menschen der wissenschaftlich-technischen Zivilisation, ... Gelegentlich verweist Gehlen selbst auf diese geschichtliche Stelle seiner Anthropologie, ... In sich selbst geschichtlich wäre diese Aufhellung dessen, was der Mensch gegenwärtig ist, jedoch nur, wenn

[144] Claude Lévi-Strauss: Strukturale Anthropologie II. A.a.O. S. 389.
[145] Arnold Gehlen: Der Mensch. A.a.O. S. 33.
[146] Siehe hierzu: Johann Gottfried Herder: Abhandlung über den Ursprung der Sprache. Zweite ber. Ausg. Berlin 1789. In: Sämtl. Werke. Bd. V. A.a.O. S. 1–158.

> sie die aufgedeckten Prinzipien als Möglichkeiten des Menschseins auffaßte. Statt dessen aber verliert sich diese zeitgemäße Anthropologie so sehr in das, was ist, daß sie die gefundenen Prinzipien als die Natur des Menschen ausgibt.“ [147].

Anthropologische Begriffe müssen so weit gefaßt sein, wie es die kulturelle Vielfalt erfordert. Beispielhaft für die Schwierigkeiten bei der anthropologischen Theoriebildung sind die in Psychoanalyse und Ethnopsychoanalyse bekannten Phänomene der Übertragung und Gegenübertragung. Es besteht nach Aussage von Weston La Barre die alarmierende Möglichkeit, Feldethnographie und Sozialwissenschaften überhaupt könnten, wie sie häufig praktiziert wurden und werden, nicht mehr sein, als eine Form der Autobiographie.[148] Daher gilt es, die Position des jeweiligen Beobachters zu berücksichtigen, gegebenenfalls das Beobachten des Beobachters nochmals zu beobachten, um jene Perspektivität zu neutralisieren, die durch das sozio-kulturelle Weltbild entsprechend der Herkunft des Anthropologen sich diesem aufdrängt.
So illustrierte der Ethnologe Michael Oppitz seinen Beitrag zum Thema ‚Der Wissenschaftler und das Irrationale‘ mit einer Fotographie aus seinen Feldstudien bei den Magar, einer der größten ethnischen Gruppen des Himalaya. Das Bild zeigt einen Schamanen und Oppitz notiert dazu:

> „Der Schamane Kathka sieht in einem Baume eine Hexe sitzen. Ich sehe Kathka diese Hexe sehen, sehe aber selbst die Hexe nicht. Zugleich ist am Ort des Vorfalls, sobald die Hexe von Kathka gesichtet worden ist, eine Intensivierung der Spannung zu spüren, die nicht weniger wirklich ist als der auratische Auftritt eines Westernhelden in der Kulisse einer Frontstadt. Woher kommt diese plötzliche Spannung? Ist es die Anwesenheit der Hexe, die sie auslöst?“[149].

Der Besucher fremder Kulturen erfährt, falls er sich den Erfahrungen der jeweiligen Lebenswelt tatsächlich aussetzt, mitunter Phänomene an sich selbst, die von Ethnologen als ‚Kulturschock‘ bezeichnet werden. Es handelt sich dabei mitunter um eine völlige Desorientierung, die mit dem gesamten Komplex möglicher psychosomatischer Symptome bis zur vorübergehenden Desintegration beim Fremden führen kann, und dieses Syndrom wiederholt sich bezeichnenderweise nochmals bei der Konfrontation mit den eigenen sozio-kulturellen

[147] Johannes Weiß: Weltverlust und Subjektivität. Zur Kritik der Institutionenlehre Arnold Gehlens; Freiburg 1971. S. 93f.
[148] Vgl.: Weston La Barre im Vorwort zu: Georges Devereux: Angst und Methode in den Verhaltenswissenschaften. Übers. v. C. Neubaur u. K. Kersten; München 1967. S. 10.
[149] Michael Oppitz: Schamanen, Hexen, Ethnographen. In: Der Wissenschaftler und das Irrationale. Bd. 1: Beiträge aus Ethnologie und Anthropologie; hrsg. v. H. P. Duerr; Frankfurt 1981. Zit. v. S. 38, Fotographie S. 39.

Strukturen, nach der Rückkehr in die gewohnte Lebenswelt. — Auf theoretischer Ebene provoziert die erkenntnistheoretische Konsequenz des u.A.n. unvermeidbaren Kulturrelativismus vergleichbare Aporien, demnach strukturieren kulturelle Systeme die Wahrnehmung von Wirklichkeit nicht einfach nur, sondern sie gestalten Wirklichkeit, indem sie Wahrnehmung strukturieren. Werden sozio-kulturelle Zusammenhänge systemtheoretisch beschrieben, so ergibt sich nach Niklas Luhmann: „Ein System kann nur sehen, was es sehen kann. Es kann nicht sehen, was es nicht sehen kann. Es kann auch nicht sehen, daß es nicht sehen kann, was es nicht sehen kann."[150].

Zwei Begriffe haben die wissenschaftliche Auseinandersetzung um Fragen der Soziogenese in einer Weise vorgeprägt, als hätte man mit ihnen Universalien in Händen, die zur Grundlegung von Anthropologie, Kulturanthropologie und Geschichtsphilosophie gleichermaßen prädestinierten: Arbeit und Technik. Zentrale Bedeutung kommt diesen Begriffen zwar für das Verständnis der abendländischen Kulturgeschichte zu, nicht aber für Kulturen und Geschichte überhaupt, von ihrer generalisierenden und prinzipiellen Anwendung als Anthropina ganz zu schweigen. So schreibt z.B. Ernst Kapp in seiner, vom Geiste Hegels durchdrungenen ‚Darstellung der Erdverhältnisse und des Menschenlebens': „Paradiesische Gegenden, wo der Mensch blos zugreifen darf, um seine Bedürfnisse zu befriedigen, gibt es zu seinem Glück nur wenig auf Erden."[151]. Auf vergleichbare Weise gerät José Ortega y Gasset die Technik zum Kriterium für Menschlichkeit: „Das bedeutet, daß der Primitive zu einem verschwindend kleinen Teil Mensch und fast ausschließlich reines Tier ist."[152]. Menschsein beginnt für ihn dementsprechend erst dort, wo die Technik einsetzt. „Die mehr oder minder große Weite, die diese ihm in der Natur erschließt, ist der Raum, in dem er sein exzentrisches Sein ansiedelt."[153] — Ortega hat Plessner hier offensichtlich mißverstanden, die exzentrische Positionalität des Menschen und die damit gegebene Antwort auf die Frage nach der Conditio humana betrifft die Differenz im Bewußtsein, es handelt sich dabei aber keinesfalls um eine Absetzbewegung, die sichtbar — etwa als Distanzierung zur Natur im Kulturraum — stattfinden muß, so daß es sich dann und nur dann erst um die Verwirklichung und Aktualisierung wahren menschlichen Seins handelte.

Im Taoismus wird bei dem bereits mehrfach zitierten Dschuang Dsï eine völlig entgegengesetzte Perspektive vertreten: „Wer nicht handelt, dem steht die Welt zur Verfügung und er hat Überfluß. Wer handelt, der steht der Welt

[150] Niklas Luhmann: Ökologische Kommunikation. Kann die moderne Gesellschaft sich auf ökologische Gefährdungen einstellen? Opladen 1986. S. 52.

[151] Ernst Kapp: Philosophische oder Vergleichende allgemeine Erdkunde als wissenschaftliche Darstellung der Erdverhältnisse und des Menschenlebens nach ihrem inneren Zusammenhang. Bd. 2; Braunschweig 1845. S. 369.

[152] José Ortega y Gasset: Betrachtungen über die Technik (1933). In: Gesammelte Werke. Bd. IV; Stuttgart 1978. S. 53. — „Ein Mensch ohne Technik, das heißt, ohne die Fähigkeit, auf seine Umwelt zu antworten, ist kein Mensch." (Ebd. S. 16.)

[153] Ebd. S. 34.

zur Verfügung und hat Mangel."[154]. Im geistigen Hintergrund der Lehren des Taoismus steht hier eines seiner zentralsten Prinzipien, das ‚wu-wei', was im allgemeinen mit ‚Nichttun' übersetzt wird, dennoch aber keinesfalls die Negation jeden Handelns intendiert. In der bereits zitierten Textstelle wird im Weiteren die Haltung des Gärtners im Hinblick auf das ‚wu-wei' gut geheißen:

> „Erfolg, Gewinn, Kunst und Geschicklichkeit sind Dinge, die keinen Platz haben im Herzen dieses Mannes. Was er sich nicht zum Ziel gesetzt, das tut er nicht. Was nicht seiner Gesinnung entspricht, das führt er nicht aus. Und könnte er die Anerkennung der ganzen Welt finden, er würde sie für etwas halten, über das man stolz hinwegsehen muß. Und würde ihm der Tadel der ganzen Welt drohen, er würde ihn für etwas halten, das zufällig ist und nicht beachtet zu werden braucht. Wer so erhaben ist über Lob und Tadel der Welt, der ist ein Mensch, der völliges LEBEN besitzt."[155].

Nach Joseph Needham richtet sich das ‚wu-wei' vornehmlich gegen Tätigkeiten, die ‚gegen' die Natur gerichtet sind, das erklärt auch, warum gerade diese Textstelle, die erstmals Werner Heisenberg in den Kontext einer fundamentalen Technikkritik gestellt hatte, sich ausnehmender Beliebtheit in der Ökologie-Debatte erfreut, so daß hier von ihrem geheimen Glaubensbekenntnis gesprochen werden kann.[156]

Technik wird bei Martin Heidegger ausgedeutet, als eine ‚Weise des Entbergens', nicht als Machen, Hantieren oder Verwenden von Mitteln, sondern als ein Hervorbringen des Herausgeforderten, „... das die Natur stellt ..." [157]. Heidegger faßt technische Prinzipien sprachlich unter die Motive von Verfolgung und Flucht. Die zu technisierende Natur ist das flüchtige Objekt, das zum ‚Zeug' und ‚zuhanden' gemacht wird; gelingt es, sie zu stellen, im ‚Ge-stell', so hat sie das Herausgeforderte, quasi als Zoll, zu entrichten.

> „Das Wasserkraftwerk ist in den Rheinstrom gestellt. Es stellt ihn auf seinen Wasserdruck, der die Turbinen daraufhin stellt, sich zu drehen, welche Drehung diejenige Maschine umtreibt, deren Getriebe den elektrischen Strom herstellt, für den die Überlandzentrale und ihr Stromnetz zur Strombeförderung bestellt sind."[158]

---

[154] Dschuang Dsi: Das wahre Buch ... a.a.O. S. 146.

[155] Ebd. S. 137.

[156] Vgl.: Joseph Needham: Science und Civilisation in China. Zit. n.: Gellért Béky: Die Welt des Tao; Freiburg, München 1972. S. 87. — Vgl.: Werner Heisenberg: Das Naturbild der heutigen Physik; Hamburg 1963. S. 15f.

[157] Vgl.: Martin Heidegger: Die Technik und die Kehre; Pfullingen 1962. S. 12. Zit. v. S. 14.

[158] Ebd. S. 15.

Der Rhein ist zu einem bestellbaren Objekt geworden, durch das ‚Ungeheure, das hier waltet‘. Nun ist der Fluß umwillen des Kraftwerks, ‚der Strom ist in das Kraftwerk verbaut.‘[159] —Heidegger deutet Technik allerdings ideenplatonisch durchaus als eine Weise der Erkenntnis, ihr ‚Ge–stell heißt die Weise des Entbergens‘, aber ihr Wesen sei selber nichts Technisches. Technik ließe sich weder instrumental noch anthropologisch bestimmen.[160] Hinter der modernen Technik aber steht die neuzeitliche, physikalische Theorie der Natur, mit ihrem Prinzip — dem experimentum crucis. „Der Wald ist Forst, der Berg Steinbruch, der Fluß Wasserkraft, der Wind ist Wind ‚in den Segeln‘.“[161]

In Gestalt des Apparats, dem Gestell, kehrt in der Technik die alte Drohung doch wieder zurück — als wäre sie nie bewältigt worden: ‚Im Geschick der Entbergung‘ ist ‚die Gefahr‘.[162] — Unter verschiedenen Perspektiven werden wir im Folgenden auf diese Phänomene eingehen. Es ist charakteristisch, daß im Gestell das Numinose der Isis–Natur — jener von Giambattista Vico und Rudolf Otto als ursprünglich dargestellte grauenhafte Schrecken — einer entzauberten Natur zwar genommen ist, aber dennoch bleibt die Möglichkeit dieser Erfahrung gerade im ökologischen Diskurs stets präsent, weil die Erfahrungsmöglichkeit geblieben ist, was sich im Unbehagen, im Unfall und letztlich im technischen Desaster äußert. Zunächst wäre daher festzustellen, daß es keinesfalls gelungen ist, die Isis–Natur im Gestell zu bannen, um die Möglichkeit solcher Erfahrung weit fernzuhalten. Unter dem Einsatz technischer List setzt sich hier das Subjekt der Selbsterhaltung, indem Anderes als Objekt herabgesetzt wird. Dieses Andere ist das Fremde, das den Interventionen Widerstand leistet; die Objekte werden daraufhin überwältigt, und die Macht der Naturbeherrschung wird als Beweis für den Subjektstatus geltend gemacht, wenn nämlich das Objekt sich fügt und augenscheinlich beginnt zu gehorchen, wenn das Bedrohliche gefügig gemacht wird und — funktioniert.

Aber so wie auf der Subjektseite die Angst, so ist auf der Seite des zum Objekt gemachten Fremden die Bedrohung nicht aufgehoben worden, sie kehrt als unbewältigte wieder.

[159] Vgl. ebd. S. 15.

[160] Vgl. ebd. S. 20f.

[161] Martin Heidegger: Sein und Zeit; 15. durchges. Aufl., Tübingen 1979. S. 70.

[162] Vgl.: Martin Heidegger: Die Technik und die Kehre. A.a.O. S. 26.

Kapitel 2

Ökologie

2.1 Ökologiegeschichte(n)

2.1.1 Von der Einzeldisziplin zum universellen Anspruch

Eine genaue Rekonstruktion der Geschichte von Ökologie und Umweltforschung steht bislang noch aus; sie würde Bände füllen, wollte man deren Genese in Literatur und Kunst, Naturwissenschaft und Technik, Soziologie und Politik, in Zeitgeschichte und Philosophie verfolgen, aber doch sollte diese Arbeit möglichst bald schon in Angriff genommen werden. Spätestens seit Erscheinen der Studien des ‚Club of Rome', den Abschätzungen globaler Entwicklungen durch Herbert Gruhl und dem Bericht ‚Global 2000' an den amerikanischen Präsidenten, muß die Notwendigkeit von Maßnahmen zum Schutz der natürlichen Umwelt, die Notwendigkeit für ökologische Probleme Lösungen zu suchen, nicht mehr exklusiv begründet werden.[1] Das heute selbstverständlich erscheinende — oft aber nur vorgebliche — Bewußtsein um die Krisenphänomene des gestörten Mensch–Natur–Zusammenhangs, hat sich erst allmählich aus einzelnen Strängen der Kulturgeschichte und im Bewußtwerden gegen vielerlei Widerstände durchsetzen müssen. Als Folge dieser langen und vielverzweigten Geschichte des allmählich aufkommenden Umweltbewußtseins seit dem Beginn des 19. Jhdts., wandelte sich schließlich der vorherrschende Naturbegriff:

1844 „Nicht oft genug kann wiederholt werden, daß die Natur erst in ihrem Verhältnis zum Menschen zu ihrer Wahrheit kommt. Die Schöpfung der Natur ist erst im Menschen vollendet, nur für ihn ist sie da. Sie ist das für den Menschen bereitete Wohnhaus, für sein Dasein, für seine

[1] Herbert Gruhl: Ein Planet wird geplündert. Die Schreckensbilanz unserer Politik; Frankfurt 1975. — Global 2000. Der Bericht an den Präsidenten; hrsg. v. R. Kaiser; Frankfurt 1980.

Bedürfnisse, für seine Entwicklung wohl bestellt und eingerichtet."[2] — „Erst dann, wenn die letzte reißende Bestie vom Menschen erlegt oder gezähmt ist, ist die Verklärung der Natur vollständig. (...) Die Cultur der Länder ist nach ihrer Reinigung von wilden Thieren zu messen."[3]

1949 „Unsere gegenwärtigen Einrichtungen auf wirtschaftlichem, sozialem und internationalem Gebiet basieren in weitem Maß auf einer organisierten Lieblosigkeit. Wir fangen damit an, der Natur gegenüber ohne Barmherzigkeit vorzugehen. Anstatt zu versuchen, mit dem Tao oder Logos auf den unbeseelten und untermenschlichen Stufen der Entwicklung zusammenzuarbeiten, streben wir danach, diese zu beherrschen und auszubeuten. Wir vergeuden die Bodenschätze der Erde, verwüsten ihre Scholle und ihre Wälder, gießen Dreck in ihre Flüsse und lassen giftige Dämpfe in ihre Luft ..."[4].

Diese Wandlung im Natur–Verständnis erscheint als Folge vieler Einzelbestrebungen in Literatur, Naturschutz, Technikkritik etc., um sich schließlich wie in einem Fokus unter dem Titel einer biologischen Unterdisziplin zu versammeln: Ökologie.

Eine genauere Bestimmung dessen, was unter ‚Ökologie' und ‚Ökologischem' zu verstehen sei, ist mittlerweile äußerst problematisch geworden. Bereits 1973, auf den Höhen der Debatten um die Studien des ‚Club of Rome', beklagte Hans Magnus Enzensberger das methodische Durcheinander und wies in seiner grundlegenden Auseinandersetzung schon frühzeitig auf die folgende allgemeine Begriffsverwirrung hin: „Ökologe ist fortan im Grenzfall jedermann."[5], — also auch Enzensberger selbst, wie er süffisant hinzufügt.[6] — Unsere Aufgabe lautet in diesem Teil der Arbeit, diejenigen Kriterien zu

[2] Ernst Kapp: Philosophische oder Vergleichende allgemeine Erdkunde ... a.a.O. Bd. 1. S. 96.

[3] Ebd. Bd. 2. S. 382f.

[4] Aldous Huxley: Die ewige Philosophie. Philosophia perennis. Übers. v. H. R. Conrad; Zürich 1949. S. 135.

[5] Hans Magnus Enzensberger: Zur Kritik der politischen Ökologie. In: Kursbuch 33; Berlin, Okt. 1973. S. 2.

[6] Enzensberger ist sein früher und grundlegender Essay zur Kritik der politischen Ökologie zu danken, insbesondere seine Auseinandersetzung mit der ‚Humanökologie' eines Paul Ehrlich.

Allein zur S. 1 seines Essays, wo er den Intentionen nachzugehen versucht, die Haeckel zur Begründung der Ökologie bewogen haben mögen, hätten wir nicht weniger als 7 Anmerkungen, (man vergleiche hierzu den Fortgang unserer Studie). — Hier stimmt nicht einmal das Gründungsdatum, das Enzensberger auf 1868, anstatt 1866 datiert; er versucht seine eigenen, durchaus begründbaren Einwände gegen Ökologie universellen Zuschnitts mit Positionen Haeckels zu belegen, die wir nicht im Werk haben finden können. Selbst wenn, was fraglich ist, die Ökologie bei Haeckel eine Subdisziplin der Zoologie wäre, so würde eine Einbeziehung des Menschen gerade dem Monisten und Darwinisten Haeckel als unproblematisch erschienen sein. Wohl hat Enzensberger die Problematik einer über naturwissenschaftliche Kategorien hinaus ausgeweiteten Ökologie zutreffend aufgezeigt, nicht aber wissenschaftsgeschichtlich genau zurückverfolgt.

bestimmen, mit Hilfe derer Naturphilosophien auf ihre eventuelle ‚ökologische Relevanz' hin untersucht werden können. Doch das heute allgemein vorherrschende Verständnis dessen, was als Ökologie, was als ‚ökologisch' verstanden wird, entzieht sich zunächst einem differenzierten Verständnis. Danach wird Ökologie lediglich als ‚etwas Positives' gesetzt, positiv gegenüber Natur, Leben und Mensch. Lakonisch könnte demnach gesagt werden: Wenn sich eine Naturphilosophie als ökologische erweist, dann wäre sie bei ihrer praktischen Verwirklichung — umweltverträglich.
Es ist nicht nur ökologisch ‚alles mit Allem verwoben', auch die Ökologie selbst ist infolge des immensen, an sie herangetragenen, universellen Anspruchs scheinbar auch ihrerseits ‚mit Allem verwoben'; es ist weniger der wissenschaftliche, als vielmehr der durch die Massenmedien geprägte Begriff, der sich dem differenzierten Verständnis geradezu widersetzt. Wir müssen aber auf die Prämissen dessen schließen, was unter Ökologie zu verstehen ist, um zu unseren Kriterien zu kommen, daher folgt zunächst — in einer ersten Annäherung — ein Entwurf zur Geschichte der Ökologie als biologischer Disziplin.

Die Geschichte der Ökologie beginnt 1866 mit ihrer Begründung durch Ernst Haeckel, doch als frühe ‚Ökologen' im heutigen Sinne gelten bereits Thomas Robert Malthus und Alexander von Humboldt. In seinem zuletzt 1798 anonym erschienenen und heiß umstrittenen Essay ‚On the Principle of Population' verwandte Malthus bereits zwei der fünf grundlegenden Parameter des sogen. ‚Weltmodells' von Forrester, das als Voraussetzung die erste Studie des ‚Club of Rome' überhaupt erst ermöglichen sollte: Bevölkerungswachstum und Nahrungsmittelproduktion. Malthus war durch Benjamin Franklin auf die Problematik aufmerksam gemacht worden, er setzte in seiner Studie dem exponentiellen Bevölkerungswachstum einen linearen Anstieg der Produktion landwirtschaftlicher Erzeugnisse gegenüber. — Tatsächlich irrte Malthus, denn zu seiner Zeit waren die Zuwachsraten der Nahrungsmittelversorgung sogar überexponentiell,[7] doch in der Theorie, die besagt, daß exponentielles Wachstum innerhalb begrenzter Systeme zwangsläufig katastrophale Folgen haben würde, täuschte er sich nicht. So erklärte dann auch Friedrich Engels im Geiste des 19. Jhdts. gegen Malthus: „Die der Menschheit zu gebote stehende Produktionskraft ist unermeßlich. Die Ertragfähigkeit des Bodens ist durch die Anwendung von Kapital, Arbeit und Wissenschaft ins Unendliche zu steigern."[8].

[7] Vgl.: Hubert Markl: Die Dynamik des Lebens: Entfaltung und Begrenzung biologischer Populationen. In: Ders. (Hrsg.): Natur und Geschichte; München, Wien 1983. S. 82f.

[8] Friedrich Engels: Umrisse zu einer Kritik der Nationalökonomie. In: Karl Marx, Friedrich Engels: Werke. Bd. 1; Berlin 1969. S. 517.

Fast gleichlautend in ihrer Reaktion auf die Studien des Club of Rome schrieb die ‚Peking Rundschau': „Was das Geschwätz in westlichen Ländern anbetrifft, die Energieressourcen würden bald erschöpft sein, so ist das nichts als ein pessimistisches Stöhnen einer dekadenten Klasse. Klassen im Niedergang beschreiben immer ihre eigene Krise und ihren Untergang als das Herannahen des Weltuntergangs. Entsprechend dem Gesetz von der Erhaltung der

Die frühere Landschaftsbeschreibung ist zur Landschaftsökologie entwickelt worden. Bereits bei Alexander von Humboldt ist diese Disziplin in ihrer geographisch–geologischen Prägung als Biogeographie[9] vorweggenommen, die Universalität seiner ‚Ansichten der Natur' entspricht den mittlerweile operationalisierbar gewordenen Ansätzen für das Verständnis des gesamten Gefüges einer Landschaft. Hierin liegt dann auch die grundsätzliche Ausrichtung ökologischer Herangehensweisen, mit der Betonung auf umfassender Beschreibung eines Naturganzen in seinen Interdependenzen. Vielfach ist behauptet worden, das Wort vom ‚Naturdenkmal' stamme von Humboldt, der es in Analogie zum ‚Kulturdenkmal' 1814 verwendet: „Comment blâmer cet interêt national qui s'attache aux monuments de la nature, là où les monuments de l'art ne sont rien?"[10]. Abgesehen davon, daß die spätere Rechtsgeschichte durchgehend von dieser Analogie geprägt sein wird, dem Parallelismus von Denkmal– und Naturschutzrecht, gibt es Nachweise für eine noch frühere Verwendung des Humboldt zugeschriebenen Wortes:

> „Wort und Begriff ‚Naturdenkmal' dürfte wohl als erster der als Begründer der Alpengeologie und Erstersteiger des Montblanc berühmt gewordene Schweizer Horace Bénédicte de Saussure (1740–99) geprägt haben. In einem seiner Reiseberichte soll er sein Bedauern darüber geäußert haben, daß in der Umgebung der Städte und Dörfer die erratischen Blöcke zerstört würden, ... Alexander v. Humboldt soll das Wort und den Begriff (1814, 1819) auch auf Bäume angewandt haben."[11].

Jeder Versuch einer Bestimmung dessen, was unter Ökologie zu verstehen sei, wendet sich zunächst zurück an den Gründer Ernst Haeckel. Dessen Leben und Werk wiederum stand ganz im Zeichen der Deszendenztheorie Darwins; Darwin und Wallace hatten schließlich den Beweis für die lang gehegte Theorie erbracht. Bereits im Sommer 1860 hatte Haeckel Darwins ‚Entstehung der Arten' in der deutschen Übersetzung gelesen; im Wintersemester

---

Materie kann Materie nicht verschwinden. Die Natur hat die Menschheit mit unbegrenzten Energieressourcen versorgt. Die Fähigkeit des Menschen, die Natur zu erkennen und zu beherrschen, ist unbegrenzt und wird nicht auf einem gewissen Niveau stehenbleiben." (Zit. n.: Frankf. Allg. Ztg. Nr. 74, v. 28. März 1974. S. 2.).

[9] Vgl.: Paul Müller: Biogeographie und Raumbewertung; Darmstadt 1977. „Die Biogeographie erforscht die Gründe für das Existieren und Reagieren von Organismen (Pflanzen, Tieren, Mensch), Biozönosen und Ökosystemen in den Landschaften, Ländern und Kontinenten der Erde." (Ebd. S. 4.) Müller nennt als Teilgebiete: Bodenkunde, Bioklimatologie, Zoogeographie, Vegetationsgeographie, Physische Anthropogeographie, Geomedizin (vgl. ebd. S. 5.). — Daran läßt sich die bei ökologischen Fragestellungen auftretende Verflechtung von Geographie und Biologie erkennen.

[10] Alexander v. Humboldt, zit. n.: Franz Moewes: Zur Geschichte der Naturdenkmalpflege. In: Walther Schoenichen (Hrsg.): Wege zum Naturschutz; Breslau 1926. S. 30.

[11] Alfred Barthelmeß: Wald. Umwelt des Menschen. Dokumente zu einer Problemgeschichte von Naturschutz, Landschaftspflege und Humanökologie (Orbis Academicus. Problemgeschichten der Wiss. i. Dok. u. Darst., Sonderbd. 2/1); Freiburg, München 1972. S. 118.

1862/63 hielt er ein erstes Kolleg über die Darwinsche Theorie und im September 1863, auf der 38. Versammlung Deutscher Naturforscher und Ärzte in Stettin, trat er dann in seinem Vortrag für die neue Lehre ein. — Aus dem Briefwechsel geht die Verbundenheit Haeckels mit der Theorie und der Person Darwins hervor: 1876 bittet er Darwin um die Erlaubnis, eine von ihm gefundene Koralle ‚Monoxenia Darwinii' nennen zu dürfen; zu Darwins 70. Geburtstag am 12. Februar 1879 gratuliert er diesem mit den Worten: „Sie haben dem Menschen seinen wahren Platz in der Natur angewiesen und damit die anthropozentrische Fabel gestürzt!"[12]; am Ende des Wintersemesters 1908/09, nach 96 Semestern und am 100. Geburtstag Darwins gibt Haeckel seine Lehrtätigkeit in Jena auf.

Haeckel erscheint bei der Verfechtung der Darwinschen Deszendenzlehre zu Zeiten ‚darwinischer als Darwin'[13] selbst; zusammen mit Thomas Huxley trat er für die konsequente Durchführung des Selektionsprinzips ein, als Erklärung der Entstehung aller Arten und auch der Entstehung des Menschen, d.h. im Sinne der damals so bezeichneten ‚Affen–Theorie'. Darwins stete Zurückhaltung mag demgegenüber auch als Unentschiedenheit erscheinen, eine Unentschlossenheit bei der Verfechtung der gesamten Theorie insbesondere hinsichtlich der Schlußfolgerungen bezüglich des Menschen. „Sie fragen, ob ich den ‚Menschen' mit in die Erörterung ziehe. Ich denke dies ganze Capitel zu vermeiden, da es so sehr von Vorurtheilen umgeben ist; ..."[14]; erst 1871 nimmt Darwin zum Problem des Menschen Stellung. „Indessen macht mich Ihre Kühnheit manchmal zittern; ..."[15], schreibt Darwin am 19. November 1868 an Haeckel; Darwin und Huxley bemühen sich dabei vor allem, Haeckel zur Mäßigung seiner philosophischen Ambitionen zu bewegen.

Bereits Darwin und Haeckel müssen auf ihren Forschungsreisen über einen ‚biogeographischen Blick' verfügt haben, der durch Alexander von Humboldt schon vorgeprägt und vorbildlich vorgeführt worden war. Zur Fixierung des Selektionsprinzips bedarf es nämlich eines ‚chorologischen' Gesichtspunktes; diese ‚Chorologie', als Lehre von der geographischen und topographischen Verbreitung der Lebewesen, ist die eigentliche Grundlage für die Darwinsche Theorie und gleichzeitig auch der biowissenschaftliche Vorgänger der Ökologie. In den Schriften Haeckels taucht dann seit 1866 neben der Chorologie schließlich auch stets die ‚Ökologie' auf.[16]
In seiner ‚Generellen Morphologie', 1866 erschienen, führt Haeckel die neue Disziplin namentlich zum ersten Male auf. Dort heißt es: „Unter

[12]Ernst Haeckel. Brief vom 9. Februar 1879. Zit. n.: Ernst Haeckel: Biographie in Briefen. Zusammengest. u. erl. v. G. Uschmann; Gütersloh 1984. S. 156.

[13]Vgl. hierzu: Rudolf Schmid: Die Darwin'schen Theorien und ihre Stellung zur Philosophie, Religion und Moral; Stuttgart 1876. S. 34.

[14]Francis Darwin (Hrsg.): Leben und Briefe von Charles Darwin. Bd. II. Übers. v. J. V. Carus; Stuttgart 1887. S. 106.

[15]Ebd. Bd. III. S. 102.

[16]Vgl.: Ernst Haeckel: Vorträge und Abhandlungen. In: Gemeinverständliche Werke. A.a.O. Bd. V. S. 48ff.

Oecologie verstehen wir die gesamte Wissenschaft von den Beziehungen des Organismus zur umgebenden Außenwelt, wohin wir in weiterem Sinne alle ‚Existenzbedingungen' rechnen können."[17]. — Die Verbindung zur Darwinschen Theorie ist augenfällig; Ökologie sollte die „... verwickelten Wechselbeziehungen ..." klären, „... welche Darwin [als] die Bedingungen des Kampfes ums Dasein bezeichnet."[18].
Haeckel selbst dürfte, obwohl er sich nicht dazu geäußert hat, die Einbeziehung des Menschen in die Ökologie als unproblematisch erschienen sein. Seiner monistischen Weltanschauung[19] zufolge, liegt der erkennbaren Welt ein gemeinsames Gesetz zugrunde, er betont die „.... grundsätzliche Einheit der anorganischen und organischen Natur."[20]. Nur dadurch war ihm schließlich die Begründung einer Wissenschaftsdisziplin möglich, die zugleich — in heutiger Terminologie — biotische und abiotische Faktoren einbezieht in eine ‚Naturökonomie', die den Menschen mit zu den biotischen Faktoren zählt. Eine derartige Integration allein unter biologischen Gesichtspunkten ist, wie wir bereits anhand der biologischen Anthropologie gezeigt haben, nicht nur problematisch, sondern unmöglich; daraufhin erfolgt dementsprechend die Ausweitung der ökologischen Fragestellung auf andere Wissenschaften.

> „Ich wage die Behauptung, daß gerade die Umweltforschung, in deren Absicht es zweifellos liegt, wie alle Lebewesen so auch den Menschen seiner Umweltgebundenheit zu überführen, in Wahrheit von der Umweltüberlegenheit des Menschen wie keine zweite Zeugnis ablegt. Das ist aus dem einfachen Grunde so, weil Umweltforschung nur von einem Wesen in Angriff genommen und erst recht durchgeführt werden kann, das der Umweltüberwindung fähig ist."[21]

---

[17] Vgl.: Ernst Haeckel: Generelle Morphologie. Zit. n.: Udo Halbach: Der Beitrag der biologischen Ökologie zum Umweltproblem. In: Jürgen Lehmann (Hrsg.): Hochschulcurriculum Umwelt; Köln 1981. S. 9.

Vgl.: Gerhard Heberer (Hrsg.): Der gerechtfertigte Haeckel. Einblicke in seine Schriften aus Anlaß des Erscheinens seines Hauptwerkes ‚Generelle Morphologie der Organismen' vor 100 Jahren; Stuttgart 1968. Anm. S. 181 u. S. 496f.

[18] Zit. n.: Udo Halbach: Der Beitrag der biologischen Ökologie ... a.a.O. S. 9.

[19] Haeckels Monismus ist indes kein pantheistischer, wie jener zur Rousseau- und Goethezeit, es ist ein mechanizistischer Monismus; jene Naturerscheinungen, die der Laie, so Haeckel, bei „... oberflächlicher Betrachtung als die weisen Einrichtungen eines planmäßig wirkenden Schöpfers anzusehen pflegt, zeigen sich bei tieferem Eingehen als die nothwendigen Folgen mechanischer Ursachen." (Ernst Haeckel: Natürliche Schöpfungsgeschichte. Gemeinverst. wiss. Vorträge ü. d. Entwicklungslehre; 2. verb. u. verm. Aufl., Berlin 1870. S. 645.). — Vgl. hierzu: Michael Landmann: Philosophische Anthropologie. A.a.O. S. 137.

[20] So Haeckel in seinem vielbeachteten Vortrag v. 9. Okt. 1892. Ernst Haeckel: Der Monismus als Band zwischen Religion und Wissenschaft. Glaubensbekenntniss eines Naturforschers; Bonn 1893. S. 9.

[21] Theodor Litt: Die Sonderstellung des Menschen im Reiche des Lebendigen; Wiesbaden 1948. S. 44.

Wir werden im Folgenden einen skizzenhaften Überblick geben, bei dem sich die allmähliche Ausweitung des Begriffs von Ökologie zeigen wird. Die Geschichte der biologischen Ökologie geht dabei langsam über in eine — wie immer zuzuordnende — allgemeine Ökologie, die mit ihren multidisziplinären Vorgehensweisen und in ihrem Integrationsvermögen noch am ehesten mit der neueren Anthropologie nach 1928 vergleichbar ist.

2.1.2 Geschichte der Ökologie — eine Skizze

1831 ***Darwins Reise***, Rückkehr im Jahre 1836; 1842–1876 Leben in Down.

1857 Schädelfund im ***Neandertal***.

1858 Darwin und Wallace: Entwicklung der ***Selektionstheorie***, Darwin beschreibt in drei Schriften im Journal der Londoner Linnéschen Gesellschaft die Umrisse der neuen Theorie.

1859 Darwin: ‚***Die Entstehung der Arten***'. Darin ist nur an einer Stelle vom Menschen die Rede, S. 658: „Viel Licht mag noch über den Ursprung des Menschen und seine Geschichte verbreitet werden.".

1863 ***Gründungsjahr der Abstammungsforschung*** mit Vorträgen von Huxley: ‚Zeugnisse für die Stellung des Menschen in der Natur' und ‚Über die Entwicklungstheorie Darwins'; Carl Vogt: ‚Vorlesung über den Menschen, seine Stellung in der Schöpfung und in der Geschichte der Erde'; Charles Lyell: ‚Das Alter des Menschengeschlechts auf der Erde und der Ursprung der Arten durch Abänderung'.

1865 ***Gregor Mendel*** findet nach jahrelangen Versuchen die nach ihm benannten Regeln; sie bleiben bis zum Jahre 1900 unbeachtet.

1866 ***Gründung der Ökologie durch Ernst Haeckel.***

1871 Darwin: ‚***Die Abstammung des Menschen*** und die geschlechtliche Zuchtwahl'.

1877 Möbius beschäftigt sich mit Studien über Austernbänke an der holsteinischen Nordseeküste, gründet damit die ***Meeresökologie*** und prägt den Begriff der ‚***Biocoenose***' für die ‚Vergesellschaftung der Organismen einer bestimmten Lebensstätte'.

1880 Semper schreibt das erste ‚***Lehrbuch zur Ökologie***' und liefert den ersten allgemeinen Text über den Gegenstand der neuen Disziplin.

1887 S. A. Forbes beschreibt den ‚See als ***Mikrokosmos***'.

1895 ‚***comunity***'-Begriff von Warming eingeführt in seinem ‚Lehrbuch der ökologischen ***Pflanzengeographie***'.

1896 Gründung der ,***Autoökologie***' durch Schroter. Die A. hebt eine einzelne Art hervor und untersucht möglichst viele Beziehungen allein auf diese Art hin.

1898 A.F.W. Schimper: ,Pflanzengeographie auf physiologischer Grundlage'.

1899 entdeckt Cowles die ***Sukzession*** als gesetzmäßige Veränderung; d.h. mit dieser Entdeckung war eigentlich die von Haeckel für die Ökologie vorgesehene Aufgabe erfüllt worden, nämlich der allgemeine Beweis der Darwinschen Theorie.

1900 Bekanntwerden der ***Mendelschen Erbgesetze***.

1902 Gründung der ,***Synökologie***' durch Schroter. Die S. befaßt sich mit ganzen Lebensgemeinschaften, sie entspricht dem heute vor allem unter Nicht–Biologen verbreiteten Verständnis von Ökologie als umfassender Analyse einer Lebens–Welt; die S. ist die umfassendste von drei möglichen biologisch-ökologischen Disziplinen. — Neben ***Auto– und Synökologie*** wurde schließlich 1968 von Schwerdtfeger noch die ***Demökologie*** gegründet; sie untersucht die Individuen einer Art — vor allem vermittels mathematisch–statistischer Modelle — in ihrer Populationsdynamik, auch die Bevölkerungsprobleme der Menschheit werden thematisiert.

bis etwa 1910 war der Terminus Ökologie unklar, er wurde lange Zeit durchaus synonym für ,Biologie' gebraucht. Gleichzeitig war nun die Darwinsche Theorie in ihren Grundzügen allgemein anerkannt; es kommt zu einer ***Neuorientierung der Ökologie***, die durch drei Entwicklungen gekennzeichnet ist: 1. Die durch Räuber–Beute–Beziehungen bedingten zyklischen Veränderungen in der Populationsdichte. 2. Die zwischenartlichen Konkurrenzbedingungen. 3. Eine Hinwendung zum Problem des Energieumsatzes (vgl.: E. Mayr: Die Entwicklung der biologischen Gedankenwelt; Berlin 1984. S. 99.), eine Forschungsrichtung, aus der später Wortungeheuer hervorgehen sollten, wie jenes von der sogen. ,Biomasse'.

Seither sind Untersuchungen zur Ökologie eingebettet in die Bereiche ***Ethologie, Physiologie*** und ***Genetik***, und je nach Forschungsziel und Forschungsgegenstand folgen die einzelnen Untersuchungen methodisch mehr dem einen oder dem anderen Forschungszweig.

1911 erscheint die erste Arbeit zur ***Umweltpsychologie*** : W. Hellpach: ,Geopsyche'.

1917 Grinell prägt den Begriff der ökologischen ,***Nische***'.

1927 Elton faßt die ***ökologische Nische*** funktional auf und weist auf die Verhaltenskomponente hin. Der Begriff der ‚Nische' ist allerdings vieldeutig, einige Ökologen zogen es daher vor, ihn nicht zu benutzen. — Doch ein wichtiges ***ökologisches Axiom*** bezieht sich gerade auf diesen Begriff: ‚Eine Art — eine ökologische Nische', d.h. ökologisch identische Arten können nicht koexistieren! (Vgl.: E.R. Pianka: Konkurrenz und Theorie der ökologischen Nische. In: R.M. May (Hrsg.): Theoretische Ökologie; Basel, Weinheim 1980. S. 106ff.) — Bei aller Vorsicht ließe sich mit Hilfe dieses Axioms möglicherweise das historisch wiederkehrende Moment der ***‚Verdrängung'***, Unterjochung und Vernichtung einer Ethnie durch die andere besser nachvollziehen; wie z.B. der Untergang der Wildbeutergesellschaften bei deren Konfrontation mit Viehzüchtern und deren Untergang wiederum, wenn diese mit Ackerbauern konfrontiert sind. — Erklärungsversuche, die sich in ihrem Herangehen allerdings ständig gegen die Gefahr des biologistischen Reduktionismus abzusichern hätten. Ähnliche Phänomene zeigten sich schließlich nochmals in der Geschichte von Amerika: Indianer — Cowboys — Farmer. Allerdings hätte eine solche Untersuchung die Rolle der Mythen zu berücksichtigen, denn wie ist die gegenseitige Verachtung beispielsweise von Sioux- und Crow-Indianern zu verstehen?

1928 ***Anthropologische Wende.***

1928 Woltereck: Von ‚ökologischen ***Gestalt-Systemen***'.

26. 6.
1935 Verabschiedung des Reichsnaturschutzgesetzes.

1935 Einführung des Begriffs ***‚Ökosystem'*** durch den britischen Geobotaniker Tansley, aber noch ohne eigentliche Ökosystemforschung. Inhaltlich ist der Begriff bereits bei Woltereck (1928) vorhanden. Ökosysteme werden als räumliche Wirkungsgefüge aus biotischen (incl. Mensch) und abiotischen Elementen aufgefaßt; dabei wird eine Fähigkeit der Selbstregulierung angenommen.

Dieser Begriff vom ***‚System'*** wird im Weiteren grundlegend für die Entwicklung der ‚harten' Ökologie, doch hier fehlt noch die Kybernetik (1948/49). Verloren geht in der weiteren Entwicklung der im Begriff der ***‚Umwelt'*** eines Jacob von Uexküll durchaus noch vorhandene qualitative Aspekt der Naturbeobachtung. Verloren geht ferner bei der Auffassung einer Umwelt als System das Moment des Subjektes und des Subjektiven; Lebenswelten werden somit zu quantifizierbaren Zusammenhängen anonymer Bestandteile und Faktoren. Wir können nur unser Bedauern über diese Entwicklung zum Ausdruck bringen, das Insistieren auf diese beiden Momente — ***Naturqualitäten*** und

Subjektbezogenheit — wird uns allerdings wiederbegegnen und weiterbeschäftigen.

1937 verzeichnet Karl Friederichs einen Vorgang der **,Wiedervereinigung der Naturwissenschaften'**; als Grundlage für diese Integration nennt er die **Ökologie** (vgl.: K. Friederichs: Ökologie als Wissenschaft von der Natur oder biologische Raumforschung (BIOS. Bd. VII); Leipzig 1937. S. 4.). Friederichs bezieht sich auf W. Köhler und Chr. v. Ehrenfels und deren Begriff der **,Gestalt'**.

Eine ,Gestalt', so Friederichs, verhielte sich zu den Teilen, aus denen sie besteht: wie Dichtung zu Worten und Buchstaben, wie Töne zur Melodie, wie ein Photo zum Film, wie Zellen zum Organismus. Das Wesentliche sei dabei der Faktor ,Zeit', „... so denkt man in Gestalten, fließend, dynamisch.", Gestalt ist Bleibendes im Wechsel, Einheit in der Zeit (ebd. S. 6, Anm. 3.). So würde das bisherige dreidimensonale, statische Denken abgelöst werden durch ein ,fließend, dynamisches, vierdimensionales Denken in Gestalten' (vgl. ebd. S. 6.).
– Im **,holistischen'** Weltbild Friederichs ist die Welt integriert: „Sie ist Gestalt und aus Gestalten zusammengesetzt, ist Ganzheit. Die Selbstregulierung der einen großen wie der in ihr enthaltenen kleineren Ganzheiten erfolgt auf dem Wege des schwankenden (dynamischen) Gleichgewichts, ..." (ebd. S. 11.). Inwieweit es sich beim Gestalt-Begriff um eine Alternative zum System-Begriff handelt, wäre zu prüfen.

Zu dieser Zeit wird die praktische Relevanz ökologischer Disziplinen offenbar, die Ökologen wenden sich nun auch den **anthropogen gestörten Biozönosen** zu. Friederichs gibt an, der Mensch störe das **Gleichgewicht der Natur**, und vom holistischen Standpunkt aus würden Versuche, aus der Einheit der Natur herauszutreten und sich als Herr und Meister über sie stellen zu wollen, abgelehnt (ebd. S. 11.).

1939 entwickelt Troll aus physisch-geographischen und vegetationskundlichen Untersuchungen am Beispiel einer ostafrikanischen Landschaft die **Landschaftsökologie**, jene Disziplin also, die bereits bei Alexander von Humboldt angelegt war.

bis etwa
1940 wurden zum Schutz von Pflanzenkulturen noch Seifenlösung, Tabaklauge, Schwefelbrühe und Kupferkalk eingesetzt.

1943 Einführung von **DDT** und erfolgreicher Einsatz bei der Bekämpfung von Läusen in Italien und der Malariamücke im Mittelmeerraum.

1948 versagt das Mittel gegenüber Läusen in Spanien. Zu diesem Zeitpunkt gibt es bereits eine umfangreiche Fachliteratur zum Chemismus von DDT, zur **Resistenz** und der **Anreicherung** von Insektiziden. (Siehe:

W. Kühnelt: Grundriß der Ökologie; Jena 1965. S. 290ff.) — 14 Jahre später wird die amerikanische Biologin ***Rachel Carson*** mit ‚Silent Spring' die Öffentlichkeit erstmalig über die Folgen dieses weltweiten Insektizid-Einsatzes aufklären.

1948 ***Norbert Wiener*** eröffnet die neue Perspektive der ***Kybernetik***. „Der Steuermann selbst ist Glied eines Systems, zu dem außerdem der Kompaß, das Ruder und das Schiff gehören. Schwenkt das Schiff von dem gewählten Kurs ab, zeigt sich die Veränderung an der Bewegung der Kompaßnadel. Nun ereignet sich folgendes: Der Steuermann dreht das Ruder, wodurch das Schiff auf seinen ursprünglichen Kurs zurückgebracht wird. Sobald dies geschieht, kehrt die Kompaßnadel in ihre ursprüngliche Position zurück, und der Kreislauf ist vollendet." (B. Commoner: Wachstumswahn und Umweltkrise; München 1973. S. 39.) — Die Bedeutung der neuen Maschinentheorie Kybernetik für Wissenschaft, Technologie und auch für die Ökologie braucht nicht eigens erwähnt zu werden.

1949 Claude E. Shannon entwickelt die ***‚Informationstheorie'***.

1952 ***‚smog'*** in England; dabei handelt es sich um eine lebensgefährliche Konzentration urbaner und anthropogener Schadstoffe bei bestimmten Wetterlagen, den Inversionen.

26. 4
1953 An diesem Tag schlugen in einem Labor im Stadtzentrum von Troy/New York plötzlich die Geigerzähler an; Ursache des radioaktiven Fallouts waren die Atomtests in der Wüste von Nevada. „Vielen von uns wurde die Bedeutung der Umwelt für das menschliche Leben schlagartig klar." (B. Commoner: Wachstumswahn ... a.a.O. S. 55.)

1954 Konferenz von Vertretern aus 32 Staaten zur Vermeidung der ***‚Ölpest'***. Nur 10 Staaten erklären sich schließlich bereit, den Empfehlungen zu folgen.

1958 William Kapp: ‚The Social Costs of Private Enterprise'. Damit werden ***Ökonomen*** erstmalig auf die Probleme ökologischen Wirtschaftens aufmerksam; als ‚Produktionsfaktor' neben Kapital (Boden) und Arbeit tritt nun Natur (Umwelt) als nicht mehr ‚freies' Wirtschaftsgut. —
W. Kapp prägte den Begriff der ***‚sozialen Kosten'***, die oft nicht direkt meßbar sind, weil sie an einem anderen Ort als dem der Produktion auftreten, und doch sind sie mitproduziert. Ivan Illich wird 1973 hieran anknüpfen, wenn er in ‚Tools for Conviviality' eine politische Kritik der ***Technik*** vornimmt mit seinen beiden Kategorien der ***‚Kontraproduktivität'*** und der ***‚Konvivialität'***. (Siehe: Ivan Illich: Selbstbegrenzung. Eine politische Kritik der Technik; Hamburg 1975.)

1958 David Riesmann prägt den Begriff der ,***postindustriellen***' Gesellschaft; Begriffsbildungen dieser Art treten mittlerweile mit bemerkenswerter Häufigkeit auf: Posthistoire, Poststrukturalismus, Postmoderne.

1960 M. Bates: ,The Forest and the Sea; a Look at the Economy of Nature and the Ecology of Man'. In diesem Titel sieht Alfred Barthelmeß die erstmalige Erwähnung einer ,***Humanökologie***' — ,Ecology of Man' (vgl.: A. Barthelmeß: Vögel. Lebendige Umwelt; Freiburg, München 1981. S. 11f. u. S. 338.).

Worin eigentlich der genaue Unterschied von Ökologie und Humanökologie liegt, wird auch bei Barthelmeß nicht klar. Seine hervorragende Arbeit stellt insofern etwas Besonderes dar, als daß sich seine Darstellung durchaus einer Überprüfung auf einen Biologismus, Reduktionismus und Ökonomismus stellen kann — sie ist darüber hinaus. „Humanökologie umfaßt weit mehr, als die bisher übliche oberflächliche materialistische Definition vorgibt: sie ist die Wissenschaft von den physischen und psychischen Beziehungen zwischen Mensch und Umwelt." (Ebd. S. 12.) — Dem ist von philosophischer Seite zunächst keinerlei Zustimmung zu versagen, doch die Gefahr eines Biologismus wächst, darin ist Enzensberger zuzustimmen, wenn der Ökologe seine eigene Spezies mit einbezieht (H. M. Enzensberger: Zur Kritik ... a.a.O. S. 20.).

Wir werden auf diese problematischen Zusammenhänge noch zurückkommen und werden uns dabei davon überzeugen müssen, daß sich eine ,Humanökologie' — wie Barthelmeß sie sich vorstellt — weder in der Ökologie noch in der Humanökologie, wie sie durch andere Forscher vertreten wird (z.B. Ehrlich), bisher in dem Versuch einer auch qualitativ und subjektbezogen orientierten Ökologie, hat durchsetzen können; wir werden daraufhin zumindest für die philosophische Fragestellung einen anderen Weg gehen.

1960 Pressemeldung: ***Tote schwedische Seen***.

1961 Im Wahlkampf verspricht Willi Brandt den ,blauen Himmel über der Ruhr'.

1962 „Die innere Gesundheit des Menschen hängt von dem richtigen Gleichgewicht zwischen beiden Seiten, dem ,Haus' und der ,Welt' ab." (O.F. Bollnow: Mass und Vermessenheit des Menschen. Philosophische Aufsätze. N.F.; Göttingen 1962. S. 21.)

1962 Die amerikanische Biologin ***Rachel Carson*** veröffentlicht: ,***Silent Spring***'. Für eine allgemeine ökologische Bewegung, für ein ,Umweltbewußtsein' beginnt damit die Latenzzeit. Ein Kapitel bei Carson trägt den bezeichnenden Titel: ,Die Natur wehrt sich'.

15. 5
1963 Die US-Regierung gibt im Auftrag des Präsidenten J.F. Kennedy als Reaktion auf das Buch R. Carsons eine Schrift heraus, die über den Umgang mit Pflanzenschutzmitteln aufklären soll.

1963 stimmt der amerikanische Senat dem ‚Vertrag über das Verbot von ***Kernwaffenversuchen*** in der Atmosphäre im Weltraum und unter Wasser' zwischen den USA und der UDSSR zu.

1968 wird in der Accademia dei Lincei in Rom der ***‚Club of Rome'*** gegründet, „... um die Ursachen und inneren Zusammenhänge der sich immer stärker abzeichnenden kritischen Menschheitsprobleme zu ergründen. Mit seiner öffentlichen Tätigkeit verfolgt der Club of Rome die Absicht, die politischen Entscheidungsträger in aller Welt zur Reflexion über die globale Problematik der Menschheit anzuregen." (E. Pestel im Vorwort zu: Dennis Meadows, u.a.: Die Grenzen des Wachstums — Bericht des Club of Rome zur Lage der Menschheit; 3. Aufl., Hamburg 1973. S. 11.).

22. 4.
1970 In New York veranstaltet die Umweltschutzorganisation ‚Friends of the Earth' ein ‚National enviromental Teach in'; diese erste Demonstration für den Schutz der Umwelt ist als ***‚Earth-Day'*** in die Geschichte eingegangen.

1970 Der Begriff ***‚Umweltschutz'*** wird als Übersetzung der englischen Wortbildung ‚enviromental protection' übernommen.

6. 6.
1970 Sofortprogramm der Bundesregierung für den Umweltschutz; hiermit wird die legislative Phase im ***Umweltrecht*** eingeleitet.

1971 Gründung der Umweltschutzorganisation ‚Greenpeace' in Kanada.

1971 E.H. Graul gründet die ***‚Medizinische Environtologie'***, die sich mit den medizinischen Problemen der Umweltveränderungen befaßt.

1971 J. W. Forrester: ‚World Dynamics'. Am MIT war von Forrester eine Methode entwickelt worden, das Verhalten ***komplexer Systeme*** zu beschreiben; diese Methode nannte Forrester ‚System Dynamics' und das von ihm entwickelte ***‚Weltmodell'*** sollte den Studien des ‚Club of Rome' als Grundlage dienen.

Forrester bestimmt sein Simulations-Modell durch fünf Faktoren: Bevölkerungszahl; Kapitalinvestition; Rohstoffreserven; in der Landwirtschaft investiertes Kapital; Umweltverschmutzung. — Die Größe der einzelnen Faktorengruppen wurde geschätzt für das Jahr 1900, der Durchlauf der Diagramme im Jahre 1970 sollte dann eine Kontrolle durch den Vergleich mit den tatsächlichen Größen und so die Berechnung der weiteren Entwicklung erlauben.

Als umfassenden Indikator für sein Weltmodell verwandte Forrester den seit den 60er Jahren des 20. Jhdts. in den USA politisch motivierten Begriff der ***Lebensqualität***; (vgl.: H. Holzhey: ‚Lebensqualität'. Hist. Wörterb. d. Phil. Bd. V. 1980. Sp. 141–143). Forrester definierte vier Faktoren deren Produkt die Lebensqualität sei: Nahrungsmittelangebot, Lebensstandard, Ballungsgrad, Verschmutzungsgrad. Damit war die Voraussetzung für die 1972 folgende erste Studie des Club of Rome geschaffen (vgl.: J.W. Forrester: Der teuflische Regelkreis. Dt. überarb. Fass. v. ‚World Dynamics', 1971; Stuttgart 1972. S. 59f.).

1972 ***Ökologische Wende.***

1972 Drehtermin zum Film ‚home', im deutschsprachigen Raum bekannt geworden unter dem Titel ‚Söhne der Erde'. Drehbuchautor Ted Perry wollte auf ökologische Probleme aufmerksam machen, er verwandte im Filmskript eine umgearbeitete Fassung ‚der' ***Rede des Häuptlings Seattle***. Wie Rudolf Kaiser nach dankenswerten Recherchen zwölf Jahre später herausstellte, kann Seattle 1854/55 — so — nicht gesprochen haben. Der tatsächliche Wortlaut ist nie überliefert worden und muß als verschollen gelten; die einzelnen mittlerweile bekannten Versionen sind auf abenteuerlichen Wegen zustandegekommen. (Vgl. hierzu: R. u. M. Kaiser: Die Erde ist uns heilig. Die Rede des Indianerhäuptlings Seattle; Münster 1985.)

Gravierende Unterschiede zwischen der bekannten, neueren Version und der von Kaiser entdeckten, allerdings auch nicht authentischen, älteren Version fallen beim Vergleich sofort auf: „Mit der ‚neueren Version' ist zugleich etwas Neues entstanden. Sie ist nicht nur sprachlich, sondern auch inhaltlich neu. Mit ihr ist Seattle zu einem Ökologen geworden." (ebd. S. 42.). Und dabei war gerade ***‚das Ökologische'*** dieser Rede so sehr geschätzt worden! — Im Zusammenhang dieser Rezeptionsprobleme weist W. Müller, bekannt durch seine Studien über indianische Kulturen, auf den generellen Unterschied hin, zwischen dem nüchternen Natur–Verständnis von Ökologie als einer Lehre von ***Nutzen und Schaden*** und indianischer Sichtweisen, denen jedes Zweckdenken fremd sei, „... daß unsere ökologischen Gedanken etwas Unindianisches sind, sobald man nichts anderes darunter versteht, als was wir heute darunter verstehen." (W. Müller: Die Rede des Häuptlings Seattle eine Fälschung? Ein Interview. In: Greenpeace–Nachrichten. Nr. V. 4. Jg. 1984. S. 26.).

1972 Dennis Meadows, u. a.: ***‚Die Grenzen des Wachstums'***.

Dieser erste, der ‚Berichte' des Club of Rome ‚zur Lage der Menschheit', ist in erster Linie ein Medienereignis. Der apokalyptische Charakter der Aussagen, die gewisse Aura des ‚Club of Rome', die an Geheimlogen denken läßt, der Einsatz des Computers, der in den Berichten zum Sinnbild für Wissenschaftlichkeit wird, und nicht zuletzt der geschickte, fast virtuos zu nennende Einsatz der Medien — der Bericht erschien in elf Sprachen gleichzeitig —, verfehlten die beabsichtigte Wirkung nicht.

Wir halten es an dieser Stelle nicht für notwendig, nochmals auf die Inhalte dieser Studien und auf die zahlreichen kritischen Einwände einzugehen, denn diese treten hinter der Wirkung vornehmlich des ersten Berichtes zurück: Weltweit entsteht damit ein ***Umweltbewußtsein***, das seit Rachel Carsons ‚Silent Spring' bereits latent vorhanden war, das nun aber in einen Widerspruch tritt zur ***Fortschrittsdiktion*** und dieses umso mehr, als im Herbst 1973 die Industrienationen mit der sogen. ‚***Erdölkrise***' konfrontiert werden.

2.2 Naturwissenschaft und Ökologie

2.2.1 Kritik der naturwissenschaftlichen Ökologie

In der voraufgegangenen Skizze zur Ökologiegeschichte sollte anhand der einzelnen Notationen das allmähliche Werden der Ökologie als biologischer Disziplin und schließlich die Ausweitung dessen, was als ‚ökologisch' angesehen wird, vorgeführt werden. Die Auswahl erfolgte nach Maßgabe von vier Kriterien: Erstens sollten nur Notationen vorgenommen werden, wenn sie wissenschaftsgeschichtliche Entwicklungen kennzeichnen, die maßgeblich das Verständnis von Ökologie als wissenschaftlicher Disziplin prägten. Ein solcher Einfluß auf die Ökologie ist z.B. der Umweltlehre Jacob von Uexkülls nicht zugekommen. Zweitens waren besonders Ereignisse und Umstände aufzuführen, die zu einer verstärkten Inanspruchnahme von Ökologie führten. Drittens sollte besonders auch auf Gründungsvorgänge ökologisch motivierter Forschungszweige in anderen Wissenschaften hingewiesen werden. Schließlich war insbesondere auch der Einfluß der Medien herauszustellen.

Bei einer derartigen Darstellung aber gerät vieles durch Fixierung aus dem Blick, dem die heutige Ökologie, mehr noch der heute landläufige Begriff von Ökologie seine Gegebenheit verdankt. Zunächst einmal ergibt sich das Verständnis dessen, was Ökologie sei, über ein Nachvollziehen ihres Werdens, durch die Beschreibung ihrer Genese als Wissenschaft — es ist eine Geschichte, die bislang ungeschrieben ist. Aber das heute vorherrschende ökologische Bild der Natur, wie es mittlerweile allenthalben die Naturvorstellungen prägt, ist zunächst in erster Linie ein Produkt der Medien;[22] weiterhin ist das Bild von der ökologischen ‚Natur' der Natur ein Produkt des 20. Jahrhunderts und in seiner spezifischen Gestalt einer kausal-pragmatischen Sichtweise kybernetischer und systemtheoretischer Flußmodelle das Produkt der zweiten Hälfte dieses Jahrhunderts.

Es ist eine der charakteristischen Folgen dieses neuen Naturbildes, daß die gesamte Natur nunmehr zum Wirtschaftsraum geworden ist. Erst durch Ökologie konnte Natur, konnten Naturräume mit allem was lebt, dem wirtschaftenden und quantifizierenden Kalkül unterworfen werden. Bereits Haeckel hatte der Ökologie die Ökonomie mit in die Wiege gelegt,[23] — wobei schließlich die ökologische Ökonomisierung der Natur ihrerseits wiederum die Ökonomie ökologisieren sollte.
Es ist charakteristisch für dieses neue, ökologische Naturbild, daß Natur zu einem dritten Wirtschaftsfaktor geworden ist. Neben Kapital (Boden) und Arbeit ist ‚Natur' getreten, Natur ist nun nicht mehr ‚freies Wirtschaftsgut', d.h. unbegrenzt und unbeschränkt verfügbar. Nunmehr ökonomisiert tritt sie als zusätzlicher ‚Kostenfaktor' für die Sozialökonomie in Erscheinung, mit z.T. erheblichem Einfluß auf die Grenznutzenfunktionen bei Wirtschaftlichkeitsberechnungen, wenn z.B. die später einmal notwendige, kostspielige Beseitigung sogen. ‚Altlasten' bereits bei betriebswirtschaftlichen Berechnungen mit in Erwägung gezogen werden muß. Charakteristisch für dieses neue Naturbild ist ferner, daß Natur nun nicht mehr als ‚weiter, ferner und unbegrenzter Raum', sondern als Nahraum aufgefaßt wird; dieser Wandel zeigt sich in der veränderten Auffassung jener ‚Selbstreinigungskräfte', denen man lange Zeit, bei entsprechend minimaler (d.h. qualitativ und quantitativ minimaler) industrieller Produktion, zu Recht hatte vertrauen können, bis schließlich die

[22] Seit den Publikationen des Club of Rome haben sich die Medien des Themas dankbar angenommen, in diesem Zusammenhang wäre ernsthaft zu untersuchen, auf welche Weise Forschungsergebnisse, werden sie populärwissenschaftlich dargestellt, zumeist substantiell Schaden nehmen. Es wäre besonders im Zusammenhang mit der Ökologie und dem Thema ‚Umwelt' zu untersuchen, wie populärwissenschaftliche Darstellungen zu Begriffsbildungen führen, die ihrerseits wiederum auf die Wissenschaft zurückwirken. Denn nur, wenn wissenschaftspolitische Erwägungen bei einzelnen Forschern unterstellt werden, ist nachvollziehbar, warum mitunter gerade die Ökologie zur ‚Überlebenswissenschaft schlechthin' hochstilisiert wurde, und es ist die Omnipotenz der Ökologie tatsächlich behauptet worden: „Ecology shows us how the World works." (G.L. Clarke: Elements of ecology; New York 1954. S.9.).

[23] Stets, wenn Haeckel auf die von ihm begründete Ökologie zu sprechen kommt, verwendet er eine Analogie zur Ökonomie. So definierte er z.B. in seiner Antrittsvorlesung ‚Über Entwicklungsgang und Aufgabe der Zoologie' am 12. Januar 1869: „Unter Ökologie verstehen wir die Lehre von der Ökonomie, von dem Haushalt der tierischen Organismen." (Ernst Haeckel: Gemeinverständliche Werke. Bd. V. A.a.O. S. 49.). — Es liegt Haeckel jedoch nicht nur an einer Analogie; für ihn ist Ökologie — ‚Oeconomie der Natur', ‚Naturökonomie' (vgl.: Ernst Haeckel: Natürliche Schöpfungsgeschichte ... a.a.O.; Berlin 1870. S. 645.), ‚Haushalt der Organismen', ‚Haushaltslehre der Natur', ‚Biologische Oekonomie' (vgl.: Ernst Haeckel: Die Lebenswunder. Gemeinverständliche Studien über Biologische Philosophie. Ergbd. zu dem Buche über die Welthrätsel; Stuttgart 1904. S. 107, S. 88, u. Tab. S. 108.).

Erfahrung jener Unmittelbarkeit gemacht wurde, mit der die anthropogen beeinflußte Umwelt wieder auf den Menschen zurückwirkt, wie etwa beim Fallout radioaktiver Isotope oder bei der Anreicherung von Giften in den Nahrungsketten.

Den an diesen Phänomenen ansetzenden Forschungen liegt allzu oft als maßgebliches Kriterium ein unhinterfragter homo–mensura–Satz zugrunde. Das Prinzip der Reduktion bei derartigen Untersuchungen verläuft etwa folgendermaßen: Aus der Natur als Lebensraum wird Umwelt (nicht Mitwelt), und diese wird zum ökologisch beschreibbaren System, als System ist sie an-sich, aber nicht mehr für–sich, sondern nur noch für–uns.

> „Für die natürlichen Ressourcen kann immer weniger gelten, daß sie Gratisdienste leisten. Zur umfassenden Bewirtschaftung von ökologischen Systemen (Ökosystemen) sind optimale Bewertungsmaßstäbe erforderlich. Die durch Arbeit geschaffenen Werte materieller Güter müssen durch ein vertieftes Reproduktionsverständnis mit der qualitativen, gebrauchswertmäßigen Nützlichkeit der Naturgüter verbunden werden. Über die Nützlichkeit kann man die gemeinsame Eigenschaft unterschiedlicher Güter bewerten, ... (...)(...) Unter diesen Bedingungen muß die Ökologie zur naturwissenschaftlichen Basis aller künftigen Technologie werden."[24]

Hier geht Natur ganz und gar in Nützlichkeitsbewertungen auf; solcher Utilitarismus, der über den Mißbrauch von Zweckerklärungen zustandekommt, wird in einem Xenion von Goethe und Schiller verspottet:

„Welche Verehrung verdient der Weltenschöpfer,
der gnädig
Als er den Korkbaum schuf, gleich auch die
Stöpsel erfand!"[25].

Das Spektrum ökologischer Naturbilder ist ausgesprochen weit gefaßt, diese Variabilität ist, wie sich zeigen wird, von außerordentlicher Bedeutung. Im ökologischen Naturbild kann Natur ganz und gar in Nützlichkeitserwägungen aufgehen; das ist erstmalig möglich geworden durch den Übergang von monokausalen Untersuchungen zu den multifunktionalen Methoden der systemtheoretischen Ökologie; aber auch das Gegenprinzip vom ‚Eigenrecht der Natur' läßt sich wiederum durch eine Argumentation, die als ökologische firmiert, vertreten. Es ist damit die Szenerie einer tragischen Figur erkennbar geworden: Durch Ökologie konnte sich gerade dasjenige Prinzip

[24] Erwin Herlitzius in seiner Einführung zu: Karl–Franz Busch, Dietrich Uhlmann, Günther Weise (Hrsg.): Ingenieurökologie; Jena 1983. S. 13f.

[25] Johann Wolfgang von Goethe, Friedrich Schiller: Die Xenien aus Schiller's Musenalmanach für das Jahr 1797. Geschichte, Abdruck und Erläuterung derselben; Danzig 1833. Zit.: Nr. 15. Der Teleolog. S. 80.

umfassend etablieren und aufrechterhalten, dessen Abschaffung im Sinne eines Paradigmenwechsels sich wiederum andere gerade von der Ökologie erhofft hatten. Das generell quantifizierende Prinzip der technizistischen und ökonomistischen Rationalität, der Schlüssel aller Kreaturen — sind Zahlen und Figuren:

„Wenn nicht mehr Zahlen und Figuren
Sind Schlüssel aller Kreaturen,
Wenn die, so singen oder küssen,
Mehr als die Tiefgelehrten wissen,
Wenn sich die Welt in's freie Leben,
Und in die Welt wird zurückbegeben,
Wenn dann sich wieder Licht und Schatten
Zu ächter Klarheit wieder gatten,
Und man in Mährchen und Gedichten
Erkennt die ewgen Weltgeschichten,
Dann fliegt vor Einem geheimen Wort
Das ganze verkehrte Wesen fort."[26].

Die Frage also, was eigentlich Ökologie sei, sieht sich bei ihrer Beantwortung mit einer großen Vielfalt konfrontiert, deren Bandbreite sich allerdings mit Hilfe eines zentralen Kriteriums erfassen läßt: Anthropozentrismus.
So wird z.B. im Deutschen Wörterbuch der Begriff ‚Umwelt' anfangs noch umfassend definiert, als „Gesamtheit der ein Lebewesen umgebenden anderen Lebewesen, Dinge und Vorgänge, mit denen es in Wechselwirkung steht, ... ".[27] Aber im Weiteren sind dann die Begriffe ‚umweltfreundlich', ‚Umweltschaden', ‚Umweltschutz', ‚Umweltverschmutzung' definitiv nur noch auf den Menschen hin orientiert: „Umweltfreundlich: die Lebensbedingungen des Menschen in seiner Umwelt nicht beeinträchtigend; ..."[28].

Zunächst einmal, so läßt sich feststellen, werden die Begriffe Ökologie und Umwelt heute oft synonym verwandt, und so erinnert das Definiendum von Wahrig gerade an die Bestimmung, die Haeckel für die Ökologie vorgesehen hatte: „Unter Oecologie verstehen wir die gesamte Wissenschaft von den Beziehungen des Organismus zur umgebenden Außenwelt, ..."[29]. Eine Abgrenzung der beiden Begriffe läßt sich jedoch anhand der Unterscheidung durchführen, wonach die Ökologie als Wissenschaft und die Umwelt als Forschungsfeld benannt wird. Dies erhellt, warum es sich bei einer ‚ökologischen

[26] Novalis: Schriften. Die Werke Friedrich von Hardenbergs. Bd.I: Das dichterische Werk; hrsg. v. P. Kluckholm u. R. Samuel; 3., nach den Handschr. erg., erw. u. verb. Aufl. in vier Bänden u. e. Begleitbd.; Stuttgart 1977. S. 360.

[27] ‚Umwelt'. In: Gerhard Wahrig: Deutsches Wörterbuch; überarb. Neuausg., Gütersloh 1980. Sp. 3848.

[28] Ebd. Sp. 3848.

[29] Ernst Haeckel: Generelle Morphologie (1866). Zit. n.: Udo Halbach: Der Beitrag der biologischen Ökologie ... a.a.O. S. 9.

Krise' nicht eigentlich um eine ‚Umweltkrise' handeln kann, sondern allenfalls um die Krise einer Wissenschaft.
Dieter Mollenhauer vermutet hinter der mittlerweile allgemein etablierten Gleichsetzung von Ökologie und Umwelt allerdings Methode:

> „Damit diese begriffliche Verknüpfung (und oft sogar Gleichsetzung) von , Ökologie' und ‚Umwelt' möglich ist, muß eine stark inhaltliche Verengung vorgenommen werden. Wir werden sehen, daß sie das Ergebnis eines lenkenden Eingreifens in die Entwicklung der Ökologie ist. Übrig geblieben ist ein Minimalprogramm, das mit den ursprünglichen Vorstellungen kaum noch etwas gemein hat. Alleiniger Maßstab ist letztlich der Mensch, der sich als Mittelpunkt von allem begreift. Trotz dieses Anthropozentrismus reduziert er sich selbst dabei aber zu nichts als einem Massenwesen mit bestimmten Ansprüchen aus seiner Lebensführung. ‚Umwelt' steht dann für die bei dieser Art von Existenz nötigen Materialien und Energien."[30].

Wir stimmen Mollenhauer in allen Punkten seiner Kritik zu, sie spiegelt die Enttäuschung, die sich auch bei der Abfassung dieser Untersuchung zur Ökologie schließlich bemerkbar machen sollte, als einsehbar und bewußt wurde, wie sehr die hehren Ansprüche und Vorsätze, die im Anschluß an die ökologische Wende von 1972 allenthalben die Basis für Diskurse und Ansätze bildeten, wie sehr die Hoffnungen, die sich daraufhin glaubten gründen zu können, zunichte wurden; den Erwartungen auf eine veränderte Praxis der Naturwissenschaften, auf eine sanfte Technologie, auf einen von manchen erwarteten Paradigmenwechsel, womöglich auf eine Ökotopie (Öko–[U]topie), wird in der ökologischen Praxis nicht einmal der Rang von Idealen eingeräumt.

Der Begriffsrahmen des Wortes ‚Umwelt', so läßt sich über etymologische Vergleiche nachweisen, ist ursprünglich weitaus umfassender und umfangreicher als der Bereich der (Disziplinen der) Ökologie. Ohnehin müßte eine exakte Synonomie bei genauerem Hinsehen scheitern, denn allenfalls ließe sich ‚Umwelt' mit dem heute allgemein gebräuchlichen terminus technicus ‚Öko–System' gleichsetzen, keinesfalls jedoch mit ‚Ökologie'. Um jedoch eine Synonomie von Umwelt und Öko–System tatsächlich zu erreichen, muß bei der Angleichung das Wortfeld von ‚Umwelt' verengt, jenes von ‚Öko–System' erweitert werden und es ist die Tendenz zu beobachten, daß beide Begrifflichkeiten tatsächlich endgültig einander angeglichen werden. Doch dabei gingen wesentliche Merkmale verloren, würde sich die nur scheinbar vorhandene Kongruenz einzig durch eine stetige und undifferenzierte Verwendung allmählich durchsetzen.
Der dänische Schriftsteller und Literaturwissenschaftler Jens Baggesen, der in einer Ode im Jahre 1800 das Wort ‚Umwelt' prägte, muß dabei an ein

[30] Dieter Mollenhauer: Ökologie — das enfant terrible der Biologie. In: Scheidewege. Jahresschr. f. skept. Denken. 15. Jg. 1985/86. S. 127.

Ersatzwort in Analogie zum französischen Fach- und Fremdwort ‚Milieu' gedacht haben.[31]
Die bei Grimm angeführte Ode von Baggesen ist überschrieben: ‚Napoleon — An Voß (1800)'; wir zitieren das Original:

„Und es verwandelt die Fluth in Feuer sich, Nebel in
Nordlicht
Regen in Strahlenerguß, daß von fern erscheinet der
Umwelt
Ein' ätherische Feste die Schicksalshölle des
Dichters."[32].

‚Umwelt' bezeichnet demnach ursprünglich Landschaft im übertragenen Sinne: die letzte Zeile der Ode gibt Aufschluß darüber, daß es sich hier um die innere Topographie einer Seelenlandschaft handelt:

„Deute mir, Priester, den Traum; denn es sendete wahr-
lich der Gott ihn."[33].

Diese wortgeschichtlichen Hintergründe verweisen also eher auf geisteswissenschaftliche, ästhetische, ethische, kulturelle und soziale Aspekte und weniger nur auf naturwissenschaftliche Sachverhalte; allenfalls die ältere, deskriptive und ethologische Ökologie könnte diesem Wortsinn überhaupt gerecht werden. Einer solchen Bedeutung von Umweltaspekten im Sinne milieutheoretischer Erwägungen, wie sie etwa im Streit um den Umweltdeterminismus zum Tragen kommt, liegt allerdings immer schon das Moment eines Subjektes zugrunde; „Umwelt ist immer auf ein Subjekt bezogen."[34]. — Genau dieses Moment eines Umweltsubjektes, das je individuell und umweltlich variiert, relativiert auch gleichzeitig einen Anthropozentrismus. Würde ‚Umweltforschung' im Sinne Jacob von Uexkülls betrieben, so wäre selbst der Umweltbegriff relativiert — je nach Lebewesen, Individuum und Lebensraum, und es ließe sich damit auch jeglicher Anthropomorphismus vermeiden. „Jedes Tier besitzt seine eigene Umwelt, die immer größere Verschiedenheiten mit der unseren aufweist, je weiter es sich in seiner Organisation von uns entfernt."[35]
Dieser von Uexküll in die Biologie eingeführte Umweltbegriff und die damit verbundene qualitative Umweltlehre ist jedoch ohne Auswirkung auf die Ökologie geblieben. „Die ökologische Forschung hat sich durch diese subjektiv-idealistische Umweltlehre nicht beirren lassen, sondern ging, ob

[31] Vgl. hierzu: ‚Umwelt'. In: Deutsches Wörterbuch v. Jacob u. Wilhelm Grimm. Bearb. v. V. Dollmayr. Bd. 23; München 1984. Sp. 1259. — Vgl. ebenf.: ‚Umwelt'. In: Etymologisches Wörterbuch der deutschen Sprache; hrsg. v. F. Kluge; Berlin 1960. S. 804.
[32] Jens Baggesen's poetische Werke in deutscher Sprache. Bd. II; hrsg. v. C. u. A. Baggesen; Leipzig 1836. S. 102.
[33] Ebd. S. 103.
[34] Gerhard Helmut Schwabe, zit. n.: Dieter Mollenhauer: Ökologie ... a.a.O. S. 130.
[35] Jacob von Uexküll: Umwelt und Innenwelt ... a.a.O. S. 248.

deskriptiv, analytisch, synthetisch oder typologisch, stets davon aus, daß die Umweltfaktoren objektiv–real existieren."[36] — Unseren Beifall findet ein solcher Reduktionismus allerdings nicht.

Allein: „Der Garten ist verwüstet, ...", so Jürgen Dahl, „... die Wege sind zertrampelt, die Reste des Inventars werden gerade verheizt — aber das Rätsel des Gartens bleibt ein Rätsel. Ob noch einmal ein Garten daraus wird oder ob sein Ende schon begonnen hat, hängt von nichts anderem ab als davon: daß wieder Gärtner kommen, die den Garten unbegreiflich finden."[37]. — Es gibt sie bislang nicht, eine Wissenschaft der Natur, die nicht nur Naturwissenschaft im herkömmlichen Sinne ist, sondern vor allem auch Philosophie der Natur sein sollte; die Antwort steht aus auf die Frage: Was sollen wir tun, mit unserer Natur, in der Natur, mit der Natur. — Sich bereits jetzt schon im Dickicht der komplexen Zusammenhänge kasuistisch versuchen zu wollen, so Hans Jonas, sei für die Philosophie noch verfrüht. „Die dafür vorausgesetzte integrale Umweltwissenschaft gibt es noch nicht."[38]; anders jedoch Klaus Michael Meyer–Abich: „Eine Ethik, die sich auch in den 80er Jahren dieses Jahrhunderts noch nicht in das Abenteuer der Auseinandersetzung mit der Naturphilosophie hineinwagt, handelt meines Erachtens unverantwortlich."[39]. — Was Plessner und Scheler für die Konstitution der philosophischen Anthropologie geleistet haben, sollte auch möglich sein für die Grundlegung und Begründung einer neuen Naturphilosophie. Doch: „Mit der Ökologie allein kommt man nicht weit."[40].

Bis 1972 befand sich die Ökologie, noch wenig berühmt und von der großen Öffentlichkeit gänzlich unbeachtet, in einem Dornröschenschlaf, als eine von dreiundzwanzig Teildisziplinen[41] innerhalb der biologischen Wissenschaften durchaus rege, aber außerhalb ihrer nicht wahrnehmbar. Es kam das große und genau lancierte Medienereignis des Club of Rome und mit deren Studien kamen auch die Medien, die mit jedem gegebenen Anlaß tatsächlicher oder möglicher Umweltkatastrophen stets auch die Ökologie herbeizitierten — eine Ökologie, deren Bild sie größtenteils selbst zuvor geschaffen hatten, bevor sie diese ins öffentliche Leben riefen. Ökologie wurde

[36] ‚Umwelt'. In: Philosophie und Naturwissenschaften. Wörterb. z. d. philos. Fragen d. Naturwiss.; hrsg. v. H. Hörz, u.a.; Berlin 1978. S. 943.

[37] Jürgen Dahl: Der unbegreifliche Garten und seine Verwüstung. Über Ökologie und über Ökologie hinaus; Stuttgart 1984. S. 48.

[38] Hans Jonas: Technik, Medizin und Ethik. Zur Praxis des Prinzips Verantwortung; Frankfurt 1985. S. 11.

[39] Klaus M. Meyer–Abich: Vom bürgerlichen Rechtsstaat zur Rechtsgemeinschaft der Natur. Bedingungen einer verfassungsmäßigen Ordnung der menschlichen Herrschaft in der Naturgeschichte. In: Scheidewege. Vierteljahresschr. f. skept. Denken. 12. Jg. (3/4) 1982. S. 596.

[40] Jürgen Dahl: Der unbegreifliche Garten ... a.a.O. S. 88.

[41] Vgl.: Dieter Hassenpflug: Umweltökonomie und Fachökologie als Gegenstände philosophischer Aufhebung zu einer ‚Ökonomie der Natur'. Eine philosophische Studie zum Ökologieproblem der Industriegesellschaft; Diss. Kassel 1980. S. 155.

zu einer gefragten Wissenschaft, und kaum eine andere mochte fortan noch ohne ökologische Disziplin auskommen.[42] Unter dem Einfluß der gesteigerten Aufmerksamkeit und Erwartung gegenüber der Ökologie verlagerten sich deren Forschungsperspektiven und Forschungsprinzipien: Es vollzog sich ein Übergang von der ‚weichen' zur ‚harten' Ökologie. Aus der ‚reinen' Suche nach einem Verständnis für Zusammenhänge wurde ein Bemühen um möglichst exakte Vorhersagemöglichkeiten; aus der ökologischen Beschreibung und Beobachtung ökologischer Systeme wurde die Suche nach Möglichkeiten, jene Systeme in die Hand zu bekommen, um sie ggf. auch manipulieren zu können.[43] Als die ‚harte' die ‚weiche' Ökologie abgelöst hatte, die sich, so Wolfgang Altenkirch, nun als eine Mischung aus Biologie und einem guten Teil Ingenieurwissenschaften darstellte, war die verblüffende Folge, „... daß die biologischste der biologischen Disziplinen heute vielfach nur noch mit intensiven mathematischen und technischen Kenntnissen zu verstehen ist ..."[44]. — Damit war, so unsere Vermutung, vor allem dem Wunsch der Medienöffentlichkeit Rechnung getragen worden. Eine bis dato nicht für sinnvoll gehaltene Meßbarkeit wurde — unter den für derartige Schritte charakteristischen Einbußen — möglich gemacht. Erwartungsvoll wurden die neuen Modelle dem Kalkül überlassen; eines der besten Beispiele hierfür ist das politisch ambitionierte Wort von der ‚Lebensqualität', diesem Begriff kommt im sogen. Weltmodell des J.W. Forrester eine zentrale Funktion zu, und Forrester zufolge ist Lebensqualität meßbar.[45]

Der Schritt, den die Forscher in der Praxis vollzogen, wurde von Theoretikern — oftmals selbst Ökologen — vielfach kritisiert: Gegen falsche Hoffnungen „... und gegen die Anmaßung einer Computer–Ökologie, sie könne uns, wenn das Programm abgespult und die Ergebnisse ausgedruckt sind, sagen was zu tun und was zu unterlassen sei."[46]. Die Kritiken richten sich vor allem gegen die Quantifizierung und den Verzicht auf qualitative Momente bei der Naturbeschreibung: „Die Übertragung des rein quantitativen Denkens aus Physik und Chemie in die Ökologie hat dazu geführt, daß man die qualitativen Vorgänge in der lebenden Natur kaum noch sieht. (...) In der Natur kann aber das aus der Norm fallende Verhalten oder die Durchsetzungskraft von

[42] „So gibt es gegenwärtig über 300 Studiengänge in der Bundesrepublik Deutschland, die in sehr unterschiedlicher Weise Umweltwissenschaft als eigenständig oder als Aufbau- und Ergänzungsfach vorsehen oder akut planen." (Siehe hierzu: Jürgen Lehmann: Zur Umwelterziehung im tertiären Bildungsbereich. In: Ders. (Hrsg.): Hochschulcurriculum Umwelt; Köln 1981. S. 7.)

[43] Vgl.: Wolfgang Altenkirch: Ökologie; Frankfurt, Berlin, München 1977. S. 16.

[44] Ebd. S. 15.

[45] Vgl.: Jean Marie Zemb: Modell und Realität — Epistemologische Fragmente zum Modelldenken. Vortr., geh. auf d. Tag. d. Joachim Jungius–Gesellschaft d. Wiss. i. Hambg. am 2. u. 3. Okt. 1973. In: Grenzen der Menschheit; Hamburg 1974. S. 56. — Vgl. ebenso: H. Holzhey: ‚Lebensqualität'. In: Historisches Wörterbuch der Philosophie. Bd. V; hrsg. v. J. Ritter u. K. Gründer; Basel, Stuttgart 1980. Sp. 141–143.

[46] Jürgen Dahl: Der unbegreifliche Garten ... a.a.O. S. 79.

‚Einzelgängern' für das Überleben einer Population entscheidend sein."[47]. Ein in diesem Sinne entindividualisierter und farbloser Lebensbegriff zeichnet ein trauriges Bild vom Lebendigen, und den derzeitigen Curricula entsprechend wird eben diese Sichtweise an Schulen und Hochschulen verbreitet; eines der üblichen Wortungeheuer in diesem Zusammenhang ist das von der sogen. ‚Biomasse'. Energieflußdarstellungen vermitteln den Eindruck „... einer Serie von laufenden Förderbändern, die an strategisch plazierten Stellen in eine Reihe schmälerer Bänder unterschiedlicher Breite gespalten werden, wobei Konsumenten mehr oder minder nur als passive energieverteilende Agentien (‚Schalter') behandelt werden."[48]. Die system–funktionalistische Methode dieser Ökokybernetik entpuppt sich somit wider Erwarten als lediglich kausal–mechanische; damit allerdings hat das Maschinendenken nunmehr eine neue Ebene erreicht, denn mit dem Übergang von der Analyse der Einzelursachen zur Analyse im Ursachensystem geraten Phänomene in die Maschinensprache, die bislang noch nicht operationalisiert werden konnten. „ 1. Man erfaßt auf diese Weise in der Tat das Ganze. Nichts gibt es in einem Wald, was nicht in einem der Kästchen des Bildes Platz hätte. 2. Man erfaßt das Ganze aber nur unter einem bestimmten Aspekt. In unserem Beispiel erscheinen die Pflanzen nur in ihrer Eigenschaft als Produzenten von Biomasse. 3. Die Systemcompartmente sind gleichgültig gegenüber dem konkreten Inhalt."[49]

Man erfaßt und beurteilt in dieser Ökologie also unter zwei ökonometrischen Aspekten: 1. Ökonomie der Energie, 2. Ökonomie der Information.[50] Nur wenn ein Etwas sich durch einen Einfluß auf eine ‚Naturökonomie' bemerkbar macht, dann wird dieses Etwas ins System, ins Modell, ins Kalkül aufgenommen und nimmt nun teil an einer Art Natur–Bilanz. Eine beispielhafte Berühmtheit hat in diesem Zusammenhang das Federgeistchen (Pterophorus monodactylus) erlangt. Jürgen Dahl[51] hat an seinem Beispiel die Lückenhaftigkeit und Begrenztheit einer auf Energiebilanzen reduzierten Ökologie aufgezeigt:

Der Name wurde diesem Falter aufgrund seiner einmaligen Erscheinung beigelegt. Seine Hinterflügel sind wie Vogelfedern gebaut, „... wenn man das Federgeistchen flattern sieht, ... sobald es sich niederläßt, verschwinden die Hinterflügel schier geisterhaft ..."[52], durch einen sonderbaren Mechanismus, der allein dem Federgeistchen gehört.

---

[47] Wolfgang Tischler: Einführung in die Ökologie. 3. stark veränd. u. erw. Aufl.; Stuttgart, New York 1984. S. 188.

[48] Heinz Janetschek: Sekundärproduktivität. In: Ders. (Hrsg.): Ökologische Feldmethoden. Hinweise zur Analyse von Landökosystemen; Stuttgart 1982. S. 143.

[49] Ludwig Trepl: Ökologie — Eine grüne Leitwissenschaft? Über Grenzen und Perspektiven einer modischen Disziplin. In: Kursbuch 74; Berlin, Dez. 1983. S. 9.

[50] Vgl.: Gregory Bateson: Ökologie des Geistes. Anthropologische, psychologische, biologische und epistemologische Perspektiven. Übers. v. H. G. Holl; 2. Aufl., Frankfurt 1983. S. 591.

[51] Jürgen Dahl: Der unbegreifliche Garten ... a.a.O. S. 79ff.

[52] Vgl. ebd. S. 81.

> „Seine Raupen leben auf der Ackerwinde, einem lästigen Feld- und Gartenunkraut. Das ausgeschlüpfte Federgeistchen lebt von so gut wie nichts, überwintert im Verborgenen, legt im Frühsommer seine Eier an die Ackerwinde und stirbt dann. Die stoffliche und energetische Grundlage dieses Lebenszyklus wird fast ausschließlich von den Raupen besorgt.
> Im Sinne einer kybernetischen Ökologie erscheint das Federgeistchen ganz unerheblich, es schlägt nicht groß zu Buche, genau genommen überhaupt nicht: Natürlich können die Raupen des Federgeistchens von Vögeln gefressen werden — aber wenn es das Federgeistchen nicht gäbe, würden die Vögel keineswegs verhungern. Und die Ackerwinde, deren unterirdische Rhizome ihr das Überleben sichern, wird von den Raupen des Federgeistchens, die sich von ihr nähren, nicht ernstlich in ihrer Ausbreitung gehemmt. Das heißt: Für die rechnerische Ökologie ist das Federgeistchen überflüssig bis dort hinaus.
> Das spricht aber nicht gegen das Federgeistchen, sondern gegen eine Ökologie, die, kaum daß sie von den vielfältigen Verkettungen des Lebens ein bischen begriffen hat, gleich glaubt, sie könne es in ein großes Programm vom Walten der Natur umsetzen. Sie versteift sich aufs Berechenbare, ... — und hat doch, so vernünftig das alles sein mag, für entscheidend wichtige Aspekte überhaupt keine Begriffe in ihrer kybernetischen Sprache. (...) Stürben die Federgeistchen aus — die Ökologen würden es gar nicht merken, denn die Statistik würde davon kaum berührt und der Naturhaushalt litte nicht darunter, — aber: die Erfindung der federigen Hinterflügel in Verbindung mit den klappbaren Vorderflügeln wäre ein für allemal dahin.
> Eben diese Qualität der Einmaligkeit entzieht sich einer ökologischen und systemtheoretischen Bewertung, ...“[53]

Die Mißachtung des Federgeistchens als Nichtbeachtung seiner Einzigartigkeit: Jürgen Dahl zieht ein ästhetisches Kriterium heran und kann so der funktionalistischen und systemtheoretischen Ökologie nachweisen, daß sie wohl das ‚Ganze' erfaßt, aber unterschiedslos, qualitative Momente gehen bei derartigen Untersuchungen nicht mit in die Naturbeschreibung ein. Klaus Detering und Gerhard Helmut Schwabe haben den durch Systemwissenschaft verengten Fragehorizont zu skizzieren versucht, als wissenschaftliche Grundfragen gelten allgemein folgende: „...

[53] Ebd. S. 81–82.

— Was ist das? (Wesen) —

— Wie ist es? (Eigenschaften) —

— Wie verhält es sich? (Wirkung) —

— Woher kommt es? (Geschichte) —

— Was soll es? (Sinn, Ziel, Wert) —.

Die systemwissenschaftliche Formulierung lautet demgegenüber aber etwa folgendermaßen:

— Woraus besteht das? (Strukturanalyse) —

— Was hat es mit anderem gemeinsam und was unterscheidet es von anderem? (Vergleich, Klassifikation, Taxonomie) —

— Was sind seine augenblicklichen kausalen oder zufälligen Bezüge zu anderem? (Relativierung, synchronische Korrelation) —

— Was sind seine evolutiven Bezüge im Rahmen der Dynamik des Gesamtsystems? (diachronische Korrelation) —

— Wie funktioniert es innerhalb des Gesamtsystems? (Funktionsbestimmung) —“[54].

Systemtheoretische Untersuchungen im Rahmen der Ökologie verfügen also in der Regel über einen reduzierten und objektivistischen Horizont, es sind Entwürfe zu einer Naturtechnologie, die nur bedingt gelten — aber die Enge einer reduzierten Erkenntnismöglichkeit (Kategorien) evoziert immer auch Verluste im Erkenntnisbereich. Gewiß sind die zuerst genannten radikalen und absoluten Fragen ohne weiteres nicht in einzelwissenschaftlichen Untersuchungen thematisierbar, doch daraufhin muß nicht unbedingt jener ignorante Reduktionismus folgen, der sich letztlich zumeist bei der Integration einzelwissenschaftlicher Aussagen bemerkbar macht. Derartige Untersuchungen erscheinen bei dem Versuch der Integration der Einzelergebnisse oftmals als außerordentlich intransigent; die Tendenz zu Vereinfachungen nimmt auf den höher gelegenen Stufen des Organischen merklich zu; anscheinend passen nicht einmal mehr Phänomene der Ethologie ins Konzept. Mitunter kann beim Rezipieren das Vertrauen in die Ernsthaftigkeit der Untersuchungen verloren gehen, wenn diese Forschungsmethoden unverändert auch auf soziokulturelle Phänomene angewandt werden; dann wird ‚Kultur‘ mitunter, nach einer Formulierung von Jean Baudrillard, zu einer Metapher für Verdauung,[55] hier sei

[54] Klaus Detering, Gerhard Helmut Schwabe: System, Natur und Sprache. In: Scheidewege. Vierteljahresschr. f. skept. Denken. 8. Jg. (4) 1978. S. 107.

[55] Jean Baudrillard, zit. n.: Marshall Sahlins: Kultur und praktische Vernunft. A.a.O. Vgl. S. 110.

besonders auf die physiozentrische Kulturtheorie von Bronislaw Malinowski[56] hingewiesen.
Im Sinne dieser Theorien wird dann aus ‚Jagd' — Austausch von Energie und aus ‚Fortpflanzung' — Austausch von Genmaterial,[57] man denke hier an die Verluste bei solchen Naturbeschreibungen, an die nur mühevoll beschreibbaren Phänomene des Werbe- und Brutpflegeverhaltens, an das Phänomen der Mimikry, an die komplexen Zusammenhänge zwischen Insekt und Blüte, usw. Diese Art Ökologie, die wir die quantifizierende nennen, befindet sich für uns jenseits einer gewissen kritischen Schwelle; soweit und solange komplexe Zusammenhänge derart reduziert werden, daß für die Beschreibung nur ein Ausschnitt der Naturphänomene und davon wiederum nur der quantifizierbare Teil zur Betrachtung kommt, erweisen sich auch die Ergebnisse als intransigent für den philosophischen Versuch einer Integration aus Einzelergebnissen verschiedener Disziplinen, um zu einer ‚Gesamtschau' zu kommen — ein Verfahren, wie wir es bereits aus der philosophischen Anthropologie kennen. Ökologische Kriterien können bei der Klärung problematischer Sachverhalte wertvolle Hinweise liefern, so wird z.B. von Rudolf und Michaela Kaiser[58] in ihrer Untersuchung über die Authentizität der Rede des Häuptlings Seattle an einer Stelle u.a. darauf hingewiesen, daß der im vermeintlichen Redetext erwähnte Ziegenmelkervogel im Gebiet der Stämme Seattles gar nicht beheimatet war. — Vorsicht ist jedoch geboten, sobald ökologische Kriterien kategorial eingesetzt werden, denn die Gefahr eines Reduktionismus wächst mit deren Stellenwert; es entsteht dann ein Biologismus besonderer Prägung: Ökologie wird als nur quantifizierende zum Ökonomismus und dabei deterministisch wie der radikal-mechanistische Materialismus Holbachs und Lamettries. Ein derartiger Ökologismus ist

---

[56] Bronislaw Malinowski: Eine wissenschaftliche Theorie der Kultur (1941). In: Eine wissenschaftliche Theorie der Kultur. Übers. v. F. Levi; Frankfurt 1975.
„Wir können den Begriff ‚Natur des Menschen' durch den Tatbestand festlegen, daß jeder Mensch, solange er lebt und welcher Kulturtype er auch angehört, genötigt ist, zu essen, zu atmen, zu schlafen, sich zu vermehren und unbrauchbare Stoffe aus dem Organismus auszuscheiden." (Ebd. S. 110.) Kultur wird somit reduziert zu einem ‚System von adäquaten Anpassungen' (vgl. ebd. S. 172.).

[57] „Das Vorgehen dieser Theorie könnte ‚Ökologiefetischismus' genannt werden. Nichts Kulturelles ist das, was es scheint; alles wird zu einer Naturtatsache ... Heirat wird zu einem ‚Austausch von Genmaterial' und die Jagd zu ‚einem Energieaustausch mit der Umwelt'." (Marshall Sahlins: Kultur und praktische Vernunft. A.a.O. S. 130.) In seiner mitunter vehement geführten Auseinandersetzung geht Sahlins von einer Vergleichbarkeit zwischen Ökonomismus und Ökologismus aus (vgl. ebd. S. 126, Anm. 24, u. S. 124.). Dieser Ansatz Sahlins zu einer Kritik reduktionistischer Ökologismen ist begrüßenswert; allein als Kritik eines ‚Ökologiefetischismus' sollte sie differenzierter vorgenommen werden, nämlich genau hinsichtlich der quantifizierenden Ökologie und deren ‚Kalorienzählerei'. Zu Recht moniert Sahlins, im ökologischen Funktionalismus lösten kulturelle Inhalte sich in biologische Funktionalismen auf und Symbolisches würde reduziert auf Instrumentales, so daß schließlich für Kulturphänomene kein besonderes Verstehen mehr notwendig wäre (vgl. ebd. S. 129ff.).

[58] Rudolf und Michaela Kaiser: Diese Erde ist uns heilig. Die Rede des Indianerhäuptlings Seattle. Legende und Wirklichkeit; 3. Aufl., Münster 1985.

unzugänglich für soziokulturelle Phänomene, seine Herangehensweise betreibt tendenziell deren Auflösung: „Dieses Opfer der Autonomie von Kultur (und Kulturwissenschaft) wäre die Folge ihrer Einordnung in ein umfassenderes System natürlicher Zwänge.“[59]. Kulturphänomene aber und auch die Verhaltensweisen der höheren Säuger lassen sich nicht auf deren biologische Funktionen reduzieren; Teil der Naturgeschichte des Menschen — und hier nehmen wir ein zentrales Ergebnis unserer vorausgegangenen Studie zur Anthropologie wieder auf — ist seine Kulturgeschichte.

Eine eindeutige Bewertung von Ökologie als–solcher aber läßt sich nicht vornehmen, weil sowohl die Wissenschaft, als auch ihr Bild in der Öffentlichkeit ganz und gar nicht einheitlich sind. Wohl aber läßt sich eine quantitative von einer qualitativen Ökologie unterscheiden: Zum Einen werden Umweltschutzmaßnahmen vorgenommen aus der Sicht einer ‚Entsorgungs‘–Perspektive; hieraufhin entstand seit Beginn der 70er Jahre der technologische Umweltschutz einer Industrie zweiter Ordnung; dieses „... Kompensationsgewerbe — das Krisenmanagement der Planer und Macher — muß gegensteuern: es arbeitet an gegen die Folgen, die außer Kontrolle geraten sind; aber ... es erzeugt dabei selber zugleich wieder Folgen, die außer Kontrolle geraten, ...“[60]. Damit aber erscheint Ökologie als industrielle Fortsetzung von Umweltverschmutzung, anstatt, was vernünftig wäre, gewisse Produktionsprozesse selbst unbedenklicher zu machen, werden diese nunmehr legitimiert, es gibt ja schließlich ‚Entsorgung‘ — allein dieses Wort ist schon bedenklich. Zum Anderen lassen sich Umweltschutzbestrebungen feststellen, die sich als Heimatschutz, Naturschutz und Landschaftspflege um Schonung und Konservierung von Natur bemühen; diesen Ansätzen entsprechend sind Umweltschäden nicht nur nicht zu kompensieren, weil nicht kompensierbar, vielmehr geht es hier gerade um die vermeintlichen Ursachen selbst, also z.B. um die Probleme einer Technikkritik und das Bemühen um alternative Technologieentwürfe.

So kann im ökologischen Naturbild Natur ganz und gar in Nützlichkeitserwägungen aufgehen, die erstmalig durch einen Übergang von monokausalen Untersuchungen zu den multifunktionalen Methoden der systemtheoretischen Ökologie operationalisierbar wurden. Aber grundsätzlich andersartige Ansätze, nicht–utilitaristische und nicht–funktionalistische Prinzipien in

---

[59] Marshall Sahlins: Kultur und praktische Vernunft ... a.a.O. S. 133.

[60] Odo Marquard: Ende des Schicksals? Einige Bemerkungen über die Unvermeidlichkeit des Unverfügbaren. In: Abschied vom Prinzipiellen. Philosophische Studien; Stuttgart 1981. S. 84.

„Die Ökoindustrie bedeutet keine Palastrevolution, sondern ihre Vermeidung. Die Schäden der Industrialisierung werden industriell behandelt. Die Kosten der Störung des ökologischen Gleichgewichts werden zu den Einnahmen derer, die versuchen es wiederherzustellen. Es wird für die Ökoindustrie letztlich nur logisch sein, die Krisen von Weltklima und Wasserhaushalt zum Anlaß zu nehmen, diese selbst im Sinne einer globalen Maschinerie manipulieren zu wollen.“ (Joseph Huber: Die verlorene Unschuld der Ökologie. Neue Technologien und superindustrielle Entwicklung; Frankfurt 1982. S. 103.)

Ästhetik und Ethik lassen sich allerdings ebenso über ökologische Begründungsverfahren herleiten, und gerade die mehr allgemein motivierten Gedanken zum Umweltschutz, die heute allenthalben dem Ökologischen zugerechnet werden, sind einem anderen historischen Kontext zu verdanken, als der Gründung einer biologischen Unterdisziplin im Jahre 1866.

2.2.2 Die drei Begründungsebenen der Ökologie

In einem von etwa 50 Arbeitskreisen trafen sich auf dem 1. Deutschen Umwelttag in Würzburg[61] etwa 100 aktive Umwelt- und Naturschützer unter der Fragestellung: ‚Warum und mit welchen Argumenten setzen wir uns für den Naturschutz ein?'. — Am Ende der rege geführten Debatte konnte dann einmütig dem zugestimmt werden, was einer der Teilnehmer etwa so formulierte: ‚Wenn es naturwissenschaftliche Begründungen für unser Tun gibt, umso besser, wenn es aber in einigen Punkten keinerlei Begründungen seitens der Naturwissenschaften gäbe, selbst wenn wir gänzlich darauf verzichten müßten, — wir ließen uns dadurch in unserer Arbeit für den Naturschutz nicht beirren.'[62].
Bei der vorausgegangenen Untersuchung über die naturwissenschaftlich bedingten Kriterien zur Bestimmung von Ökologie hatten wir uns davon überzeugen müssen, daß in der Rechnung einer quantifizierenden Ökologie qualitative Momente nicht nur nicht aufgehen, sondern ausgegrenzt oder eliminiert werden. — Doch ist es nicht möglich, wie wir bereits gezeigt haben, das Wesen des Menschen allein aus seinen Naturanlagen — also naturwissenschaftlich — herzuleiten, und ebensowenig lassen sich Motive für Naturverbundenheit einzig auf seinen ‚Stoffwechsel mit der Natur' — reduzieren. Vor diesem Hintergrund entstehen auch die eingangs festgestellten Begründungsprobleme: Zwischen den Motiven, die den Einzelnen zu einem Engagement für Naturschutz bewegen können und der Möglichkeit diese Motive kritisch, d.h. die jeweiligen Kriterien auch angeben zu können, liegt eine leicht feststellbare Differenz.

Drei mögliche Begründungsebenen lassen sich unterscheiden, auf die sich Motive für Naturschutz zurückführen lassen: naturwissenschaftliche-,

[61] Der ‚1. Deutsche Umwelttag' wurde vom 6.–8. Juni 1986 in Würzburg von sieben der größten Umwelt- und Naturschutzverbände unter dem Motto ‚Ja zum Leben — Mut zum Handeln' abgehalten. Siehe: Programmheft — Deutscher Umwelttag 1986; hrsg. v.: Deutscher Umwelttag e. V.; Bonn o.J. [1986].

[62] Ich notiere diese Aussage nach eigenem Gedächtnis; im Programmheft findet sich allerdings auch eine vergleichbare Stelle: „Der Naturschutz muß klare Zielvorstellungen entwickeln, damit er mehr wird als reiner Reparaturbetrieb. Es wird erforderlich sein, alte Vorstellungen zu überdenken. Dazu gehört auch das ‚Naturschutz–Hilfsargument', daß dem Menschen etwas verloren geht, wenn er die Vielfalt und Schönheit, die Harmonie der Natur nicht mehr erkennen und erleben kann. Naturschutz ist mehr als die Umsetzung einer wissenschaftlichen Disziplin, auch mehr als ein Management–Problem. Er ist ein Lebensprinzip." (Programmheft ... ebd. S. 9.).

ästhetische– und ethische–. Diese drei möglichen Perspektiven werden allerdings — anders als zu erwarten wäre — weder gleichberechtigt noch gleichrangig angenommen; es läßt sich ein Hang zur ersteren, der naturwissenschaftlichen Argumentation beobachten, wenn Motive für Naturschutz begründet werden sollen. Gleichfalls ist eine gewisse Scheu vor ästhetischen oder ethischen Kriterien zu beobachten, letztere verkümmern geradezu, wenn ihnen aus Gründen, die wir prüfen wollen, allenfalls noch der Status von ‚Hilfsargumenten' eingeräumt wird.
In der Tat sind diese drei Begründungsebenen nicht gleichrangig, die allein mit ästhetischen und ethischen Sätzen formulierbaren Kriterien qualitativer Natur sind, sofern sie tatsächlich qualitative Momente ausformulieren, immer schon dem naturwissenschaftlichen und quantifizierenden Zugriff entzogen; sie sind nicht gleichrangig, weil sie auf verschiedenen Erkenntnisebenen operieren, aber sie sind gleichberechtigt. — Begründungen, warum etwa ein Baum, eine Tierart, eine bestimmte Landschaft, oder z.B. die Wälder des Amazonas zu schützen seien, lassen sich beispielhaft für alle drei Ebenen angeben: Weil der Baum z.B. Sauerstoff produziere oder weil Abholzen der Amazonas–Wälder das globale Klima gefährde; weil der Baum und seine ‚charakteristische Landschaft' dem Menschen Erlebnisse äußerer und innerer Erfahrung ermögliche, die unwiederbringlich verloren wären und schließlich, weil es dem Menschen nicht erlaubt sei, ohne Not zu töten, weil jedes Lebewesen ein allein durch seine Existenz verbrieftes Recht auf artgerechtes Leben habe und weil im Falle der Zerstörung der Amazonaswälder den dort lebenden Indianern die Existenzgrundlage genommen wäre.
Charakteristisch für die naturwissenschaftlich orientierte Begründungsebene sind Argumente, die einen bestimmten Zweck als notwendig voraussetzen (Vordersatz) und dann im Rahmen einer Wenn–dann–Folge, die Gefährdung oder mögliche Zerstörung eines als zweckrational anerkannten, ‚lebensnotwendigen' Zusammenhangs begründen (Schlußsatz). Ein derartiges Argumentationsmuster insistiert stets auf die zwingende Notwendigkeit unerwünschter Folgen. Weitaus schwieriger lassen sich Begründungszusammenhänge unter ästhetischen oder ethischen Gesichtspunkten gestalten, wenn erwartet wird, sie sollten ebenfalls Schlußfolgerungen ermöglichen, die zwingend notwendig sind. — Es kann aber von Sinnzusammenhängen gerade nicht ohne weiteres erwartet werden, daß sie zweckrationale Schlußsätze begründen, dazu sind sie nicht prädestiniert, denn sinn haft und sinn–volle Argumente werden mitunter gerade durch ein Relativieren von Zwecken erst möglich.

An der Notwendigkeit ökologischer Fragestellungen in den Naturwissenschaften scheint niemand mehr ernsthaft zweifeln zu wollen, es kommt nunmehr darauf an, auch die Geisteswissenschaften mit einzubeziehen; was angesichts anthropologischer Fragestellungen gelang, muß auch in der Ökologie gelingen, notwendig ist der multidisziplinäre Diskurs der Ökologie, wobei die Zahl der hier zu beteiligenden Wissenschaften allerdings bedeutend größer wäre. Dabei muß es den einzelnen Disziplinen zunächst im Rahmen ihrer jeweiligen Zuständigkeit selbst überlassen bleiben, ihre je eigenen Kriterien zur Bestimmung des Ökologischen zu entwickeln. Im Vorfeld der Diskurse muß die Möglichkeit zur Selbstbestimmung gewährleistet sein, Übergriffe oder vorschnelle Verbindungen sind abzulehnen; eine Begrenzung dessen, was Ökologie ist, kann nur in Abhängigkeit von der jeweiligen Fragestellung also von Fall zu Fall ratsam sein, im Grunde aber ist dieser Diskurs — als multidisziplinärer — offener denn je.[63] Wenn zudem noch ökologische Disziplinen den Menschen mit einbeziehen sollen, und sie werden nicht umhin können, dieses zu tun, so treten neben die Kriterien der physischen Natur zusätzlich solche der psychischen.

Zur psychischen Natur des Menschen gehört die Möglichkeit ästhetischer Erfahrung, eine Fähigkeit, die unter bestimmten Umständen auftritt und auch noch — oder besser, gerade — unter den Bedingungen einer naturfernen Zivilisation, unter der Erschwernis entfremdeter Lebensverhältnisse, die personale Integration durch das Erleben von Ganzheits-Erfahrungen gewährleisten kann. So, wie das Individuum[64] seinerseits seine Entstehung einem bestimmten historischen und topographischen Ort verdankt, so ist auch die Wahrnehmung des ‚Naturschönen' ihrerseits an Voraussetzungen gebunden, die bedingt erfüllt sein müssen, bevor eine Landschaft in Absehung vom Zweck als schön empfunden werden kann; — systematische Untersuchungen zur Theorie der ästhetischen Erfahrung sind erstmals 1750 von Alexander Gottlieb Baumgarten vorgenommen worden.[65]

---

[63] Die Ausweitung des Begriffs Ökologie dürfe nicht die Grenzen sprengen, die seinem Inhalt aufgrund seiner geschichtlichen Entwicklung nun einmal gezogen seien. (Vgl.: Ludwig Trepl: Ökologie — Eine grüne Leitwissenschaft? A.a.O. S. 21.) Auch die von Trepl als ultima ratio vorgeschlagene historische Begrenzung von Ökologie ist nicht durchführbar: Es gibt keine historisch nachweisbaren Grenzen in der Wissenschaftsgeschichte der Ökologie, die jenen Vernetzungs-Ideologen und voreiligen Verbindungsstiftern, wie etwa den ‚New-Age'-Adepten, entgegenzusetzen wären, aber die mangelnde Solidität derartiger Ansätze läßt sich erweisen. Die frohe Botschaft eines ökologisch induzierten Paradigmen-Wechsels unter Führung des systemtheoretischen Modellkalküls hat allerdings die herrschenden Paradigmen keineswegs überwunden.

Eine gelungene Auseinandersetzung mit den ‚Wendezeit'-Propheten der ‚New-Age Bewegung', siehe: Heidrun Hesse: „Weder die experimentell hervorragend bewährte Quantenphysik, noch die im Rahmen der Wahrscheinlichkeitsrechnung exakt modellierbaren Prozesse der Selbstorganisation signalisieren das Ende mechanischer Naturwissenschaft. Nicht deren pseudo-mystische Überhöhung, sondern einzig die (selbst)kritische Reflexion ihrer (historischen) Voraussetzungen könnte uns zu anderen Weisen der Natur- und Selbsterfahrung befreien." (Heidrun Hesse: ‚... wissen, wie die Natur es macht ...'. Zu Gerüchten, die Überwindung des mechanistischen Denkens betreffend. In: Dies. (Hrsg.): Natur und Wissenschaft. Konkursbuch 14. Ztschr. f. Vernunftkritik; Tübingen 1985. S. 25.).

[64] „... das lateinische Wort ‚individuum' setzt sich zusammen aus ‚in', das sowohl ‚ein' als ‚un' bedeutet, und dem ‚dividuus', das ‚teilbar, geteilt, getrennt' ausdrückt und sich seinerseits von ‚dividere' ableitet, dessen ‚di' die Wurzel ‚da' zugrunde liegt, während das Stammverbum ‚videre' ‚sehen' bedeutet. ‚Individuum' will also auch sagen: ‚ein durch das Sehen Getrennter und Trennender'." (Jean Gebser: Ursprung und Gegenwart. Bd. I: Die Fundamente der aperspektivischen Welt. Beitrag zu einer Geschichte der Bewußtwerdung; Stuttgart 1949. S. 259f., Anm. 2.)

[65] Die philosophische Ästhetik, so Odo Marquard, „... deutet die Kunst nicht, um die

„Zuletzt die Idee, die alle vereinigt, die Idee der Schönheit, ... Ich bin nun überzeugt, daß der höchste Akt der Vernunft, ... ein ästhetischer Akt ist, und das Wahrheit und Güte, nur in der Schönheit verschwistert sind — ..."

Ältestes Systemprogramm
des deutschen Idealismus[66]

„Möglich (und der Gedanke ist erfreulich), daß die Menschheit so hoch steigt, daß man in Zukunft einen Verbrecher oder gottlosen Zweifler nur in das Gattertor eines Gartens sanft einschiebt, um ihm nach zwei, drei Stunden jenseit als Gläubigen, Überzeugten und Tugendhaften wieder heraus zu lassen."

Ludwig Tieck[67]

„Ich fordre keinen scharfen, umfassenden Geist, keine berechnende, weit ausschauende, entschlossene Kraft von einer großen Seele; es sind schöne Gaben; aber sie kann ohne dieselben bestehen. Hingegen fordre ich vom wahren Menschen jene hohe, große, majestätische Einfalt, mit der er den Schöpfer und seine Schöpfung, sich selbst, erforscht, anbetet, liebt. Ich fordre von ihm das Talent, sich in jedem Bach, an der kleinsten Quelle wie am gestirnten Himmel unterhalten zu können, nicht gerade um des Baches, der Quelle und des Himmels, sondern um des Gefühls der Unendlichkeit und der Größe willen, das sich daran knüpft. Ich fordre von ihm die Gabe, aus jeder Wolke einen Traum ziehen und der sinkenden Sonne, wenn sie ihr Feuer über den See wirft, einen Heldengedanken entlocken zu können; ... denn wenn der das Gefühl der Schönheit für sich selbst nicht hat, so hat er's auch nicht für die Natur, und wenn er es für die Natur nicht hat, so hat er einen Riß in seinem Herzen, der ihn zum kleinen Menschen macht, ja sogar unter das Tier setzt, und wenn er sonst noch so gescheit wäre."

Gottfried Keller[68]

„Eben wie ein großer Dichter, weiß die Natur auch mit den wenigsten Mitteln die größten Effekte hervor zu bringen. Da sind nur eine Sonne, Bäume, Blumen, Wasser und Liebe. Freylich, fehlt letztere im Herzen des Beschauers, so mag das Ganze wohl einen schlechten Anblick gewähren, und die Sonne hat dann bloß so und so viel Meilen im Durchmesser, und die Bäume sind gut

Kunst, sondern, um die Welt zu verstehen. Und sie deutet den Künstler nicht, um den Künstler, sondern, um den Menschen zu verstehen." (Odo Marquard: Kant und die Wende zur Ästhetik. Vortr. geh. am 20. Febr. 1960, Päd. Akad. Bielefeld. In: Ztschr. f. Phil. Forschg. Bd. XVI; Meisenheim/Glan. 1962. S. 232.).

[66] Christoph Jamme, Helmut Schneider (Hrsg.): Mythologie der Vernunft. Hegels ‚ältestes Systemprogramm des deutschen Idealismus'; Frankfurt 1984. S. 12.

[67] Ludwig Tieck: Der Jahrmarkt. In: Werke in 4 Bänden. Bd. III: Novellen; Darmstadt 1972. S. 666.

[68] Gottfried Keller: Gesammelte Briefe in vier Bänden. Bd. I; hrsg. v. C. Helbling; Bern 1950. S. 151f.

zum Einheizen, und die Blumen werden nach den Staubfäden classifiziert, und das Wasser ist naß. (...) Die Kinder, dacht' ich, sind jünger als wir, können sich noch erinnern, wie sie ebenfalls Bäume oder Vögel waren, und sind also noch im Stande, dieselben zu verstehen; unsereins aber ist schon alt und hat zu viel Sorgen, Jurisprudenz und schlechte Verse im Kopf."

Heinrich Heine[69]

„Ich habe mich schon oft gefragt, was die Leute eigentlich meinen, wenn sie von Erlebnis reden. Ich bin Techniker und gewohnt, die Dinge zu sehen, wie sind. (...) Ich sehe den Mond über der Wüste von Tamaulipas – klarer als je, mag sein, aber eine errechenbare Masse, die um unseren Planeten kreist, eine Sache der Gravitation, interessant, aber wieso ein Erlebnis?"

Max Frisch[70]

Wenn der Blick über eine Landschaft vom Zweckmäßigen oder Nutzbaren absieht,[71] wenn Natur-Landschaften in gesellschaftlicher Aneignung zu verschwinden drohen und das metaphysische, das umgreifende Denken angesichts aufkommender Naturwissenschaften mehr und mehr in Zweifel gezogen wird, dann übernehmen es Malerei, Dichtung und Ästhetik, das Entzweite zu verbinden, und eine real nicht mehr existente Ganzheit von Kultur und Natur mit Bildern des natürlichen Einklangs in Erinnerung zu rufen; sowie die Voraussetzungen es erlauben, wird Natur als Ganzes nur

[69] Heinrich Heine: Die Harzreise (1824). Reisebilder. Erster Theil. In: Hist.-krit. Ges.-Ausg. d. Werke. Bd. 6; hrsg. v. M. Windfuhr; Hamburg 1973. S. 91.

[70] Max Frisch: Homo faber. In: Ges. Werke in zeitl. Folge. Bd. IV.; hrsg. v. H. Mayer; Frankfurt 1976. S. 24.

[71] „... genießende Schau kann nicht aufkommen, wo Not und Nutzen vorwalten." (Max J. Friedländer: Über die Malerei. Essays über die Landschaftsmalerei und andere Bildgattungen; München 1963. S. 27f.) Landschaft entsteht auch Georg Simmel zufolge nur, „... indem das in der Anschauung und im Gefühl pulsierende Leben sich von der Einheitlichkeit der Natur überhaupt losreißt ..." (Georg Simmel: Philosophie der Landschaft. In: Brücke und Tür. Essays des Philosophen zur Geschichte, Religion, Kunst und Gesellschaft. Im Verein mit M. Susmann hrsg. v. M. Landmann; Stuttgart 1957. S. 144. Erstmals erschienen in: Die Güldenkammer III, 1913.).

„Landschaft ist Natur, die im Anblick für einen fühlenden und empfindenden Betrachter ästhetisch gegenwärtig ist: Nicht die Felder vor der Stadt, der Strom als ‚Grenze', ‚Handelsweg' und ‚Problem für Brückenbauer', nicht die Gebirge und die Steppen der Hirten und Karawanen (oder der Ölsucher) sind als solche schon ‚Landschaft'. Sie werden dies erst wenn sich der Mensch ihnen ohne praktischen Zweck in ‚freier' genießender Anschauung zuwendet, um als er selbst in der Natur zu sein." (Joachim Ritter: Landschaft (1963). Zur Funktion des Ästhetischen in der modernen Gesellschaft. In: Subjektivität. A.a.O. S. 150f.) Vgl. auch bei Ritter die zitierte Äußerung von Paul Cézanne: „Bei den Landleuten habe ich manchmal gezweifelt, ob sie wissen, was eine Landschaft, was ein Baum ist ..." (ebd. S. 174, Anm. 25.).

noch ästhetisch erfahrbar, sie besteht weiter in der Imagination.[72] „Das Ästhetische der Landschaft ist so in seinem Grunde das Scheinen der an sich verlorenen ganzen Natur."[73] Landschaft als ästhetisches Ganzes muß vom Bewußtsein erst geschaffen werden: „Ein Stück Boden mit dem, was darauf ist, als Landschaft anzusehen, heißt einen Ausschnitt aus der Natur nun seinerseits als Einheit betrachten — ..."[74].

Auf diese Weise, so Georg Simmel, wird „... eine in sich geschlossene Anschauung als selbstgenugsame Einheit empfunden, ..."[75]. Demnach werden in der sinnlichen oder begrifflichen Wahrnehmung mit Hilfe spezifischer Wahrnehmungsmuster einzelne Naturaspekte zu einem zusammenhängenden Ganzen verdichtet, wobei die Art der ‚Einheit', so Simmel weiter, davon abhängig ist, ob es sich dabei um ‚kausal denkende Gelehrte', ‚religiös empfindende Naturanbeter', ‚teleologisch gerichtete Ackerbauern' oder um ‚Strategen' handelt, die das dargebotene Blickfeld umgreifen und in deren Wahrnehmung das Gebilde einer Landschaft entsteht.[76]

Wir sehen hier also konkurrierende Landschafts–Begriffe, bei denen die von Simmel angeführten Ackerbauern und Strategen noch am wenigsten die Zweckbindung aufgegeben haben dürften, und demzufolge ist das umfassende Moment, das in ihrer Wahrnehmung die einzelnen Naturaspekte zu einem Landschafts–Ganzen fügt, auch am wenigsten umfassend; dieses Moment

---

[72] „Die ästhetische Natur als Landschaft hat so im Gegenspiel gegen die dem metaphysischen Begriff entzogene Objektwelt der Naturwissenschaft die Funktion übernommen, in ‚anschaulichen', aus der Innerlichkeit entspringenden Bildern das Naturganze und den ‚harmonischen Einklang im Kosmos' zu vermitteln und ästhetisch für den Menschen gegenwärtig zu halten." (Joachim Ritter: Ebd. S. 153.) – Diese zentrale Stelle ist vielfach rezipiert worden, siehe neuerdings: „Die Verdrängung des metaphysischen durch den wissenschaftlichen Naturbegriff läßt eine Leerstelle zurück, die nunmehr ausdrücklich von einem differenzierter entfalteten ästhetischen Naturbegriff besetzt wird. Dies erklärt auch, warum Wissenschaft und Kunst hinsichtlich ihres Verhältnisses zur Natur in deutliche Opposition geraten können. Vor allem die Romantik entwirft die Utopie einer ‚anderen' qualitativen Wissenschaft, ..." (Jörg Zimmermann: Zur Geschichte des ästhetischen Naturbegriffs. In: Ders. (Hrsg.): Das Naturbild des Menschen; München 1982. S. 130.).

„Der tragende Grund der Landschaftsmalerei ist, ... das Bemühen, die Natur als sie selbst da ästhetisch zu vergegenwärtigen, wo das gegenwärtige Dasein ihr entfremdet ist, und diese Entfremdung ästhetisch aufzuheben." (Rolf Wedewer: Landschaftsmalerei zwischen Traum und Wirklichkeit. Idylle und Konflikt; 3. Aufl., Köln 1984. S. 215.)

[73] Joachim Ritter: Landschaft. A.a.O. S. 182, Anm. 57.

[74] Georg Simmel: Philosophie der Landschaft. A.a.O. S. 142.

[75] Ebd. S. 142.

Eine vergleichbare Aussage findet sich bereits bei Friedrich Ratzel: „Die Freude am Schönen und Großen ist ihrer Natur nach nicht analytisch, sondern sie strebt viel eher ein Ganzes zusammenzuhalten, dessen sie sich einmal bemächtigt hat, und eben darum sind auch der Analyse des Schönen in der Natur enge Grenzen gezogen; ... Denn, was uns in einer ganzen Landschaft gefällt, was uns auch nur an einem Ausschnitt des Meeres oder an einem einzigen Baume gefällt, ist immer schon ein Zusammengesetztes, einer Musik vergleichbar, aus der Wolke, Wasser, Wald und viele andere Einzeldinge als melodiöse Rhythmen herausklingen." (Friedrich Ratzel: Über Naturschilderung. München, Berlin 1904. S. 69.).

[76] Georg Simmel: Philosophie der Landschaft. A.a.O. S. 148.

kann beim ‚Naturanbeter' vergleichsweise — allumfassend sein. Der für uns wichtige Vergleich des ästhetischen mit dem ökologisch-naturwissenschaftlichen Ganzheitsmoment ergibt: Der Ästhet verfügt über den umfassenderen Begriff, so auch Simmel: „Der erheblichste Träger dieser Einheit ist wohl das, was man die ‚Stimmung' der Landschaft nennt. Denn wie wir unter Stimmung eines Menschen das Einheitliche verstehen, das dauernd oder für jetzt die Gesamtheit seiner seelischen Einzelinhalte färbt, ... — so durchdringt die Stimmung der Landschaft alle ihre einzelnen Elemente, ...“[77].

In der ästhetischen Wahrnehmung geht das anschauende Bewußtsein zusammen mit dem Angeschauten im selben Akt mit in die Gesamtheit aller Wahrnehmung ein, der Naturforscher vergegenwärtigt dagegen allenfalls nur die eine Seite seiner Wahrnehmung: „Ästhetik, Erlebniswert von Landschaft und Natur oder deren Physiognomie waren zwar nie voll und ganz Sache der Geo- und Biowissenschaften, aber heute sind diese Aspekte, ... vollständig aus diesen Fachbereichen ausgelagert ... Damit drückt sich einmal mehr ... aus, daß es zwei Natur- und Landschaftsbegriffe gibt, ...“[78]. An dieser Stelle sei noch einmal daran erinnert, daß das Wort ‚Umwelt' im Jahre 1800 von Jens Baggesen, einem Dichter, geprägt wurde.[79]

Ästhetische Landschaftsbeschreibungen können durchaus ökologisch relevant werden, und zwar dann, wenn über Maß und Gestalt ästhetisches Empfinden auf Landschafts-Komponenten übertragen wird:

> „So ist z.B. in einer Bachschlucht das rauschende und stürzende Wasser nicht nur als dynamisches und formendes, sondern, ... auch als erlebnisstärkstes Element anzusehen. Jeglicher Wasserentzug, jede Verminderung der Fließmenge, sei er verursacht durch oberhalb dieser Schlucht liegende Rückhaltebauwerke oder durch Trockenlegungsmaßnahmen im Einzugsgebiet, trifft das Wesentlichste ... das Verhältnis der formenden Kraft des Wassers

---

[77] Ebd. S. 149.

[78] Hartmut Leser: Der ökologische Natur- und Landschaftsbegriff. — Überlegungen zu seiner Bedeutung für Nutzung, Planung und Entwicklung des Lebensraums. In: Jörg Zimmermann (Hrsg.): Das Naturbild des Menschen. A.a.O. S. 101. — Leser versucht per definitionem und ex cathedra in seiner Eigenschaft als ‚Physiogeograph', die Begriffe für sich zu beanspruchen:

„‚Landschaft' heißt sicherlich nicht (und schon gar nicht für Geo- und Biowissenschaftler) ein ästhetisiertes Etwas im Grenzbereich zwischen Kunst und Wissenschaft, ...“ (ebd. S. 75.). Die ‚umgangssprachliche Verwendung' sei ‚zu variantenreich und gegenstandsfern' und als Kriterium für eine ‚richtige' Anschauung von Landschaft führt Leser erwartungsgemäß die Ökosystemforschung an, bei der jeweils „... nur eine begrenzte Anzahl von Faktoren und Prozessen funktional eine Rolle spielt ...“ (ebd. S. 96.).

[79] „‚Um die Natur in ihrer ganzen Größe zu schildern', darf man daher ‚nicht bei den äußeren Erscheinungen allein verweilen'; ... die Natur muß auch dargestellt werden, ‚wie sie sich im Innern der Menschen abspiegelt, wie sie durch diesen Reflex bald das Nebelland physischer Mythen mit anmutigen Gestalten füllt, bald den edlen Keim darstellender Kunsttätigkeit entfaltet.'“ (Alexander von Humboldt, zit. n.: Joachim Ritter: Landschaft. A.a.O. S. 153.)

in seiner Menge und der daraus resultierenden Dynamik würde in ein Mißverhältnis geraten zu den Formen der vom Wasser geschaffenen Schlucht ...“[80].

Es gibt also neben naturwissenschaftlichen und den noch zu untersuchenden ethischen Kriterien von Ökologie auch solche, die ästhetisch motiviert sind. Wie aber lauten diese Kriterien einer ‚ästhetischen Ökologie‘ im einzelnen, gab es sie immer schon, oder sind sie historisch geworden, und wenn sie historisch erst allmählich sich entwickelten, wann traten sie auf und unter welchen Umständen veränderten sie sich? — Zunächst, so läßt sich feststellen, sind diese Kriterien einer Geschichtlichkeit unterworfen. Bereits 1850 hatte der Kulturhistoriker Wilhelm Heinrich Riehl auf ‚ungeheure Schwankungen im Begriff des Naturschönen‘ hingewiesen.[81] Eine Landschaft sei, so beginnt Riehl seinen Gedankengang, nicht schön an sich, das Naturschöne müsse im Blick erst erzeugt werden, und keine Gegenwart habe überhaupt irgendeine Gewähr dafür, so beendet Riehl seine Studie, „... daß sie nicht von der nächsten Zukunft ausgelacht wird.“[82]. Der ‚Wechsel des landschaftlichen Auges‘ ist demnach zum einen davon abhängig, ob ein spezifisches ästhetisches Kriterium allgemein überhaupt gegeben ist und zum anderen, ob der Einzelne ein gegebenes Kriterium auch anzuwenden weiß.[83]
Der Versuch einer Geschichte der Landschaftsästhetik wurde erstmals von Wilhelm Heinrich Riehl unternommen;[84] diese Geschichte, die am 26. April 1335 — jenem Tag, an dem Petrarca aufbricht, den Mont Ventoux zu besteigen — beginnen sollte, findet ihr vorläufiges Ende am 13. Nov. 1925, wenn Rilke schreibt: „Die belebten, die erlebten, die uns mitwissenden Dinge gehen zur Neige und können nicht mehr ersetzt werden. Wir sind vielleicht die letzten, die solche Dinge noch gekannt haben. Auf uns ruht die Verantwortung, ... ihr Andenken zu erhalten ...“[85].

[80] Leopold und Roma Schua: Wasser. Lebenselement und Umwelt. Die Geschichte des Gewässerschutzes in ihrem Entwicklungsgang dargest. u. dok. (Orbis Academicus. Problemgeschichte von Naturschutz, Landschaftspflege u. Humanökologie. Sonderbd. 2/4); Freiburg, München 1981. S. 114.

[81] Vgl.: Wilhelm Heinrich Riehl: Das landschaftliche Auge (1850). In: Culturstudien aus drei Jahrhunderten; Stuttgart 1862. S. 79.

[82] Vgl. ebd. S. 67 u. S. 78. Zit. v. S. 79.

[83] Vgl. ebd. S. 67.
„Es gibt kein undankbareres Geschäft, als einen Anderen von landschaftlichen Schönheiten überzeugen zu wollen; ...“ (Ebd. S. 78.)

[84] „Eben wegen dieses wechselnden landschaftlichen Auges, ... gehört die Landschaftsmalerei, die uns die sicherste Kunde von diesem Wechsel des Blickes gibt, nicht blos dem Ästhetiker: der Culturhistoriker hat auch seine Studien ... zu machen.“ (ebd. S. 67.)

[85] Rainer Maria Rilke: Briefe. Zit. n. Joachim Ritter: Landschaft. A.a.O. S. 155.

2.3 Ästhetik und Ökologie

2.3.1 Geschichte der Landschaftsästhetik in Malerei, Dichtung und Gartenkunst

Seit dem Ausgang des Mittelalters wurde die Betrachtung einer Landschaft ohne Ansehung von Zweck und Nutzen von einem neuen Blickpunkt aus möglich und eröffnete damit das individuelle Bewußtsein für eine Erfahrung von Naturschönheit. Diese Hinwendung zu vorher noch befremdenden Natur–Ensembles erfolgte allmählich; das ästhetisierende Empfinden des Betrachters war noch nachhaltig von utilitaristischen Wahrnehmungs-Prinzipien bestimmt. In den Szenerien der Landschaftsmalerei erweiterte sich das Blickfeld schließlich immer mehr bis zur unverblümt dargestellten ‚Größe' der Natur, während die Dichtung zunächst noch den Zugang zur Landschaft in mystischer Grundhaltung durch Einfühlung suchte. Als die Dichter die Möglichkeit seelischer Projektion auf die Gefilde–Natur entdeckten, richteten sie den ästhetisierenden Blick vorzugsweise auf ehedem noch befremdende Landschaften. Wie intensiv daraufhin im 18. Jahrhundert das künstlerische Bemühen um ein ‚unverfälschtes' Naturbild wird, zeigt sich in der Auseinandersetzung zwischen den Verfechtern des französischen und des englischen Gartenstils. Schließlich wurde die gesamte natürliche Umwelt zum Sujet künstlerischen Schaffens und gleichsam als Kunstobjekt aufgehoben.

Mit dem 19. Jahrhundert beginnt die industrielle Zurückdrängung der freien Natur und diese hebt die zuvor ästhetisch erfahrbar gemachten Landschaften anderweitig auf: indes nicht nur im Bewußtsein, sondern in ihrem Vorhandensein. Die ästhetische Landschaftserfahrung schwenkt daraufhin biedermeierlich den Blick und wendet sich nunmehr ausschließlich der Erfahrung von Seelenlandschaften zu. Gleichzeitig wird die einsetzende Verstümmelung ganzer Landstriche auch zuerst wiederum ästhetisch bewußt, und so treten einzelne Künstler als erste für einen Landschaftsschutz ein.

Doch in der Kunst geht die Geschichte der Landschaftsästhetik ihrem Ende zu, und mit letzten aber nochmals intensiven Rekursen im Expressionismus sind die natürlichen Sujets erschöpft, so daß allein schon die Möglichkeit, ästhetisch in der Natur neue Landschaften zu entdecken damit verloren ist; alles Weitere wäre Wiederholung des schon Gesehenen und bereits Erfahrenen, und auch die Vorbilder freier Natur sind vielerorts auf dem Kontinent bereits längst vergangen, am noch Verbliebenen läßt sich keine Erfahrung erhabener oder wilder Natur mehr vermitteln, und künstlerisch scheint Flucht geboten, so wie Gauguin zu seiner Zeit und Hundertwasser heute, oder: Abkehr vom Landschaftsthema und Hinwendung etwa zur Stadt. Und doch findet die Geschichte der Landschaftsästhetik auch für die Kunst hier möglicherweise ihr nur vorläufiges Ende – vorläufig, nicht weil der Kunsttheorie oder der philosophischen Ästhetik ansonsten ein Studienobjekt verloren ginge, sondern weil, wie bereits ausgeführt, ästhetische Kriterien im Diskurs ökologischer Wissenschaften nicht nur erwünscht, sondern notwendig sind.

Soweit ein thesenhafter Überblick über eine Zeit-, Kultur- und Kunstgeschichte, die wir im Folgenden weiter illustrieren und genauer beschreiben möchten, um zu zeigen, wie unterschiedlich die Natur-Auffassungen in den einzelnen Zeiträumen gewesen sind, vor allem geht es aber darum, diejenigen Kriterien näher zu bestimmen, die heute für eine ästhetische Ökologie relevant geworden sind oder relevant werden können. — Trotz der großen Wandlungen, denen der Natur-Begriff innerhalb dieser Geschichte unterworfen war, läßt sich in Hinblick auf vier zentrale Momente eine solche Geschichte der Landschaftsästhetik beschreiben; jedes dieser Momente könnte bereits für sich allein genommen, zum Prinzip einer Geschichtsschreibung gemacht werden:

1. Die Vorstellung, Naturprozesse verliefen im Prinzip zirkulär und von daher sei Natur geschichtslos und statisch aufzufassen, wird mehr und mehr abgelöst durch Vorstellungen, die gerade ein dynamisches Prinzip hervorheben. Dieser Wandel vom statischen zum dynamischen Natur-Begriff läßt sich besonders gut an einer allmählichen Veränderung in der Sprache von Prosa und Poetik beobachten. Die Sprechweise wird dabei bewegungs-orientierter, eine Veränderung, die sich in einer zunehmenden Verwendung von Verben ausdrückt, die eine Bewegung und weniger einen Zustand beschreiben.[86] Vor diesem Hintergrund lösen verbale Landschaftsbeschreibungen schließlich die Malerei, die weniger über die notwendigen Mittel verfügte und Landschaften stets nur mehr statisch dargestellt hatte, in ihrer führenden Rolle ab; verbale Beschreibungen machen daraufhin Landschaften als bewegte erfahrbar, wobei die innere ‚Bewegtheit' beim Betrachter schließlich fast zwangsläufig hinzukommt.

[86] In diesem Zusammenhang hat August Langen seiner Untersuchung die Forschungshypothese einer ‚verbalen Dynamik' (S. 112f.) zugrunde gelegt. Langen läßt diese Geschichte einer ‚Naturdynamik' allerdings erst im ‚Irrationalismus des 18. Jahrhunderts' auf der Grundlage der in Mystik und Pietismus entwickelten Sprachmittel (S. 118f.) entstehen, daher gilt bei ihm erst Klopstock als ‚Ursprung der Bewegungslandschaft' (S. 139.).

Dem wäre hinzuzufügen, daß die Bedingungen für die Möglichkeit, menschliche Seelenstimmungen auf Landschaften übertragen zu können, erst unter der Voraussetzung erfüllt sind, daß sich zuvor sowohl der Naturbegriff auf der einen als auch der Seelenbegriff auf der anderen Seite bereits dynamisiert haben. Dem würde Langen aber möglicherweise gar nicht widersprechen: „Ob der Mutterboden, dem Klopstock entwächst, der Pietismus, auch als Anreger dieser Durchseelung der Natur in Frage kommt, ist nicht ohne weiteres zu bejahen oder zu verneinen. Das Schrifttum dieser religiösen Bewegung ist an Stellen, welche die Natur mit einbeziehen, sehr arm, und von eigentlicher Landschaftsschilderung kann kaum die Rede sein, mindestens nicht in vorklopstockischer Zeit." (August Langen: Verbale Dynamik in der dichterischen Landschaftsschilderung des 18. Jahrhunderts. In: Landschaft und Raum in der Erzählkunst (Wege der Forschung. Bd. CCCCXVIII); Darmstadt 1975. S. 137.).

2. Die Begründungen, warum eine bestimmte Landschaft als schön anzusehen sei, lassen bestimmte Muster der Zuschreibung erkennen; derartige Beurteilungen orientieren sich fast durchweg am Bedrohungs- bzw. am Wunschcharakter von Landschaften und beeinflussen entscheidend die Wahl des Sujets, entweder die chaotische oder die idyllische Natur darzustellen. — Beide Grundmotive aber lassen sich zurückführen auf ein einziges Moment, es ist der zunächst religiös motivierte und später säkularisierte Mythos vom Paradies.

3. Die Wahl der Sujets läßt sich kunstgeschichtlich beschreiben als durchgehende Orientierung am ‚Erhabenen' in der Natur. Vor dem Hintergrund dieses Begriffs erscheint die Geschichte der Landschaftsästhetik, als sei sie von einem quasi pädagogischen Auftrag bestimmt, den die Künstler wahrnehmen, wann immer sie daran gehen, eine offenbar vorhandene Scheu vor der ‚Ungeheuerlichkeit' ursprünglicher Landschaften allmählich durch ästhetische Vermittlung zu überwinden, solche Anblicke erfahrbar und für die individuelle Erfahrung ertragbar zu machen.

4. Die Geschichte der Landschaftsästhetik läßt sich ferner unter einem vordergründig gegenläufigen Aspekt betrachten: Wohl gerät die Natur im Rahmen dieser Geschichte in ihren einzelnen Landschaften zuallererst ästhetisch in den Blick, d.h. die ersten, die zuvor geächtete Naturräume allgemein ‚erobern' sind Künstler; wenn aber dieser Gedanke auf die Geschichte der Garten–Gestaltung übertragen wird, so läßt sich gerade ein stetiger Rückzug der Kunst aus dem Garten beobachten. Im Garten geht während dieser Zeit eine kontinuierliche Veränderung vor sich, von der Kunstnatur des architektonisch dominierten Gartens bis hin zum Natur–Garten, von der Garten–Anlage über das Anlegen von Landschaftsgärten, bis hin zur Konzeption von Biotopen, unter ständig zunehmendem Verzicht auf Kunst–Natur zugunsten ‚reiner' Natur, bis schließlich Biotope angelegt werden (sollen), die, sofern sie einmal angelegt sind und auch intakt bleiben, eben nichts anderes mehr darstellen als eben — Natur. In der Geschichte der Gartenkunst hat sich der Künstler schließlich also — im guten dialektischen Sinne — selbst aufgehoben.

Diese Konzeption einer Geschichtsschreibung soll uns in ihrer Durchführung die historisch gewachsenen Prinzipien der Landschaftsästhetik vor Augen führen und damit zugleich eine kritische Perspektive zur Konzeption einer ästhetischen Ökologie eröffnen.
Eine jede Kultur beginnt an einer offen–sichtlichen oder imaginären Grenze zur Wildnis, der Grenzstein ist ihr Symbol und an solchen Orten wurden oft die dort wohnenden Grenzgötter verehrt.[87] Die Umzäunung, oder auch

[87] Für den 23. Februar sieht z.B. die römische Religion ein ‚Fest der Terminalien', der Grenzgötter vor.

schon die einfache Umfriedung mit Dornzweigen bei Nomaden dient allerdings nicht lediglich dem Schutz vor Angriffen gefürchteter Tiere, die Grenze sichert mehr als das, sie sichert die Konsistenz des kulturellen Zusammenhangs im Inneren.[88] Auf der Grundlage der elementarsten Konstitutionsregeln entstehen durch Grenzsetzung kulturelle Systeme mit dualistischer Struktur; im Innern herrscht eine beliebige Ordnung, die allerdings widerspruchsfrei sein muß, wobei Widersprüche aber auch etwa durch Mythologeme ‚verständlich' gemacht und so (scheinbar) erklärt werden können, im Innern also herrscht Ordnung und Außen das Chaos.[89]

> „Die Grenze, die Umzäunung schafft den gehegten Raum, sie kennzeichnet ihn nicht nur, sie bringt ihn hervor, er hat seinen institutionellen Bestand in ihr. Eigentum — Eigentum des Menschen wie des Gottes — entsteht durch Ausgehen des Umfangs, durch Umwandeln, auch durch Umtanzen, Umfahren, Umreiten, Umpflügen, durch circumambulatio. Die Ganglinie des Umschreitenden entnimmt den so zu schaffenden Bezirk dem umliegenden Gelände, ... Landnahme ist Landumschreiten."[90]

Nichts anderes tat auch der Gartenkünstler im 18. Jahrhundert bei der Konzeption des für einen englischen Landschaftsgarten so charakteristischen Gartengrenzweges, dem ‚Belt(–Walking)', wenn er das Terrain abschritt, um mit einer eisernen Stange hinter sich den Weg auf der Erde zu markieren, der an den imposantesten points de vue vorbeiführen sollte; Einblicke in den Garten hinein galten dabei als ebenso wichtig, wie Ausblicke, die aus dem Garten heraus über eine weite Landschaft verfügten. Doch zuvor mußten die Landschaften innerhalb und außerhalb des Gartens einander angeglichen werden, der äußere Raum mußte erst einmal wahrnehmbar gemacht werden,

---

[88] Hans Peter Duerr hat darauf hingewiesen, „... daß in der archaischen Mentalität der Zaun, die Hecke, die den Bereich der Wildnis von dem der Kultur trennte, nicht nur keine unüberwindliche Grenze darstellte, sondern daß dieser Zaun zu gewissen Zeiten sogar niedergerissen wurde. Wer mit Bewußtsein innerhalb des Zaunes leben wollte, der mußte zumindest einmal im Leben diese Einfriedung verlassen haben, der mußte als ein Wolf, als ‚Wilder' durch die Wälder geschweift sein, oder moderner ausgedrückt: er mußte die Wildnis in sich selber, seine Tiernatur, erlebt haben. Denn seine ‚kulturelle Natur' war nur die eine Seite seines Wesens, ... " (Hans Peter Duerr: Traumzeit. Über die Grenze zwischen Wildnis und Zivilisation; 3. Aufl., Frankfurt 1979. S. 82.).

[89] „Nach dem Bericht des Irenäus in Adv. Haereses I über die Gnosis des Ptolemaios, eines Schülers von Valentinos, wollte der letzte entstandene Äon, die Sophia, die Größe des Vaters, des Ursprungs aller Dinge, erkennen. Sie kam dabei in große Gefahr und wäre wohl daran gescheitert, wenn sie nicht auf jene Kraft gestoßen wäre, die das All festigt, sie von der unaussprechlichen Größe des Vaters fernhielt und sie bewog, zu sich selbst, in die Schranken ihres eigenen Wesens zurückzukehren. Sie wurde überzeugt, daß der Vater unfaßbar sei. Die rettende, abhaltende Kraft war der Horos, die Grenze ... " (‚Grenze'. In: Wörterbuch der Symbolik; hrsg. v. M. Lurker; 3. Aufl., Stuttgart 1985. S. 245.)

[90] Jost Trier: First. Über die Stellung des Zauns im Denken der Vorzeit. In: Nachrichten aus der neueren Philologie und Literaturgeschichte. Bd. 3. 1940–41 (Nachr. v. d. Akad. d. Wiss. z. Göttingen. Phil.-Hist. Kl. N.F. Fachgr. IV); Göttingen 1941. S. 86.

das landschaftliche Auge war erst noch in der Landschaftsmalerei auszubilden. — Es ist wohl kaum ein größerer landschaftlicher Gegensatz vorstellbar, als derjenige zwischen einem mittelalterlichen Garten mit seinem typischen Schachbrettmuster, umgeben von einer meterhohen Mauer, und der natürlichen Landschaft ringsum. „Um einen solchen Garten zu genießen, durchquerte man diese Tunnels von grünem Laub und warf verstohlene Blicke auf die dazwischen liegenden Vierecke. Selten konnte man größere Gartenflächen mit einem einzigen Blick erfassen, und solche Ausblicke hatten etwas von einer Sicht durch ein Kanonenrohr.“[91]

Natürliche Landschaften kamen im Mittelalter nicht in den Blick, weil man sie ständig vor Augen hatte; einzig eine Lieblingslandschaft existierte in Dichtung und Volkslied, das ‚traute und wohl umkränzte Gärtlein‘, aber der ästhetische Reiz dieser Gartenlandschaft lag nicht in ihr selbst, er lag im Allegorischen. Für die im Mittelalter vorherrschende Wahrnehmungs- und Denkweise haben Landschaften, Pflanzen und Tiere keinen eminent eigenen Sinn, denn das Eigentliche ist allegorisch immer ein Anderes, worauf deutend verwiesen wird.[92] Doch eine Ästhetik der Landschaft bedarf zur Möglichkeit ihres Entstehens zuvor, so lautet die durchgehend rezipierte Hypothese, einer gewissen Distanznahme, einer Naturentbundenheit; eine Voraussetzung, die noch nicht erfüllt war.

> „Die große Masse der mittelalterlichen Krieger und Seigneurs lebte noch ohne große Distanzierung inmitten der Felder, der Höfe und Dörfer, der Flüsse, Berge und Wälder. Alles das gehörte zu ihrem alltäglichen Lebensraum. Sie erlebten es noch nicht aus einer mehr oder weniger großen Distanzierung als ‚Natur‘, als ‚Landschaft‘ sich gegenüber. Erst im Zuge der Verhofung und Urbanisierung wurden Felder und Dörfer, Wiesen und Berge zu einem Gegenbild, ...“[93]

Mit der Periode mittelalterlicher Städtegründungen zwischen 1150 und etwa 1500 beginnt schließlich der Prozeß einer allgemeinen Naturdistanzierung, die Unterschiede zum Dorf werden augenfällig; das Dorf erscheint als Teil der Landschaft, „... es tauchte in ihr unter, fügte sich in eine Senke, schmiegte sich an einen Hang, duckte sich ... hinter einen Deich.“[94]; anders die frühen Städte, sie grenzten sich mit Mauer, Wall und Graben von der umliegenden Landschaft ab.

---

[91] Derek Clifford: Geschichte der Gartenkunst; 2. Aufl., München 1981. S. 47.

[92] Vgl. hierzu: Julius Böheim: Das Landschaftsgefühl des ausgehenden Mittelalters (Beiträge zur Kulturgeschichte des Mittelalters und der Renaissance. Bd. 46); Leipzig, Berlin 1934. S. 31f.

[93] Norbert Elias: Die höfische Gesellschaft; Neuwied, Berlin 1969. S. 342.

[94] Konrad Buchwald: Umwelt–Mensch–Gesellschaft. Die Entstehung der Umweltproblematik. In: Konrad Buchwald, Wolfgang Engelhardt (Hrsg.): Hb. für Planung, Gestaltung und Schutz der Umwelt. Bd. I; München 1978. S. 16.

Der Hintergrund, über den die Landschaft ins Bild kommen sollte, war anfangs noch beherrscht vom Goldgrund. Dieser aus der Mosaiktechnik übernommene goldene Hintergrund war allerdings mehr als nur eine Verlegenheitslösung von Malern, die der perspektivischen Darstellung noch nicht mächtig waren, er galt vor allem in der byzantinischen Malerei zusammen mit dem Nimbus als Sinnbild des Überirdischen[95] und als Abbild des Paradieses.[96] Vom frühen Trecento an scheint das Gold dann, so Wolfgang Braunfels, vom Grund her zusammengerafft und an die Ränder verdrängt zu werden, dort kann es sich reicher entfalten und der so entstandene Rahmen gewinnt nun an Bedeutung und Aussagekraft.[97] Wenn sich der Goldgrund lichtet, können sich landschaftliche Elemente ins Bild bringen, aber zunächst nur symbolistisch vereinzelt:

> „Man gibt einen Baum und meint einen Garten, in dem der dargestellte Vorgang stattfindet, was man bisweilen naiverweise auch, wie z.B. im Codex Egberti, durch die Beischrift ‚hortus' zum Ausdruck bringt. Jeder weiß, daß ein Baum noch keinen Garten macht, aber das symbolgewohnte Denken des Mittelalters erkennt sofort: ‚Baum', das bedeutet hier ‚Garten'. So behilft man sich mit den allernotwendigsten Requisiten, ... : der Betstuhl bedeutet das Zimmer Marias, einige Arkaden genügen, um eine Kirche zu meinen, ein Mauerring mit Türmen soll eine Stadt bezeichnen, ein zackiger Felsen andeuten, daß der Vorgang in der freien Landschaft sich abspielt."[98].

Während noch im hohen Mittelalter sparsame, spärlichste Zitate landschaftlicher Elemente im Bild genügen, wird im späten Mittelalter der Schauplatz der Handlung immer reichhaltiger ausgestaltet; im Hintergrund können dann Landschaften entstehen, die freilich für sich noch nichts zu sagen haben. Als Beispiel seien hier die Fresken der Sola della Pace des Ambrogio Lorenzetti erwähnt. Sie wurden im Auftrag des Rates von Siena in den Jahren 1338/39, also nur wenige Jahre nach dem viel berufenen Aufstieg Francesco Petrarcas auf den Mont Ventoux (1336), angefertigt und thematisieren die ‚Folgen des guten und die des schlechten Regiments'; ein Fresko trägt das Bildthema: ‚Das gute Regiment in Stadt und Land' (Siena, Palazzo Publico). Die linke Bildhälfte zeigt die Stadt, die rechte das Land, aber das Land ist lediglich als Herrschaftsraum der Stadt dargestellt. Es handelt sich dabei zwar um eine Landschaftsdarstellung, aber der ‚Sinn' des Landes liegt im Herzen

[95] Vgl.: Wolfgang Braunfels: Nimbus und Goldgrund. Wege zur Kunstgeschichte 1949–1975; Mittenwald 1979. S. 9.

[96] Vgl. ebd. S. 10, vgl. auch ebd. S. 23: „Der Goldgrund ist Abbild des Paradieses.".

[97] Vgl. ebd. S. 20.

[98] Heinrich Lützeler: Vom Wesen der Landschaftsmalerei. In: Studium Generale. Ztschr. f. d. Einh. d. Wiss. im Zus. ihrer Begriffsbildungen u. Forschungsmethoden. 3. Jg. (4/5) April 1950. Berlin, Göttingen, Heidelberg 1950. S. 212.

der Stadt, es ist der Markt auf dem alles erscheint, was das Land zu bieten hat.
Die Frage nach der Möglichkeit von Landschaftsmalerei läßt sich im gesamten Zusammenhang besser ex negativo beantworten, so wie es Heinrich Lützeler versucht hat: Nicht was Landschaftsmalerei möglich gemacht hat, sondern was ihr Entstehen verhindert, ist entscheidend. „Landschaftsmalerei ist dort unmöglich, wo die Kunst einseitig theozentrisch oder anthropozentrisch gerichtet ist.“[99], sie kann sich erst dann entfalten, „... wenn der Mensch nicht mehr nur den Mitmenschen oder die Götter, sondern auch die Natur als sein Gegenüber erfährt.“[100]. Daher erscheint auch, so läßt sich anschließen, anfangs eine Art Garten–Natur aber keine Naturlandschaft. Der entscheidende Gegensatz zwischen Mensch und Landschaft ist noch nicht groß genug, denn im Garten ist das Befremdliche der Natur stets auf ein menschliches Maß hin gestutzt und so werden diese frühen Pseudo–Landschaften dann auch dargestellt — es sind Landschaften im Hintergrund aber ohne Hintergründigkeit —, sie wirken wie Bühnenbilder. ‚Reine‘ Landschaftsmalerei kann demnach erst entstehen, wenn der Auffassung von Wirklichkeit eine bestimmte Struktur zugrunde liegt, die Dichotomisierung von Subjekt und Objekt muß soweit fortgeschritten sein, daß Natur als Gegenüber und fremde Macht, also als Subjekt aufgefaßt werden kann, die ihr Objekt wiederum im Menschen hat. Damit stehen sich zwei Subjekte gegenüber, die ihre Objekte im jeweiligen Gegenüber haben — der Mensch die Natur und die Natur den Menschen, und genau das wird in den Darstellungen thematisiert: „In der Landschaftsmalerei ist der Gegensatz von Subjekt und Objekt überwunden. Sie isoliert nicht hier die Natur, dort den Menschen. (...)(...) In der Überwindung der Subjekt–Isolierung wird uns die Natur überhaupt erst zu eigen.“[101].
Diese Paradoxie, wonach zunächst Mensch und Landschaft auseinander getreten sein müssen, damit Landschaftsmalerei überhaupt erst entstehen kann, — die aber ihrerseits gerade die Überwindung dieses Gegensatzes thematisieren wird, verweist auf ein, wenn nicht das Grundprinzip der neuzeitlichen künstlerischen Ambition; demnach scheint zur Begründung einer ästhetischen Theorie angenommen werden zu dürfen, daß die Kunstgeschichte der Neuzeit von dem programmatischen und ständig erneuerten Anspruch bestimmt wird, Alternativen zum jeweils herrschenden Wirklichkeitsbegriff und zu den sich darauf gründenden Wahrnehmungsweisen zu entwickeln. Der Wirklichkeitsbezug der Kunst liegt seither stets in der versuchten Überwindung des jeweils vorherrschenden Bezugs zur Wirklichkeit und eine allgemeine Theorie, insbesondere eine philosophische Ästhetik sollte sich genau dieses Prinzips vergegenwärtigen.

[99] Es gibt ‚wirkende Kräfte‘, so Lützeler, die ein Entstehen der Landschaftsmalerei verhindern. (Ebd. S. 212.)
[100] Ebd. S. 215.
[101] Ebd. S. 230.

Als erste unter den Künsten entwickelte die Malerei ihren ästhetischen Zugang zur Naturlandschaft, andere Künstler, wie etwa die Dichter, entdeckten das Thema Natur erst, nachdem die Maler bereits souverän mit den vielfältigen Problemen eines ästhetischen Zugangs zur Landschaft umzugehen verstanden; in der Malerei mußte gleichsam das landschaftliche Auge erst aufgetan werden, bevor Naturschönheit auch in Worte gefaßt werden konnte. Ohne nun auf die Entwicklung der Landschaftsmalerei im Einzelnen einzugehen, wollen wir uns doch den Gang ihrer Geschichte vor Augen führen; Heinrich Lützeler[102] beschreibt fünf idealtypische Stufen dieser Entwicklung: 1. Die Natur erscheint wie zufällig etwa auf griechischen Fresken. 2. Die Natur erhält eine ‚beiläufige künstlerische Existenz am Rande eines anderen zentralen Geschehens'. 3. Die zunächst nur empirisch konstruierte Perspektive erlaubt es, Landschaften besser in ihrer räumlichen Tiefe im Bild festzuhalten. 4. Während die perspektivischen Gesetze nun beherrscht werden, tritt die menschliche Figur zurück, ‚wird kleiner, verschmilzt mit der Umgebung und sinkt zur bloßen Staffage herab'. 5. Die Landschaft ist autonom und vom Menschen gelöst, was sich nicht nur für die Malerei, sondern insgesamt für die Entwicklung der Landschaftsästhetik als äußerst folgenreich erweisen sollte. Besonders die autonomen Landschaften von Malern des 17. Jahrhunderts, etwa diejenigen eines Nicolas Poussin, eines Salvator Rosa und nicht zuletzt die eines Claude Lorrain sollten über 100 Jahre später nochmals an Bedeutung gewinnen, denn gerade auf diese Künstler werden sich die Verfechter des englischen Landschaftsgartens berufen.
Selbst der ästhetische Aspekt im Begriff ‚Landschaft', den die exakte Ökologie heute wieder vergessen machen möchte, mußte im Verlauf dieser Geschichte erst entstehen; eine ästhetische Komponente erhält ‚lantschaft' erst gegen Ende des 15. Jahrhunderts, der ursprüngliche Wortinhalt umfaßte lediglich territoriale und politische Gegebenheiten. Nachdem die Künstler das Malerische natürlicher Landschaften entdeckt hatten, trat zum Begriff eine weitere, die ästhetische Bedeutungsvariante hinzu, und verdrängte allmählich den ursprünglichen Wortgebrauch (heute würde von ‚Provinz' oder ‚Regierungsbezirk' gesprochen werden). Der neue Begriff konnte sich schließlich im 17. Jahrhundert allgemein etablieren, als im englischen Sprachraum die Varianten ‚landscape' und ‚landscip' entstanden.[103]

Die Geschichte der Landschaftsästhetik beginnt also in der Malerei; in der Theorie dieser Entwicklung erweist sich das Entstehen des landschaftlichen Blicks als ein Konglomerat vielfältigster Bedingungen: So läßt sich die Möglichkeit von Landschaftsästhetik nicht allein auf den frühneuzeitlichen

[102] Vgl. ebd. S. 215.

[103] „Vermutlich dringt landschap oder Landschape am Anfang des 17. Jahrhunderts nach England ein und ruft hier die Variante landscape neben landscip hervor, bis sich landscape endgültig durchsetzt." (Rainer Gruenter: Landschaft. Bemerkungen zur Wort- und Bedeutungsgeschichte. In: Landschaft und Raum in der Erzählkunst. A.a.O. S. 197f.) „Es ist ein europäischer Vorgang, wenn sich im 16. und 17. Jahrhundert Landschaft als terminus technicus der Malerei im allgemeinen Sprachgebrauch festsetzt." (Ebd. S. 198.)

Urbanismus zurückführen, — dann hätte Landschaftsmalerei in den Städten anderer Kulturen und Epochen ebenso entstehen müssen. Auch die Kernthese von Matthias Eberle[104], wonach Landschaft eine Folge der spezifisch abendländisch-neuzeitlichen Trennung von Stadt und Land sei und das Produkt des aus den Widersprüchen der Warenproduktion entstandenen Individuums, das in der Landschaft ein Medium der Sinnfindung sucht, — auch diese Begründung erfaßt noch nicht sämtliche Momente, die das Entstehen von Individuum, Landschaft und ihren Wechselwirkungen notwendig begründen können. Die eigentliche Frage bleibt indessen stets offen: Warum wendet sich das neu entstandene Individuum zu allererst ausgerechnet an die Natur? Was ist das von nun an oftmals in der Natur Gesuchte, das in der ‚Welt' (Gesellschaft) nicht oder nicht mehr vorhanden war?
Werden alle Begründungsansätze zusammengefaßt, der Dualismus zwischen Stadt und Land, zwischen merkantiler und ritterlicher Kultur, das sozialökonomisch bedingte Auftreten des Individuums und der naturwissenschaftlich induzierte Zusammenbruch des mittelalterlichen Weltbildes, so läßt sich das angesichts dieser Dichotomien entstandene Orientierungsdefizit des Einzelnen schwerlich überschätzen. Eine Fähigkeit zeichnet das neu entstandene Individuum allerdings von Anfang an aus, es kann als Einzelnes in einen Widerspruch zur Gesellschaft treten, kann sie ‚von außerhalb' betrachten und gerade die Natur-Perspektive stellt dabei für die neuzeitliche und moderne Kultur-Kritik die wohl extremsten Sichtweisen. Der mittelalterliche Eukosmos war zusammengebrochen und, was wesentlich ist, damit auch die kulturelle und universelle Einbindung des Einzelnen ins Netz der sozialen Systeme. „Das Fundament, auf dem die Weltanschauung des Mittelalters ruhte, war der Grundsatz: Das Reale sind die Universalien. Wirklich ist nicht das Individuum, sondern der Stand, dem es angehört."[105]
Fast zwangsläufig folgt aus dem Zusammenbruch dieser universellen kulturellen Ordnung die Suche nach einem neuen, möglichst kosmologischen Zusammenhang, das Individuum eröffnet sich diese neuen Orientierungsweisen von nun an selbst. „Im Mittelalter lagen die beiden Seiten des Bewußtseins — nach der Welt hin und nach dem Innern des Menschen selbst — wie unter einem gemeinsamen Schleier träumend oder halbwach. Der Schleier war gewoben aus Glauben, Kindesbefangenheit und Wahn; durch ihn hindurch gesehen erschienen Welt und Geschichte wundersam gefärbt, ... "[106] Mit dem Individuum aber, so Jacob Burckhardt weiter, hob sich dieser Schleier: „In Italien zuerst ... erwacht eine objektive Betrachtung und Behandlung des Staates und der sämtlichen Dinge dieser Welt überhaupt; daneben aber erhebt sich mit vol-

[104] Vgl.: Matthias Eberle: Individuum und Landschaft. Zur Entstehung und Entwicklung der Landschaftsmalerei (Kunstwiss. Untersuch. d. Ulmer Vereins, Verband für Kunst- u. Kulturwiss. Bd. 8); Gießen 1980. S. 51.

[105] Egon Friedell: Kulturgeschichte der Neuzeit. Die Krisis der europäischen Seele von der schwarzen Pest bis zum Ersten Weltkrieg. Bd. I; 5. Aufl., München 1984. S. 101.

[106] Jacob Burckhardt: Die Kultur der Renaissance in Italien; 18. Aufl., Stuttgart 1938. S. 123.

ler Macht das Subjektive, ... "[107]; genau dieses Subjekt ist für das Entstehen von Landschaft und Landschaftsästhetik konstitutiv.[108]
Doch selbst wenn das Subjekt durch das ihm eigene individuelle Distanzierungsvermögen erst Landschaft ‚erschafft' und Naturschönheit ‚wahrnimmt', so folgt nicht unmittelbar daraus, es handle sich hierbei generell um Akte reiner Projektion. Wir sehen hier allerdings keine Möglichkeit, zu entscheiden, ob ästhetische Urteile lediglich den Betrachter und nicht auch das jeweilige Objekt seiner Wahrnehmung betreffen. Die verschiedenen Aussagen zum ästhetischen Akt erweisen sich in dieser Frage als unzureichend, wenn entschieden wird, was entschieden werden soll, ob das Phänomen ‚Naturschönheit' allein einem projizierenden Subjekt zuzuschreiben sei, oder ob nicht gleichfalls ein nicht näher differenziertes ‚Etwas' am Objekt belassen werden muß, etwa jenes Moment, von dem der eigentliche Impuls zur ästhetischen Wahrnehmung ausgeht. Wir stießen, so Friedrich Ratzel, „... immer auf ein Äußeres, das in uns die Schönheitsempfindung weckt, indem es ein Inneres berührt, das dafür empfänglich ist."[109]. — Eine Landschaft, so Wilhelm Heinrich Riehl, sei nicht schön an sich, „... sie hat nur möglicherweise die Fähigkeit in dem Auge des Beschauers zur Schönheit vergeistigt und geläutert zu werden."[110], Naturschönheit müsse also im Blick erst erzeugt werden.[111] — Eckhard Lobsien schreibt zu diesem Problem: „Landschaft wird nicht in der Welt vorgefunden, die Welt wird vielmehr in eine Landschaft verwandelt, sobald sie sich der ästhetischen Erfahrung erschließt."[112]. — „Die Natur, ... ", so Georg Simmel, „... die in ihrem tiefen Sein und Sinn nichts von Individualität weiß, wird durch den teilenden und das Geteilte zu Sondereinheiten bildenden Blick des Menschen zu der jeweiligen Individualität ‚Landschaft' umgebaut."[113]. — Schließlich sei auch Joachim Ritter angeführt: „Was die Stimme der Natur sagt, wird ‚innen' und nicht ‚draußen' vernommen."[114], und weiter: „Die ästhetische Natur als Landschaft hat so im Gegenspiel gegen die dem metaphysischen Begriff entzogene Objektwelt der Naturwissenschaft die Funktion übernommen, in ‚anschaulichen', aus der Innerlichkeit entspringenden Bildern das Naturganze und den ‚harmonischen

---

[107] Ebd. S. 123.

[108] „Zum Sehen von Natur als L[andschaft] gehört so korrelativ ein Subjekt, das Natur in einem besonderen Akt des Sehens zur L[andschaft] macht." (Rainer Piepmeier: ‚Landschaft'. In: Hist. Wörterb. d. Phil. Bd. V. A.a.O. Sp. 17, vgl. auch Sp. 19.)
— „Landschaft ist immer schon etwas auf den Menschen Bezogenes. Wo er sie darstellt, ist sie sein Spiegel, und in diesem Spiegel ist er wiederzufinden, auch wenn er in figura nicht in ihm anzutreffen ist." (Friedrich Georg Jünger: Gärten im Abend- und Morgenland; München, Eßlingen 1960. S. 43.)

[109] Friedrich Ratzel: Über Naturschilderung. A.a.O. S. 69.

[110] Wilhelm Heinrich Riehl: Das landschaftliche Auge. A.a.O. S. 67.

[111] Ebd. S. 78.

[112] Eckhard Lobsien: Landschaft in Texten. Zu Geschichte und Phänomenologie der literarischen Beschreibung (Stud. zur Allg. u. Vergl. Literaturwiss. Bd. 23); Stuttgart 1981. S. 1.

[113] Georg Simmel: Philosophie der Landschaft. A.a.O. S. 142.

[114] Joachim Ritter: Landschaft. A.a.O. S. 150.

Einklang im Kosmos' zu vermitteln und ästhetisch gegenwärtig zu halten."[115].

Diese merkliche Vorsicht, das Naturschöne auch in der äußeren Natur begründet sein zu lassen, geht zweifelsohne auf Kant zurück; sie verdeckt was heute allmählich bewußt wird: Sobald es keine äußere Veranlassung für eine Erfahrung landschaftlicher Schönheit mehr gibt, versiegt auch der Strom innerer Bilder, dadurch erweist sich, daß beide Momente zusammengehören: Naturschönheit und ästhetische Wahrnehmung.

> „Die Freude am Schönen und Großen ist ihrer Natur nach nicht analytisch, sondern sie strebt viel eher ein Ganzes zusammenzuhalten, dessen sie sich einmal bemächtigt hat, und eben darum sind auch der Analyse des Schönen in der Natur enge Grenzen gezogen; ... (...) Fassen wir nun die einfachsten Fälle des Naturschönen ins Auge, so stoßen wir immer auf ein Äußeres, das in uns die Schönheitsempfindung weckt, indem es ein Inneres berührt, das dafür empfänglich ist. Naturgemäß ist Zwiesprache der Welt in uns mit der Welt, die außer uns ist. Das erste Wort hat meist die Welt außer uns."[116]

Das heißt, in der Landschaft wird über die äußere Natur die innere Natur erfahrbar. Die problematische Differenz zwischen Wahrnehmung und Übertragung ist allerdings in die Landschaftsmalerei weniger offensichtlich als in der Landschaftsschilderung.

Erst nach geraumer Zeit, als das perspektivische Sehen in der Malerei auf seine Möglichkeiten hin bereits ‚untersucht' worden war, wandte sich auch die Dichtkunst dem Thema Landschaft zu. Die Befangenheit, sich unmittelbar natürlichen Landschaften auszusetzen, war offenbar für den Dichter das größere Problem, und so wandert der literarische Blick anfangs durch die Gemälde–Natur, bevor die in der tatsächlichen Konfrontation mit der Natur–Landschaft liegenden künstlerischen Ausdrucksmöglichkeiten bewußt gesucht und geschätzt werden.[117]

---

[115] Ebd. S. 153.

[116] Friedrich Ratzel: Über Naturschilderung. A.a.O. S. 69.

[117] „Über das Wort ist auch die Sache aus der Malerei in die Dichtung eingedrungen. (...) In freilich überspitzter Formulierung könnte man also sagen, dichterische Landschaftsschilderung ... beginnt mit der literarischen Entdeckung des Landschaftsgemäldes." (Rainer Gruenter: Landschaft. A.a.O. S. 204.) „In der Darstellung der Landschaft steht die Dichtung des 17. Jahrhunderts beträchtlich zurück hinter der gleichzeitigen Malerei: In dieser hatte sich seit dem 15. Jahrhundert die Landschaft nicht nur formal entfaltet, sondern war mit Entschiedenheit gegen die Herrschaft des Menschen vorgedrungen, von dem sie sich lange mußte verdecken lassen. Sie löst sich allmählich von ihm und beginnt, ihn unter ihre großen Formen und die weite Linie ihres Horizontes niederzubeugen, sie beginnt, ein Leben zu haben, ... (...) In die Entwicklung der dichterischen Landschaft kommt ein lebhafteres Tempo, seitdem auch Dichter beginnen, mit den Augen — ... der ... Landschaftsmaler ... zu sehen." (Friedrich Kammerer: Zur Geschichte des Landschaftsgefühls im frühen achtzehnten Jahrhundert; Berlin 1909. S. 37.)

Ebenso wie die Landschaft im Gemälde eher dem Allegorischen und weniger dem Authentischen verpflichtet war, offenbaren auch Landschaftsschilderungen die jeweils zeitgenössische Perspektive, besonders in der Dichtung wird Landschaft noch weitaus mehr komponiert als in der Malerei; letztlich verfügt die Sprache über die größere kompositorische Vielfalt, wenn sie den Betrachter mit ins jeweilige (Natur-)Bild hineinnehmen will. Im Verhältnis von Betrachter und Landschaft lassen sich idealiter drei Darstellungsweisen voneinander unterscheiden: Die idealisierte und entrückte Landschaft, etwa als paradiesische Darstellung einer von menschlichen Eingriffen freien Natur, kann als ein Extrem dieses Verhältnisses betrachtet werden. In der Vermittlung beider Seiten erhält der Betrachter Zutritt zur Landschaft als Ausdruck eines harmonischen Gleichklangs von Subjekt und Objekt; hier gibt es keinen Unterschied zwischen der ‚humanisierten Natur und dem naturalisierten Menschen'. Im anderen Extrem wird die Darstellung von Landschaft zur Komposition von Subjekt-Landschaften, die Sujets sind einzig auf den Betrachter bezogen, seine Inszenierung bedarf nur noch der angemessenen Kulisse. — Solange die Malerei noch naturalistisch gehalten ist, wird ihr die extrem subjektivistische Darstellung fehlen, die sich die Literaten schnell erschließen.

Der vermutete historische Bezug zwischen Landschaftsästhetik und Ökologie, der jeweilige Rekurs auf eng verwandte Kriterien, läßt sich anhand von Assoziationen erweisen, die sich widerstandslos in eine Bildbeschreibung von Max Imdahl einfügen lassen: „Claudes Gemälde ist nach Gesetzen geregelt, die dem begrenzten Bildfeld immanent sind. Dieses ist in sich vollkommen und ‚ganz' [ÖKOTOPE], d.h. unergänzbar nach außen hin, durch den stimmigen Bezug [!] aller Bildglieder zum Gesamtbild [GESAMT-‚HAUSHALT'], ‚ganz' nach innen hin durch den stimmigen Bezug aller Bildglieder zueinander. Kraft dieser vollkommenen Komposition [ÖKOLOGISCHES GLEICHGEWICHT] erscheint auch der ins Bild genommene Landschaftsraum als vollkommen, nach außen hin schlüssig begrenzt [BIOTOP-GRENZEN] und nach innen hin kontinuierlich [ENERGIEFLUSS-‚SYSTEM']. Die der Komposition immanente Vollkommenheit ist zugleich die Vollkommenheit des Raumes."[118]. — So liegt es nahe, im ganzheitlichen Kompositionsprinzip der Landschaftsmalerei des 17. Jahrhunderts die Begründung einer ästhetischen Ökologie zu sehen, die viel früher bereits von Prinzipien geleitet wird, die denen der späteren naturwissenschaftlichen Ökologie durchaus vergleichbar sind. Gerade die Darstellungen des hier genannten Claude Lorrain (1600–1682), wurden zu Vorbildern jener englischen Landschaftsgärten, die als erste freilich dilettierende Versuche ökologischer Landschaftsgestaltung gelten dürften — ökologisch, allerdings noch ohne Ökologie.

[118]Wir haben uns erlaubt, hier direkt zu kommentieren.
Max Imdahl: Baumstellung und Raumwirkung. Zu verwandten Landschaftsbildern von Domenichino, Claude Lorrain und Jan Frans von Bloemen. In: Festschrift zum 75. Geburtstag v. Martin Wackernagel; hrsg. v. kunstgeschtl. Sem. d. Univ. Münster; Köln 1958. S. 177.

In der Geschichte der Landschaftsästhetik verfügt die Dichtung im 17. Jahrhundert schließlich über die nötigen, „... größtenteils aus dem religiösen Erlebnis der Mystik und dann des Pietismus erwachsenen Sprachmittel zur Schilderung des Seelenlebens ... "[119]. Den Entwicklungsgang dichterischer Landschaftsschilderung erhellt das Kriterium ihrer zunehmenden ‚verbalen Dynamik': Die Ursprünge liegen in der spätmittelalterlichen Mystik, hier werden die Grundlagen für einen Wortschatz von neuen Bewegungsverben geschaffen, die später eine Übertragung seelischer Bewegtheit auf natürliche Szenerien erlauben.[120] Mit der Entdeckung der Individual-Seele im Pietismus kann an die Stelle des Verhältnisses von Mensch zu Gott jenes von Mensch zu Mensch treten.[121] Anstelle des Menschen wird dann, im ‚Irrationalismus des 18. Jahrhunderts',[122] Natur zum Spiegel der Menschenseele; damit ist zwei Jahrhunderte später als in der Malerei, über den Ausdruck seelischer Bewegtheit, eine literarische Landschaftsästhetik möglich geworden. Die ‚verbale Dynamik' für die vormals als statisch erachtete Natur nimmt in dieser Entwicklung stetig zu; das Naturgefühl des Sturm und Drang erobert erstmals die ganze Weite der Landschaft, bei der Übertragung bewegender Empfindungen kommt es mitunter bereits zur Belebung des Unbelebten und zur Bewegung des an sich Unbewegten. Der neue Seelenmensch in der neuen Seelenlandschaft ist Werther,[123] der Landschaftsraum ist zum Empfindungsraum geworden, Subjekt-Natur und Natur-Subjekt werden ununterscheidbar, die Natur nimmt nun Teil am epischen Geschehen: „Dieselbe Sonne ... ", so Jean Paul, „... geht mit einem anderen Rothe vor der Mutter unter, welche der Dichter auf den Grab-Hügel eines Kindes stellt, und mit einem andern vor der Braut, welche auf einem schönern Hügel dem Geliebten entgegen sieht ... "[124]. Die Natur ist somit beseelt wie der Mensch und der Mensch ist „... durch nichts mehr von ihr geschieden, ihr Gewächs und Geschöpf wie Blume und Tier, ein Teilchen des Alls, ... "[125]; diese Naturauffassung erreicht in der Romantik ihren Höhepunkt. Schließlich tritt die reale Landschaft im Verlauf der weiteren Literaturgeschichte hinter ihre Funktion als Sujet zurück, es sind nur mehr innere Landschaften, Seelenlandschaften, die beschrieben werden, das Kunstschöne löst sich allmählich vom natürlichen Vorbild. — Nur einmal noch sollte die Bewegungslandschaft zum Medium seelischen Ausdrucks werden, in ihrer kurzen und auffälligen Wiederkehr im Expressionismus, mit dem die Geschichte der Landschaftsästhetik nicht nur in Literatur und Dichtung ihr vorläufiges Ende fand.

---

[119] August Langen: Verbale Dynamik ... a.a.O. S. 119.
[120] Vgl.: August Langen: Verbale Dynamik ... a.a.O. S. 112–115.
[121] Vgl. ebd. S. 118.
[122] Vgl. ebd. S. 119.
[123] Vgl. ebd. S. 160.
[124] Jean Paul: Vorschule der Ästhetik nebst einigen Vorlesungen in Leipzig über die Parteyen der Zeit. Zweiter Bd.; Wien 1815. S. 60.
[125] August Langen: Verbale Dynamik ... a.a.O. S. 170.

Wenn die realen Landschaften hinter ihrer Funktion als Sujet zurücktreten und das Naturschöne angesichts des Kunstschönen allmählich an Geltung verliert, wenn sich der literarische Schwerpunkt dahin verlagert, nunmehr innere Landschaften zu schildern, dann zeigt sich in der antiromantischen Skepsis eines Heinrich Heine[126] die Kritik an der Animosität inszenierter Subjektlandschaften. Seine bewußt überzogenen, anthropomorphisierenden Landschaftsbeschreibungen verschaffen seiner Skepsis die nötige Geltung; auch der Vergleich, ‚wie ein guter Dichter, liebe die Natur keine schroffen Übergänge',[127] hat die Gleichrangigkeit zweier ‚Kunstschaffender' bereits hinter sich gelassen. Die Natur scheint den Anspruch auf ihre Werke gleichsam aufgegeben zu haben, ihre Sprache wird nicht (mehr) verstanden, aber auch nicht mehr zu verstehen gesucht. Allein der Dichter hat das Wort und verfährt mit Menschen- und Naturdingen nach Gutdünken:

> „Ich bestieg Hügel und Berge, betrachtete, wie die Sonne den Nebel zu verscheuchen suchte, wanderte freudig durch die schauernden Wälder, und um mein träumendes Haupt klingelten die Glockenblümchen von Goslar. In ihren weißen Nachtmänteln standen die Berge, die Tannen rüttelten sich den Schlaf aus den Gliedern, der frische Morgenwind frisirte ihnen die herabhängenden, grünen Haare, die Vöglein hielten Betstunde, das Wiesenthal blitzte wie eine diamantenbesäete Golddecke, und der Hirt schritt darüber hin mit seiner läutenden Heerde. Ich mochte mich wohl eigentlich verirrt haben."[128].

Die Unvermitteltheit, mit der die letzte Bemerkung gemacht wird, erlaubt, sie auf den Text selbst zu beziehen, ‚ich mochte mich wohl verirrt haben, im Romantisieren', was darüber hinaus, angesichts der Anthropomorphismen, nicht einmal stimmt, aber hier handelt es sich schließlich um den Versuch, Gefühle eben nicht zu romantisieren und sie doch zu verbalisieren.

---

[126] Heinrich Heine: Die Harzreise (1824). A.a.O.
Gleich zu Beginn der ‚Harzreise' (S. 83) findet sich eine Persiflage auf das beliebte Fluchtmotiv:

> „Lebt wohl, ihr glatten Säle,
> Glatte Herren! Glatte Frauen!
> Auf die Berge will ich steigen,
> Lachend auf Euch niederschauen."

Heine selbst jedenfalls konnte das gesellschaftliche oder etwa höfische Leben zu dieser Zeit nicht ‚satthaben'. Er war Student der Jurisprudenz zu Göttingen, ein Studium, das ihm ganz und gar nicht behagen wollte und der einzige äußere Anlaß zu dieser Reise war seine schlechte physische Verfassung, sein Arzt hatte ihm diese ‚Sentimental Journey' angeraten.

[127] Vgl. ebd. S. 91.

[128] Ebd. S. 105.

> „Die Sonne ging auf. Die Nebel flohen, wie Gespenster beym dritten Hahnenschrey. Ich stieg wieder bergauf und bergab, ... Der Geist des Gebirges begünstigte mich ganz offenbar; er wußte wohl, daß so ein Dichtermensch viel Hübsches wiedererzählen kann, und er ließ mich diesen Morgen seinen Harz sehen, wie ihn gewiß nicht Jeder sah. Aber auch mich sah der Harz, wie mich nur Wenige gesehen; in meinen Augenwimpern flimmerten eben so kostbare Perlen, wie in den Gräsern des Thals."[129]

Der Dichter hat dem ‚Geist des Gebirges' etwas entgegen zu halten, er kann auf dessen Offenbarungen mit eigenen Offenbarungen antworten, aber die vermeintliche Harmonie im romantischen Gleichklang von Subjekt und Objekt ist längst gestört; solange dem Naturschönen und dem Kunstschönen noch der gleiche Wert zubemessen wird, bleiben seine Aussagen unverbindlich, immer aber sind sie mit einem antiromantischen Seitenhieb verbunden: „Während ich so in Andacht versunken stehe, höre ich, daß neben mir Jemand ausruft: ‚Wie ist die Natur doch im Allgemeinen so schön!' ... Ich gelangte dadurch wieder zu meiner Werkeltagsstimmung, ... "[130].
Wenn aber die ‚Erscheinungswelt mit der Gemütswelt zusammenrinnt'[131], dann schlägt vordergründige Seichtheit in Brisanz um:

> „Bald empfing mich eine Waldung himmelhoher Tannen, für die ich, in jeder Hinsicht, Respekt habe. Diesen Bäumen ist nämlich das Wachsen nicht so ganz leicht gemacht worden, und sie haben es sich in der Jugend sauer werden lassen. Der Berg ist hier mit vielen großen Granitblöcken übersäet, und die meisten Bäume mußten mit ihren Wurzeln diese Steine umranken oder sprengen, und mühsam den Boden suchen, woraus sie Nahrung schöpfen können. (...) Und doch haben sie sich zu jener gewaltigen Höhe empor gewunden, und, mit den umklammerten Steinen wie zusammengewachsen, stehen sie fester als ihre bequemen Collegen im zahmen Forstboden des flachen Landes."[132].

Heine löst diese Metaphorik anschließend gleich auf: „So stehen auch im Leben jene großen Männer, die durch das Ueberwinden früher Hemmungen und Hindernisse sich erst recht gestärkt und befestigt haben."[133].

Äußerst folgenschwer für das Verständnis des sich bei Heine bereits abzeichnenden veränderten Naturbildes — und vielfach wird in der ersten Hälfte des 19. Jahrhunderts verzeichnet, eine Ära sei im Begriff, zu Ende zu gehen — war der nun einsetzende Prozeß der Industrialisierung; mit

[129] Ebd. S. 113.
[130] Ebd. S. 119.
[131] Vgl. ebd. S. 133.
[132] Ebd. S. 114f.
[133] Ebd. S. 115.

dieser verband sich die Erfahrung, Landschaften nicht mehr als gegeben und ursprünglich anzusehen, sondern als veränderbar. Die Debatten zu Beginn des 19. Jahrhunderts befaßten sich vorrangig mit dem Auftreten des Maschinenwesens, und nur allmählich wird mit der industriell bedingten Veränderung der Lebenswelt, mitunter auch die Gefährdung natürlicher Lebensräume bereits bewußt.

> „— So war die Physiognomie des Landes bis heute, ... ", schrieb Annette von Droste-Hülshoff, „... und so wird es nach vierzig Jahren nimmer sein. — Bevölkerung und Luxus wachsen sichtlich, mit ihnen Bedürfnisse und Industrie. Die kleinern malerischen Heiden werden geteilt; die Kultur des langsam wachsenden Laubwaldes wird vernachlässigt, um sich im Nadelholze einen schnellern Ertrag zu sichern, und bald werden auch hier Fichtenwälder und endlose Getreidseen den Charakter der Landschaft teilweise umgestaltet haben, wie auch ihre Bewohner von den uralten Sitten und Gebräuchen mehr und mehr ablassen; fassen wir deshalb das Vorhandene noch zuletzt in seiner Eigentümlichkeit auf, ehe die schlüpferige Decke, die allmählich Europa überfließt, auch diesen stillen Erdwinkel überleimt hat!"[134]

Zweifelsohne sind es Künstler gewesen, die als erste warnend gegen die nunmehr allenthalben drohende Landschafts- und Lebensraumzerstörung auftraten, waren sie es doch, die schließlich über den Prozeß der Industrialisierung ihre natürlichen Sujets verlieren sollten.[135]

---

[134] Annette von Droste-Hülshoff: Sämtliche Werke. Bd. 3; München 1925. S. 95.

[135] „Jahrhunderte lang war es eine Sache des Fortschrittes, das Recht des Feldes einseitig zu vertreten; jetzt ist es dagegen auch eine Sache des Fortschrittes, das Recht der Wildniß zu vertreten neben dem Recht des Ackerlandes." (Wilhelm Heinrich Riehl: Die Naturgeschichte des Volkes als Grundlage einer deutschen Social-Politik. Bd. I: Land und Leute; 5. Aufl., Stuttgart 1861. S. 73.) Ähnlich äußerte sich auch John Stuart Mill angesichts der Gefahr, „... daß jeder Streifen Landes, welcher fähig ist, Nahrungsmittel für menschliche Wesen hervorzubringen, auch in Kultur genommen sei, daß jedes blumige Feld und jeder natürliche Wiesengrund beackert werde ... und daß kaum ein Platz übrig sei, wo ein wilder Strauch oder eine Blume wachsen könnte, ohne sofort im Namen der vervollkommneten Landwirtschaft als Unkraut ausgerissen zu werden." (John Stuart Mill: Grundsätze der politischen Ökonomie (1869). Zit. n.: Rainer Piepmeier: ‚Landschaft'. A.a.O. Sp. 24.).

„In Deutschland waren 1836 der Drachenfels im Siebengebirge, 1852 die Teufelsmauer bei Thale im Harz unter Schutz gestellt worden; in der Schweiz hatten sich schon de Saussure und 1838 und 1866/67 einige Schweizer Naturfreunde um geologische Naturdenkmale bemüht ... " (Alfred Barthelmeß: Wald. A.a.O. S. 123.) — „... Sicherung des Bamberger Hains durch Staat (1803) und Stadt (1824), des Drachenfelsens bei Bonn durch die preußische Regierung (1829), der Böhmischen Urwälder des Grafen Buquoy in Gratzen (1838) und des Fürsten Schwarzenberg am Kubany (1858), der Teufelsmauer von Weddersleben und Warnstedt bei Thale durch Landrat Weyhe (1852), des kleinen Restes der Sempter Heide durch den Botanischen Verein in Landshut (1877), später, in den neunziger Jahren, die Rettung des Siebengebirges, der Landskron im Ahrtal, des Basaltfelsens Workotsch bei Außig u.a.m." (Franz Moewes: Zur Geschichte der Naturdenkmalpflege. A.a.O. S. 33.) — Erwähnt sei auch das Jahr 1872, als das 8678 qkm große Yellowstone-Gebiet zum Nationalpark erklärt wurde.

War das mittelalterliche Lebensgefühl ein zyklisches, war die Neuzeit — Bewegung, so mochte die nun hereinbrechende Moderne erscheinen, als sei sie Raserei. Die Eisenbahn wird zum Symbol, räumliche Distanz, die zuvor noch Welten voneinander trennte, wird mühelos überwindbar, die Maschine bestimmt das neue Zeitgefühl: „Mit Sturmesschnelligkeit eilt die Gegenwart einem trockenen Mechanismus zu; ...", schreibt Immermann, wie viele andere zu dieser Zeit, „... wir können ihren Lauf nicht hemmen, sind aber nicht zu schelten, wenn wir für uns und die Unsrigen ein grünes Plätzchen abzäunen und diese Insel so lange als Möglich gegen den Sturz der vorbeirauschenden industriellen Wogen befestigen."[136]. Zweifellos entsteht der Landschaftsschutz-Gedanke zu allererst in der Landschaftsästhetik, die in ihrer Eigenart bereits viel von dem vorwegnimmt, was nach 1970 zum allgemeinen Bildungsgut werden sollte; hier jedoch, zu dieser Zeit, gibt es noch keine dementsprechende naturwissenschaftliche Disziplin, im Jahre 1866 sollte sie allenfalls erst ihren Namen erhalten.
Andere Belege zur Stützung unserer Hypothese, wonach erste ökologische Kriterien ästhetisch motiviert waren, lassen sich anführen: So jene Stelle aus Thomas Love Peacocks letztem Roman von 1860 ‚Gryll Grange', die Erwin Chargaff anführt mit den Worten: „Ich hätte nicht gedacht, daß die Umweltvergiftung schon vor mehr als 120 Jahren so klar erkannt worden ist, ..."[137]. Peacock klagt dort bereits Politik und Wissenschaft an: „Zusammen haben sie die Themse vergiftet und die Fische im Fluß umgebracht."[138]. — Zu einer Zeit, als die Ökologie zwar gegründet, aber als Forschungsfeld kaum bestimmt und die Forschungsarbeit gerade erst aufgenommen worden war, schrieb Wilhelm Raabe bereits den ersten Roman zum Thema Umweltverschmutzung. Bei Wanderungen in der Umgebung von Braunschweig hatte Raabe eine zunehmende Verunreinigung der Bäche durch die dort ansässigen Zuckerfabriken beobachtet, und in der Zeit vom 19. März 1883 bis zum 8. Mai 1884 dokumentierte er die Vorfälle um die Zuckerfabrik Rautheim — bei Raabe ‚Krickerode' — in seinem Roman ‚Pfisters Mühle'. Ein Prozeß der Müller von Bienrode und Wenden gegen jene Zuckerfabrik, der in den Jahren 1882 und 1884 anhängig war, wurde schließlich vom Reichsgericht in Leipzig zu Gunsten der Müller entschieden. In diesem Fall lag eine der wohl ersten biologischen Wasseranalysen vor: Ein Freund des Dichters, der Chemiker Beckurts hatte ein Gutachten über die Wirkung der Abwässer aus der Zuckerfabrik verfaßt, das Raabe zur Verfügung stand. Die Argumente aber, die Raabe gegen die Umweltverschmutzung ins Feld führt, sind allerdings in erster Linie — ästhetische, es sind Ausdrücke des Entsetzens und der

[136] Immermanns Werke. Zweiter Teil. Erste Abt.: Münchhausen. Bd. 1; hrsg. v. M. Koch; Deutsche National-Litteratur. Hist.-krit. Ausg. Bd. 160; hrsg. v. J. Kürschner; Berlin, Stuttgart o.J. Einl. S. XVII.
[137] Erwin Chargaff: Warnungstafeln. Die Vergangenheit spricht zur Gegenwart; Stuttgart 1982. S. 90.
[138] Thomas Love Peacock: ‚Gryll Grange'. Zit. n.: Erwin Chargaff: Warnungstafeln. A.a.O. S. 89.

Entrüstung und ein zentrales Motiv ist dasjenige der ‚Reinheit': „‚Nun sieh dir das wieder an, Junge! Ist das nicht ein Anblick zum Erbarmen?' Erfreulich wars nicht anzusehen. Aus dem lebendigen, klaren Fluß, der wie der Inbegriff alles Frischen und Reinlichen durch meine Kinder- und ersten Jugendjahre rauschte und murmelte, war ein träge schleichendes, schleimiges, weißbläuliches Etwas geworden, ...“[139].
Die Protagonisten für Landschaftsschutz sind zunächst in Künstlerkreisen zu suchen, wohl unmittelbar dürften ihnen die Schwierigkeiten bewußt geworden sein, die die neuen Industrielandschaften dem ästhetischen Blick bereiteten, denn sämtliche möglichen Rezeptionsformen versagten zunächst. So wird der Versuch Fürst Pücklers, das ‚monotone Pochen eines Eisenhammers' mit dem ‚etwas sanfter hämmernden Baumspecht' zu vergleichen,[140] oder den ‚unvermutet aus der Erde hervorsteigenden Kopf eines Bergmannes' mit einem Erdgeist in Vergleich setzen zu wollen,[141] auf völliges Unverständnis stoßen, eben weil solcherlei Gleichsetzungen prinzipiell unmöglich sind. — Vor vergleichbare Probleme sah man sich bei einer Aussicht aus dem Landschaftsgarten um Fort Bristol gestellt, im Gegensatz zu einem Gehöft — solche wurden mitunter sogar angelegt, um die Aussicht zu ‚verschönern' — entzog sich eine außerhalb des Landschaftsgartens gelegene Arbeitersiedlung gänzlich einer Ästhetisierung. Der Entwurf des Landschaftsgarten-Künstlers Repton sah vor, die Siedlung hinter einer dichten Anpflanzung zu verbergen, wobei zwar noch einige Hausdächer zu sehen sein sollten, die aber ihre Zugehörigkeit nicht mehr zu erkennen geben.[142]

Ein letztes Beispiel mag genügen, die Probleme der Landschaftsästheten angesichts der neuen industriellen Welt zu illustrieren. Eine Reiseroute des Arzt-Philosophen und Malers Carl Gustav Carus durch das englische Königreich, die er am 31. Mai 1844 begann, führte auch durch Merthyr Tydvil, eine der frühen Industrielandschaften, ein Gebiet, in dem zahlreiche Eisenhütten lagen. Carus schildert diese Gegend aus der Perspektive desjenigen, der langsam näher kommt:

> „Der Menschenschlag verändert sich hier ganz und wird unschön; die Frauen tragen runde Männerhüte oder schwarze Strohkappen

---

[139] Wilhelm Raabe: Pfisters Mühle [1884 veröffentl. i. d. Fam.-Ztschr. ‚Der Grenzbote']. In: Sämtliche Werke. Bd. XVI; hrsg. v. K. Hoppe; 2. Aufl., Göttingen 1970. S. 53.
Auf die Hintergründe und die Zusammenhänge um das Entstehen von Raabes Roman hatte August Thienemann hingewiesen; siehe: Ders.: Die Binnengewässer in Natur und Kultur; Berlin, Göttingen, Heidelberg 1955. S. 121.

[140] Hermann Fürst von Pückler-Muskau: Andeutungen über Landschaftsgärtnerei, verbunden mit der Beschreibung ihrer praktischen Anwendung in Muskau; Stuttgart 1977. Zit. n.: Dieter Henneba, Alfred Hoffmann: Geschichte der deutschen Gartenkunst in drei Bänden. Bd. III: A. Hoffmann: Der Landschaftsgarten; Hamburg 1963. S. 239.

[141] Ebd. S. 240. — Vgl. hierzu: Günter Hartmann: Die Ruine im Landschaftsgarten. Ihre Bedeutung für den frühen Historismus und die Landschaftsmalerei der Romantik (Grüne Reihe. Quellen u. Forschungen zur Gartenkunst. Bd. 3); Worms 1981. S. 199.

[142] Vgl.: Günter Hartmann: Die Ruine ... a.a.O. S. 199.

> ... und dabei eine wunderliche ungeschickte Kleidung ... Alle anderen Betrachtungen schwinden jedoch, sobald einem die Größe und der Umfang der Eisenwerke ... deutlich wird. (...) Über den flammenden Kegeln der Hochöfen zitterte die erhitzte Luft und machte, daß die Konturen der dahinter aufsteigenden Schlackenberge Wellen schlugen. — Mir fielen bei diesen Schlackenbergen höhere Vulkane ein, ... Man konnte sich in die glühende Stadt des Dis im Dante versetzt glauben! —"[143].

Offenbar schien ihm aber dieser Vergleich mit Dantes Stadt der Unterwelt noch nicht ganz angemessen zu sein, fünf Seiten weiter sieht sich Carus gezwungen, auf das ursprünglichste aller Deutungsmuster zurückzugreifen — die Mythologie:

> „Man glaubte sich im Lande der Zyklopen! (...) — Jetzt in dieser dunklen Nacht, hinter den glühenden Werken, die hohen, vulkanischen Kegeln vergleichbaren Schlackenberge, von rotem Flammenlicht wunderlich erleuchtet, ... Welch ein Kontrast, der heutige Abend mit seiner feurigen Lohe und seinem Lärm, und der gestrige mit seiner klaren, romantischen Ruhe in Tintern Abbey! —"[144].

Die Kunst der Moderne und ihre Geschichte in der modernen Lebenswelt angesichts der Industrie, dieses Verhältnis ist von Anfang an durch den unvereinbaren Gegensatz zwischen Kunst und Industrie gekennzeichnet, wenn sich der Künstler nicht in den Dienst der industriellen Rezeption stellen will (Futurismus, Pop-Art, Teile der Postmoderne, soweit man schon sehen kann), sondern weiterhin — Gegenwelten vorstellen und vertreten möchte. Wo aber seit langem die europäischen Landschaften nahezu umfassend industriell oder soziokulturell vereinnahmt sind, und wo es nur noch Städte, Trabantenstädte, Dörfer, die keine sein möchten, Getreideozeane, Holzäcker und Abwässer gibt, dort muß auch die Kunst bei dem Versuch einer Ästhetisierung der Landschaft versagen; folgerichtig vollzieht sich daher etwa seit der Zeit des Expressionismus ein Wechsel im Sujet: Aus der paradiesischen Landschaft wird die Landschaft der Endzeit, der Zweifel führt zum Genre der Menetekel-Utopien und auch aus anderen Gründen erscheint es nicht mehr statthaft, ein Gedicht über Bäume zu schreiben.

Wann immer auch Gärten angelegt wurden, stets waren sie mehr oder weniger offensichtliche Darstellungen, Inszenierungen einer idealen Landschaft vor dem Hintergrund einer dementsprechenden Naturutopie, — ein Thema, das uns von nun an mehr und mehr beschäftigen wird. Die

[143] Carl Gustav Carus: Reisen und Briefe. Zweiter Teil. Ausgew. v. Eckart von Sydow; Leipzig o.J. S. 223.
[144] Ebd. S. 228.

Geschichte der Gartenkunst stand stets unter dem Zeichen der Wunsch-Natur und am Erwünschten ist immer auch das jeweils Unerwünschte, hier als gefürchtete Natur zu erkennen, auch wenn dieses mitunter gar nicht explizit zum Ausdruck gebracht wurde. Doch bevor wir auf die offenbar allen menschlichen Naturbildern zugrunde liegende Polarität von Furcht und Hoffnung, Naturschönheit und Naturerhabenheit eingehen können, soll zuvor noch beschrieben werden, wie sich ein Wechsel von Naturbildern vollzieht: Insbesondere anhand der Argumente der Protagonisten des englischen Stils beim Übergang vom Barock- zum Landschaftsgarten, läßt sich eine frühe Verwendung quasi-ökologischer Kriterien nachweisen, so daß die Annahme berechtigt erscheint, ökologische Gedanken seien lange vor der Begründung jener biologischen Unterdisziplin, in den Kreisen der Literaten, Ästheten und Philosophen — unter allerdings ästhetischem Gesichtspunkt — bereits vorhanden gewesen.

Auch die Geschichte der Gartenkunst gerät, wie die von Malerei und Dichtung, erst mit dem Auftreten des selbstbewußten Betrachters in Bewegung.[145] Der gleiche Vorgang, der in der Malerei des 16. und 17. Jahrhunderts mit der Entwicklung der perspektivischen Darstellung die Raumtiefe allmählich ins Gesichtsfeld rückt, vollzieht sich auch in der Gartenkunst: Nicht im Inneren des Gartens vollzieht sich eine Wandlung, sondern zunächst an seiner äußeren Begrenzung, der Garten wächst zunächst immer weiter in die umliegende Landschaft hinein.[146] Es mag eine Folge des zunehmenen ‚Landfriedens'[147] sein, wenn die Gartenmauer endlich ihren Festungscharakter verliert und nur noch den Garten vor dem Eindringen freilebender Tiere schützen sollte; das Bild dieser Gärten wird jedoch lange noch vom mittelalterlichen Schachbrettmuster dominiert sein. Dem Ehrgeiz der Garten-Architekten und ihrer Auftraggeber, wie etwa der eines Lenôtre, war offenbar in erster Linie daran gelegen, die Ausdehnung ihrer Gärten als über alle Maßen groß erscheinen zu lassen. Immer mehr Ländereien wurden dem kompositorischen Prinzip dieser Gärten unterworfen, sie hatten der Perspektivität markanter Blickpunkte, den ‚Points de vue' zu dienen. Eigenständigkeit, ein eigener ästhetischer Sinn kam diesen Kunstlandschaften nicht zu, sie wurden von Architekten angelegt, einzig um die alles dominierenden Gebäude hervorzuheben, Pflanzen, Hecken, Bäume und Gewässer waren kompositorischen Prinzipien unterworfen, die in endlosen geometrischen Rezitativen und ununterbrochenen perspektivischen Folgen den steten Rückbezug zum Architektonischen wahren und erzwingen sollten.
Die ‚regellose' Natur war an die Peripherie gedrängt und das künstlerische

[145] „Der im Garten wandelnde Betrachter ist ein ‚self-conscious observer', also jemand, der nicht einfach Landschaft anschaut, sondern sich dieser Betrachtung als einer besonderen Form von Erfahrung auch bewußt ist." (Eckhard Lobsien: Landschaft ... a.a.O. S. 68.)

[146] „Die Kunstgeschichte bezeichnet jenes geschichtsdynamische Element, ... als ‚Raumdurst'." (Rainer Gruenter: Landschaft. A.a.O. S. 200.)

[147] Vgl.: Derek Clifford: Geschichte ... a.a.O. S. 20.

Problem einer Konfrontation zwischen der geometrischen und der freien Landschaft sollte weit vom Zentrum ungelöst bleiben; niemand, der bei Vernunft war, wie Derek Clifford hierzu bemerkt, sollte versuchen, die Garten-Grenzen zu erreichen, um festzustellen, „... wie dürftig diese noblen Alleen einfach ... endeten."[148].
Bereits der Barockgarten gestattete aber mitunter den Blick in die umliegende Landschaft — gerahmte Aussichten, die auch in der Malerei allmählich immer mehr an Bedeutung gewinnen sollten; diese ‚Aha's' oder ‚Ha-Ha's' boten sich dem Betrachter jedoch erst an den Grenzen des Gartens, „... denn der Barockgarten konnte die seinem architektonischen Innenraumkonzept widersprechenden Landschaftselemente ‚in seinen Mauern' nicht dulden."[149].
Durch diese unvermutet sich darbietenden Aussichten in die freie Landschaft sollte im Barock die Erfahrung des Gegensatzes zwischen Kultur- und Naturlandschaft noch gewahrt sein, denn im Kontrast zur äußeren Chaos-Natur erschien das Garteninnere als besonders ‚wohl' geordnet.
Unter dem Einfluß der Malerei drängen Szenen freier Natur allmählich in die Gärten hinein; die ästhetisierte Naturlandschaft wird allerdings zunächst nicht unmittelbar vorgestellt, sondern sie erscheint unter malerischen Gesichtspunkten vermittelt und als gerahmte Landschaft vorerst in der Veduten-Darstellung. Die neuartige Kompositorik romantischer Landschaftsästhetik greift kaum noch merklich ins Innere ihrer Landschaften ein, statt dessen bedarf sie der Rahmung, denn durch die Wahl des richtigen Bildausschnitts ergibt sich beim Betrachter der Eindruck harmonischer Geschlossenheit. Dieses Verfahren war bereits bei Brockes bekannt, er rät dem Spaziergänger, die Natur ‚wie ein Kunstkenner' „... durch die zur Röhre gerundete Hand zu betrachten und sie dadurch in einzelne in sich geschlossene und statische ‚Gemälde' zu zerlegen, ..."[150].
Das Prinzip dieser neuartigen Kompositorik sollte es schließlich dem Romantiker auch erlauben, sich freie Landschaften ästhetisch zu erschließen; über

[148] Ebd. S. 285.
[149] Günter Hartmann: Die Ruine ... a.a.O. S. 36.
[150] B. H. Brockes: Irdisches Vergnügen in Gott. Bd. VII. S. 600ff. Zit. n.: August Langen: Verbale Dynamik ... a.a.O. S. 123. „Auch wenn Brockes die Natur aus der Postkutsche betrachtet, zerlegt er so den bewegten Fluß der kontinuierlich vorübergleitenden Landschaft in eine Kette schnell wechselnder Einzelbilder; ...

‚Das Kutschen-Fenster stellet mir
Stets eine neue Schilderey,
Von einer stets erneuten Landschaft, für.
Es gibt des Fensters vordrer Teil
Mir eben so viel Gegenwürff' in Eil,
Als mir das hintre raubt.' "

(Zit. n.: August Langen: Ebd. S. 123.)

die gerahmte Aussicht werden vormals als roh, unheimlich, menschenfeindlich oder einfach als uninteressant verachtete Natur-Szenen endlich auch Einzug in die Gärten halten.
1760 war erstmals eine wilde Landschaft romantisiert und damit ästhetisch erfahrbar geworden, der Lake Distrikt;[151] es folgten Wales, Schottland, unter Einfluß Rousseaus die Schweiz und schließlich die Rheinlandschaft, deren Reiz bekanntlich zuerst den ‚picturesque travellers' aufgegangen war. Die englischen Reisenden sahen die Natur mit den Augen Rousseaus und Macphersons und sie führten auf ihren sentimental journeys ein kurioses optisches Gerät mit sich: Claude-Gläser, „... getönte Spiegel, benannt nach dem berühmten französischen Landschaftsmaler Claude Gellé, gen. Lorrain (1600–1682), die man solange hin und her bewegte, bis man eine ‚Lorrainsche Landschaft' gleichsam gerahmt eingefangen hatte, wobei der Betrachter der Landschaft bezeichnenderweise den Rücken zukehrte."[152]. Die leichte Färbung mancher dieser Gläser sollte den Eindruck zusätzlich noch verstärken, man habe tatsächlich die Landschaft eines alten Gemäldes vor Augen. Erwähnt sei hier auch jener Spiegel im Hauptsaal des Schlösschens Schönbusch, auf dem sich eine Gartenszene abbildet, die bereits durch ein Fenster gerahmt ist, dieses Quasi-Gemälde verfügt demnach sogar über eine doppelte Rahmung.[153] — Die natürliche Landschaft erlangt damit ihren eigenen ästhetischen Wert, wobei sich der aufgeklärte Betrachter durch Rahmung und Rückenfigur nun derart von ihr distanziert hat, so daß sie ihm als selbständiger Lebensraum erscheinen kann; dadurch aber waren die Voraussetzungen für eine Ästhetisierung natürlicher Landschaften erfüllt, und der englische Stil konnte den Barockgarten ablösen.

Bereits Zeitgenossen hatten sich mitunter abfällig über den französischen Stil geäußert. Der Graf von Saint-Simon etwa sah sich gezwungen, Versailles als ‚Vergewaltigung der Natur' zu bezeichnen.[154] Mit Lenôtre hatte in Versailles der geometrische Stil ehedem die Grenzen seiner Ausgestaltung erreicht: „Als die Perspektive glücklich die Raumtiefe erreicht

[151] Vgl.: Gisela Dischner: Ursprünge der Rheinromantik in England. Zur Geschichte der romantischen Ästhetik (Stud. z. Philos. u. Lit. d. neunzehnten Jhdts. Bd. 17); Frankfurt 1972. S. 40.

[152] Bernd Kortländer: Die Landschaft in der Literatur des ausgehenden 18. und beginnenden 19. Jahrhunderts. In: Alfred Hartlieb von Wallthor, Heinz Quirin (Hrsg.): ‚Landschaft' als interdisziplinäres Forschungsproblem. Vortr. u. Diskus. d. Koll. am 7./8. Nov. 1975 in Münster (Veröfftlg. d. Provinzialinst. f. westf. Landes- u. Volksforschg. d. Landschaftsverb. Westf.-Lippe. Reihe 1. Heft 21); Münster 1977. S. 37.

[153] Vgl.: Günter Hartmann: Die Ruine ... a.a.O. S. 64.

[154] „Um etwas kühlen Schatten zu erreichen, ist man gezwungen, eine weite und sengend heiße Fläche zu überqueren, und danach kann man nichts anderes tun, als einen kleinen Hügel, mit dem die Gärten enden, hinauf- und hinabzusteigen. Der Kies, der die Wege bedeckt, verbrennt die Füße, doch ohne ihn müßte man hier im Sand und in dem schwärzesten Schlamm versinken ... Man kann nicht um hin, von der Vergewaltigung der Natur, die man überall antrifft, abgestoßen und angewidert zu werden ... Der Erfolg des Ganzen ist nur, daß man bewundert, um zu fliehen." (Graf Claude Henri de Saint-Simon über das Versailles Ludwigs des XIV. Zit. n.: Derek Clifford: Geschichte ... a.a.O. S. 163.)

und sich gewissermaßen über die Blickweite des menschlichen Auges hinaus ausgedehnt hatte, war die Grenze des Möglichen erlangt."[155]. Der Mensch des Barock mag sich weniger als Interpret und noch weniger als Diener der Natur verstanden haben, sondern eben als ihr Herrscher — da werden selbst die Elemente zu Mägden des Verstandes, wie es bei Arnim Lohenstein heißt.[156] Architektonik, Symmetrie und die in die Landschaft gelegte Perspektive schufen ein Abbild des absoluten Königtums, und dem Verschnitt des Pflanzenwuchses mag ein Mißtrauen gegen jegliches natürliches Wachstum zugrunde gelegen haben.[157] Von einem zentralen Willen beherrscht, war ebensowenig wie dem Menschen bei Hofe auch den Pflanzen, den Wegen und dem Wasser eine freie Bewegung gestattet, die lebendige Vegetation wurde, wie Schiller schrieb, unter das ‚steife Joch mathematischer Formen gebeugt'.[158] Unter dem Einfluß des demokratischen Gedankens und der Anwaltschaft von Dichtern, Ästheten und Philosophen vollzieht sich in England in der ersten Hälfte des 18. Jahrhunderts ein paradigmatischer Wechsel in der Landschaftsästhetik, wenn sich die starren geometrischen Muster allmählich in einer fließenden Bewegung aufzulösen beginnen. Ein ungelöstes künstlerisches Problem des französischen Stils — wir hatten darauf hingewiesen — war die Disparatheit der natürlichen und der künstlichen Landschaft an der Grenze barocker Gärten; hier dringt nun die wilde Landschaft über die Prospekte in die Gärten ein. Gleichzeitig entstanden im Innersten englischer Barockgärten, in den beliebten Labyrinthen, erstmalig gewundene Wege, die gleichsam im Verborgenen begannen, sich der starren

[155] Ebd. S. 179.

[156]

„Die Elemente selbst sind Mägde des Verstandes.
Durch Leinwand und ein Brett zwingt man das große Meer.
Wir machen aus der See ein fruchtbar Stücke Landes
Und wo vor Klippe war, kommt itzt ein Segel her."

(Armin Lohenstein II: ‚Hyazinthen'. S. 24. Zit. n.: Willi Flemming: Der Wandel des deutschen Naturgefühls vom 15. zum 18. Jahrhundert (Dt. Vierteljahrsschr. f. Literaturwiss. u. Geistesgesch. Bd. 18); Halle 1931. S. 52.)

[157] Vgl.: Friedrich Georg Jünger: Gärten ... a.a.O. S. 44.

[158] „Der Baum mußte seine höhere organische Natur verbergen, damit die Kunst an seiner gemeinen Körpernatur ihre Macht beweisen konnte. Er mußte sein schönes selbständiges Leben für ein geistloses Ebenmaß und seinen leichten schwebenden Wuchs für einen Anschein von Festigkeit hingeben, ..." (Friedrich Schiller: Über den Gartenkalender auf das Jahr 1795. In: Werke. Bd. 22: Vermischte Schriften; hrsg. v. H. Meyer; Weimar 1958. S. 285.) — Im Mittelpunkt der gesamten Anlage von Versailles befindet sich das Schlafzimmer des Königs; der Zutritt zu den königlichen Gemächern entschied über den Zugang zur Macht. Ein jedes Gunstgesuch und ein jeder Gunsterweis aber hatte mit der Akuratesse ritualisierter Standards der Etikette zu erfolgen; peinlich genau war vorgeschrieben, wer, wann und wie oft sich dem König nähern oder wer sich Zutritt verschaffen, wer chambrieren oder etwa anti-chambrieren durfte, über alles entschied die allmächtige Etikette, — sie ist das Prinzip der Macht des Sonnenkönigtums.

Ordnung zu widersetzen.[159]
Die Forderung eines natürlichen Gartenstils ging seiner tatsächlichen Verwirklichung voraus, um 1710 setzt in englischen Dichter- und Literatenkreisen die Kritik am herrschenden Gartenstil ein.[160] Die erste Attacke führte Joseph Addison in dem von ihm selbst herausgegebenen ‚Spectator' von 1712;[161] die gesamte Debatte, die daraufhin mitunter polemisch geführt werden sollte, war von Anfang an polarisiert und teils auch inszeniert, denn es fehlte an Verfechtern des französischen, ‚künstlichen' Stils, an Protagonisten für den englischen, ‚natürlichen' Stil sollte es schon bald nicht mehr mangeln. Alexander Pope setzte ein Jahr später den Angriff auf das beschnittene Buschwerk im ‚Guardian' fort,[162] eine Neuorientierung im englischen Stil in Abgrenzung von der klassizistischen Regelästhetik wird von Anfang an paradigmatisch in allem gesucht, was als Abkehr von der ‚widernatürlichen Zwanghaftigkeit' erscheinen konnte — der frei wachsende Baum wurde zum Symbol der ersten Versuche einer unmittelbaren Naturästhetik. Zwar hatte schon im Jahre 1504 ein Jacopo Sannazaro[163] die ‚stolzen, dicht belaubten Bäume auf den Gipfeln furchterregender Berge' als dem Auge angenehmer bezeichnet, aber erst gegen Ende des 17. Jahrhunderts sollte der Earl of Shaftesbury unter dem Eindruck des Ideals vom ‚edlen Wilden', der Idee einer ursprünglich ‚guten' Natur und an-

[159] „Der Ausgangspunkt für die Konzeption gewundener Wege bei Vorstufen zum Landschaftsgarten ist mit Sicherheit in den besonders in England beliebten Labyrinthen der Barockgärten zu suchen ..." (Günter Hartmann: Die Ruine ... a.a.O. S. 90.)

[160] Vgl. zur Geschichtsschreibung im Folgenden wiederum: Derek Clifford: Geschichte ... a.a.O. S. 281ff.

[161] „Unsere britischen Gärtner lieben es, sich von der Natur so weit wie möglich zu entfernen, anstatt auf sie einzugehen ... für meinen Teil würde ich viel lieber einen Baum in all seiner Pracht und Ausdehnung von Ästen und Zweigen betrachten als in einem in geometrischen Figuren beschnittenen und getrimmten Zustand. Ich kann mir durchaus vorstellen, daß ein Gemüsegarten in Blüte unendlich mehr Freude bereitet als die kleinen Labyrinthe der vollendeten Parterres." (Joseph Addison, zit. n.: Derek Clifford: Geschichte ... a.a.O. S. 282.)

[162] Alexander Pope zitiert in seinem Artikel aus dem Katalog eines Gärtners dessen humorvoll unterbreitetes Angebot: „Adam und Eva in Taxus; Adam ein wenig beschädigt durch den Fall des Baumes der Erkenntnis im letzten großen Sturm; Eva und die Schlange kraftvoll wachsend, St. Georg in Buchs, sein Arm wird noch kaum lang genug, doch wird er im nächsten April in der Verfassung sein, den Drachen zu töten; ... verschiedene hervorragende Dichter in Lorbeer, ... Eine Sau von frischem Grün, die aber zu einem Stachelschwein aufgeschossen ist, da sie vergangene Woche in regnerischem Wetter vergessen wurde ..."(Alexander Pope, zit. n.: Derek Clifford: Geschichte ... a.a.O. S. 283.).

Ernst Bloch, der die hortologische Literatur dieser Zeit gekannt haben muß, gibt diese Stelle in variierter Form, aber eindeutig erkennbar wieder: „Der Barockpark wurde der gemessene, geometrisch ausgemessene Schauplatz für zeremonielle Feste, aber auch für eine Natur, die überall chargiert. Sie hatte sich als Randzone des Hofs zu verhalten, halb mathematisches Wesen, halb gebändigte Ausschweifung; sie war Panorama. Es zeigten sich hierbei barbarisch-komische Exzesse, die dem Barockwunsch nach Emblembildung aus allem und jedem entsprachen: Adam und Eva in Taxus, St. Georg in Buchs, ein Drache mit Schwanz aus kriechendem Efeu, hervorragende Dichter in Lorbeer." (Ernst Bloch: Das Prinzip Hoffnung. Bd. I; 5. Aufl., Frankfurt 1978. S. 450.).

[163] Derek Clifford: Geschichte ... a.a.O. S. 282.

gesichts der von ihm 1690 in Italien erlebten Gemälde Lorrains und Poussins, dieser Anschauung eine erste allgemeine Geltung verschaffen.[164]
Alexander Pope unternahm 1718 auf seinem Besitz in Twickenham an der Themse einen der ersten Versuche, die Idee eines Landschaftsgartens zu verwirklichen, ‚ungeschmückte Natur nachzuahmen' und auf Symmetrie und verschnittene Bäume zu verzichten, worüber allerdings nicht mehr viel in Erfahrung zu bringen ist.[165]
Offenbar war es Joseph Addison, der um das Jahr 1712 den ersten Garten nach dem ‚Vorbild der Natur' schuf; er berichtet von einer Quelle in seinem Garten, deren Rinnsal er so geleitet habe, „... daß es genau wie im freien Feld fließt, ...“[166]; auch werde in seinem Garten den gefiederten Sängern nicht nur nicht mehr nachgestellt, sondern als Lohn für ihre Lieder werde ihnen der Reichtum seiner Obstbäume überlassen.[167] Addison bezeichnet seinen Garten als ‚natürliche Wildnis', ein Fremder würde ihn nicht einmal als Garten wahrnehmen können, „... he would look upon it as a natural wilderness, and one of the uncultivated parts of our country.“[168]. Besonders aber mit der gewundenen Linie, die das kleine Rinnsal in Addisons Garten vollführte, sollte erstmalig ein zentrales Kriterium natürlicher Landschaftsästhetik erfüllt worden sein, was besonders diejenigen verwundern mag, die 270 Jahre später unter ökologischen Gesichtspunkten gegen die ‚Regulierungen' von Fluß– und Bachläufen eintreten. Doch während in den aktuellen Debatten eher Argumente um Biotopschutz im Vordergrund stehen, war das vormalige Kriterium ein allgemein ästhetisches, es ging um die Wahrung der sogenannten ‚natürlichen Schönheitslinie'.

Auf seinem bescheidenen Landgut ‚Leasowes' in Mittelengland ging 1743 schließlich der Dichter William Shenstone daran, auch die Gartenwege nunmehr in gewundener Weise durch seinen Landschaftsgarten zu führen. Zehn Jahre später deklarierte William Hogarth in ‚The Analysis of Beauty' diese gewundene Linienführung als wichtigstes Formprinzip der Natur–Ästhetik.[169] Die wohl bemerkenswertesten Aussagen zu dieser ‚silbernen Linie der Schönheit', die die Natur stets nicht die kürzeste Verbindung zwischen zwei Punkten suchen läßt, stammen von Friedrich Ratzel:

> „Eine Schwalbe senkt ihren Flug vor mir fast bis auf den Wasserspiegel des Sees herab und schwingt sich in demselben Bogen jenseits aufwärts; die Horizontlinie des Sees liegt wie eine Tangente an dem Bogen. Indem sie sich wiederholen, ziehen solche Bogen eine Guirlandenreihe über den See hin. Daß ich diesen

[164] Ebd. S. 281f.
[165] Siehe hierzu: Alfred Hoffmann: Der Landschaftsgarten. A.a.O. S. 18.
[166] Joseph Addison, zit. n. Friedrich Georg Jünger: Gärten ... a.a.O. S. 148.
[167] Vgl. ebd. S. 149.
[168] Zit. n. Gisela Dischner: Ursprünge der Rheinromantik ... a.a.O. S. 84.
[169] Vgl.: Siegmar Gerndt: Idealisierte Natur. Die literarische Kontroverse um den Landschaftsgarten des 18. und frühen 19. Jahrhunderts in Deutschland; Stuttgart 1981. S. 24.

> Flugbogen mit Wohlgefallen folge, daran ist nicht allein meine Freude an den zierlichen Vögelchen schuld, die sie beschreiben, sondern diese Linien gehören an sich zu den Elementen der Naturschönheit. Die schwach gekrümmte Bogenlinie ist die Linie der ungezwungensten Bewegung. Wer folgte ihr nicht gern mit dem Auge, ...«[170].

Erst durch Shenstone sollte der englische Stil über die Literaten- und Künstler-Zirkel hinaus allgemein bekannt werden und bald auch allgemeine Anerkennung finden. Der bescheidene Besitz mit seinen verschlungenen Spazierwegen und seinen geschlängelten Wasserläufen avancierte schnell zum Gegenstand des Neides und der Bewunderung.
Im Innern des ‚malerischen' und ‚poetischen' Gartens fanden sich Urnen, Sitze und Tafeln mit Versen versehen, die dem jeweiligen ‚genius loci' Ausdruck verleihen sollten; den Abschluß des Gartens bildete eine unregelmäßig angelegte, gürtelartige Anpflanzung von Bäumen, und durch diese hindurchzog sich der für die Gärten im englischen Stil charakteristische Garten-Grenzweg, der ‚Belt', dessen Verlauf dem Betrachter eine ununterbrochene Folge von Prospekten gestattete.

Bereits 1724 war von Charles Bridgeman ein Verfahren aus der Befestigungstechnik übernommen worden, wobei ganz auf hohe Gartenmauern verzichtet werden konnte, die zum Schutz gegen Rotwild und Schafe notwendige Umzäunung wurde nun in breiten, tiefen Gräben oder hinter Anpflanzungen verborgen. Die Gärten öffneten sich damit der umliegenden Landschaft, in ihrem Innern sollte ohnehin nur Natur sich als Natur inszenieren, nur ‚reine Natur' sollte — allerdings ‚verschönt' — nachgeahmt werden; die Hand des Künstlers, die Spur seiner Tätigkeit aber sollte unsichtbar sein und dieser programmatische Naturalismus wurde durch den Einfluß Rousseaus verbindlich, der in seinem 1761 erschienenen Briefroman ‚Julie ou la nouvelle Héloise' einen Garten von künstlicher Wildnis beschreibt. Die Debatten um natürliche Genialität und ursprüngliches Schöpfertum unter dem Eindruck von Macphersons ‚Ossian' und der Werke William Shakespeares taten ihr übriges; erstmals seit der Aufklärung zeigte sich daraufhin ein bisher kaum untersuchtes alternierendes kulturgeschichtliches Phänomen: Zentrale Hoffnungsinhalte waren von der Geschichtsphilosophie zur Ästhetik übergegangen, anstelle der bisherigen Begründungsebenen — Verstand, Vernunft, Geschichte traten nun die Sinne, die Empfindung und die Natur.

> „Der weltharmonistische, bisher aufklärerische Optimismus stürzte wie in einem Katarakt hinunter in den Optimismus der gefühlsmäßig als gut entdeckten Natur, von welcher der Mensch nur ein

[170] Friedrich Ratzel: Über Naturschilderung. A.a.O. S. 72f., vgl. auch S. 74, S. 89 u. S. 126.

> Stück ist. Eine Begeisterung brach los, jene Welle der Empfindsamkeit, von der getragen die Menschen der französischen Salons, die den Uhrmachersohn Rousseau trotz seiner schlechten Manieren zu ihrem Löwen machten, sich in die Arme fielen ...“[171]

Derartige Phänomene der Wandlung in der Kulturgeschichte der Moderne ließen sich u.A.n. besser verstehen, wenn sie vor dem Hintergrund der o.a. dualen Struktur nachvollzogen würden; akute und tiefgreifende Veränderungen wären demnach, als jeweilige Wende in der Grundorientierung, vom ‚Geschichtlichen‘ zur ‚Natürlichkeit‘ oder umgekehrt, aufzufassen.
In diesem Sinne signifikant — daher scheint uns diese Annahme berechtigt zu sein — ist eine zwar problematische aber durchaus mögliche Vergleichbarkeit jener von Alfred Weber beschriebenen ‚Wende zur Romantik‘ und der Ökologischen Wende von 1972:

> „Den endlosen Analysen gesellschaftlicher Vermittlung folgte das plötzliche Wiedererwachen der Natur. — Seit Beginn der siebziger Jahre begann die wiederentdeckte Natur die Gesellschaft als kritische Instanz abzulösen. Der Verelendungsdiskurs marxistischer Systemkritik hatte in unseren Regionen seine Sinn–Ressourcen aufgebraucht. Die Natur wurde zum Fluchtpunkt authentischen Lebens. (...) Die Wahrheit der ökologischen Natur wurde zur herrschenden Doktrin. Die Natur erhielt den Status einer vagen Symbolik, unter der man sich kritisch zu verständigen suchte. Es war die Zeit der Entstehung und Produktion eines Naturbildes; den Rahmen seiner Beschreibung lieferte die Ökologie, ... Der ökologische Diskurs löste den Verelendungsdiskurs ab. (...)(...) ... die systemisch betrachtete biologische Natur ... wurde das Symbol einer natürlichen Ordnung, in die man nicht eingreifen darf, ...“[172].

Während um 1750 im Auftrage des Barons von Münchhausen einer der ersten englischen Gärten des Kontinents bei Hameln angelegt wird, gerät im britischen Königreich die Geschichte der Gartenkunst zu einer Geschichte der Gartenkünstler: William Kent (1685–1748)[173], Lancelot Brown (1715–1783)[174] — mit dem Beinamen ‚Capability‘, weil er gegenüber seinen Auftraggebern

[171] Alfred Weber: Kulturgeschichte als Kultursoziologie; 2. erw. Aufl., München 1950. S. 374.

[172] Gerhard Gamm: Simulierte Natur. Zur Kritik der ökologischen Vernunft. In: Heidrun Hesse (Hrsg.): Natur und Wissenschaft. A.a.O. S. 47f.

[173] Kent berief sich ausdrücklich auf die bereits erwähnten Landschaftsmaler der Barockzeit — Lorrain, Poussin und Rosa. Er verzichtete auf sichtbare Gartengrenzen, kennzeichnend für die von ihm konzipierten Gärten sind weite Wiesenflächen mit verstreuten Baumgruppen; Anhöhen wurden mitunter künstlich angelegt und im Sinne seines Schülers Hogarth beschrieben Bäche, Waldränder und Wege gewundene Linien.

[174] Der vielbeschäftigte Brown fügte seinen Verträgen stets noch den Passus bei, die Arbeiten würden „... mit der Empfindung des Dichters und den Augen des Malers durchgeführt, ...“ (Derek Clifford: Geschichte ... a.a.O. S. 345.). Unter Brown, der eine

stets zu betonen pflegte, ihr Anwesen besitze ‚capabilities', Möglichkeiten —, William Chambers (1726–1796)[175] und Humphry Repton (1752–1818)[176].

Mit Humphry Repton sollte sich schließlich die Landschaftsgarten-Kunst auch der Gebäude bemächtigen, die Gärten wurden nun nicht mehr vom herrschaftlichen Wohnhaus ausgehend, vom Architektonischen her konzipiert, sondern die Architektur hatte sich in die neu geschaffenen Landschaften einzupassen; damit kommen wir zum Schluß unserer Geschichte der Landschaftsästhetik — zur Ruine im Landschaftsgarten.

Im Jahre 1778 wurde Jean-Jacques Rousseau von seinem letzten Gönner, dem Marquis de Girardin in einem von hohen Pappeln umgebenen antikisierten Sarkophag auf einer Insel des großen Sees im neugeschaffenen Landschaftsgarten zu Ermenonville — in ungeweihter Erde — beigesetzt; das Grabmal im Garten der Natur hatte damit von ihrem höchsten ‚Propheten' die Weihen der Legitimität erhalten.[177] Bestattungen in Ruinenlandschaften

große Zahl neuer Gärten anlegte, wurde die durch intensive Schafzucht bereits vorhandene ‚typische' englische Landschaft noch weiter purifiziert. „Die unvermeidliche Folge der Konzentration auf den ‚prospekt' war ... die Ausschaltung aller Arten von Pflanzen. Nur Bäume, die stark auffallende Merkmale aufweisen, kann das Auge über eine Entfernung von fünfzig Morgen Grasland hinweg voneinander unterscheiden." (Ebd. S. 371.) Im Streit um die Behauptung Browns, seine Gärten seien ‚natürlich', dürfte demnach eher seinen Kritikern zuzustimmen sein. William Chambers machte dazu 1772 die Bemerkung, daß, „... wenn der Wuth kein Einhalt geschehe, im Verlauf von etlichen Jahren im ganzen Lande nicht mehr drei Bäume in gerader Linie zu finden sein würden." (Siehe: Alfred Hoffmann: Der Landschaftsgarten. A.a.O. S. 159.). — Hierin liegt der wesentliche Unterschied zum Barockgarten, der, wie bemerkt, an seinen Grenzen halt machte vor der umliegenden Landschaft, während der englische Garten auch noch über seine Grenzen hinaus weit in seine Umgegend verändernd eingreift, etwa um markante Blickpunkte zu setzen. — Für seine Zeitgenossen jedenfalls muß Brown eine Herausforderung gewesen sein; so soll Owen Cambridge gegenüber Brown geäußert haben, er wolle gern vor ihm sterben. Brown soll daraufhin ein Kompliment vermutet haben; er fragte, weshalb er ihn überleben solle. „Because ... I should like to see heaven before you have improved it.", soll ihm Cambridge daraufhin geantwortet haben (zit. n.: Gisela Dischner: Ursprünge der Rheinromantik ... a.a.O. S. 96.).

175 Chambers publizierte 1772 ‚A Dissertation on oriental gardening', ein Auszug, wiedergegeben bei Jünger (Friedrich Georg Jünger: Gärten ... a.a.O. S. 102–112; vgl. S. 184.), steckt so voller Projektionen, daß der Schluß naheliegt, Chambers sei möglicherweise nie in China gewesen. Vielleicht orientierte er sich an einem Brief von Jean Dennis Attiret, der 1770 von Thomas Whately in London publiziert worden war. Attiret lebte als Missionar vom Orden der Jesuiten von 1737 bis zu seinem Tode 1768 in China und berichtet in seinem Brief über chinesische Gartenkunst (vgl. ebd. S. 95–100 u. S. 182.). — Nachweisbar ist jedenfalls nur, daß Chambers in Paris und Italien Architektur studierte (vgl.: Derek Clifford: Geschichte ... a.a.O. S. 325ff.); möglicherweise war es also ein Kunstgriff, die eigenen Ideen als den ‚wahren chinesischen Stil' zu propagieren, zumal die sogen. ‚Chinoiserien' sich bereits in französischen Gärten außerordentlicher Beliebtheit erfreut hatten.

176 „Als Grundregeln für ‚Landscape gardening' nannte Repton: Das Hervorheben der natürlichen Schönheit eines Platzes bei gleichzeitigem Verbergen seiner natürlichen Mängel; das Verdecken der Grenzen, ... die Unsichtbarkeit aller ‚verbessernden' Maßnahmen ...; und das Verbergen aller bloß nützlichen Einrichtungen, ... ohne sie an eine für die Benutzung ungeeignete Stelle zu versetzen." (Alfred Hoffmann: Der Landschaftsgarten. A.a.O. S. 166.)

177 Vgl.: Siegmar Gerndt: Idealisierte Natur. A.a.O. S. 53.

„Stimmig scheint dieser Gedanke mit dem erklärten Ziel des Landschaftsgartens zu wurden daraufhin allgemein üblich, 1785 etwa wurde im Landschaftsgarten Wilhelmsbad der Sohn des Fürsten Wilhelm von Hessen neben einer bewohnbaren und künstlichen-Burgruine unter einer Pyramide beigesetzt, eine Urne enthielt das Herz des Knaben.[178]

Im selben Jahr, am 16. Januar 1778 begann Goethe im Park zu Weimar mit der Gestaltung des seinem Hause gegenüberliegenden Ilm–Grundes. Der Anlaß, hier ein Felsentor zu schaffen, das den Rahmen für die von Goethe zusammen mit Arbeitern in den Fels gehauenen steinernen Stufen bildet, war der Freitod der jungen Christel von Laßberg. Goethes Diener hatte sie aus der Ilm geborgen, dabei hielt sie noch ein Exemplar des ‚Werther' in Händen. Goethe schreibt hierzu am 19. Januar an Frau von Stein: „Ich hab mit Jentschen ein gut Stück Felsen ausgehöhlt, man übersieht von da, in höchster Abgeschiedenheit, ihre letzte Pfade und den Ort ihres Tods."[179]. Günter Hartmann bemerkt zu Goethes Konzeption, über das Ansinnen hinaus, eine Erinnerungslandschaft an jene Verstorbene zu gestalten, sei bei dieser Gartenszene die Darstellung des Todes allgemein intendiert: „In Relation zur Betrachterbewegung vermittelt der Abstieg auf der dunklen Felsentreppe mit dem Abschluß des düsteren Bogens dem Betrachter symbolisch das Ereignis des Todes, während die anschließende Aussicht auf die idyllische Flußlandschaft ans Elysium oder den Garten Eden erinnert."[180]. – Wege, wie später der Fürst von Pückler–Muskau hervorhob, sind wie ‚stumme Führer', sie geleiten den Spaziergänger mit unsichtbarer Hand,[181] und der empfindsame Betrachter sah sich auf den Wegen im sentimentalen Garten einer ostentativen Abfolge anspielungsreicher Szenen ausgesetzt; man war bereit, „... sich auf jedes Bild einzustellen. (...) Auf das leiseste Zeichen hin konnte man sich umarmen, war man zu wirklichen Tränen gerührt, fiel man tatsächlich in Ohnmacht ..."[182].

Der programmatische Naturalismus aber mit dem sich der Landschaftsgartenstil gegenüber dem barocken Stil durchsetzte, ist seinem Anspruch nach kaum je verwirklicht worden, es wurde nicht Natur um der Natur willen in den Gärten inszeniert, sondern schlicht aus Überdruß an der überkommenen Gesellschaft und aus einem großen Bedürfnis nach variété

sein, den paradiesischen Urzustand einer idealen Natur wiederherzustellen. Denn wie Rousseau es formulierte, hatte aus damaliger Sicht die Kultur ja die von Natur aus sittlichen Verhaltensweisen der Menschen verdorben. Die Ruine scheint in diesem Zusammenhang den Sieg der paradiesischen Idealnatur, die man im Landschaftsgarten veranschaulicht zu haben glaubte, über die nach Rousseau Verderben bringende Kultur zu symbolisieren." (Günter Hartmann: Die Ruine ... a.a.O. S. 163.)

[178] Vgl.: Günter Hartmann: Die Ruine ... a.a.O. S. 183; Alfred Hoffmann: Der Landschaftsgarten. A.a.O. S. 175; Siegmar Gerndt: Idealisierte Natur. A.a.O. S. 52ff.

[179] Zit. n.: Siegmar Gerndt: Idealisierte Natur. A.a.O. S. 132; vgl. auch: Alfred Hoffmann: Der Landschaftsgarten. A.a.O. S. 92.

[180] Günter Hartmann: Die Ruine ... a.a.O. S. 50.

[181] Vgl.: Fürst von Pückler–Muskau: Andeutungen über Landschaftsgärtnerei, verbunden mit der Beschreibung ihrer praktischen Anwendung in Muskau. Stuttgart 1977. S. 57.

[182] Alfred Hoffmann: Der Landschaftsgarten. A.a.O. S. 134.

wurden die Gärten des neuen Stils ausstaffiert mit jeglichem sentimentalen Mobiliar und entsprechender Kulisse.

Der theoretische Anspruch freilich lautete anders: Der höchste Grad landschaftlicher Gartenkunst, so Pückler-Muskau, sei dort erreicht, wo die ‚Natur wieder freie Natur, jedoch in ihrer edelsten Form zu seyn' scheint[183]. Vor dem Hintergrund der Ergebnisse und Erfahrungen heutiger Pflanzensoziologie erscheint der nun folgende Textauszug von Francis Bacon aus dem Jahre 1638 als ein Beispiel damaliger Unkenntnis. Möglicherweise ging es Bacon dabei um die Bepflanzung jener weiten Flächen des Landes, die durch Kahlschlag für Glas-, Eisenhütten und Hausbrand entstanden waren, wobei oft noch Überweidung durch Wollschafe hinzukam:

> „Die Heide, die den dritten Teil unseres Landes bildet, möchte ich so weit wie möglich zu einer natürlichen Wildnis gestalten. An Bäumen würde es darin fehlen, dagegen nicht an einigen nur aus Hagedorn bestehenden Gebüschen, mit etwas wildem Wein dazwischen. Der Boden sollte mit Veilchen, Erdbeeren und Primeln bepflanzt sein; denn diese sind wohlduftend und gedeihen auch im Schatten; indessen sollten sie auf der Heide verstreut und nicht etwa in regelmäßiger Anordnung stehen. Kleine Häufchen, ähnlich den Maulwurfshügeln (wie sie in der wilden Heide vorkommen), zum Teil bepflanzt mit wildem Thymian, teils mit Nelken, andere mit Gamander, sind ein köstlicher Anblick. Auf dem einen Hügel wächst Wintergrün, auf anderen sprießen Veilchen, auf noch anderen Erdbeeren, Schlüsselblumen, Maßliebchen, einige haben rote Rosen, andere sind mit Maiglöckchen, Federnelken oder Nieswurz und ähnlichen niedrigen Pflanzen besetzt. Auf einigen Hügeln sollte man Sträucher und Stauden pflanzen, ... (...) Die Stämme müssen allerdings häufig beschnitten werden, damit sie nicht die Fasson einbüßen."[184].

Zweifelsohne liegt das im romantischen Garten ungelöste Problem in der Differenz zwischen Real-Natur und Wunsch-Natur. Im Nachhinein besehen erscheinen daher die Szenerien dieser Gärten kurios, ja geradezu grotesk; ihre Merkmale sind Entgleisungen und Profanisierungen: So ist der Kuhstall einer Meierei auf der Pfaueninsel in der Havel bei Berlin äußerlich — eine Kapelle.[185] Da das Zeitalter von Todessehnsucht erfüllt war, diente das Familienmausoleum in Machern dem Grafen als Speise- und Festsaal. In einem gotischen Turm, im Garten der Markgräfin Amalie von Baden in Karlsruhe, der zum Andenken an den verstorbenen Erbprinzen errichtet wurde, befand sich neben der Gedächtniskapelle ein Baderaum, in dem

[183] Vgl.: Fürst von Pückler-Muskau: Andeutungen ... a.a.O. S. 76.

[184] Francis Bacon: Essay XLVI ‚On Gardens' (1638). Zit. n.: Friedrich Georg Jünger: Gärten ... a.a.O. S. 78.

[185] Vgl.: Siegmar Gerndt: Idealisierte Natur. A.a.O. S. 34.

der kupferne Sarg, mit dem ihr Gatte von Schweden überführt worden war, der Gräfin als Badewanne diente.[186] Dörfliche Landschaften wurden angelegt und im Anschluß an Rousseau als ‚Schweizereien' bezeichnet, der König spielte dort den Gutsherrn; die sauberen Schafe trugen Schleifchen, die sanfte Natur war mit seidenen Bändern geschmückt, niemand konnte sich beschmutzen, armseligste Heuschober überraschten mit kostbarsten Salons.[187] Stellen für ‚Einsiedler' wurden ausgeschrieben, um die beliebten Eremitagen zu bewohnen, Verträge wurden ausgehandelt, abgefaßt und nicht eingehalten — weil wohl auf niemandem das Groteske dieser Situation mehr lastete als auf demjenigen, der gezwungenermaßen bereit war, ein derartiges ‚Arbeitsverhältnis' einzugehen.[188]

Aus künstlichen römischen Aquädukten im Ruinenstil trat Wasser aus und floß neben ihnen in einer ‚natürlichen' Wasserader weiter. Brücken wurden erbaut, zu denen kein Weg führte, oder solche, die ‚zusammengebrochen' waren, es gab ‚reparierte' Brücken, in denen sich Holz, Stein und Eisen, Stile und Materialien willkürlich mischten. Oft wurden die antikisierten Ruinen so gebaut, daß es erschien, als würden sie im Erdboden versinken, auch Bäume wurden mitunter wieder verzogen und in besondere Wuchsformen gebracht, denn in der ‚Ikonographie absterbender Bäume' galten besonders Baumruinen als Sinnbilder menschlichen Schicksals.[189] — So begab sich jene ‚Rückkehr zur Natur' in den Zustand ihrer eigenen Offenbarung, in das quälende Gefühl der Naturlosigkeit.[190] In diesem Zusammenhang stellte Friedrich Georg Jünger die Frage, was denn naturloser sein könne, als eben diese sentimentale Naturbetrachtung. „Weniger paradox ist, daß die Forderung nach Schonung und Pflege der Natur dort leidenschaftlich wird, wo die größten Verletzungen und Eingriffe in sie stattfinden. In der Forderung nach Naturschutz liegt die Annahme einer leidenden Natur. Doch leidet nicht die Natur, sondern der Mensch."[191]

Die Gartenarchitektur unterliegt in dieser Geschichte vom Barockgarten zur sentimentalen Kunstlandschaft einem erstaunlichen Wandel, der Anspruch auf Dauerhaftigkeit ist aufgegeben, die Werke der Ruinenkünstler zeigten weit fortgeschrittene Stadien des Verfalls und der Zerstörung; ein mittelalterlicher Gedanke, wonach alles Menschenwerk eitel sei, läßt sich wiedererkennen, wenn täuschend echt dem empfindsamen Betrachter vor Augen geführt wurde, was aus ehedem erhabenen Gedanken und großen Bauwerken wird, — nämlich Eindrücke und Bilder eines ebenfalls erhabenen Verfalls.

---

[186] Vgl.: Günter Hartmann: Die Ruine ... a.a.O. S. 184.
[187] Vgl.: Alfred Hoffmann: Der Landschaftsgarten. A.a.O. S. 41.
[188] Vgl.: Derek Clifford: Geschichte ... a.a.O. S. 324f.
[189] Vgl.: Günter Hartmann: Die Ruine ... a.a.O. S. 47, 118f., 126, 170f. u. 188ff.
[190] Vgl.: Friedrich Georg Jünger: Gärten ... a.a.O. S. 44.
[191] Ebd. S. 44.

Mit der ab 1800 zunehmenden Skepsis stellt sich allmähliche Ernüchterung ein, viele derer, die sich in den darauffolgenden Jahren zur Kritik an den neuen Gärten meldeten, waren ehedem selbst eifrigste Landschaftsgärtner gewesen. So schrieb Johann Georg Jacobi im Jahre 1807 über englische Gärten, es sei „... ohnehin Versündigung an der Natur, wirklicher Frevel (...), eine künstliche Landschaft anzulegen, weil die natürliche schon ein Garten ist, dem es weder an Bergen und Waldung, noch an Bächen, die sich durch Wiesen schlängeln, noch an Kapellen auf schattigten Hügeln, noch selbst an Ruinen gebricht, ...“[192]. 17 Jahre bevor Jacobi diese Zeilen schrieb, hatte er selbst empfindsame Gartenkunst betrieben. — Ohne diese Übergangsphase weiter durch vergleichbare Belege zu illustrieren, kann festgehalten werden, „... daß im Jahre 1809 der englische Garten als ästhetisches Ideal überholt ist.“[193]. Der geächtete französische Stil wird rehabilitiert, neben den englischen werden auch wieder französische Gärten akzeptiert, und der Anspruch, „... verschönerte Natur zu sein, wird strikt zurückgewiesen, ...“[194], für den Romantiker ist nun die Größe der tatsächlich freien Natur zum Ideal geworden und deren Erhabenheit wird als unnachahmlich aufgefaßt.
Damit wären wir in unserer Geschichte bei jenem Begriff angelangt, mit dem das Kernproblem einer jeden Landschaftsästhetik verbunden zu sein scheint; unser Augenmerk soll nun nicht mehr vornehmlich auf die Frage nach der ‚Schönheit‘ von Natur gerichtet sein, sondern auf ihre dem Menschen furchteinflößende Seite, das Natur-Erhabene.

2.3.2 Zwei Seiten der Naturerfahrung: Schönheit und Erhabenheit

William Turner malte im Jahre 1803/04 die Teufelsbrücke am St. Gotthard.[195] Dem Bildbetrachter vermittelt diese Brücke über bodenloser Schlucht zwischen gewaltigen Massiven den Eindruck des Zerbrechlichen, des Filigranen, und Turner bestärkt den Betrachter in diesem Eindruck noch, indem er eine zögernde und zaudernde Kolonne — einer nach dem anderen — über diesen Grad wandern läßt. Nicht allein diese Brücke, sondern das Ganze dieser Natur sei merkwürdig, so schrieb Johann Gottfried Ebels in einem Reiseführer aus dem Jahre 1796: „... es gehört sicher zu den furchtbarsten, schauderhaftesten und außergewöhnlichsten Gebirgsszenen der ganzen Schweiz. Das wüthende Donnern der stürzenden Reuß erschüttert

[192] J. G. Jacobi: Sämtliche Werke. Bd. 7; Zürich 1819. S. 52. Zit. n.: Siegmar Gerndt. Idealisierte Natur. A.a.O. S. 176.
[193] Ebd. S. 163.
[194] Ebd. S. 170.
[195] Joseph Mallord William Turner: ‚Die Teufelsbrücke‘ / St. Gotthard. Um 1803/04. Öl auf Leinwand. 76,8 x 62,8 cm. Privatbesitz.

diesen höllischen Ort, und heftiger Sturmwind, von dem Fallen des Stromes erzeugt, braust auf der Brücke über den Wanderer hin.“[196].
Wer aber heute auf jener Teufelsbrücke am St. Gotthard steht, wird vergeblich auf das ‚wütende Donnern der Reuß‘ lauschen. „Das Donnern ist einem leisen Rieseln gewichen, ... (...) Wo vor einigen Jahren noch wilde Bergbäche herabtosten, summen jetzt die Turbinen der Kraftwerke.“[197] — Diese Turbinen aber konvertieren nicht nur diejenige Energie des Flusses, die physikalisch beschreibbar ist, sie sind nicht nur zwischen Wasser und Tal gestellt, sondern auch zwischen die ästhetische Wahrnehmung und eine Schlucht, die nun mit ihrem rieselnden Rinnsal unproportioniert und als viel zu groß erscheint.
Dieser Eindruck wird sich jemandem aufdrängen, der nichts von jenen Turbinen ahnt, die unbemerkt die ästhetische Erfahrung der Energie ‚konvertieren‘. Nun mögen sich beim ahnungslosen Betrachter Spekulationen aufdrängen über Gletscher und Schneeschmelzen, die zu anderen Zeiten diesen Katarakt geschaffen haben mögen; aber angenommen, es tritt jemand hinzu, der unseren Landschaftsästheten aufklärte über die Bewandtnis des erbärmlichen Rinnsals, der ihm von den Turbinen berichtete; was bliebe dem so Aufgeklärten anderes übrig, als sich echauffiert daraufhin abzuwenden, denn für ihn hat nun die Brücke samt Tal jeglichen ästhetischen Reiz verloren.[198]
Es gibt drei mögliche Begründungsebenen der Ökologie, eine naturwissenschaftliche, eine ästhetische und eine ethische —, sie sind nicht gleichrangig, aber gleichberechtigt. Eine Landschaft kann biologisch oder geologisch einzigartig sein, so daß ihr Schutz aus naturwissenschaftlichen Erwägungen geboten scheint, aber auch ästhetische Gesichtspunkte erfordern mitunter, eindrucksvollen, einzigartigen oder charakteristischen Landschaften gleichfalls Schutz zu gewähren, etwa wenn anstehende Baumaßnahmen den spezifischen Eindruck z.B. eines Tales maßgeblich verändern oder zerstören würden. Es ist weitaus schwieriger, hier überzeugende Begründungszusammenhänge zu gestalten, weil im Unterschied zur naturwissenschaftlichen Begründungsebene weder zweckrationale Schlüsse noch in diesem Sinne objektive Aussagen möglich sind. Anders als bei den quantitativen Momenten und quantifizierenden Aussagen naturwissenschaftlicher Provenienz lassen sich Begründungszusammenhänge, die in die Bereiche der Ästhetik und der Ethik fallen, nurmehr auf der Grundlage qualifizierender Kriterien herleiten, die allerdings ebenso auch für sich eine intersubjektive Geltung ihrer Urteile beanspruchen können sollten.
Derjenige, welcher ‚mit Geschmack urteilt‘ darf schließlich unter bestimmten Voraussetzungen nach Kant, „... sein Wohlgefallen ... jedem andern ansinnen und sein Gefühl als allgemein mittheilbar und zwar ohne Vermittelung

[196] Zit. n.: Henry Makowski u. Bernhard Buderath: Die Natur dem Menschen untertan. Ökologie im Spiegel der Landschaftsmalerei; München 1983. S. 276.
[197] Ebd. S. 276.
[198] Vgl. hierzu S. 101 dieser Arbeit.

der Begriffe annehmen."[199]. Qualifizierende Aussagen ästhetischer Urteile können allerdings erst dann allgemeine Anerkennung beanspruchen, wenn sie sich auf dem Wege der Reflexion und auf der Grundlage kritischer, d.h. selbstbedachter Urteilskraft als vorurteilsfreie, erweiterte und konsequente Denkungsart erweisen lassen.[200] — Daraufhin kann allerdings in Berufung auf den ‚sensus communis' ein Beurteilungsvermögen allgemein geltend gemacht werden, „... welches in seiner Reflexion auf die Vorstellungsart jedes andern in Gedanken (a priori) Rücksicht nimmt, um gleichsam an die gesamte Menschenvernunft sein Urtheil zu halten und dadurch der Illusion zu entgehen, die aus subjectiven Privatbedingungen, welche leicht für objectiv gehalten werden könnten, auf das Urtheil nachtheiligen Einfluß haben würde."[201]. Dieses Recht des Anspruchs ästhetischen Urteilens auf Allgemeingültigkeit gründet sich auf „... die Zumutbarkeit für jeden Menschen, die Stellung der ästhetischen Freiheit der Welt gegenüber einzunehmen."[202].

In der Ästhetik sind also Urteile möglich, die mit dem Anspruch auf allgemeine Geltung und Anerkennung vertreten werden; in den Debatten, wenn z.B. der Schutz einer Landschaft in Erwägung gezogen wird, erhalten ästhetische Gesichtspunkte jedoch immer dann eine mißliche Ausgangslage, wenn ihre Zulassung zum Diskurs aus praktischen oder pragmatischen Erwägungen von vornherein verweigert wird. Wir fragen, mit welchem Recht sich ein solcher Ausschluß ästhetischer Gesichtspunkte vertreten läßt und ob nicht langfristig dadurch, daß ein ganzer Komplex von Gesichtspunkten weiterhin ausgeblendet bleibt, nicht nur im Diskurs, sondern vor allem auch in der gesellschaftlichen Lebenspraxis, sozialpsychologische Folgeerscheinungen sich geltend machen werden, die nicht wünschbar sein können. Urteile einer ästhetischen Ökologie und die Berücksichtigung künstlerischer Gesichtspunkte bei der Umweltgestaltung sind daher notwendig, weil nur diese einer genuin menschlichen Erwartung auf ‚schöne' Lebenswelt Rechnung tragen können.[203]

---

[199] Immanuel Kant: Kritik der Urtheilskraft. In: Werke. Kant's ges. Schr. hrsg. v. d. Königlich Preußischen Akademie der Wissenschaften. Bd. V; Berlin 1913. S. 295.

[200] Kant benennt hierzu drei Maximen des ‚gemeinen Menschenverstandes':
„1. Selbstdenken; 2. An der Stelle jedes anderen denken; 3. Jederzeit mit sich selbst einstimmig denken. Die erste ist die Maxime der vorurtheilsfreien, die zweite der erweiterten, die dritte der consequenten Denkungsart." (Immanuel Kant: Kritik der Urtheilskraft. A.a.O. S. 294.).

[201] Ebd. S. 293.

[202] Friedrich Kaulbach: Ästhetische Welterkenntnis bei Kant; Würzburg 1984. S. 136.

[203] „Interesse wird das Wohlgefallen genannt, das wir mit der Vorstellung der Existenz eines Gegenstandes verbinden." (Immanuel Kant: Kritik der Urtheilskraft. A.a.O. S. 204.) „M.a.W.: Ästhetisches Verhalten begründet eine Beziehung zu den ‚Dingen', bei der praktische Interessen ausgeschaltet sind." (Heinz Paetzold: Ästhetik des deutschen Idealismus. Zur Idee ästhetischer Rationalität bei Baumgarten, Kant, Schelling, Hegel und Schopenhauer; Wiesbaden 1983. S. 82.) Eine ähnliche Stelle findet sich auch bei Edmund Burke: „Bei der Schönheit geht die Wirkung, wie ich sagte, jeder Kenntnis des Nutzens voraus; ..." (Edmund Burke: Philosophische Untersuchung über den Ursprung unserer Ideen vom Erhabenen und Schönen. Übers. v. F. Bassenge; neu eingel. u. hrsg. v. W. Strube; Hamburg 1980. S. 147).

Auch die empirischen Methoden der Evaluation im Bereich der Umweltpsychologie geben noch keinen letzten Aufschluß über den menschlichen Erwartungshorizіont auf eine Lebenswelt, die dem ästhetischen Gesichtspunkt standhalten kann;[204] schließlich handelt es sich hierbei nicht lediglich um ‚Bedürfnisse', sondern um nicht planbare, nicht installierbare existentielle Erfahrungen, oder um die Möglichkeit, solche Erfahrungen zu machen. Damit ist die Exklusivität eines ästhetischen Moments in der Ökologie offenkundig geworden, und diese Annahme läßt sich mit Nachweisen belegen, denen zufolge das frühe Engagement für Landschaftsschutz sich auf Vorstellungen von Landschaftsästhetik stützte; nicht von ungefähr waren die ersten Landschaftsschützer in Künstlerkreisen zu finden.

Seit ‚Natur' zum Gesichtspunkt von Kulturkritik avancierte, war die Möglichkeit einer Naturästhetik gegeben; als epochenübergreifendes Begründungsprinzip erscheint sie unabhängig von der Gründung jener biologischen Unterdisziplin, die im Jahre 1866 erst ihren Namen erhalten sollte.[205] Das Problem einer jeden Ästhetik, wenn sie zu Maximen der Praxis führen soll, liegt jedoch darin, ästhetische Prinzipien ‚auf den Begriff' zu bringen; allenfalls über kultur- und kunstgeschichtliche Studien läßt sich zurückverfolgen, mit welchen Vorstellungen sich Künstler jeweils um ihre Werke bemühten und von welchen kulturgeschichtlich gewordenen Kriterien sie sich dabei leiten ließen. Nach jenen ästhetischen Kriterien, die vormals die Gestaltung ganzer Landschaften motivierten, und von denen auch die erste Kritik von Landschaftszerstörung ausging und mitunter heute wieder ausgeht, hatten wir in der

---

[204] Siehe: Wolfgang Nöldner: Psychologie und Umweltprobleme. Beiträge zur Entstehung umweltverantwortlichen Handelns aus psychologischer Sicht; Diss. Regensburg 1984.

„Es ist der Beweis zu erbringen über die Sensibilität auch des Durchschnittsbürgers hinsichtlich differenzierter emotionalästhetischer Erlebnisfähigkeit. Es ist die Frage zu klären, ob die Verschiedenheit der Erlebnistatbestände signifikant und in meßbarer Weise von der Wirkung der Gestaltungsmomente der Waldbestände, also von der Konstellation der Objektseite, abhängig ist." (Hartmut Jacob: Zur Messung der Erlebnisqualität von Erholungs–Waldbeständen. Eine experimentalpsychologische Analyse als Beitrag zur Umweltgestaltung (Landschaft u. Stadt, Beih. 9); Stuttgart 1973. S. 21.). — „Neben ‚Landschaft' wird auch ‚wirklich schöne Landschaft' mittels des SD [‚semantisches Differential'] getestet. Der Begriff ‚wirklich schöne Landschaft' stellt zweifellos einen Wertbegriff dar. Umso aufschlußreicher war die Ähnlichkeit der Polaritätsprofile beider. Dieser Test bestätigt, daß die Landschaft auch ohne Wertprädikat ein Wert, und auch ohne ästhetisches Attribut ein ästhetisches Phänomen ist. Es wäre falsch, hier nur etwas ‚Subjektives', ‚Individuelles' zu sehen." (Ebd. S. 24.)

[205] Der Anschauung, in der Natur so etwas wie ein ‚Gleichgewicht' oder einen ‚Haushalt' zu sehen, wurde nicht nur im Kosmos–Gedanken der griechischen Philosophie Ausdruck verliehen. Naturbeobachtungen, die zur intuitiven Annahme natürlicher Gleichgewichte führen, lagen schließlich den Menschen zu jeder Zeit vor Augen. Ethnologisch–anthropologische Studien zeigen, daß im Bewußtsein der Sorge um die Labilität jener ‚Gleichgewichte', deren Garanten durch Gebete und Opfergaben günstig gestimmt wurden.

So darf es also nicht verwundern, wenn bereits vor 1866 Gedanken geäußert wurden, die ‚ökologisch' zu sein scheinen. Das einzig ‚Neue' an der Ökologie ist die Methode, was zu anderen Zeiten und in anderen Kulturen nicht unternommen wurde, tatsächlich ‚nachzuzählen', ‚nachzurechnen' und zu simulieren.

vorangegangenen Studie zur Geschichte der Landschaftsästhetik gesucht.

Zunächst hatten wir nach dem Begriff von Landschaft, dessen Geschichte und nach dem gefragt, worin für die Anschauung das konstituierende Moment bei der Ansicht einer Landschaft liegen mag. Kulturgeschichtlich zu verzeichnende Wandlungen im Verständnis dessen, was jeweils als ‚schöne Natur‘ angesehen wurde, ließen ein Prinzip vermuten, mit dem man immer schon sehen muß, um überhaupt ‚Landschaft‘ wahrzunehmen. Eine jede Landschaftsästhetik ist demnach bedingt durch das spezifische Prinzip einer Sichtweise, dessen Möglichkeit erst auf der Grundlage gewisser sozialgeschichtlicher Voraussetzungen entsteht. Maßgeblich für die Veränderung in der Wahrnehmung war zum einen der Zusammenbruch des mittelalterlichen Weltbildes und zum anderen die etwa zur gleichen Zeit einsetzende Urbanisierung. Die damit gegebenen Möglichkeiten veränderter Wahrnehmungsweisen waren zuerst von Malern aufgegriffen worden; in ihren Werken eröffneten sie den ersten ästhetischen Zugang zur freien Natur — selbst das Wort ‚Landschaft‘ erhielt seine heute übliche Bedeutung erst im Verlauf dieser Entwicklung. Im 17. Jahrhundert schließlich verfügten die Maler dieses Genres über die notwendigen gestalterischen Fertigkeiten, um in feinster Nuancierung Szenen perfekter Landschaften vorstellen zu können; menschliche Gestalten fügen sich harmonisch in diese Landschaften, was wiederum in der Dichtung, allerdings nun erst, zum Anlaß genommen wird, sich ebenfalls der freien Natur zuzuwenden. Wenn dann im 18. Jahrhundert durch den vornehmlich von Dichtern geprägten englischen Stil aus den Gärten — Landschaften werden, die dem Anspruch nach ‚natürlich Schönem‘ gerecht werden sollen, dann sind jene Prinzipien einer Landschaftsästhetik erstmalig programmatisch und praktisch geworden, die wir nachträglich ökologische nennen wollen.

Grundlegend für eine jede Auffassung von Natur — so läßt sich verallgemeinern — ist ein immer schon den jeweiligen Bildern, Vorstellungen oder Theorien immanentes Prinzip von Geschlossenheit. Ein Standort außerhalb ‚unseres‘ (menschlichen) Kosmos kann nicht eingenommen werden; daran immer wieder zu erinnern, scheint eine bleibende Aufgabe der Philosophie zu sein. Jede menschliche Naturerkenntnis beruht auf einer petitio principii, denn der letzte Beweisgrund für die Zulässigkeit systematischer bzw. ganzheitlicher Naturbilder wird stets ausbleiben, es ist nur diejenige Weise, die unser (menschliches) Verständnis bevorzugt. Ein jedes Wissen und jede Erfahrung von Natur, sei sie beschrieben mit den Methoden der quantifizierenden Wissenschaften, systematisch–analytisch oder mit den Mitteln der auf Sinnes–Qualitäten gerichteten Wissenschaften ganzheitlich–synthetisch, bleibt im Rahmen dieser Grenzen möglicher Erkenntnis. Die Frage, ob derartige ‚Zusammenhänge‘ komplexer Strukturen tatsächlich als solche der Natur gegeben sind, bleibt sekundär angesichts dessen, daß die menschliche Auffassungsgabe sich vornehmlich nur innerhalb systematisierender Strukturen bewegen kann.

Wenn mit Beginn des 20. Jahrhunderts erste ökologische Untersuchungen über natürliche Zusammenhänge im Sinne des System–Gedankens publiziert werden, so wird in der bildenden Kunst zu dieser Zeit der im Prinzip vergleichbare Anspruch auf die Darstellungen ‚umruhender Natur', auf Ganzheitlichkeit, bereits wieder aufgegeben. War die Landschaft in der Romantik noch eine ästhetische Vermittlung von Natur als umfassendem Ganzen, so ist die Landschaft des Impresssionismus der Natur bereits enthoben, sie hört auf, eigentlich Landschaft zu sein.[206] „Der hochgesteigerte Subjektivismus in der Kunst wird zum untrüglichen Beleg für seine Unterdrückung im gesellschaftlichen Bereich, wo sich zunehmend und unwiderruflich die Herrschaft der Mechanik ... etabliert."[207] Die Landschaften der Kunst werden zu Kunstlandschaften, sie sind Psychogramme geworden, und Ernst Ludwig Kirchner kann so 1920 schließlich einen blauen Baum malen.[208] Rolf Wedewer nennt vier Gründe dafür, warum in der Malerei der unmittelbare Bezug zur als Landschaft vermittelten Natur abgebrochen wurde:
1. Zunehmender Druck der quantitativen Dominanten;
2. Der Einfluß der neu entdeckten ‚inneren Wirklichkeit';
3. Restlose gesellschaftliche Aneignung der Naturlandschaft;
4. Landschaften hatten den Charakter des Unvertrauten und ihre historische Dimension verloren.[209]
Vor diesem Hintergrund wird schließlich auch die von uns eingangs rezipierte These zur ‚Funktion des Ästhetischen in der modernen Gesellschaft' von Joachim Ritter fragwürdig. Zunächst sei der Kontext dieser These kurz skizziert: Ritter konstatiert gegenüber einer zivilisationsskeptischen Philosophie und einer auf gesellschaftlichen Fortschritt insistierenden Soziologie ein drittes autonomes Moment, nämlich die Kunst bzw. die Ästhetik:

> „Demgegenüber hat die geschichtliche Zusammengehörigkeit der objektiven Natur der Gesellschaft mit der Natur als ästhetischer vermittelter Landschaft allgemeine Bedeutung. An ihr zeigt sich, daß die gleiche Gesellschaft und Zivilisation, die dem Menschen in der Verdinglichung der Natur die Freiheit bringt, zugleich den Geist dazu treibt, Organe auszubilden, die den Reichtum des Menschseins lebendig gegenwärtig halten, dem die Gesellschaft ohne sie weder Wirklichkeit noch Ausdruck zu geben vermag."[210]
> — „Wo die Entzweiung der Gesellschaft und ihrer ‚objektiven' Natur von der ‚umruhenden' Natur die Bedingung der Freiheit ist, da hat die ästhetische Einholung und Vergegenwärtigung der Natur als Landschaft die positive Funktion, den Zusammenhang

[206] Vgl.: Rolf Wedewer: Landschaftsmalerei ... a.a.O. S. 116 u. 137.
[207] Ebd. S. 68.
[208] Ernst Ludwig Kirchner: ‚Der blaue Baum' / Bergwald. Um 1920/22. Öl auf Leinwand. 120 x 120 cm. Privatbesitz.
[209] Vgl.: Rolf Wedewer: Landschaftsmalerei ... a.a.O. S. 218.
[210] Joachim Ritter: Landschaft. A.a.O. S. 163.

> des Menschen mit der umruhenden Natur offen zu halten und ihm Sprache und Sichtbarkeit zu verleihen; ...“[211].

Wie aber, so drängen sich erste Fragen auf, sollten sich Kunst und Ästhetik solcher Aufgaben annehmen, falls ihnen überhaupt die hierzu erforderlichen Mittel zu Gebote stehen, einen Zusammenhang mit der umruhenden Natur offenzuhalten, wenn Natur — zumal als umruhende — nicht nur für die Wahrnehmung sondern in ihrer Vorhandenheit schlichtweg unauffindbar geworden ist? Wenn Kunst und Ästhetik im Sinne Ritters in der Funktion eines dritten gesellschaftlichen Movens stünden, also durchaus über dementsprechende Mittel verfügten, wäre eine derart offensichtliche gesellschaftliche Funktionalität auch eine Herausforderung für die Kunstschaffenden, eine, die sie annehmen würden?

Keinesfalls wollen wir den autonomen Charakter des Ästhetischen in Abrede stellen, denn auch u.E. ist die Ästhetik für einen genuinen Bereich der Lebenswelt zuständig, und wir hoffen, einsehbar gemacht zu haben, daß ästhetische Kriterien gerade von modernen Gesellschaften, in Fragen der Umwelt, notwendig in Betracht zu ziehen sind. Die Grenzen ästhetischer Theorie sind jedoch überschritten, wenn diese der Kunst der Moderne verbindliche Handlungsanweisungen vorschreiben zu können glaubt (Ritters Ausführungen sind in dieser Hinsicht nicht ganz eindeutig); wenn sich je Künstlerkreise oder ganze Kunstbereiche einer wie immer an sie herangetragenen Funktionalität unterwarfen, so waren die unter solchen Umständen entstandenen Werke nachfolgenden Zeiten allenfalls noch dienlich zu Studien über den jähen Verlust ästhetischer Intention und künstlerischer Intuition. — So läßt sich gegen derartige Erwägungen zur Funktion des Ästhetischen der folgende Einwand geltend machen: Hätte sich je in der Moderne eine Kunstgattung einem solchen Prinzip verschrieben, einerseits die menschliche Freiheit als nur über der gebändigten Natur mögliche zu feiern und andererseits den Zusammenhang mit der umruhenden Natur offenzuhalten versucht, sie wäre an der Aporie gescheitert, Zivilisationsskepsis und Fortschrittsoptimismus miteinander verbinden zu müssen; allenfalls hätte eine entsprechende Naturästhetik nichts anderes inszeniert als eben ein weiteres Nutzungsverhältnis zur Natur. — Genau hierin mag auch der Grund liegen, warum in der modernen Kunst ein solcher Auftrag nicht wahrgenommen wurde, warum ihre Wege seit der ‚l'art pour l'art' — Debatte anders verlaufen sind.

Seit dem Ausklang der Romantik wurde unter dem Eindruck der Industrialisierung und der prosperierenden Naturwissenschaften in den Künsten der allgemeine Versuch einer ‚Befreiung' von der Natur unternommen. Das Mimesis–Prinzip gründet sich nun auf die Vorstellung von ‚Wirklichkeit', wie sie von den Naturwissenschaften vermittelt wird: „Natur wird zum ‚bloß

[211] Ebd. S. 161.

Natürlichen'."[212]. „Die persönliche Naturbeziehung wird abgelöst, widerlegt durch die befreiende Einsicht in die selbstverständliche Kausalität der Natur. (...)(...) Man mag wohl seufzen ‚vor einem Flusse' ‚in der Nacht', aber man muß sich darüber klar sein, daß man es ‚grundlos' tut. Der Anblick eines Naturbildes ist kein hinreichender Grund zum Ausdruck einer Gemütsbewegung. Dieser Ausdruck folgt vielmehr einem leeren, bedeutungslosen Mechanismus, ..."[213].

Kaum eine These wurde in der Ästhetik bislang derart durchgängig rezipiert, wie diejenige von der ‚Bewahrungsfunktion der Kunst'.[214] Aber die Funktion der Kunst, so Theodor W. Adorno, in einer gänzlich funktionalen Welt, sei „... ihre Funktionslosigkeit; ... Instrumentalisierung von Kunst sabotiert ihren Einspruch gegen Instrumentalisierung; ..."[215]. — Seit der Romantik haben zunächst Künstler die Anwaltschaft übernommen, für die durch Verdinglichung gefährdeten subjektiven und qualitativen Momente; seit der industriellen Revolution und dem Aufkommen des monochromen Weltbildes der quantifizierenden Sicht, waren die Künste erste Orte allgemeiner Besinnung. Es ist jedoch von ihnen keine Lösung des Problems der Entfremdung zu erwarten, allein die Gefahr einer Entfremdung von der Entfremdung könnte durch sie gemildert werden. Diese Aufgabe der Bewahrung gegen Verdinglichung und Entfremdung kann jedoch für sie selbst stets dann als erfüllt betrachtet werden, wenn sie die Erinnerung an die durch den Prozeß der Zivilisation bedingten Verluste bewahrt, etwa in dem sie das bereits Verlorene zur Darstellung bringt.

Damit ist also das Feld abgesteckt, in dem sich eine ästhetische Theorie bewegen muß; es kann zu Recht von einer Bewahrungsfunktion der Kunst gesprochen werden, aber in der Wahrung ihrer Aufgaben sind die Künste autonom. Was theoretisch geboten scheint, ist in der Kunst nicht stets das Nächstliegende. — Wenn ein Feldherr dem römischen Imperium zu einem entscheidenden Sieg verholfen hatte, so konnte ihm unter bestimmten Bedingungen vom Senat die höchste aller Auszeichnungen gewährt werden, die Berechtigung zum triumphalen Einzug in die Stadt. In dem langen Triumphzug folgte schließlich auf Träger mit Rauchgefäßen der von vier

[212] Christoph Bezzel: Natur bei Kafka. Studien zur Ästhetik des poetischen Zeichens (Erlanger Beitr. z. Sprach– u. Kunstwiss. Bd. 15); Nürnberg 1964. S. 14.

[213] Ebd. S. 14f.

[214] Zur ununterbrochenen Präsenz dieser These, vgl.: Joachim Ritter: ‚Ästhetik'. In: Hist. Wörterb. d. Phil. Bd. I; hrsg. v. J. Ritter; Basel, Stuttgart 1971. Sp. 558, 564, 567 u. 568; dort weist Ritter u.a. vergleichbare Stellen bei Baumgarten, Hegel, Kant u. Schelling nach: Die Kunst nehme die Vergegenwärtigung der sonst metaphysisch begriffenen Welt wahr; sie erhalte ihren Grund im Zusammenhang der Entzweiung und bringe das in der Sphäre der Subjektivität bewahrte Göttliche, Übersinnliche und Absolute hervor; sie werde auf dem Boden der in sich entzweiten Vernunft zu einem Organ, das in der Versinnlichung der Idee die Einheit des Übersinnlichen vermittle; ihre Aufgabe sei die Versöhnung in der Wiederherstellung der ursprünglichen Identität des Subjektiven und des Objektiven.

[215] Theodor W. Adorno: Ästhetische Theorie; hrsg. v. G. Adorno u. R. Tiedemann; 5. Aufl., Frankfurt 1981. S. 475.

weißen Pferden gezogene, mit Lorbeer bekränzte Wagen des Triumphators, der im Ornat des capitolinischen Jupiters als Inkarnation des Gottes erschien. Er trug in der Linken ein Zepter aus Elfenbein, in der Rechten den Lorbeerzweig und über seinem Kopfe hielt ein hinter ihm stehender Sklave die viel zu schwere Krone des Jupiter.

> „Er befand sich, in dem Schmucke der Gottheit ... auf einer Höhe menschlichen Glückes, welche unter den Zuschauern Neid, in ihm selbst Ueberhebung zu erregen geeignet war. Gegen den Neid und den bösen Blick schützte er sich durch ein Amulett, ... die Ueberhebung lehnte er von sich ab, indem er den Göttern die Ehre gab, denn durch den hinter ihm stehenden Sclaven liess er sich bei den Acclamationen des Volkes zurufen: Sieh hinter dich und vergiss nicht, dass du ein Mensch bist!“ [216]

Die ersten Verfechter des Landschaftsschutzes sind in Künstlerkreisen zu suchen, doch wie wäre der Prozeß der Zivilisation anders verlaufen, wenn nicht Künstler, allen voran die Landschaftsmaler, damit begonnen hätten, die zuvor angstbesetzten Szenerien ‚erhabener‘ Natur zu ‚entzaubern‘, indem sie sie der ästhetischen Erfahrung erst zugänglich machten?

Als sich in den Künsten diese Naturästhetik zu entwickeln begann, waren die allgemein verbreiteten, gefühlsbetonten Reaktionen auf Erfahrungen von Landschaften freier Natur, Furcht und Schrecken, Ehrfurcht und Abscheu:

> „Bergstürze, angstvolle und schaurige Orte, die den Schauenden mit Schrecken erfüllen, ... Flüsse, die mit vollen, von Regenflut angeschwollenen Gewässern vom hohen Gebirg herniederkommen, entwurzelte Bäume vor sich herwälzend, mit Steinblöcken, Wurzeln, Erde und Schlamm untermischt, und alles, was sich ihrem Sturz entgegenstemmt, mit sich fortreißen. Und das Meer mit seinen Wetterwogen ringt und zerzaust sich mit den Winden im Streit, den diese bieten. Hoch hebt es seine stolzen Wellen, und stürzt sie im Fallen nieder auf den Sturm, der ihre Masse peitscht.“[217].

Das grundlegende Kriterium ästhetischer Naturerfahrung im Mittelalter — wenn wir überhaupt solches zugestehen wollen — war ein pragmatisch utilitaristisches, von dem auch jegliches ethisch motivierte Umweltverhalten noch über Jahrhunderte hin geprägt sein sollte. Eine Landschaft wurde als

[216] Joachim Marquardt: Römische Staatsverwaltung Bd.II. Hb. d. Röm. Alterthümer Bd.5; hrsg. v. J. Marquardt u. Th. Mommsen; 2. Aufl., Leipzig 1884. S. 588, vgl. S. 581–593.

[217] Leonardo da Vinci in Selbstzeugnissen und Bilddokumenten. Dargst. v. K. Clark; Reinbek 1969. S. 79ff. Zit. n.: Jörg Zimmermann: Zur Geschichte des ästhetischen Naturbegriffs. A.a.O. 128.

schön empfunden und als ,lustige Gegend' angesehen, wenn sie dem Menschen dienlich war, etwa zum Weinbau; die aus späterer Sicht ,malerisch reichsten Partien' wurden dagegen als ,gar betrübte, nicht sonderlich angenehme' Landschaften geschildert.[218]
Nachhaltig wirkte das anthropozentrische Prinzip der mittelalterlichen Weltanschauung, wonach Gott den Menschen in den Mittelpunkt der Schöpfung gestellt und ihn in den Stand seiner eigenwilligen Herrschaft über Geschöpfe und Schöpfung persönlich eingesetzt habe. Die Natur galt als dem Menschen uneingeschränkt tributpflichtig, — wo sie sich verweigerte, war sie folgerichtig eine des Teufels.

> „Nachdem der allweise Schöpffer alle Thiere zu dem menschlichen Nutz erschaffen, und er in seiner Weißheit nach gar wohl vorher gesehen, daß die Menschen zu ihrer Nothdurfft und Sättigung gar viel Thiere benöthiget seyn würden; also hat er es auch von Ewigkeit her verordnet, daß die Thiere sich auf eine vielfache Art vermehren müssen."[219]

Um sich dem Phänomenkomplex jener Angstreaktionen bei gewissen Naturerfahrungen zu nähern, läßt sich auf zwei philosophiegeschichtlich überkommene Begriffe zurückgreifen: Das ‚Numinose', ein Rudolf Otto[220] zu verdankender, religionsphilosophisch motivierter Begriff, und das ‚Erhabene', ein durch Edmund Burke 1757 ins Zentrum ästhetischer Theorien gebrachter Begriff, der in seiner Geschichte einen frappanten Auf– und Niedergang erfahren hat und dabei mit dem Wandel vom vorindustriellen zum industriellen Natur–Bild korrespondiert.[221] Die Voraussetzungen einer für Naturästhetik notwendigen Distanznahme, vermittels derer die angesichts freier Natur aufkommenden Abwehrreaktionen und Angstgefühle aufgehoben und ästhetisiert werden konnten, waren in derselben Geschichte der Landschaftsästhetik geschaffen worden, die in der Renaissance im Bildhintergrund begonnen hatte. Wenn Rousseau in seinen ‚Bekenntnissen' später „... nach Sturzbächen, nach Felsen, Tannen, schwarzen Wäldern, Bergen, nach aufwärts und abwärts steilen Pfaden, und rechts und links müssen Abgründe liegen, die mir Furcht einjagen." [222], also nach erhabenen Szenen verlangte, so war damit fast schon der Höhepunkt der ästhetisierenden Entdeckung befremdender Naturräume

---

[218] Vgl.: Wilhelm Heinrich Riehl: Das landschaftliche Auge. A.a.O. S. 57.

[219] F. v. Flemming (1724). Zit. n.: Henry Makowski, Bernhard Buderath: Die Natur ... a.a.O. Ohne Quellenangabe. Zit. v. S. 18.

[220] Rudolf Otto: Das Gefühl des Überweltlichen (Sensus Numinis). Aufsätze das Numinose betreffend; 5./6. Aufl., München 1932.

[221] Zum Ursprung und zur früheren Begriffsgeschichte des ‚Erhabenen', der möglicherweise auf Joseph Addison zurückgeht, vgl.: G. Tonelli: ‚Erhaben, das Erhabene'. In: Hist. Wörterb. d. Phil. Bd. II; hrsg. v. J. Ritter; Basel, Stuttgart 1972. Sp. 626.

[222] Jean–Jacques Rousseau: Bekenntnisse. Ungek. Ausg. übertr. v. E. Hardt; 3. Aufl., Leipzig 1955. S. 218.

überschritten; zuvor hatte man in Reisebeschreibungen noch um den Ausdruck des Entsetzens gerungen: „Immer ein Bach neben sich und Felsen über sich, die einem Lust machen, sich zu ertränken oder sich hinabzustürzen.“, schreibt noch 1750 der Dichter Hénault, ein Freund Voltaires, als er ohne jede Begeisterung über Jura und Alpen zieht.[223]
Erste Annäherungen wurden unter Einsatz pragmatisch–utilitaristischer Prinzipien versucht:

„Ob nun gleich der Berge Spitzen
Oed' und grausam anzusehen,
Sind sie doch, indem sie nützen,
Und in ihrer Größe schön.“[224].

Der Weltreisende Alexander von Humboldt äußerte sich verwundert über den in der Antike gänzlich fehlenden Sinn für erhabene Landschaften: „Von dem ewigen Schnee der Alpen, wenn sie sich am Abend oder am frühen Morgen röten, von der Schönheit des blauen Gletschereises, von der großartigen Natur der schweizerischen Landschaft ist keine Schilderung aus dem Altertum auf uns gekommen.“[225]. — So habe sich Cäsar in verschlossener Sänfte über die Alpen tragen lassen,[226] anders lautenden Berichten zufolge, soll er den unwirtlichen Aufenthalt zu grammatikalischen Studien genützt haben;[227] „... so sah Goethe auf dem Brenner, immerhin zur Nacht den Un–menschen um sich her und schrieb nur: ‚Der Mond ging auf, er beleuchtete ungeheure Gegenstände.‘“[228].

Niemand, heißt es bei Kant, würde sich einer solchen Situation freien Willens aussetzen:

> „Dieses aber, wegen der Befreiung von einer Gefahr, ist ein Frohsein mit dem Vorsatze, sich derselben nie mehr auszusetzen; ja man mag an jene Empfindung nicht einmal gerne zurückdenken, weit gefehlt, daß man die Gelegenheit dazu selbst aufsuchen sollte.“[229].

Dieses Diktum, sich kein weiteres Mal einer bestandenen Gefahr aussetzen zu wollen, erscheint zunächst verständlich, und dennoch muß dagegen konzediert werden, daß solche Gelegenheiten mitunter bewußt und willentlich gesucht

---

[223] Hénault, zit. n.: Jan Hendrik van den Berg: Metabletica. Über die Wandlung des Menschen. Grundlinien einer historischen Psychologie; Göttingen 1960. S. 235.
[224] Albrecht von Haller: ‚Die Berge‘ (1721). Zit. n.: Siegmar Gerndt: Idealisierte Natur. A.a.O. S. 14.
[225] Alexander v. Humboldt, zit. n.: Friedrich Ratzel: Über Naturschilderung. A.a.O. S. 168.
[226] Vgl.: Ernst Bloch: Verfremdungen II. Geographica; Frankfurt 1964. S. 132.
[227] Nach: Wilhelm Heinrich Riehl: Das landschaftliche Auge. A.a.O. S. 64.
[228] Ernst Bloch: Verfremdungen II. A.a.O. S. 132; dort auch weitere Beispiele.
[229] Immanuel Kant: Kritik der Urtheilskraft. A.a.O. S. 261.

werden. Die Folgen sind ‚Grenzerfahrungen', und oftmals sind in der Biographie Betroffener daraufhin bedeutende Wandlungen eingetreten; unter Umständen ist also zu vermuten, daß intentionale Akte einem solchen Vorsatz aufgrund tieferer Beweggründe grundsätzlich widersprechen können und Gefahr gleichsam gesucht wird.[230]

Das Bedürfnis nach Schutz vor den möglichen existentiellen Bedrohungen freier Natur ist dem Menschen ebenso eigen, wie jedem anderen Lebewesen, allein der Mensch kann sich entschließen, daraufhin die vermeintliche Ursache der Gefahr ‚aus der Welt schaffen' zu wollen. So ließ König Friedrich WilhelmI von Preußen im Jahre 1739 verlautbaren, daß:
„... Se. Kgl. Majestät keine Wildnis in ihren Landen erkenneten."[231].

> „Wann nun vorjetzo die lieben Alten wiederrumb auffstehen und die jetzige Wirthschaft in Cultifirung des Erdbodens ansehen solten, würden sie sich über die veränderte Gestalt unsers lieben Vaterlandes ziemlich verwundern, da sich die greulichen furchterlichen Wälder, bey ferner Vermehrung menschlichen Geschlechts, in die schönsten Felder, Aecker, Wiesen, Gärthen, Weinberge, Teiche und Trifften, auch wohl in unzehlbare Städte, Schlösser und Dörffer verwandelt haben, daß man also keine dergleichen Wälder anzutreffen sich besorgen darff ..."[232].

---

[230] Josef Wessely (1814–1898), der als Forstwissenschaftler schließlich ein professionelles Verhältnis zu Waldlandschaften hatte, versuchte einmal eine persönliche Erfahrung erhabener Natur in Worte zu fassen: „Es war mir vergönnt, in meinen Jugendjahren die schauerliche Herrlichkeit dieses gewaltigen Urwaldkessels zu schauen, eines Naturtempels, der mich erschütterte, wie noch kein von Menschenhand erbautes Gotteshaus. (...)(...) Die Majestät dieses gewaltigen Hochholzes ist aber eine schauerliche, denn inmitten der Stämme höchster Lebenskraft stehen allenthalben die abgestorbenen Zeugen früherer Jahrhunderte umher, mit gebrochenen Ästen und Gipfeln, die rindenlosen Schafte geisterbleich und vielfach durchlöchert von den Insekten suchenden Spechten, öfter auch in langgestreckte Splitter endende Strünke ... (...) Tausende von kolossalen Schäften, wie sie Alter und Orkane nach und nach übereinander geworfen haben, bedecken kreuz und quer — oft als wirrer Verhau — den graslosen Boden. (...)(...) Dieses Eindringen in die anscheinend noch unbetretene Wildnis hatte einen unnennbaren Reiz, dem keiner zu widerstehen vermochte; ... Alle Bewegung schien weit und breit erstorben, es schwirrte kein Vogel, es flatterte kein Schmetterling, und selbst die Lüfte, welche hoch oben die Baumgipfel in sanften Schwingungen wiegten, drangen nicht mehr in den Bereich der Schäfte herab. Lautlose Stille rings umher; desto mehr schreckte plötzlich der schneidende Schrei eines einsamen Spechtes und ein andermal das geisterhafte Knarren zweier sich reibender windbewegter Schäfte. Keine Spur menschlichen Waltens milderte den bangen Eindruck dieser schauerlichen Öde.
Ich wußte, daß ich nicht ferne sein konnte von meinen Freunden und gleichwohl übermannte mich das Gefühl drückendster Einsamkeit, unwiderstehliches Bangen." (Josef Wessely: Die österreichischen Alpenländer und ihre Forste (1853). Zit. n.: Alfred Barthelmeß: Wald. A.a.O. S. 184–186.).

[231] Zit. n.: Dietrich Stahl: Wild. Lebendige Umwelt. Probleme von Jagd, Tierschutz u. Ökologie geschichtl. dargest. u. dok. (Orbis Academicus. Problemgeschichte von Naturschutz, Landschaftspflege und Humanökologie. Sonderbd. 2/2); Freiburg, München 1979. S. 42.

[232] J. F. v. Flemming (1749), zit. n.: Dietrich Stahl: Wild. Ebd. S. 43.

Seitens der zu dieser Zeit besonders durch die Malerei bereits voll ausgebildeten Landschaftsästhetik wird jedoch ein erster Zweifel möglich; besonders gefährdete Landschaften werden im Moment ihres Verschwindens ästhetisch ‚auf'-gewertet und was ehedem noch ‚öde' war, kann plötzlich als höchst eindrucksvoll geschätzt werden:

> „Woran unsere Väter in geschlossenem Reisewagen, ungeduldig und von Langerweile geplagt, vorüberfuhren, das brauchen wir. Wo sie den Mund auftaten, um zu gähnen, da tun wir die Augen auf, um zu schauen; ... "[233].

Der Ästhet erwartet von dem Objekt seines Wohlgefallens nichts weiter, als daß es weiterhin bestehen und in seinem Gegebensein nicht gefährdet sein möge. Diese Anschauung aber, die sich zum Angeschauten, Empfundenen, Wahrgenommenen in ein solches Verhältnis des Sein–lassen–Könnens, des Wirken–lassen–Könnens begibt, ist ein besonderes Procedere. Das Selbstbewußtsein muß sich dabei auf die Kunst der extremen Distanzierung, der Selbstdistanzierung und der nochmaligen Distanzierung von der Selbstdistanzierung verstehen, wobei im letzten Fall durch die doppelte Reflexivität eine Verbindung der extremsten Standorte der Betrachtung (innen–außen) zustandegekommen ist. Damit kehrt, noch bevor wir diese Studie zur Ästhetik abschließen, ein zentrales Thema aus der Anthropologie, hier als grundlegende Voraussetzung für die Möglichkeit ästhetischer Wahrnehmung sui generis, wieder zurück: Die Fähigkeit zur Distanznahme, die uns nicht überbewertet schien, als wir unter Ablehnung aller anderen möglichen Anthropina (Sprache, Lachen, Weinen, Arbeit, Spiel ... etc.) nur der, von Plessner so genannten, exzentrischen Positionalität des Menschen das Prädikat zuwiesen, die Antwort auf die Frage nach der Conditio humana zu sein. Die Frage nach dem ‚Wesen des Menschen' war damit zwar immer noch nicht beantwortet, denn das Distanzbewußtsein kennzeichnet schließlich nur erst das Phänomen und das Prinzip seiner Sonderstellung in der Natur, doch ließen sich darüber hinaus weitere allgemeingültige Anthropina nicht bestimmen.
Das hier wiederkehrende Thema des menschlichen Distanzierungsvermögens ist in der Ästhetik die grundlegende Voraussetzung für die Existenz ihrer Phänomene, denn im Unterschied zum Tier führt der Mensch, so Schopenhauer, neben seinem Leben ‚in concreto' noch ein zweites ‚in abstracto':

> „Im ersten ist er allen Stürmen der Wirklichkeit und dem Einfluß der Gegenwart Preis gegeben, muß streben, leiden, sterben, wie das Thier. Sein Leben in abstracto aber, wie es vor seinem vernünftigen Besinnen steht, ist die stille Abspiegelung des ersten

[233] Rainer Maria Rilke: Worpswede. Monographie einer Landschaft und ihrer Maler; Bremen 1952. S. 20.

und der Welt worin er lebt, ... (...) hier ist er bloßer Zuschauer und Beobachter. In diesem Zurückziehn in die Reflexion gleicht er einem Schauspieler, der seine Scene gespielt hat und bis er wieder auftreten muß, unter den Zuschauern seinen Platz nimmt, von wo aus er was immer auch vorgehn möge, und wäre es die Vorbereitung zu seinem Tode (im Stück), gelassen ansieht, darauf aber wieder hingeht und thut und leidet wie er muß."[234].

Wenn zur Erfahrung einer beängstigenden oder erschreckenden Szenerie gleichzeitig eine u.U. gleichwohl mögliche, ästhetische Distanzierung vom unmittelbaren Erleben hinzutritt, so kann das Existential einer ,Grenzerfahrung' dadurch ästhetisch aufgehoben werden; dieser ästhetische Akt extremster Distanznahme — trotz unmittelbar drohender oder möglicher Gefahr für Leib und Leben — wurde durch Edmund Burke unter dem Begriff des ,Erhabenen' ins Zentrum ästhetischer Theorien gebracht, wo es seinen Platz etwa 100 Jahre lang unangefochten hat behaupten können. — Die gemeinschaftliche Quelle des Erhabenen, so Burke, sei der Schrecken; der Schrecken wiederum lasse auf die ihm zugrunde liegende Idee einer ,großen Macht' schließen.[235] Eine Macht aber, die Schrecken verursacht, kann weder neutral, noch dem Menschen nützlich, vorteilhaft oder etwa angenehm sein,[236] so führt Burke diesen Gedankengang weiter, um schließlich zusammenfassend behaupten zu können: „... daß nämlich das Erhabene eine Idee sei, die zur Selbsterhaltung gehört, daß es deshalb eine der eindrucksvollsten sei, die wir haben; daß seine stärkste Wirkung eine Regung der Qual sei, und daß zu ihm kein Vergnügen gehöre, das auf einer positiven Ursache beruht."[237]. — Wie eine Erfahrung, die kein Vergnügen bereitet, sondern Qual, weil sie dem Prinzip der Selbsterhaltung widerspricht, dennoch ästhetisch ,Vergnügen' bereiten kann, wird schließlich auf jenen Akt der Distanznahme zurückgeführt, den wir eingangs bereits beschrieben: Burke nennt den Schmerz einen ,Vorboten des Königs der Schrecken' — des Todes: „Wenn Gefahr oder Schmerz zu nahe auf uns eindringen, so sind sie unfähig, uns irgendein Frohsein zu verschaffen; sie sind dann schlechthin schrecklich. Aber aus einer gewissen Entfernung und unter gewissen Modifikationen können sie froh machen — ..."[238].

---

[234] Arthur Schopenhauer: Die Welt als Wille und Vorstellung. Erster Teilbd. Zürcher Ausgabe. Werke in 10 Bänden. Bd. I; Zürich 1977. S. 127.

[235] Vgl.: Edmund Burke: Philosophische Untersuchung ... a.a.O. S. 99.
„... auf diesem ganzen Wege finden wir den Schrecken als untrennbaren Begleiter der Macht ... Da nun die Macht ganz unstreitig eine Hauptquelle des Erhabnen ist, ..." (ebd. S. 107.).

[236] Vgl. ebd. S. 101.

[237] Ebd. S. 126. „Solange die Stärke bloß nützlich ist und unserm Vorteil oder unserm Vergnügen dient, solange ist sie nie erhaben. Nichts kann auf uns angenehm wirken, das nicht nach unserm Willen wirkt; aber um unserm Willen gemäß zu wirken, muß es uns unterworfen sein ..." (ebd. S. 101).

[238] Ebd. S. 73.

Der Unterschied zwischen dem Schönen und dem Erhabenen verweist also auf eine in der ästhetisierenden Anschauung angelegte Differenz; Natur erscheint, als ob die hinter dem Schrecken verborgene Naturmacht ihre im Schönen (noch) gewährte ‚Gunst' im Erhabenen stets verweigert. Diesem Prinzip der gewährten bzw. verweigerten Gunst hat sich Burke mit seinen deskriptiv–psychologischen Verfahren jedoch nicht weiter nähern können; seine Untersuchungen verbleiben im Empirischen und so erfahren wir über den möglichen ‚Ursprung unserer Ideen vom Erhabenen und Schönen', außer gelegentlich eingestreuten, interessanten Einzelbeobachtungen, wenig mehr; seinen Kritikern ist in dieser Hinsicht zuzustimmen. Dabei ist jedoch die Bedeutung Burkes für die ästhetische Theorie keinesfalls gering zu schätzen, schließlich hatte Kant zentrale Gedanken und Zusammenhänge dem theoretischen Ansatz Burkes zu verdanken.[239] Während Burke in endlos anmutenden Listen über die Eigenschaften ästhetischer Objekte versuchte, auf die vermeintlichen ‚objektiven' Ursachen zurückzuschließen, galt die Aufmerksamkeit Kants dem ästhetisierenden Subjekt, und damit kommt er den möglichen Ursachen ästhetischer Urteile näher als Burke. Gleich zu Beginn seiner ‚Analytik des Erhabenen' hat Kant dem Naturschönen zum Teil und dem Natur–Erhabenen insgesamt das Vermögen abgesprochen, ästhetische Wirkungen tatsächlich verursachen zu können:

> „Zum Schönen der Natur müssen wir einen Grund außer uns suchen, zum Erhabenen aber bloß in uns ...“ [240] — „Man sieht ..., daß wir uns überhaupt unrichtig ausdrücken, wenn wir irgend einen Gegenstand der Natur erhaben nennen, ... (...)(...) So kann der weite, durch Stürme empörte Ocean nicht erhaben genannt werden. Sein Anblick ist gräßlich; und man muß das Gemüth schon mit mancherlei Ideen angefüllt haben, wenn es durch eine solche Anschauung zu einem Gefühl gestimmt werden soll, welches selbst erhaben ist, ...“[241].

Es ist gewiß äußerst problematisch, ästhetische Qualitäten und die Kriterien ästhetischer Wertschätzung direkt mit Objekt–Eigenschaften verknüpfen zu wollen, die noch dazu, wie Burke es versucht hatte, jeweils durch Nervenentspannung Wohlgefallen oder durch Nervenanspannung Mißfallen hervorrufen sollen. Burke hatte auf diese Weise, ausgehend von angenommenen physiologischen Wirkungen, versucht, einen lückenlosen kausalen und psycho-

[239] „Fast zürnte ich ...“, schreibt Herder, „... mit der ‚Kritik der Urtheilskraft', daß sie das Buch deßhalb glimpflich herabsetzt, weil es nur ‚eine psychologische, d.i. empirische, nicht aber eine allgemeingültige, transscendentale Exposition mit Gründen a priori' gebe.“ (Johann Gottfried Herder: Kalligone. Dritter Theil: Vom Erhabnen und vom Ideal. In: Sämtl. Werke. Bd. XXII. A.a.O. S. 230.)
[240] Immanuel Kant: Kritik der Urtheilskraft. A.a.O. S. 246.
[241] Ebd. S. 245.

physischen Zusammenhang zwischen äußerer Ursache und innerer Wirkung nachzuweisen.[242]
Sind eigentlich, so wäre Burke zumindest in seinem Ansatz zuzustimmen, ästhetische Kriterien überhaupt denkbar, die nicht auf Eigenschaften beim Objekt zutreffen? Wäre z.B. eine bestimmte einzigartige Landschaft als Erfahrungsraum des Ästhetischen nicht mehr vorhanden, dann ist damit zugleich auch das Schicksal der diese Landschaft charakterisierenden Kriterien besiegelt, obsolet geworden, müßten sie der Vergessenheit anheimfallen. Nun könnte demgegenüber wiederum eingewandt werden, man könne sich daraufhin ästhetisch alternativen Erfahrungsräumen zuwenden, etwa Werken der Baukunst oder Wunderwerken der Technik.[243] Im Sinne der ästhetischen Theorie Kants gelingt eine derartige Übertragung jedoch nicht:

> „In dem Interesse am Schönen der Natur ist der Wunsch nach deren freier Gunsterweisung ... maßgebend. (...)(...) Daß es die Natur selbst ist, die uns in Freiheit durch die Gewährung schöner Gegenstände ihre Gunst erweist, ist Bedingung des ‚intellektuellen Interesses' an ihren schönen Gegenständen. Das Interesse erlischt in dem Augenblick, in welchem wir spüren, daß nicht die Natur, sondern eine künstliche Nachahmung unsere Aufmerksamkeit erregt hat."[244].

In der ästhetischen Weltperspektive hat das Bewußtsein den Standort der Freiheit eingenommen und sich selbst von der ‚Zuchthausarbeit des Wollens'[245] freigestellt. Der Standort des ästhetischen Betrachters ist ein experimentalphilosophischer, er „... gönnt der Natur freie Entfaltung ihrer bildenden Kräfte und diese wiederum gönnt jenem das lustvolle Erlebnis des Gelingens des Experimentes mit der Perspektive der Zweckmäßigkeit. Der beiderseitige Gunsterweis kennzeichnet die Art und Weise, in der sich das ästhetische Bewußtsein und die Natur begegnen."[246]. Diese spezifische Perspektivität einer ästhetisierenden Anschauung, derzufolge in ihrer Schönheit Natur sich als ‚zweckmäßig' erweise, während sie im

---

[242] Vgl.: Edmund Burke: Philosophische Untersuchung ... a.a.O. S. 170ff. Man bemerke den Zirkel in der Beweisführung.

[243] „Wenn man mit Kant das Erhabene einteilt in das durch seine Grösse Erhabene (das ‚Mathematisch-Erhabene') und das durch seine Macht Erhabene (das ‚Dynamisch-Erhabene'), so gehört etwa der Eiffelturm zum mathematisch Erhabenen, während die Eisenbahnen ... in ihren Anfangszeiten von vielen Zeitgenossen als dynamisch erhaben empfunden wurden." (Johan Hendrik Jacob van der Pot: Die Bewertung des technischen Fortschritts. Eine systematische Übersicht der Theorien. Bd. I; Assen, Maastricht 1985. S. 250.)

[244] Friedrich Kaulbach: Ästhetische Welterkenntnis ... a.a.O. S. 162. Kant erläutert diesen Primat der frei gewährten Gunst an einem Beispiel, in dem ein ‚Betrug' mit künstlichen Blumen ‚zu spät' entdeckt wird (siehe: Immanuel Kant: Kritik der Urtheilskraft. A.a.O. S. 299.).

[245] Vgl.: Arthur Schopenhauer: Die Welt als Wille ... a.a.O. S. 253.

[246] Friedrich Kaulbach: Ästhetische Welterkenntnis ... a.a.O. S. 219.

Erhabenen die Erwartung solcher Gunst durch mangelndes Entgegenkommen stets verweigere, kann spätestens seit der Ironisierung ihrer Prinzipien etwa durch Heine als Willkürakt eines auf Selbstbestätigung ausgerichteten idealistischen Geistes betrachtet werden, der in seiner Karikierung seiner pietistischen Wurzeln entlarvt und beraubt wurde.
Die selbständige Naturschönheit entdecke uns, so Kant, „... eine Technik der Natur, welche sie als ein System nach Gesetzen ... vorstellig macht, ... (...) Aber in dem, was wir an ihr erhaben zu nennen pflegen, ist so gar nichts, was auf besondere Principien und diesen gemäße Formen der Natur führte, ...“[247]. Entgegen der Eingangsbemerkung, wonach der Begriff des Erhabenen in der Natur bei weitem nicht so wichtig sei, wie das Schöne derselben,[248] knüpfen sich — etwa im Verweis auf den ‚Anblick des bestirnten Himmels‘[249] — dennoch gerade daran die weiterreichenden Reflexionen.
Unsere Expositionen zur Geschichte der Landschaftsästhetik lassen die tragende Rolle eher auf der Seite des Erhabenen vermuten. Der geschichtliche Fortschritt der Kunst hat, wie Adorno anmerkt, am Naturschönen ‚gezehrt‘.[250] Auf der Suche nach Sujets orientierten sich Künstler stets am Erhabenen; was zuvor noch als Inbegriff des Schrecklichen gegolten haben mochte, war, einmal ästhetisiert, nicht mehr schlechthin ‚groß‘ und für die Sinne mehr als überwältigend, sondern — gleichermaßen nur noch — schön. Insbesondere der Duktus der Entschiedenheit, mit dem daraufhin in der Romantik nunmehr nach ‚freier Natur im Ganzen‘ verlangt wurde, kann daher als Anzeichen dessen gelten, daß die im Erhabenen gesuchten Ressourcen des Schönen in der Natur zu dieser Zeit bereits erschöpft waren. Damit aber nehmen die Künste als erste die viel später erst allgemein ins Bewußtsein getretenen ‚Grenzen des Wachstums‘ vorweg. Sobald sie sich ihrer ‚natürlichen Grundlagen‘ beraubt hatten, wurden Szenarien des Erhabenen in der Industrie–Welt und in den Städten gesucht; explodierende Dampfmaschinen korrespondieren mit der empfundenen Häßlichkeit städtischer Milieus: Die Selbstkritik der Moderne hatte begonnen.
War Ästhetisierung der Natur schon immer Voraussetzung ihrer Verdinglichung, so bringt sich in der Darstellung von Horrorszenarien verdinglichender Technik der Fortbestand des ursprünglichen Grauens wieder in Erinnerung. Auch im Verlauf der weiteren Kunstgeschichte sollten sich die Künstler auf der Suche nach Sujets am Erhabenen orientieren, doch bei Versuchen das Fremde der Industriekultur zu ästhetisieren, gerieten diese nicht mehr wie ehedem zu einem Ausdruck des Schönen, sondern zum Abbild des Häßlichen. Was daher, wenn überhaupt, etwa an einer großtechnischen Anlage ‚erhaben‘ genannt werden kann, erscheint der ästhetischen Wahrnehmung letztlich als Versuch einer Bändigung des nicht zu Bändigenden, als dasjenige, was sich

[247] Immanuel Kant: Kritik der Urtheilskraft. A.a.O. S. 246.
[248] Vgl. ebd. S. 246.
[249] Vgl. ebd. S. 270.
[250] Vgl.: Theodor W. Adorno: Ästhetische Theorie. A.a.O. S. 104.

nur als Chaos in Erfahrung bringen läßt. Die Projektion der Kategorien des Erhabenen auf technische Wunderwerke, das sich daran heftende Faszinosum bei gleichzeitiger Versicherung ihrer Zweckmäßigkeit und Beherrschbarkeit wird in der ästhetischen Intuition zum Verdachtsmoment, dieser verweist auf den ursprünglichen Schrecken zurück, der offenkundig doch hatte bewältigt werden sollen aber gerade im Faszinosum genau jener Drohung Ausdruck verleiht, der man eigentlich hatte entgehen wollen.

Eines der zentralen Momente der Technikkritik läßt sich demnach auf eine originär ästhetische Erfahrung zurückführen, deren Intuitionen sich auf das Gunstprinzip berufen und die sich daher gegen das experimentum crucis, gegen das hochnotpeinliche Verhör einer gefesselten Natur, wenden. Die Suche nach ‚erhabenen' Sujets ist derjenigen nach Mega–Projekten vergleichbar, Künstler und Technologen sehen sich offenbar vor ähnliche Aufgaben gestellt. Vermutlich ist dieser Weg in der Kunst und durch sie bereits vorgezeichnet, so zeigt das Beispiel des Zauberlehrlings, daß gewaltige Mächte — heute würde von Energien gesprochen werden — nur von Meisterhand unter Kontrolle zu bringen und auch unter Kontrolle zu halten wären.

> „Wohl, sagen Muthigere, laßt unser Geschlecht einen langsamen, wohldurchdachten Zerstörungskrieg mit dieser Natur führen. Mit schleichenden Giften müssen wir ihr beizukommen suchen. Der Naturforscher sey ein edler Held, der sich in den geöffneten Abgrund stürze, um seine Mitbürger zu erretten. Die Künstler haben ihr schon manchen geheimen Streich beygebracht, fahrt nur so fort, bemächtigt euch der heimlichen Fäden, und macht sie lüstern nach sich selbst. Benutzt jene Zwiste, um sie, wie jenen feuerspeienden Stier, nach eurer Willkür lenken zu können. Euch unterthänig muß sie werden. Geduld und Glauben ziemt den Menschenkindern. Entfernte Brüder sind zu Einem Zweck mit uns vereint, das Sternenrad wird das Spinnrad unsers Lebens werden, und dann können wir durch unsere Sklaven ein neues Dschinnistan uns bauen. Mit innerm Triumph laßt uns ihren Verwüstungen, ihren Tumulten zu sehn, sie soll an uns sich selbst verkaufen, und jede Gewaltthat soll ihr zur schweren Buße werden. In den begeisternden Gefühlen unserer Freyheit laßt uns leben und sterben, hier quillt der Strom, der sie einst überschwemmen und zähmen wird, und in ihm laßt uns baden und mit neuem Muth zu Heldenthaten uns erfrischen. Bis hieher reicht die Wuth des Ungeheuers nicht, ein Tropfen Freyheit ist genug, sie auf immer zu lähmen und ihren Verheerungen Maaß und Ziel zu setzen."
>
> Novalis [251]

[251] Novalis: Die Lehrlinge zu Saïs. Schriften. Bd. I. A.a.O. S. 89.

Der Magier

„Er ruft es an. Es schrickt zusamm und steht.
Was steht? Das Andre; alles, was nicht er ist,
wird Wesen. Und das ganze Wesen dreht
ein raschgemachtes Antlitz her, das mehr ist.

Oh Magier, halt aus, halt aus, halt aus!
Schaff Gleichgewicht. Steh ruhig auf der Waage,
damit sie einerseits dich und das Haus
und drüben jenes Angewachsne trage.

Entscheidung fällt. Die Bindung stellt sich her.
Er weiß, der Anruf überwog das Weigern.
Doch sein Gesicht, wie mit gedeckten Zeigern,
hat Mitternacht. Gebunden ist auch er.“

R. M. Rilke[252]

2.4 Ethik und Ökologie

2.4.1 Notwendigkeit und Möglichkeit einer neuen Ethik

Der Mensch der späten, post–industriellen Gesellschaften lebt in einer desakralisierten Welt im Absolutismus seiner alleinigen Subjekt–Hoheit, durch die ihm die entgötterte Natur zum tributpflichtigen und unumschränkten Herrschaftsbereich für seinen unbedingten Zugriff wurde. Doch aus dem Zugreifen ist Eingreifen geworden, das allmählich allenthalben an seine Grenzen stößt; eine Art Realitätsprinzip macht sich geltend, das leichthin zu spontanen Versuchen einer bedenklichen Remythologisierung, zur unbedachten Reanimation der Welt und damit zur endgültigen Resignation einer ermatteten aufklärerischen Vernunft führen könnte: Es erscheinen Grenzprinzipien belasteter Umwelt als Nemesis, die Natur scheint in einer Art Götterdämmerung begriffen, und alles Bisherige erscheint nur noch als Frage der Zeit ... Fraglich wird, was zu tun sei, und der Ruf nach neuer Ethik wird laut, doch ‚wer‘ sollte sie ‚geben‘ in einer entgötterten Welt?
Gleich zu Beginn wird durch eine vorausgeschickte Frage nach dem, was denn jene neue, ökologische Ethik leisten solle, verdeutlicht, daß kein Pflichtka-

[252] Rainer Maria Rilke: Der Magier. In: Sämtl. Werke. Zweiter Bd.: Gedichte. Zweiter Teil; hrsg. v. Rilke–Archiv. In Verb. m. R. Sieber–Rilke, bes. d. E. Zinn; Wiesbaden 1957. S. 150.

non einer individuellen oder allgemeinen Gesinnungsethik hinreichend sein kann, daß es sich also bei dieser neuen Ethik um eine teleologische Verantwortungsethik handeln müsse. Denn gerade die Phänomene von Fernwirkungen und Spätfolgen müssen immer schon ethisch bewertet worden sein, bevor die dementsprechenden Handlungen tatsächlich vorgenommen werden dürfen. Es stellt sich damit also die Frage nach dem Umfang der ethisch zu bewertenden Handlungsbereiche: Dabei handelt es sich um den gesamten Komplex des menschlichen ‚Stoffwechsels mit der Natur', also um den Lebensraum des Menschen. Es geht dabei nicht nur um den Bereich der äußeren ‚Umwelt'-Natur des sogen. ökologischen Kontextes, ebenfalls betroffen ist auch die innere Natur eines jeden einzelnen Individuums.

Damit haben wir den Bereich abgesteckt, in dem die gesuchte ethisch-ökologische Philosophie der Praxis(-Bewertung und -Folgenabschätzung) tätig werden soll und — wie gefordert — tätig werden muß. Warum? So lautet die Frage, die sich an die Begründungen der behaupteten Notwendigkeit richtet. Brauchen wir also eine neue Ethik? Bedürfen die modernen Gesellschaften neuerdings einer Philosophie, die bislang offenbar noch nirgendwo überzeugend genug formuliert wurde? — Selbstgewisse Ökologen bedürfen zur Konstatierung der gefragten Notwendigkeit bereits keiner Apologie mehr; Verweise auf Gefahrenpotentiale unter Angabe naturwissenschaftlicher Gründe, seltener werden ästhetische und häufiger gesinnungsethische Gesichtspunkte geltend gemacht, — empirische Belege sind für die philosophische Begründung jedoch keinesfalls hinreichend. Es ist also nach einem Grund-Satz zu suchen, aus dem alles Weitere folgt, der innerhalb größerer gedanklicher Zusammenhänge sich bei einer Konfrontation mit u.a. anthropologischen, geschichtsphilosophischen und wissenschaftstheoretischen Kriterien als widerstandsfähig erweist und also aufrechterhalten werden kann.
Wenn sich seitens der philosophischen Anthropologie die Frage nach der Stellung des Menschen in der Natur als diejenige einer Sonderstellung, wenn sich das Phänomen seiner Bewußtheit so darstellen läßt, daß Menschen auch sich selbst gegenüber eine besondere Stellung, eine ‚exzentrische Positionalität' einzunehmen in der Lage sind — wobei sich die Anthropogenese in den kritischen Momenten (Aufrichtung und Kultur) eher als diskontinuierlich denn als kontinuierlich beschreiben läßt —, so darf doch bereits gefolgert werden, daß entsprechend der Nietzsche-Stelle vom ‚nicht festgestellten Tier' beim Menschen von einem Doppelwesen gesprochen werden muß, das nur widersprüchlich charakterisiert werden kann: als Natur- und Kulturwesen, als einerseits naturhaft-naturverbunden und andererseits durch die Tendenz einer Absetzbewegung hin zu mehr Naturentbundenheit.

Spätestens seit der neolithischen Revolution, mit Ansiedlungen im ‚fruchtbaren Halbmond', mit seßhaftwerdenden Wildbeuter- und Nomadenkulturen, die nun Haustierzucht und Nutzpflanzenanbau zu betreiben beginnen, ist auch das Erscheinungsbild der Kulturlandschaft gegeben, so daß etwa der aus dem Tiervergleich entlehnbare Begriff vom ‚Revier' nicht

mehr anwendbar ist, denn es entstehen innerhalb des gehegten, umzäunten und begrenzten Raumes Inseln einer Lebenswelt, deren Typus zoologisch nicht mehr umfassend beschreibbar ist. Bereits primäre Kulturen also haben die Tendenz zur Autonomisierung, wobei sich das Vorhandensein einer Motivation zur Abgrenzung der Menschen von der Natur offenbart, wenn durch dualistische Symbolik das Draußen der natürlichen Umwelt im Innern der menschlichen Lebenswelt repräsentiert wird und also aufgehoben sein soll. — Diese duale Abgrenzung von menschlicher Lebenswelt und natürlicher Umwelt, von Innen und Außen, hat innerhalb zivilisatorischer Prozesse keinen Bestand mehr; Zivilisationen verfahren mit der umliegenden Welt, indem sie diese besetzen, sie sich einverleiben, indem sie sie umbauen, indem sie im Sinne einer säkular–eschatologischen Geschichts–Vorstellung alles in ihren Bannkreis ziehen, denn die Welt(en) soll(en) anthropozentriert und allein auf ‚den' Menschen hin ein– und ausgerichtet werden.
Die Intention dieser zivilisatorischen Exploration stellt sich kulturanthropologisch immer wieder als beispiellos heraus; in allen anderen Kulturen scheinen die Impulse zur Historizität und die damit aufsteigenden Tendenzen zu einer ausschließlich anthropogen–zentrierten Zweckorientierung — wobei die innere und die äußere Natur allmählich zum nur noch Materialen, zum Mittel wird — durch magische, mythische, ethische oder auch durch Grenzen der Etikette mit Erfolg an ihrer Entstehung gehindert worden zu sein. Das mittlerweile weltumspannende, dem Prozeß der Zivilisation innewohnende Parforce–Prinzip der Ent–Grenzung sucht seine unumschränkte Geltung, es ruft jedoch durch die von ihm selbst produzierten ‚Nebenfolgen' ein Gegen–Prinzip hervor, so daß es zum Phänomen einer Selbst–Bedrohung kommt; unter diesem Eindruck setzen nun die modernen Debatten um den ‚Sinn' dieser Gefahr an.

Friedrich Schiller schrieb im dritten Brief ‚Ueber die ästhetische Erziehung des Menschen' über den Zusammenhang von Mensch und Natur, die Natur handle für den Menschen bis zu dem Augenblick, von dem ab dieser selbst zu handeln imstande sei.[253] Damit ist der Problemhorizont gedeutet, doch es drängt sich die Rückfrage auf, wie denn ein solches Handeln beschaffen und motiviert sei, und es steht dabei weniger die Notwendigkeit, mehr die Möglichkeit und vielmehr die Verwirklichung der dementsprechenden handlungsleitenden Prinzipien in Frage. — Und schon setzen, nachdem am Ende der Zeit der Inkubation 1972, mit Erscheinen der Studien des Club of Rome, vielfach zweiflerisch die Fähigkeiten moderner Zivilisationen zur Bewältigung attestierter Krisenphänomene in Frage kamen, bereits bekannte, oft wiederholte Warnungen ein, bei allem Zweifel an den Errungenschaften

[253] „Die Natur fängt mit dem Menschen nicht besser an, als mit ihren übrigen Werken: sie handelt für ihn, wo er als freye Intelligenz noch nicht selbst handeln kann. Aber eben das macht ihn zum Menschen, daß er bey dem nicht stille steht, was die bloße Natur aus ihm machte, ..."(Friedrich Schiller: Ueber die ästhetische Erziehung des Menschen in einer Reihe von Briefen. In: Werke. Bd. 20: Philosophische Schriften. Erster Teil; hrsg. v. B. v. Wiese; Weimar 1962. S. 313.)

der Moderne nicht auch das Erbe der Aufklärung zu verscherzen. Noch ehe die Skepsis ihre Zweifel methodisch begründen konnte, wird bereits vor ihr gewarnt, als ob die im Programm der Aufklärung festgeschriebene Aufforderung zum ‚Mute, sich des eigenen Verstandes zu bedienen', nur für die Verteidigung gilt, keinesfalls aber für die Seite der Anklage.[254]

Alle Fragen in den Debatten um die neue wechselseitige Bedrohung von moderner, menschlicher Lebenswelt und natürlicher Umwelt einerseits und der bedrohten psychischen Innenwelt und der diese bedrängenden Außenwelt andererseits, lassen sich auf zwei grundsätzlich mögliche, zumeist vororientierte Auffassungsweisen zurückführen: Zur Debatte steht immer die Frage nach den Bedingungen für die Zukünftigkeit moderner Lebens- und Seinsweisen unter zwei alternativ möglichen Voraussetzungen: Kontinuität oder Diskontinuität? — Sind also die Probleme vermittels herkömmlicher oder erweitert herkömmlicher Methoden zu bewältigen oder bedarf es einer neuartigen Orientierung, einer veränderten Ausrichtung auf andere — wenn überhaupt — Ziele? Sollte möglicherweise gerade das Machen–Wollen selbst bewältigt und überdacht werden, um — wenn überhaupt möglich — der immer rasanter werdenden Historizität wieder etwas mehr kühlere Gelassenheit entgegenzusetzen, wobei dann Technik und Rationalität in ihrer bisherigen Erscheinungsweise selber in Frage stehen? Sollte, anstatt zu neuem Machen unter Verweis auf neue Machbarkeiten aufzurufen, möglicherweise die entscheidende Tat gerade die Nicht–Tat sein? Denn es ist die Frage, wovon und vor allem wovor die Schnelligkeit des Machens fortlaufend sich zu entfernen sucht, wobei doch selbst dieses Fortlaufen seiner Bedrohung offenbar auch nicht entkommen kann.

Es heißt: Wer A sagt muß auch B sagen — und wenn hier im Spruchsinne für A ein bestimmtes Wollen eingesetzt wird, so läßt sich daran unter B auch die Forderung nach einem dementsprechenden Sollen knüpfen. Ebenfalls kann durch diesen Spruch jemand aufgefordert werden, aus einem gewollten Handeln die entsprechenden Konsequenzen zu ziehen und eventuelle Nachteile,

[254]„Das Prinzip der Behebung von Nebenfolgen des technischen Fortschritts kann immer nur die technische Rationalität selbst sein. Damit hält sich das Problem der Umwelterhaltung in den Grenzen der wissenschaftlichen Vernunft der Neuzeit, die auf dem Gedanken der Selbsterhaltung basiert ..."(Ferdinand Fellmann: Sentimentale Schwärmerei. Eine Warnung vor falschen Folgen in der Naturphilosophie. In: Frankf. Allg. Ztg. Nr. 41, v. 18. Febr. 1987. S. 33.) Der hier zugrunde gelegte Satz ist gar nicht verifizierbar, weil wir nicht wissen, was wir (noch) nicht wissen. Allein die Empirie belehrt angesichts großer Unfälle, wie schwer mitunter ‚Nebenfolgen' technisch–rational beizukommen ist. Anders betrachtet, belehrt gerade die Installation der doppelten Dreifachsicherungen großtechnischer Projekte über die letztendliche Unfähigkeit der dort waltenden Rationalität, ihren eigenen Herrschaftsanspruch tatsächlich zu sichern. Gerade die entgleitende Sicherheit wird zum Prinzip einer Rationalisierung, die das Mißtrauen gegen sich selbst bereits verinnerlicht hat. — Zuletzt bleibt nur noch Rhetorik und das Unkalkulierbare und das Unvorhersehbare, das aus der Verstiegenheit wächst, wird als ‚Rest'–Risiko bezeichnet und mit dem Verweis auf die ‚Gefährlichkeit des Lebens im Allgemeinen' als Anzunehmendes hingestellt; doch die Phänomene dieser unkalkulierten Risiken, wenn sie dann in Erscheinung treten, werden alles andere als ‚Neben'–Folgen sein.

also unangenehme Nebenfolgen dabei in Kauf zu nehmen. Die dritte und intentionale Bedeutungsweise dieses Spruchs ist jedoch u.U. der Versuch einer unredlichen Beeinflussung, wenn damit Jemand zur Fortsetzung einer ihm bereits mißliebig gewordenen Handlungsweise aufgefordert werden soll, wobei in diesem Falle der Schluß, ein naturalistischer Fehlschluß, als zulässig suggeriert werden soll.

Wenn also im Sinne Schillers die Natur zum unumschränkten Herrschaftsbereich des Menschen werden soll, so muß dieser die Folgen seines Handelns auch allein verantworten, er wird einer jeden Nemesis zuvorkommen müssen, wenn er seinen Herrschaftsanspruch verwirklichen und recht–fertigen möchte; er muß für sich sorgen, wie sie es tat und zumindest um seiner selbst willen auch für sie, für die er die alleinverantwortliche Sorge nur tragen kann, wenn er die Reichweite seiner Handlungen auch tatsächlich ver–antworten kann und das gilt sowohl für die Physis–Natur, wie auch für die Natur der Psyche. Auf einen unbedingten Willen folgt ein unbedingtes Sollen, auf einen globalen Herrschaftsanspruch folgt die globale Verantwortung. Odo Marquard stellte hierzu fest, ein endliches Wesen, wie der Mensch könne Totalverantwortung nur spielen, ein jeder Versuch dazu, sei zur Selektivität gezwungen und scheitert damit an der Totalität selber.[255]

Wir fragten nach der Notwendigkeit von Verantwortung unter der Bedingung eines totalen Herrschaftsanspruchs — und ein derartiger Fall liegt stets dann vor, wenn einzelne Eingriffe oder ein Komplex möglicher Zusammenhänge infolge von Eingriffen in prästabilisierte Zusammenhänge zu globalen Folgen führen könnten. Und obwohl wir hier bewußt minimalistisch als Kriterium der Verantwortlichkeit lediglich das anthropozentrische Prinzip des für–sich–selbst–allein zugrunde legen, erscheint die Größe der letztlich notwendigen, globalen Verantwortung doch für menschliches Ermessen als ungeheuerliche —, so daß wir nach Fragen suchen, ob sich durch nivellierende Ansätze ihr Umfang, ihre Totalität nicht begrenzen ließe. Es steht hierzu eine Frage zur Verfügung: Folgt aus einem limitierten Wollen auch ein limitiertes Sollen, aus einem begrenzten Herrschaftsanspruch auch eine ertragbare Last der Verantwortung, — läßt sich Verantwortung begrenzen und zwar jeweils bis zu dem Grad der Reichweite der Folgen und der Nebenfolgen, wenn sich das Walten–Wollen selbst theoretisch und praktisch begrenzen ließe? Der Zirkel im Schluß weist wieder auf den Anfang zurück, die Frage nach der Limitierbarkeit von Verantwortung stellt sich als Problem der Begrenzbarkeit von Machtanspruch und Machtausübung. Dabei sind den Versuchen technischer Bewältigung nach dem Prinzip des ‚Trotzdem', durch Änderung technischer Verfahren, oder durch neue Einführung schadenskompensierender Verfahren engere Grenzen gesetzt, als uns durch die Attitüden des technophilen Optimismus oftmals glauben

[255] Vgl.: Odo Marquard: Neugier als Wissenschaftsantrieb oder die Entlastung von der Unfehlbarkeitspflicht. In: Elisabeth Ströker (Hrsg.): Ethik der Wissenschaften? Philosophische Fragen (Ethik der Wissenschaften. Bd. I); München 1984. S. 25.

gemacht werden soll. Gerade die kompensatorischen, die unerwünschten Nebenfolgen entgegengesetzten, entgegenarbeitenden Verfahren stellen keine Loslösung vom Dilemma dar, denn sie geben eigentlich überholten, weil nicht mehr verantwortbaren Verfahrensweisen in der Wahrnehmung der Öffentlichkeit eine neue Legitimität. Wieder erscheint dann Rhetorik, hinter der sich unzulängliche Praxis verbirgt, als neuartiges Genre der Wortmagie, als moderner Gegenzauber. Hinter den neu geprägten Begriffen schillert jedoch das Verdrängte mitunter noch mehr, wie beim Wort von der Entsorgung, einem philosophisch unmöglichen Begriff.

Ein Blick in die Annalen der abendländischen Rechtsgeschichte, insbesondere der Rechtsphilosophie, mit Namen wie Hobbes, Locke, Montesquieu, Pufendorf u.a., erweist zwar grundsätzlich die Möglichkeit von Machtbegrenzung durch Gewaltenteilung; nur haben wir es in unserem Fall nicht zentral mit Mächten zu tun, die Menschen über Menschen ausüben (die medizinische Ethik wird allerdings mit diesem Problem in der Weise konfrontiert, daß auf der Natur–Seite wiederum der Mensch selbst als Objekt technischer Interventionen erscheint). Eine Analogiebildung fällt dementsprechend schwer, zumal sich sogleich Gegenfragen stellen: Soll der Natur etwa ein Eigenrecht zugestanden werden? — Das zu entwickeln wäre die Aufgabe einer neuen Naturphilosophie, es zu prüfen wäre die Aufgabe der Rechtsphilosophie. Wenn ein solcher Rechtsgrundsatz in irgendeinem Modus bindend formuliert werden könnte, müßten dann nicht auch grundlegende Prinzipien der bisherigen Technologie einer Revision unterzogen werden? — Das zu entwickeln wäre die Aufgabe einer neuen Technikphilosophie. Welche Folgen, eventuell Gefahren würden sich für die Lebenswelt selbst wiederum daraus ergeben? — Das sind Fragestellungen einer praktischen Philosophie, die vor allem geschichtsphilosophisch versiert sein muß. Kommt es schließlich zur Güterabwägung zwischen menschlichen und natürlichen Werten? — Dadurch wären also wiederum ethische Fragen aufgeworfen.

Im Zentrum aber der Auseinandersetzung ökologisch–ethischer Diskurse steht allerdings nicht, wie es zunächst scheinen mag, eine Philosophie der Natur, sondern eine Philosophie der Technik. Denn die Technik ist die eigentliche Quelle der Macht, deren Verheißungen wie Hans Jonas sich ausdrückte, im Begriffe sind, in Drohungen umzuschlagen.[256] Wie, wann und wo sie anzuwenden sei, das scheint nicht ihr Problem zu sein, denn sie stelle, so die gängige Formel, lediglich die Mittel bereit.

In einem Spiegel–Interview[257] im Jahre 1966 sagte Martin Heidegger, das Unheimliche an der Technik sei gerade, daß sie funktioniere. — Wir behaupten hingegen: Sie funktioniert nicht.[258] Es sind lediglich

---

[256] Vgl.: Hans Jonas: Das Prinzip Verantwortung. Versuch einer Ethik für die technologische Zivilisation; Frankfurt 1980. S. 7.

[257] Vgl.: Martin Heidegger: Nur noch ein Gott kann uns retten. Spiegel–Gespräch mit Martin Heidegger am 23. Sept. 1966. In: Der Spiegel. Nr. 23. 1976. S. 206.

[258] Als der Missionar Winfried–Bonifatius 723/24, in der Überzeugung von der Recht-

Erscheinungen technischer Funktionalität, von denen wir uns blenden lassen, so, wie die Besucher jener Pariser Weltausstellung im Jahre 1881 geblendet waren, als für Minuten künstliches Licht die Säle mit einer gleißenden Aura erfüllte: So könnte das Aufscheinen dieser Technik in der Weltzeit gleich dem Bruchteil einer Sekunde sein. Es ist keine pessimistische Attitüde, die wir uns hier zulegen, sondern der Ausdruck einer realistischen Einschätzung, die sich durch einen Blick hinter die Kulissen des modernen Titanismus, in Hinsicht auf seine Voraussetzungen und auf die Folgen seines Funktionierens zwangsläufig ernüchternd ergibt.

Die technisch herausgeforderte, totale Überforderung der menschlichen Verantwortungsfähigkeit, sieht sich durch ihre universal–radikalen Eingriffe in den Zusammenhang der Welt schließlich noch vor die Aufgabe gestellt, auch die Rolle der bisherigen Garanten des Zusammenhalts zu übernehmen; einst religiöse und metaphysische Instanzen, wie die Gottes, der Vorsehung und des Schicksals stehen zur Disposition.[259] Doch kein Wille zur Verantwortlichkeit, kein technological assessment und keine Computer–Simulation kann die Möglichkeit zu einer Verantwortung der Folgen eines total herausgeforderten Zusammenhangs der Welt je eröffnen. — Soviel zum Prinzip der Notwendigkeit von Verantwortung unter den Bedingungen der Folgen einer unbeschränkten Bemächtigung der Welt. Während sich die Notwendigkeit, ausgehend vom jeweils geltend gemachten Willen deduktiv entwickeln läßt, sollen nun auf umgekehrtem Wege, nämlich induktiv, die Bedingungen für die Möglichkeit einer menschlich ertragbaren Verantwortung entwickelt und überprüft werden. Eine Lösung des Problems aber läßt sich nur auf einem Wege erreichen: Wenn aus A, B folgt, und B als ‚zu groß' zurückgewiesen werden muß, dann muß A selbst ‚kleiner' werden.

Seit nunmehr 15 Jahren verfügt die Kritik am technisch–rationalen Weltbild zunehmend über die ökologische Perspektive. Vormals kaum so bedachte und oftmals für kaum bedenkenswert erachtete sogen. ‚Nebenfolgen' technisch–rationaler Interventionen traten in den Gesichtskreis der Öffentlichkeit, und damit wurde auch die Selbstwahrnehmung der Moderne kritisch. Seither ist Technikbewertung in überkommenem Rahmen nicht mehr statthaft, und selbst der blendendste Effekt dessen, daß etwas ‚funktioniert' und auf ‚nützliche' Anwendung verweist, wird nicht mehr vom Hinblick auf das damit möglicherweise Verbundene ablenken können. Die immer schon mitverbundenen ‚Nebeneffekte' sind auf dem besten Wege, zu den ausschlaggebenden

mäßigkeit seines Tuns, an die von den Germanen verehrte, dem Gott Donar geweihte Eiche in Geismar Hand anlegte, warteten jene vergeblich auf ein im vorhinein klar definiertes Ereignis: Das der spontanen und akuten Nemesis, auf das sichtbare Zeichen der Rache des geschändeten und an diesem Orte einwohnenden Gottes. Die Erwartung dieses exakt vorherbestimmten Ereignisses wurde — wie bekannt — so sehr enttäuscht, daß sie, und das ist folgerichtig, sich dem neuen und ‚offensichtlich' mächtigeren Gotte unterwarfen.

[259]Vgl.: Willi Oelmüller: Zum Begriff der Verantwortung und des politischen Handelns. In: Hans Michael Baumgartner, Hansjürgen Staudinger (Hrsg.): Entmoralisierung der Wissenschaften? Physik und Chemie (Ethik der Wissenschaften. Bd.II); München 1985. S. 112f.

Kategorien der Bewertung zu werden; waren sie vormals das mitproduzierte, notwendige Übel, so treten sie nun bereits in einigen Bereichen betriebs- und volkswirtschaftlich als Kostenfaktor oder als gesamtgesellschaftlicher Faktor einer Kontraproduktivität in Erscheinung, die technisch die Funktionalität und wirtschaftlich die Rentabilität zunehmend problematischer werden läßt. Aber damit nicht genug, denn das überkommene utilitaristische Prinzip und seine anthropozentrische Zwecksetzung selbst, stehen mittlerweile ebenfalls zur Disposition.[260] Denn wenn, wie die Begründung der Legitimität der Neuzeit bei Hans Blumenberg dargestellt wird, die neuzeitliche Fortschrittsidee als „... ständige Selbstrechtfertigung der Gegenwart durch die Zukunft, die sie sich gibt, vor der Vergangenheit, mit der sie sich vergleicht."[261], aufzufassen wäre, dann ist es doch gerade die Zukunft selbst, die Möglichkeit zu einer ‚Selbstrechtfertigung durch Zukunft' überhaupt, die nunmehr gefährdet scheint. — Damit aber trifft die ökologische Kritik ins Zentrum einer so aufgefaßten ‚Legitimität der Neuzeit', für diese und mehr noch, auch für die ‚wissenschaftliche Vernunft der Neuzeit' wird doch ausgerechnet jenes Prinzip als ihre Basis reklamiert, das andererseits durch diese selbst gefährdet scheint, nämlich ‚Selbsterhaltung'.[262]

Auf die Einseitigkeit und Verfahrenheit einer Grundorientierung der Selbsterhaltung hatte bereits Heidegger aufmerksam gemacht, und der darin angelegte dialektische Keim ist seit den Arbeiten von Horkheimer und Adorno hinlänglich bekannt; neu dürfte allerdings sein, daß diese beiden Seiten von Selbsterhaltung und Selbstgefährdung im Begriffe sind, auseinanderzutreten. Neue Gestalten, so lehren die Prinzipien dialektischer Phantasie, werden erst dann sichtbar, wenn Gegensätze in ihre Extreme auseinandergetreten sind und sich gegenüberstehen; doch scheint es möglich zu sein, schon jetzt etwas über den Sinn zu erfahren, dessen Bestimmung hier und in Zukunft immer wieder thematisiert werden wird: Es sind dies' die Deutungen der Bedingungen für die Möglichkeiten einer als notwendig erachteten Verantwortlichkeit gegenüber Mensch und Natur. Den Klagen gegen den spezifischen Ausdruck jenes Willens zur Selbsterhaltung, gegen seine sich selbst legitimierende Macht, die für

---

[260] „Solange die Ratio und das Rationale in ihrem Eigenen noch fragwürdig bleiben, ist auch die Rede von Irrationalismus bodenlos. Die technisch-wissenschaftliche Rationalisierung, die das gegenwärtige Zeitalter beherrscht, rechtfertigt sich zwar jeden Tag überraschender durch ihren kaum noch übersehbaren Effekt. Allein dieser Effekt sagt nichts von dem, was die Möglichkeit des Rationalen und Irrationalen erst gewährt. Der Effekt beweist die Richtigkeit der technisch-wissenschaftlichen Rationalisierung. Doch erschöpft sich die Offenbarkeit dessen, was ist, im Beweisbaren? (...) Vielleicht gibt es ein Denken, das nüchterner ist als das unaufhaltsame Rasen der Rationalisierung und das Fortreißende der Kybernetik." (Martin Heidegger: Das Ende der Philosophie und die Aufgabe des Denkens. In: Zur Sache des Denkens; Tübingen 1969. S. 79.)

[261] Hans Blumenberg: Säkularisierung und Selbstbehauptung. Erw. u. überarb. Neuausg. v. ‚Die Legitimität der Neuzeit'. Erster und zweiter Teil; Frankfurt 1974. S. 41.

[262] ‚Die wissenschaftliche Vernunft der Neuzeit basiert auf dem Gedanken der Selbsterhaltung', so Ferdinand Fellmann (Ders.: Sentimentale Schwärmerei. A.a.O. S. 33.).

die auftretenden Krisensymptome in Natur und Lebenswelt verantwortlich gemacht werden sollen, muß stattgegeben werden.

Bei dem soeben geltend gemachten Postulat einer Verantwortlichkeit für Mensch und Natur wird gemeinhin die den Menschen betreffende akzeptiert, eine die Natur betreffende menschliche Verantwortung gilt hingegen als nicht begründbare Forderung. Nun wird die Selbstzerstörung nicht einhalten, bis entschieden ist, ob Ethik mit oder ohne Metaphysik zu konzipieren sei, — darin ist Wolfgang Schirmacher[263] zuzustimmen, ebenso wie auch Ludwig Siep[264], der feststellte, eine neue Ethik könne nicht seitens der Philosophie mit Maßstäben des Guten und Bösen, Richtigen und Falschen erfunden, konstruiert, entdeckt oder deduziert werden. Es sei hingegen die einzig mögliche Aufgabe der Philosophie, in der Gesellschaft bereits vorhandene Überzeugungen von der Akzeptanz ethischer Urteile ‚über sich aufzuklären'. — Allerdings sind neue Werte, wenn sie entstehen, in einer Gesellschaft nicht plötzlich da, sondern sie werden sich immer erst allmählich durchsetzen können, um schließlich verbindlich zu werden. Aus den angegebenen Gründen wollen wir versuchen, das vermeintliche Prinzip der gesuchten Ethik auf nicht-ethischem Wege zu erreichen — möglicherweise entstehen Ethiken selbst auf diese Weise —, nämlich hier durch Philosophie von Natur und Technik. Zunächst wollen wir die Absurdität des Nützlichkeitsdenkens erweisen, um daraufhin die Frage nach der Reflexivität jener Reflexion zu stellen, die die mittlerweile lebenswichtige Aufgabe zu erledigen hat, umfassende Auskunft über den Komplex von verfolgten Zwecken, deren Folgen und ‚Nebenfolgen' zu geben, mit dem Erweis ihrer völligen Unzulänglichkeit.

Aus dem Jahre 1335 stammt die Züricher Vogelschutzverordnung, der Erlaß wird damit begründet, die kleinen Vögel seien ‚die wahren Reiniger der Bäume' und außerdem erfreuten sie durch ihren Gesang die Herzen der Menschen.[265] — Wir wollen hier auf eine sehr wohl interessante Historiographie verzichten,[266] unser Augenmerk liegt vielmehr auf dem Prinzip der Argumentation: Immer wieder, wenn dem Artenschutz oder dem Naturschutz das Wort geredet werden soll, wird an erster Stelle eine möglichst unmittelbar vorgestellte oder vorstellbare Nützlichkeit angeführt.
Anderweitige Gründe, wie etwa ästhetische, sind dagegen bis auf den heutigen Tag zur Argumentation oft gar nicht zugelassen, denn allein die Möglichkeit, diesen gegenüber könnte leichthin das Verdachtsmoment auf ‚Romantizismus' geltend gemacht werden, erachtet zumeist der Bittsteller selbst als hinreichend

[263] Vgl.: Wolfgang Schirmacher: Technik und Gelassenheit. Zeitkritik nach Heidegger; Freiburg, München 1983. S. 66.

[264] Vgl.: Ludwig Siep: Macht ohne Maß? Medizinische Technik und der Ruf nach Ethik. In: Frankf. Allg. Ztg. Nr. 48, v. 26. Febr. 1987. S. 25.

[265] Vgl. hierzu: Franz Moewes: Zur Geschichte der Naturdenkmalpflege. A.a.O. S. 28f.

[266] Siehe hierzu insbes.: Alfred Barthelmeß: Vögel. Lebendige Umwelt. Probleme von Vogelschutz und Humanökologie geschichtlich dargest. u. dok. (Orbis Academicus. Problemgeschichte von Naturschutz, Landschaftspflege und Humanökologie. Sonderbd. 2/3); Freiburg, München 1981.

genug, sich des Ausdrucks ‚dieser' Emotionen — die ihn eigentlich auch bewegen — zu enthalten, wo nicht, wird ihn das Wort ‚Romantiker' wie ein Bannfluch treffen. Erst im Zuge einer notwendigen Auseinandersetzung jedoch würde sich schließlich der Klang des Wortes ‚Romantik' neutralisieren können und so neutral klingen, wie das Wort von der ‚Klassik' heute. Die bislang verweigerte Auseinandersetzung steht jedoch symptomatisch für ein Problem in der Selbstdeutung und im Selbstverständnis der Moderne.

Schließlich sind bereits früh in den Begründungen für Arten- und Naturschutz theologische oder theologisch verbrämte Argumente zu verzeichnen, wie etwa jenes Christians V. von Schleswig-Holstein, der im Jahre 1671 der Vernichtung der Wälder vorbeugen will, damit nicht „... eine der großen Herrlichkeiten womit Gott und die Natur unser Herzogtum begabet, mit der Zeit gar vergehen und vernichtet werden möge."[267]. Mit der Berufung auf die Instanz eines Schöpfers kann das Nützlichkeits-Prinzip zugleich geltend gemacht und begrenzt werden, und es läßt sich wenden in Hinsicht auf die mögliche Gegenfrage, wie weit denn der Nutzen gehen dürfe, ob die Ver-Nutzung nicht auszuschließen sei.

Dagegen stellte der Freiherr von Wolff-Metternich am 10. Januar 1908 vor dem Reichstag fest:

> „Meine Herren, prinzipiell muß man festhalten, daß alle Tiere, auch die Vögel, zum Nutzen des Menschen geschaffen sind. Die ganze Tierwelt, die Vögel mit inbegriffen, ist nicht Selbstzweck, sie ist dazu da, von uns Menschen so, wie wir es für gut befinden, benützt zu werden."[268].

— Skepsis hingegen am Prinzip der Nützlichkeit war bereits 100 Jahre zuvor geäußert worden. In einer Formulierung, die gemeinhin erst 60 Jahre später bei Ernst Haeckel gelesen wird, betonte 1801 Johann Mathias Bechstein „... daß auch die für uns schädlichen Vögel doch auch immer etwas Gutes in dem Haushalte der Natur wirken ..."[269]. Im Jahre 1826 wies der Züricher Zoologe Heinrich Rudolf Schinz „... auf die Bedeutung der Raubvögel im Naturganzen und auf die durch ihre Vertilgung bewirkte Störung des Gleichgewichts in der Natur hin und erklärte, es sei des sittlichen Menschen nicht würdig, ohne Not zu morden."[270]. „1862 dehnte die fürstlich lippische Regierung ihre 1777 und 1812 erlassenen Verbote des Zerstörens und Ausnehmens der

---

[267] Christian V. v. Schleswig-Holstein, zit. n.: Franz Moewes: Zur Geschichte der Naturdenkmalpflege. A.a.O. S. 28f.

[268] Freiherr v. Wolff-Metternich, zit. n.: Alfred Barthelmeß: Vögel. A.a.O. S. 87. In der Debatte wurden die Belange des Vogelschutzes verhandelt, vor dem Hintergrund der damaligen Hutmode, die sich aller erdenklichen Vogelfedern bediente; auch darf nicht unerwähnt bleiben, daß die Gastronomen Europas Singvögel auf ihren Speisekarten führten. Vgl.: Alfred Barthelmeß: Vögel. A.a.O. S. 78ff.

[269] Johann Mathias Bechstein, zit. n.: Franz Moewes: Zur Geschichte der Naturdenkmalpflege. A.a.O. S. 31.

[270] Heinrich Rudolf Schinz, zit. n.: Franz Moewes: Ebd. S. 31.

Vogelnester auf alle Vogelarten aus mit der Begründung, es sei ,in neuerer Zeit die Einsicht immer mehr zur Geltung gekommen, daß auch die bisher für schädlich gehaltenen Vögel mehr Nutzen als Schaden stiften.' "[271] — Man sieht hier also die allmähliche Ausweitung dessen, was durch Natur- resp. Artenschutz, Nutzen verspricht.

Heinrich Heine machte sich bereits 1824 in seiner ,Harzreise' lustig über dieses Prinzip; es heißt dort von einem ,Wegbegleiter':

> „Er machte mich auch aufmerksam auf die Zweckmäßigkeit und Nützlichkeit der Natur. Die Bäume sind grün, weil grün gut für die Augen ist. Ich gab ihm Recht, und fügte hinzu, daß Gott das Rindvieh erschaffen, weil Fleischsuppen den Menschen stärken, daß er die Esel erschaffen, damit sie den Menschen zu Vergleichungen dienen können, und daß er den Menschen selbst erschaffen, damit er Fleischsuppen essen und keyn Esel seyn soll. Mein Begleiter war entzückt, einen Gleichgesinnten gefunden zu haben."[272].

Damit war aber das Problem wissenschaftlich natürlich nicht gelöst, der Streit um die Nützlichkeit sollte die Gemüter der Ornithologen und Entomologen etwa 40 Jahre lang beschäftigen, bis sich schließlich auf dem 3. Internationalen Ornithologen-Kongreß, im Jahre 1900 in Paris, der französische Entomologe Alfred Quinet zu Wort meldete und die Unmöglichkeit feststellte, Vögel in nützliche, schädliche und indifferente zu unterteilen, um darauf eine internationale Gesetzgebung zu begründen.[273]

---

[271] Ebd. S. 31.

[272] Heinrich Heine: Die Harzreise (1824). A.a.O. S. 106.

[273] Vgl.: Alfred Barthelmeß: Vögel. A.a.O. S. 151.

Auf dem 1. Internationalen Ornithologen-Kongreß, 1884 in Wien, erregte Giovanni Salvadori äußerstes Aufsehen mit dem provokanten Titel seiner Streitschrift ,Schützet die Insekten und gebt den Vogelfang frei!'. Darin heißt es: „Man sagt: ,Die Vögel sind nützlich, weil sie Insecten vertilgen!' Nun frage ich meinerseits: 1. sind alle Insekten schädlich? ..." (ebd. S. 146f.). 1891, in Budapest, auf dem 2. Internationalen Ornithologen-Kongreß hatte Theodor Liebe bereits versucht, ethischen Argumenten Geltung zu verschaffen: es sei nicht zu vergessen, „... dass wir mit unserer Kultur nicht nur der Natur gegenüberstehen, sondern dass wir uns innerhalb derselben bewegen und ein Teil derselben sind. Daher sind Tiere wie die Pflanzen unsere Mitgeschöpfe, und haben wir dieselben als Mitgeschöpfe zu respektieren. Wir haben infolgedessen sittliche Verpflichtungen gegen die Tiere (in gewisser Weise sogar gegen die Pflanzen) und daraus folgt, dass jeder Mensch ein Tierschützer sein muss. Nützlich sowohl wie schädlich ist von Haus aus kein Tier; ... Nützlich oder schädlich werden die Tiere erst, indem sie mit dem Menschen und seiner Kultur in liebsame oder unliebsame Berührung treten. Im Haushalte der Natur lebt ein Individuum für das andere ... zum Besten des Ganzen, in dem sie in ihrer Weise die Harmonie des Ganzen erhalten und bewahren. Tritt nun als störende Macht der Kulturmensch in die Natur hinein, dann wenden sich auch die zerstörenden Kräfte der Natur gegen ihn, und es gilt für ihn, um sein Dasein zu kämpfen.". Ein Nützlichkeitsprinzip könne nicht für sich allein genommen zur Grundlage eines vernünftig denkenden Tierschutzes werden, es sei, so Liebe, nur ein nebenstehendes Motiv. (Karl Theodor Liebe: Zum Vogelschutz. In: Ornithologische Monatsschrift Nr. 16. 1891. S. 124ff. Zit. n.: Alfred Barthelmeß: Vögel. A.a.O. S. 155.) — Ähnlich äußerte sich

Das Dilemma dieser aus der Fixierung des unbedingten Willens zur Selbsterhaltung resultierenden Naturanschauung mit ihrem Dualismus von Nützlichkeit und Schädlichkeit liegt in der Praxis ihrer Undurchführbarkeit, wo sie den so orientierungslos Orientierten am Gängelband ihrer jeweils momentanen Zwecksetzungen verspricht, was sie nicht halten kann. Die 1866 begründete und erst allmählich tätig werdende Ökologie wirkt dagegen wie — Aufklärung; ein Beispiel mag dies' belegen:

> „Ein Bussard fängt ein Wiesel. Das Wiesel hatte gerade eine Maus verzehrt. Die Maus hatte einen vorüberlaufenden Laufkäfer verspeist. Dem Laufkäfer war kurz vorher eine Raupe zum Opfer gefallen. Die Raupe barg in ihrem Innern Schlupfwespenlarven. Hat sich nun der Bussard als nützlich oder schädlich erwiesen?“[274].

Die Erkenntnis der Vielfältigkeit der natürlichen Wirkungsgefüge desavouiert jeden Anspruch auf globale Bemächtigung durch den Erweis und die Einsicht in die Unmöglichkeit globaler Verantwortung. Das Nutzenkalkül der anthropozentrischen Zurichtung widerlegt sich durch seine Anwendung selbst. Dabei mag es scheinen, als sei die Frage, ob die Natur nur als Mittel oder immer auch als Zweck zu behandeln sei, da sie ja die Ethik betrifft, auch durch diese zur Debatte gekommen. Diese Annahme bedürfte jedoch

---

E. Hartert, wobei er aber noch etwas weiter in seinen Forderungen geht: „Überhaupt ist die Frage, warum wir eigentlich den Vögeln Schutz gewähren wollen, nicht so leicht zu erledigen ... (...) Schützen wir sie, weil sie nützlich [sind]? (...) Haben wir doch den Mut zu sagen, daß wir die Vögel selbst wollen, daß wir sie schützen wollen um ihrer selbst willen, daß wir nicht wollen, daß die ganze Natur um unseres Geldbeutels und unserer ‚Entwickelung‘ wegen einseitig werde. Gestehen wir nur ein, daß wir die Vögel aus ethischen Gründen schützen wollen, und daß wir selbst solche, die ‚schädlich‘ sind, nicht ganz missen wollen ...“ (E. Hartert: Einige Worte der Wahrheit über den Vogelschutz; Neudamm 1900. S. 16ff. Zit. n.: Alfred Barthelmeß: Vögel. A.a.O. S. 146.). — Vom Habicht heißt es allerdings noch 1905 in einem amtlichen Flugblatt: „Im allgemeinen werden wir berechtigt sein, ihn zu verfolgen und zu töten, da er auch in ästhetischer Beziehung wegen seiner Heimlichkeit wenig in Betracht kommt.“ (G. Rörig: Die Bussarde und der Hühnerhabicht. Flugblatt Nr. 27 der Biol. Abtl. f. Land- u. Forstwirtsch. d. Kaiserl. Gesundheitsamtes; Berlin 1905. S. 8. Zit. n.: Alfred Barthelmeß: Vögel. A.a.O. S. 236.); dieses Beispiel sei als letztes erwähnt, neben vielen anderen möglichen, für die mittlerweile grotesk anmutende Anwendung des Nützlichkeitsprinzips, wie oben — auch für die Ästhetik.

[274] G. Rörig: Studien über die wirtschaftliche Bedeutung der insektenfressenden Vögel. In: Arb. a. d. Biol. Abtl. f. Land- und Forstwiss. am Kaiserl. Gesundheitsamt IV; 1903. S. 4. Zit. n.: Alfred Barthelmeß: Vögel. A.a.O. S. 237.

„Die 12 nach ihrer wirtschaftlichen Bedeutung und ihrer Neigung zu Gradationen wichtigsten Forstschädlinge Mitteleuropas werden je nach Art von 5 bis zu 76 Vogelarten verzehrt und von 40 Tachinenarten parasitiert. Letztere brauchen zu ihrer Entwicklung und Bestandeserhaltung weitere 104 Raupenarten als Zwischenwirte, die an einer Reihe von Waldbäumen und Sträuchern leben. Die Samen oder Früchte von 21 dieser meist wildwachsenden Baum- und Straucharten werden von 78 Vogelarten verbreitet. Diesen Vogelarten kommt somit eine wichtige Rolle in der Aufrechterhaltung und Verbreitung einer Pflanzengesellschaft zu, die ihrerseits einen artenreichen Bestand von Zwischenwirten der Feinde unserer wichtigsten Forstschädlinge sichert.“ (Alfred Barthelmeß: Vögel. A.a.O. S. 165.)

einer weiteren Begründung, denn derartige Forderungen wurden seit Jahr und Tag erhoben. Dagegen ist gerade die Setzung ethischer Grundprinzipien schwieriger denn je, und die Begründungsprobleme innerhalb der Ethik selbst sind kaum bewältigt; von dieser selbst also kann kaum die Verhandlung über das Problem einer ökologischen Ethik eröffnet worden sein. Es scheint eher Anlaß für die Vermutung zu bestehen, daß es die Geschichte selbst ist, eine durch das technisch-rationalistische Weltbild mittlerweile fast vollkommen dominierte Geschichte, die das Problem der Verantwortung mit Priorität selbst auf die Tagesordnungen der modernen industriellen Gesellschaften gesetzt hat.

Wir sagten, aus einem globalen Machtanspruch folgt die globale Verantwortung; Verantwortlichkeit aber muß über die Erkenntnis der vom Handeln ausgehenden Wirkungen verfügen können, doch das Prinzip unmittelbarer Nützlichkeit verleiht die dazu notwendigen Erkenntnisse nicht. Auch bei Verfahren des trial and error kommt die Erkenntnis problematischer Folgen oft viel zu spät. Technikfolgenabschätzung bewertet das Prinzip der zur Bewertung anstehenden Technik nicht und selbst eine Heuristik der Furcht, wie Hans Jonas sie vorsieht, dürfte letztlich nicht einmal hinreichend sein, die notwendige prinzipielle Verantwortung tatsächlich zu etablieren; denn aus der Summe all' dessen, was nicht gewollt wird, ergibt sich doch noch keine einzige positive Aussage darüber, was verantwortungshalber gewollt werden kann, gewollt werden soll und hier liegt die Kernproblematik.

Damit nähern wir uns der Ebene, auf der, so der von uns vertretene Ansatz, Nichtwissen um die Folgen in antizipierende Erkenntnis umschlagen kann. Wenn es nicht möglich ist, Prinzipien des Nutzens mit einzig anthropozentrischem Rückbezug im Umgang mit Natur (im Innern, wie auch im Äußeren) geltend zu machen, wenn also die Kriterien zur Entwicklung von Naturzwecken nicht ausschließlich innerhalb der menschlichen Lebenswelt entdeckt werden können, die doch wiederum der natürlichen Grundlagen bedarf, dann müssen einige der notwendigen Kriterien zur Entwicklung lebensweltlich bestimmter und ökologisch orientierter Naturzwecke durch eine neuartige Philosophie der Natur — aus dieser selbst — gewonnen werden, um sie zur neuen Grundlage einer verantwortbaren Praxis werden zu lassen.

Die Notwendigkeit zu verantworten, also Verantwortung überhaupt, folgt aus dem jeweils intentional geltend gemachten Willen. Die Frage nach der Verantwortlichkeit selber, also nach der Möglichkeit, überhaupt verantwortlich sein zu können, verweist nicht nur auf das ethische Problem ihrer Zuschreibbarkeit, sondern in erster Linie auf ein heuristisches Problem: Hinter der Frage, ob etwas verantwortet werden könne, steht immer auch die Frage, inwieweit Erkenntnisse über seine Tragweite verfügbar sind. Die Tragweite des Verantwortbaren ist jedoch nicht die einer nur deklarierten Sorge, sondern die Pflicht zu einer tatsächlichen Sorge um alle aus der jeweiligen Intention mitbedingten Folgen und Nebenfolgen. Die eingeschränkte Erkenntnisfähigkeit in die Tragweite des Zu-Verantwortenden verweist zunächst wieder auf die Intentionalität zurück, und bei einer Unwägbarkeit der verfügbaren Mittel steht wieder die Zwecksetzung selbst in Frage, wobei zu untersuchen wäre, inwieweit es ethisch überhaupt zulässig sein kann, das Unwägbare — ‚einfach zu versuchen'.

Auf die Frage nach der Limitierbarkeit von Verantwortung ergibt sich demnach, über den Rückschluß auf die zu begrenzenden Intentionen selber, eine weitere Alternative: Die Ausweitung der Heuristik. — Eine Heuristik der Verantwortung für Natur läßt sich allerdings nicht auf die bisherigen Kriterien von Anthropozentrik und Nützlichkeit gründen. Derartige Kriterien täuschen den von ihnen scheinbar vermittelten größeren Umfang von Verantwortlichkeit lediglich vor, sie täuschen über die Tragweite der notwendigen Antizipation, sie täuschen über den Umfang ihrer Zuständigkeit. Das Nutzen–Prinzip zum einen widerlegt sich durch seine Praxis selbst; Anthropozentrik zum anderen läßt sich als Bezugspunkt humaner Interessen jedoch nicht ohne weiteres aufgeben, umso mehr aber sollten Konzepte zu ihrer Aufhebung entwickelt werden. Das anthropozentrische Prinzip könnte jedoch beibehalten und aufgehoben werden durch die Anerkennung eines Gegen–Prinzips: Was also spricht noch gegen eine aktualisierte Wiederaufnahme der Debatten um das hypothetische Subjekt der Natur in der Funktion einer neuen, zusätzlichen und heuristischen Kategorie für eine ökologisch orientierte Ethik der Verantwortung für Mensch und Natur?

Die Hinsicht auf die Zurechnung von ‚Nebenwirkungen' und Nebenfolgen eröffnete, aus ökologischer Perspektive, den Zugang zu einem Bewußtsein dessen, daß die Zumutungen der technisch–rationalen Lebenswelt nicht lediglich neue moralphilosophische Probleme aufwerfen, wenn zur gleichen Zeit tradierte moralische Kategorien bereits ihre Substanz verloren haben, wie etwa der Begriff ‚Leben' in der modernen Medizin.[275] Die Fragestellung nach der Zumutbarkeit neuerlicher Nebenfolgen wird darüber hinaus zu einer Frage der Pragmatik. Die problematisch werdende Frage nach der Limitierbarkeit des Zumutbaren zielt auf eine neue Heuristik der Verantwortlichkeit; auf die Realisierung einer tatsächlich verantwortbaren Technologie, auf die Kritik der naturwissenschaftlich–ökonomischen Verdinglichung, auf neuerliches Existenzdenken und erneuerte Verantwortung. Die Bedingung für die Möglichkeit einer notwendig gewordenen neuen Heuristik der Umsicht sind Kategorien einer verallgemeinerten exzentrischen Positionalität. Die ökologische Zurechnung der Verantwortung bedarf zu ihrer Konzeption eines Prinzips, welches ein Gegen–Prinzip zur Anthropozentrik darstellt, damit diese dadurch dialektisch aufgehoben werden kann.

Unter dem Bild vom OIKOS kehrt das ehedem mythisch–magische ‚Wissen' vom filigranen Zusammenhalt der Welt allmählich wieder ins moderne Bewußtsein zurück, auch die mit angesprochene Metaphysik erhält in ihrer Gebrochenheit zumindest wieder etwas Unterstützung; der Tendenz der Kritik

[275] Siehe hierzu: Sebastian Schellong: Künstliche Beatmung. Strukturgeschichte eines ethischen Dilemmas (Medizin–Ethik Bd. 2); Stuttgart 1991.

nach zu urteilen, wird sich diese jedenfalls immer mehr zu einer der bisherigen Zweck–Mittel–Relation verdichten. — Was ehedem war und was andernorts manchmal noch zu beobachten ist, nämlich die Verantwortlichkeit, mit der archaische Kulturen ihrer natürlichen Mitwelt gegenübertreten, wird immer öfter zum Anlaß einer Revision dessen, was man bisher unter einem ‚Mittel' verstand.
Die philosophischen Folgeprobleme, die über die Analysen der aktuellen Krisensymptome in den Lebenswelten der Moderne zur Erkenntnis der Notwendigkeit einer veränderten Paradigmatik führen, und die daraufhin einsetzenden Diskurse über die Bedingungen der Möglichkeit einer neuen Ethik, Technik- und Naturphilosophie sind damit problematisch offengelegt: Ist dabei die Setzung eines hypothetischen Zwecks der Natur an sich notwendig und für den Fortbestand der Menschheit hinreichend, oder bedarf es einer noch weitergehenden Annahme, wie derjenigen vom Subjekt der Natur? Wäre dann eine Philosophie des Als–Ob hinreichend oder muß auch der herrschende antimetaphysische Rahmen gesprengt und die ontische Geltung eines Subjekts der Natur nicht nur hypothetisch gefordert, sondern schließlich auch nachweisbar und geltend gemacht werden?

Fraglich wird nun, ob wir in der Weise, wie mittlerweile in unzähligen Publikationen versucht wurde, aus dem bisher Dargestellten zu ethischen Folgerungen übergehen sollen, übergehen können. Ein derartiges Unterfangen scheint jedoch nicht einmal sinnvoll zu sein, zumindest dann nicht, wenn dabei die Substanz der fraglichen Ethik lediglich im Appellativen sich erschöpfte. Daraufhin, so scheint es, erliegen manche Autoren, motiviert durch die unterschwellige Vorwegnahme der Wirkungs- und Folgenlosigkeit ihrer Appelle, der Versuchung des Prophetischen, doch die nun mit Drohungen verbundenen Aufforderungen zu jedweder Umkehr werden ebenso folgenlos verklingen. Die Funktion des Appellativen ist im Resümeehaften mit der pointierten Antwort auf die Frage nach dem, was denn zu tun sei, bereits erschöpft, und diejenigen, die die Faktizität einer vorausgegangenen Analyse nicht bezweifeln, bedürfen der Appelle nicht mehr; anders jene, die ihre (möglicherweise durchaus berechtigten) Zweifel hegen; sie werden sich allerdings in keiner Weise angesprochen oder etwa zur Konsequenz aufgefordert fühlen. Sollens–Sätze fallen zwar in den Bereich der Ethik, doch diese selbst scheint sich in der Theorie bereits zu erschöpfen. Das Wissen aus der Rekonstruktion allgemein anerkannter moralischer Prinzipien a posteriori vermittelt nicht hinreichend die Fähigkeit zu deren Konstruktion a priori. Während die jeweils herrschende Moral auf historisch nachvollziehbarem Wege entsteht und dabei ihre Werte als positive — setzt, ist ein derartiges Vorgehen für die ethische Theorie ausgeschlossen. Wenn nämlich der Aspekt eines Seins, den die Deskription vorstellt, bereits als Wert anerkannt ist, so ist die für das Normative notwendige Bedingung für die herrschende Moral bereits erfüllt und sie hat dann den Schutz dieses Wertes immer schon zur allgemeinen Pflicht erhoben. Demgegenüber kann die ethische Theorie nicht über die

Fähigkeit verfügen, neue Werte zu ‚erschaffen', indem sie sie setzt; allerdings wäre hier der Frage nachzugehen, wie einflußreich und maßgeblich sie allein durch ihre Diskurse Geschichte hat beeinflussen können.

An den experimentalphilosophischen Diskursen zu Entwürfen neuer Ethiken findet der skeptische Blick stets den zentralen Gesichtspunkt seiner Kritik, es ist die in den Ansätzen verborgene Intentionalität. Eine für Philosophien zu monierende, eilfertige Parteilichkeit sucht daraufhin nächstliegende Gedankengänge geltend zu machen, vom je eigenen und einzelnen Standort aus. Die Gedanken setzen dabei oftmals erst noch zu Begründendes voraus; um schnelle Lösung bemüht werden Grundfragen übergangen, stillschweigend wird vorausgesetzt, worüber keinesfalls spontane Einigkeit besteht. Die Vielfalt der Ansätze ist dementsprechend groß, mühelos lassen sich extremste Positionen einander gegenüberstellen, die noch die Spuren vorausgesetzter und ungeklärter Fragen erkennen lassen. — So ließe sich die von Hans Jonas konstatierte ‚Pflicht der Menschheit zum Dasein'[276] konfrontieren, mit der von Ulrich Horstmann vertretenen ‚anthropofugalen Erkenntnisleistung'[277], der in seiner ‚Abschieds-Philosophie' der ‚Selbstdistanzierung' vom anthropozentrischen Narzißmus das utopische Eden als notwendig eintretend und notwendig menschenleer ausmacht.[278] Die zugrunde liegende Frage, ob der Fortbestand der Menschheit ein Wert an sich sei, liegt also problemhaft und unentschieden zugrunde; wobei Jonas noch einen Schritt weiter geht, wenn er in seinen politischen Implikationen der von ihm geforderten Menschheit der Zukunft, die von ihm bevorzugte gesellschaftspolitische Verfasstheit als die einzig verantwortbare verschreiben möchte.

Alternativ zu den anthropozentrisch–anthropofugalen Überlebens- resp. Endzeit–Ethiken, wurden unter dem Anspruch einer Anwaltschaft für die Natur Versuche zu ‚Erweiterungsethiken' unternommen, die, je nach Umfang, Pflichten gegenüber der Umwelt anthropologisch orientieren oder aber unmittelbar auf Eigenrechte der Natur insistieren.[279]

---

[276] Vgl.: Hans Jonas: Das Prinzip Verantwortung. A.a.O. S. 88f.

[277] Vgl.: Ulrich Horstmann: Die Menschenleere ist ausdenkbar. Plädoyer für eine Philosophie des Abschieds. In: die tageszeitung, v. 4. Febr. 1985. S. 11.

[278] Vgl. ebd. S. 11.

[279] Der Vorschlag, die jeweiligen Positionen verschiedener Umweltethiken „... nach der jeweiligen Reichweite ihrer Anerkennung eigenständiger Wertträger in egozentrische, anthropozentrische, pathozentrische, biozentrische und holistische ..." einzuteilen, geht auf William Frankena zurück (Dieter Birnbacher: Ökologische Ethik. In: Allg. Ztschr. f. Philosophie. 11. Jg. (1); Stuttgart 1986. S. 62.). — Auch Johan Hendrik Jacob van der Pot referiert die verschiedenen Theorieansätze ihrem Umfang nach, wobei zunächst zwischen anthropozentrischer, biozentrischer und theozentrischer Naturethik unterschieden wird. (Johan Hendrik Jacob van der Pot: Die Bewertung des technischen Fortschritts. Bd. II. A.a.O. S. 1049–1114.)

Vergleichbar ist auch die Einteilung von Klaus Michael Meyer–Abich, dort werden ‚acht Formen der Rücksichtnahme in der Ethik' voneinander unterschieden; während es auf der ersten Stufe heißt: „Jeder nimmt nur auf sich selbst Rücksicht.", lautet die letzte, die achte Stufe: „Jeder nimmt auf alles Rücksicht." (Klaus Michael Meyer–Abich: Wege zum Frieden

Hier soll keinesfalls die Auffassung vertreten werden, die philosophiegeschichtlich überkommenen Ethiken böten hinreichend Problemlösungsmöglichkeiten an, warum auch das Diktum Jonas', alle bisherige Ethik sei überholt,[280] sich erübrige;[281] weit bedeutender erscheint demgegenüber zunächst jedoch die Frage, ob wir überhaupt Verantwortung für Natur übernehmen und tragen können. Denn würde der Begriff ‚Natur' kosmologisch gedeutet, so entpuppte sich das ökologische Ansinnen gegenüber dem zentralen Gesichtspunkt, der Kritik an der neuzeitlichen Hybris — geradezu als deren Hypertrophie. Ökologismus wäre dann wie ein englischer Landschaftsgarten, der natürlich scheint, aber Natur nur inszeniert und dabei nicht mehr wie der französische Garten innerhalb seiner Mauern bleibt, sondern weit in die umliegende Landschaft greift. In vollendeter Annektion wäre damit, durch diese Total–Verantwortlichkeit für Natur, diese, als Natur dieses Planeten einem technokratisch verfügenden und umgreifenden Verwalten vollends verfallen. Gerade dem Ungewollten Vorschub zu leisten, das könnte also zum Schicksal eines Ökologismus werden, denn es ist der herrschende Geist des Walten– und Machen–Wollens keinesfalls animiert vom Regressiven, und dieses Regressionsverbot ist das Wertende und es schlägt alle nur möglichen Alternativen in Acht und Bann.[282] In diesem Sinne ist der Geist der Zivilisation mit seiner ausschließlichen Orientierung und in seinem Selbstbeharren kulturanthropologisch in seiner Unfähigkeit zur Reflexivität den ‚unaufgeklärten Kulturen'

---

mit der Natur. Praktische Naturphilosophie für die Umweltpolitik; München, Wien 1984. Tab. 1. S. 23.).

[280] Vgl.: Hans Jonas: Das Prinzip Verantwortung. A.a.O. S. 15.

[281] Anders Werner Marx, der sich gegen Jonas wendet: „Wir sind demgegenüber der Auffassung, daß die Neubegründung einer ‚Nächsten–Ethik' die Bedingung der Möglichkeit für eine Sozial–Ethik, aber auch für die Ethik einer Fernverantwortung ist, wie auch für die Übernahme einer ‚Treuhänderschaft' für die Natur." (Werner Marx: Gibt es auf Erden ein Maß? Grundbestimmungen einer nichtmetaphysischen Ethik; Hamburg 1983. Einleitung S. XIV, Anm. 1.).

[282] „Es ist ein Vorurteil, nur bei uns geläufig, daß Stillstand Rückgang, Beharren Verfall bedeuten muß. Wahr ist dies nur, wo der Fortschritt herrscht, ..." (Hans Jonas: Wandel und Bestand. Vom Grunde der Verstehbarkeit des Geschichtlichen (Wissenschaft und Gegenwart. Geisteswiss. Reihe. Heft 46); Frankfurt 1970. S. 30.)

Die aus dem Widerspiel von Kräften entstehende Dynamik des technisch expansiven Humanismus, so Reinhart Maurer, habe nun zur ökologischen Krise geführt. Die daraufhin zu erwartende, neue Grundeinstellung eines ‚mehr partnerschaftlichen Umgangs mit der Natur' sei jedoch noch eine offene Frage (vgl.: Reinhart Maurer: Ökologische Ethik? In: Allg. Ztschr. f. Philosophie. 7. Jg. (1); Stuttgart 1982. S. 30f.). „Gegenüber der realen Dynamik, ... ist jedoch, wie sich zeigt, eine soziale und ökologische Verantwortungsethik ziemlich machtlos." (Ebd. S. 38.) Anstelle dessen sei eine Art Heiligsprechung der Massenbedürfnisse einschließlich des Bedürfnisses nach weiterer Vermehrung der Masse Mensch fixiert worden und trage mittlerweile den Charakter von Tabus und Credos. „Solange diese heiligen Kühe nicht in das Gesichtsfeld einer neuen Art von Aufklärung kommen, ... einer zweiten Aufklärung als Aufklärung der ersten und ihrer technisch–sozialtechnischen Folgen, solange ist eine ökologischen Erfordernissen genügende Ethik noch gar nicht möglich. Statt ihrer gibt es dann nur die Ideologie einer ‚ökologischen Ethik' als modisch–zeitgemäßer Ethik der technischen Welt, die oberflächlich an Symptomen herumkuriert ..." (Ebd. S. 38.)

durchaus vergleichbar. Es wäre allerdings ein Ereignis von kulturhistorisch einzigartiger Bedeutung, würde sich eine Kultur erstmals ‚auf den Kopf stellen'.
Fraglich ist, ob von der Ethik überhaupt entscheidende Implikationen erwartet werden können, zumal, wenn sie auch als ökologische Ethik gehalten ist, die Grenzen des Rationalen nicht zu überschreiten. Zur Zeit verfügt, unter den drei theoretischen Äußerungsweisen der Ökologie, der naturwissenschaftlichen– und der ästhetischen–, diese, die ethische Ökologie, erst über das geringste innovative Vermögen. Die Aporie der ökologischen Ethik ist das Mißlingen des Versuchs, mit der Rationalität über diese hinaus zu gelangen. Ihr definitives Kennzeichen, im Unterschied zu anderweitiger Normativität, religiöser, juridischer oder solcher der Etikette, soll, so Dieter Birnbacher, der erhobene Anspruch allgemeiner Gültigkeit sein. „Allgemeingültigkeit heißt dabei zweierlei: daß die Norm für alle Personen und alle Situationen eines bestimmten allgemeinen Typs gilt, ... und daß sie im Prinzip gegenüber jedermann rational gerechtfertigt ... werden kann."[283] Anschließend folgert Birnbacher, gegen eine theologische Normenbegründung (hier das Argument von der Treuhänderschaft) spräche, daß diese bereits von einem Buddhisten nicht akzeptiert werden könne.[284] — Zunächst ist dem Fallbeispiel zuzustimmen, der Verallgemeinerung aber wäre entgegenzuhalten, warum denn die abendländische Ethik mit der Spezifik ihrer Problematik überhaupt auch für Buddhisten gelten solle? Gewiß sind gravierende Umweltprobleme in Asien zu verzeichnen, diese jedoch sind zunächst einmal „... gar nicht selbstverschuldet, sondern infolge der Produktionsverlagerungen umweltgefährdender Industrien durch die Industrienationen ‚importiert'."[285]. Der Buddhist seinerseits aber bedürfte einer ökologischen Ethik nicht, weil er immer schon adäquat darüber verfügt: „Aus der Idee der Wesensgemeinschaft alles Wirklichen und der Lehre von der Ursachenverknüpfung in gegenseitiger Abhängigkeit ergibt sich ... für ihn, ... die Überzeugung von einer personalen, ökologischen und universalen Verantwortung."[286].

Immer wieder stellt Birnbacher dieselbe, aber innerhalb anerkannter Grenzen unmöglich zu beantwortende Frage: „Gibt es eine im eigentlichen Sinne ethische Begründung dafür, die Natur als an sich selbst schützens- und bewahrenswert zu betrachten ...?"[287]. Angesichts der Aporie einer Rationalität, die auf rationale Weise, metaphysikfrei über sich hinausgehen soll, kann beruhigt geantwortet werden: Selbstverständlich nein; nur, der Minimalismus dieser Auskunft führt auch zur minimalsten Problemlösung,

[283] Dieter Birnbacher: Sind wir für die Natur verantwortlich? In: Ders. (Hrsg.): Ökologie und Ethik; Stuttgart 1986. S. 113.
[284] Vgl. ebd. S. 113.
[285] Heyo E. Hamer, Rainer Neu: Buddhismus (Ethik der Religionen. Lehre und Leben. Bd. 5: Umwelt); München, Göttingen 1986. S. 71.
[286] Ebd. S. 85.
[287] Dieter Birnbacher: Sind wir für die Natur verantwortlich? A.a.O. S. 114. Vgl. S. 103, 105, 107.

nämlich zu überhaupt keiner. Und so drängen sich Verdachtsmomente auf, die Frage selbst könnte falsch gestellt sein. Zumindest ist der Fall einer möglichen Verantwortung für Natur, die unabhängig von unserer Verantwortung für die lebende und zukünftige Menschheit bestehen könnte, derzeit noch nicht zu entscheiden. Wie wir zeigen konnten, besteht zwar die zwingende Notwendigkeit dazu, dabei ist aber die Verwirklichung der Möglichkeit solcher Verantwortung abhängig von der Lenkbarkeit des technischen Fortschritts. Aufgrund dieser notwendigen Verantwortung für Natur, der Menschheit wegen, sind die Grenzen rationaler Ethik zu überwinden; die gesuchte neue Ethik könnte dabei ihre Verantwortlichkeit wahrnehmen nach Maßgabe eines dennoch rational durchaus noch vertretbaren fiktiven Prinzips, wonach sich das gesuchte Ethos dann in die Möglichkeit der notwendigen Verantwortung versetzen kann, die gegebenen Grenzen bisheriger Ethik dadurch überschritten und ein gegenüber der Menschheit verantwortliches Handeln erstmals dann ökologisch orientiert sein werden, wenn gilt, daß es verantwortlich gegenüber dem Menschen ist, sich (fiktiv) gegenüber ‚der' Natur zu verantworten.[288] Erst wenn sich ein ähnlich gelagertes Prinzip als Maxime in der Praxis allmählich etabliert haben wird, kann auch infolgedessen die Ethik die ihr gesetzten Grenzen überwinden und ihre ökologische Perspektive eröffnen; die Ethik aber kann die gesuchte Maxime nicht als creatio ex nihilo einfach aus sich heraus setzen wollen, über diese Möglichkeit verfügt das reine Denken nicht. Was bleibt, ist zunächst jenes mahnende Wort Hans-Georg Gadamers:

> „Der umfassende Sinn von Praxis, der gewiß auch alles handwerkliche Fachwissen umfaßte, aber doch vor allem Lebensklugheit und sittlich-politische Vernünftigkeit meinte, ist aus dem allgemeinen Bewußtsein verdrängt worden, seit die Anwendung wissenschaftlich fundierter, gesicherter Erkenntnisse sich über das Ganze der gesellschaftlichen Wirklichkeit ausgebreitet hat. In Wahrheit aber ist die Anwendung allgemeiner Gesetzlichkeiten oder Regeln keineswegs der einzig rationale Aspekt von Praxis. Ihm ist vielmehr vorgeordnet, ob und wann und unter welchen Umständen solche Anwendungen vernünftig sind. Dazu bedarf es der Urteilskraft. (...) Denn ... es gibt keine Regel, die uns anweisen könnte, wann und wie man Regeln anzuwenden hat. Hier liegen die Grenzen der Dienste, die die Wissenschaft dem Menschen zu leisten ver-

[288] So bemerkte Friedo Ricken, anthropozentrische und biozentrische Ethiken führten in vielen inhaltlichen Fragen zu denselben Forderungen. „Die biozentrische These fordert eine Einstellung, die vom ästhetischen zum ontologischen Wert der Natur vordringt und ihn anerkennt ... (...) Der Mensch soll die Natur in der Weise für seine Ziele in Anspruch nehmen, daß er dabei immer auch deren Zielen gerecht wird. (...)(...) Allein dadurch, daß der Mensch die Ziele der Natur um ihrer selbst willen achtet und in ihr einen Partner sieht, kann er auf lange Sicht seiner Verantwortung für den Menschen gerecht werden." (Friedo Ricken: Anthropozentrismus oder Biozentrismus? Begründungsprobleme der ökologischen Ethik. In: Theologie und Philosophie. Vierteljahresschrift. 62. Jg. (1); Freiburg, Basel, Wien 1987. S. 20f.)

> mag. Die Anwendung der Wissenschaft auf das praktische Leben kann nicht wieder durch eine Wissenschaft allein getragen werden. (...)(...) Eine Gesellschaft, die keinen anderen Rat weiß als den von der Wissenschaft angebotenen, ist eben ratlos, ...“[289].

Diese Fragestellung krankt jedoch an einer mangelnden Differenzierung in technisch–funktionale Wissenschaft und solcher, in denen die Möglichkeit angelegt ist, funktionale Instrumentalisierung ihrerseits wieder in Frage stellen zu können. Wir werden in einer Auseinandersetzung mit der Systemtheorie von Niklas Luhmann darauf zurückkommen.
Auf einem Symposion des Deutschen Rates für Landespflege wandte sich Wolfram Pflug in seinem Referat vehement gegen die universellen Geltungsansprüche anthropozentrisch orientierten Nutzungsdenkens, dabei hat Pflug in einer für uns interessanten Weise ‚Partei‘ ergriffen: Zunächst wird durch den Vergleich des Reichsnaturschutzgesetzes von 1935 mit dem Bundesnaturschutzgesetz vom 20. 12. 1976 auf die Neueinführung des Nutzungsanspruchs Erholung aufmerksam gemacht; gerade das Erholungswesen aber, so Pflug, stelle einen Anspruch des Menschen an Natur und Landschaft dar, eben eine Nutzung.[290] Gerade das Erholungswesen, der Fremdenverkehr und der Tourismus führten seit langem zu schweren Belastungen und Schäden im Naturhaushalt und Landschaftsbild: „Kilometerlange Wohnwagenstädte auf den Uferwiesen zahlreicher Fluß– und Bachtäler (auch in Naturparken), Zerstörung alter Ortsbilder ..., Zersiedelung von Landschaften ... Verschmutzung ... sowie Erschließung auch der letzten Landschaftsteile.“[291]; Landschaftsplanung wurde mehr und mehr instrumentalisiert durch den Nutzungs–Anspruch der Erholung und durch die Fremdenverkehrs–Industrie, zu Lasten des Naturschutzes.[292] Selbst bei der Einrichtung von Naturparks stehe der Nutzungsanspruch ökonomisch–technologischer Interessen im Vordergrund.[293] Die Förderung des Nutzungsanspruchs Erholung könne und dürfe jedoch nicht Ziel und Aufgabe von Naturschutz und Landschaftspflege sein, ebensowenig wie Forst– und Landwirtschaft, Wasserwirtschaft, Bergbau, Straßen– oder Städtebau.[294]

Es sei nicht einzusehen, so folgert Pflug, warum die Fachplanung Erholung nicht auf eine eigene gesetzliche Grundlage gestellt werde, denn der Landschaftsplan befasse sich als Planungsinstrument des Naturschutzes „... an erster Stelle mit der Natur, ihren Erscheinungsformen, ihrer Struktur und

[289] Hans–Georg Gadamer: Die dreifache Aufklärung. In: Neue Deutsche Hefte. Nr. 190. 33. Jg. (2); Berlin 1986. S. 230.
[290] Vgl.: Wolfram Pflug: Dürfen Naturschutz und Landschaftspflege Fachplanung für den Nutzungsanspruch Erholung sein? (Analyse und Fortentwicklung des neuen Naturschutzrechts in der Bundesrepublik Deutschland. Schriftenreihe des Deutschen Rates für Landespflege. Heft 36); Bonn 1981. S. 561.
[291] Ebd. S. 561.
[292] Vgl. ebd. S. 561.
[293] Vgl. ebd. S. 562.
[294] Vgl. ebd. S. 563.

Funktion. Der Verfasser des Landschaftsplanes steht sozusagen auf der Seite der Natur und beurteilt von ihr her die an sie herangetragenen Ansprüche des Menschen."[295].

2.4.2 Probleme ihrer Grundlegung — eine Auseinandersetzung mit Hans Jonas

Bislang waren sozial- und staatsphilosophische Implikationen ausgeklammert — in unserer Skizze zur Geschichte der Ökologie finden sich zwar einige Topoi, die bislang nicht weiter verfolgt wurden;[296] ausgehend von der im Vorangegangenen konstatierten Ohnmacht der ökologischen Ethik soll in den folgenden Studien nun jedoch die Fragestellung auf sozialphilosophische Problemzusammenhänge erweitert werden. Zur Disposition im Diskurs stehen daher alternative Begriffe von ‚Fortschritt', und unter Anklage steht nun ein Denken, das seit seinem Erscheinen selbst oft paradigmatisch Klage erhoben hatte: UTOPIE.

Zwar gibt es nicht ‚das' utopische Denken, sondern nur die Vielfalt einzelner Darstellungen, doch gemeinhin ist ihnen allen eine für die Bildung von Theorien vorzüglich geeignete Perspektive: Das Ausdrucksvermögen der Utopie ist die Folge ihrer Exzentrizität, ihres Enthobenseins vom Gegebenen, und dabei vermögen es die fiktiven Aussagen über den Umweg, über den jeweiligen (uneigentlichen) Nicht-Ort, in der Gestalt von Kritik am Gegebenen wieder zur Eigentlichkeit zurückzukehren, mit dem Anspruch ihrer Verwirklichung, oder, im Falle des Menetekels, mit der Aufforderung zur Verhinderung der vorgestellten Möglichkeiten. — Nun macht jedoch seit Beginn der 70er Jahre das neu entstandene allgemeine ökologische Bewußtsein dem utopischen Denken gerade sein ureigenstes Element, das Faszinosum der (positiv) verheißenen Zukunft streitig.

Bereits die Utopismus-Kritiken eines Arnold Gehlen oder eines Helmut Schelsky und schließlich auch die Kritik seitens des kritischen Rationalismus waren nicht spurlos am utopischen Denken vorübergegangen, so daß sich Theodor W. Adorno und Ernst Bloch in einem Gespräch merkwürdig vorbehaltlos auf ein ‚Bilderverbot' der Utopie einigten.[297] Der eigentliche Grund

[295] Ebd. S. 563.

[296] So war auf die Entwicklung des ‚Heimatschutzes' und der Landschaftspflege, und auch auf die Rechtsgeschichte der Denkmalpflege und des Naturschutzes nicht eingegangen worden. Das Wort ‚Naturschutz' z.B. wurde 1888 von Rudorff geprägt, der 1904 den ‚Deutschen Bund Heimatschutz' gründete. (Siehe hierzu: Klaus Bergmann: Studien zur Großstadtfeindschaft und ‚Landflucht'-Bekämpfung in Deutschland seit dem Ende des 19. Jahrhunderts; Diss. Münster 1968. S. 121ff.) Auch sei noch auf den ‚Wandervogel', auf die sogen. ‚Reformbewegungen' hingewiesen und besonders auf die Rede von Ludwig Klages ‚Mensch und Erde' am Hohen Meißner.

[297] „Adorno: ... (...) Was da gemeint ist, das ist eigentlich, um der Utopie willen zu verbieten, von der Utopie ein Bild zu machen ... (...) Bloch: Völlig einverstanden." (Theodor W. Adorno, Ernst Bloch: Etwas fehlt ... über die Widersprüche der utopischen Sehnsucht

für den Niedergang des Utopischen war jedoch die mit dem auftretenden allgemeinen ökologischen Bewußtsein verbundene Skepsis am Fortschritt. Die daran anschließenden Fragen führen fast zwangsläufig zu einer veränderten Rezeption in der Utopieforschung: Sind etwa die Utopien verantwortlich für die ökologischen Probleme der modernen Industriegesellschaften? Sind Utopien überhaupt noch zu verantworten, ist nicht Verantwortung — unter den gegebenen Umständen wohlverstanden — antiutopisch? Dabei hatten wir jedoch zuvor, hinsichtlich der Frage nach der Notwendigkeit und der Möglichkeit einer ethischen Ökologie, bereits feststellen müssen, daß diese, mit ihrem Anspruch auf Verwirklichung, durch ihren Forderungscharakter gegenüber der Lebenspraxis in den Problemen ihrer Begründung, selbst die charakteristischen Züge einer Utopie trägt. Was uns daraufhin noch bleibt, ist eine Frage, deren Beantwortung wir allerdings zunächst noch zurückstellen müssen: Ist in der Aporie von Verantwortung und Utopie nicht doch eine Vermittlung möglich, nämlich als Utopie der Verantwortung und Verantwortung der Utopie? Um in dieser Aporie überhaupt Vermittlungsmöglichkeiten erkennen zu können, ist zuerst die Darstellung der Extreme vorauszusetzen, dann soll schließlich Klage erhoben werden, die Anklage der Utopie. Die Darstellung der Kontroverse wird uns dabei in eine paradoxe Situation führen, denn beide Seiten reklamieren Verantwortlichkeit für sich. — Ist also das utopische Denken durch die von ihm geschürten ‚übertriebenen' Erwartungen verantwortlich für die ökologische Unverantwortlichkeit der modernen Industriegesellschaften?

Die Konzeption von Hans Jonas' Schrift zum ‚Prinzip Verantwortung',[298] in der er den Versuch der Begründung einer ‚Ethik der Zukunftsverantwortung' *(vgl. PV 175)* unternimmt, läßt sich als Zwei-Komponenten-Theorie darstellen. In einem solchen Fall ist der konzeptionelle Teil der Theorie mit einer zweiten Theorie so verbunden, daß sich eine wechselseitige Bestätigung beider Komponenten ergeben soll. Beispielhaft für eine derartig konzipierte Theorie ist die Psychoanalyse mit ihrem Theorem des ‚Widerstandes', wodurch u.U. eine an der Psychoanalyse geäußerte Kritik wiederum selbst psychoanalytisch zurechenbar wird, etwa als ‚Abwehr'. Auch marxistische Theorien lassen sich als Zwei-Komponenten-Theorien auffassen, bei denen sich Theoreme wie ‚Entfremdung', ‚Verblendung' oder ‚Ideologie' auch wiederum auf die Gegner der Theorie anwenden lassen. Erwartungsgemäß müßte dabei allerdings der Umfang des ersten, des konzeptionellen Teils, größer sein als der des zweiten, des apologetischen Teils; diese Vermutung dürfte sich im Falle der Psychoanalyse und des Marxismus ohne weiteres bestätigen lassen, bei Hans Jonas ist das Verhältnis beider Theorien ihrem Umfang nach jedoch umgekehrt: „Die Kritik der Utopie ... weist also der Verantwortung zu, ..." *(PV 389)*. Seine Ethik erwächst aus der Destruktion

(Ein Rundfunkgespräch 1964). In: Ernst Bloch: Tendenz-Latenz-Utopie. Ergänzungsbd. z. Gesamtausg.; Frankfurt 1978. S. 361.)

[298] Hans Jonas: Das Prinzip Verantwortung. A.a.O. — Im Weiteren werden Nachweise unter der Signatur , *PV* ' im Text aufgeführt.

des Utopischen, das aber muß den Verdacht nach sich ziehen, sie zöge ihre Substanz aus dem, wogegen sie sich wendet.
Der konzeptionelle Teil der Ethik Jonas' ist die Ausdeutung seines Axioms vom Seinsollen des Menschen in der Welt *(vgl. PV 33f.)*, die nach den Prinzipien rationaler Ethik fehlende Substanz der Begründbarkeit und Begründungsfähigkeit soll offenbar durch die apologetische Theorie beigesteuert werden, und deren Vorwurf gegen die Utopie lautet: generelle Seinsgefährdung. Die Verteidigung seiner Verantwortungsethik wird dadurch zum Angriff auf die Utopie.

Zunächst zum konzeptionellen Teil, in dem Jonas seinen Ansatz einer ökologischen Ethik zu begründen sucht. Dabei werden die Probleme der Konzeption einer Ethik für die modernen Gesellschaften wiederum augenfällig. Durch rigide Gebote moderner Denkökonomie, die in ihrem mittlerweile kaum noch bestrittenen, allgemeinen Geltungsanspruch in ihrer Funktion Denkverboten gleichkommen, sind normative Sätze von den Möglichkeiten ihrer ontologischen oder metaphysischen Begründung abgeschnitten. Diesen Weg sucht Jonas in seiner Ethik dennoch zu gehen:

> „Die Begründung einer solchen Ethik, ... muß in die Metaphysik reichen, aus der allein sich die Frage stellen läßt, warum überhaupt Menschen in der Welt sein sollen: ... (...)(...) Eine solche Grundlegung wird hier versucht, entgegen dem positivistisch–analytischen Verzicht der zeitgenössischen Philosophie. Ontologisch werden die alten Fragen nach dem Verhältnis von Sein und Sollen, Ursache und Zweck, Natur und Wert neu aufgerollt, um die neu erschienene Pflicht des Menschen jenseits des Wertsubjektivismus im Sein zu verankern." *(PV 8)*.

Hans Jonas teilt also die Bedenken gegen seinen Versuch einer ‚klassischen' Begründung nicht, er formuliert in seiner Ethik Sollens–Sätze, die weitestgehende Begründungspflichten nach sich ziehen.[299]
Gegenbeispiele für Ethiken, die bereits durch ihre Herleitung die Übernahme derart schwerer Begründungspflichten vermeiden, finden sich unter den utilitaristischen Ansätzen. Obwohl und möglicherweise weil sie die Sichtweisen der Moderne zum Prinzip ihres Ansatzes erklärten, hatten sie bereits einmal in der Geschichte der ökologischen Ethik die Lebenspraxis entscheidend beeinflussen können. Es sei durchaus kein Zufall, so Dieter Birnbacher, „... daß der Begründer des englischen Utilitarismus, Jeremy Bentham, der erste war, der Pflichten des Menschen gegenüber den Tieren auf theoretischem Niveau formuliert hat: ‚The question is not, Can they reason? nor, Can

[299] ‚Es werden zu weitgehende Begründungspflichten übernommen, weil die falschen Begründungspflichten übernommen werden', so Rainer Piepmeier über die problematische Grund–Konzeption der Ethik des Prinzips Verantwortung bei Hans Jonas. (Ref. geh. am 27. März 1987 im Inter–University Center of postgraduate studies in Dubrovnik. Zit. lt. Gedächtnisprotokoll.)

they talk? but, Can they suffer?'."[300]. — Die zur Konzeption einer umfassenden ökologischen Ethik notwendigen Voraussetzungen sind jedoch zur Zeit noch nicht gegeben; solange kann allerdings auch keine Philosophie Ansprüche hegen, dem Einzelnen in seiner Lebenspraxis Vorschriften machen zu wollen, die noch dazu unbegründbar sind. Es scheint, als ob, unter den gegebenen Umständen, einzig den utilitaristischen Ansätzen der notwendige Erfolg und die entscheidende Überzeugungskraft beschieden sein wird, und daß diese den Weg zu einer ökologischen Ethik tatsächlich finden werden. Denn die Überzeugungskraft des Utilitarismus, so Otfried Höffe, rühre letztlich daher, weil es sich bei ihm um die ‚Hintergrundtheorie' der Industriegesellschaft handele:

> „Der Utilitarismus ist in einer Zeit politisch und philosophisch wirksam geworden, als die herkömmlichen Instanzen für das moralisch Rechte, als die Auskünfte von Religion, Metaphysik oder der Tradition zu einem überindividuellen Sinnzusammenhang ihre generelle Anerkennung verloren. In dieser Situation wird eine Bestimmung von sittlichem Handeln vorgeschlagen, die ohne Bezug auf die fragwürdig gewordenen Autoritäten auskommt und zugleich mit einem Grundzug des Menschen überhaupt konform geht: mit dem Streben nach Glück. Überdies greift der Utilitarismus auf eine Tendenz zurück, die für die Neuzeit insgesamt charakteristisch ist: die Suche nach rationaler Verfügung."[301].

Fraglich bleibt allerdings, ob es sich bei utilitaristischen Ansätzen tatsächlich um Ethiken handelt, zumal — wie sich in der vorangegangenen Darstellung der Debatten unter Ornithologen über mögliche Kriterien für Nützlichkeit bzw. Schädlichkeit gezeigt hat —,wenn die Bestimmung dessen durchaus problematisch ist, was vom anthropozentrischen Standpunkt aus, sich als nützlich erweisen läßt.

Gerade der spezifische Ansatz Jonas', durch Wiederaufnahme der ‚klassischen' Begründungsebenen von Ontologie und Metaphysik, zur Grundlegung seiner Überlebens-Ethik zu kommen, dürfte für die defizitäre Überzeugungsfähigkeit dieses Versuchs einer ökologischen Ethik verantwortlich sein. Dabei wird

---

[300] Dieter Birnbacher: Sind wir für die Natur verantwortlich? A.a.O. S. 118. — Jeremy Bentham: An Introduction to the Principles of Morals and Legislation; Oxford 1789, Kap. 17, Abschn. 1, § 4, Anm. Zit. n.: Dieter Birnbacher: Ebd. S. 118.

Wenn schließlich im Jahre 1822 in England ein Gesetz gegen Tierquälerei erlassen wird, so geht der Anstoß dazu auf Bentham zurück. Ein erstes vergleichbares Gesetz wurde in Deutschland erst im Jahre 1838 erlassen. (Vgl.: Carl Schulz: Der Naturschutz und die Tierwelt. In: Walther Schoenichen (Hrsg.): Wege zum Naturschutz; Breslau 1926. S. 101.)

[301] Otfried Höffe: Strategien der Humanität. Zur Ethik öffentlicher Entscheidungsprozesse (Praktische Philosophie. Bd. 2); Freiburg, München 1975. S. 133f.

ihr kardinaler Grund-Satz zu einem Schulbeispiel für den naturalistischen Fehlschluß.[302]

Gewiß, es wird eingestanden, daß es sich dabei um ein Axiom handle *(vgl. PV 36)*, aber gleichzeitig wird für den Satz vom ‚Seinsollen des Menschen' eine allgemeine Anerkennung gefordert, wobei doch konzediert wird, daß dieser Satz nur metaphysisch zu begründen sei *(vgl. PV 35)*, denn es sei die Frage, „... ob wir ohne die Wiederherstellung der Kategorie des Heiligen, die am gründlichsten durch die wissenschaftliche Aufklärung zerstört wurde, eine Ethik haben können, ..." *(PV 57)*. „Aber eine Religion, die nicht da ist, kann der Ethik ihre Aufgabe nicht abnehmen; ..." *(PV 58)*. — Das allerdings ist gerade der Hintergrund für das Entstehen der gesamten Problematik. Dagegen sind offenbar z.Z. die Begründungsmöglichkeiten der naturwissenschaftlichen und der ästhetischen Ökologie umfangreicher als diejenigen der ökologischen Ethik auf ihrem durch Rationalität und Logizität eingeschränkten Operationsfeld. Günther Patzig zufolge kann es keine moralische Pflicht geben, „... die mit rein rationalen Gründen gestützt wird, eine bedrohte Tierart um ihrer selbst willen zu erhalten, ...", und in einer Formulierung, die auf Jonas Bezug zu nehmen scheint, könne es ebenso wenig „... eine rational begründete Pflicht für die Menschheit geben, ihre eigene Fortexistenz zu sichern."[303]. — Dem sei wiederum entgegengehalten, daß für die ökologische Ethik mit einem immer weiter um sich greifenden Utilitarismus zu rechnen sein wird, und während derartige Ansätze in der Lage sind, ihre Argumente direkt von den Fachdisziplinen zu übernehmen, ist noch nicht auszumachen, wie weitreichend diese Ansätze in ihren Begründungen formuliert werden könnten. Dabei müßte allerdings, wie wir hoffen überzeugend dargestellt zu haben, der zugrunde liegende Nutzens-Begriff sich hypertrophieren, so weit schließlich, bis z.B. ästhetische Kategorien wie das des Naturschönen und des Erhabenen auch zum Argument eines (neuen) Utilitarismus geworden sind. Die Sorge um das Wohlergehen des

---

[302] George Edward Moore nennt zwei methodische Grundsätze, die bei der Konzeption ethischer Prinzipien ständig vor Augen sein sollen: „(1) daß es nicht zum naturalistischen Fehlschluß kommen darf, (2) daß die Unterscheidung zwischen Mitteln und Zwecken zu beachten ist."; (George Edward Moore: Principia Ethica. Übers. u. hrsg. v. B. Wisser; Stuttgart 1970. S. 108.).

„Der naturalistische Fehlschluß wird vollzogen, wenn man glaubt, man könne von einem Satz, der behauptet ‚Die Wirklichkeit ist so beschaffen', einen Satz oder auch nur eine Bestätigung eines Satzes ableiten, der behauptet ‚Dies ist gut an sich'." (Ebd. S. 168.) „Fast alle ethischen Autoren haben den naturalistischen Fehlschluß gezogen — sie erkannten nicht, daß der Begriff des eigentlichen Wertes einfach und einzigartig ist; und demzufolge hat fast keiner klar zwischen Mittel und Zweck unterschieden. Die Frage ‚Was sollen wir tun?' oder ‚Was soll nun existieren?' haben sie erörtert, als ob sie einfach und unzweideutig wäre, ohne zu unterscheiden, ob der Grund, warum eine Sache getan werden oder jetzt existieren soll, der ist, daß sie selbst eigentlichen Wert besitzt oder daß sie ein Mittel zu dem ist, was eigentlichen Wert hat." (Ebd. S. 242f.)

[303] Günther Patzig: Ökologische Ethik — innerhalb der Grenzen bloßer Vernunft. Vortr. geh. a. d. Vortragsveranst. d. Nieders. Landesreg. am 13. Jan. 1983 (Vortragsr. d. Nieders. Landesreg. z. Förd. d. wiss. Forschg. in Nieders. Heft 64); Göttingen 1983. S. 16.

Menschen würde damit aber zur Sorge für das Wohlergehen der natürlichen Mitwelt. Fraglich und problematisch zugleich ist allerdings, ob die bei dieser Universalisierung des Utilitarismus federführende Rationalität dabei selbst einem Wandlungsprozeß unterworfen sein wird, oder ob sie auch dann noch ihre Identität als instrumentelle Vernunft beibehalten kann und damit lediglich ihre Tendenz zunehmender Verdinglichung fortsetzen wird.

Die Begründung einer ökologischen Ethik kann nicht in dem erst zu Begründenden liegen; Verantwortung kann daher nicht selbst das grundlegende Prinzip einer Ethik sein, weil sie ihrerseits noch der Begründung bedarf.[304] Allein die durchaus berechtigte Feststellung ihrer Notwendigkeit eröffnet die Wege ihrer Möglichkeit nicht. Erst die Fragen nach Umfang, Grundlage und Ursprung von Verantwortung erreichen das vor jeder Verantwortlichkeit stehende, also dasjenige, wodurch sie bedingt ist und womit sie ermöglicht werden kann. Zunächst ist zu fragen nach dem Subjekt der Verantwortung, daraufhin nach der Instanz, vor der dieses sich zu verantworten habe und schließlich nach dem, wofür Verantwortlichkeit Verantwortung übernimmt resp. übernehmen kann oder muß. Wer ist also wem gegenüber wofür verantwortlich? Etymologisch offenbart sich die der Verantwortung zugrunde liegende Struktur als ein Rede- und Antwort-Stehen, ursprünglich, so dürfen wir vermuten, als Rechtfertigung vor Gott am Ende der Zeit. Der Ort der Verantwortung liegt demnach im Zukünftigen, denn die inkriminierenden Fragen werden erst nachträglich, post factum gestellt. Damit aber ist nur die Möglichkeit, jedoch noch nicht die Wirklichkeit von Verantwortlichkeit gegeben, denn zur Aktualisierung augenblicklicher und tatsächlich wahrgenommener Verantwortung bedarf es der Vorwegnahme künftiger Nachfragen; Verantwortung muß also, soll sie wirklich werden, die Antworten auf später mögliche Fragen vorwegnehmen können. Somit wird die Frage nach der Wirklichkeit von Verantwortung zum Problem ihrer Heuristik, die die Vorwegnahme und Aktualisierung jenes zukünftigen Dialoges gewährleisten kann. Dabei hat dann das Subjekt der Verantwortung jene Instanz, vor der es sich zu rechtfertigen hat, in sich hineingenommen; es simuliert den zukünftigen Dialog. Die Heuristik bedarf zur Aktualisierung dieser dialogischen Struktur von Challenge and Response jedoch konkreter Anhaltspunkte. Wovor aber soll eine säkular gewordene Verantwortlichkeit sich verantworten und vor allem wofür?

Hans Jonas konstatiert eine ‚unbedingte Pflicht der Menschheit zum Dasein' *(vgl. PV 80)*. Nachdem wir die ethische Begründung zuvor als nicht

[304] Verantwortung, so Wilhelm Vossenkuhl, sei „... weder ein ethischer Grundbegriff wie etwa ‚Gerechtigkeit' noch ein Prinzip der Sittlichkeit wie es etwa der Kategorische Imperativ ist. Verantwortung ist kein Prinzip, wie dies vom Titel des Buchs von Hans Jonas suggeriert wird, sondern das menschliche Vermögen, Pflichten sich selbst und anderen gegenüber wahrzunehmen und zu erfüllen." (Wilhelm Vossenkuhl: Moralische und nicht-moralische Bedingungen verantwortlichen Handelns: Eine ethische und handlungstheoretische Analyse. In: Hans Michael Baumgartner, Albin Eser (Hrsg.): Schuld und Verantwortung. Philosophische und juristische Beiträge zur Zurechenbarkeit menschlichen Handelns; Tübingen 1983. S. 113.).

hinreichend und deren Prinzip als anfechtbar vorgefunden haben, wollen wir uns nun den weiteren Argumenten Jonas' zuwenden, zunächst aber seinem Versuch einer anthropologischen Begründung von Verantwortung. Jonas sucht hier das theologisch motivierte Argument von der Treuhandschaft für die Schöpfung zu übertragen in dasjenige einer Treuhandschaft für die künftigen Generationen der Menschheit. Aus der Verantwortung gegenüber der Instanz eines Schöpfergottes soll dabei die Verantwortung für die Grundlagen der zukünftigen Menschheit werden. Problematisch ist hier nur wieder, wie bereits zuvor, daß aus Sein unmittelbar Sollen abgeleitet wird.[305] Die dadurch entstehende Beweislast für die Philosophie ist bedeutend, eine theologische Begründung einer ökologischen Ethik hat hier weitaus weniger Probleme, weil die Idee einer Schöpfung diejenige einer Treuhänderschaft implizieren kann, etwa durch den Verweis darauf, es handle sich um eine Verwaltung fremden Eigentums. Demnach wäre der Verantwortungswille lediglich gehalten, für die Heuristik zu klären, in welchem Sinne die Verwaltung der Schöpfung vorzunehmen sei. Im Falle einer Naturreligion wäre eine derart vorwaltende Vorsicht noch bedeutend größer als im Falle eines transzendenten Schöpfergottes. Doch die philosophische Ethik und also auch die ökologische sind gehalten, ethische Prinzipien in einer entzauberten Welt, für diese zu formulieren und ohne Metaphysik zu begründen, denn der Schlachtruf der Aufklärung lautet: Es gibt keine Geister![306]
Aber auch die der theologischen Argumentation analoge Anwendung des Prinzips der Treuhandschaft, so wie sie Jonas vornimmt, ist zweifelhaft, denn der Grundsatz einer ‚Pflicht zur Nachkommenschaft' bedarf selbstverständlich der Begründung *(vgl. PV 87)*. Die Kritik der Utopie, der diese Ethik letztlich ihre philosophische Substanz verdankt, wird ihr bei der Selbstbegründung

[305] Wenn aus deskriptiven Aussagen über Sein von Seiendem keine normativen Sätze über ein Sollen folgen dürfen, weil dadurch, ohne Begründung, das Seinsollen von Seiendem gefordert wird, dann muß die im Schlußsatz vorhandene Wertung von Sein bereits im Vordersatz begründet angelegt sein; es muß stets gesagt werden können, warum denn dieses Sein sein soll. Ökologische Ethiken müssen also in die Lage versetzt sein, Seiendes werten zu können, dabei ist der Hiatus zwischen Sein und Sollen nicht bei allen Ansätzen gleich groß, so daß immerhin die Hoffnung besteht, derartige Schlüsse doch einmal vollziehen zu können.

[306] „Jeder Baum hat seinen bestimmten Charakter, und ist eine Gestalt voll Leben und Bedeutung. So wie jedes entwickeltere Thier einen bestimmt ausgeprägten Typus hat, eine wirkliche persona ist, so möchte dies annäherend wohl von den meisten Bäumen dargethan werden können; ein Jeder von ihnen charakterisirt sich durch eine eigenthümliche Physiognomie und Stimmung, er hat ein Leben, es schläft in ihm eine Psyche. Dieses innere Leben der Bäume hat man durch die Dryaden und Elfen symbolisirt.

Die Dryaden sind Personifikationen der Lebenskraft des Baumes, des Prinzipes seines ganzen Wachsthumes. Es sind Nymphen, deren Leben mit dem Leben der Bäume in der Art zusammenhängt, so daß sie mit dem Baume zugleich entstehen, leben und sterben, weßhalb sie auch Hamadryaden genannt werden. Sollte ein Baum umgehauen werden, so flehte die Nymphe Menschen und Götter um Rettung an, denn der Tod des Baumes war auch der ihrige; aber Strafe traf den Frevler, der dennoch auf seinem Vorhaben beharrte ..." (J. B. Friedreich: Die Symbolik und Mythologie der Natur. Unveränd. Nachdr. d. Ausg. Würzburg 1859; Wiesbaden 1972. S. 167f.)

zum Problem, sie ist gezeichnet von Geschichts–Abstinenz. Zum Ansatz einer ökologischen Ethik muß Sein als ‚erhaltenswert' bewertet werden, das jedoch kann hier nicht auf die Weise wie im utopischen Denken geschehen. Während dort qualifizierende Seinsauffassungen vertreten werden können, wobei auch dem Sosein jeweils gegebener Verhältnisse, wenn auch nur mittelbar als inter esse, aber doch ‚Wert' zubemessen werden kann, fehlt hier offenbar ein Standort mit vergleichbarer Aussagekraft, von dem aus sich ebenfalls eine Wertung von Sein vornehmen ließe. Es ist vermutlich die dem Antiutopischen fehlende Exzentrizität, die ihr ein analoges Verfahren nicht erlaubt. Zum Ansatz einer ökologischen Ethik muß jedoch ein normierendes Verständnis von Sein vorausgesetzt werden; Utopien können diese Möglichkeit durch Geschichtsteleologie erreichen, d.h. sie normieren letztlich nicht Sein als solches, sie begreifen nur ein jedes gegebenes Sein als ein Sein für Anderes, für Weiteres. Jonas sieht nun in diesem Dilemma offenbar keinen anderen Ausweg, als daß Sein nun selbst werthaft sein soll, aber dieser Ansatz seiner Ethik bedarf des Beweises für ‚das Seinsollen des Menschen in der Welt' *(vgl. PV 33)*, für den ‚Imperativ, daß eine Menschheit sei' *(vgl. PV 91)* und einer Theorie der Werte, durch deren „... Objektivität allein ein objektives Seinsollen und damit eine Verbindlichkeit zur Seinswahrung, eine Verantwortung gegen das Sein, abzuleiten wäre[n]." *(PV 102)*.

Eine eigentliche Begründung für ein Seinsollen der Menschheit wird im ‚Prinzip Verantwortung' vergebens gesucht, mitunter werden engagierte, gelegentlich bekenntnishafte, schließlich auch suggestive Argumente vorgebracht, und die prekäre und unbefriedigende Situation der durch diesen Ansatz selbst mitverursachten Beweislast fordert das Studium weiterer Schriften von Hans Jonas heraus; dabei fällt dann der Blick unvermutet auf den Versuch einer systematischen Philosophie. Zunächst steht seine Philosophie der Natur — die auf ihre Prägung durch die Rekonstruktion und die Auseinandersetzung mit der Kosmologie der Gnosis erst noch zu untersuchen wäre — im Verhältnis wechselseitiger Bestätigung mit seiner Anthropologie. Beide zusammen sind wiederum der Versuch jener Ontologie, die die Grundlage seiner Ethik bilden soll.[307] Dies erhellt, warum Jonas seine Kosmologie nicht dem Maßstab moderner Denkverbote überlassen kann. — Zum einen wird in der Naturphilosophie die Normativität von Sein aus der Annahme von Naturzwecken abgeleitet, zum anderen sucht Jonas in der Anthropologie eine menschliche Pflicht zum Sein zu manifestieren. Die Natur hegt selbst Werte, so Jonas, weil sie Zwecke hat *(vgl. PV 150)*, und was für eine jede ökologische Ethik

[307] „Ontologie als Grundlage der Ethik war der ursprüngliche Standpunkt der Philosophie. Die Scheidung der beiden, welche die Scheidung des ‚objektiven' und des ‚subjektiven' Reiches ist, ist das moderne Schicksal. Ihre Wiedervereinigung kann, wenn überhaupt, nur von der ‚objektiven' Seite her bewerkstelligt werden; das heißt: durch eine Revision der Idee der Natur. Und es ist die werdende vielmehr als die bleibende Natur, die eine derartige Aussicht bietet. Aus der inneren Richtung ihrer totalen Evolution läßt sich vielleicht eine Bestimmung des Menschen ermitteln, ..." (Hans Jonas: Organismus und Freiheit. Ansätze zu einer philosophischen Biologie; Göttingen 1973. S. 341.)

von besonderer Brisanz ist, diese werthafte Natur habe ebenso auch die Autorität zu ihrer Sanktion, sie könne „... ihre Anerkennung von uns und jedem wissenden Willen in ihrer Mitte fordern ...“ *(PV 150)*. — An dieser Stelle sind von Jonas unbemerkte, aber doch unmittelbar vorhandene Möglichkeiten einer Vermittlung mit seinem Kontrahenten Ernst Bloch gegeben, denn das Rationalitätsprinzip einer anerkannten ‚Sanktionsmacht der Natur‘ ist ebenfalls auch bei Bloch der Ansatzpunkt seiner Technikkritik. Ausgehend vom Phänomen der Angst-Erfahrung eines Subjektes, der ‚Angst des Ingenieurs‘ knüpft Bloch an das Motiv des Zauberlehrlings bei Goethe an, und (ausgerechnet) der Ingenieur selbst wird damit zum Zeugen, der, durch „... ein schlechtes Gewissen in der heutigen Naturbeziehung, ...“, die Sanktionsmacht der Natur verbürgt.[308]
Wenn Jonas das ökologische Kriterium eines ‚Votums der Natur‘ *(vgl. PV 147)* aus seiner kosmologisch-teleologischen Naturphilosophie folgert, so liegt hierin doch eine markante, nicht eben periphere Übereinstimmung mit der Naturphilosophie Blochs. Diese Übereinstimmung im Grundsätzlichen ist Jonas allerdings entgangen, er bezieht sich stets nur auf jene Seite der Natur- und Technikphilosophie Blochs, die utopisch-programmatisch (mitunter im schlechten Sinne utopistisch) unter dem Titel ‚Umbau der Natur‘ steht. Mit keinem Wort aber werden Aspekte erwähnt, die zum komplexen Zusammenhang der Programmatik jenes ‚Umbaus‘ gehören; es ist die für die Philosophie Blochs zentrale Theorie einer möglichen ‚Zusammenarbeit mit der Natur‘. Entgangen ist Jonas diese Übereinstimmung in den Konsequenzen der von ihm selbst vertretenen spekulativen Naturphilosophie, denn auch bei Bloch bildet eine Telos-Natur den Anfangspunkt für die Folgerung der Notwendigkeit einer Zusammenarbeit mit einer selbst im Prozeß befindlichen Natur. Dabei handelt es sich um dasselbe Kriterium, das hier wie dort riskanter Technologie entgegengesetzt wird, es ist das ‚Votum der Natur‘, das zum Verfahrensprinzip der innerhalb einer ökologischen Ethik verantwortlichen Heuristik wird, — hier für Verantwortung aus Pflicht zum Sein, dort aus Hoffnung, die bei allem einzugehenden Risiko, sich keinesfalls selbst vereiteln darf. Auch die an die Theorie der Naturzwecke anschließende Spekulation um ein mögliches Subjekt der Natur *(vgl. PV 147)* findet sich hier wie dort; die Differenzen beginnen erst in der Anthropologie.

Die Anthropologie steht in Jonas’ Konzeption am neuralgischen Punkt zwischen Naturphilosophie und Ethik, dabei wird sie in ihren Möglichkeiten vollkommen überfordert, denn ihre Aufgabe ist keine geringere, als die Verbindung herzustellen, zwischen natürlichem Sein und menschlichem Sollen. Während naturphilosophisch, durch die Konzeption einer Teleologie der Naturzwecke auf den Stufen des Organischen, die Freiheit des Menschen — nicht ohne die Assoziation seiner Ebenbildlichkeit — entwickelt wird, ist nun die Anthropologie gehalten, die ‚Idee des Menschen‘ für die darauf aufbauende

[308] Ernst Bloch: Die Angst des Ingenieurs (1929). In: Gesamtausgabe. Bd. 9: Literarische Aufsätze. S. 358.

Ethik zu supponieren: „Erst die Idee des Menschen, indem sie uns sagt, warum Menschen sein sollen, sagt uns damit auch, wie sie sein sollen.“ *(PV 91)*. — Was es mit dieser ‚Idee‘ auf sich hat, erfahren wir im ‚Prinzip Verantwortung‘ jedoch nicht. Die zugrunde liegende Fragestellung ist zwar durchaus berechtigt und einsichtig, zumal die globale Selbstgefährdung derzeit klar vor Augen steht, doch wir erhalten keinerlei Begründung, warum wir eine Pflicht anerkennen und übernehmen sollen, künftiges menschliches Sein zu gewährleisten. Der ersten Pflicht zum Dasein wird schließlich noch eine weitere Pflicht hinzugegeben, die Pflicht, den nachfolgenden Generationen ein bestimmtes Sosein(–Können) zu gewährleisten; d.h. es wäre demnach unsere Pflicht, dem von uns ‚verursachten Dasein‘ *(vgl. PV 86)* das ‚Recht auf ein bejahbares Sosein‘ *(vgl. PV 89)* zu gewährleisten, daraufhin folgt der Rekurs auf die bereits zitierte Stelle vom ‚ontologischen Imperativ‘ und der ‚ontologischen Idee des Menschen‘. Der Zirkel seiner Argumentation ist folgender: Aus der Idee des Menschen folgt sein Seinsollen und die allgemeine Pflicht der Gegenwart, dieses zu wahren, ferner folgt das Seinsollen eines bejahbaren Soseins und wiederum die Pflicht dieses zu gewährleisten, aber beide Pflichten resultieren zugleich aus der Sorge um jene Idee und sollen sie doch auch begründen. Um mehr über die Begründungsinstanz jener ‚Idee des Menschen‘ zu erfahren, wollen wir uns nun seiner Anthropologie zuwenden.

Durch den, für die zentralen Forderungen seiner Ethik vorausgesetzten Grundsatz einer Idee des Menschen, sieht sich seine Anthropologie vor das Problem der Letztbegründung gestellt, die Folge sind Spekulationen, die gemeinhin das utopische Denken charakterisieren. Wenn sich, wie bei Jonas, anti–utopisches Denken gleichermaßen der für utopisches Denken verbindlichen, mühseligen Beweispflicht unterzieht, so zeigt sich, wie Peter J. Brenner bemerkte, „... daß die Utopie–Kritik auf nicht minder spekulativen Voraussetzungen beruht als utopisches Denken selbst. Jonas' Begründungsproblem ist kurioserweise identisch mit einem zentralen Problem auch des utopischen Denkens. In beiden Fällen geht es darum, eine verbindliche Grundlage herzustellen für die Verständigung darüber, wie die Zukunft aussehen soll ...“[309]. — Die aus dem Zentrum seiner philosophischen Biologie hervorgehende Anthropologie soll im systematischen Zusammenhang der Philosophie Jonas' die Bedingung für die Möglichkeit der späteren Ethik herstellen. Seine Naturphilosophie vollführt noch einmal — durch das bereits bei Aristoteles dargestellte, später aber besonders durch Max Scheler und Helmuth Plessner beschriebene Modell der Stufen des Organischen — die Eröffnung der Perspektive der philosophischen Anthropologie, auch die dabei verwandten Kriterien der Beschreibung der einzelnen Ebenen sind vergleichbar. Während Scheler die innerhalb der Stufen zunehmende Freiheit als zunehmende Bewegungs– und Orientierungsmöglichkeit beschreibt, sieht Jonas im Stoffwechsel als Wollen

[309] Peter J. Brenner: Aspekte und Probleme der neueren Utopiediskussion in der Philosophie. In: Utopieforschung. Interdisziplinäre Studien zur neuzeitlichen Utopie. Bd. 7; hrsg. v. W. Voßkamp; Stuttgart 1982. S. 41.

und Wählen das Prinzip einer von Pflanze zu Tier und Mensch zunehmenden Freiheit.[310] In seiner Antwort auf die Frage nach der Conditio humana geht Jonas allerdings einen Schritt weiter als Helmuth Plessner, einen Schritt zu weit. Es läßt sich daran die für eine jede Anthropologie fatale Wirkung studieren, die eintritt, wenn der Versuch gemacht wird, das abstrakte Prinzip der Conditio humana — dem niemand außer Plessner in seiner Theorie der ‚exzentrischen Positionalität' derart nahe kam — in die Konkretion eines beliebigen Anthropinons zu verengen um damit die ‚Idee des Menschen' zu erhalten. Wir hatten bereits die Aussichtslosigkeit und Unzulässigkeit derartiger Versuche festgestellt, mokant läßt sich hinzufügen, daß hier für die Anthropologie ein Bilderverbot zu konstatieren ist. Jeder Versuch einer konkreten Bestimmung des Menschen muß von diesem Verdikt getroffen werden, solange keine Kulturanthropologie zur Verfügung steht, die das Problem des Kulturrelativismus nicht leugnet, sondern gewährleistet, und solange keine Philosophie der Zeiterfahrung zur Verfügung steht, die die Phänomene der Historizität bewältigen kann, muß eine jede Beantwortung der Frage nach der Conditio humana als Konkretisierung einer anthropologischen ‚Bestimmung des Menschen' unbeantwortet bleiben.

Eine Überakzentuierung des Biologischen ist bei Jonas verantwortlich zu machen für seine konkretistische Überzeichnung bei der Beantwortung der Wesensfrage, wobei Jonas von menschlicher Distanznahme und der Positionalität des Überblicks zum Sehen kommt, um daraufhin sein Anthropinon vom ‚homo pictor' zu prägen;[311] dahinter treten die Phänomene von Kulturalisation, Historizität und Zivilisation vernachlässigt zurück. Jonas stellt sich der Identitätsphilosophie Blochs vom werdenden Menschen mit Vehemenz entgegen, der ‚eigentliche Mensch' sei seit jeher bereits da *(vgl. PV 382)*, der „... Irrtum der Utopie ist also ein Irrtum der vorausgesetzten Anthropologie, der Auffassung vom Wesen des Menschen." *(PV 383)*. Zugrunde liegt hier jedoch der Verzicht auf eine Verbindung zwischen geschichtsphilosophischen Theoremen und denen seiner Anthropologie. Die geschichtsphilosophische Konsequenz einer philosophischen Anthropologie ist jedoch diejenige, das Wesen des Menschen als ein offenes zu beschreiben; daraufhin würde aber gerade die Konsequenz utopischen Denkens vom werdenden Menschen folgen, was ja vermieden werden soll. Damit wäre letztlich die Begründungsebene für die ökologische Ethik seitens der geschichts- und identitätsphilosophisch gewordenen Anthropologie immer noch nicht ganz erreicht, dieser aber doch ein beträchtliches Stück weit näher gekommen. Wiederum zeigt sich ein Vorzug utopischen Denkens, wobei die anthropologische Bestimmung des Menschen offengehalten werden kann, während Anti–Utopien offenbar zur konkreten Bestimmung

[310] Vgl.: Hans Jonas: Organismus und Freiheit. A.a.O. S. 13.

[311] „Das Bild wird losgelöst vom Gegenstand, d.h. die Anwesenheit des Eidos wird unabhängig gemacht von der des Dinges. Das Sehen bereits enthielt ein Zurücktreten von der Andringlichkeit der Umwelt und verschaffte die Freiheit distanzierten Überblickes." (Vgl.: Hans Jonas: Organismus und Freiheit. A.a.O. S. 241.)

gezwungen sind; damit aber trifft sie derselbe Vorwurf, der den Utopien entgegengehalten wird, jegliche Bestimmung widerspräche dem offenen Wesen des Menschen. Die anthropologische Unzumutbarkeit des Konkretums vom ‚homo pictor', dem Jonas später selbst nicht mehr ganz die Treue hielt,[312] läßt sich aufzeigen an einem von ihm selbst konzipierten Gedanken-Experiment. Der erwähnte Schritt zuviel ist der Schluß von der distanzierten Positionalität zu deren Konkretion im Sehen, von der Fähigkeit zur Imagination zu derjenigen, Bilder zu machen. — Das erwähnte Experiment ist gegeben „... in der fiktiv angenommenen Situation von Weltraumfahrern, die sich in der ihnen völlig fremden Lebenswelt eines anderen Planeten umtun und sich vergewissern wollen, ob es dort ‚Menschen' gibt. (...) ‚Menschlich' muß dann etwas bezeichnen, was die Zuteilung des Namens selbst angesichts äußerster physischer Unähnlichkeit rechtfertigt."[313]. Jonas läßt die Forscher daraufhin eine Höhle betreten und auf ‚prähistorische' Kunst stoßen, wobei er vermutlich konkret die Höhlen-Kunst von Altamira vor Augen hat. Den Schluß auf die ‚mehr-als-tierische Natur' ihres Erzeugers vollzieht er daraufhin durch das Kriterium der ‚biologischen Nutzlosigkeit einer jeden bloßen Repräsentation.'[314] Doch gerade aus der Sicht der von Jonas selbst gewählten Perspektive des Astronauten wird die Problematik deutlich, die Existenz eines Bewußtseins mit der Fähigkeit, sich von sich selbst distanzieren zu können, vom Bilder-Sehen abhängig machen zu wollen; denn der Phantasie sind aus dieser Perspektive keinerlei Grenzen gesetzt, um andere Ausdrucksweisen vorzustellen, die auch mögliche Zeugnisse einer ‚exzentrischen Positionalität' sein könnten, aber von uns Menschen aus hermeneutischen Gründen u.U. nicht einmal als solche aufgefaßt würden.

Vergleichsweise ähnlich gestaltet sind auch bestimmte Ansätze in der Umweltethik; wenn dabei der Grundsatz einer Ethik des Tierschutzes abhängig gemacht werden soll von der ‚Leidens-Fähigkeit' der Tiere, dann sind die Grenzen des Aussagbaren überschritten und den Gedankengängen liegt lediglich ein vermeidbarer Anthropomorphismus zugrunde. — Im klassischen Stile einer Güterabwägung, durch einen ‚übergreifenden Maßstab' tierisches und menschliches Leiden miteinander vergleichbar machen zu wollen, sucht Dieter Birnbacher zu klären, „... wieviel Leidenszufügung bei Tieren durch wieviel vermiedenes menschliches Leiden aufgewogen wird."[315]. Birnbacher

[312] Die Erstveröffentlichung seines Aufsatzes ‚Homo Pictor' stammt aus dem Jahre 1961 (siehe: Organismus und Freiheit. A.a.O. S. 10.). — Im Eröffnungsvortrag zum 5. Internationalen Kongreß für Altertumswissenschaft, geh. am 1. Sept. 1969 in Bonn, verwischt er selbst das Bild vom ‚homo pictor': „Woher aber wissen wir, wann es sich bei irgendwelchen Überresten um menschliche handelt? Wir wissen es, weil wir ... diese drei finden: Werkzeug, Bild und Grab. (Man könnte noch den Schmuck hinzufügen.) Es bedürfte nun in der Tat einer philosophischen Anthropologie, um zu begründen, warum diese — jedes für sich und alle zusammen — für den Menschen kennzeichnend sind. Für das ‚Bild' habe ich dies einmal in einer besonderen Studie versucht." (Hans Jonas: Wandel und Bestand. A.a.O. S. 21f.)

[313] Hans Jonas: Organismus und Freiheit. A.a.O. S. 226.

[314] Vgl.: Hans Jonas: Organismus und Freiheit. A.a.O. S. 228.

[315] Dieter Birnbacher: Sind wir für die Natur verantwortlich? A.a.O. S. 119.

setzt dabei die allgemeine Anerkennung eines Grund–Satzes voraus, wonach sich der Schmerz eines ‚vernunftlosen Tieres' und derjenige eines ‚selbstbewußten, reflexionsfähigen menschlichen Subjekts' nicht auf eine Stufe stellen ließen und kommt abschließend zu dem Ergebnis, „... daß sich der Mensch seinen Schmerzen in unverwechselbarer Weise ausgeliefert und anheimgegeben weiß."[316]. Denn im Unterschied zum Tier, sei der Schmerz beim Menschen in einem ‚Horizont von Erwartung und Erinnerung' eingebettet: „Während das Tier ... nur fühlt, wissen wir immer auch zugleich, ..."[317].
Dieser Anthropomorphismus von Leidens–Fähigkeit korrespondiert mit der zuvor dargestellten anthropomorphisierenden Auffassung von Exzentrizität; ebenso wie diese im Weltraum versagt, versagt der homo–mensura Satz auch bei der Grundlegung einer Ethik des Tierschutzes. Birnbacher bemerkt bei seiner Schlußfolgerung nicht die Möglichkeit einer Inversion: Gerade weil der Mensch in der Lage ist, durch die reflexive Struktur seines Bewußtseins, den empfundenen Schmerz in den Horizont von Erwartung und Erinnerung einzubetten, so könnte gleichfalls auch behauptet werden, sei der Mensch einer aktuellen Leidens–Erfahrung gerade nicht derart ausgeliefert wie das Tier, er könne antizipieren, könne sich selbst Mut zusprechen und dergl. mehr.

Zunächst, so mag es auf den ersten Blick erscheinen, zeigt sich besonders angesichts dieser konkreten Fragestellung nach dem Grundsatz einer Ethik des Tierschutzes, die Aussichtslosigkeit jeglicher Versuche zur Begründung einer Ethik des ökologischen Bewußtseins. Doch der problematischen Ausgangslage neuer Ansätze korrespondiert, recht besehen, eine ebenso problematische Verteidigungssituation auf der Seite der herkömmlichen Rationalität. Denn ebensowenig, wie eine neue Ethik auf rationalistische Perspektivität verpflichtet werden kann, ist von ihr die unbedingte Anerkennung jener Programmatik universell–rationaler Verfügung zu erwarten, für die die überkommene rationalistische Naturbeherrschung mit unvermeintlichem Anthropozentrismus einsteht. Wird rationale Ethik etwa verstanden als Praxis des Sachzwangs, so wäre sie die prinzipielle Verhinderung ethischer Motivation. Einer jeden Geltung und Anerkennung ethischer Beweggründe geht allerdings eine zuvor erfolgte — und sei es nur die minimalste — Lösung vom Diktat etablierter Zwecksetzung voraus, hierin zeigt sich die Verwandtschaft der Ethik nicht mit Rationalität, sondern mit Ästhetik.
Anthropomorphismus und Anthropozentrik sind durchaus auch als Erweise einer gleichfalls problematischen Verteidigungssituation zu sehen, in der die Selbstbehauptung der zweckrationalen Weltbemächtigung vor dem Hintergrund ihrer überkommenen Perspektive sich vor die Erkenntis ihrer Anfechtbarkeit gestellt sieht. Denn wäre die Grundlegung dieser Rationalität eine Frage der Ethik und würde sie den dort üblichen kritischen Prüfungen unterzogen, kaum jemand würde sich der Gefahr aussetzen wollen, einen derartigen Ansatz zu vertreten; ihr Grundsatz nämlich, das anthropozentrische Prinzip,

[316] Ebd. S. 120.
[317] Ebd. S. 120.

ist ein Glaubenssatz. Allein Erweise dessen, daß sie funktioniert, entheben ihre überkommenen Prämissen einer fundamentalen Kritik; wir hatten jedoch bereits konstatiert, daß auch hier das neu hinzugetretene ökologische Bewußtsein in einen Widerspruch tritt, zum rationalen Funktions-Erweis. Der Nimbus von Strohfeuern der Nützlichkeit gilt paradigmatisch immer seltener als überzeugender Beweis ihrer Vertretbarkeit. Eine ökologisch motivierte und ethisch induzierte Zielsetzung zur Veränderung rationaler Lebenspraxis entsteht dementsprechend, durch den zweifachen Angriff auf ihr unterstes und oberstes Prinzip von Anthropozentrismus und Funktionalität; das von der neuen Ethik gesuchte Paradigma wird induziert durch ein erwartbares Ausweichmanöver der Rationalität, denn diese wird der neuen Ethik nur durch ihre Anerkennung entkommen können, damit aber entsteht das, was sie als Ethik sich nicht selbst geben kann, ihre rational begründete Anerkennung.

Das Grundprinzip dieser neuen Ethik ist nicht — es wird erst; unmöglich ist es von Philosophie zu erwarten, die verlangte Ethik zu geben; es darf jedoch vermutet werden, daß ihr konstituierendes Moment in einer fundamentalen und bisher noch stets vergeblich gebliebenen Kritik der Rationalität nun aber allmählich zu sich kommen wird, der Ort ihres Ursprungs aber ist kein anderer als der des einzelnen Subjekts. Ökologisches Bewußtsein ist zunächst eine Frage des individuellen Bewußtseins, es obliegt dem Räsonnement des Einzelnen, seinem ökologischen Ethos einen mehr oder minder großen Stellenwert einzuräumen. Ökologisches Bewußtsein ist zunächst individuelles Ethos, — mag dieses noch so sehr durch Medien, Meinungsbildung und Public Relations präformiert, mitunter evoziert sein. Ökologische Ethik ist zunächst Individualethik; erst wenn diese sich verallgemeinert, kann individuelle in allgemeine, Individualethik in Sozialethik umschlagen.

Eine Gewähr dafür, daß auf diesem Wege die letztlich notwendige Sozialethik rechtzeitig und mit hinreichender Wirksamkeit zustandekommt, gibt es nicht, so ist das tiefe Mißtrauen diesem gegenüber bei Hans Jonas zumindest verstehbar;[318] seine Sozialphilosophie gibt angesichts des ökologisch totalen und

[318] „Jonas wandte ein, ... Wenn man also auch kein Verständnis für die Ökodiktatur haben kann, so bleibt doch das Problem, daß in einer plebiszitären Generation die lebende Generation nur an sich denkt und nicht an die nach ihr kommende. (...)(...) Gegen Jonas' Mißtrauen plädierte Altner für mehr Demokratie ..." (Reinhard Löw, Peter Koslowski, Philipp Kreuzer (Hrsg.): Fortschritt ohne Maß? Eine Ortsbestimmung der wissenschaftlich-technischen Zivilisation; München 1981. Zit. a. d. Kurzprotokoll d. Diskuss. S. 166.)

Riskante Technik, insbesondere Großtechnologie bedroht letztlich nicht nur gesellschaftliche und natürliche Umwelträume, sie gefährdet gleichermaßen auch die Grundrechte; spätestens im Katastrophenfall wird einsichtig, was bereits im Vorfeld dieser Projekte zur Normalität gehört: Es sind die sogen. ‚Sicherheitsbereiche', dabei handelt es sich um Räume in denen Ausnahmerechte gelten, die mit den z.T. immensen Sicherheitsanforderungen einhergehen. Nicht nur die Anlage selbst, auch die dort arbeitenden Menschen unterliegen sicherheitstechnischen Bedenken als Schutz vor Spionage, Plutonium-Diebstahl oder gegen Anschläge; Einstellungen in ‚sicherheitsrelevanten Bereichen' setzen ‚Sicherheitsüberprüfungen' voraus, und die erstellten Dossiers dringen gerade in jene Sphären, die globalen Risikos dem Diktum der von ihm konstatierten ‚Pflicht des Menschen zu sein' nach, Überleben wird als ‚Wert' daraufhin vor den Wert der individuellen Freiheit gestellt. Ein ökologischer Machiavellismus, eine Öko–Diktatur wird bei Hans Jonas ernsthaft erwogen, worauf wir im Weiteren noch zurückkommen werden.

Die gesamte Konzeption der Ethik Jonas' ist durchdrungen vom Kontrapunkt zur Utopie, solange diese nicht selbst erscheint, befindet sich der Ansatz seiner Ethik in einem permanenten Beweisnotstand. Während in der Anthropologie ein statisch–fixiertes Bild vom Wesen des Menschen gesucht wird, fehlt die Verbindung mit seiner Philosophie der Geschichte, obwohl gerade die Phänomene der Historizität für eine Ethik der Zivilisation von größter Bedeutung wären; er meidet die Geschichtsphilosophie offenbar, um nicht in die daraus resultierende Nähe zum utopischen Denken zu geraten, was seine Utopie–Kritik ungemein erschweren und seinen kategorischen Standpunkt relativieren würde. Es ist keine Zukunft, die zum Anlaß für die Sorge um die Gegenwart wird, sondern die Suche nach einem Sein, das als ‚einfach ontisch Daseiendes ein Sollen für Andere immanent und ersichtlich beinhaltet' *(vgl. PV 235)*. Jonas entdeckt daraufhin den ‚Ursprung der Idee von Verantwortung' *(vgl. PV 85)* im Kind, als ‚Urgegenstand der Verantwortung' *(vgl. PV 234)*. Das Kind sei der „... Archetyp allen verantwortlichen Handelns, der zum Glück keiner Deduktion aus einem Prinzip bedarf, sondern uns (oder wenigstens dem gebärenden Teil der Menschheit) von der Natur mächtig eingepflanzt ist." *(PV 85)*. Damit wird jedoch die Frage der Anthropologie nach der Conditio humana durch diesen Ansatz seiner Verantwortungsethik reduziert zu einem Biologismus der Brutpflege.

Mit diesem Versuch des Nachweises einer menschlichen ‚Anlage' zur Verantwortung, sucht Jonas das von ihm vertretene Konzept von ‚Mutterliebe' zum Rezept für eine Verantwortung für den Fortbestand der Menschheit zu machen:

> „... das Neugeborene, dessen bloßes Atmen unwidersprechlich ein Soll an die Umwelt richtet, nämlich: sich seiner anzunehmen. Sieh hin und du weißt. Ich sage ‚unwidersprechlich', nicht ‚unwiderstehlich': denn natürlich läßt sich der Kraft dieses wie jedes Soll widerstehen, sein Ruf kann auf Taubheit stoßen (obwohl mindestens im Falle der Mutter dies als Entartung angesehen wird) oder durch andere ‚Rufe' wie etwa vorgeschriebene Kindesaussetzung, Erstgeburtsopfer und dergleichen, ja schon durch den nackten Selbsterhaltungstrieb übertönt werden — an der Unwidersprechlichkeit des Anspruchs als solchem und seiner unmittelbaren Evidenz ändert dies nichts." *(PV 235)*.

In diesem Biologismus sieht Jonas das ‚ontische Paradigma', „... in dem das schlichte, faktische ‚ist' evident mit einem ‚soll' zusammenfällt ..." *(PV*

---

es grundrechtlich zu schützen gilt.

235). Damit ist die Beweislast seines ethischen Naturalismus zum Problem einer biologischen Anthropologie geworden, doch der Schluß gelänge nur unter der Voraussetzung eines umfassenden Determinismus im Sinne des Reiz-Reaktions-Schemas.
Robert Spaemann und Reinhard Löw kommentieren die eben zitierte Stelle folgendermaßen: „Von aus der Selbsterfahrung gewonnenen Voraussetzungen her werden Abstraktionen anthropomorph ins Tierreich übertragen, und danach rekonstruiert man sich selbst aus diesen Abstraktionen mit Hilfe von Selektionstheorien, und das heißt: der Mensch entlarvt sich selbst als Anthropomorphismus."[319]. — Keinerlei Rede von ‚der' Natur des Menschen kann sich auf generelle Konstitutiva berufen, wie etwa auf Anthropina, sie muß abstrakt bleiben, oder sie überfordert letztlich die Aussagemöglichkeiten einer jeden Anthropologie. Als eine der unmittelbaren Folgen der Begrenztheit ihrer Möglichkeiten erscheint daher der Relativismus der Anthropologie interkulturell als Wertrelativismus. Um so problematischer muß der Versuch Jonas' erscheinen, in der Anthropologie auf diese Weise die Grundlage einer Ethik zu suchen, stellvertretend für die Theologie soll diese die Begründung einer Ethik leisten, die sich nicht selbst — ethisch, begründen läßt. Der Versuch einer anthropologischen Grundlegung der Verantwortungs-Ethik muß jedoch mißlingen, solange die Anthropologie ihrerseits die notwendigen Grundsätze nicht bereitstellen kann. Die Frage nach der ‚Natur' des Menschen läßt sich nicht von der Frage nach seiner ‚Kultur' abtrennen, seine jeweilige Kultur aber überformt die Natur des Menschen bis zur anthropologischen Unkenntlichkeit. Im einen Falle könnte behauptet werden, das ‚wahre' Wesen des Menschen sei historisch noch nicht in Erscheinung getreten, und im anderen, der Einzelne sei das ‚Ensemble der gesellschaftlichen Verhältnisse'. Die Frage jedenfalls ist offen, was ‚Natur' und was ‚Prägung' ist. In diesem Zusammenhang erscheint die Rede von Instinkten unangemessen.[320]

Der Einblick in den Umfang der Wandlungsmöglichkeiten und Wandlungsfähigkeiten des menschlichen Wesens wurde erst durch deren mikrologische Rekonstruktion in den soziogenetischen und psychogenetischen Untersu-

---

[319] Robert Spaemann, Reinhard Löw: Die Frage Wozu? Geschichte und Wiederentdeckung des teleologischen Denkens; München, Zürich 1981. S. 260. „Die Soziobiologie hat einen entscheidenden Fortschritt für ein altes philosophisches Problem gebracht: das Verhältnis von Genesis und Geltung. Während vor ihr das Aufzeigen des Entstehens einer Norm nicht als Argument gegen das Gelten der Norm gebraucht werden konnte, wird in der Soziobiologie das Gelten selbst genetisiert. (...)(...) Einerseits zeigt sich bei rezenten Überlebensmaschinen der Species Mensch ein Gefühl, das diese Species als Sollen bezeichnet, andererseits kommt das, was die ... Philosophen damit meinen, in der Evolution nicht vor. (...) Den entscheidenden Fehler begehen Soziobiologen nur, wenn sie fordern, wir sollten uns gemäß diesem Gefühl verhalten, ..." (Ebd. S. 258.).

[320] Bereits 1949 schrieb Simone de Beauvoir über den ‚Mutter-Instinkt': „Auf die Gattung Mensch findet jedenfalls diese Bezeichnung keine Anwendung. Die Haltung der Mutter wird durch die gesamte Situation und durch die Art bestimmt, wie sie sie auf sich nimmt." (Simone de Beauvoir: Das andere Geschlecht. Sitte und Sexus der Frau. Übers. v. E. Rechel-Mertens u. F. Montfort; Hamburg 1985. S. 494f.).

chungen von Norbert Elias eröffnet; bezeichnenderweise stand die Studie über den , Prozeß der Zivilisation' der Fachwelt bereits 30 Jahre zur Verfügung, bevor sie die ihr zukommende Aufmerksamkeit fand.[321] Angesichts der Ergebnisse dieser Historiographien des Alltagslebens, ist die ,Wesensfrage' nicht nur noch schwerer beantwortbar als zuvor, sondern selbst problematisch geworden. — Als im Jahre 1960 Philippe Ariès' ,Geschichte der Kindheit'[322] erschien, etablierte sich mit dem neuen Forschungsprogramm der Geschichtswissenschaft zugleich auch der Zweifel gegenüber der biologistischen Variante der Anthropologie und der auf ,Wesensaussagen' hin orientierten Variante der philosophischen Anthropologie. Zu diesem Zeitpunkt bereits galt das von Jonas reklamierte Konstrukt von ,Mutterliebe' als kulturell und historisch wandelbares Moment. Dabei liegt das besondere Augenmerk der Studien, die sich mit der Sozio– und Psychogenese des normativen Deutungsmusters ,Mutterliebe' befassen, im 18. Jahrhundert, wobei zwei gegenläufige Bewegungen rekonstruiert werden konnten: Diejenige der Infantilisierung des Kindes mit einer zunehmenden Distanzierung vom Status des Erwachsenen und diejenige einer emotionalen Aufwertung der Mutter–Kind–Beziehung.[323] Die Entstehung eines eigenen Schonraumes für das Kind läßt sich rekonstruieren, als eine der direkten Folgen des Prozesses der Zivilisation: „Je mehr den Erwachsenen ihr Stand der Peinlichkeits– und Schamgefühle als ,natürlich' und die zivilisierte Gebundenheit des Trieblebens als selbstverständlich erscheint, desto unverständlicher wird ihnen ..., daß Kinder diese Peinlichkeit und diese Scham von ,Natur' noch nicht haben."[324]. Es war wiederum Rousseau vorbehalten, seine Zeit in Gedanken zu fassen, den Zeitgenossen dasjenige zu sagen, was sie gerade hören wollten. Mit seinem ,Émile' verschaffte er 1762 der neu entstandenen Wirklichkeit des Kindes Geltung und seine Apelle an das Pendant der Infantilisierung, an die neue Mütterlichkeit, wurden begeistert aufgenommen.[325] Ohnehin ging die Affektiertheit des Spätbarock gerade zu Ende, denn mit der Gestalt der Kindchen–Frau des Rokoko war ein unüber-

[321] Die Studie erschien erstmalig 1936, die zweite Auflage stammt aus dem Jahre 1969. Norbert Elias: Über den Prozeß der Zivilisation. Soziogenetische und psychogenetische Untersuchungen. Zwei Bde.; 2. Aufl., Bern, München 1969.

[322] Philippe Ariès: L'enfant et la vie familiale sous l'ancien régime; Paris 1960.

[323] Vgl.: Ralf Vollbrecht: Die Entstehung der modernen Familie. Umrisse einer Theorie der Privatheit; München 1989. S. 41.

[324] Norbert Elias: Über den Prozeß der Zivilisation. A.a.O. Bd. 1: Wandlungen des Verhaltens in den weltlichen Oberschichten des Abendlandes. S. 228.

[325] „Man ist entzückt über die Pikanterie, mitten unter Reifröcken und Seidenfräcken einen unrasierten Kerl in Hemdärmeln zu sehen, der sich in die Hand schneuzt, ins Zimmer spuckt und alle Dinge beim Namen nennt. Daß dies nur eine neue Nuance der Affektion darstellt, bemerkt in einer Zeit, deren einzige Apperzeptionsform die Affektation ist, natürlich niemand." (Egon Friedell: Kulturgeschichte der Neuzeit. A.a.O. Bd.I. S. 731f.) Durch diese drastische Beschreibung sucht Fridell die unmittelbare Wirkung der Gedanken Rousseaus' auf seine Zeit zu klären. Dabei erhalten seine 1928 veröffentlichen Gedanken im nachhinein ihre besondere Brisanz, wenn sie mit den Untersuchungen von Elias konfrontiert werden, der den Prozeß der Zivilisation gerade anhand der Verfeinerung der Benimmregeln und der allmählich zunehmenden Kontrolle der Affekte beschreiben wird.

bietbares Extrem erreicht und möglicherweise ist das zu jener Zeit grassierende Ammenwesen, durch das sich die Vielzahl dieser sogen. ‚Rabenmütter' ihrer Kinder entledigten — eine direkte Folge dieser Rollenzuweisung; was uns bleibt, ist ein weiterer Beleg der Wandlungs- oder möglicherweise auch der Anpassungsfähigkeit der menschlichen Natur.[326] — In dieser Situation nun beschwört Rousseau die neue Mütterlichkeit in folgenden, für uns instruktiven Worten:

> „Wenn sich jedoch die Mütter dazu verstünden, ihre Kinder selber zu nähren, so werden sich die Sitten von selbst erneuern und die natürlichen Regungen erwachen. Der Staat wird sich wieder bevölkern. (...) Der Zauber des häuslichen Lebens ist das beste Gegengewicht gegen schlechte Sitten. Die lästigen Mühen, die man mit Kindern hat, werden angenehme Pflicht, ... (...)(...) Würden die Frauen wieder zu Müttern, werden die Männer wieder zu Vätern und Ehegatten. Verschwendete Worte! (...) Die Frauen haben aufgehört, Mütter zu sein, und sie werden es nicht wieder ..."[327].

Der durch Philippe Ariès ausgelöste Diskurs über die ‚Entstehung' der Kindheit ist vor allem für sein Pendant der ‚Mutterliebe' noch nicht zu Ende, soviel scheint jedoch bereits festzustehen, daß ein Regreß auf Mutterliebe als ‚dem' Archetyp der Verantwortung nicht konzediert werden kann, was bleibt, ist die Appellationskraft eines nur suggestiv wirksamen Arguments. Das menschliche Ausdrucks- und Empfindungsvermögen variiert unter seinen historischen und sozio-kulturellen Bedingungen. Zwar ist die den meisten Studien zugrunde liegende Annahme eines kausalen Zusammenhangs zwischen Säuglingssterblichkeit und Mutterliebe problematisch, wie Irene Hardach-Pinke[328] kritisch bemerkt, demgegenüber sind jedoch die Belege für eine These vom ‚verhüllten Kindesmord' nicht nur eindrucksvoll, sondern auch

[326] Erklärlich wird dadurch auch die für heutige Verhältnisse unvorstellbar große Zahl der ‚bösen Stiefmütter' in den 1812 von Jacob und Wilhelm Grimm herausgegebenen Kinder- und Hausmärchen. Auch bei dem vielfach verwandten Motiv der Kindesaussetzung scheint es sich weniger um ‚Märchen', sondern mehr um Beschreibung sozialer Wirklichkeit gehandelt zu haben. Elisabeth Badinter sieht in ihrer Studie einen möglichen Zusammenhang zwischen Ammenwesen und Kindestötung: „‚Objektiv' ist die Überlassung des Kindes an eine Amme daher eine verschleierte Kindestötung. Das springt einem um so mehr ins Auge, als man weiß, daß die höchste Sterblichkeit im ersten Lebensjahr des Kindes und besonders im ersten Monat liegt." Für den weiteren Zusammenhang und Belege, siehe: Elisabeth Badinter: Die Mutterliebe. Geschichte eines Gefühls vom 17. Jahrhundert bis heute. Übers. v. F. Griese; München 1981. Zit. v. S. 110.

[327] Jean-Jacques Rousseau: Emil oder Über Erziehung. A.a.O. S. 19f.

[328] Vgl.: Irene Hardach-Pinke: Zwischen Angst und Liebe. Die Mutter-Kind-Beziehung seit dem 18. Jahrhundert. In: Jochen Martin, Thomas Nipperdey (Hrsg.): Zur Sozialgeschichte der Kindheit (Veröffentl. d. Inst. f. Histor. Anthropologie e. V. Bd. 4: Kindheit, Jugend, Familie II); München 1986. S. 533 u. 545.

hinreichend.[329] — Soweit dieser Exkurs zur Sozialgeschichte, wobei sich angesichts dieser Einsichten ein weiterer Exkurs zur Verhaltensbiologie des Kindchenschemas und angeborener Auslösemechanismen erübrigt.[330] Soweit auch unsere Auseinandersetzung mit der Anthropologie bei Hans Jonas, die dieser in die Lage hatte versetzen wollen, bei der Konstitution einer Ethik stellvertretend Rolle und Funktion einer Theologie zu übernehmen; sie ist jedoch, wie gesehen, darin völlig überfordert.

Auch dieser letzte Versuch, die Ethik von Jonas, auf die behauptete Weise, anthropo–psychologisch nachzuvollziehen, ist damit gescheitert. Es war zugleich auch die letzte Möglichkeit, diese Ethik in ihren Grundsätzen als begründet zu betrachten und als zur Verallgemeinerung fähige anzuerkennen, doch diese Ethik hat ihre Begründung nicht aus sich heraus. Die eigentliche Begründung des ‚Prinzip Verantwortung' mit seinem Imperativ von der ‚Pflicht des Menschen zu sein', mit der Forderung nach Wahrung der ‚Idee des Menschen' wird von Jonas nicht mit den Möglichkeiten der Philosophie vorgenommen, sondern durch eine spekulative Theologie. Geschichtsphilosophie wird dabei zur Theogonie, Gott wird zum Herren der Geschichte,[331] Anthropologie, Ethik und Naturphilosophie werden dadurch im Zentrum ei-

[329] „Das Dorf Tafertshofen in Schwaben hatte normalerweise eine Kindersterblichkeit von rund 42 Prozent. Dann forderte 1868 eine schwere Diphterieepidemie nahezu alle Kinder des Dorfes, so ‚daß viele Familien, die nur ein oder zwei Kinder hatten, kinderlos wurden'. Im folgenden Jahr wurden 22 Kinder in Tafertshofen geboren; nur zwei starben, eine Sterblichkeitsrate, die der örtliche Arzt als außergewöhnlich günstig bezeichnete, ‚wie es ... während seines ganzen praktischen Lebens noch nie vorgekommen'." (Edward Shorter: Die große Umwälzung in den Mutter–Kind–Beziehungen vom 18. bis zum 20. Jahrhundert. In: Jochen Martin, Thomas Nipperdey (Hrsg.): Zur Sozialgeschichte der Kindheit. A.a.O. S. 510.)

[330] Ein weiterreichender Aspekt des von Jonas vorgebrachten Arguments der elterlichen Sorge ist ihr Zusammenhang mit der Rezeption der Evolutionstheorie. — Darwin selbst hatte schließlich den ‚Kampf ums Dasein' zum Prinzip erhoben, wobei die Interpretation dieses Prinzips als dem ‚Survival of the fittest' allerdings zu zwei Rezeptionsweisen führt. Wahrgenommen wurde zunächst, wobei Einwände überhört wurden, diejenige vom Überleben des Tüchtigsten in der Interpretation Spencers, dadurch bekam einer der wesentlichsten psychologischen Momente der den ersten Weltkrieg bedingenden Kriegslüsternheit seine Substanz. Die Interpretation des Idioms ‚to fit in' ist jedoch zirkulär, sie lautet: Es überlebt dasjenige Individuum, welches am besten angepaßt ist. — Zu Recht hatte also im Jahre 1880 auf einem russischen Naturforscherkongreß der Zoologe Kessler sein Gesetz der ‚gegenseitigen Hilfe' in den Diskurs eingebracht, übrigens unter Rekurs auf das Elterngefühl und die Sorge um die Nachkommenschaft. Fürst Kropotkin übernahm diese Idee und veröffentlichte 1902 sein Buch ‚Gegenseitige Hilfe in der Tier– und Menschenwelt'. Im Vorwort von 1914 schreibt er: „Als der gegenwärtige Krieg begann, ... wurde der ‚Kampf ums Dasein' das hauptsächliche Erklärungsmittel derer, die eine Entschuldigung für derartige Greuel suchten." Damit hob Kropotkin zu Recht gegen den Spencerismus und die Vulgärinterpreten der Evolutionstheorie das Gegenprinzip zur Konkurrenz hervor, nämlich Kooperation (Peter Kropotkin: Gegenseitige Hilfe in der Tier– und Menschenwelt. Dt. Ausg. bes. v. G. Landauer; m. e. Nachw. neu hrsg. v. H. Ritter; Frankfurt, Berlin, Wien 1976. Zit. v. S. 9.).

[331] Vgl.: Hans Jonas: Der Gottesbegriff nach Ausschwitz. Eine jüdische Stimme. In: Reflexionen finsterer Zeit. Zwei Vorträge von Fritz Stern und Hans Jonas; hrsg. v. Otfried Hofius; Tübingen 1984. S. 66.

nes von Jonas ‚selbsterdachten Mythos'[332] versammelt, indem der Glaube sich zu einem in die Schöpfung eingegangenen Gott bekennt, für dessen Geschick der Mensch verantwortlich ist. Im Zusammenhang dieser Spekulation und unter dem Eindruck dieses Glaubens, erscheint daraufhin erstmals seine Ethik konsistent:

> „Im Anfang, aus unerkennbarer Wahl, entschied der göttliche Grund des Seins, sich dem Zufall, dem Wagnis und der endlosen Mannigfaltigkeit des Werdens anheimzugeben. Und zwar gänzlich: Da sie einging in das Abenteuer von Raum und Zeit, hielt die Gottheit nichts von sich zurück; ... (...)(...) Vielmehr, damit Welt sei, und für sich selbst sei, entsagte Gott seinem eigenen Sein; er entkleidete sich seiner Gottheit, um sie zurückzuempfangen von der Odyssee der Zeit, beladen mit der Zufallsernte unvorhersehbarer zeitlicher Erfahrung, verklärt oder vielleicht auch entstellt durch sie. (...)(...) Und dann die erste Regung von Leben ... Es ist der Weltzufall, auf den die werdende Gottheit wartete und mit dem ihr verschwenderischer Einsatz zuerst Zeichen seiner schließlichen Einlösung zeigt. (...)(...) Jede in ihrem Lauf sich neu auftuende Dimension der Weltbeantwortung bedeutet eine neue Modalität für Gott, sein verborgenes Wesen zu erproben und durch die Überraschungen des Weltabenteuers sich selbst zu entdecken. (...) Die immer größere Schärfung von Trieb und Angst, Lust und Schmerz, Triumph und Entbehrung, Liebe und selbst Grausamkeit ... ist ein Gewinn des göttlichen Subjekts, ... liefert die geläuterte Essenz, aus der die Gottheit sich neu erbaut. Alles dies stellt die Evolution zur Verfügung ... Ihre Geschöpfe, indem sie nur ihrem Trieb gemäß sich selbst erfüllen, rechtfertigen das göttliche Wagnis. (...)(...) Die Heraufkunft des Menschen bedeutet die Heraufkunft von Wissen und Freiheit, und mit dieser höchst zweischneidigen Gabe macht die Unschuld des bloßen Subjekts sich selbst erfüllenden Lebens Platz für die Aufgabe der Verantwortung ... Der Chance und Gefahr dieser Vollzugsdimension ist die nun erst offenbar gewordene göttliche Sache hinfort anvertraut, ... (...)(...) Mit dem Erscheinen des Menschen erwachte die Transzendenz zu sich selbst und begleitet hinfort sein Tun mit angehaltenem Atem, ... (...)(...) Etwas hat er andern Akteuren zu tun gelassen und hat damit seine Sorge von ihnen abhängig gemacht. Er ist daher auch ein gefährdeter Gott, ..."[333].

Die Überlebensethik von Jonas ist nicht anthropozentrisch, nicht physiozentrisch, sie ist theozentrisch und vermutlich liegen hierin die Gründe, die

[332] Vgl. ebd. S. 67.
[333] Ebd. S. 67–76.

ihn zu Spekulationen über Zulässigkeit und Notwendigkeit einer despotischen Notstandspolitik veranlassen. Dabei wird dann aus der Grundfassung seiner Ethik die Verfassung einer Theokratie des Seins; eine Priesterschaft, die das Überleben der Menschheit — um Gottes willen — sichern soll, ist daher das politisch brisante und problematische Rezept einer Verantwortungsethik, die dem Einzelnen die Verantwortung nimmt: „Das wirkliche Problem ist dies: Wenn, wie wir glauben, nur eine Elite ethisch und intellektuell die von uns angezeigte Zukunftsverantwortung übernehmen kann — wie wird eine solche Elite erzeugt und wie mit der Macht ausgestattet, sie auszuüben?" *(PV 263)* — Überleben wird zur ersten Menschheitspflicht, die Werte individueller Selbstbestimmung und Freiheit treten dahinter zurück, und es wird dabei eine temporäre Untauglichkeit der Demokratie vorausgesetzt *(vgl. PV 269)*; es könnte, so Jonas, „... ein neuer Machiavelli nötig werden, der aber seine Lehre streng esoterisch vortragen müßte." *(PV 267)*. — Eine ökologische Gnosis, die geheime Lehre des Geheimbundes einer in jeder Hinsicht umfassend machtbefugten Elite, das sind letztlich die politischen Implikationen der dargestellten spekulativen Theologie; das Problem der neuen Ethik, die Probleme aller Ethik sind damit — allerdings gewaltsam — gelöst.[334] Hier beschwört Jonas unversehens und unmittelbar die gefährlichsten Momente des von ihm selbst angeklagten utopischen Geistes, revolutionäres Schwärmertum, Auserwähltsein und Rettung in höchster Not mit Handlungsvollmacht von höherer, wo nicht, von höchster Ebene, es ist die rasendste Seite des Utopischen.

Wenn daraufhin ausgerechnet Niccolò Machiavelli von Jonas zum Kronzeugen aufgerufen wird, so fällt es schwer, die Verbindung zu jenem kühlen Realisten herzustellen. Eines jedoch verbindet, was Jonas selbst allerdings vom Verdacht auf utopisch, utopistische Usancen nicht mehr freisprechen wird, es ist die Kritik der Utopie bei Machiavelli selbst:

> „Viele Leute haben sich Republiken und Fürstenthümer vorgestellet, die niemahls in der Welt gewesen sind, auch nicht darein kommen werden. Allein die Art, wie man wirklich lebet, ist von der Art, wie man leben sollte, so weit unterschieden, daß derjenige, welcher nur darauf siehet, was geschehen sollte, und nicht, was geschiehet, vielmehr sein Verderben als seine Erhaltung befördert."[335].

[334]„Verzichtend auf seine eigene Unverletzlichkeit erlaubte der ewige Grund der Welt zu sein. Dieser Selbstverneinung schuldet alle Kreatur ihr Dasein ... Nachdem er sich ganz in die werdende Welt hineingab, hat Gott nichts mehr zu geben: Jetzt ist es am Menschen, ihm zu geben. Und er kann dies tun, indem er ... darauf sieht, ... daß es nicht geschehe, ... daß es Gott um das Werdenlassen der Welt gereuen muß. Dies könnte wohl das Geheimnis der unbekannten ‚sechsunddreißig Gerechten' sein, die nach jüdischer Lehre der Welt zu ihrem Fortbestand niemals mangeln sollen ..." (Hans Jonas: Der Gottesbegriff ... a.a.O. S. 85.).

[335]Niccolò Machiavelli: Regierungskunst eines Fürsten. Repr. d. Ausg. v. 1745; Dortmund 1978. S. 119f.

2.4.3 Verantwortung als Utopie einer zureichenden Heuristik

Im Vorangegangenen war die Beantwortung der Frage zurückgestellt worden, ob in der Aporie von Verantwortung und Utopie nicht doch eine Vermittlung möglich sei, etwa als Utopie der Verantwortung oder als Verantwortung der Utopie. Wie sich im Verlauf unserer bisherigen Untersuchungen gezeigt hatte, kann einer Anklage der Utopie in der von Hans Jonas vorgebrachten Weise nicht stattgegeben werden, dementsprechend werden wir einen Vergleich in Erwägung ziehen. Wie ebenfalls erkennbar geworden ist, führt das zentrale Problem einer ökologischen Ethik, soll sie auf einer prinzipiellen Verantwortung beruhen, zu einer Fragestellung der Heuristik, denn es läßt sich prinzipiell nur diejenige Handlung verantworten, deren Folgen vorhersehbar sind. Eine als notwendig vorauszusetzende, im Dienste ökologischer Verantwortung stehende Heuristik bedarf jedoch konkreter Anhaltspunkte, denn bereits die Möglichkeit etwas überhaupt erkennen zu können, entsteht schließlich nur dort, wo nach Erkenntnis auch gefragt wird. Somit führt uns die Frage nach der Möglichkeit einer ökologischen Erkenntnistheorie wieder zum Anfangspunkt, zum eigentlichen Problem einer jeden ökologischen Ethik zurück: Wovor und wofür soll sich eine säkular gewordene Verantwortlichkeit verantworten? — Die Antwort, die wir hier und im Weiteren auf diese Frage geben wollen, mag an dieser Stelle frappant und unvermittelt erscheinen, doch nach Prüfung aller Alternativen sehen wir keine weitere Möglichkeit außer dieser: Es ist ihre Utopie, vor der sich eine ökologische Ethik ihrerseits wiederum zu verantworten hat; die Möglichkeit dieser Verantwortung liegt in der Wirklichkeit ihres Ideals, ihr Ideal ist eine Heuristik des Vorhersehens und der Umsicht, damit trägt sie nicht nur das Charakteristikum des Utopischen in sich, die Antizipation; ihre Verantwortlichkeit ist notwendig, und diese Verantwortung ist eine Utopie, eine Utopie der Vernunft: ihr Grundsatz, nach dem wir bisher vergeblich suchten, kann nur derjenige dieser Utopie sein; ihre Legitimation durch ihre Anerkennung wird sie allerdings von genau jener Seite erhalten, von der diese am wenigsten erwartet wird, von einer Rationalität, die in zwei Extreme auseinandertreten wird.[336]

[336] Man versetze sich in die Situation von Technikern, die das Engagement und die gesamten Mühen ihrer Arbeit schließlich belohnt sehen im ‚Funktionieren' einer Apparatur; von ihnen kann kaum erwartet werden, daß sie auch nur annähernd so viele Gedanken auf ‚Nebenfolgen' oder mögliche Risiken ihrer Technik verwenden, wie auf ihre ‚eigentliche' Aufgabe, nämlich für eine bestimmte Funktion eine bestimmte Apparatur zu konstruieren. Wenn nun die neue Technik zur Verfügung steht, wenn etwa im Anschluß an eine Versuchsanlage das erste ‚Pilotprojekt im großtechnischen Maßstab' in Funktion gesetzt sein wird, dann erst treten die ersten relevanten sicherheitstechnischen Bedenken auf. Die Genese der Bedenken gegen technische Verfahren unterliegt dabei stets dem technizistischen Prinzip; es entstehen immer erst vollendete Tatsachen, bevor deren Wünschbarkeit in Frage

Demgegenüber zielt Hans Jonas in der von ihm vorgebrachten Anklage auf eine Ächtung der Utopie, sie gilt ihm als die gefährlichste Versuchung der Menschheit, die in der Unbescheidenheit ihrer Zielsetzungen ebenso anthropologisch wie ökologisch fehlgehe *(vgl. PV 9)*; seine Kritik gilt der ‚prometheischen Vermessenheit des utopischen Ideals' *(vgl. PV 257)*, er konstatiert die ‚Notwendigkeit des Abschieds vom utopischen Ideal' *(vgl. PV 287)*, weil bereits das Anstreben derart ‚unbescheidener Ziele' zur Katastrophe führen müsse *(vgl. PV 339)*. Seinen Appell zur Abkehr vom Utopischen richtet Jonas allerdings weniger an den Einzelnen, vielmehr gilt er „... denen, die in die Zukunft zu führen haben, ... Wie sie es dann mit der öffentlichen Mitteilung der ernüchternden Wahrheit halten, gehört in die Staatskunst und nicht in die Philosophie." *(PV 289)*. In seiner hoheitsstaatlichen Konzeption wird utopisches Denken allenfalls noch angeraten als rhetorisches Mittel, den ‚Enthusiasmus für die Utopie umzumünzen' *(vgl. PV 265)*, „... wenn die Wahrheit zu schwer zu ertragen ist, dann muß die gute Lüge herhalten." *(PV 270)*.
Nirgends aber dürfte die Verachtung den Ambitionen des Utopischen gegenüber größer sein, als hier, wo deren Gebrauch angeraten wird, wenn Enthusiasmus aus Gründen politischer Klugheit geboten erscheint und wo das methodische Kalkül neben den bespielten Tastaturen politischer Propaganda das Register des Utopischen entdeckt, als würde die Lüge daraufhin edel, wenn sie nun vor dem Hintergrund utopischer Ideale erscheint. Nur noch chimärenhaft sollen die unzeitgemäß und unvertretbar gewordenen Ambitionen eines jeden utopischen Idealismus erscheinen dürfen, die Wahrnehmung seiner theologisch motivierten Seinssicherung soll allein einem anthropologisch und geschichtsphilosophisch endgültig skeptisch gewordenen Realismus überlassen werden, dessen einzige Aufgabe von Jonas darin gesehen wird, mit allen Mitteln und unter allen Umständen durch eine Öko–Diktatur die Existenz der Menschheit zu sichern und damit die Idee des Menschen — um Gottes willen — zu retten.

Nachtrag: Am 11. Oktober 1987 wurde Hans Jonas der Friedenspreis des deutschen Buchhandels im Frankfurter Schauspielhaus verliehen. Geehrt werden sollte damit, wie auch aus dem Text der Verleihungsurkunde hervorgeht, der Autor des ‚Prinzip Verantwortung'. In seiner Dankesrede entwickelte Jonas daraufhin vor der Festgesellschaft noch einmal

gestellt wird, dadurch kommt ein technological assessment stets zu spät.

Im Versuchsstadium sind somit immer nur systemimmanente Bedenken zugelassen, es gilt als Zeichen von Inkompetenz, anderweitige Einwände vorbringen zu wollen. Dem Absolutismus ausschließlich technikzentrierter Heuristik wäre hier die Konzeption einer ‚Gewaltenteilung' entgegenzusetzen: Notwendig wird eine Technikkritik, die ein Projekt bereits in der Planungsphase überprüft. Diese Aufgabe wäre von, für diese Aufgaben besonders qualifizierten und gesondert auszubildenden, sowie unabhängigen Kritikern auszuüben, die selbst Techniker sind. Funktion und Verantwortung können ebensowenig in denselben Händen liegen, wie Exekutive und Judikative, wobei die Legislative, die den Konstruktionsauftrag vergibt, nicht abhängig sein darf, vom Diktat jedweder ‚Sachzwänge'.

den Gedankengang seiner Verantwortungsethik für die technologische Zivilisation.
Dabei verwahrte er sich gegen eine bestimmte Lesart seiner staatsphilosophischen und praktisch–politischen Implikationen, und genau diese Lesart haben wir auch in unserer Untersuchung verfolgt. Wie aus dem Vorwort *(PV 10)* hervorgeht, wurde das Manuskript in deutscher Sprache verfaßt, so daß sich etwaige Mißverständnisse nicht auf Übersetzungsfehler zurückführen lassen.
Jonas' ‚Richtigstellung' betrifft Textpassagen des fünften Kapitels, insbesondere die Seiten 262 bis 305. Wir zitieren zunächst aus der Festrede: „Aber wer ist hier ihr Subjekt? Die technologische Macht ist kollektiv, nicht individuell. Also kann nur kollektive Macht, und das heißt zuletzt: politische, sie auch bändigen. Diese aber geht in parlamentarischen Demokratien vom Volke aus, ... Daher ist durch politische Freiheit auch jeder Einzelne Subjekt der neuen Pflicht. Aber Mehrheiten entscheiden, und diese werden ... nicht von selbst auf seiten selbstloser Fernsicht sein, ...". Daraufhin folgt die für unsere Auseinandersetzung wichtige Passage: „Was ich in diesem Zusammenhang einmal vom drohenden ‚Gespenst der Tyrannei' gesagt habe, ist mir statt als Warnung als Empfehlung ausgelegt worden: als ob ich der Diktatur für die Bewältigung unserer Probleme das Wort redete. Was ich meinte, war, daß die Freiheit sich selbst zerstört, wenn sie es mangels rechtzeitiger Selbstzucht zu Extremsituationen kommen läßt, die ‚tyrannisch' an sich sind, weil der dann allein dominierende Rettungszwang keinen Raum läßt für die umständlichen Entscheidungsprozesse parlamentarischer Demokratie. Die Gattungsfreiheit des Menschen, ... die politische Freiheit, ... kann sich auch wieder verscherzen.". Dementgegen verweist Jonas daraufhin in dieser Rede auf die Notwendigkeit von ‚Erziehung des Allgemeinbewußtseins', als ‚Öffnen der Augen', ‚Sachkenntnis', als ‚hartnäckig fortgesetzte Aufklärung', deren ‚Wortführer' einen ‚Druck der öffentlichen Meinung' erzeugen sollen, ‚dem dann auch Widerstrebende sich beugen'. „Ich denke also, ... ", so lautet abschließend die relevante Textpassage, „... Gott behüte, nicht an charismatische Führer ...". (Hans Jonas: Hoffnung wächst aus Verantwortung für die Welt. Technik, Freiheit und Pflicht: Rede anl. d. Verl. d. Friedenspr. d. dtsch. Buchhandels, geh. am 11. Okt. 1987 in Frankfurt. Zit. n.: Süddeutsche Ztg. Nr. 234, v. 12. Okt. 1987. S. 35.).

Genau diese, von Jonas hier ausgeschlossene Lesart liegt unserer Interpretation zugrunde, die daraufhin noch einmal überprüft werden soll. Wie offen aber das Ergebnis einer solchen Überprüfung sein muß, läßt sich noch am ehesten verdeutlichen an einem zentralen Theorem ästhetischer Erfahrung: Werke — was nicht nur für solche der Kunst gilt — sind selbständig, ansonsten hätte die Rede von der Autonomie der Kunst keinen Sinn, und also auch Texte sind von dem Augenblick an auf sich gestellt, wenn ein Autor sie zum Druck entläßt; was bleibt, ist einerseits der

Widerruf oder andererseits der Nachweis des Mißverständnisses. Dem gedanklichen Zusammenhang der im Weiteren nochmals aufgeführten Textstellen liegt programmatisch die alternativlose Annahme Jonas' zugrunde, wonach die aus Verantwortungsbewußtsein und Pflichtgefühl induzierte Bewältigung der Gefahrenmomente moderner szientologischer und technologischer Machtpotentiale einzig durch eine ‚asketische Moral bei den Massen' möglich sei. Unter der weiteren Voraussetzung, das Eigeninteresse der Betroffenen würde sich eine derartige Askese weder spontan noch freiwillig selbst auferlegen *(vgl. PV 262)*, konstatiert Jonas: „... die Regierungsvorteile einer jeden Tyrannis, die in unserem Zusammenhang eben eine wohlwollende, wohlinformierte und von der richtigen Einsicht beseelte Tyrannis sein muß." *(PV 262)*. — „Das wirkliche Problem ist dies: Wenn, wie wir glauben, nur eine Elite ethisch und intellektuell die von uns angezeigte Zukunftsverantwortung übernehmen kann — wie wird eine solche Elite erzeugt und wie mit der Macht ausgestattet, sie auszuüben?" *(PV 263)*. Um die anvisierte Selbstbescheidung der Menschheit zu erreichen, soll u.U. auch auf das ‚gefährliche Spiel der Massentäuschung', auf die ‚edle Lüge' zurückgegriffen werden, um „... dem ‚Prinzip Furcht' unter der Maske des ‚Prinzips Hoffnung' Einfluß zu verschaffen. Aber er setzt die Existenz einer Elite mit geheimen Loyalitäten und geheimen Zielsetzungen voraus, ..." *(PV 266)*. Es könnte damit auf der Ebene des Politischen „... ein neuer Machiavelli nötig werden, der aber seine Lehre streng esoterisch vortragen müßte. Besser wäre es natürlich, sittlich und pragmatisch erwünschter, die Sache der Menschheit einem sich verbreitenden ‚wahren Bewußtsein' anvertrauen zu können mit einem dazugehörigen öffentlichen Idealismus, ... Dies ist ... nicht auszuschließen. Darauf zu hoffen eine Sache eines Glaubens, ... Empirisch besteht wenig Ursache zu solchem Glauben, ... Verantwortlich darauf setzen, so scheint mir, kann man nicht." *(PV 267)*. Während im Weiteren noch einmal konstatiert wird, die Demokratie sei ‚in der kommenden Härte der Politik zeitweilig untauglich' *(vgl. PV 269)*, kommt Jonas zuvor noch einmal zurück auf den Sinn der Massentäuschung *(vgl. PV 266)*. Seine Appelle richten sich an die ‚Führenden' *(vgl. PV 289)*: „Wie sie es dann mit der öffentlichen Mitteilung der ernüchternden Wahrheit halten, gehört in die Staatskunst ..." *(PV 289)*.
Dementgegen konstatiert Jonas allerdings eine ‚korrumpierende Wirkung despotischer Regime' *(vgl. PV 303)*, nicht allerdings ohne die Einschränkung, jede Erweiterung der Freiheit sei eine große Wette darauf, daß ihr guter Gebrauch ihren schlechten überwiegen wird *(vgl. PV 304)*. Diese ‚Wette der Freiheit' sei dennoch einzugehen, denn sie sei ein sittlicher Wert an sich und selbst einen hohen Preis wert, ein freiheitliches System sei aus sittlichen Gründen einem unfreien vorzuziehen *(PV 304)*.

Eine Übereinstimmung beider Lesarten der vorgebrachten Belege liegt im Hinweis auf die Gefahren, denen die individuellen Rechte im Falle ökologischer Desaster unmittelbar ausgesetzt sind; gleichzeitig bringt

Jonas hier sein tiefes Mißtrauen in die Einsichtsfähigkeit des Einzelnen zum Ausdruck, sein Zweifel in die Leistungsfähigkeit der Demokratien ist unüberhörbar. Insbesondere seine, an ‚Führungspersönlichkeiten' und an eine politisch handlungsfähige ‚Elite' gerichteten Appelle und die damit verbundene Logenperspektive, die Einsicht mit Esoterik und Massentäuschung verbindet, stehen der Annahme entgegen, diese Deutung sei mißverständlich; denn selbst in seinem Widerruf hat Jonas die Prämissen seiner politischen Implikationen nochmals erneuert.

Diese äußerst bedenkliche staatsphilosophische Konzeption fußt — daran ist zu erinnern — auf einer Ethik, die selbst in keinem ihrer Grundsätze gesichert ist; der philosophisch gewaltsamen Lösung seiner Ethik korrespondiert die Präferenz einer politischen Gewaltlösung durch eine charismatische Führungselite. Die Herrschaft der Philosophen wird hier als ultima ratio vorgebracht, währenddessen soll die Utopie jedoch ohne Auslösung auf dem Sklavenmarkt zu Syrakus verkauft werden; verwunderlich ist nur, wie das mit diesem Rettungsauftrag verbundene Sendungsbewußtsein den antiutopischen Selbstzweifel beruhigen soll.[337] — Damit beenden wir unsere Auseinandersetzung mit dem Entwurf einer Ethik für die moderne Zivilisation von Hans Jonas. Der bereits angekündigte Vergleich zwischen Verantwortung und Utopie, den wir im Weiteren vornehmen werden, wird damit zugleich zum Versuch einer Rehabilitation des Denkens in utopischen Idealen. Nur durch diese, so dürfen wir nun mit einiger Gewißheit behaupten, läßt sich die notwendige, mögliche und der modernen Lebenswelt ebenso, wie dem modernen Bewußtsein zuträgliche neue Ethik gründen.
Dennoch ist die Zurückhaltung der Philosophie ihrerseits wiederum erklärlich und durchaus begründbar, denn wenn die neue Ethik eine der Verantwortung sein soll, worüber noch Einigung zu erzielen wäre, und selbst wenn das gesuchte Ethos in seiner Funktion beschreibbar ist, so läßt sich unstrittig kaum ein Prinzip angeben, das als Garant unserer Verantwortlichkeit so fundiert ist, daß wir uns sicher sein können, tatsächlich verantwortliche Wesen zu sein. Ob wir überhaupt verantwortlich sein können, ob wir überhaupt zu einer globalen Verantwortung fähige Wesen sind, oder als Gattung lediglich besonders ausgezeichnete Überlebenskünstler, die als solche schließlich doch den Weg alles Irdischen gehen werden, wird kaum zu entscheiden sein. Zwar sind derartige Fragen eher das Problem persönlicher

---

[337] „Allein mit der Universalnorm als Regulativ allen Handelns läßt sich ein Vernunftstaat begründen und ausführen, der die tendenzielle Selbstaufhebung der Gattung jedenfalls tendenziell erneut aufhebt. Durchsetzen läßt sich dieser Vernunftstaat allein von der politisch gewordenen Philosophie selbst: also von Philosophen, die bereit sind, Macht zu übernehmen. Diese Macht bedarf der transsubjektiven Kontrolle. Solche Kontrolle angesichts des totalen Drucks, den Holozid zu verhindern, ist nicht jederzeit, ... transsubjektiv gewährleistet. Deshalb kann die Macht legitim nur ausgeübt werden von jederzeit an das Gesetz der Vernunft Gebundenen. Nur dann ist der Terror der ethischen Vernunft ein vernünftiger Schrecken." (Hans Ebeling: Gelegentlich Subjekt. Gesetz: Gestell: Gerüst; Freiburg, München 1983. S. 130.)

Weltanschauung, dennoch verweisen sie hier auf einen ernstzunehmenden Hintergrund: Wenn nämlich keine Pflicht der Menschheit zu sein, wenn keine Verantwortung gegenüber zukünftigen Generationen, oder gegenüber dem Leben der Biosphäre konstatiert werden kann, wenn also dementsprechende Letztbegründungen versagt sind und wenn das Ethos der Verantwortung nur durch ein aus freiem Willen, individuell übernommenem Pflichtbewußtsein entsteht, aus Anlaß einer Sorge, die wir als Entstehung eines ökologischen Bewußtseins beschrieben haben, wenn zudem keine Möglichkeit besteht, die anthropozentrische Sicht der Natur aufzugeben, dann kann diese neu entstandene Sorge um die natürlichen Grundlagen der menschlichen Lebenswelt nicht, wie gemeinhin angenommen, aus Sorge um die Wahrung ‚der' Natur, sondern nur vor dem Hintergrund einer Sorge um die Wahrung der ‚Natur' des Menschen entstanden sein. Diese Sorge um die überlebensnotwendige Natur des Menschen sucht dann aber in der Frage nach den natürlichen Grenzen des Überlebens nicht eigentlich den Schutz der äußeren Natur, sondern den Schutz ‚der' inneren Natur des Menschen. Nur so wäre schließlich das ökologische Bewußtsein in sich konsistent, wenn es in dem Bestreben aus Sorge um die eigene Selbsterhaltung sucht, seine natürlichen Grundlagen zu wahren.
Worin diese innere Natur des Menschen besteht und auf welchen natürlichen Grundlagen sie beruht, werden wir allerdings an dieser Stelle ebensowenig, wie im Vorangegangenen konkret beantworten können; keinesfalls jedoch nivelliert seine Unbestimmtheit die Sorge eines Bewußtseins um seine Selbsterhaltung, möglicherweise folgt aus der Unbestimmtheit durch die größere Unsicherheit auch ein unbedingteres Bestreben, sein Sein zu sichern. Zu den natürlichen Grundlagen zählen indessen, wie sich in unserer Untersuchung zur ästhetischen Ökologie gezeigt hat, nicht nur die Aspekte einer auf den ‚Stoffwechsel' reduzierten Natur, denn insbesondere ästhetische Ambitionen gehen weit darüber hinaus; im Naturerhabenen etwa nähern sie sich dabei durchaus Erfahrungen einer möglichen an–sich–seienden Natur. Für die hier vorgenommene Reduktion des ökologischen Bewußtseins auf das Prinzip der Sorge um die Selbsterhaltung im Sinne des Schutzes der inneren Natur spricht nicht nur der Umstand, daß bei seiner Konstitution keinerlei Ontologie oder Metaphysik in Anspruch genommen wurden; gleichzeitig tragen wir damit auch dem Umstand Rechnung, daß zwar Werte für Grenzbelastungen der äußeren Natur zur Ausrichtung einer ökologisch–orientierten Lebenswelt mitunter möglich, politisch opportun und unbedenklich erscheinen mögen, wohingegen die tatsächliche Orientierung und die Anerkennung derartiger von der äußeren Natur abgeleiteten ‚Normen' stets abhängig bleiben von Überzeugungen individueller Anschauung und Entscheidungen individueller Ethik, es handelt sich dabei jedoch nicht um (Grenz–)Werte, die quantifizierbar wären.

Fraglich ist, welche Geltung die gefundene Hypothese beanspruchen darf, fraglich sind ihre Modalitäten und Relationen. Wir nähern uns der Möglichkeit einer klassischen Definition, wenn die mit dem Ökologischen

verbundene Intentionalität als eine spezifische Sorge um Selbsterhaltung erweisbar wäre. Damit wäre das genus proximum gegeben, worin aber läge dann die differentia specifica? — Nun kann das Bewußtsein dieser Sorge um Selbsterhaltung nicht mehr dasjenige einer reinen Selbstbezüglichkeit sein, denn unter dem Eindruck der Debatten um Tierschutz und durch das zunehmende Wissen um die fragilen und filigranen Gefüge der Biosphäre kehrt als zentrales Motiv stets auch die Kritik an den bisher geltenden Prinzipien der Selbsterhaltung wieder zurück.
Ökologie bedeutet für dieses Bewußtsein die Einsicht in die Notwendigkeit, in Fragen der Selbsterhaltung nicht mehr (allein) den Prinzipien der reinen Selbstbezüglichkeit nach Maßgabe anthropozentrischer Standpunkte zu vertrauen, sondern die Erkenntnis, daß die Sicherung des eigenen Seins mitunter durchaus erst durch die Sicherung anderen Seins gewährleistet werden kann. Das Ethos dieser pragmatischen Einstellung mit seiner unmittelbaren Evidenz wirft dabei kaum die Begründungsprobleme ethischer Diskurse auf, ebensowenig werden allerdings dadurch deren Konfliktpunkte berührt, sondern mitunter zu Recht vermieden.
Ökologische Prinzipien zur Organisierung einer konvivialen Lebenswelt sind nicht allein auf eine ethische Begründung verwiesen — wobei der ästhetischen Begründung erklärtermaßen und zu Unrecht nur geringfügiger Geltungsanspruch eingeräumt wird, ihre Anerkennung erhalten sie zunächst noch von den klassischen, traditionellen Prinzipien der Selbsterhaltung. Aber ihre eigentliche Anerkennung erwächst ihnen fast täglich mit jedem technischen Unfall und mit jedem noch so lancierten Zweifel in die Sicherheit und Unbedenklichkeit der modernen technischen Errungenschaften. Hier zeigt sich mitunter, wie sehr emotive, aber auch irrationale Momente, Äußerungen dieser Sorge um Selbsterhaltung auf ihre Weise mitbestimmen. Doch wird die wachsende Anerkennung ökologischer Argumente, die mit jedem begründbaren oder unbegründeten Mißtrauen zunimmt, in absehbarer Zeit schließlich zu einer Belastung der ökologischen Sicht führen, wenn diese ihrem Anspruch gerecht werden soll.

> „Aber, um zur Zukunft zurückzukehren ... Wollte ich das Buch nun von neuem schreiben, böte ich dem Wilden eine dritte Möglichkeit. Zwischen der utopischen und der primitiven Alternative des Dilemmas läge die Möglichkeit geistesgesunden Lebens, bereits einigermaßen verwirklicht in einer Gemeinschaft von Verbannten und Flüchtlingen aus der schönen neuen Welt, welche innerhalb einer Reservation leben. In dieser Gemeinschaft wäre die Wirtschaft dezentralistisch und henry-georgeisch, die Politik kropotkinesk und kooperativ. Naturwissenschaft und Technologie würden angewendet, als wären sie, wie der Sabbath, um des Menschen willen gemacht, nicht, als sollte der Mensch (wie gegenwärtig, und noch mehr in der schönen neuen Welt) ihnen

> angepaßt und versklavt werden. Religion wäre das bewußte und verständige Streben nach dem Endziel des Menschen, nach der einenden Erkenntnis des immanenten Tao oder des Logos, der transzendenten Gottheit oder des Brahman. Und die vorherrschende Lebensphilosophie wäre eine Art von höherem Utilitarismus, worin das Prinzip des größten Glücks dem des höchsten Zwecks untergeordnet ist — und die erste, in jeder Lebenslage zu stellende und beantwortende Frage hieße: ‚Wie würde dieser Gedanke oder diese Handlung es fördern oder hindern, daß ich und die größtmögliche Zahl andrer das Endziel des Menschen erreichen?' "[338]

Es scheint, als sei die Intention des ökologischen Bewußtseins reduzierbar auf Prinzipien eines Willens zur Selbsterhaltung. Diese Reduktion trifft nicht nur den Kern der Appelle zu ökologischer Um–, Neu– oder Grundorientierung, sondern — was entscheidend ist, die Paradigmatik des Ökologischen selbst. Die allmählich allgemein bewußt werdenden Einsichten in die Gefahren der herkömmlich orientierten Techniken der Selbsterhaltung und die mittlerweile allenthalben sichtbaren Zeichen ihrer Kontraproduktivität, verweisen schließlich reflexiv und kritisch zugleich auf eine ökologische Paradigmatik in der Doppelfunktion des Indikators und des Korrektivs. Insbesondere die Verfahrensweisen industriell organisierter Lebenswelten werden nicht umhin kommen, die Wahrnehmung von Selbsterhaltung mit der Wahrung ökologischer Kriterien sorgsam zu verbinden, und u.U. wird auch die völlige Neuorientierung herkömmlicher Techniken unvermeidbar werden.

Es ist allerdings nicht so sehr diese Fragestellung nach der Notwendigkeit derartiger Konsequenzen, von der unsere schwerwiegendsten Probleme ausgehen, es sind vielmehr die Fragen nach den Möglichkeiten derartig neuer Orientierungsweisen und dabei sind es weniger die Folgen für Technik, Produktion und Konsum, sondern vielmehr Fragen nach dem Begriff ‚humaner Lebensverhältnisse' und nach der Gestalt zukünftiger Gesellschaften und ggf. ökologisch orientierter Lebenswelten, die uns in erster Linie zu beschäftigen haben. — Wird vor diesem Hintergrund der Gedankengang weitergeführt und eine Neuorientierung im Prinzip der Selbsterhaltung konzediert, so stellt sich allerdings ‚Selbsterhaltung', wenn sie zum Prinzip erhoben wird, aus veränderter Perspektive als Minimalismus heraus.

[338] Aldous Huxley: Schöne neue Welt. Ein Roman der Zukunft. Übers. v. H.E. Herlitschka; Frankfurt 1977. Vorwort S. 8f.

Kapitel 3

Utopie

3.1 Ökotopie: Paradigmen einer ökologischen Kritik des Utopischen

„Die Vokabel ‚Utopie' ist gegenwärtig ungemein beliebt. Will aber einer genauer wissen, was inhaltlich mit ihr gemeint ist, sieht er sich bald in Verlegenheiten."[1]

1968

„‚Ökologie' steht nicht nur für eine Wissenschaft, sondern auch für einen ganzen Komplex von Werthaltungen, steht für eine Weltanschauung und ein Lebensgefühl. ‚Ökologie' ist ... oberster utopisch–normativer Begriff."[2]

1987

Werden die zuvor erarbeiteten Intentionen des ökologischen Bewußtseins als Rahmenbedingungen für jedwede Utopie geltend gemacht, so treten Utopie und Ökologie in ein Verhältnis krasser Widersprüche. Die ökologische Perspektive entzieht dem Utopischen jegliche Perspektivität, sie unterminiert utopische Zentralkategorien, gibt ihnen eine neue Bestimmung und funktioniert sie für die eigene Zwecksetzung um. Gegen utopische Hoffnung macht sie Erfahrung geltend, gegen den utopischen Drang — Grenzen. Aus der ökologisch versierten Kritik traditioneller utopischer Intentionen resultiert schließlich ein nicht mehr zu beruhigender Zweifel an bislang noch geltend gemachten und für unbedenklich gehalten Positionen, wie etwa Glaubensbekenntnisse technischen und kulturellen Fortschritts, der Standpunkt des Anthropozentrismus, die gleichfalls problematisch gewordenen Zweck– und Mittelrelationen, usw. — Es sind aber, bei näherem Hinsehen, tatsächlich nur einige zentrale Positionen des Utopischen durch ökologische Kriterien außer Funktion gesetzt,

[1] Arnhelm Neusüss: Schwierigkeiten einer Soziologie des utopischen Denkens. In: Ders. (Hrsg.): Utopie. Begriff und Phänomen des Utopischen; Neuwied, Berlin 1968. S. 13.

[2] Ludwig Trepl: Geschichte der Ökologie. Vom 17. Jahrhundert bis zur Gegenwart. Zehn Vorlesungen; Frankfurt 1987. S. 12.

infolgedessen entsteht jedoch ein Orientierungsdefizit im Nahraum ihrer konkreten Perspektiven.
Auf einen Verlust utopischer Perspektivität folgt jedoch unmittelbar der Ausfall ihrer gesellschaftlichen Funktion. Utopien bedürfen nicht nur selbst der Ausrichtung, sie leisten, begründen und sichern — sie sind Orientierung schlechthin. Wäre der Begriff nicht anderweitig fixiert, so ließe sich behaupten, Utopien seien vorwärtsgewandte Mythen, denn wie diese orientieren sie in Sein und Zeit. In Kulturen ohne Historizität sind es narrative ‚Begründungen' vom Ursprung des Seins; in Kulturen, die sich in historischen Wandlungsprozessen befinden, sind es diskursive ‚Vorstellungen' vom gelungenen bzw. mißlungenen Ende der (Geschichts-)Zeit.[3] Ein besonderes Problem, nicht nur der Utopien selbst sondern auch ihrer Hermeneutik, liegt dann vor, wenn sich Utopien um Vorstellungen derartiger Endzustände bemühen, denn hier müßte die Endzeitutopie erklärtermaßen und begründbar in einen Ursprungsmythos sich zurückverwandeln. Das bekannte Phänomen vom Melancholieverbot hat hier seinen Ort in einem allerdings nun (wieder) geschichtslos gewordenen Sein.
Zugleich ist damit bei Utopien und Rezipienten die Grenze des Vorstellbaren erreicht, wenn nicht überschritten; der Kritik sind letztlich immer noch Kriterien verblieben und das immer noch denkbare Ungenügen veranlaßte daraufhin, theoretisch einen unabschließbaren, darum offenen Prozeß anzunehmen, daher wurden die Bilder utopischer Verhältnisse abstrakter.[4] — Utopien sind nicht lediglich Versuche, Geschichte zu lenken und durch Zieloptionen zu orientieren, sie sind als ‚Geschichten' selbst der Geschichte unterworfen und bedürfen als Orientierende selbst der Orientierung. Wer Utopien formuliert, deklariert Werte, aber die Wahl muß begründet werden, das Genre verlangt Methode, die Diskurse bestehen darauf.

Auf drei Ebenen läßt sich das Utopische thematisieren: Zunächst ist die Vielzahl konkreter Utopien, wie etwa diejenigen eines Morus, Bacon oder Campanella abzugrenzen gegenüber Utopie-Theorien, wie etwa denjenigen von Ernst Bloch oder Karl Mannheim. Darüber hinaus erscheint es mittlerweile denkbar, auch eine Metatheorie des Utopischen formulieren zu können, und erst auf dieser dritten Ebene wird unsere Frage nach Verantwortlichkeit versus Unverantwortlichkeit ‚der' Utopie beantwortbar, und wir erhalten die Möglichkeit, in der Auseinandersetzung zwischen Ökologie und Utopie einen Vergleich vorzunehmen.

---

[3] „Die grobe Unterscheidung verläuft zwischen ‚heißen' und ‚kalten' Gesellschaften, zwischen Entwicklung und Unterentwicklung, Gesellschaften ‚mit' Geschichte und Gesellschaften ‚ohne' Geschichte, ..." (Marshall Sahlins: Kultur und praktische Vernunft. A.a.O. S. 297.)
Vgl. hierzu nochmals S. 52f. dieser Arbeit.

[4] So sah Theodor W. Adorno keine andere Möglichkeit „... als äußerste Askese jeglichem Offenbarungsglauben gegenüber, äußerste Treue zum Bilderverbot, weit über das hinaus, was es einmal an Ort und Stelle meinte." (Theodor W. Adorno: Vernunft und Offenbarung. In: Stichworte. Kritische Modelle 2; 5. Aufl., Frankfurt 1980. S. 28.).

Augenfällig wird dabei zunächst eine nicht zu unterschätzende Bedeutung, die den Utopien als Möglichkeit der Konsensfindung zukommt. Zudem verfügen diese Diskurse über eine immense Integrationsfähigkeit als Reflexionsmedium gegenwärtiger Wirklichkeit; wie Rainer Piepmeier schreibt, transgredieren sie ihre jeweils gegebene Wirklichkeit.[5] „Die Konstanten des europäisch–neuzeitlichen Wirklichkeitsverständnisses stehen zur Disposition der kritischen Erörterung."[6] Ob als Idealvorstellung oder Schreckensvision, sofern sich eine Fiktion dem methodischen Kalkül und den mit der Formulierung von Utopien verbundenen Begründungspflichten unterziehen läßt, das Genre erlaubt nicht nur, es ermöglicht ihren Diskurs. „Nicht in der positiven Bestimmung dessen, was sie will, sondern in der Negation dessen, was sie nicht will, konkretisiert sich die utopische Intention am genauesten."[7] Utopien sind metatheoretisch als Experimental–Ethiken charakterisierbar, die methodisch immer schon um die Überzeugung Andersdenkender und daher um Selbstzweifel und um die Anerkennung der skeptischen Vernunft bemüht sind. „Nicht die Bilder des Besseren an sich werden denunziert, sondern die auch in solchen Bildern immer schon enthaltene Kritik am Bestehenden."[8]

Ein genereller Verzicht auf Utopien, wie von Hans Jonas gefordert, ist selbst im Rahmen einer dementsprechenden Utopie kaum vorstellbar; die zuvor erwähnte Grenze, jenseits derer die Endzeitutopien wieder in einen Ursprungsmythos konvertieren müßten, wäre überschritten — unter diesen Umständen sind Melancholieverbot und Utopieverbot zwei Seiten desselben Phänomens.[9] Ein nach Ansicht von Hans Jonas gebotener, gänzlicher Verzicht

---

[5] Vgl. Rainer Piepmeier: Utopie: Phantasie und Erinnerung. In: Utopia. Ref. u. Texte d. 6. Int. Symp. 1984; hrsg. v. d: Griech. Humanist. Ges.; Athen 1986. S. 82.

[6] Ebd. S. 83.

[7] Arnhelm Neusüss: Schwierigkeiten einer Soziologie ... a.a.O. S. 33.

[8] Ebd. S. 33.

[9] Am spekulativen Ende aller Geschichte sichert das Melancholieverbot eine nunmehr wohl eingerichtete Welt. Die Fichtesche Bestimmung des Menschen wäre eingeholt, Es ist Ich geworden, auch die Natur hat ihren Widerstand gegen das regnum hominis aufgegeben. Das Verbot jeglicher Melancholie im geschlossenen Weltbild einer derartigen Kultur hätte die Funktion einer neuen Mythologie, die jeden Anflug einer Empfindung des Ungenügens auszugleichen hätte; negativ tritt dieses Phänomen in den Fiktionen als Euthanasie, Eugenik, Psychotechnik, oder etwa wie bei Aldous Huxley als Barbiturat (den ‚happy pills') in Erscheinung. Intendiert ist damit die Erhaltung der erreichten sozialen Homöostase für alle Zeit und vor allem soll dadurch das Entstehen neuer Antagonismen vermieden, jeder erneute Rückfall in Prozesse von Historizität soll verhindert werden — die Funktion von Melancholieverbot und Utopieverbot ist daher dieselbe.

Fraglich ist, ob Fiktionen gesellschaftlicher Endzustände stets den Charakter von Menetekeln tragen müssen. Denn es ließe sich der Einwand gegen derartige Projektionen geltend machen, hier werde eine Vorstellung des Unvorstellbaren versucht. Regelmäßig scheitern dabei positiv gedachte Fiktionen am eigenen Anspruch auf eine auch (besser: gerade) unter utopischen Verhältnissen gewährleistete Autonomie der Einzelsubjekte. Ein solches Ansinnen widerspricht jedoch stets dem Prinzip einer mythisch orientierten und geschichtslosen Lebenswelt; ihre symbolische Ordnung läßt das Auftreten autonomer Subjekte nicht zu, oder sie zerbricht daran. — Hinzu kommt hier das Ungenügen möglicher Subjekt–Theorien, denn wie sollte entschieden werden, ob die Subjekt–Autonomie ein nur auf Utopien als notwendig gewordenes Opfer für die Zukunft, damit überhaupt noch menschliches Sein möglich sei, ist nicht nur schwer vorstellbar, es wäre nicht ratsam, unter den möglichen Opfern für ‚die' Zukunft ausgerechnet zukunftsbezogenes Denken auszuwählen und abzuverlangen. Als unmittelbare Folge eines solchen Denkverbotes zählte der Ausfall ihrer kommunikativen Funktion möglicherweise nicht einmal zu den verheerendsten Auswirkungen.[10] — Keine Kritik sollte daher vorschnell durch unspezifische Angriffe auf ‚das' Utopische die Kriterien dessen zu bestimmen suchen, was Verantwortlichkeit ausmacht und damit jede weitere Möglichkeit zum Diskurs als Voraussetzung zum gesellschaftlichen Konsens gefährden oder gar aufkündigen, noch bevor einsehbar werden konnte, ob nach Maßgabe der vorgebrachten Kriterien nicht lediglich eine Revision überkommener und mißliebig gewordener, einzelner utopischer Positionen hinreichend wäre; auch die ökologische Kritik sollte zunächst alle Möglichkeiten der immanenten Auseinandersetzung erschöpft haben, bevor eine Sprengung des diskursiven Rahmens als Fall einer wohlbegründeten ultima ratio in Erwägung gezogen und geltend gemacht werden darf.

Eine Verwendung ökologischer Kriterien bei der Formulierung von Utopien und die allgemeine Anerkennung von Grenzbedingungen und Grenz–‚werten' bei der Bewertung dessen, was zuträglich und wünschbar ist, wird unvermeidbar sein, wenn der gesellschaftliche Diskurs der Konsensbildung über Zukunftsprojektionen und zukünftige Projekte erhalten und nicht gefährdet werden oder etwa zerbrechen soll. Dabei kommt die ökologische Kritik utopischen Intentionen in wesentlichen Momenten und mit vergleichbaren Motiven durchaus entgegen: Zum einen verfügt der Wille zu ökologischer Verantwortung seinerseits die Geltung einer Utopie, nämlich derjenigen einer umfassenden Heuristik technogen–anthropogener Folgenabschätzung. Zum anderen induziert das ökologische Naturverständnis in seiner naturwissenschaftlichen, ästhetischen und ethischen Wahrnehmung von Mensch und Natur, von äußerer Umwelt und innerer Natur des Menschen, zwar die Revision bisheriger Technophilie und jener Ignoranz, der bisher unzählige Naturräume, Arbeitswelten und Lebensräume unterschiedslos zum Opfer gefallen sind, aber sie

---

vorübergehendes historisches Phänomen ist? — Demnach muß der utopisch–hypothetische Fall eines tertium datur offen bleiben, besonders unter dem Eindruck einer noch weitergehenden Utopie, derjenigen nämlich vom (wie immer auch) historisch allmählich zu sich gekommenen Menschen.

[10] Karl Mannheim zufolge würde das völlige Verschwinden des Utopischen die Gestalt der gesamten Menschwerdung transformieren:

„Das Verschwinden der Utopie bringt eine statische Sachlichkeit zustande, in der der Mensch selbst zur Sache wird. Es entstünde die größte Paradoxie, die denkbar ist, daß nämlich der Mensch der rationalsten Sachbeherrschung zum Menschen der Triebe wird, daß der Mensch, der nach einer so langen opfervollen und historischen Entwicklung die höchste Stufe der Bewußtheit erreicht hat — in der bereits Geschichte nicht blindes Schicksal, sondern eigene Schöpfung wird —, mit dem Aufgeben der verschiedenen Gestalten der Utopie den Willen zur Geschichte und damit den Blick in die Geschichte verliert." (Karl Mannheim: Ideologie und Utopie; 6. Aufl., Frankfurt 1978. S. 225.).

induziert nicht das Ende aller Technik und noch weniger das Ende aller Utopie. Ebenso wie die bisherige Rationalität instrumenteller Vernunft auf eine ökologische Kritik nur mit deren Anerkennung und durch die verbindliche Übernahme ökologischer Prinzipien wird reagieren können, ebenso werden Utopien gehalten sein, ökologische Kriterien zu integrieren. Von nun an muß jegliche Utopie eine ökologische sein.

Entsprechend der Generalklausel ökologischer Kritik ist stets zu fragen, ob nicht auf längere Sicht viele der herkömmmlichen Verfahrensweisen der Selbsterhaltung geradewegs Potentiale der Selbstgefährdung produzieren. Dementsprechend werden bislang noch nicht übliche ‚Funktionserweise' gefordert sein, nämlich Nachweise fehlender Dysfunktionalität, fehlender Kontraproduktivität und gesicherter Konvivialität.[11] Nicht nur Technik und Naturbild, sondern auch diejenigen utopischen Positionen sind von dieser Kritik unmittelbar betroffen, die ökologisch–kontraproduktive Verfahrensweisen präferieren. Es zeigt sich in dieser Auseinandersetzung zwischen Ökologie und Utopie allerdings nicht nur ein Orientierungsdefizit der utopischen Perspektiven, denn zugleich kann gegen einen strengen Ökologismus der Einwand geltend gemacht werden, die ausschließliche Orientierung am Prinzip einer (ökologisch orientierten) Selbsterhaltung sei ein anthropologischer Minimalismus. Um aber die Gegenfrage beantworten zu können, ob der Mensch (nur) existiere um (ökologisch–versiert) zu überleben,[12] muß sich die ökologische Kritik nun ihrerseits um einen spezifischen utopischen Blickwinkel bemühen.[13] Dementsprechend formulieren wir nun unsere Fragen, die im Zusammenhang der bisherigen Ergebnisse weiterverfolgt werden sollen: Unter welchen Bedingungen erscheinen die Möglichkeiten einer notwendig gewordenen ökologischen Kommunikation, und wie können ihre Diskurse programmatisch werden und damit zu Maximen der Praxis führen? Gibt es Möglichkeiten zur allgemeinen Bestimmung einer ökologisch–versierten Utopie und welche diskurs– und erkenntnistheoretischen, welche technik– und naturphilosophischen Standards wären davon betroffen?

---

[11] Vgl. hierzu: Ivan Illich: Selbstbegrenzung. Eine politische Kritik der Technik. Übers. v. N.T. Lindquist; Hamburg 1975.

[12] „Das Leben ist der Güter höchstes nicht ..." (Friedrich Schiller: Die Braut von Messina. In: Werke. Bd. 10; hrsg. v. S. Seidel; Weimar 1980. S. 125.)

[13] „Die Entscheidung, ob das Leben sich lohne oder nicht, beantwortet die Grundfrage der Philosophie. Alles andere ... kommt erst später." (Albert Camus: Der Mythos von Sisyphos. Ein Versuch über das Absurde. Übers. v. H.G. Brenner u. W. Rasch; Hamburg 1959. S. 9.)

3.2 Neue Kosmologie — Legitimationsfragen im Diskurs zwischen ökologischem Bewußtsein und dem Geist der instrumentellen Vernunft

Was im Vorangegangenen das ‚ökologische Bewußtsein' genannt wurde, soll nun nicht mehr als fixes, gewordenes Bewußtsein aufgefaßt werden, vielmehr soll im Folgenden der Versuch unternommen werden, zu beobachten, wie sich dieser Prozeß des Bewußtwerdens im einzelnen vollzieht. Die nachweislichen Phänomene einer zunehmend sensibler werdenden Erfahrung von Umweltinterdependenzen lassen relevante Ereignisse und Strukturen vermuten, von denen die Geschichte der Konstitution eines derartigen Bewußtseins bestimmt wird. Dennoch handelt es sich beim Begriff eines ökologischen Bewußtseins zunächst lediglich um die Vorstellung eines werdenden Geschichts-Subjekts, dessen tatsächliche Existenz anfangs nur ‚für uns' gegeben ist, dabei soll jedoch der denkbare, theoretische Verlauf des Werdegangs unseres hypothetischen Bewußtseins nach Möglichkeit mit dem tatsächlichen, empirischen Verlauf der Zeitgeschichte korrespondieren; nur so kann unsere Darstellung dem möglichen Einwand ‚reiner' Spekulation widerstehen. Der theoretische Ausgangspunkt, der zur Bildung dieser Hypothese führte, sollte allerdings nicht im mindesten als Ausdruck zweckrationaler Hoffnung mißdeutet werden und ebensowenig etwa als Produkt einer theoretischen Ausgefallenheit, denn wir können von der Annahme ausgehen, daß die Erfahrung ökologischer Desaster quantitativ und qualitativ zunehmen wird. Im positionalen Zentrum der eintreffenden Erfahrungen, etwa im Spektrum der ‚öffentlichen Meinung' läßt sich daraufhin aus kontrafaktischer Reaktion die Konstitution eines geschichtsleitenden Subjekts erwarten. Unter dem Eindruck einer immer unmittelbarer erfahrbar werdenden Gefährdung entsteht schließlich früher oder später — entweder gezwungenermaßen oder aus Einsicht in die Notwendigkeit — eine allgemeine Bereitschaft, oder der Zwang, sich der Prinzipien ökologisch-orientierter Selbsterhaltung zu versichern. Fraglich ist jedoch, bei den einzelnen denkbaren Varianten dieser Geschichte, wann ein solcher Zeitpunkt gekommen sein wird, daher versetzen wir uns in die Situation eines Historikers, der mit gezielten Fragen die jeweils entscheidenden Ereignis- und Entscheidungsstrukturen zu rekonstruieren sucht und stellen jene provozierend einfache Frage, die gemeinhin unverblümte Antworten verlangt, — wie etwas sich hatte ereignen können. Unsere ‚Retrospektive', die uns den Blick auf diese ‚Geschichte' eröffnen soll, liegt also außerhalb des Horizonts von Erfahrung, Ereignis und Bewußtwerdung. Der hypothetische Prozeß jenes hypothetischen Bewußtseins erscheint dementsprechend fiktiv als Versuch von Antworten auf jene post factum gestellten Fragen, und aus dieser Sicht zeigt sich uns der

Weg eines Bewußtseins, das allmählich zu sich kommt und auszieht, um das Fürchten zu erlernen.
Eine Analyse der Entstehungsbedingungen des ökologischen Bewußtseins ermöglicht den Einblick in seine innere Struktur. Es entstand, als Reaktion auf die ökologische Wende[14] von 1972, in einer Situation allgemeinen öffentlichen Räsonierens aus der spontanen Einsicht in die Dichotomie von Wachstum und Umwelt. Zu Beginn seiner Genese ist es ein Resonanzbewußtsein und als solches zunächst noch hohl und leer. Um das Zauberwort vom Ökologischen organisierte sich der Hohlraum einer Bewußtseinshaltung, deren Leistung in diesem Stadium noch keine größere war, als diejenige eines diffusen Gedächtnisses für ‚relevante' Erfahrungen, Ereignisse und vermeintliche Einsichten. Als Gedächtnis ist es jedoch noch nicht Bewußtsein, es fehlt eine Theorie, die seine Erfahrungen orientiert. Ohne eine Einsicht, wie sie nur von einer spezifischen Theorie vermittelt werden kann, ist es zwar Gedächtnis, gleichsam ökologisches Gewissen, aber als Bewußtsein ist es den eintreffenden Ereignissen gegenüber rat- und hilflos, es kann sie nur notieren und sammeln. Der Übergang vom hilflosen Gewissen zum ökologischen Bewußtsein vollzieht sich in der ökologischen Wende, durch die Adaption einer bestimmten theoretischen Sicht entsteht die Möglichkeit eines Bewußtseins, das sich in spezifischer Weise der gesammelten Erfahrungen bedienen kann. Insofern gründet sich dieses Bewußtsein selbst, nämlich ex negativo, seine Identität ist zunächst hypothetisch und seine Orientierung entnimmt es der Dichotomie ökologisch — nicht-ökologisch. Als Bewußtsein ist es jedoch negatives Bewußtsein, denn es bezieht sich negativ auf das, was es in seinem Gedächtnis bewahrt, auf Ereignisse, die nicht hatten sein sollen. Zugleich mit den Ereignissen, gegen die es sich wendet, fallen ihm allerdings auch positive Momente zu, denn durch jedes dieser Ereignisse, die es äußerlich negiert, wird es gleichzeitig in seiner Auffassungsweise und in seinen Intentionen bestätigt. Das neu entstandene Bewußtsein wird so in seiner Negativität stets wieder neu und zunehmend bestärkt, so daß es schließlich nicht mehr lediglich Ereignisse nur notiert, vielmehr tritt es darüber hinaus auch in Widerspruch zu denjenigen Verhältnissen, die es als ursächliche für die Möglichkeit ökologischer Desaster vermutet. Damit begibt es sich in den Prozeß seiner Genese und auf die Suche seiner Identität; es muß aus der Negativität heraus und positives Bewußtsein, d.h. theoretisch werden. — Während es als negatives Bewußtsein mitunter bereits anerkannt wird, erscheint es jedoch schlicht naiv in dem, was es intendiert. Zwar ist der oftmals Kritikern entgegengehaltene Einwand, eine jede Kritik sei nur dann zulässig, wenn sie mit praktikablen Alternativen belegt werde, nicht ohne weiteres vertretbar, um eine alternative Praxis positiv vertreten zu können, stellt sich das Bewußtsein dieser Aufgabe indessen selbst; die Suche eines eigenen Weges zur positiven Bestimmung einer ökologisch-versierten Selbster-

[14]Siehe hierzu S. 81.

haltung erweist sich aber als ausgesprochen problematisch. Konkret spricht es daher stets nur aus, was nicht sein soll, nicht jedoch, wie anders genau zu verfahren sei; die allgemeine Bereitschaft ökologische Kritik als berechtigt anzuerkennen, ist bedeutend größer gegenüber der vergleichsweise geringen Akzeptanz für die vom selben Bewußtsein vertretenen Alternativen. Das zentrale Problem dieses Bewußtseins ist daher die Praxis der Lebenswelt und es steht dabei den vorausgeahnten Gefahren praktisch hilflos gegenüber, kann sie nach wie vor nur notieren, sich ihrer argumentativ bedienen und auf eine rechtzeitige Anerkennung ökologischer Prinzipien allenfalls hoffen, falls nicht jener sprichwörtliche ‚point of never return' im komplexen Zusammenhang möglicher Interaktionen noch schneller und unmerklicher als überhaupt zu vermuten ist, überschritten sein wird.

Im Streit um die Praxis ist jedoch nicht nur den Vorstellungen ökologischer Provenienz der Vorwurf von Naivität zu machen, denn das herkömmliche Vertrauen in die Zuträglichkeit bisheriger Praxis steht diesen letztlich nicht nach. Das kaum reflektierte Selbstvertrauen der instrumentellen Vernunft verfügt seinerseits nicht einmal über einen Begriff ökologisch gebotener Vorsicht, seine Praxis orientiert sich noch immer arglos am längst überholten Prinzip von trial and error; für diesen unerschütterlichen Geist dürfte jede Erkenntnis zu spät kommen. — Demgegenüber hat das utopische Denken die Erfahrung des Fiaskos bereits vorweggenommen, seine Erfahrung war zwar nicht die des Zusammenbruchs der Lebenswelt, aber es zerbrach ihm die Ideenwelt, als die auftretende ökologisch-motivierte Skepsis zahlreiche utopische Ideale desillusionierte. Utopien, sofern sie nach dieser Konfrontation mit der Frage ihrer ökologischen Vertretbarkeit überhaupt noch formulierbar sind, können daraufhin nur noch als ökologische ihre Anerkennung finden; daher kommt einer solchen utopischen Ökologie resp. einer ökologischen Utopie im Zusammenhang unserer Fragen auch die eigentliche Orientierungs- und Aufklärungsfunktion zu. Solange aber das naive ökologische Bewußtsein einerseits und der unbeirrbare Geist der instrumentellen Vernunft andererseits nicht in einen gemeinsamen Diskurs über ökologische Utopien eintreten, können sie sich allenfalls wechselseitig behindern, indem sie sich einander entgegenstellen, dann aber bliebe die praktische Dominanz der von der instrumentellen Vernunft vertretenen Rationalität in jedem Falle bestehen, allein durch die von ihr in Gang gesetzten Prozesse würde sie unwillkürlich ihrer Unzeit zugetrieben. Die vielfach in den Schriften von Max Horkheimer und Theodor W. Adorno geäußerte Vermutung eines möglichen Umschlagens der Aufklärung in den Mythos und der damit verbundene Rückfall in die ‚Barbarei' einer schließlich wieder mythisch-orientierten Lebenswelt wäre damit geradezu absehbar geworden; nur die möglichen Strukturen einer solchen Lebenswelt würden tatsächlich die Bezeichnung ‚Postmoderne' rechtfertigen.

So stehen sich zwei Seiten in einem Prozeß gegenüber, dem sie mehr und mehr ausgeliefert sind und der sich jeglicher Beherrschbarkeit zunehmend entzieht;

vielmehr tritt ihnen nun der Prozeß selbst als fremde Macht entgegen, wobei die Hoffnung, Fortschritt sei ein quasi natürlicher Wandlungsprozeß und daher immer auch Wende zu Besserem, sich längst als unbegründet erwiesen hat. Naivität und Verantwortungslosigkeit erweisen sich als zwei Seiten derselben Medaille, kein Alptraum vermag den Schlaf der instrumentellen Vernunft zu beenden, denn ihr selbstbewußter Geist präjudiziert die Bestimmungen für rechte, d.h. ‚rationale' Praxis, und er entlarvt daher das ökologische Bewußtsein mit seiner Naivität der Praxisferne als angeblich gefährlichen ‚Irrationalismus', folglich als Gespinst. Ein Diskurs kann unter diesen Voraussetzungen nicht stattfinden, ein Dialog beider Parteien, von denen die eine in dogmatischem Schlummer begriffen ist, während die andere vor Schreck die Sprache nicht findet, ist daher schwer vorstellbar; es sei denn unser hypothetisches Bewußtsein findet den Zugang zur Praxis, wenn es begreift, daß es nicht nur als ökologisches, sondern erst als utopisches Bewußtsein zu seiner Identität, zu seiner Positivität und zur Programmatik seiner Praxis finden kann. Erst durch eine Verbindung von Ökologie und Utopie entsteht die Möglichkeit zum Diskurs über eine Praxis, die im Begriffe ist, sich selbst ihr Ende zu bereiten.

Die vierte Kränkung des homo sapiens sapiens, nach Kopernikanischer Wende, Deszendenztheorie und Psychoanalyse wird demnach erwartungsgemäß die ökologische sein. Übersprungreaktionen sind angesichts bevorstehender Wendezeiten häufig zu beobachtende und erste Strategien der Immunisierung, sei es der verweigerte Blick durchs Fernrohr, die denunziatorische Rede von der ‚Affentheorie' oder die Verkürzung zum Sexualreduktionismus. In diesem Fall wird von Untergangsprophetien gesprochen, oder es wird das unzutreffende Beispiel der Kassandra gewählt, die bekanntlich recht gesehen hatte. Auch die Reduktion auf das Naturell des Charakters — Zuordnungen zum Pessimismus oder zum Optimismus — gelingen, recht besehen, nicht, denn während der Optimist in einer unüberschaubaren Lage den möglichen schlechten Ausgang nicht erwägt, möchte sich der Pessimist möglicher Beweggründe, die zur Hoffnung Anlaß geben könnten, versichern, und nur der Zyniker sieht sich tatsächlich in der Katastrophe bestätigt. Den negativen Grundbedingungen des Entwurfs entgegen, steht also die Möglichkeit einer veränderten Praxis; zwei Faktoren, die sowohl theoretisch als auch praktisch in der Dialektik von Selbsterhaltung und Selbstvernichtung zueinander in Widerspruch stehen, entscheiden den Prozeßverlauf. — Der Horizont der Selbsterkenntnis erweitert sich beim Geist der instrumentellen Vernunft nur synchron im Prozeß mit den von ihm selbst verursachten Ereignissen, er kann den naiven Glauben an seine Praxis erst dann aufgeben, wenn deren Unvertretbarkeit praktisch erwiesen ist. Das Ende seiner Dogmen wird zum Ende seiner selbst, für ihn fallen die Augenblicke von Selbsterkenntnis und Selbstvernichtung zusammen, daher kommt für den Geist jede Erkenntnis zu spät. — Mehr Hoffnung besteht für die Seite des ökologischen Bewußtseins, weil es durch den Prozeß, den es nicht selbst inszeniert, zu sich findet. Aus der Di stanz kann es ihm vorgreifen und nach Möglichkeiten suchen, seinen Verlauf zu verlangsamen oder vielleicht seine Tendenz zu verändern. Aus dieser Perspektive verfügt es zwar über die Möglichkeit, seinen Horizont über den jeweils aktuellen Stand auf kommende Ereignisse zu erweitern, aber es hat als asynchrones Moment die Schwierigkeit, erst in den Prozeß eintreten zu müssen, denn nur so kann es ihn auch beeinflussen, wobei es gleichzeitig wiederum Gefahr läuft, seine ursprüngliche Distanz zu verlieren. Der Preis für den Eintritt in die eigene Praxis wäre der Verlust seiner Unbefangenheit, denn es begibt sich damit in die Domäne der instrumentellen Vernunft, deren naive Praxis-Dominanz vorzeitig zu erschüttern ist, das aber gelingt nur im Verlauf eines dementsprechenden Diskurses. — Werden beide Seiten isoliert betrachtet, so erscheint die Entwicklung fatal und das Umschlagen von Selbsterhaltung in Selbstvernichtung unvermeidlich, ob mit oder ohne Bewußtwerden der Gefahren. Allein die Begegnung beider Prozeßgestalten kann Bedingungen schaffen, die Grundannahme unseres Entwurfs zu widerlegen; nur dann, wenn der im folgenden dargestellte Diskurs möglich und zur Voraussetzung einer neuen Praxis würde, dann wäre zumindest die fatalste Variante unserer Geschichte diejenige einer self destroying prophecy.

Der Geist der instrumentellen Vernunft verfügt über ein in sich stimmiges Repertoire an Strategien der Immunisierung, durch die das System die Methoden der Reflexion präjudiziert. Wenn nun das ökologische Bewußtsein in seiner ersten Erscheinungsform als ökologisches Gewissen, sich mit diesem Geist konfrontiert, so erscheint es als unsicheres Bewußtsein diesem als Frage und erhält dessen Selbstvertrauen zur Antwort. Die Strategien der Immunisierung sind auf dieser Ebene einfach und wirkungsvoll zugleich diejenigen einer allseitigen Beruhigung, dabei werden nicht nur die Besorgnisse des noch unsicheren Bewußtseins zerstreut, auch die um Aufklärung gebetene Instanz des Geistes geht zunächst aus jeder dieser Begegnungen als anerkannte Autorität eher gestärkt und noch selbstsicherer hervor.

Der erste Mißton in diesem ungleichen Verhältnis von Frage und Antwort, Versicherung und Vertrauen, der eigentliche Anlaß für den Beginn der Suche nach eigenständiger Orientierung entsteht aus der wachsenden Skepsis des Bewußtseins, ob der Geist die ‚Wahrheit' sagt, zumal die Zahl unerwünschter Ereignisse ständig zunimmt, die Worte der Beruhigung aber immer noch dieselben sind. Es fragt sich, worin denn jener Geist seine ‚Wahrheit', also seine Sicherheit gründet und erkennt, daß sich jener lediglich auf eine Geschichte bezieht, in der er sich zugleich als Prinzip und als Ziel begreift. Da sich unser Bewußtsein seinerseits jedoch negativ auf bestimmte Erscheinungen dieser Geschichte bezieht, entsteht aus der anfänglichen Skepsis an den Zielen solcher Entwicklung schließlich der Zweifel in die Vertretbarkeit einer derartigen Geschichtsphilosophie überhaupt. Konkret geht es hier um die Beantwortung der Frage, ob die soziokulturelle ‚Evolution' die Fortsetzung der Naturgeschichte sei.

Die Möglichkeit für den Beginn eines notwendigen Diskurses über ökologische Kompetenz und die Frage, inwieweit die Prinzipien und Methoden der instrumentellen Vernunft weiterhin vertretbar sind, angesichts einer quantitativ und qualitativ zunehmenden Zahl desaströser Ereignisse und symptomatischer Anzeichen einer Gefährdung der filigranen Zusammenhänge unserer politischen und natürlichen Umwelt, ist an die zentrale Bedingung geknüpft, ob es dem ökologischen Bewußtsein gelingt, den narzistischen Traum des Geistes zu beenden, unter die schützende Hülle von Wissenschaftsmythen, Fortschrittsglaube, Geschichtshoffnung und die Zuversicht des Machen-Könnens einzudringen und hier, in das Zentrum des Praktischen den Impuls der Selbstreflexion hineinzutragen. Denn seine Aura, die semipermeable Membran dieses Geistes, läßt grundsätzlich nur solche Impulse an sein Innerstes heran, die seinem Selbstverständnis zuträglich sind, nur solche, die den Bestand seiner Struktur und seiner Programmatik nicht in Frage stellen oder etwa gefährden können.

> „Wenn man mit großem Geschrei beklagt, die moderne Technik raube uns unsere Natur, so erliegt man einem Fehlurteil. (...)(...) Die natürliche Umwelt wird nicht von Techniken zerstört oder in ihrem Bestand gemindert, sondern von einer anderen natürlichen Umwelt modifiziert, in die sie sich einfügt. (...)(...) Menschliche Kunst drängt nicht nur die Natur zurück: vielmehr wird ein Zustand dieser Natur durch das Erscheinen eines anderen Zustands umgestürzt. Das bedeutet jedoch nicht die Umwandlung der natürlichen in eine technische Welt, sondern die Evolution der natürlichen Welt als solcher."[15]

Die bemerkenswerte Aura, mit der sich diese vor 20 Jahren offenbar durchaus noch vertretbare Universalgeschichte umgibt, derzufolge Kulturgeschichte als Fortsetzung der Evolution mit anderen Mitteln aufzufassen ist, erscheint uns unterdessen als ausgemachter Anachronismus. Die Grundlage solcher Zuversicht ist das geschlossene Weltbild eines Evolutionismus und das Rezept des hier von Serge Moscovici vertretenen materialistischen Monismus ist denkbar einfach: Die Geschichte der Natur evolvierte zum Menschen und dieser evolviert nun durch seine Geschichte diejenige der Natur weiter. Die Naturgeschichte wird von der Geschichte des Menschen über sich hinausgeführt, wobei die zugrunde liegende Ontologie faktisch evident werden soll, denn die Evolution führte zum Menschen, weil und damit dieser ... — Nun gäbe es im gedanklichen Zusammenhang dieses Zirkels zumindest noch die Möglichkeit eines Einwandes, nämlich darauf hinzuweisen, die ‚Evolution der Gesellschaftsordnung'[16] verlaufe offensichtlich diskontinuierlich und kontingent, aber Moscovici meint einen ganz bestimmten

[15] Serge Moscovici: Versuch über die menschliche Geschichte der Natur. Übers. v. M. Bischoff; Frankfurt 1982 (Erstmals erschienen unter dem Titel: Essai sur l'histoire humaine de la nature; Paris 1968). S. 42.

[16] Vgl. ebd. S. 24.

Gang der Geschichte, expressis verbis nur denjenigen, der von ‚Selektion' und ‚Höherentwicklung' bestimmt ist.

„Die Evolution werd's scho richtn,
Des ghert zu ihre Pflichtn."[17]

Programmatisch setzt Moscovici seine Akzente auf eine ‚Umordnung des natürlichen Zustands als solchem'[18] durch ‚Evolution der menschlichen Mächte'[19] mit dem Ziel der ‚Schaffung einer neuen Natur'[20]; dabei „... erlegt die Menschheit mit ihrem theoretischen oder praktischen Wissen den belebten oder unbelebten Kräften eine Entwicklung auf, die sich mit ihrer eigenen Entwicklung verknüpft."[21]. Damit werden für uns die Standards der noch ungeschmälerten Hybris jenes Geistes sichtbar, wie er kurz vor dem Eintritt der ökologischen Wende sich zur Anwartschaft auf Allmacht prädestiniert wähnte und sich zu noch weit Höherem berufen sah, als lediglich zu einem Umbau der Erde; dieser anthropozentrische Narzißmus greift allerdings noch weit darüber hinaus, der Mensch erscheint ihm in der Qualität eines Agens[22] von kosmologischer Bedeutung: „Der Naturfortschritt hat einen Zusammenhang zu unserer Gattung nicht nur, insofern diese ihren Fortbestand in einer gegebenen materiellen Welt zu sichern trachtet oder durch die Vereinnahmung der Kräfte dieser Welt wächst ..., sondern auch, insofern sie Urheber oder Kraftzentrum des Universums ist, in dem sie existiert."[23]. Im Hintergrund dieser überbordenden Emphase über Mission und Machbarkeit solcher ‚Indienstnahme der Natur'[24] läßt sich unschwer die zentrale Thematik der Naturphilosophie Hegels wiedererkennen, die Deutung der Natur als Außersichsein der Idee, als Leichnam–Natur[25] eines bereits zu Ende gegangenen Prozesses; eine Sicht, der etwa Ernst Bloch zeitlebens unter dem Verweis auf die Naturphilosophie Schellings entgegengetreten ist. Die Naturgeschichte als in eins genommene Geschichte von Natur und Zivilisation entfaltet ihre Gestalten nach Moscovici jedoch nicht — wie bei Hegel — aufgrund des Impulses einer göttlichen Idee,[26] denn die Prozesse der Naturseite verfolgen keinen noch so geheimen Plan, dennoch führte der

---

[17] H. Krieg, zit. n.: Reinhard Löw: Kann das Gehirn sich selbst erkennen? In: Alfred Locker (Hrsg.): Evolution — kritisch gesehen; Salzburg, München 1983. S. 165.

[18] Vgl.: Serge Moscovici: Versuch über die menschliche Geschichte der Natur. A.a.O. S. 38.

[19] Vgl. ebd. S. 32.

[20] Vgl. ebd. S. 44.

[21] Vgl. ebd. S. 46.

[22] Vgl. ebd. S. 38.

[23] Ebd. S. 426f.

[24] Vgl. ebd. S. 31.

[25] „... von der Idee entfremdet, ist die Natur nur der Leichnam des Verstandes." (Georg Wilhelm Friedrich Hegel: System der Philosophie. Zweiter Teil. Die Naturphilosophie. Sämtliche Werke. Bd. 9; hrsg. v. H. Glockner; Stuttgart 1958. S. 50.)

[26] „... sich zu entschließen, dieses Andere aus sich herauszusetzen und wieder in sich zurückzunehmen, um Subjektivität und Geist zu seyn." (Ebd. S. 49.)

blinde Wille ihrer Evolution immerhin zum Geist des Menschen, mit dem sie (für sich?) die Möglichkeit eines Subjektes und eines Schöpfers schuf, der von nun an ihr Schöpfer und ihr Subjekt werden sollte.[27] Im Konzept dieser eschatologischen Naturgeschichtsschreibung geht die Umwelt–Natur als Natur außer–uns schließlich vollkommen ein in unsere Geschichte als Natur für–uns, so daß es letztlich keinerlei Natur–Umwelt mehr geben kann, die nicht durch uns und unsere Eingriffe geschaffen oder inszeniert worden wäre. Natur wird damit objektiv und subjektiv diejenige des Menschen: „Die Natur, die wir kennen, hat zum Unterschied den Menschen: Sie ist seine Natur.“[28]. Somit wird also der Mensch zum Agens der gesamten Natur, und das Agens des Menschen beruht seinerseits auf der Fähigkeit, Wissen und Techniken der Umweltveränderung überliefern zu können,[29] dementsprechend stellt Moscovici das naturverändernde Moment der Arbeit ganz im Sinne des hegel–marxistischen Menschenbildes in das „... Zentrum der Mittel menschlichen Handelns, in ihr ist die objektive Realtiät potentiell angelegt.“[30].

Durch die Darstellung dieser Theorie verfügen wir nun über einen Einblick in das spezifische Selbstverständnis, wie der Geist der instrumentellen Vernunft sich als Vollstrecker des Willens zur Selbsterhaltung definiert. Dabei läßt sich unter seinen Kalkülen, im missionarischen Eifer seines notorischen Willens zu unbedingter Machtentfaltung, kaum die Spur eines Zweifels in die Erreichbarkeit dieser allzu hochgesteckten Ziele vernehmen. — Es wird eingeräumt, die natürliche Selektion beherrsche auch unsere Evolution[31], und in gewissem Maße könne sich der Mensch auch als Ordner und Organisator der Umwelt verstehen, weil es gelte, die natürlichen Grundlagen unserer Gattung zu wahren, das aber soll mehr und mehr im Rahmen unserer wachsenden Fähigkeiten geschehen, neue Stoffqualitäten und Eingriffskompetenzen derart zu entwickeln, daß wir der Natur außer unserer nicht mehr bedürften.[32] Es wird die Möglichkeit eingestanden, unsere Gesellschaft habe gegebenenfalls offen die Verantwortung für ihren eigenen Fortbestand und den der Biosphäre zu übernehmen[33], und es wird zu bedenken gegeben: „Wenn die Kette irgendwo reißt, so reißt damit auch das komplexe Netz, das der Mensch allenthalben mit seinen Werken verknüpft hat.“[34]. — So trägt also dieser Eskapismus aus Fortschrittsdrang und Machtbedürfnis letztlich doch in sich den Keim einer

[27] Vgl.: Serge Moscovici: Versuch über die menschliche Geschichte der Natur. A.a.O. S. 50f. u. S. 58.
[28] Vgl. ebd. S. 38.
[29] Vgl. ebd. S. 61.
[30] Ebd. S. 89. „Der Weg, den der Mensch seit Jahrtausenden zurückgelegt hat, ist vom Entstehen und Verschwinden natürlicher Ordnungen markiert. Der entscheidende Akt, durch den diese Ordnungen entstehen und sich entwickeln, ist die Schöpfung der Arbeit. Dies ist der Zentralgedanke meiner Untersuchung, die Idee, von der alles übrige sich herleitet.“ (Ebd. S. 57.)
[31] Vgl. ebd. S. 421.
[32] Vgl. ebd. S. 427.
[33] Vgl. ebd. S. 500.
[34] Ebd. S. 500.

Krise des Selbstvertrauens, damit ist zugleich ein Stichwort gefallen, und das Wort der Replik ergeht nun an das ökologische Bewußtsein.

Die philosophisch fragwürdigen Momente dieser Konzeption dürften ihm mitunter noch durch die Imposanz der Darstellung verdeckt worden sein, zumal es hier erst ein werdendes Bewußtsein ist; allein eines wird ihm kaum entgangen sein, daß der Geist den Zweifel des Bewußtseins schließlich selbst bestätigt hat. Indem es daran anknüpft, gelangt es zugleich mit dieser sich bietenden Möglichkeit zum Widerspruch, und noch während es sich mit dem Evolutionismus auseinandersetzt, zur Vorstellung einer eigenen Programmatik, so kann es daraufhin erstmals aus seiner Verunsicherung heraustreten und seine Idee von den ökologischen Grenzen der Naturbeherrschung formulieren und gegenüber dem Geist behaupten, um ihn schließlich mit den Grenzen seiner Macht zu konfrontieren.
In seiner ‚Kritik der zynischen Vernunft‘ konstatiert Peter Sloterdijk, unter Verweis auf die Theorie der Legitimationskrise von Jürgen Habermas, eine Diffusion des Wissenssubjekts; es bleibe die Frage, wer das Subjekt des Wissens von der Legitimationskrise sein könne.[35] Der Vorschlag Sloterdijks anvisiert daraufhin direkt den Zusammenhang von Selbsterhaltung und Selbstvernichtung.[36] „Die Overkill–Atmosphäre verdichtet sich ständig. Der Faktor wächst monatlich, und sein Wachstum ist das letztlich ausschlaggebende Agens unserer Geschichte. Die Overkill–Strukturen sind das eigentliche Subjekt der aktuellen Entwicklung geworden.“[37] Im Evolutionismus sieht Sloterdijk die „... logische Wurzel der theoretischen Zynismen, die die großen Herrscherblicke auf die Wirklichkeit werfen.“[38]. Wer ‚Entwicklung‘ sage und die Ziele solcher Entwicklung bejahe, der habe damit eine Perspektive gefunden, aus welcher sich rechtfertigen ließe, was der Entwicklung dient, „‚Evolution‘ (Fortschritt) lautet daher die moderne Theodizee; ...“[39]. Wer dagegen allen sogen. Zielen und Werten im kynischen Sinne eine Absage erteile, um sich dem, was schon da ist, hinzugeben, der sprenge damit den Zirkel der instrumentellen Vernunft.[40] — Durch diesen ersten Eindruck wird für uns unschwer erkennbar, wie das ökologische Bewußtsein versucht ist, sich aus seinem negativen Verhältnis zum Geist zu bestimmen, denn am Beginn seiner Genese ist es ein negatives, d.h. an sich selbst noch substanzloses Bewußtsein, der ihm eigene Zugang zur Praxis ist erst noch zu finden, und die damit verbundene Naivität gilt es erst noch zu verlieren.

In seiner Studie zum ‚Wunderwald der Stammbäume‘ datierte Joachim Illies die ‚Dendrologie einer Illusion‘ und beschrieb dabei die Morphogenese der Stammbäume, die zunächst Sträucher, dann Pilze und schließlich gestalt–

[35] Vgl.: Peter Sloterdijk: Kritik der zynischen Vernunft. Bd. 1; Frankfurt 1983. S. 225.

[36] „Man muß die Fragen der Selbsterhaltung in derselben Sprache abhandeln wie die der Selbstvernichtung.“ (Ebd. S. 43.)

[37] Ebd. S. 253. Es ist allerdings fraglich, ob diese selbst ‚Subjekt‘ sein können.

[38] Ebd. S. 336.

[39] Ebd. S. 336.

[40] Vgl. ebd. S. 367.

und wurzellose Flechten werden. Mit ausgesprochener Süffisance beobachtet er in den Spiegelkabinetten der modernen Biologie, wie auf den Wunsch des Stammbaum–Denkens die Wunscherfüllung des Stammbaum–Sehens erfolgte und wie dabei den Menschen die viktorianische Air, die ‚Richtung nach oben', dann allmählich ausgeht.[41] Es ist die aristotelische Tradition von Schichtenordnung, Stufenfolge und Jacobsleiter, die als Anordnung der Lebewesen und letztlich als Ontologie des Lebens untauglich wird und 1766 Peter Simon Pallas zum Bild des Baumes greifen läßt. Bei Haeckel, durch den Darwin, wie Illies anmerkt, erst zum Darwinisten wurde, sollte dann die Phylogenie zur ‚Stammbaumkunde' und der Stammbaum nicht mehr lediglich als Modell sondern als Wirklichkeit anerkannt werden, „... er dient nicht mehr zur Darstellung von Denkbahnen, sondern er wird selbst zum Gegenstand einer geistigen Dendrologie ..."[42]. Nach der Jahrhundertwende beginnt daraufhin die ‚Verbuschung der Stammbäume'[43] mit der Gefahr eines ‚Stammbaums ohne Baumstamm'[44], schließlich zeigen die Darstellungen parallel verlaufende Entwicklungslinien eines ‚Miteinander und Auseinander der Lebewesen'[45] und abschließend bemerkt dann Illies selbst: „... wir Biologen haben keine Gewißheit über den Verlauf, ja nicht einmal über die Tatsache (und schon gar nicht über die Ursachen) der Evolution, ..."[46]. Allerdings ergeht die Einladung zu diesem Gang durch die Spiegelkabinette der gesammelten Evolutionismen, in denen hemdsärmelige Szientisten, mit ebenso minutiöser Detailfreude wie immensem Mut zur Lücke, auf dem Jahrmarkt der Wissenschaften vor dem Besucher die einzelnen Stationen ‚seiner' Kosmogonie fabulieren und die Zufälle seiner Existenz gleichsam kosmographisch unter Einsatz probater Evolutiva zur Inszenierung bringen, — diese Einladung ergeht jedoch nicht von ungefähr, sie dient weniger der Aufklärung als vielmehr dem Versuch einer Selbststabilisierung der instrumentellen Vernunft. Neben den populärwissenschaftlichen Darstellungen bemüht sich die von Konrad Lorenz und Gerhard Vollmer angeführte Phalanx der ‚Evolutionären Erkenntnistheoretiker' offenbar ernsthaft um dieses Genre, wobei die Autoren hier wie dort stets den Eindruck erwecken, wie Reinhard Löw bemerkt, als seien sie von Anfang an als Augenzeugen dabei gewesen.[47] Den eigentlichen Grund für die von diesen Theorien ausgehende Faszinationskraft vermutet Hans Michael Baumgartner im Bedürfnis nach einer metaphysisch einenden Weltsicht; der rationale Geist sucht hier seine Verklärung im Mythos eines universellen Erklärungsvermögens; die kosmogonische Erzählperspek-

[41] Vgl.: Joachim Illies: Im Wunderwald der Stammbäume. Dendrologie einer Illusion. In: Alfred Locker (Hrsg.): Evolution — kritisch gesehen. A.a.O. S. 109.

[42] Ebd. S. 105.

[43] Vgl. ebd. S. 112.

[44] Vgl. ebd. S. 113.

[45] Vgl. ebd. S. 117.

[46] Vgl. S. 122.

[47] Vgl.: Reinhard Löw: Philosophie des Lebendigen. Der Begriff des Organischen bei Kant, sein Grund und seine Aktualität; Frankfurt 1980. S. 278f.

tive aus der Sicht des Demiurgen ist bewußt gewählt, eine jede intellektuelle Vorsicht wird aufgegeben, wenn mit allen erdenklichen monistischen, teleologischen und ontologischen Hilfskonstruktionen phantastische Welten aufzutürmen sind.[48] In der Euphorie des Aufbaus tun sich diese Schöpfungsplanschöpfer mit Einwänden ebenso schwer, wie die Architekten in den Konstruktionsbüros charakter- und namenloser Städte, wenn diese nach Herzenslust der Landschaft die Gelände-Pläne einverschreiben, immer den Gesamteindruck von Struktur und Form im Blick, so, wie jene das All des Ganzen, das ganze All im Auge haben, dann fällt es sicherlich schwer, sich der Mühen einzelner Auseinandersetzungen zu unterziehen und eine unübersehbare Zahl von Einwänden ernsthaft wahrzunehmen. Zu Recht verwirft jedoch etwa Hans Michael Baumgartner die Möglichkeit einer „... Selbstanwendung der Evolutionstheorie auf eben das Vermögen, durch das diese Theorie selbst entworfen wird."[49]; andernfalls müßte Vernunft aus Nicht-Vernunft sich herleiten lassen.[50] „Die Vernunft wird nicht biologisch durch Mutation und Selektion erklärt, sie selbst ist es vielmehr, die die Deutungsmuster ihrer eigenen Evolution und ihre Evolutionsstadien vorgibt."[51] — Genau dieses Problem der ‚Selbstanwendung' bestimmt, vorerst nur für-uns erkennbar, den Diskurs zwischen Geist und Bewußtsein, währenddessen aber verfügen beide noch kaum über eine gemeinsame Sprache. Die Frage aus der Sicht des Bewußtseins lautet: Kann die instrumentelle Vernunft ökologisch orientiert werden, kann sich die Ratio einer derartigen Rationalität versichern? Der Geist lehnt jedoch bereits die Zulässigkeit der dieser Frage vorangegangenen zweiflerischen Motive ab, denn für ihn gilt, daß es keine Macht außer der seinen gebe und folglich kann ihm auch nichts gefährlich werden. Ebenfalls wäre eine Selbstanwendung der Rationalität ohnehin überflüssig, denn zum einen

[48] Hans Michael Baumgartner vermutet zwei fundamentale Bedürfnisse, denen Theorien dieserart entgegenkommen: „... dem theoretischen Bedürfnis nach einer einheitlichen Weltsicht im Gegenzug gegen die fortschreitende Partikularisierung und Spezialisierung der Wissenschaften ebenso wie der durch diese geprägten Welt. Als neu etablierte unified science, so ausdrücklich Gerhard Vollmer, scheint sie die Lücke zwischen den Wissenschaften von der Natur und den Wissenschaften vom Menschen, nimmt man es hinreichend ungenau, zu schließen: Es ist ... das allzeit vorhandene metaphysische Bedürfnis nach Einheit ..." (Hans Michael Baumgartner: Die innere Unmöglichkeit einer evolutionären Erklärung der menschlichen Vernunft. In: Robert Spaemann, Peter Koslowski, Reinhard Löw (Hrsg.): Evolutionstheorie und menschliches Selbstverständnis. Zur philosophischen Kritik eines Paradigmas moderner Wissenschaft (CIVITAS. Resultate Bd. 6); Weinheim 1984. S. 71.).

„Die evolutionäre Erkenntnistheorie erfüllt aber auch ein wesentlich praktisches Bedürfnis: Immer, wenn die menschliche Vernunft in Probleme gerät, die ihr als Vernunft über den Kopf wachsen, — hier die immer tiefere Kluft zwischen den technischen Fähigkeiten und dem Vermögen, ihre Folgen zu bewältigen — immer dann sucht Vernunft Verständigung über sich selbst bei der Natur. Dies ließe sich historisch belegen. Die menschliche Vernunft rettet sich in ihre Herkunftsgeschichte oder auch in den Mythos, in der Hoffnung, dort zu erfahren, wofür sie gemacht ist, was sie zu leisten vermag, insbesondere wovon sie ihre Finger lassen soll." (Ebd. S. 71.)

[49] Ebd. S. 70.

[50] Vgl. ebd. S. 61.

[51] Ebd. S. 68.

würde die Ratio dadurch auch nicht rationaler und außerdem brauche er sich seiner Macht nicht zu vergewissern, denn allenthalben wären die Zeichen seiner Funktionalität weithin sichtbar.

Als zentrales Theorem für die Kosmogenese werden Prinzipien der ‚Selbstorganisation' angenommen, während für die Biogenese das Darwinsche Selektionsprinzip geltend gemacht wird.[52] Dabei wird die Tautologie des ‚survival of the survivor' etwa bei Gerhard Vollmer wie ehedem zirkulär ausgelegt, als Kriterium der sogen. ‚fitness' gilt ihm und anderen Vertretern der ‚Evolutionären Erkenntnistheorie' die Annahme einer Evolution von Erkenntnisstrukturen und Erkenntnisvermögen. „Nach der evolutionären Erkenntnistheorie haben wir angeborene Erkenntnisstrukturen. Sie sind für menschliche Erkenntnis konstitutiv, daher unentbehrlich. (...) Sie wurden durch Millionen von Jahren getestet und sind daher überlebensadäquat. Sie sind auf evolutionären Erfolg hin ausgelesen und daher hinreichend korrekt."[53] — Vor allem für die Biologie sind Deszendenztheorien notwendige Forschungshypothesen, das ist zu konzedieren, außerdem handelt es sich bei der Evolutionstheorie Darwins um das weitgehend anerkannte Modell einer deskriptiven Theorie; die Naturgeschichte kann damit als Prozeß von Sukzessionen in der Verfolgung von Als-Ob-Zwecken beschrieben werden, wobei jedoch eine jede Behauptung etwa von ‚Höher-Entwicklung' nur hypothetische Geltung beanspruchen darf. Versuche, die Prinzipien der von Darwin behaupteten Selektion als natürliche Auslese zu bestimmen, um die deskriptive Theorie der Evolution in eine mit Erklärungsanspruch auftretende Theorie überführen zu können,[54] sind bislang keinesfalls hinreichend gegeben; als Beispiel sei hier nur die Schwierigkeit erwähnt, neben den Phänomenen von Punktmutationen auch diejenigen der maßgeblicheren und theoretisch geforderten Systemmutationen zu rekonstruieren. Auch wenn nun der Akzent zusätzlich um den Umwelt-Aspekt erweitert wird, und Selektion als Wechselwirkung zwischen System und Umwelt beschrieben wird, bleibt nach wie vor fraglich, ob die zirkuläre Struktur des Selektionstheorems damit tatsächlich aufhebbar wird.

> „Die Erkenntnisapparate konnten sich entwickeln, weil sie sich bewährt haben, d.h. weil sie den Individuen der Spezies in einer Welt der natürlichen Knappheit Überlebensvorteile verschafft haben

[52] Siehe hierzu: Ilya Prigogine, Isabelle Stengers: Dialog mit der Natur. Neue Wege naturwissenschaftlichen Denkens. Übers. v. F. Griese; 2. Aufl., München, Zürich 1981. — Max Delbrück: Wahrheit und Wirklichkeit: Über die Evolution des Erkennens. Übers. v. E. P. Fischer; Hamburg, Zürich 1986.

[53] Gerhard Vollmer: Kant und die Evolutionäre Erkenntnistheorie. In: Was können wir wissen? Bd. 1: Die Natur der Erkenntnis. Beiträge zur Evolutionären Erkenntnistheorie; Stuttgart 1985. S. 208.

[54] Siehe hierzu: Wolfgang Stegmüller: Evolutionäre Erkenntnistheorie, Realismus und Wissenschaftstheorie. In: Robert Spaemann, Peter Koslowski, Reinhard Löw (Hrsg.): Evolutionstheorie ... a.a.O. S. 6.

> und zwar dadurch, daß sie ihnen relevante Informationen über die Umwelt genügend richtig übermittelt haben."[55]

Der viktorianische Geist im Selektionsprinzip des Darwinismus dominiert also noch immer, die letzten Erkenntnisse monistischer Naturdeutungen werden mit stets verjüngender Wirkung vom geistigen — auf das natürliche Tierreich und wieder zurück projiziert. In seinem Brief an Pjotr Lawrowitsch Lawrow vom November 1875 bemerkt Friedrich Engels zu dieser Projektion:

> „Die ganze darwinistische Lehre vom Kampf ums Dasein ist einfach die Übertragung der Hobbeschen Lehre vom bellum omnium contra omnes und der bürgerlich-ökonomischen von der Konkurrenz, nebst der Malthusschen Bevölkerungstheorie, aus der Gesellschaft in die belebte Natur. Nachdem man dies Kunststück fertiggebracht, so rücküberträgt man dieselben Theorien aus der organischen Natur wieder in die Geschichte und behauptet nun, man habe ihre Gültigkeit als ewige Gesetze der menschlichen Gesellschaft nachgewiesen. Die Kindlichkeit dieser Prozedur springt in die Augen, ..."[56].

Ähnlich bemerkt Egon Friedell im Spencer–Darwinismus eine Vorstellungsweise, durch welche die Natur zu einer Einrichtung wird, in der es englisch zugehe,

> „... nämlich: erstens freihändlerisch, indem die Konkurrenz entscheidet, zweitens korrekt, denn nur, was am wenigsten shocking ist, das Passendste, überlebt, drittens liberal, denn es herrscht ‚Fortschritt' und die Nouveautés sind immer zugleich Verbesserungen, viertens aber zugleich konservativ, denn der Kampf um den Fortschritt vollzieht sich ‚organisch': in langsamen Übergängen und durch Majoritätssiege."[57].

Wenn nun mit der ‚evolutionären Erkenntnistheorie' der Schwerpunkt des Selektionsprinzips auf eine adäquate Wahrnehmung von Umwelt gelegt wird, so mag das ökologische Bewußtsein einwenden, bevor der Geist in seiner Apologie fortfährt, dann wäre doch damit eine heuristische Perspektive gegeben, Naturgeschichte unter ökologischen Gesichtspunkten beschreiben zu können; dementsprechend würden damit aber auch andere Kriterien für Deszendenztheorie zu einer nunmehr ökologischen Deskription

[55] Gerard Radnitzky: Erkenntnistheoretische Probleme im Lichte von Evolutionstheorie und Ökonomie: Die Entwicklung von Erkenntnisapparaten und epistischen Ressourcen. In: Rupert Riedl, Franz M. Wuketits (Hrsg.): Die Evolutionäre Erkenntnistheorie. Bedingungen, Lösungen, Kontroversen; Berlin, Hamburg 1987. S. 127.

[56] Friedrich Engels: Brief v. 12.–17. Nov. 1875 an Pjotr Lawrowitsch Lawrow. In: Karl Marx, Friedrich Engels: Werke. Bd. 34; Berlin 1966. S. 170.

[57] Egon Friedell: Kulturgeschichte der Neuzeit. A.a.O. Bd. II, S. 1155.

von Naturgeschichte führen: Überlebt also nicht eher diejenige Species, die in ihrem Verhalten den filigranen Strukturen ihrer Umwelt Rechnung trägt und so ihr Überleben sichert, im Unterschied etwa zu einem ‚übereffizienten Räuber', der letztlich mit den auf ihn zurückgehenden kastastrophalen Wirkungen stets auch seine Lebensgrundlagen selbst zerstört?
Der Geist reagiert auf derartige Irritationen zunächst jedoch nicht mit der Bereitschaft zum Diskurs, sondern einfach mit einem gesteigerten Anspruch auf Legitimität; offenbar um sich selbst zu stabilisieren, werden derartige Wissenschaftsmythen in Szene gesetzt; das Bewußtsein soll vertrauen, sich in der Sicherheit seiner Kompetenz wiegen, an der es dennoch gerade zu zweifeln beginnt. Mit enormem Theaterdonner wird sogleich eine ‚erstaunliche Übereinstimmung zwischen Vernunft und Natur' als ‚Ergebnis eines Anpassungsprozesses'[58] konstatiert, und der deus ex machina des Geistes inszeniert damit seine Legitimität selbst, denn so die Reminiszenz: „... die Prinzipien unseres Verstandes sind auch nicht völlig aus der Luft gegriffen, weil wir mit untauglichen kognitiven Werkzeugen nicht überlebt hätten."[59]. Doch derartige Behauptungen alarmieren das Bewußtsein eher, als daß sie es noch beruhigen könnten, und noch während der Geist sich als Fortsetzung der Naturgeschichte darstellen möchte, verkennt das Bewußtsein die vom Geist selbst offenbar nicht bemerkten Potentiale der von ihm ausgehenden Gefahren nicht mehr. Daraufhin sucht das ökologische Bewußtsein die ihm gemäßere Position, und es findet diese, indem es sich zum Geist der instrumentellen Vernunft, insbesondere zu dessen Programmatik und zu dem damit verbundenen Anspruch auf Legitimität, in ein negatives Verhältnis setzt. Als negatives Bewußtsein des Geistes ist es an sich noch substanzlos, aber als ökologisches Bewußtsein kann es sich wie der Geist auf das evolutionäre Denken beziehen, denn die Ökologie ist gleichsam eine ‚Erfindung der Evolutionsforscher'[60], Ernst Haeckel hatte sie schließlich begründet, um Beweise für die Verifikation der darwinschen Deszendenztheorie zu liefern.[61]
Der entscheidende Anknüpfungspunkt — die Beantwortung der Frage also, warum sich das Bewußtsein gerade auf diese Disziplin bezieht — liegt in der Möglichkeit, nunmehr die heuristische Perspektive hinsichtlich einer ‚Umwelt als strenger Richter'[62] geltend machen zu können. Ökologen mögen diese Entwicklung bedauern, aber der eigentliche Grund für diese Verbindung liegt dennoch in einer Eigentümlichkeit der Ökologie selbst; ihre Heuristik vermittelt gerade jene ‚Sicht des Ganzen', die der Moderne einfach als Reprise eines lange verschollenen Themas erscheinen mußte. Unter dem suggestiven Einfluß von Begriffen, wie dem vom ‚Gleichgewicht', unter neu aufgetretenen

[58] Gerhard Vollmer: Kant und die Evolutionäre Erkenntnistheorie. A.a.O. S. 193.
[59] Ebd. S. 193.
[60] Vgl.: Jörg A. Ott: Ökologie und Evolution. In: Jörg A. Ott, Günter P. Wagner, Franz M. Wuketits (Hrsg.): Evolution, Ordnung und Erkenntnis; Berlin, Hamburg 1985. S. 47.
[61] Vgl. hierzu nochmals S. 73.
[62] Vgl.: Jörg A. Ott: Ökologie und Evolution. A.a.O. S. 47.

Intentionen auf ‚Ganzheitlichkeit' und unter Betonung des Organismischen, kehren zentrale Akzente der Kosmologie wieder zurück. Im Modell der Ökosphäre entdeckt daher das ökologische Bewußtsein seinen authentischen Theorieansatz — das gesuchte quasi-metaphysische Prinzip von All-Einheit.

> „Alle Eingriffe in Natur und Umwelt, die deren Kreislaufordnungen schädigen oder durchbrechen, ziehen räumlich und zeitlich ausgedehnte Folgeketten nach sich, die auch den Menschen betreffen. Was er seiner Umwelt auferlegt, ist schliesslich sein eigenes Schicksal."
>
> Gerhard Helmut Schwabe[63]

> „Jeder Theil trägt durch seine eigenthümliche Thätigkeit zu dieser allgemeinen Thätigkeit bei und erleidet deren besondere Wirkungen, so daß in jedem organisierten Wesen das Leben als ein Verein erscheint, welcher aus der wechselseitigen Action und Reaction aller Theile hervorgeht."
>
> Georges Cuvier[64]

> „Woraus aber die Dinge ihre Entstehung haben, darein finde auch ihr Untergang statt, gemäß der Notwendigkeit. Denn sie leisteten einander Sühne und Buße für ihr Unrecht, gemäß der Ordnung der Zeit."
>
> Anaximandros[65]

3.3 Das allmähliche Bewußtwerden des fragilen und filigranen Zusammenhalts der Welt

3.3.1 Aufkommender Zweifel: Wissenschaftsgefahren — Gefahren für Wissenschaft

Besonders dann, wenn engagiertes Suchen rastlos geworden ist, wenn nervös Abhilfe verlangt und verordnet werden soll, wobei also wieder einzig schnelles Handeln für angezeigt und erforderlich gehalten wird, dann kommen die Voraussetzungen einer jeden Erkenntnis wie diese selbst in der Regel zu

[63] Gerhard Helmut Schwabe: Fünfzig Thesen zur Umwelttheorie. In: Scheidewege 2, 1972, S. 32. Zit. n.: Johan Hendrik Jacob von der Pot: Die Bewertung des technischen Fortschritts. Bd. II. A.a.O. S. 858.

[64] Georges Cuvier: Das Thierreich geordnet nach seiner Organisation. Bd. 1; Leipzig 1831. S. 9. Zit. n.: Ludwig Trepl: Geschichte der Ökologie. A.a.O. S. 103.

[65] Anaximandros: Fragment 21. In: Die Vorsokratiker. A.a.O. S. 82.

spät. Die Arglosigkeit, mit der im nachhinein dann Nichtwissen deklariert wird, sollte jedoch nicht darüber hinwegtäuschen, daß damit das Prinzip jeder Unverantwortlichkeit in Erscheinung getreten ist. Wenn Erkenntnis zur Handlungsfolge wird, dann erntet jeder Aktionismus schließlich auf seine Weise das, was er vermeiden wollte und das, was er erlangen wollte, nicht. Jeder Begriff von Verantwortung — zumal der einer ökologischen — wäre sinnlos, wenn eine Ethik in ihrem Namen nicht vom generalisierten Anspruch auf Voraussicht ausgehen würde, denn erst auf dieser Grundlage werden die Kriterien einer letztlich verantwortlichen Heuristik verfügbar, die verantwortbares Handeln anleiten könnte. Die Abstände im Zirkel zwischen Handlungsfolgen und Folgehandlungen verringern sich jedoch stetig; ist die Möglichkeit zur Besonnenheit einmal vertan, so wird daraufhin gleich wieder zu neuer Notwendigkeit und zu erneuter Kompensation von Folgen aufgerufen, was selbstverständlich wiederum auch nicht folgenlos bleiben wird. — Im Duktus des Engagements, durch den sich eine jeweilige Gegenwart stets als entscheidendes Durchgangsstadium zur Zukunft ausgezeichnet sehen möchte, entgeht es dem distanzlosen Blick, wie lang bereits die Reihe derer geworden ist, die, in den Farben des jeweils herrschenden Zeitgeistes, Kriterien, Theorien und Verfahren vorschlugen, die Probleme des Fortschritts ‚in den Griff' zu bekommen. Der distanzierte Blick wirkt dagegen nachhaltig ernüchternd, denn es sind innerhalb unseres Jahrhunderts eine ansehnliche Zahl erdenklicher Konzepte bereits vertreten worden, aber bisher ist es in keinem Fall auch nur annähernd gelungen, die bedenklich rasend gewordene Historizität einzudämmen. Nur den Kriterien, die dienstbar genug waren, mochte es gelingen, eine zeitlang den Prozessen aufzusitzen, bevor sie wieder abgeworfen wurden. So etwa erging es dem utopischen Denken, wobei mittlerweile erkennbar wird, daß die schlagwortgerecht gewordene ‚Zukunft' offenbar auch ohne Utopien, ohne jede Zielvorstellung, einfach aus dem Anspruch der Sicherung des ‚bereits Erreichten' vorangetrieben werden kann — blinder denn je. Sollen wir uns also auch in jene Reihe begeben und mit dem frischen Selbstvertrauen Gegenwärtiger glauben, daß gerade uns und unserer Zeit die entscheidende und maßgebliche Rolle zusteht, den Fortschrittsprozessen mit letzter Vernunft zuvorzukommen?

> „Ich will nicht mehr sprechen. (...)(...)
> Wer wird, und wann, die Sprache wiederfinden.
> Einer, dem ein Schmerz den Schädel spaltet, wird es sein
> (...)(...)
> Mit Blindheit geschlagen, ja. Alles, was sie wissen müssen,
> wird sich vor ihren Augen abspielen, und sie werden nichts
> sehen. So ist es eben."[66]

[66] Christa Wolf: Kassandra. Erzählung; 2. Aufl., Darmstadt, Neuwied 1983. S. 10.

Die bereits unübersehbar gewordene Zahl der Gedanken und Konzepte zum Thema ‚Begrenzung des Fortschritts' läßt sich unterteilen in die Schwerpunkte: Mensch, Technik und Natur. Dabei veranlaßte eine zunehmende Skepsis in die ehemals behauptete Einheit von Vernunft und Geschichte zur Suche nach Systemen der Ethik, die jedoch offenbar den zuvor eingetretenen Orientierungs- und Sinnverlust nicht kompensieren. Der Verlust des Glaubens in einen immanenten Sinn von Historizität hinterließ die damit gänzlich offen gewordene Frage nach Handlungsgründen und Handlungszielen; wenn daraufhin der Ethik die Suche nach Orientierung überantwortet wird, so sehen sich alle Versuche unmittelbar vor das Problem der Letztbegründung gestellt, mit dem sich die zuvor unbeantwortet gebliebene Frage nach geschichtlicher Vernunft wieder in Erinnerung bringt. Vor diesem Hintergrund erscheint die Geistesgeschichte der Moderne als Prozeß von Dekonstruktionen, wobei jedem Orientierungsverlust jeweils zunächst Versuche eines neuen Konstruktes vorangehen; wird der jeweilige Gedankengang später rezipiert, so läßt sich beobachten, wie dabei schließlich der jeweils zugrunde gelegte Begriff an ‚Substanz' verliert. So mag es also folgerichtig erscheinen, in der Flucht nach vorn, im linguistic turn nach eindeutiger Begrifflichkeit zu suchen, doch es erscheint gleichfalls fraglich, ob angesichts eines neuerlichen Aufschubs — von der Geschichtsphilosophie über die Ethik zur Sprachphilosophie — nicht eine Methode des Aufschiebens vermutet werden sollte, gleichsam als Zeichen des Widerstandes, als List einer negativen Vernunft.

Der Ruf nach einer ‚ökologischen Ethik' erscheint also als Variation eines alten Themas, unbestritten bleiben die Phänomene unserer Historizität und es entsteht der Eindruck, daß nicht wir die Geschichte, sondern diese uns macht. Das Provozierende der Bemerkung Theodor Lessings, Geschichte sei Sinngebung des Sinnlosen, aber liegt in der damit festgeschriebenen Verweigerung einer erwarteten Antwort.[67] Eine genaue Bestimmung des ökologischen point of never return wird erst dann definitiv möglich sein, wenn ‚es' realiter zu spät gewesen sein wird.

> Eines Tages, über den ich in der Gegenwartsform nicht schreiben kann,
> werden die Kirschbäume aufgeblüht gewesen sein. (...)(...)
> Jenes Ziel in einer sehr fernen Zukunft,
> auf das sich bis jetzt alle Linien zubewegt hatten,
> war weggesprengt worden,
> gemeinsam mit dem spaltbaren Material in einem Reaktorgehäuse
> ist es dabeigewesen zu verglühen."[68]

[67] Siehe: Theodor Lessing: Geschichte als Sinngebung des Sinnlosen. Oder: Die Geburt der Geschichte aus dem Mythos; Hamburg 1962.

Zur Grundlegung der gesuchten Ethik bedürfen wir jedoch gerade einer derartigen Voraussetzung, einer Bestimmung jenes Fluchtpunktes in ‚sehr ferner Zukunft', auf den sich ‚alle Linien zubewegen', aber der dementsprechende point de vue wurde ‚weggesprengt', und mit dem Scheitern von Geschichtsphilosophie ist seither jeder Versuch einer Ethik noch in ihrem Ansatzpunkt vereitelt.
Wenn also dergestalt das wechselseitige Begründungsverhältnis zwischen Ethik und Geschichtsphilosophie gestört ist, und wenn damit die Legitimität einer jeden, als noch notwendig erachteten praktischen Moral den Irritationen durch ihre Bezweifelbarkeit ausgesetzt ist, dann erscheinen Substitutions-Versuche vielversprechender. Die Grenzen zwischen Zuträglichem und Unzumutbarem werden dabei direkt im Phänomenbereich vermutet; wird daraufhin ‚der' Mensch, ‚die' Technik oder ‚die' Natur angeführt, so ist die zugrunde liegende, aber eben nicht begründende petitio principii unschwer erkennbar. So läßt sich etwa aus einer anthropologisch konstatierten Notwendigkeit, daß wir der Orientierung bedürfen, kaum die generelle Möglichkeit ableiten, daß wir diese auch tatsächlich und unter ‚allen Umständen' erhalten oder erlangen können. Auch die von Hans Freyer vor nunmehr 30 Jahren geäußerte Sorge um die durch taylorisierende ‚sekundäre Systeme'[69] gefährdeten ‚menschlichen Strukturen', ist zwar intentional durchaus nachvollziehbar, aber es findet sich keine Aussage, die darüber Auskunft gibt, was unter menschlichen Strukturen zu verstehen sei und warum diese des besonderen Schutzes bedürften. Im Gegenteil, die Veränderbarkeit der ‚menschlichen Natur' wird eingeräumt: „Daß sich der Mensch als zivilisierbar erweist, ist vielleicht der bittersüße Rest, der vom Glauben an den Fortschritt übrigbleibt, wenn er im übrigen brüchig wird."[70] — „Eine menschliche Struktur auflösen, zerstören, untergraben — das kann also nur heißen: ihr so zusetzen, daß sie sich selbst fallen läßt und preisgibt. Die Bedingung dafür ist ihre Verwundbarkeit ... Man kann menschliche Strukturen ... nicht immunisieren ..."[71].

Eine Reihe von Beispielen für mißlungene Versuche, die normative Instanz direkt in die ‚menschliche Natur' oder in die ‚Natur der Technik' hineinzulegen, ließe sich beliebig verlängern, vielfach verbindet sich in den Ansätzen die berechtigte Sorge mit dem bedenklichen Rezept. Die Gemüter mögen sich damit eine zeitlang beruhigen, bis die Erfahrung des Weiteren offenbart, daß die Zeitgeschichte mit ihren Wandlungsprozessen offensichtlich unbeeinflußt darüber hinweggegangen ist. Das geringste Vermögen, Historizität zu präformieren, dürfte Versuchen zuzumuten sein, bei denen die normative Instanz etwa als deren Funktion direkt in die Technik

[68] Christa Wolf: Störfall. Nachrichten eines Tages; 6. Aufl., Darmstadt, Neuwied 1987. S. 9.

[69] Zur Begriffsbestimmung: In ‚sekundären Systemen', so Freyer, werde der Mensch auf ein Minimum reduziert. (Vgl.: Hans Freyer: Theorie des gegenwärtigen Zeitalters; Stuttgart 1955. S. 83.)

[70] Ebd. S. 46.

[71] Ebd. S. 201.

verlegt wird. Zunächst hätte sich ein solcher Ansatz noch gegen die landläufige Ansicht durchzusetzen, Technik sei zweck- und wertneutral.[72] Ebenso eilfertig wird dann die unglückliche, weil anthropologisch unhaltbare[73], aber dennoch in unserer Kultur offenbar unverzichtbare Metapher vom sogen. ‚Mängelwesen' herbeizitiert, hinzu kommt dann noch die ideologische Vorhut von Vorwürfen, wie etwa dem von der ‚Maschinenstürmerei', so daß sich zumindest dieser Glaube noch allem Zweifel zum Trotz als standfest erweist. — Das einzige Ergebnis derartiger Debatten zwischen Argwohn und Arglosigkeit, Verantwortung und mehr oder weniger bewußter Verantwortungslosigkeit, kann dann zu der Auffassung führen, wonach die Mittel zweckmäßig, die Zwecke aber nicht mittelmäßig sein sollen. Wenn aber, wie soeben dargestellt wurde, der ‚List der Vernunft' und vergleichbarer Instanzen wie dem zur Zuversicht gereichenden ‚Weltgeist', der die Geschicke der Geschichte hatte lenken sollen, die Vertrauensgrundlage entzogen wurde, dann sollte im minder schweren Fall dasselbe auch für die ‚List des Verstandes' gelten; als generiere die Verwirklichung des Möglichen und das Machen des Machbaren überhaupt irgend eine Gewähr in die Zuträglichkeit solcher Entwicklungen.

Die für technologische Zwecksetzung verantwortliche, normative Instanz kann nur außerhalb ihrer Objektbereiche und unabhängig von der konkreten Arbeit des Ingenieurs liegen. Technische Innovationsprozesse waren bislang stets fremdbestimmt, das wird anhand von Studien zur Technikgeschichte unmittelbar einsehbar; die maßgebliche, ‚norm'-gebende und ‚zweck'-setzende Instanz, die ihre Entwicklung bestimmte, war und ist bis heute das Militär.[74] Auch die vielbeschworenen Sachzwänge sind heterogen, ihre Behauptung richtet sich lediglich gegen Alternativen, die nicht sein sollen. Interdisziplinäre Gewissenhaftigkeit wäre als Ort der Rechenschaft, als Bedingung für die Möglichkeit von Verantwortlichkeit erst noch zu institutionalisieren; Ethik-Kommissionen ohne Sanktionsmacht sind keinesfalls hinreichend, wenn der Ereignishorizont des Fortschritts nicht weiterhin als blindes Schicksal durch die Verfolgung kurzfristiger Interessen in den Bereichen der Entwicklung und Anwendung bestimmt sein soll. — Eine Technik ist sowenig wertneutral wie ihre Anwendung, weder ihren Anfangsgründen noch ihren Verfahrensweisen liegen Prämissen zugrunde, die keine Alternativen hätten. Die Entscheidung über Zwecksetzungen obliegt der gesamten Gesellschaft, die mit den Folgen leben muß, und diese kann von den Wissenschaften die Vorhersage möglicher Folgen erwarten. Gründe dafür, warum jeder Einzelne mit Leib und Leben weiterhin ungefragt für die Risiken allerneuester Techniken einzustehen hat, dürften schwerlich beizubringen sein.

[72] Vgl. hierzu: Johan Hendrik Jacob van der Pot: Die Bewertung des technischen Fortschritts. Bd. I. A.a.O. Kap. 163 u. 164 A.

[73] Siehe hierzu Kap. 1.4.

[74] Hans Werner Müller: Wechselbeziehungen von Technik und Gesellschaft im Laufe der Geschichte. In: Hans Sachsse (Hrsg.): Technik und Gesellschaft. Bd. 1: Literaturführer; München 1974. Vgl. Kap. 2.2f.

> „Die Kybernetik will nicht wissen, wem etwas geschieht — wie eine bestimmte Metaphysik — noch wie etwas materiell geschieht — wie die Naturwissenschaft —, sondern in welcher Eingangs-Ausgangswerte-Kombination etwas überhaupt geschieht, ja geschehen kann. (...)(...) In diesem Sinne erscheint die Kybernetik als Synthese von naturwissenschaftlicher Theorie und technischer Praxis. (...)(...) Was so deutlich wird, ist nicht nur die Geschichtlichkeit der modernen Technik, sondern auch dies, daß die Intentionalität dieser Technik in fortschreitender Weise immer klarer bewußt wird, immer deutlicher und kühner erfaßt wird, bis ihr schließlich die Mittel bereitgestellt werden, sich ungehemmt zu entfalten. In diesem Sinne könnte man die Kybernetik als ‚die zu sich selbst gekommene Intentionalität' der modernen Technik bezeichnen."[75]

Den Beweis für die Ernsthaftigkeit der vielbeschworenen, individuellen Verantwortung des Grundlagenforschers oder des Anwendungstechnologen kann nur antreten, wer zum allgemeinen Diskurs willens, sich tatsächlich aus dem verengten Horizont seiner Praxis hinausbegibt. Es ist jedoch zu erwarten, daß gerade in gravierenden Fällen die Verantwortung, um die es geht, beim Einzelnen oder bei ganzen Forschungszweigen, negativ in Erscheinung tritt, nämlich auf die Erwartung hin, ‚Schwierigkeiten zu bekommen', sich einer ohnehin ohnmächtigen Ethik-Kommission gar nicht erst zu stellen, bestimmte Projekte von vornherein möglichst geheim zu halten, die Notwendigkeit oder die Möglichkeit geforderter Diskurse per se abzulehnen, unter Verweis auf wahrzunehmende Interessen, aus Verhältnissen internationaler Konkurrenz in Forschung, Technologie und Wirtschaft, Entscheidungsdruck, Sachzwänge aller Art und ein Klima hektischer Betriebsamkeit mit z.T. bereits vollendeten Tatsachen in Szene zu setzen, wobei es dann kaum noch wird verwundern können, wenn schließlich die zu ökologisch-versierter Verantwortung notwendige Erkenntnis stets zu spät kommt. Um das jeweilige Engagement der Debatten auf ein zuträgliches Maß zu reduzieren und die Durchführbarkeit ethischer Rahmenrichtlinien und Einzelfallentscheidungen überprüfen zu können, wäre eine neue Disziplin erforderlich, die ihre Phänomene in den Übergangsfeldern zwischen Forschungssoziologie und Wissenschaftspolitik aufsucht, damit endlich ein authentisches Verständnis von Wissenschaftlichkeit die altgediente Fortschrittsparadigmatik ablösen kann und Wissenschaft sich selbst als einen genuin sozialen Prozeß — worunter Exaktheit und Gewissenhaftigkeit ebensowenig wie vordem leiden dürften — erstmals in den Blick bekommt; langfristig sollte die Aufgabe der neuen Disziplin jedoch darin bestehen, die Möglichkeiten einer neuen Rechtsprechung zu sondieren, eines ‚Wissenschafts-

[75] Alois Huning: Philosophie der Technik. In: Hans Sachsse (Hrsg.): Technik und Gesellschaft. Bd. 3: Ausgewählte und kommentierte Texte: Selbstzeugnisse der Techniker. Philosophie der Technik; München 1976. S. 188.

rechts‘. Möglicherweise wären derartige Konzepte bereits hinreichend, wenn sie nur die Wissenschaften selbst langfristig vor Schaden bewahrten, wenn nicht allmählich jene vielbehauptete Unvorhersehbarkeit der latenten Möglichkeiten neuer Entwicklungen, die latente Frage nach verantwortbarer Wissenschaft tendenziell und faktisch zunehmend die Antwort erhält, daß nämlich die Voraussetzung zur Wissenschaft in mangelnder Verantwortlichkeit liege. Dagegen gilt es, die Reputation Einzelner und ganzer Forschungsbereiche zu wahren, aber auch unter Beweis zu stellen, während der berechtigte Zweifel in Kompetenz und Integrität einzelner Wissenschaften bereits durch das in der Öffentlichkeit entstandene Bild des Gutachterwesens stetig neue Nahrung findet. — Jede weitere Möglichkeit, die Verbindlichkeit der normativen Instanzen, etwa durch Drittmittel–, Privat–, Industrie–, Geheim– oder Militärforschung zu unterlaufen, wäre auszuschließen; unabdingbare Voraussetzung für derartige Konzepte wäre die Rückführung und ggf. Rückbindung von Forschungen jedweder Art in den universitären Rahmen. Auch würde sich ein derart institutionalisierter ‚good will‘ Lügen strafen, wären nicht die in einer ‚letzten Instanz‘ gefaßten Beschlüsse allgemeinverbindlich, ohne die Möglichkeit einer Forschungs–Emigration.[76]

Der richtige Zeitpunkt für die Einführung der neuen Disziplin ‚Wissenschafts–Recht‘, mit ihren praktischen Auswirkungen ist jedoch noch nicht gekommen, solange noch die Einsicht in ihre Notwendigkeit durch eine Vielzahl vorhandener Ressentiments verdeckt wird; etwaige Versuche hätten sich außerdem mit handfest geltend gemachten Interessen auseinanderzusetzen, ob dabei dieses Projekt langfristig verhindert werden kann, ist daher ebensowenig auszumachen, wie letztlich die konkrete Verfassung einer ‚Gesetzbarkeit der Wissenschaften‘, denn diese wäre bereits das Produkt eines umfassenden Prozesses zu deren Konstitution innerhalb der Wissenschaften. Aber wie wir bereits konstatieren können, wächst die Akzeptanz und der Einfluß dessen, was wir das ‚ökologische Bewußtsein‘ genannt haben, zunehmend mit jedem relevanten Ereignis, mit jedem der ‚Unfälle‘, die mehr und mehr auch als Menetekel gedeutet werden. Auf die möglichen Gefahrenpotentiale, die mitunter vorschnell des Irrationalismus verdächtigt werden, ist im Weiteren noch einzugehen; zu erwarten ist jedenfalls, wenn sich die vom Geist der instrumentellen Vernunft beseelte Forschergemeinde insgesamt nicht ihres blinden Fleckes bewußt wird, daß die ökologische Frage schließlich die Wissenschaften als solche

[76] Auf den hier u.U. möglichen Einwand von ‚Forschungsfreiheit‘ werden wir noch zurückkommen; als solche ist die Behauptung einer ‚Freiheit der Wissenschaften im Allgemeinen‘ allerdings ein Ammenmärchen, auch die in diesem Zusammenhang oft hervorgehobenen menschlichen ‚Eigenarten‘, wie etwa die seiner ‚unstillbaren Neugier‘ sind zwar als rhetorisch–metaphorische Mittel durchaus wirkungsvoll, aber anthropologisch–kulturanthropologisch ausgesprochen unhaltbar.

Siehe hierzu: Manfred Brusten, Wolf–Dieter Eberwein, u.a.: Freiheit der Wissenschaft — Mythos oder Realität? Eine empir. Analyse von Forschungskonflikten u. d. rechtl. Regulierung der Forschungsabwehr a. d. Sicht d. Sozialwissenschaftler; Frankfurt, New York 1981.

gefährden wird, — denn es handelt sich hier nicht nur um eine zunehmende Bewußtheit von Gefahren, sondern auch um eine Zunahme dieser selbst, bis hin zu dem, was auch im denkbaren Bereich des Möglichen liegt, daß sich das ökologische Bewußtsein als Inbegriff des Verantwortlichen selbst auslegen könnte, um sich daraufhin mehr oder weniger differenziert, aber konträr zum wissenschaftlichen Diskurs und seinen Codes, als die einzig wahre ökologische Weltanschauung, als letztes noch verbindliches Orientierungswissen und schließlich als alleiniges Vademecum selbst zu verordnen. Das Entstehen einer wie immer orientierten reinen Lehre im Gegensatz zu den Wissenschaften können nur diese selbst verhindern, indem sie dieser zuvorkommen, wenn in ihnen das Bewußtsein ihrer Folgen als Wahrnehmung einer Verantwortlichkeit entsteht, das ihnen daraufhin von konkurrierenden Codes auf gesellschaftlicher Ebene schlechterdings nicht mehr abgesprochen werden könnte.

Die im Vorangegangenen bereits beschriebene Gestalt eines werdenden ökologischen Bewußtseins ist zugleich die Voraussetzung der hier noch darzustellenden Theorie einer ökologischen Ethik, die als Ergebnis aus diesen Untersuchungen allmählich hervorgegangen ist und damit zur Diskussion gestellt werden soll. Die durch alle Untersuchungen hindurch vergeblich gesuchte Position einer Letztbegründung soll dabei durch die zunehmend an Substanz gewinnende Instanz eines ökologischen Bewußtseins latent vertreten und zugleich tendenziell offen gehalten werden. In unserer Konzeption wird die gesuchte Ethik nicht nur als Individualethik aufgefaßt, sondern auch als zunehmendes Zeitphänomen von allgemeiner, gesellschaftlicher Bedeutung dargestellt. — Mit dem ökologischen Bewußtsein als conditio sine qua non ist für uns die Möglichkeit zum Ansatz einer ökologischen Ethik gegeben; für die darauf aufbauende Konzeption sind sozialphilosophische aber besonders auch soziologische Einsichten unverzichtbar, um einen besseren Einblick in diejenigen gesellschaftlichen Tendenzen und Latenzen zu erhalten, die bereits zu beobachten oder zumindest erwartbar sind, von denen die hier vertretene Ethik letztlich zumindest in ihrer Bedingung praktisch abhängig ist. Das Phänomen jenes Bewußtseins wurde von uns bisher nur bis zur ökologischen Wende von 1972 beschrieben, im Folgenden soll nun versucht werden, die darin angelegten zeitgeschichtlichen Potentiale auszumachen; dabei setzen wir als bewiesen voraus, daß die Gestalt dieses Bewußtseins bereits auf eine ebenso lange Geschichte zurückblickt, wie auf der anderen Seite der Geist der instrumentellen Vernunft. Unter dem Einfluß von Amnesie und Reminiszenz sind beide Momente die Zentralgestalten der Moderne, in denen sich diese mit sich selbst konfrontiert, denn, wie nachgewiesen werden konnte, waren die Protagonisten des Naturschutzes zuallererst in Künstlerkreisen zu suchen.[77] Und so soll auch im Folgenden der Versuch unternommen werden, erwartbare Zeit-Tendenzen zu deuten, die sich vermutlich bereits in der gegenwärtigen Literatur abzeichnen.

[77] Vgl. S. 118, 120 u. 137.

3.3.2 Verwegene Hoffnung: Szenarien einer diesseitigen Apokalypse und Neue Mythologie — Zur Literatur der späten 80er Jahre

Keine geringere Aussagekraft für die ‚geistige Lage der Zeit' kommt, wie der Literaturhistoriker Paul Konrad Kurz feststellte, neben Philosophie, Theater, Romanen oder Malerei, der modernen Lyrik zu.[78] Ob dabei ein gleicher Rang an Aktualität, Signifikanz und Bedeutsamkeit hinsichtlich dessen, was nach Ernst Bloch zur wesentlichen gesellschaftlichen Funktion von Kunst zu zählen ist, nämlich ‚Vorschein' vom (Ideal-)Zukünftigem, den hier genannten Sparten gleichermaßen zukommt, mag daraufhin ebenso bezweifelt, wie von Gegenwart zu Gegenwart anders bewertet werden.

„Das Gedicht bloß gewahrt
was hinter den Horizonten verschwindet ...“[79]

Es überrascht jedoch, unter den aufgeführten Künsten auch die Philosophie zu finden, womit zugleich bemerkenswert wird, daß dagegen die ebenso mit Gegenwarts- und Zukunftsfragen befaßten Sozialwissenschaften keine Erwähnung finden. — In dieser illustren Gesellschaft zeigt sich jedoch ein Handikap der Philosophie, das ihr Hegel ins Stammbuch schrieb. Jene vielzitierten Textstellen aus seiner berühmt-berüchtigten Vorrede zu den 1821 erstmals erschienenen ‚Grundlinien der Philosophie des Rechts' stehen im Verhältnis einer zunehmenden Determination: Ausgehend von dem Satz, der am meisten die Gemüter erhitzte, „Was vernünftig ist, das ist wirklich; und was wirklich ist, das ist vernünftig.“[80], wird die Aufgabe der Philosophie darin gesehen, „... den Staat als ein in sich Vernünftiges zu begreifen und darzustellen.“[81], also wie er ist, nicht wie er sein sollte.[82] „Das was ist

[78] Vgl.: Paul Konrad Kurz: Über moderne Literatur II. Standorte und Deutungen; Frankfurt 1969. S. 196.

[79] Günter Kunert: ‚Unterwegs nach Utopia I'. In: Unterwegs nach Utopia. Gedichte; 3. Aufl., München, Wien 1978. S. 75.

[80] Georg Wilhelm Friedrich Hegel: Grundlinien der Philosophie des Rechts oder Naturrecht und Staatswissenschaft im Grundrisse. Sämtliche Werke. Bd. 7. A.a.O.; Stuttgart 1964. S. 33.

[81] Ebd. S. 34.

[82] Für Rudolf Haym ist damit die absolute Formel des politischen Konservativismus, Quietismus und Optimismus ausgesprochen, eine ‚furchtbare Doktrin', „... welche das Bestehende als Bestehendes heiligspricht.“ (Rudolf Haym: Hegel und seine Zeit; Berlin 1857. Zit. n.: Helmut Reichelt (Hrsg.): Texte zur Interpretation der ‚Rechtsphilosophie'. In: Georg Wilhelm Friedrich Hegel: Grundlinien der Philosophie des Rechts; Frankfurt, Berlin, Wien 1972. Vgl. S. 704, Zit. v. S. 706.).

„Ich weiß, ...“ so schränkt Haym daraufhin ein, „... daß es für Borniertheit und für ein Mißverständnis gilt, jenes Diktum zu nehmen, wie es dasteht ...“ (ebd. S. 706). — Kenntnis und Anwendung der Hegelschen Dialektik, wie Haym an einer weiteren Stelle einräumt (vgl. ebd. S. 722), sind allerdings besonders hinsichtlich dieser Prämisse von ‚vernünftiger Wirklichkeit und wirklicher Vernunft' angezeigt. Eine derartige Lesart wird etwa auch im zu begreifen, ist die Aufgabe der Philosophie, denn das was ist, ist die Vernunft. Was das Individuum betrifft, so ist ohnehin jedes ein Sohn seiner Zeit; so ist auch die Philosophie, ihre Zeit in Gedanken erfaßt."[83] Unter dem bestimmenden Einfluß dieser Prämissen folgt anschließend der bekannte Allegorismus:

> „Um noch über das Bekehren, wie die Welt sein soll, ein Wort zu sagen, so kommt dazu ohnehin die Philosophie immer zu spät. Als der Gedanke der Welt erscheint sie erst in der Zeit, nachdem die Wirklichkeit ihren Bildungsprozeß vollendet und sich fertig gemacht hat. (...) Wenn die Philosophie ihr Grau in Grau malt, dann ist eine Gestalt des Lebens alt geworden, und mit Grau in Grau läßt sie sich nicht verjüngen, sondern nur erkennen; die Eule der Minerva beginnt erst mit der einbrechenden Dämmerung ihren Flug."[84].

Die Unverzichtbarkeit von Utopien hat sich dagegen im Verlaufe unserer Untersuchungen herausgestellt, dabei geht es weniger um diese selbst, als vielmehr um ihre kommunikative Funktion in Diskursen über Zielvorstellungen gesellschaftlichen Wandels. Denn es besteht kein Anlaß mehr zu jedwedem Vertrauen in einen ‚natürlichen' Gang der Historizität, in eine schlechterdings vertrauensvolle Hoffnung auf blindlings in Szene gesetzte Fortschrittsprozesse; abgesehen von den Attitüden des Zweckoptimismus ist, wie zu zeigen sein wird, an die Stelle der Hoffnung aber auch an die Stelle der Utopie — eine bis zum Zynismus reichende Stimmung der Verzweiflung getreten. Dem, worum es Hegel ging, Philosophie vom Reich des bloßen Meinens abzugrenzen, wäre gleichwohl Rechnung zu tragen; würde aber für jede Philosophie gelten, solange, bevor nicht die ‚Wirklichkeit ihren Bildungsprozeß vollendet' hat, als bloße Meinungsäußerung unverbindlich zu sein, so wäre jedes Ansinnen auf die Praxis einer ökologischen Ethik undurchführbar, jeder Anspruch auf individuelle, gesellschaftliche oder berufsspezifische Verantwortung von vornherein nichtig, denn es gäbe keine Erkenntnis, die nicht stets zu spät käme; das wesentliche Moment ökologischer Ethik liegt aber gerade in der Voraussicht möglicher Handlungsfolgen. — Wenn wir im Folgenden zunächst daran gehen, mögliche Zeitströmungen, also letztlich ‚Stimmungen' zu beschreiben, so soll dabei die notwendige Distanz zur ‚Stimmungsmache' gewahrt bleiben.

Hegel–Buch Ernst Blochs angeraten; der Satz involviere keine ‚schiere Versöhnung mit dem gerade gegebenen Dasein eines vorhandenen Staats im Sinne eines politischen Quietismus': „Das Nachdenken ... bestimmt, daß nur Vernünftiges wirklich sei. Darum ist der erste Teil des Satzes ebenso revolutionär, wie der zweite konservativ sein mag. und der erste Teil ist grundlegend. (...) Vielmehr: Wirklichkeit, das ist bei Hegel ... ein ganz Anderes als das gleichnamige Wald–, Feld– und Wiesenwort der Empiristen." (Ernst Bloch: Subjekt–Objekt. Erläuterungen zu Hegel; erw. Ausg., 2. Aufl., Frankfurt 1981. S. 253; zur Rechtsphilosophie Hegels siehe Kap. 14. S. 244–274.).

[83] Georg Wilhelm Friedrich Hegel: Grundlinien der Philosophie des Rechts ... a.a.O. S. 35.

[84] Ebd. S. 35f.

Eine Antwort auf die Frage, wie eine ‚wahrsagende Geschichtserzählung des Bevorstehenden in künftiger Zeit' möglich sei, findet sich bei Kant: „... wenn der Wahrsager die Begebenheiten selber macht und veranstaltet, die er zum voraus verkündet."[85]. Der Versuch, das ökologische Bewußtsein auf seine zukünftigen Tendenzen und Latenzen hin zu untersuchen, ist jedoch zu unternehmen, wenn wir verstehen wollen, was eigentlich unter ‚ökologischer Kommunikation' zu verstehen sei, und warum gerade dieser von dem Soziologen Niklas Luhmann ausgesprochen systemgefährdende Eigenschaften nachgesagt werden.[86]

> „Eines Tages,
> über den ich in der Gegenwartsform nicht schreiben kann,
> werden die Kirschbäume aufgeblüht gewesen sein."[87]

Gleich im Eingangssatz wird die Perspektive der Seherin Kassandra revoziert, aber das Bild des kommenden Frühlings ist vom Kontext verdunkelt. Der Tag, den es zu rekonstruieren gilt, konfrontiert die Sprecherin mit dem Phänomen einer Umdeutung der Worte; ebensowenig, wie es von nun an gelingen kann, ohne Ironie ein Gedicht über eine Wolke zu schreiben, ebensosehr läßt sich bereits durch einen Satz im Futurum II mit den Zeichen des Frühlings eine unausgesprochene Drohung vermitteln. An jenem Tag war das ‚Ziel einer sehr fernen Zukunft weggesprengt worden', und die Worte sind es selbst, die Widerstand leisten im Bewußtsein der monologisierenden Frau. Bedeutungen zeigen die Spuren von Spaltprozessen: Was zu erzählen, zu berichten, was erläutert, nach- und umgedacht wird, den Zusammenhang der Ereignisse des Tages, Ängste und Hoffnungen zugleich zu Wort kommen zu lassen, gelingt nur noch durch Antinomien.

> „Nicht unvorbereitet,
> doch ahnungslos werden wir gewesen sein,
> ehe wir die Nachricht empfingen."[88]

Seinen Bericht über die literarische Szene der mittleren 80er Jahre faßt Paul Konrad Kurz unter den Begriff: Apokalyptische Zeit; die ‚Propheten der Angst' hätten geradezu ‚Konjunktur', so wird dort Kurt Sontheimer in einem

[85] Immanuel Kant: Der Streit der Fakultäten. In: Werke. A.a.O. Bd. VII; Berlin 1917. S. 79f.

[86] Niklas Luhmann: Ökologische Kommunikation. A.a.O. — Eine Begriffsbestimmung finden wir dort ebensowenig, wie den Versuch einer Beschreibung dessen, was Luhmann unter ‚ökologischer Kommunikation' versteht. Wir sind also auf eigene Untersuchungen angewiesen, wenn wir nachvollziehen wollen, warum Luhmann systemgefährdende Eigenschaften attestiert.

[87] Christa Wolf: Störfall. A.a.O. S. 9.

[88] Ebd. S. 11.

Artikel vom 18. März 1983 zitiert.[89] Diese Zeitdiagnose sollte unmittelbar bestätigt werden, als Zeugin der Zeichen des Untergangs wurde die zur Pessimistin degradierte Kassandra selbst aufgerufen; Christa Wolfs Erzähl-Monolog ‚Kassandra' erschien zusammen mit ihren Frankfurter Poetik-Vorlesungen eine Woche später.[90]

> „Wann Krieg beginnt, das kann man wissen,
> aber wann beginnt der Vorkrieg.
> Falls es da Regeln gäbe, müßte man sie weitersagen."[91]

Die Perspektive der Kassandra, die zur Bewahrung aufruft und Metanoia verlangt, ist bei Christa Wolf diejenige einer wissenden (selbstbewußten) Frau, diese Kassandra ist nicht lediglich historische Figur, sie erscheint in aktuellem Bezug als Frau in einer vom Mann zu verantwortenden Welt nicht als Duldnerin, in der Auseinandersetzung kündigt sie schließlich die ihr zugewiesene Rolle, und eine ‚neue Faust–Gretchen–Variante' wird programmatisch:

> „Ein Faust, der nicht Wissen, sondern Ruhm gewinnen will.
> Ein Gretchen, das, anstatt an ihm zugrunde zu gehen,
> ihn erlösen will ..."[92].

Insbesondere bei der Interpretation von ‚Störfall' ist fraglich, ob die dem Roman zugrunde liegende Gleichzeitigkeit einer Hirnoperation und die währenddessen eintreffenden Meldungen über den Störfall lediglich so angelegt wurde, um den Janus-Kopf moderner Technik darstellen zu können, oder ob nicht vielmehr die Operation an der Hypophyse des Bruders auch symbolhaft den für notwendig erachteten Wandel im Bewußtsein des Mannes darstellen soll. Eine der Folgen der nicht ganz eindeutig beschriebenen Tumor-Extirpation neben der damit verbundenen Gefährdung des Gesichtssinns und dem Verlust des Geruchssinns ist eine ‚reduzierte Fähigkeit jener Streßregulierung',

> „... die, nach einem Zeichen von der Hypophyse, die Nebenniere zu übernehmen hat. Das Zeichen bleibt aus, die Nebenniere arbeitet nicht, das Hormon fehlt, du kannst, über einen gewissen Pegel hinaus, Streßsituationen nicht ausregulieren. Dieser Pegel erlaubt es dir, fünf Stunden am Tag konzentriert zu arbeiten. Wer kann

[89] Vgl.: Kurt Sontheimer: Im Gewand der Kassandra. In: Rheinischer Merkur. Christ und Welt, v. 18. März 1983. Zit. n.: Paul Konrad Kurz: Apokalyptische Zeit. Zur Literatur der mittleren 80er Jahre; Frankfurt 1987. S. 37f.

[90] Christa Wolf: Kassandra. A.a.O. — Dies.: Voraussetzungen einer Erzählung: Kassandra. Frankfurter Poetik-Vorlesungen; Darmstadt, Neuwied 1983.

[91] Christa Wolf: Kassandra. A.a.O. S. 76f.

[92] Christa Wolf: Störfall. A.a.O. S. 73.

das schon! Sind nicht vielleicht unsere Ansprüche zu hoch und falsch gerichtet. Ist nicht deine Lernaufgabe möglicherweise: dich entspannen, dich gehenlassen, dich erholen; genießen, was ohne Anstrengung zu erreichen ist. Und nicht: in immer neuem Anlauf jene Gebiete deines Nervensystems hochpeitschen, die dir vielleicht mit Hilfe der Krankheit gerade nahelegen ‚wollten', sie ein wenig zu schonen."[93].

Ein vergleichbares Rezept findet sich bei Sten Nadolny; in seinem Roman führt die Lebensgeschichte des englischen Seefahrers und Nordpolforschers John Franklin im Prozeß von Selbsterfahrung und Selbstfindung zur Entdeckung der Langsamkeit: „‚Ich nehme mir Zeit, bevor ich einen Fehler mache', entgegnete Franklin freundlich. (...)(...) Mochte auch der Tod bevorstehen, das war kein Grund, eine Überlegung vorzeitig zu beenden."[94]. — Adolf Muschg empfiehlt als Antidot gegen den Zeitgeist hektischer Betriebsamkeit, in dem Moratorien mit (‚Entwicklungs'-)Stillstand gleichgesetzt und dieser wiederum als Verfallsbeginn gedeutet wird, was dem davon ‚geprägten' Lebensgefühl wohl am meisten widerspricht: Selbstreflexion, Geduld und, „ ... daß man auch den Rezeptmachern auf die Finger sehen muß. Wir haben fast keine Zeit mehr, darum brauchen wir noch mehr Geduld: denn sie bringt die Veränderung nicht erst, sie ist selbst schon ein Stück Veränderung, und für die meisten von uns die schwerste."[95]. — Ohnehin sind an die Stelle des Fortschrittsgedankens Endzeitbilder getreten:

„noch ein paar Fortschritte
und wir werden weitersehen."[96]

Es gebe heute, in allen Zweigen der Kulturtechnik, so wiederum Adolf Muschg, ein schleichendes Gefühl dafür, daß die immer rabiatere Verbesserung der Mittel den Zweck dieser Mittel verfehle.[97]

„Weil wir alle nur das Beste aller
wollen wird alles schlimmer"[98]

---

[93] Ebd. S. 96. Vgl. auch S. 31.

[94] Sten Nadolny: Die Entdeckung der Langsamkeit. Roman; München 1983. S. 177f.

[95] Adolf Muschg: ‚Im Wasser Flamme'. Goethes grüne Wissenschaft. Vortr. geh. a. 28. Juni 1985 (Abhlg. d. Klasse d. Lit./Akad. d. Wiss. u. d. Lit., Jg. 1985. Nr. 4); Mainz, Stuttgart 1985. S. 15.

[96] Hans Magnus Enzensberger: ‚Weiterung' (Erstveröfflg. 1964). In: Peter Cornelius Mayer-Tash (Hrsg.): Im Gewitter der Geraden. Deutsche Ökolyrik 1950–1980; München 1981. S. 219.

[97] Vgl.: Adolf Muschg: Die Tücke des verbesserten Objekts; Bern 1981. S. 24.

„Ich habe schon für Bühnen geschrieben, deren technisch perfekter Apparat das Theaterspielen unmöglich machte — ... (...)(...) Der Konstrukteur konnte offenbar nicht wissen, daß in dieser Arbeit und Mühe, in Versuch und Irrtum, in der Freiheit, aufzubrechen, wohin man will, der Sinn des Theaterspielens besteht. Er hatte es gut gemeint, als er diesen Sinn wegprogrammierte." (Ebd. S. 14f.)

In einem Roman läßt Peter Härtling die Jugendliebe Georg Landerers, Laura Wenger bei einem späten Wiedersehen sagen: „Mir wird allmählich klar, Georg, daß man auf etwas zuläuft, das es gar nicht gibt.“[99]. — Fortschritt erscheint nunmehr als Ideologie, wird als sinnentleert erfahren, schließlich zum Mythos erklärt um dann dekuvriert zu werden; der Zweifel setzt daraufhin bei den vorgeblichen Zielen an, und die Identität von technischem und humanem Fortschritt wird endgültig aufgehoben.[100]

„**Fortschritt**

Täglich ein wenig mehr nach vorn.
Eines Tages wird er
Mit seinen Lippen den Boden berühren
Der Erde ganz nah.“[101]

„Das Fortschreiten von etwas Unaufhaltbarem
wird zum unaufhaltbaren Fortschritt“[102]

„Da könnte ja jeder kommen und sagen:
mal eine Weile gar nichts, oder:
wo man nicht mehr den scharfen Zug der Geschichte im
Nacken spürt,

---

[98] Günter Kunert: ‚Vortäuschungen‘. In: Unterwegs nach Utopia. A.a.O. S. 48.

[99] Peter Härtling: Das Windrad. Roman; Darmstadt 1983. S. 45.

[100] „Nicht in der innovatorischen Lösung, die von Instrument zu Instrument, von Erfindung zu Erfindung hecheln läßt, wäre also eine Antwort auf das ‚wozu?‘ zu suchen. Allein in der Gestaltung und Organisation sozialer Beziehungen könnte humaner Fortschritt erhofft werden. Um eine genuin soziale Definition des Fortschrittsbegriffs geht es also, um eine Innenwendung (Introversion) des Fortschritts, der fälschlicher– und verhängnisvollerweise nur in der Außenwendung (Extroversion) gesucht wurde. Als könne man soziale Leistungserfordernisse auf die Dauer instrumentell ersetzen.“ (Günter Kunert: Zum allerneuesten Bewußtsein. In: Jürgen Manthey (Hrsg.): Literaturmagazin 13. Wie halten wir es mit dem Neuen? Innovation und Restauration im Zeichen einer vergangenen Zukunft; Hamburg 1980. S. 51.)

— „Die Aufklärung trieb den Mythos in die Krise (sehr deutlich sichtbar bei Heinrich Heine). Und doch kam auch die Aufklärung ohne Mythos nicht aus. Der von ihr ausgebildete und genährte Forschrittsglaube ist ein folgenschwerer Mythos geworden.“ (Paul Konrad Kurz: Apokalyptische Zeit. A.a.O. S. 28.)

— „Der Humanist alter Schule hat gegen die Finsternis, das kollektive Nichtwissenwollen, die Vernunft geltend gemacht. Damit stand er auf der Seite der Technik, deren Rationalität ein Akt der Vernunft, der freudigen und fröhlichen Vernunft war. Heute muß er die Vernunft gegen die irrational gewordene Rationalität in Schutz nehmen; gegen die zum Fetisch gewordene Unvernunft des Machbaren eine Vernunft des Gefühls.“ (Adolf Muschg: Die Tücke des verbesserten Objekts. A.a.O. S. 25f.)

[101] Rolf Haufs: ‚Fortschritt‘. In: Peter Cornelius Mayer–Tash (Hrsg.): Im Gewitter der Geraden. A.a.O. S. 147.

[102] GünterKunert: ‚Wunder erleiden‘. In: Im weiteren Fortgang. Gedichte; München 1974. S. 21.

der Platz im Garteneck —
Nein, Freundchen,
nein, mein Lieber,
nein,
du Dezimalgespenst
auch vierzehn Stellen hinterm Komma bläst man nicht
Waldesruh"[103]

An die Stelle der ehemals enthusiastischen Zuversicht ist das Gefühl von Bedrohung getreten:

„... Wir sitzen
im schwarzen Licht
essen Gift trinken Säure
wir denken wir leben
und verschieben die Folgen
auf Morgen"[104].

Der Verlust jeglicher Utopie wird betrauert und ironisiert, mitunter führt die wahrnehmbare Enttäuschung zu einem Zynismus, der bis zur Verachtung aller ‚hehren Ziele' reicht:

„Verblaßt oder verdunkelt
der Glanz der Utopie
gleich dem Goldgrund der
Ikonen: ..."[105].

„Wer
einen Traum wahrmachen will
Zerstört jeden Traum
gestand Kassandra sterbend"[106]

Günter Kunert schildert die ‚ikarischen Züge fliegender Tiere mit zerfetztem Gefieder'.[107] Paul Konrad Kurz stellt seit den späten 70er Jahren eine unter den epischen Helden zunehmend sich ausbreitende Resignation[108] fest: „Je jünger der Autor, je kleiner die Hoffnung, ..."[109]. Günter Grass läßt in seinem apokalyptischen Roman einen Gesang anstimmen, in dem es heißt: „Mir

[103] Peter Rühmkorf: ‚Gruß aus Rom'. In: Gesammelte Gedichte; Hamburg 1976. S. 102.
[104] Günter Kunert: ‚Lagebericht'. In: Unterwegs nach Utopia. A.a.O. S. 40.
[105] Günter Kunert: ‚Rubljow'. In: Im weiteren Fortgang. A.a.O. S. 86.
[106] Günter Kunert: ‚Keine Neuigkeit aus Troja'. In: Unterwegs nach Utopia. A.a.O. S. 72.
[107] Günter Kunert: ‚Unterwegs nach Utopia I'. In: Unterwegs nach Utopia. A.a.O. S. 75.
[108] Paul Konrad Kurz: Zwischen Widerstand und Wohlstand. Zur Literatur der frühen 80er Jahre; Frankfurt 1986. S. 62.
[109] Ebd. S. 103.

träumte, ich müßte von jeder Idee, ... und von der Dauerläuferin Hoffnung auch mich verabschieden.“[110]. Am Ende, im Schlußgesang, ist die Apokalypse — unter dem Zeichen der Ratte — unwiderruflich: „... lauthals lachen die Ratten uns aus, seitdem wir mit letzter Hoffnung alles vertan haben.“ [111].

„Rede vom Gedicht

Das Gedicht ist nicht der Ort, wo die Schönheit gepflegt wird.
Hier ist die Rede vom Salz, das brennt in den Wunden.
Hier ist die Rede vom Tod, von vergifteten Sprachen.
Von Vaterländern, die eisernen Schuhen gleichen.
Das Gedicht ist nicht der Ort, wo die Wahrheit verziert wird.
Hier ist die Rede vom Blut, das fließt aus den Wunden.
Vom Elend, vom Elend, vom Elend des Traums.
Von Verwüstung und Auswurf, von klapprigen Utopien.
Das Gedicht ist nicht der Ort, wo der Schmerz verheilt wird.
...
Das Gedicht ist nicht der Ort, wo das Sterben begütigt
wo der Hunger gestillt, wo die Hoffnung verklärt wird.
...
Das Gedicht ist nicht der Ort, wo der Engel geschont
wird.“[112]

— Man mag nun versucht sein, solches ‚Untergangsgerede‘ als modischen Chic oder als exzentrische Attitüde abtun zu wollen, aber nicht zu vergessen ist, daß wir es hier mit ernstzunehmenden Momenten des ökologischen Bewußtseins zu tun haben; was wir hier beobachten sind Stimmungen und Zeitströmungen, die ihren Höhepunkt noch nicht erreicht haben: „Die ästhetischen Entscheidungen des Autors erhellen dunkel die Entscheidungen, die für die Gesellschaft anstehen; sie zeigen sie an wie ein Seismograph. Es ist nicht die Schuld der Künstler, daß diese Zeichen nicht auf Versöhnung und Begütigung deuten; daß ihr Anblick schreckt, ...“[113]. Kunst könne nicht bejaht werden, so Muschg, ohne zu vergegenwärtigen, „... daß sie das Beweisstück verlorener Kultur ist; ... (...) Es ist das schlechte Gewissen der Industriegesellschaft, das den Kunstwerken ihre eigentümliche Wirkung garantiert.“[114]. Insofern möchte er die ‚Kulturträger-Rolle‘ als ‚seismographischen Dienst‘ verstanden wissen;[115] das bessere Wissen allein

[110] Günter Grass: Die Rättin; Darmstadt, Neuwied 1986. S. 115.
[111] Ebd. S. 503.
[112] Christoph Meckel: ‚Rede vom Gedicht‘. In: Ausgewählte Gedichte 1955–1978; Königstein 1979. S. 80.
[113] Adolf Muschg: Literatur als Therapie? Ein Exkurs über das Heilsame und das Unheilbare. Frankfurter Vorlesungen; Frankfurt 1981. S. 119.
[114] Ebd. S. 139.
[115] Vgl. ebd. S. 151.

genüge nicht, angesichts der nie dagewesenen Entwicklung, „... die die moderne Technik vom Zaun gerissen hat, ... sind wir alle Laien."[116], und der in seinen Frankfurter Vorlesungen an das Auditorium gerichtete Hinweis darf daher als kollegialer Rat verstanden werden: „Die Erschöpfung der Natur muß sich an uns selber zeigen — als Naturkraft, die durch hinreichend Erschöpfte zu handeln beginnt, ...".[117] Diesem Selbstverständnis im Subjekt des Kulturschaffenden korrespondiert bei Muschg im Objekt-Bereich eine Einstellung, die als die heimliche ‚neue Moral' angesehen werden kann; es ist eine an Arthur Schopenhauer besonders aber an Albert Schweitzer erinnernde Position:

> „Am Anfang der Weisheit, und keineswegs am Ende der Wissenschaft, stände die Einsicht, daß wir alles, was wir an der Kreatur, dem Mitgeschaffenen tun oder versäumen, an uns selber tun oder versäumen: daß wir also kein stärkeres Interesse haben und uns an dieser Schule keine höhere Qualifikation erwerben können als diejenige zur Sympathie — zur Sympathie mit den Sachen, aus Mitleid mit uns selbst."[118].

Mitunter scheinen also dennoch sanfte Anklänge an Motive des Utopischen durch, ‚mit einem unsinnigen Hoffnungsrest'.[119] Wir sollten darin bis auf weiteres jedoch eher eine Ausnahme sehen, denn der Blick auf den Horizont des Zukünftigen wird insgesamt verhangener denn je dargestellt, es gehe, so Christa Wolf, nunmehr um den vollständigen Zusammenbruch, nach dem es keine Wiedergutmachung gebe.[120] Günter Kunert zeichnet unter dem Thema ‚Zukunft' nur noch Endzeitbilder:

„In Europa geht ein Gespenst um
in ihrem leidvollen
Namen"[121]

„Unerfüllt nach so langer Zeit

[116] Adolf Muschg: Die Tücke des verbesserten Objekts. A.a.O. S. 25.
[117] Adolf Muschg: Literatur als Therapie? A.a.O. S. 33. „Es gehört ganz offenbar die eigene Gefährdung dazu, um die objektive Gefahr, in der sich die Zivilisation befindet, zu markieren. (...) Es gehört dazu, daß ein Mensch sich selbst aufs Spiel setze ..." (Ebd. S. 119.).
[118] Adolf Muschg: Die Tücke des verbesserten Objekts. A.a.O. S. 41.
[119] Vgl.: Günter Kunert: ‚Adam und Eva'. In: Zurück ins Paradies. Geschichten; München, Wien 1984. S. 155.
[120] Vgl.: Christa Wolf: Störfall. A.a.O. S. 108.
[121] Günter Kunert: ‚Zukunft'. In: Abtötungsverfahren. Gedichte; München, Wien 1980. S. 14.

ist jede Hoffnung ausgebrannt
...
Die Zukunft
eine ferne Ruine am Horizont
unbewohnbar"[122]

„Schon jetzt sind wir blind
vor Panik von den Versprechen
der Zukunft
weil sie immer leuchtender wird
oder brennender wird
von Wundmal zu Wundmal"[123]

„Immer noch: Der blasse Mond
Die alte Erde: Noch bewohnt
Natur: Ein Anlaß zum Gedicht
Zum Wörterspiel. Zum
Weltgericht"[124]

„Unaufgeräumte Spätzeit
kurz vor dem Dunkelwerden ..."[125].

Besonders erhellend ist die Behandlung des Motivs der Sprache; so macht sich die Erzählerin in ‚Störfall' Gedanken, woher der moderne Zwang zur Spaltung in immer kleinere Teile komme, während die Sprache ehemals die Unspaltbarkeit von A–tom und In–dividuum behauptete: „Die diese Wörter erfanden, haben weder die Kernspaltung noch die Schizophrenie gekannt."[126]. Spaltungssymptome machen sich auf zwei Weisen bemerkbar, im Bewußtsein und in der Sprache: „An Spaltungssymptomen hätte unsereins wohl auch das Seine vorzuweisen ..."[127]. Eine vergleichbare Aussage finden wir wieder bei Adolf Muschg:

---

[122] Günter Kunert: ‚Gesellschaft'. In: Abtötungsverfahren. A.a.O. S. 47.

[123] Günter Kunert: ‚Nachrichten aus der Provinz II'. In: Abtötungsverfahren. A.a.O. S. 48.

[124] Günter Kunert: ‚Kalenderspruch'. In: Berlin beizeiten. Gedichte; München, Wien 1987. S. 102.

[125] Günter Kunert: ‚Predigt'. In: Unterwegs nach Utopia. A.a.O. S. 95.

[126] Christa Wolf: Störfall. A.a.O. S. 35f.

[127] Ebd. S. 56.

> „Die Spaltbarkeit der Materie: sie ist die Antwort auf eine Frage, die ein gespaltenes Wesen an sie gestellt hat, gespalten zwischen Kopf und Gefühl, unsicher in dem, was es will, sicher nur, daß es immer mehr will: diese Sucht hat es sich angewöhnt, Fortschritt zu nennen, und es muß ihn zählen und messen können, da es ihn offensichtlich nicht erleben und genießen kann."[128].

Günter Kunert deutet die Zeichen der Sprachlosigkeit als Wendezeit des Denkens:

> „Am Anfang war das Wort. Am Ende steht der Zweifel an seiner Fähigkeit, das, was es bezeichnet, auch zu meinen. Der Bedeutungswandel der Wörter und der Bedeutungswandel der Dinge, weithin unerkannte Signale des globalen Umbruchs, reißen in sich überstürzender Relativierung alle ‚festen Standpunkte' mit sich: Die Haltlosigkeit, als Untergangssymptom beklagt, wird zum System, ... Wir sind an einer Wende angelangt, einer des Denkens."[129].

Auch einer Romanfigur von Peter Härtling wird Sprache zum Problem, dem kleinen ‚Pokko zerbröseln die Wörter auf der Zunge'.[130] Pokko, ‚das mechanisch stapfende, unerreichbare Kind',[131] erscheint zum einen als Motiv der Sprachlosigkeit und zum anderen als Sinnbild eines Zeitgeistes der Sorge um Zukunft; dennoch zeigt sich auch bei ihm am Romanende ein gewisser Hoffnungsschimmer, Pokko spricht seinen ersten Satz zu Landerer: „Pokko kommt."[132]. Mit diesem Roman, so Paul Konrad Kurz, habe Härtling ein ‚ermutigend kreatives Lebensgefühl in die verkrampft resignative Gegenwartsszenerie' hineingeschrieben.[133] — Georg Landerer, Mitte fünfzig, entschließt sich nach leichtem Herzinfarkt, mit Bluthochdruck, einsetzendem Altersdiabetes und aus der ‚Unfähigkeit, das Abgelebte weiter zu ertragen', seine Druckerei zu verkaufen und sich von seiner Frau zu trennen.[134] „Irgendwas ist gebrochen, gerissen, eine Verbindung zwischen deiner Umgebung, deiner Geschichte und dir."[135] Landerer begibt sich in die ‚Irrungen einer alternativen Existenz' und trifft auf Baldur Kannabich, gleichen Alters, Erfinder und Künstler, der eine heruntergekommene Mühle wieder instand gesetzt hat und nun an der Konstruktion und Errichtung eines Windrades arbeitet.[136] „Ich bin ein wenig schwerhörig, Landerer, doch Dürers Reiter

[128] Adolf Muschg: Die Tücke des verbesserten Objekts. A.a.O.S. 32f.
[129] Günter Kunert: Zum allerneuesten Bewußtsein. A.a.O. S. 13.
[130] Vgl.: Peter Härtling: Das Windrad. A.a.O. S. 89.
[131] Vgl. ebd. S. 111.
[132] Ebd. S. 224.
[133] Vgl.: Paul Konrad Kurz: Apokalyptische Zeit. A.a.O. S. 43.
[134] Vgl.: Peter Härtling: Das Windrad. A.a.O. S. 13.
[135] Ebd. S. 44.
[136] Vgl. ebd. S. 57.

kann ich schon hören. Sie nähern sich und unsere alte Erde bekommt Risse. Warum sollte ich nicht, um ihnen davonzukommen, in meine Kindheit fliehen und zum Trotz ein großes Windrad aufrichten?“[137] Landerer übernimmt beim ‚Kampf ums Windrad‘ den ‚Part des Unterhändlers‘ und beide malen sich mit kindlicher Freude den Augenblick aus, „... an dem das große Rad sich zum ersten Mal bewegen wird, leicht, auf einem mit Windgefühl ausgestatteten Lager, daß sich Kannabich patentieren ließ.“[138]. Erstmals in ihrem Leben, bekommen sie Besuch von der Polizei: „Die Behörden haben so entschieden. Es kann sich auch nicht jeder seinen Strom selber machen.“[139].

„Zum Beispiel, wo schon alles vom System
abhängt
wie von den Elementen Gas, Wasser, Licht,
sein bischen Strom mit der Hand erzeugen,
das wär doch mal was!“[140]

Die Bedeutung des Windrades war jedoch von Anfang an größer, als die einer Energie-Versorgung; ‚es sei, ganz gleich, wieviel Strom es erzeuge, ein großes Kunstwerk‘, und so entschließen sich beide: „Das Windrad muß stehen, für viele sichtbar. Ein Ausrufezeichen, ein Symbol. Für den Wind, der die Erde und unsere Köpfe streichelt, der nicht flau werden soll unter Schmutz und Gasen.“[141]. Dieses Ausrufezeichen, „... das die Vergangenheit als bessere Zukunft ausruft, oder als eines, das sich vor der Gegenwart nicht fürchtet, aber auf eine menschenfreundlichere Zukunft weist.“[142], lockt alsbald hunderte von Menschen auf den ‚Sonnenbuckel‘. „Vielleicht übertrug sich die Hoffnung auf eine menschenfreundlichere Zukunft wie ein Virus, vielleicht leuchtete das Windrad als Symbol ein, vielleicht war's auch nur ein noch undeutliches Gefühl von Bedrohung, das ihm die Helfer zutrieb.“[143] Wie zu erahnen ist, wird das baupolizeilich nicht genehmigte Windrad schließlich von der Staatsmacht zerstört.[144] Aber für einen kurzen Moment gewahren wir eine Szenerie, in der sich Vergangenheit und Zukunft verbinden: Härtling schildert, wie das Windrad zum Sonnensymbol, zum Maibaum wird, wie sich in einem kurzen Augenblick aus dem Tanz um das neue ‚Freiheitssymbol‘ Szenen entwickeln, die an ‚heidnische‘ Riten erinnern. Wir erhalten hier einen Einblick in eine der vermutlich zentralsten Gestalten des

[137] Ebd. S. 88.
[138] Ebd. S. 68.
[139] Ebd. S. 79.
[140] PeterRühmkorf: ‚Im Fahrwind‘. In: In: Haltbar bis Ende 1999.Gedichte; Hamburg1979. S. 33.
[141] Peter Härtling: Das Windrad. A.a.O. S. 69.
[142] Ebd. S. 83.
[143] Ebd. S. 104.
[144] Mit der Inszenierung der beiden Schlachthaufen im Gewitter sei Härtling ein erzählerisches Kabinettstück gelungen; diesem Urteil von Paul Konrad Kurz können wir uns durchaus anschließen. (Vgl.: Paul Konrad Kurz: Apokalyptische Zeit. A.a.O. S. 44.)

werdenden ökologischen Bewußtseins, in die latente Möglichkeit einer Wiederkehr kosmologischer Weltanschauung, hier in der ‚Endringer Windradrevolution' unter anarchistischem Vorzeichen. Bevor wir nun diesem Phänomen weiter folgen, soll noch die erwähnte Passage aufgeführt werden:

> „Das Rad mußte sich erst mit dem Wind vertraut machen, mußte ihn erst spüren, seine Lust, seine Kraft. Es suchte nach der günstigsten Stellung, kippte hin und her ... Vor lauter Spannung stöhnten einige Zuschauer auf, andere riefen dem großen Flügel zu: Nun dreh dich doch schon! Nun fang doch an!
> Vom Westen her zog eine schwarze Wand, schickte kleine Wölkchen wie eine Flottille voraus, Boten, Windboten. Der Wind nahm zu. Kannabichs Wunder sollte vollkommen werden, ... (...) Das riesige Rad drehte sich und redete in vielen verschiedenen Stimmen. Anfänglich sirrte es, man konnte auch die Lager noch ein wenig knirschen hören. Dann kam ein Sausen dazu, ein tiefer Orgelton.".
>
> Das Rad kreischte und knirschte, zerrte am Turm und in allen stieg die Furcht auf, „... der Turm könne das kreisende Rad nicht halten, es werde ihn aus der Verankerung reißen und mit ihm aufsteigen gegen die Sonne. (...) Jetzt warfen sie die Arme über den Kopf, liefen, lachten, drehten sich um sich selbst, fingen an zu tanzen, rannten in lebendigen Ketten über den Sonnenbuckel, ließen jedoch nie das rauschende Wunder aus dem Blick, das Rad, das nicht mehr als Rad zu erkennen war, sondern als Schein, als weißglühender Kreis, als silbernes Windloch.
> Georg erinnerte sich, von solchen Festen gelesen zu haben, und sie waren in den Büchern nie gut ausgegangen. Er lachte Heinzinger zu. Was auch immer geschehen wird, sagte er leise, dieses Bild können sie uns nie mehr ausreden."[145].

— Die hier zu verzeichnende, erstaunliche Wiederkehr von Impulsen neuer Hoffnung, die Härtling der tristen Stimmung apokalyptischer Bilder entgegensetzt, bedarf einer besonderen Erklärung, wenn nach wie vor davon auszugehen ist, daß es sich dabei kaum um noch unverbrauchte Energien utopischer Momente handeln kann. Im Hintergrund hat sich der Begründungsmodus gewandelt, Anlässe zu kontrafaktischer Hoffnung werden offensichtlich nicht mehr von Utopien vermittelt, an deren Stelle sind nun die Sinnbilder neuer Mythen getreten. Die von Härtling verwandten Symbole geben Anlaß zu weitreichenden Spekulationen. Zunächst einmal gehört das Windrad selbst zum klassischen Arsenal alternativer Technik. Dieser wiederum korrespondiert im Roman eine Drachenflugschule, als Warnung vor jeglicher Hybris wird der Mythos des Ikarus revoziert. Beim Turm,

[145] Peter Härtling: Das Windrad. A.a.O. S. 208–209.

der augenscheinlich das kreischende Rad nicht zu halten vermag, läßt sich Babylon assoziieren, wobei der damit verbundenen, hier polyvalenten Sprachverwirrung wiederum das christliche Pfingsten entgegengesetzt wird, wenn nämlich das selber symbolische Rad sich zu drehen beginnt, um darauf mit ‚vielen Stimmen zu reden'. — Dieser Symbolismus ist mehr als nur der Ausdruck einer ungehaltenen Literaten–Lust zur Assoziation, ebenso ist offenbar mehr intendiert als eine unverbindliche Anspielung vergangener Deutungsmuster, es geht vielmehr um deren Aktualisierung. Allenthalben mehren sich die Zeichen, denenzufolge mit einem Auftreten von Neo–Mythen zu rechnen ist. Diese neuen Mythen erscheinen intentional als Radikal des Utopischen, es gilt vornehmlich, veränderte Wertvorstellungen in die Metadiskurse zu tragen — Ideale, die sich im herkömmlichen Sinne kaum noch als Utopien darstellen lassen. Zudem ist dem Impetus des Erringens derjenige des Bewahrens entgegengestellt worden, Historizität allein, Veränderung als solche, kann kaum noch ohne weiteres vertreten werden. Das Prinzip dieser neuen Orientierungsweisen ist der Versuch, von der Annahme einer im Sein selbst gegebenen normativen und letztverbindlichen Instanz auszugehen. Dementsprechende Versuche, eine solche Instanz unmittelbar und evident zu begründen — immerhin würde damit die Bedingung für die Möglichkeit einer ökologischen Ethik erfüllt sein — erscheinen, mit Blick auf die der heutigen Philosophie zu Gebote stehenden Mittel, zunächst allerdings wenig aussichtsreich. Dennoch könnte gerade das Erscheinen der Neo–Mythen auf einen allmählich im Bewußtsein der Öffentlichkeit sich vollziehenden Wandel hindeuten; die Evidenz–Probleme bei Letztbegründungs–Theoremen ließen sich schließlich dann kompensieren, wenn dem notwendigen Ansatz die Einsicht hinreichend entgegenkäme.[146]

3.3.3 Ökologie im Diskurs: Zwischen unbefriedigter Aufklärung und Neuer Unmittelbarkeit

Der italienische Theaterkritiker Nicola Chiaromonte hatte offenbar nicht den rechten Zeitpunkt getroffen, als er im Jahre 1971 dazu aufrief, zur ‚kosmischen Frömmigkeit' wieder zurückzukehren.[147] Dem Ausdruck einer solchen Botschaft muß, vermutlich in jedem Fall, eine dementsprechende Zeitstimmung vorhergehen; erst wenn das Bedürfnis bereits vorliegt, etwa im Zeitgeist eines wie immer jeweils motivierten ‚Unbehagens in der Kultur', kann ihm ein Aufruf korrespondieren, andernfalls geht er ins Leere. Vierzehn Jahre später verzeichnet Peter Sloterdijk einen ‚fluidalen Kosmopolitismus, der überall unter alten, starren Oberflächen ans Licht dränge, eine okkulte Welt, die allenthalben in die Sichtbarkeit herausbrechen wolle, durch Zeitungen

[146] Erinnert sei hier nochmals an jenen Landschaftsplaner, der bereits ‚die Seite der Natur' vertritt. Siehe S. 172.

[147] Vgl.: Nicola Chiaromonte: Das Paradox der Geschichte. Zur Krise des modernen Bewußtseins; Wien 1973. S. 175.

und durch Fernrufe von Spiritisten'[148]. „Es meldet sich, ganz leise noch, eine unerhörte Republik der Kräfte, eine Weltgesellschaft aus lauter Energie und kosmischem Funkenflug, ...“[149] — Nun ist also von ‚Kosmischen Kräften' die Rede, neureligiöse Inhalte erscheinen dabei vielfach als allzu eilfertiger Ausdruck dessen, was man sich vor kurzem erst aufsetzte; da fällt es schwer ernst zu nehmen, was gestern noch unbekannt, heute Bekenntnis und morgen bereits wieder verworfen sein kann. Tatsächlich aber ist eine latente, religiös–mythische Grundstimmung auszumachen; wird zwischen einer politischen, einer szientistischen und einer religiösen Variante des ökologischen Bewußtseins unterschieden, so handelt es sich hier um den Versuch, die eingetretenen Utopieverluste durch Projektionen von kosmologischen Deutungsperspektiven zu kompensieren. — Die Suche gilt dabei einem Geist, der in „... ein öffentliches gesellschaftliches Sinn–Vakuum hineinbläst.“[150]. Unverkennbar sind Versuche zur Reanimation der Natur, und die damit verbundenen Gefahren von Heilslehren sind inbegriffen — zumal alles im Stil der Zeit möglichst schnell gehen soll. Es ist dabei noch nicht absehbar, welcher Geist es sein wird, von dem sich das ökologische Bewußtsein beseelen lassen wird, weder ist die Zahl der Propheten und Trittbrettfahrer überschaubar, noch sind die Diskurse des Ökologischen in politische, szientistische und religiöse differenziert.

Wenn wir nun den Zusammenhang zu den bereits dargestellten Ausgangsbedingungen der ökologischen Wende herstellen, so läßt sich daraufhin die Genese eines kritischen und zunächst noch unspezifischen Bewußtseins beschreiben, das mit seinem ausgeprägten negativen Verhältnis zum Geist der instrumentellen Vernunft dadurch zu sich zu kommen versucht, indem es, durch die zunehmende Zahl technischer Unfälle herausgefordert und unter gewissen Anzeichen der Irritation auf der Seite des Geistes ermutigt, die Geschichte der Technik- und Kulturkritik fortzusetzen beginnt — nun mit Idealen einer paradigmatisch verstandenen Ökologie. Von dem Moment, von dem ab an sich das Bewußtsein auf diese Tradition der Kritik am Prozeß der Zivilisation zu berufen beginnt, hat es sich in ein diskursfähiges Verhältnis zum Geist gesetzt. Genaugenommen jedoch, würde unter Diskursfähigkeit die Urteilskraft einer Rationalität der technischen Vernunft verstanden werden, und würde daran die Frage geknüpft, inwieweit unter deren Prinzipien das Bewußtsein als legitim anerkannt werden könne, so müßte die Antwort lauten,

[148] Vgl.: Peter Sloterdijk: Der Zauberbaum. Die Entstehung der Psychoanalyse im Jahr 1785. Epischer Versuch zur Philosophie der Psychologie; Frankfurt 1985. S. 187.
Das Verfahren von Sloterdijk ist ebenso frappant wie gewagt: Er verlegt die Gegenwart in eine Wendezeit, um als Wendezeit die Gegenwart beschreiben zu können. Es handle sich, so wird dem Leser eingangs versichert, nicht eigentlich um einen historischen Roman. „Es wird von der Gegenwart die Rede sein, der reinen Gegenwart und nichts als der Gegenwart.“ (Ebd. S. 15.)

[149] Ebd. S. 187.

[150] Paul Konrad Kurz: Apokalyptische Zeit. A.a.O. S. 274.

daß der Geist nach wie vor nicht das Bewußtsein als solches anerkennt, sondern nur dessen Ängste.

> „Und so werden wir bei jedem Schritt daran erinnert, daß wir keineswegs die Natur beherrschen, wie ein Eroberer ein fremdes Volk ... und daß unsere ganze Herrschaft über sie darin besteht, im Vorzug vor allen andern Geschöpfen ihre Gesetze erkennen und richtig anwenden zu können.“[151]

> „Schmeicheln wir uns indes nicht zu sehr mit unsern menschlichen Siegen über die Natur. Für jeden solchen Sieg rächt sie sich an uns. Jeder hat in erster Linie zwar die Folgen, auf die wir gerechnet, aber in zweiter und dritter Linie hat er ganz andre, unvorhergesehene Wirkungen, die nur zu oft jene ersten Folgen wieder aufheben.“[152]

Mit derartigen Aussagen, von denen die soeben zitierten weder die Ersten und schon gar nicht die Letzten sein sollten, bringt sich eine mittlerweile traditionelle Weise der Kulturkritik in zentralen Gestalten einer längst überwunden geglaubten Kosmologie wieder neu in Erinnerung. In diesem Fall rührt insbesondere das häufig wiederkehrende Motiv einer ‚Rache der Natur‘ an archaische Deutungsweisen, die offenkundig auch dem Zivilisierten noch zugänglich sind. Dieses Phänomen, daß Appelle an pantheistische, panentheistische oder auch animistische Naturbilder ihre Adressaten tatsächlich erreichen, erklärt, warum nach wie vor die vielberufene, vielzitierte Rede eines Indianer–Häuptlings kursiert, deren Wortlaut nachweislich nicht authentisch ist; es besteht das dringende Bedürfnis nach solcher Botschaft.[153] In vielen Köpfen, so Adolf Muschg, „... dämmern heute neue Chancen der Begegnung mit der Natur, in denen unsere eigene, als Natur erkannte, besser aufgehoben ist als bei den technischen Wissenschaften ...“[154]. Der von Muschg gewählte Fluchtpunkt zwischen Literatur und Therapie ist z.B. eine durchaus intendierte Reminiszenz an die mit dem Namen des Paracelsus verbundene Lehre einer kosmischen Harmonie. Die ‚industrielle und technologische Heilpraxis‘ habe sich, wie vermutlich auch Paracelsus selbst heute (noch) urteilen würde,

[151] Friedrich Engels: Dialektik der Natur. In: Karl Marx, Friedrich Engels: Werke. Bd. 20; Berlin 1962. S. 453.

[152] Friedrich Engels: Dialektik der Natur. A.a.O. S. 452f.

[153] Vgl. hierzu S. 81f.

„Kommt es nun doch zum Untergang des Abendlands? Die Stimmen derer, die auf außereuropäische Kulturtraditionen als Rettung in der Not hinweisen, mehren sich. Die animistische Naturauffassung der Indianer, u.a. repräsentiert durch die Rede des Häuptlings Seattle aus dem Jahre 1855, wird vielfach beschworen. Und in der Tat ist die dort ausgesprochene Naturauffassung ein Gleichnis für das, was wir verloren haben ...“ (Günter Altner, Gerhard Liedke, u.a.: Manifest zur Versöhnung mit der Natur. Die Pflicht der Kirchen in der Umweltkrise, Neukirchen–Vluyn 1984. S. 8f.) — Zum einzig literarischen Motiv vom ‚edlen Wilden‘ vgl. ebenfalls S. 41. dieser Arbeit.

[154] Adolf Muschg: Literatur als Therapie? A.a.O. S. 175.

demgegenüber von der ‚Arbeit am Ganzen' entfernt.[155] „Gesucht wird der Anteil, den der Kranke an diesem kosmischen Mißgeschick selber hat, etwa durch ein gebrochenes Tabu; ...“[156] Die Voraussetzungen für diese Wiederkehr metaphysisch-kosmologischer Heilsysteme folgen dabei unmittelbar einem metaphorischen Verständnis der Reden von ‚ökologischen Gleichgewichten', die daraufhin ins ‚große Ganze' einer ‚kosmischen Harmonie' ausgedeutet werden. Die Phänomene, wie etwa Therapieformen, die bei zunehmender Popularität mitunter in offensichtlichem Widerspruch zu den Lehren der Schulmedizin stehen, und schließlich die steigende Akzeptanz dessen, was insgesamt als Suche nach Alternativen zur technisch-szientistischen Rationalität in Forderungen und Experimenten zum Ausdruck kommt, lassen sich zum einen weder generell als irrelevant erweisen und zum anderen ebensowenig damit abtun, indem, unter Einsatz probater Stigmen, die Alleingültigkeit einer, diesmal von der Seite des Geistes behaupteten, reinen Lehre allen vermeintlichen Ketzern entgegengehalten wird. Die Erscheinungsweisen des ökologischen Bewußtseins lassen sich nicht unmittelbar und undifferenziert im Namen jener Aufklärung, die selbst unbefriedigt ist, mit einem Bannfluch belegen, zumal wenn nicht einmal ausgemacht ist, ob hier tatsächlich und insgesamt antiaufklärerische Tendenzen zu verzeichnen sind. In dieser Auseinandersetzung sind die Argumentationsweisen des ökologischen Bewußtseins häufig weitaus weniger monochrom, als diejenigen des Geistes; im Diskurs sind die Deutungsperspektiven offen genug, so daß keine der beiden Seiten zu Recht gegen die andere auf reiner, hermetischer Lehre insistieren kann. Mitunter hält bereits der Verweisungscharakter bestimmter Begriffe die Horizonte ökologischer Perspektiven offen. So lassen sich etwa anhand von alltagssprachlich gewordenen, ehedem wissenschaftlichen Begriffen, wie etwa ‚Organismus' oder ‚Vitamin', Verweisungsbezüge rekonstruieren, die über die romantische Naturphilosophie, über die Theorien des Vitalismus zurückführen bis zur mittelalterlichen Naturmystik, bis zur Naturphilosophie der Vorsokratiker oder auch bis zu den ethnologisch vermittelten Lebenswelten mythisch orientierter Kulturen, die häufig wiederum als Inbegriff der gesuchten Kosmologie wahrgenommen werden.

> „Zu gleicher Zeit hören wir so oft, der große Hauffen müße eine sinliche Religion haben. Nicht nur [d]er große Hauffen, auch der Phil[osoph] bedarf ihrer. Monotheismus der Vern[unft] u[nd] des Herzens, Polytheismus d[e]r Einbildungskraft u[nd] der Kunst, dis ists, was wir bedürfen! ... wir müßen eine neue Mythologie haben, diese Mythologie aber muß im Dienste der Ideen stehen, sie mus [ein]e Mythologie der Vernunft werden (...) ... die Myth[ologie] muß philosophisch werden, und das Volk vernünftig, u[nd] d[ie]

[155] Vgl. ebd. S. 191.
[156] Ebd. S. 185.

> Phil[osophie] muß mythologisch werden, um die Philosophen siñlich zu machen. dañ herrscht ewige Einheit unter uns."[157]

Im gemeinsamen Fluchtpunkt der einzelnen Perspektiven liegt der Versuch, ideell die außer Funktion getretenen Utopien zu kompensieren, und an anderer Stelle sind mittlerweile ambivalente und sozialpsychologisch nicht ungefährliche Mythologeme getreten. Die Ideale des Utopischen scheinen einer monothetischen Vernunft näher zu liegen als mythisch–magische Rudimente, aber vielleicht handelt es sich hier eher noch um einen ‚Polytheismus der Einbildungskraft'. Diese aber geriert sich philosophisch, will und sollte daher auch dementsprechend beim Wort genommen werden; eher zugenommen haben unter der Ägide dieser ökologisch–mystischen Imagination die Anthropo– und Soziomorphismen, zu wünschen wäre ihr dagegen die Qualität dessen, was Walter Benjamin unter ‚Eingedenken' verstand. — Nunmehr rückwärtsgewandt feiert ein Denken fröhliche Urständ, dem die Metaphorik des Ökologischen offenbar besser korrespondiert; Utopie und Mythos erscheinen als zwei Seiten derselben Medaille.

Sozialpsychologisch äußerst gefährliche Potentiale liegen in den Möglichkeiten dieser Neo–Mythen, wenn Appelle an den Einzelnen gerichtet werden, sich als einer ‚der' wie immer auch Auserwählten zu betrachten.[158] Die Versuchung, sich auf das ‚Selbst' zu versenken um sich zu hypostasieren, erscheint umso größer und zugleich als einer der Wege des geringeren Widerstandes, insbesondere wenn sich etwa die Suche nach sozialer Anerkennung nachhaltig als aussichtslos erweist.[159] Es erscheint keinesfalls unangebracht, sich zuvor den Unterschied zwischen tatsächlich mythisch orientierten Kulturen

---

[157] Christoph Jamme, Helmut Schneider (Hrsg.): Mythologie der Vernunft. A.a.O. S. 13f.

[158] Vgl. hierzu nochmals auf S. 192, 196 u. 197 unsere Auseinandersetzung mit der ökologischen Ethik von Hans Jonas. Dort hatten wir im Prinzip der individuellen Erweckungs–Hoffnung, in der Erwartung und in der Aufforderung, es solle sich eine Welt–Elite zusammenfinden, die ursprüngliche Einheit von Theogonie, Anthropogenese und Schöpfung zu erretten, als die rasendste Seite des Utopischen bezeichnet. — Im Anschluß an die soeben entwickelten Gedanken wäre nun eher von einem Mythos zu sprechen; aber wir nehmen dieses Zuordnungsproblem als Kennzeichen dessen, wie sehr insbesondere der Autor des ‚Prinzip Verantwortung' von dem zehrt, was er bekämpft, die Utopie als ‚gefährlichste Versuchung der Menschheit'. Daher soll darauf verzichtet werden, nachträglich in den Prozeß des allmählichen Verfertigens der Gedanken einzugreifen.

[159] „Die Formen der Spiritualität, kirchliche, gnostische, mystische, erleben heute ein neues Interesse." (Peter Koslowski: Die postmoderne Kultur. Gesellschaftlich–kulturelle Konsequenzen der technischen Entwicklung (Perspektiven und Orientierungen. Schriftenreihe des Bundeskanzleramtes. Bd. 2); München 1987. S. 35.) — Für Koslowski ist damit die Gelegenheit einer theosophisch–gnostischen Erneuerung der Moderne gekommen. Er deutet die Phänomene neuer Religiösität als Wiederkehr der Religion (vgl. ebd. S. 35.) und nach dem ihm eigenen Verständnis von ‚Postmoderne' ist diese eine ‚Epoche der Wiederentdeckung des Selbst' (vgl. ebd. S. 50.). Mit den Vorläufigkeiten einer Wendezeit mag er sich nicht lange aufhalten, Postmodernismus und neue Innerlichkeit erhalten ohne Verzögerung ein neues gemeinsames Programm: „Wir müssen durch die Welt hindurch mit dem Leiden der Selbstwerdung, um unser höheres Selbst ganz zu gewinnen." (ebd. S. 54.). — Bei dieser Lektüre assoziiert der Leser nicht nur die Mystik des Mittelalters, unmittelbar stellen sich Gedanken ein, die um die mittelalterliche Ständegesellschaft kreisen. Das

zu vergegenwärtigen, in denen persönliche, magisch–mystische Erfahrungen zum integralen Bestandteil ihrer Lebenswelt gehören, im Unterschied zu Zivilisationen, deren Historizität etwa bei Massenphänomenen dieserart den Verlauf von Pogromstimmungen nehmen kann. Fraglich ist ferner, ob sich eine historizitäre Gesellschaft mit Hilfe von Mythen überhaupt stabilisieren kann, selbst wenn ein gesteigertes Bedürfnis nach einer damit verbundenen, möglichen Kosmologie besteht. Im Kontext dieser Fragen stellen sich schließlich noch weitergehende, noch umfassendere Problemstellungen ein, insbesondere in den Debatten um das behauptete Scheitern der Aufklärung wäre es hilfreich zu klären, ob die Neo–Mythen als Quasi–Utopien fungieren, ob sie als Anzeichen aufkommender Irrationalismen zu deuten sind, oder ob es sich dabei eher um eine neue Variante in der Selbstbegegnung und Selbstauslegung der Moderne handelt, um die Fortsetzung der unbefriedigten Aufklärung.

Angesichts der Aufgabe, den theoretischen Hintergrund der soeben vorgebrachten Behauptung einer hier vorliegenden funktionalen Identität von Mythos und Utopie zu erläutern, sehen wir uns einer äußerst diffizilen Arbeit an und mit Begriffen gegenübergestellt. Die Möglichkeit einer transzendentalen Perspektive scheint gänzlich ausgeschlossen, selbst beim Versuch die Phänomene zu beschreiben, widersetzt sich die mitlaufende Sprachskepsis dem Wortgebrauch; die Begriffe prononcieren, werten, vergrößern und schmälern Bedeutungen entsprechend ihrer eigenen, ihnen anhaftenden Lebenswelt. „So tyrannisiert die Sprache das Denken, das immer vergeblich gegen die Sprache kämpft.“[160] Hinter ‚Kultur‘ und ‚Zivilisation‘ räsonieren ‚Entwicklung‘ und ‚Fortschritt‘, also Historizität immer schon mit, im Hintergrund dementsprechender Metadiskurse wahrt sich eine spezifische Perspektivität. Die Meta–Meta–Ebene einer überhistorischen Vernunft, deren Einheit am Kultur–Relativismus nicht zerbricht, eine transzendentale Position der Erkenntnis,

---

‚Selbst‘ als Botschaft ist eine brisante Antwort auf die von Ulrich Beck aufgeworfene Frage nach den ‚neuen Paradigmen der Risikogesellschaft‘ (vgl.: Ulrich Beck: Risikogesellschaft. Auf dem Weg in eine andere Moderne; Frankfurt 1986. S. 26.): „Wie können die im fortgeschrittenen Modernisierungsprozeß systematisch mitproduzierten Risiken und Gefährdungen verhindert, verharmlost, dramatisiert, kanalisiert und dort, wo sie nun einmal in Gestalt ‚latenter Nebenwirkungen‘ das Licht der Welt erblickt haben, so eingegrenzt und wegverteilt werden, daß sie weder den Modernisierungsprozeß behindern noch die Grenzen des (ökologisch, medizinisch, psychologisch, sozial) ‚Zumutbaren‘ überschreiten?“ (ebd. S. 20.). — Die Antwort von Koslowski lautet offenbar: Zum überwiegenden Anteil durch eine Privatisierung des Risikos. Die Losung lautet: Selbst ist Karma: „Die Religionen vermögen die Einheit von Identität und Wandlung des Selbst zu deuten. Die Lehren von der Unsterblichkeit der Seele oder der Wiedergeburt beinhalten die Idee der Identität und Wandlung der Seele. (...) Demjenigen der in dieser Welt seine Identität nicht zu verwirklichen vermag, ist nach den Unsterblichkeits– und Reinkarnationslehren der Zugang zum Selbst nicht endgültig verbaut. Das Selbst hat noch einmal eine Chance der Selbstverwirklichung. (...) Die Verwirklichung der Identität hat keine unentrinnbare Eile, es muß nicht alles in diesem Leben erreicht werden.“ (Peter Koslowski: Die postmoderne Kultur. A.a.O. S. 84.).

[160] E. E. Evans–Pritchard: Theorien über primitive Religion. Mit einer Vorlesung ‚Sozialanthropologie gestern und heute‘ als Einleitung. Übers. v. K. Monte; Frankfurt 1968. S. 56.

von der die Frage nach den Bedingungen kultureller Vielfalt authentisch beantwortet werden könnte, erscheint nur noch als Anmaßung. Nicht nur das Ausbleiben einer Geschichtsphilosophie erscheint ausgemacht, wenn sich nicht die Möglichkeit einer Theorie formulieren läßt, die jene auf dem Prokrustesbett zwischen Einheit und Vielheit aufgespannte Vernunft zur Konzeption einer erweiterten Mimesis führt; bis auf weiteres bleibt es daher den begrenzten Aussagemöglichkeiten der philosophischen Anthropologie überlassen, eine Perspektivität wahrzunehmen, in deren Positionen sie hoffnungslos überfordert ist. Dementsprechend soll der Geltungsanspruch der folgenden Theorie eingeschränkt bleiben; auch die philosophische Anthropologie reklamiert transzendentale, transkulturelle Perspektivität in der Bedeutung universalisierbarer Aussagen; mögliche metaphysische Ambitionen werden jedoch stets zurückgehalten vom gleichzeitigen Anspruch auf Empirie, so daß die Grenzen des noch Sagbaren schnell erreicht sind.[161] In der folgenden Darlegung der Theorie soll daher eine funktional-strukturale Analyse vorgenommen werden, wobei den Nachweisen und Rekonstruktionen nur der eingeschränkte Geltungsanspruch ‚für uns' zugestanden wird, obwohl der Versuch unternommen wird, zumindest unter funktionalen Gesichtspunkten, die für unsere Fragestellung maßgeblichen Phänomene in ihrer Bedeutung ‚an sich' zu beschreiben.[162]

Sowohl Utopien als auch Mythen dienen der Orientierung über die Zeiten hinweg, entscheidend ist jedoch in jedem Einzelfall eine Antwort auf die Frage, wer sich, wo und in welchem Verständnis der eigenen, möglicherweise aber auch im Verhältnis zu einer Kultur, die nicht die eigene ist, um kulturelle Identität bemüht. Wie jeweils ein historischer Wandel erfahren wird, etwa als

---

[161] „Der Kompensationsgedanke, biologisch konsequent auf das Ganze menschlichen Daseins bezogen, schließt das Verständnis für das Warum und Wie der Kompensation nicht mit ein." (Helmuth Plessner: Die Frage nach der Conditio humana. A.a.O. S. 191.) — Plessner würde vermutlich der Rede Marquards vom ‚homo compensator' nicht widersprochen haben, hätte jedoch demgegenüber darauf insistiert, ein jedes schlußfolgernde Konkretisieren — etwa als Institutionenlehre oder als Erweis der Notwendigkeit moderner Technik —, jeglichen Legitimationsversuch zu vermeiden. „Diese konstanten Figuren des homo faber, homo ludens, homo divinans, homo sapiens bilden Aspekte menschlichen Verhaltens, in denen sich das Ganze seiner Möglichkeiten spiegelt, aber an ihre Quelle führen sie nicht heran." (Ebd. S. 216f.)

(Vgl.: Odo Marquard: homo compensator. Zur Anthropologischen Karriere eines metaphysischen Begriffs. In: Der Mensch und die Wissenschaften vom Menschen. Die Beitr. d. XII. Dtsch. Kongr. f. Phil. in Innsbruck v. 29. Sept. bis 3. Okt. 1981. Bd. I.: Anthropologie der Gegenwart; hrsg. v. G. Frey u. J. Zelger; Innsbruck 1983. S. 64f.)

Wenn Odo Marquard die philosophische Anthropologie als ‚Philosophie des Stattdessen' beschreibt, die als ‚Kompensationsanthropologie' mit ihrem Kompensationsbegriff als ‚trojanisches Zugpferd', in dessen ‚Begriffsbauch unterschiedliche Motive lauern', und wenn er dabei auf ein ‚zähes, halbstarkes Transzendentalmotiv' aufmerksam macht, so scheiden sich genau an diesem Motiv die von ihm allzu nah aneinander gerückten Geister Arnold Gehlens und Helmuth Plessners.

[162] „Merkwürdigerweise versagt nun auch gegenüber diesen altertümlichen Typen von Gesellschaft, die den Funktionalismus der Arbeit nicht kennen und von keiner Gespaltenheit in private und öffentliche Existenz wissen, die funktionale Analyse nicht." (Helmuth Plessner: Die Frage nach der Conditio humana. A.a.O. S. 203.)

‚Wiederkehr des Gleichen' oder als ‚Aufbruch zu neuen Ufern', die geltenden oder geltend gemachten Perspektiven, aus denen sozio-kultureller Wandel gesehen und erfahren wird, sind stets abhängig von der jeweiligen kulturellen Identität; den jeweils geltend gemachten Intentionen gehen immer schon Metadiskurse voraus, von denen die Kriterien für Urteile wie ‚Aufbau' oder ‚Verfall' abhängen. Der Intentionalität des Einzelnen korrespondieren die durch Mythen und Utopien vertretenen Ideale, denen insbesondere bei Wert und Zielkonflikten paradigmatische Bedeutung zukommt.

> „Aus dem Strom der Sinneswahrnehmungen werden nur wenige bewußt. Die Menschen wenden ihre Aufmerksamkeit nur wenigen der gesehenen und gehörten Dinge zu. (...) Mit anderen Worten: die Interessen des Menschen wirken selektiv, und diese Selektion ist weitgehend gesellschaftlich determiniert. (...) Die Kollektivvorstellungen kontrollieren also die Wahrnehmung und sind zugleich mit ihr verschmolzen. (...)(...) Die Kollektivvorstellungen lenken die Aufmerksamkeit auf Phänomene, entsprechend dem Wert, den sie ihnen beilegen, und da sie zwischen wilden und zivilisierten Menschen stark differieren, wird auch das, was diese von den Vorgängen um sich herum wahrnehmen, verschieden sein, ...“[163]

Strukturell können derartige Metadiskurse durchaus ineinander übergehen, sei es im Mythos vom ‚goldenen Zeitalter', in der Utopie vom ‚edlen Wilden' oder in einer letztlich dem Mythos wieder vergleichbaren Utopie einer ‚Überflußgesellschaft'.

Bei einem mythisch-orientierten Weltbild verfügen die Mitglieder dementsprechender Kulturen über ein komplexes Gefüge von Kriterien, die Metadiskurse im Sinne einer Kosmologie, einer Ontologie und einer Metaphysik strukturieren; als Garanten der Ordnung gelten Geister, Götter aber vor allem die ständig präsenten Ahnen, die die Ordnung der Dinge und der menschlichen Angelegenheiten sanktionieren. Letzte Ordnungsprinzipien sind Tabus; ein Verstoß gegen die von ihnen eingegrenzte Seinsordnung würde unausweichlich ‚Vergeltung' zur Folge haben, durch die die Ordnung schließlich doch wieder in ihr ursprüngliches kosmologisches Gleichgewicht zurückfindet.

Auf die Frage, wie das ‚von den Ursprüngen räumlich, zeitlich und wesensmäßig Entfernte' dennoch an diesen teilhaben könne, erhalten wir bei Klaus Heinrich eine Antwort, die uns in die Lage versetzt, die Funktion des Mythos zu deuten, um damit zum einen zu verstehen, warum es sich beim ökologischen Bewußtsein latent um ein mythologisches Bewußtsein handelt, zusätzlich werden wir zum anderen dabei mit dem Phänomen konfrontiert, daß Zivilisationen offenbar nach wie vor, situationsbedingt und phasenweise, mythenanfällig sind. Im Mythos sei es die Funktion der Genealogie, derzufolge es gelte, so Heinrich,

[163] E. E. Evans-Pritchard: Theorien über primitive Religion. A.a.O. S. 128f.

> „... die Macht der heiligen Ursprünge zu übertragen auf das von ihnen Abstammende, aus ihnen Abgeleitete. Die profane Wirklichkeit, in der auch die Menschen in einer mythischen Geisteslage leben, kann nur dann ‚geheiligt‘ und als dauerhaft erfahren werden, wenn sie ... in einer Urwirklichkeit ‚gründet‘. Das ist ‚jene‘ Wirklichkeit, die im Mythos erzählt und im Kultus als dem dargestellten Mythos vergegenwärtigt wird. (...) Die Funktion der Genealogie im Mythos ist die zentrale Funktion des Mythos. (...)(...)
>
> Zunächst: es ist nicht überflüssig, sich klarzumachen, daß der Genealogisierende nicht bloß ein intellektuelles Bedürfnis befriedigt. Auch wir spüren noch etwas davon. Die Entfernung vom Ursprung, das Losgerissensein etwa vom heimatlichen Boden oder dem mütterlichen Schoß der Familie oder dem väterlichen Schutz, den die größere soziale Gruppe des Stammes oder der Nation gewährt; das Auf-Sich-Gestellt-Sein in der Führung des eigenen Lebens; schon das Fehlen urbildlicher Modelle beim handwerklichen Eingriff in eine übermächtige Natur — das alles kann eine Quelle tiefer Angst bedeuten, und die genealogische Überbrückung des Bruchs zwischen dem Ursprung und allem, was dem Ursprung entspringt, kann sehr wohl die Qualität einer Heilsantwort haben. Die genealogische Rückbindung an den Ursprung antwortet auf die Leben zerstörende Bedrohung, mit nichts identisch zu sein.“[164].

Während jedoch, so Heinrich weiter, dieser Schutz des Mythos nur unter großen Mühen kultischer Veranstaltungen ständig erneuert werden muß, läßt sich dennoch der Bruch zwischen der jeweiligen Gegenwart und den ‚heiligen Mächten des Ursprungs‘ nicht ungeschehen machen; vielmehr gehört es „... zur Dialektik des Ursprungsdenkens, daß die gleichen Veranstaltungen, die den Bruch überbrücken sollen, den Bruch sichtbar machen.“[165].

Neben Anleihen aus der mittelalterlichen Mystik, aber besonders auch einer Rezeption ethnologisch vermittelter Mythen und Riten, die besondere Wertschätzung genießen, sind schließlich auch Anklänge an mythisches Denken der Philosophie der Ionier und Elaten unübersehbar. Die gesuchte normative Instanz wird in der Natur selbst vermutet, diese wird daraufhin, wie Hans Kelsen gezeigt hat, nach dem Vergeltungsprinzip gedeutet.[166] „Die ‚starke Notwendigkeit‘, ‚das Schicksal‘, sie sind identisch mit Dike, der Göttin der Vergeltung. Die naturgesetzliche Bestimmtheit, die unverbrüchliche Regel

---

[164] Klaus Heinrich: Parmenides und Jona. Vier Studien über das Verhältnis von Philosophie und Mythologie; Frankfurt 1966. S. 12ff.

[165] Ebd. S. 14.

[166] Vgl.: Hans Kelsen: Die Entstehung des Kausalgesetzes aus dem Vergeltungsprinzip. In: Erkenntnis. The Journal of Unified Science. Vol. 8. 1939/40; Hamburg 1939–1940. S. 70.

des Seins ist das Sollen einer absoluten Rechtsnorm."[167] So ist es etwa bei Empedokles die Natur selbst, die die Übeltäter straft, denn, wie sich aus etymologischen Studien ersehen läßt, ist ‚verursachen' ursprünglich gleichbedeutend mit ‚verschulden'.[168] Besonders dann, wenn wir noch das populäre Utopicum der Ökologie von der ‚natürlichen Harmonie', einer möglichen ‚Harmonie mit der Natur', hinzunehmen, so läßt sich unschwer erkennen, welcher Reiz für das ökologische Bewußtsein von einer derartigen Kosmologie ausgeht; dabei handelt es sich, Kelsen zufolge, um eine ‚uralte Denkgewohnheit, die Natur nach dem Vergeltungsprinzip zu deuten'.[169]
So beruht z.B. auch der Ansatz der von Klaus Michael Meyer-Abich vertretenen Konzeption eines ‚Friedens mit der Natur' auf einem vergleichbaren Prinzip; es sind Appelle an diese ‚Denkgewohnheit', die Annahme einer psychischen, biozentrischen und kosmischen Rechtsgemeinschaft anzuerkennen. Ausgehend von einer Ablehnung des modernen Verständnisses von Umwelt,[170] und unter der zwar programmatisch verständlichen aber philosophisch kaum begründeten Forderung nach einer kosmischen Solidargemeinschaft ‚Mitwelt', wird zu einer an Franz von Assisi und Albert Schweitzer erinnernden Orientierung aufgerufen. — Die von Meyer-Abich vertretene Konzeption ist als Philosophie haltlos, eine Arbeit am Begriff findet nicht statt, vielmehr wird der Versuch unternommen, die umweltpolitischen Diskurse radikal zu emotionalisieren, elementare Bedürfnisse nach ‚Einklang' und kosmischer Geborgenheit anzuregen. Ein solches, sozialpsychologisch aufgestacheltes ökologisches Bewußtsein könnte daraufhin durchaus zur rasenden Ideologie werden; an die Stelle der Reflexion ist die Kontemplation getreten, die Mittel der Suggestion kompensieren unzulängliche Argumente. Der gute Wille, unsere Lebenswelten — aus berechtigter Sorge — ökologisch versiert in die gegebenen Naturräume einbauen zu wollen, genügt allein nicht, auch dann nicht, wenn der Einwand von Sachzwang und Zeitdruck geltend gemacht wird; denn dem wäre entgegenzuhalten, daß einem jeden Handeln, auch dem ökologisch motivierten, die Heuristik der Folgen vorherzugehen habe. Es wäre geradezu tragikomisch, würde die Geschichte einmal von einem Denken berichten, das sich selbst ausgerechnet eine seiner eigenen und zentralsten Forderungen vorenthielt, — eine Heuristik der Folgen. Bemerkenswert ist ein Gedanke zur Geschichte der Menschenrechte und die Vermutung eines möglicherweise unabgeschlossenen und übergreifenden Prozesses: „Die hier angestrebte Befreiung der Tiere kann in einer historischen Kontinuität mit dem Fortgang der bürgerlichen Emanzipation von weißen Männern auf Juden, Neger, Frauen und Zigeuner gesehen werden, die ja nach der Französischen Revolution auch noch eine Weile gedauert hat bzw. noch andauert."[171]. Daraufhin wäre jedoch die

[167] Ebd. S. 87.
[168] Vgl. hierzu: Ebd. S. 88, S. 101 u. Anm. 2 ebd.
[169] Vgl. ebd. S. 107.
[170] Zur Begriffsgeschichte ‚Umwelt' siehe S. 85ff.
[171] Klaus Michael Meyer-Abich: Wege zum Frieden mit der Natur. A.a.O. S. 172.

Frage zu beantworten, ob und wie sich der, von der Magna Charta bis zur UN-Deklaration der Menschenrechte, stetig zunehmende Umfang theoretisch verbriefter und schließlich praktisch gewährter Rechte, letztlich noch über die Positionen von Natur- und Vernunftrecht, über den Rahmen des Anthropozentrischen hinaus erweitern läßt, und ob etwa diese Ausweitung der Rechte und Pflichten sich auch in der Geschichte des Tierschutzes weiter fortsetzen wird, bis hin zu jener kosmischen Rechtsgemeinschaft. Ein Versuch jedoch, diese Hypothese durch Hinweise auf naturgeschichtliche Verwandtschaft, also durch Genealogie, zu erweisen, muß bereits im Ansatz scheitern; die Bildung einer Analogie zum Naturzustand, nach Art des klassischen Naturrechts, läßt sich nicht durchführen, weil eine der Voraussetzungen darin läge, die Gefahr einzugehen, die Sonderstellung des Menschen aufzugeben und damit zugleich die Grundlage der Menschenrechte in Frage zu stellen; die Folgen wären möglicherweise, anstelle der intendierten Vermenschlichung des Tieres, eine Vertierung des Menschen. Ferner bleibt noch hinzuzufügen, daß sich seitens der Anthropologie sehr wohl, wenn auch nur abstrakt, eine Sonderstellung des Menschen und ein Unterschied zum Tier konstatieren läßt.

Offenbar gelingt es einzig den utilitaristisch-pragmatischen und verwandten Ansätzen, zumindest die größten Probleme der hier ebenfalls wieder vergeblich gebliebenen Grundlegung einer ökologischen Ethik zu lösen. Es handelt sich allerdings u.E. bei der Konzeption Meyer-Abichs weniger um ein philosophisches, vielmehr um ein politisches Konzept. Aus dem konkreten Problem, wie es möglich wäre, der Natur Rechte zuzusprechen, wird die, auf diese Weise mit den der Philosophie zu Gebote stehenden Mitteln, nicht begründbare Behauptung eines normativen Naturbegriffs. Es scheint dabei allerdings in erster Linie eine Sensibilisierung der Öffentlichkeit für einen neuen und erweiterten Ansatz im Naturschutzrecht intediert gewesen zu sein, demnach ist eine genuin philosophische Lesart dieser Konzeption nicht angemessen.

Eine ethisch-philosophische Begründung läßt sich nicht ohne weiteres setzen, was sich aber unter gewissen Voraussetzungen setzen läßt, ist positives Recht. Wir haben es daher mit einer spezifischen Conditio sine qua non zu tun: Wenn etwa auf dem Wege der Mehrheitsfindung ein solcher Naturschutz erreicht werden soll, so liegt dessen Bedingung in der Bildung dieser Mehrheit. Das ideenpolitische Prinzip dieser Bedingung würde daher lauten: Je öfter dieser Ansatz vertreten wird, umso größer ist die Wahrscheinlichkeit, daß er schließlich die gewünschte Wirkung erzielt.[172]

„In der ökologischen Ethik geht es nun darum, ob wir durch die Anerkennung des Eigenwerts aller Elemente des Lebens zu einer weiteren Verallgemeinerung fortschreiten sollten" (Holmes III Rolston: Is there an ecological ethic? Ethics 85. 1975. S. 101. Zit. n.: Klaus Michael Meyer-Abich: Ebd. S. 172.)

[172] Eckard Rehbinder hat vor nunmehr 16 Jahren für die Jurisprudenz die Debatten um neue Perspektiven im Umweltrecht eröffnet. (Eckard Rehbinder, u.a.: Bürgerklage im Umweltrecht (Beiträge zur Umweltgestaltung A 4); Berlin 1972.)
— Generell ist die zuerkennbare Rechtsfähigkeit zunächst abhängig vom Status, ob Na-

Eine profunde Öko-Moral tritt also mittlerweile den ebenso profunden Interessen am business as usual entgegen, im Streit der Interessen, bei dem sich fast ausnahmslos die Befangenheit der Beteiligten beobachten läßt, entsteht eine kontrapunktisch rhythmisierte Kakophonie aus Gutachten und Gegengutachten. Der Streit zwischen Geist und Bewußtsein hat damit eine Gestalt angenommen, in der die den Wissenschaften zugedachte Rolle äußerst unglücklich zu werden beginnt; mal zur einen, mal zur anderen Seite gezerrt, stehen schließlich die jeweiligen Expertisen allesamt unter Verdacht, mit tendenziöser Akribie verfaßt worden zu sein. Und tatsächlich erscheinen allzu häufig hinter den vertretenen Interessen die Ideologien und hinter diesen wiederum subjektive Interessen. In diesem Zwielicht zweifelhafter Dienste, die sich Gesellschaft und Wissenschaft wechselseitig leisten, ist vermutlich eines der ernstzunehmendsten, zukünftigen Konfliktpotentiale zu erwarten, wenn nämlich der zunehmende Zweifel in die Errungenschaften und Tendenzen der Moderne, von den Fortschrittskategorien über die Utopien, von der Technik auf die Naturwissenschaften, von der Praxis auf die Theorie übergreift und weiterhin neue Nahrung findet, dann steht nichts mehr einer bereits keimenden Wissenschaftsfeindschaft entgegen. Wenn daraufhin aber einmal das Diktum geprägt sein würde, Voraussetzung aller Wissenschaft

tur-Rechte dieser selbst zukommen oder ob diese lediglich indirekt geltend gemacht werden können. Wenn ausschließlich Menschen als Rechtssubjekte anerkannt werden, so sind zwar unterschiedlich weitreichende, letztlich aber nur begrenzte Konzeptionen möglich: Eine kaum bedeutende Bestimmung von Naturschutz als Staatsziel, die Verbandsklage oder die Popularklage.

— Für die weiterreichenden Perspektiven, wenn die Rechtsfähigkeit der Natur angenommen oder zumindest offengehalten wird, ergibt sich ein breites Spektrum möglicher Ansätze, die von anthropozentrischen bis zu physiozentrischen Naturdeutungen reichen. So ließen sich z.B. Ansätze formulieren, bei denen Rechte von Naturräumen als Rechte von Nutznießern geschützt würden, dabei könnte an bereits etablierte Verfahrensweisen angeknüpft werden, die vom Status juristischer Personen ausgehen.

— Über den verengten Horizont aktueller Nutzensansprüche hinaus gingen schließlich Ansätze, bei denen latent die Annahme eines Eigenrechts von Naturräumen bereits zugrunde liegt. Die Begründung würde hier eher funktionale Gesichtspunkte hervorheben und sich z.B. auf die Sicherung langfristiger Nutzungsmöglichkeiten beziehen, wobei eine Verletzung des Rechtsgrundsatzes der Äquivalenz von Recht und Pflicht zu vermeiden wäre, denn gerade dieser Grundsatz, so läßt sich anhand von rechtsgeschichtlichen und rechtsvergleichenden Studien belegen, hat im Mittelalter, in einer für uns kaum noch nachvollziehbaren Weise, zu Prozessen und Urteilen gegen Tiere geführt. (Siehe: Hans Albert Berkenhoff: Tierstrafe, Tierbannung und Rechtsrituelle Tiertötung im Mittelalter; Diss. Bonn 1937.)

— Zur aktuellen Debatte, siehe: Klaus Bosselmann: Wendezeit im Umweltrecht. Von der Verrechtlichung der Ökologie zur Ökologisierung des Rechts. In: Kritische Justiz. 18. Jg. 1985. S. 345–361. — Ders.: Eigene Rechte für die Natur? Ansätze einer ökologischen Rechtsauffassung. In: Kritische Justiz. 19. Jg. 1986. S. 1–22. — Hans Lenk: Verantwortung für die Natur. Gibt es moralische Quasirechte von oder moralische Pflichten gegenüber nichtmenschlichen Naturwesen? In: Allg. Ztschr. f. Philosophie. 8. Jg. (3); Stuttgart 1983. S. 1–17. — Erich Gassner: Treuhandklage zugunsten von Natur und Landschaft. Eine rechtsdogmatische Untersuchung zur Verbandsklage (Beiträge zur Umweltgestaltung A 94): Berlin 1984.

sei Unverantwortlichkeit, und diese darauf leichthin ihrerseits als ‚irrational' denunziert werden könnte, dann dürfte der letzte Zeitpunkt versäumt worden sein, das Programm der noch immer unbefriedigten Aufklärung weiter fortzuführen, aber auch erst dann wäre die Rede vom Scheitern der Aufklärung gerechtfertigt.

Zur Untergangsstimmung gesellt sich, durch die Medien geschürt und effektvoller noch als zu Spenglers Zeiten, eine Katastrophilie, fast eine Katastrophenlüsternheit: „Ob ich übrigens auch an mir beobachte, daß irgend etwas in mir geil sei auf diese bösen Nachrichten jede Stunde? Eine finstere Schadenfreude, ...“[173]. Am Utopischen wird offenbar nur noch das Menetekel geschätzt, Träume werden anders wahr. Anhand unserer Befunde läßt sich beobachten, wie offensichtlich das traditionelle Grundvertrauen in die allgemeine Entwicklungstendenz der Moderne im Rückgang begriffen ist. — Vermutlich ist auch damit die Szene beschrieben und der Anlaß der Bedenken von Niklas Luhmann ausgesprochen, der durch diese Zeittendenz nicht nur die modernen Gesellschaften in ihrem Bestand bedroht sieht, sondern auch, was den Theoretiker unter Umständen noch härter trifft, den Bestand seiner Theorie, die mit ‚Vertrauen' beginnt und mit Vertrauen endet.

> „Der Pessimismus kann in umgekehrter Weise auch eine kritische Funktion erfüllen und sich gleichsam in den Dienst der Kritik der Vernunft stellen: diese ablösen und fortführen, ohne die Vernunft zu disqualifizieren, selbst wenn sie sozusagen im Gewand des Irrationalismus, mit ihm abrechnend, auftreten muß.“[174]
>
> „... im Zuge der Entzauberung der Welt wird das Unberechenbare zum Gegenstand des Kalküldenkens als des Mittels, mit dem Wissenschaft und Technik im zweckrationalen Handeln ihr Ziel, nämlich Weltbeherrschung, verfolgen. Als die notwendige Ergänzung des Kalküls erscheint dabei ein wissenschaftlicher Glaube, der in erster Linie darauf zurückzuführen ist, daß bei wachsender Spezialisierung des Wissens der wissenschaftliche Geist seinen Anspruch auf totale Verfügung nicht einlösen kann. ... daß Wissenschaft als solche außer Stand ist, ihr eigenes Programm einer gänzlichen Entmythologisierung und Entzauberung zu vollenden. ... die daraus entstehende Sinnlosigkeit wird einerseits von Ersatzreligionen kompensiert ... der wissenschaftliche Glaube ist eine solche Ersatzreligion, aber hierher gehört vor allem die zeitgenössische Wiederbelebung religiöser Verhaltensmuster, andererseits macht sich eine Vielfalt subjektiver Weltanschauungen geltend ...“[175]

---

[173] Christa Wolf: Störfall. A.a.O. S. 62.

[174] Gérard Raulet: Gehemmte Zukunft. Zur gegenwärtigen Krise der Emanzipation; Darmstadt, Neuwied 1986. S. 97.

[175] Ebd. S. 150.

„Einen Hinweis auf die Problemlage kann das schwindende Einigungspotential von bisher gängigen Selbstverständigungsbegriffen geben. So scheint ‚modern' die Funktion zu verlieren, das Selbstverständnis von Individuen und Gruppen zu artikulieren. Der Begriff ist nicht mehr nichtbefragte Legitimationskategorie, die Vertrauen evoziert, weil er die Sicherheit garantierter Selbsterhaltung mit Zuwachsrate suggeriert. Die Kontamination von ‚modern' und ‚vernünftig' wird zur Irritation, ...“[176]

„Enttäuschung als Selbstenttäuschung ist ein Moment der Aufklärung. In der Selbstenttäuschung wird die Vernunft zur kritischen Vernunft, ... Sie überwindet die Gefahr des drohenden Dogmatismus einer nicht reflexiven, einer optimistischen Vernunft, die z.B. als Amalgam von heilsgewisser Vernunft und Geschichtsphilosophie erscheint. Vernunft gibt einen absoluten Anspruch auf, nicht den Anspruch auf Autonomie. Ergebnis der Selbstenttäuschung ist eine autonome, sich ihrer Endlichkeit gewisse Vernunft. (...)(...) Die autonome, ihrer Endlichkeit gewisse Vernunft, die gegenwärtig ihre Ansprüche überprüft, darf aber nicht von der Fiktion eines Neuanfangs ausgehen. Das kennzeichnete die neuzeitlich dominante Vernunft, ...“[177]

„Es muß möglich sein, über die Geschichtlichkeit der Aufklärung zu reden, ohne als Anti-Aufklärer denunziert zu werden. Aufklärung ist ein Epochen-Begriff, der seinen Kredit verspielt hat, ein Epochen-Begriff für vergangene Zukunft. (...)(...) Der blinde Fleck der Aufklärung sind die Grenzen der Vernunft, deren sie sich nicht bewußt ist.“[178]

[176] Rainer Piepmeier: Religionsbegriff und Vernunftbegriff. In: Willi Oelmüller (Hrsg.): Kolloquium Religion und Philosophie. Bd. 1: Wiederkehr von Religion? Perspektiven, Argumente, Fragen; Paderborn, München, Wien, Zürich 1984. S. 81.

[177] Ebd. S. 89f.

[178] Friederike Hassauer, Peter Roos: Bankerotte der Kategorie A. Vortr. geh. am 11. Dez. 1987 in Frankfurt. Zit. n.: die tageszeitung. Nr. 2420. 11. Jg., v. 30. Jan. 1988. S. 8.

Kapitel 4

Das Midas–Syndrom der Systemtheorie*

Die Schwierigkeiten ihrer Praxis,
ihre Gefährdung durch die Risiken der Argumentation
und
der Verlust ihrer Legitimationskraft
in der ökologischen Kommunikation

*Eine Auseinandersetzung mit der Theorie von Niklas Luhmann

„Im Programm steht geschrieben, was ich tun soll.
Und dann ist vieles durchgestrichen.
Was soll ich tun?" —
„Handele nach dem Durchgestrichenen!"[1]

Seit sich Niklas Luhmann, zunächst in einem Vortrag vom 15. Mai 1985, der Debatten um Ökologie angenommen hat, um die Handlungsspielräume moderner Gesellschaften angesichts ökologischer Gefährdungen in einem darauf folgenden Buch eingehender zu skizzieren, werden nun dementsprechend, also auch von Seiten der physikalisch–orientierten Theorie sozialer Systeme — wenn auch in der Sache bemerkenswert spät, gewisse Maßstäbe für die Grenzen des Zuträglichen geltend gemacht.[2] Bereits der hier gewählte Zeitpunkt der Einlassung verweist dabei auf anderweitige, auf spezifische Prioritäten; Systeme nämlich, so lautet das Diktum, gefährden sich immer nur selbst.[3] Erst wenn durch systembedingte Irritation ein ‚fail off', d.h. der Ausfall einer wesentlichen Systemfunktion droht, entsteht Handlungsbedarf, erst dann ist eine außerordentliche Voraussetzung zum System–Management gegeben.

[1] Aufzeichnung eines Telefongesprächs, das zwei Mitarbeiter der Schaltzentrale des Kernkraftwerkes Tschernobyl am Vorabend des Unglücks geführt haben sollen; nach Waleri Legassow, in ‚Memoiren', einem Tonbandprotokoll über die Ursachen des Unglücks in Tschernobyl. Zit. n.: die tageszeitung. Nr. 2513. 10. Jg., v. 21. Mai 1988. S. 6.

[2] Niklas Luhmann: Kann die moderne Gesellschaft sich auf ökologische Gefährdungen einstellen? Vortr. geh. a. 15. Mai 1985 (Vorträge. Rhein.-Westf. Akad. d. Wiss.: Geisteswiss. G 278); Opladen 1985. S. 17–31.

[3] Vgl.: Niklas Luhmann: Ökologische Kommunikation. Kann die moderne Gesellschaft sich auf ökologische Gefährdungen einstellen? Opladen 1986. S. 63.

— Die Grundlage dieser Ontologie sozialer Systeme, die Annahme von systemischer Identität beruht auf einer jeweils strikten Trennung von Systemen und deren Umwelten. Für eingehendere Rezeptionsversuche wäre der Theorieaufbau durch Rekonstruktionen und Nachweise der jeweiligen Anleihen bei verschiedensten Theoriesträngen besonders erhellend. Einer funktionalisierten und damit zentralen, system-theoretisch umgewidmeten Handlungstheorie, die schließlich auf eine evolutionistisch dynamisierte Kulturanthropologie Gehlenscher Provenienz zurückgeführt werden kann, korrespondiert eine auf Bestandserhaltung reduzierte Identitätstheorie, wobei die Deskription von Systemgenesen und Historizität nach bereinigten, dehumanisierten Modellen der Bewußtseinsphilosophie vorgenommen wird. Den Diktionen und Deskriptionen zufolge, treten mögliche Irritationen in sozialen Systemen nur unter ganz bestimmten Bedingungen, bei jeweils spezifisch verengtem Horizont der Wahrnehmung als Ereignisse in Erscheinung. Aus dem axiomatischen Prinzip der System-Umwelt-Differenz folgt für Selektion von Sinn und Reduktion von Umwelteinflüssen, daß Systeme ihre Operationen in Autonomie vornehmen, solange wie sich ihre interne Ordnung erfolgreich gegenüber der Außenwelt aufrechterhalten läßt. Luhmann zufolge gibt es Systeme, aber vor allem auch die für die Theorie vorauszusetzenden Umwelt-Grenzen, an denen sich ihr solipsistisches ‚Sein' durch exklusive Codes stabilisiert, indem nur systemisch programmgemäße Ereignisse als relevant identifiziert und erst dann und nur dann, Reaktionen zur Folge haben. Zur Umwelt zählt dabei alles, was nicht mittelbar oder unmittelbar einer jeweils spezifischen Funktion dient, also nicht nur Natur, sondern auch andere Systeme, die wiederum nur über die Codes interfunktionaler Medien aufeinander einwirken können; so gehören etwa auch die Mitarbeiter einer Behörde zu deren Umwelt.

Die Theorie von Systemen und die Systeme seiner Theorie schreiben und differenzieren sich in der Evolution ihrer Funktionalität beständig fort, den Selektionsdruck zunehmender Komplexität beantworten sie mit Differenzierung in Subsysteme. Die Heuristik Luhmanns bei der Bearbeitung dieser Prozesse der Selbstreproduktion entspricht der Perspektive des Janus, es ist eine Soziologie der geordneten Ein- und Ausgänge; so wie sich dem sagenhaften König von Phrygien, Midas, alles in Gold verwandelte, was auch immer er berührte, so wird bei Luhmann jedes erdenkliche Phänomen zum Ausdruck eines Systems. Gleichfalls ist diese Betrachtungsweise derjenigen eines Operators vergleichbar, der diesen gänzlich technisierten Modellen dennoch Leben abgewinnt, ihnen Sein und Bewußtsein zuerkennt, für den sich die Zunahme von Komplexität schicksalhaft vollzieht als Systemevolution zwischen Bestandserhaltung und Systemdifferenzierung.

Wenn wir das Auftreten von ökologischer Kommunikation und ökologischem Bewußtsein, angesichts einer zunehmenden Zahl ökologischer Desaster, als Ausdruck eines immer mehr um sich greifenden Unbehagens in der Moderne deuten, so erscheint es fragwürdig, ob eine Untersuchung über die gesamtgesellschaftlichen Auswirkungen dieser im wesentlichen subjektiv / intersubjektiv empfundenen Phänomene, ausgerechnet einer Theorietechnik überlassen werden kann, die subjektiven Faktoren wenn überhaupt Funktion, dann allenfalls Dysfunktionalität zugesteht. Daher erscheint die Formulierung der Gegenfrage angebracht: Läßt sich die Systemtheorie ihrerseits auf die sozialen Phänomene der ökologischen Kommunikation einstellen? — Es scheint, als habe sich mit dieser Thematik in der Theorieproduktion Luhmanns endlich jener Kreis geschlossen, der die Wiederkehr des anfangs Verdrängten mit sich bringt. Das stets bei dieser Gesellschafts–Theorie vorausgesetzte Vertrauen in die Funktionalität autonomer Systeme führt in der Praxis allein bereits durch die Möglichkeit eines Vertrauensschwundes zu immensen Irritationen. Das ausgeschlossene Subjekt, das per definitionem nur in der Umwelt der Systeme vorkommen kann, meldet sich in der ökologischen Kommunikation nicht nur als praktischer ‚Störfaktor' zurück.

Systeme handeln, erleben, verfolgen Zwecke und werten, man kann ihnen vertrauen, kann Sinnleistungen von ihnen verlangen; den Konstruktionen Luhmanns zufolge handelt es sich dabei um Subjekte mit dem Bestreben, eine spezifische Identität, ihren Bestand zu wahren — in einer stets gefährdenden, überkomplexen Welt, in die sie gestellt, wenn nicht hineingeworfen sind. Dieser Anthropologisierung der Systemkonstrukte korrespondiert unmittelbar und vermutlich notwendig eine Dehumanisierung des Menschen, dennoch ist fraglich, ob es nicht gerade ihre ‚Elemente' sind, die für sie erkennen und handeln. — Es ist der Unbeirrbarkeit Luhmanns zu verdanken, zentrale Theoreme der gescholtenen ‚alteuropäischen Tradition' so konsequent beerbt und auf die Konstrukte seiner Theorie übertragen zu haben — bei mitunter erheblichen Verlusten in dem Bemühen um sogen. Anschlußfähigkeit —, daß sich nun speziell im Falle der ökologischen Kommunikation, die Kapazität der Prämissen als hinreichend erschöpft erweist. Die Grenzen dieser Theorie sind dabei zugleich, was für uns von besonderem Interesse ist, die Grenzen der von ihr beschriebenen Praxis.

Durch Hinweise auf die Abbildfunktion der Theorie Luhmanns sucht neuerdings Otto–Peter Obermeier den mitunter vehement vorgetragenen Kritiken entgegenzutreten; es sei ‚unfair', Luhmann für eine ‚Sozialtechnologie' verantwortlich machen zu wollen, für die er nicht verantwortlich sei, weil er lediglich ‚mögliche Tendenzen funktional differenzierter, hochkomplexer Gesellschaften' beschreibe.[4] Darauf läßt sich jedoch erwidern, daß mit jeder Wahl von Metaphern und Modellen immer auch spezifische Konnotationen übernommen werden, deren Implikate ebenso intendiert sein müssen, wie der Ausdruck des Sinns, um den es ‚eigentlich' geht. So ist auch die funktionale Methode mehr als nur das Spezifikum ihrer Deskriptionen, zugleich ist sie — was keinesfalls als belanglos abgetan werden sollte — auch Wortführerin jener sozialen Tendenzen, die durchaus zutreffend als ‚Sozialtechnologie' charakterisiert werden können. Ebenso, wie in jedem anderen Fall, trägt

[4] Vgl.: Otto–Peter Obermeier: Zweck–Funktion–System. Kritisch konstruktive Untersuchung zu Niklas Luhmanns Theoriekonzeptionen; Freiburg, München 1988. S. 127.

diejenige Theorie, von der die Impulse für eine bestimmte Praxis ausgingen, auch einen bedeutenden Anteil der Verantwortung für Folgen, die durch den Einsatz der zuvor (wärmstens) empfohlenen Verfahrensweisen eintreten. — Erst vor diesem Hintergrund kommt zur Darstellung Obermeiers genau jene Konnotation hinzu, die kennzeichnend ist, für eine vorausgegangene Einsicht in die praktische Brisanz dieser Theorie:

> „Und noch ein Ergebnis liefert Luhmann unfreiwillig, also bei ihm nicht thematisiert, mit. Denn Luhmann setzt die funktionale Methode doch nicht nur als Methode ein, im Gegenteil: die Gesellschaft ‚ist' funktional differenziert, die Systeme ‚sind' funktional aufgebaut usw. ... Die funktionale Methode ist mehr als eine Methode, sie ist ein real vorfindbares Prinzip. Methodologie ist ein soziale Realität produzierender Schematismus und ist zugleich soziale Realität. Das aber hat weitreichende erkenntnistheoretische und epistemologische Konsequenzen."[5].

Vermutlich ist diese Theorie sozialer Systeme die letzte Gestalt in der Praxis der herkömmlichen instrumentellen Vernunft, sie orientierte bislang die Ratio als Systemrationalität innerhalb der engen Grenzen einer solipsistischen Zweckrationalität. Die Qualität der in kybernetischen Modellen so beliebten feed-back-Referenz erweist sich als nicht hinreichend, die unter Emergenz-Zwängen dynamisierten Systembestände zu sichern, Selbsterhaltung schlägt in Selbstvernichtung um; verantwortlich ist der blinde Fleck der Theorie selbst, denn die Systemmonaden haben Probleme mit der Wahrnehmung ihrer Umwelt. — Man habe, so räumt Luhmann mittlerweile ein, zumindest auch mit der Möglichkeit zu rechnen, wonach ein System seine Umwelt derart beeinflußt, so daß es schließlich in dieser nicht mehr ‚existieren' könne.[6] Er verlangt seither erneut einen Paradigmenwechsel, als Selbstreferenz wären die System-Umwelt-Differenzen wieder ins System zurückzuführen, um den Umwelt-Problemen nunmehr auf zweiter Ebene gegensteuern zu können; doch wie der erste Paradigmenwechsel seiner Theorie zugute kam, wird vermutlich der zweite von ihr fortführen.

Soziale Systeme mögen autonom sein, keinesfalls sind sie autark. Autonomie sei, so Rudolf Stichweh, das klassische Attribut der Systeme einer jeden System / Umwelt-Theorie.[7] Die heuristische Perspektive erfordert den Versuch, operationale Geschlossenheit zu erweisen, das Modell vom Regelkreis und das Bild von der Zellmembran fordern gleichsam ihre Übertragung und Anwendung heraus. Dementsprechende Konstruktionen führen daraufhin oftmals zu paradoxen, aber von Luhmann geschätzten

[5] Ebd. S. 69.

[6] Vgl.: Niklas Luhmann: Ökologische Kommunikation. A.a.O. S. 38.

[7] Vgl.: Rudolf Stichweh: Die Autopoiesis der Wissenschaft. In: Theorie als Passion. Festschrift zum 60. Geburtstag v. Niklas Luhmann; hrsg. v. D. Baecker, J. Markowitz, u.a.; Frankfurt 1987. S. 447.

Konzeptionen. So werden Gesellschaften zwar als umweltempfindlich, aber dennoch als operativ geschlossene Systeme beschrieben; in ihrem Inneren herrschten jeweils spezifische Codes und bei Überschreitung von Umwelt–Grenzen sei ein ‚Komplexitäts–Gefälle' zu verzeichnen, aber doch gefährdeten sich Gesellschaften immer nur selbst.[8] Es sind also in der Regel nur Ausnahmen, wenn ein solches zumeist mit sich selbst beschäftigtes Funktionssystem auf Veränderungen in der Umwelt reagiert; wird aber die Ausnahme zur Regel, so kann es schließlich doch zur Resonanz gebracht(!) werden.[9] — Was also könnte noch die Operationen stören, wenn nicht diese sich selbst? Die Reduktion der Phänomene ökologischer Kommunikation, wie sie Luhmann vornimmt, führt, angesichts dieser Widersprüche, daß sich Systeme immer nur selbst gefährden und gleichwohl in ihrer Resonanzfähigkeit seitens ihrer Umwelt in ihrer Autonomie verletzbar sind, zu weiteren Theorieannahmen. Aus systemtheoretischer Sicht wird daraufhin die Fragestellung verändert, sie lautet nun: Welche Bestimmungen und Beschränkungen ihrer ‚Resonanz' auf Umweltveränderungen — wobei hier eigentlich ‚Räsonieren' in beiderlei Sinn gemeint ist — wären den modernen Gesellschaften zu empfehlen?[10]

Damit stellt sich, der Theorie zufolge, das ‚Grundproblem der Bestandserhaltung'.[11] ‚Bestandsprobleme' sind wiederum eine direkte Folge der vorangegangenen Differenzierung von System und Umwelt. Erneut zeigt sich daraufhin eine der für die Theoreme selbst häufig so verlustreichen Umwidmungen. Bei der für Systemhandlungen maßgeblichen Bestandsformel wurde die Reduktion einer Reduktion vorgenommen, um das durch Bewußtseinstheorie und Sozialphilosophie tradierte und seinerseits bereits reduzierte Theorem vom Prinzip der Selbsterhaltung integrieren zu können. Bemerkenswert ist dabei, daß allerdings auch für Luhmann damit noch kein ‚brauchbarer Entscheidungsmaßstab' für ein in seiner Erhaltung und durch die Umwelt bedrohtes System zur Verfügung steht.[12] Die Systemsubjekte erhalten sich in ihren Funktionen nämlich erst dann, wenn sie ihre Grundprobleme in ‚angstfreien Bereichen' operationalisieren können.[13]

Entscheidend ist die ursprüngliche Differenzierung zwischen Natur und Kultur, mit der sich Zivilisationen im Unterschied zu primären, mythisch

---

[8] „Die Gesellschaft ist ein zwar umweltempfindliches, aber operativ geschlossenes System. Sie beobachtet nur durch Kommunikation. ... Sie kann sich also nur selbst gefährden." (Niklas Luhmann: Ökologische Kommunikation. A.a.O. S. 63.)

[9] „Nur im Ausnahmefall bringen Umweltveränderungen ein mit sich selbst beschäftigtes Funktionssystem zur Resonanz, nur in Ausnahmefällen stören und verändern sie die Bedingungen der laufenden Reproduktion systemspezifischer Kommunikationen." (Ebd. S. 219.)

[10] Vgl.: Niklas Luhmann: Kann die moderne Gesellschaft sich auf ökologische Gefährdungen einstellen? A.a.O. S. 20.

[11] Vgl.: Niklas Luhmann: Zweckbegriff und Systemrationalität. Über die Funktion von Zwecken in sozialen Systemen; Frankfurt 1973. S. 190.

[12] Vgl. ebd. S. 190.

[13] Vgl. ebd. S. 191.

orientierten Kulturen auf Wandelbarkeit ausrichten und sich damit den Risiken und Verheißungen von Historizität überantworten; innen herrscht eine beliebige Ordnung und außen das Chaos und an den stets gefährdeten Umwelt–Grenzen erneuert der Systemtheoretiker die Tradition des Bildes von schlechter Welt und verfluchter Natur.

> „Sofern sich nämlich das Subjekt aus den Realbezügen der es umgebenden und sein Leben umgreifenden Physis herausgezogen hat, sieht es sich aus dieser isolierten Stellung heraus vor die Aufgabe gestellt, nachträglich den Bezug zur Realität wiederherzustellen. Das heißt: es muß die Frage nach den Kriterien der Realität der Außenwelt stellen und beantworten, da diese Realität nicht mehr selbstverständlich ist.“[14]

— Hier ist bereits zu erahnen, warum sich die ökologische Kommunikation dem systemfunktionalistischen Konstruktivismus gegenüber derart konträr ausnimmt, denn gegen die Intention einer nochmaligen Instrumentalisierung der instrumentellen Vernunft mit ‚freier‘, intransitiver Sach–Zwang–Zwecksetzung, bringt sie die Möglichkeit einer Wiederkehr des Verdrängten mit sich. Tendenziell würde sich demnach die ökologische Kritik der instrumentellen Vernunft gegen die Bestandsformeln und damit gegen das sich selbst widerlegende Prinzip instrumentalisierender Selbsterhaltung richten; Luhmann hegt seinerseits den Verdacht, die Kritiken könnten sich letztlich selbst gegen die funktionale Differenzierung der modernen Gesellschaften wenden.[15]

> „Wie das einzelne Subjekt gegenüber den Objekten, so verhält sich auch das gesellschaftliche Subjekt gegenüber der Natur — Natur wird objektiviert und beherrscht im Dienste der Reproduktion des gesellschaftlichen Lebens. (...)(...) Die Struktur der Ausbeutung einer objektivierten und verfügbar gemachten Natur wiederholt sich im Inneren der Gesellschaft, ...“[16]

Luhmann droht im Falle einer Bestandsgefährdung von Systemdifferenzierung mit schwerwiegenden Folgen, mit Entdifferenzierung und Kompensationsverlusten, wobei allerdings viele der dementsprechenden Menetekel letztlich auf die durchaus nicht unumstrittenen Behauptungen über

---

[14] Friedrich Kaulbach: Einführung in die Philosophie des Handelns; Darmstadt 1982. S. 18.

[15] Vgl.: Niklas Luhmann: Alternative ohne Alternative. Die Paradoxie der ‚neuen sozialen Bewegungen‘. In: Frankf. Allg. Ztg. Nr. 149, v. 2. Juli 1986. S. 29.

[16] Jürgen Habermas: Theorie des kommunikativen Handelns. Bd. 1: Handlungsrationalität und gesellschaftliche Rationalisierung; 4. durchges. Aufl., Frankfurt 1987. S. 521.

die Entlastungsfunktion von Institutionen im Sinne Gehlens zurückgeführt werden dürfen.[17]

Auch hier tritt die Theorie in einen Gegensatz zu ihren Theoremen, denn im Falle einer Entdifferenzierung würde die Komplexität im Meta-System ihrerseits automatisch reduziert, eine interne Differenzierung wäre aufgehoben, dementsprechende Codes fänden keine weitere Verwendung mehr; die Folge wäre — im Sinne der Theorie —, daß entsprechende Umwelteinflüsse vom System nicht mehr beantwortet werden würden und damit Probleme von ‚Reizüberflutung', die Luhmann als ‚begrenzte Resonanzfähigkeit' beschreibt, sich gar nicht erst stellten.[18]

Wenn auf die vermeintlichen Folgen von Prozessen der Entdifferenzierung aufmerksam gemacht wird, dann sind Warnungen vor unbedarftem Aktionismus angebracht und legitim; wenn Luhmann jedoch behauptet, für funktionale Differenzierung gebe es keine Alternative, so wird er durch derartige Verlautbarungen schlechterdings kaum den prätentiösen Ansprüchen auf universale Geltung ‚für den gesamten Gegenstandsbereich der Soziologie', auf ‚Supertheorie' genügen können.[19] Und wieder ist es die Bestandsformel (hier auf der Metaebene), die in ihrer Exklusivität alternativlos dem ‚Problembewußtsein des Gegners'— jeder anderweitigen Orientierung entgegengestellt wird; solange sich die Theorie nicht selbst überrascht, sind Störfälle demnach von dieser

[17] Selbst Helmut Schelsky hob diese von Luhmann nicht eingestandene Verwandtschaft hervor, darauf machte wiederum Jürgen Habermas aufmerksam; in: Jürgen Habermas: Theorie der Gesellschaft oder Sozialtechnologie? Eine Auseinandersetzung mit Niklas Luhmann. In: Jürgen Habermas, Niklas Luhmann: Theorie der Gesellschaft oder Sozialtechnologie — Was leistet die Systemforschung? Frankfurt 1971. Siehe Anm. 19. S. 157.

[18] Siehe hierzu den kaum überzeugenden Absetzungsversuch von der ‚älteren Sicht der Anthropologie' in: Niklas Luhmann: Ökologische Kommunikation. A.a.O. S. 44. — Vgl. dazu ferner Aussagen wie die folgenden, in denen der ‚eigentliche Sinn' der funktionalen Methode erläutert wird: „Sie sucht den Erlebnishorizont des Handelnden zu transzendieren und mehr Komplexität zu erschliessen, als er fassen kann, ... Dient die funktionale Methode in diesem Sinne dazu, die Kapazität des menschlichen Bewußtseins für Komplexität zu steigern, so nimmt es nicht wunder, daß sie im Problem der Komplexität ihr letztes Bezugsproblem und ihre Grenze findet." (Niklas Luhmann: Zweckbegriff und Systemrationalität. A.a.O. S. 349.).

[19] „Die allgemeine Theorie sozialer Systeme erhebt ... den Anspruch, den gesamten Gegenstandsbereich der Soziologie zu erfassen und in diesem Sinne universelle soziologische Theorie zu sein." (Niklas Luhmann: Soziale Systeme. Grundriß einer allgemeinen Theorie; 2. Aufl., Frankfurt 1985. S. 33.)

Supertheorien, so der Anspruch Luhmanns, „... konzipieren ihren Gegenstand so, daß sie sich selbst als Teil ihres Gegenstandes erscheinen müssen." (Niklas Luhmann: Soziologie der Moral. In: Niklas Luhmann, Stephan H. Pfürtner (Hrsg.): Theorietechnik und Moral; Frankfurt 1978. S. 11.).

Es ist die Crux dieser Theorie, daß sie auf der Metaebene auf sich selbst ihre funktionale Methode anwenden und dann auch funktionale Äquivalente ihrer selbst entwickeln können müßte. Doch diese ‚Supertheorie' verfährt mit ihren ‚Gegnern' nach dem seit Marxismus (qua Entfremdung, Verblendung) und Psychoanalyse (qua Widerstand) bereits hinlänglich bekannten Muster: Ausgrenzung. „Man reformuliert das Problembewußtsein des Gegners, reproblematisiert seine Theorie und unterstellt ihm dabei ein Bezugsproblem, das die eigene Theorie, wie sich dann herausstellt, besser lösen kann." (Ebd. S. 20.)

Seite nicht zu erwarten. Einstweilen können wir nur über die möglichen Reflexionspotentiale einer derart ambitionierten Sozialphilosophie spekulieren; diese müßte in ihren Rekursen, wollte sie mehr als nur auf sich selbst anwendbar sein, sich der funktionalen Äquivalenzen als Alternativen zu sich selbst versichern können. Was aber wäre dann noch das Spezifische einer solchen Theorie, was das ihr Fremde, und wie würde sie dann noch ihre Perspektivität orientieren? — Einer der Versuche Luhmanns, seinen Systemen das Vermögen dessen zu vermitteln, was in der Philosophie, etwa bei Hegel Selbstbewußtsein bedeutet, kann damit als gescheitert erachtet werden; auf einen weiteren Versuch gleicher Intention unter den Titeln Selbstreferenz/Autopoiesis werden wir noch zurückkommen.

Als Folge der ökologisch motivierten und bereits weit fortgeschrittenen Erosion einer ehedem noch fraglos anerkannten Legitimität jener Instrumentalisierung, die bis zur ökologischen Wende kaum angefochten sich zum Maß gesellschaftlichen Wandels hatte erklären können, werden zunehmend höhere Ansprüche auf Legitimation ihrer Verfahrensweisen in Zwecksetzung und Wahl der Mittel geltend gemacht. An die Stelle jener zuvor fast ungetrübten, unkritischen Bereitschaft zur Akzeptanz sind nun die Vorbehalte einer Skepsis getreten, der gegenüber die bisherige Zukunfts-Rhetorik ebenso wie Apelle zur Einsicht in vermeintliche Notwendigkeiten ihre Überzeugungskraft eingebüßt haben. So dürften etwa die von Ernst Wolfgang Orth vorgebrachten Erfolgskriterien für den Laien zur Beurteilung naturwissenschaftlich-technischer Innovationen, „... durch stichhaltige Erklärung bislang unaufgeklärter Naturphänomene und durch handgreiflichen technologischen Fortschritt ...“[20] allgemein kaum noch als hinreichend erachtet werden, ebensowenig wie die von Otto Pöggeler vertretene Formel einer anzustrebenden ‚Steigerung menschlichen Seins‘[21]. — Mit Argumentation, so wiederum Luhmann, sei hier nicht weiterzukommen; der seit zwanzig Jahren zu beobachtende Vertrauensbruch, anfangs in die Technologie, später in die politische Kontrolle und schließlich in die Wissenschaften selbst, sei überhaupt erst mit dem Eintritt in das Argumentieren entstanden, die mit jeder Argumentation verbundenen ‚Risiken‘ hätten erst daraufhin als unüberbrückbare Meinungsverschiedenheiten zutage treten können.[22] Hier erhalten wir darüber hinaus auch einen Einblick in die Luhmannsche Theorieproduktion, es gilt offenbar: Wer sich in Diskursen über das für die eigenen Geltungsansprüche Zuträgliche hinaus engagiert, der geht nicht nur die genannten Risiken ein, sondern muß

[20] Ernst Wolfgang Orth: Externe Bestimmung der Geisteswissenschaften? In: Kurt Hübner, Nikolaus Lobkowicz, u.a. (Hrsg.): Die politische Herausforderung der Wissenschaft. Gegen eine ideologisch verplante Forschung; Hamburg 1976. S. 113.

[21] Vgl.: Otto Pöggeler: Die Ethik vor der Zukunftsperspektive. In: Die Sicherheit technischer Systeme. Akademie-Forum der Rhein.-Westf. Akad. d. Wiss. 4 (Vorträge. Rhein.-Westf. Akad. d. Wiss.: Natur-, Ingenieur- und Wirtschaftswiss. N 351); Opladen 1987. S. 71.

[22] Vgl.: Niklas Luhmann: Sicherheit und Risiko aus der Sicht der Sozialwissenschaften. In: Die Sicherheit technischer Systeme. Akademie-Forum 4. A.a.O. S. 64.

auch zusätzlich noch ‚Zeitprobleme' hinnehmen; Belastungen, denen ‚Konkurrenten' u.U. nicht derart ausgesetzt sind. — Begründungsansprüche werden kompensiert, indem Systemstrukturen verzeitlicht werden, währenddessen können konkurrierende Theoreme mitunter gleichlautend in die eigene Theorie aufgenommen werden, um sie daraufhin, zwecks ‚Zeitgewinn' gleich wieder zu vertagen; — mit diesen Verfahrensweisen der Theorie korrespondiert allerdings tatsächlich die erfahrbare soziale und politische Wirklichkeit. — So darf es nicht verwundern, weder in der Theorie noch in der von ihr abgebildeten Praxis, daß kaum eine Irritation den auf Zeitgewinn orientierten Dispositionen gegenüber einflußreich genug sein kann, so daß diese auf das dynamische Prinzip der Kompensations-Kompensation, auf die zugrunde gelegten und unhaltbaren Behauptungen über einen quasi-naturgeschichtlichen Gang der Entwicklungen, auf Wachstumsrhetorik und Evolutionsmetaphern verzichteten. Dementsprechend wird auch von dem Speer, der die Wunde schlägt, erwartet, daß er sie wieder zu schließen vermag. So übernimmt Luhmann zwar die Forderung nach ‚Abbrechen des Strebens nach Rationalität', was er aber in Aussicht stellt, ist wiederum Instrumentalisierung, aber noch weitergehender als bisher, gesucht wird Hyperrationalität — eine gleichsam noch rationalere.[23] Es drängt sich die Frage auf, worin denn die systemtheoretische Alternative zur Legitimation in Diskursen zu sehen sei; gerade wenn die von Luhmann selbst verfolgten aber auch anempfohlenen Strategien des Zeitgewinns — etwa als Legitimation durch Verfahren — gleichermaßen der ökologischen Kritik ausgesetzt sind. Im Anschluß an diese Fragestellung ergibt sich jedoch unversehens eine veränderte Vorstellung hinsichtlich der behaupteten Autonomie der Systeme.

Bereits in einer frühen Studie zum Verwaltungsrecht hatte sich Luhmann mit dem Rechtsgrundsatz des Vertrauensschutzes befaßt, um der Kategorie ‚Vertrauen', als Grundlage jeglicher Institutionalisierung schließlich in einer Monographie, das Verfahren einer theorieadäquaten Umwidmung in ‚Systemvertrauen' angedeihen zu lassen.[24] Im Verlaufe seiner Funktionalisierungen wandeln sich stets die Relationen einer Kategorie. Lag zuvor beim Rechtsgrundsatz die Priorität noch auf Seiten des Vertrauensschutzes, so setzt der Systemtheoretiker nun aber seinerseits den neuen Schwerpunkt; die Bedin-

---

[23] „Es gibt durchaus theoretische Modelle für dieses Postulat der Selbstlimitierung. Die neuere Entscheidungstheorie spricht von ‚bounded rationality' und arbeitet an Theorien, die ein rationales Abbrechen des Strebens nach Rationalität anleiten können. In der Systemtheorie ist ein Umdenken von Zweckrationalität auf Systemrationalität eingeleitet, ... (...) Es müßte hierfür Theorien geben, die sich selbst beim Eintritt in die Realität beobachten bzw. ihr eigenes Geschick oder Mißgeschick für diesen Fall prognostizieren können." (Niklas Luhmann: Gesellschaftsstrukturelle Bedingungen und Folgeprobleme des naturwissenschaftlich-technischen Fortschritts. In: Reinhard Löw, Peter Koslowski, Philipp Kreuzer (Hrsg.): Fortschritt ohne Maß? A.a.O. S. 127f.)

[24] Franz Becker, Niklas Luhmann: Verwaltungsfehler und Vertrauensschutz. Möglichkeiten gesetzlicher Regelung der Rücknehmbarkeit von Verwaltungsakten (Schriftenreihe der Hochschule Speyer. Bd.16); Berlin 1963. — Niklas Luhmann: Vertrauen. Ein Mechanismus der Reduktion sozialer Komplexität; 2. erw. Aufl., Stuttgart 1973.

gungen werden zur Folge erklärt und somit ‚anschlußfähig': Der Bestand der ursprünglichen Vertrauensgarantie wird dadurch für die Systeme zur Garantie von Bestand;[25] die Autonomie der Operationen im System kann also durch nichts inadäquates mehr gestört werden? — In der ökologischen Kommunikation werden allerdings auch diese Bedingungen in Frage gestellt. Gerade die für Systemvertrauen charakteristische Bereitschaft zum ‚bewußt riskierten Verzicht auf weitere Information und laufende Erfolgskontrolle'[26] kann nicht mehr vorausgesetzt werden. Die Soziologie ökologischer Krisen bezieht sich keineswegs auf Krisen der Ökologie, sondern auf das Kritischwerden dessen, was bislang noch als legitim galt.

Dasjenige, was die Systeme aufrechterhält, so daß sich diese selbst aufrechterhalten können, der durch Systemvertrauen erweiterte Zeithorizont als Erwartung in die Kontinuität und in die Kontinuierbarkeit von Systemleistungen, wird vom ökologischen Bewußtsein unterminiert. Zunehmend wird ihr Zeithorizont eingeengt,[27] Sinnzweifel in wohl alle Funktionssysteme stellen sich ein,[28] ihre ökologisch motivierte Kritik konfrontiert die Systeme der Theorie aber auch die Theorie der Systeme mit Fragen ihrer Legitimität, die im herkömmlichen Sinne nicht mehr zu beantworten und kaum mehr zu kompensieren sind. Die Gesellschaft, so konstatiert Luhmann, stelle, wenn irgendwo, so in der ökologischen Kommunikation, sich nunmehr selbst in Frage.[29] Während er jedoch darauf die Flucht nach vorn antritt, auf der Suche nach Systemen mit Selbstbewußtsein — die vielleicht dann auch von Vertrauenserweisen ganz unabhängig wären — wenden wir uns den Anfängen seiner Theorie zu, in der Kritik des Systemvertrauens. Diese sollte, H. Gerhard Beisenherz zufolge, nach Art der Religionskritik des 19. Jahrhunderts vorgenommen werden:

> „Goal-attainment im politischen System schlägt ... auf die Integrationsleistung zurück und hat zugleich als Krisen-Management dieselbe zur Aufgabe. Faktisch geltende Legitimität ist daher das entscheidende Rückkopplungskriterium ... , und Legitimierung durch die Systemmitglieder ist die Form der Integration in die Gesellschaft schlechthin. Die einzige Form, die den Gesellschaftsmitgliedern von den Systemen dazu heute noch eingeräumt wird, ist Integration durch Vertrauen. Vertrauen in Systeme hat daher die Funktion eines diffusen Religionssurrogats angenommen. Die Stelle, die im 19. Jahrhundert die Religionskritik einnahm, muß

[25] Vgl.: Niklas Luhmann: Verwaltungsfehler und Vertrauensschutz. A.a.O. S. 86. — ‚Vertrauen auf den Bestand' wird über die Zwischenstufen ‚Erwartungs-Erwarten', als ‚Vertrauen in Vertrauen' von und durch ‚Experten' schließlich transformiert und unter Zivilisationsbedingungen generiert zum unpersönlichen ‚Systemvertrauen'. (Vgl.: Niklas Luhmann: Vertrauen. A.a.O. S. 76 u. 58.)

[26] Vgl.: Niklas Luhmann: Vertrauen. A.a.O. S. 23.

[27] Vgl. ebd. S. 63.

[28] Vgl.: Niklas Luhmann: Ökologische Kommunikation. A.a.O. S. 233.

[29] Vgl. ebd. S. 265.

> daher heute von einer Kritik des Systemvertrauens ausgefüllt werden."[30].

Die Funktion von Systemvertrauen in der Konzeption Luhmanns beschreibt Beisenherz als eine Figur für manipulierte, vertrauensvolle Zustimmung zu Steuerungsleistungen, wobei an die Stelle der praktischen Willensbildung die wissenschaftliche Analyse dessen tritt, was jeweils als ‚geboten' erscheint, es handelt sich dabei um eine ‚Legitimationsstrategie'.[31] Die zugrunde liegende Fragestellung zielt demzufolge auf Erhaltung und Konstitution(!) von Legitimität, insbesondere durch ‚Wissenschaftlichkeit', Pädagogik und Public Relations — letztere wird von Luhmann als Legitimation von Vertrauen durch Selbstdarstellung beschrieben. Mit dem Ziel, erschüttertes Vertrauen wiederherzustellen, werden Selbstinszenierungen vorgenommen, wobei die Glaubwürdigkeit solcher Selbstdarstellungen entscheidend ist für die Autonomie der Systeme und deren Möglichkeit die Operationen fortsetzen zu können.

Anhand von Umfang und Aufwand einer Kampagne zur Mobilisierung von Vertrauen läßt sich allerdings umgekehrt auch auf einen von den jeweiligen System-Managern selbst diagnostizierten, zusätzlichen Bedarf und somit auf einen zuvor eingetretenen Verlust von Vertrauen zurückschließen. Die punktuellen Interventionen der Imagepflege scheinen jedoch allein längst nicht mehr hinreichend zu sein — zur Stabilisierung der ‚richtigen Einstellung'; die Konditionierung von grundsätzlicher Bereitschaft zum Vertrauen in fremdes Vertrauen wird aus systemischer Sicht schließlich unverzichtbar und zur Aufgabe einer adäquaten Pädagogik erklärt.

> „Das Vertrauen, was auf diese Weise zur quasi-moralischen Verpflichtung gemacht wird, fungiert dann als legitimatorische Ressource ... Die vertrauenden Subjekte werden in die Problemlage der Systemmacher eingeführt, sie übernehmen durch reflexives Lernen die in den Selbstdarstellungen angebotenen Perspektiven auf die Systeme, identifizieren sich so mit den Problemen ... und erkennen die Unerläßlichkeit ihres Vertrauens für das Systemfunktionieren ..."[32]

— Eine kaum zu unterschätzende Schlüsselrolle unter diesen Verfahrensweisen zur Mobilisierung und Konstitution von Vertrauen in der Wahrnehmung der Öffentlichkeit, kommt allerdings den Wissenschaften zu, so entscheidet etwa die Wissenschaftsnähe einer Profession häufig über den Grad der Legitimität einer Diktion. Das Vertrauen in die Legitimität dessen, was in der Öffentlichkeit als Wissenschaft vorgestellt, angesehen und anerkannt

[30] H. Gerhard Beisenherz: Legitimation durch Vertrauen. Eine Untersuchung zum Wandel der Legitimation im fortgeschrittenen Kapitalismus; Marburg 1980. S. 27.

[31] Vgl. ebd. S. 319f.

[32] Ebd. S. 318.

wird, erweist sich nach wie vor als äußerst widerstandsfähig; die zentrale Rolle ihrer Integrität scheint auszugehen von der Unverzichtbarkeit ihrer Integrationskraft, insbesondere in funktional differenzierten Gesellschaften.

Für die Bestandsbedingungen der Systeme und ihre Theorie entscheidend, ist jedoch letztlich der von Beisenherz konstatierte Umschlag von der Funktionalität des Vertrauens in ihre Normativität, daß nämlich „... durch die Funktionsweise der Institutionen gerade auch in Krisensituationen die Frage nach dem Sinn der Institutionen selbst geradezu tabuisiert wird.“[33]. Stets ist das Ergebnis einer Integration von Phänomenen und Kategorien in funktionale Systeme verheerend. Aus Gründen der Anschlußfähigkeit — schließlich ist ‚Kompatibilität‘ mittlerweile zum allgemein gebräuchlichen Qualitätsmerkmal avanciert — wird persönliches Vertrauen zum Systemopfer und Pädagogik zur eiskalten Rekrutierungsagentur.[34] Doch immer dann, wenn die Prozesse derartiger Transformationen endlich vollzogen sind, sei es in der Theorie der Systeme oder ihrer Praxis, stellt sich das nur vermeintlich gelöste Problem auf nächster Ebene neu: Wie läßt sich diese Weise der Legitimation ihrerseits wieder legitimieren? — Es gilt, faktische Nachweise für in Aussicht gestellten Nutzen zu erbringen und zugleich davon zu überzeugen, „... daß die sich einstellenden manifesten Nachteile, Gefahren, Risiken und Leiden unvermeidbar sind und am Status des Vorhandenen als der ‚besten der möglichen Welten‘ nichts ändern, da sie quasi die notwendigen Kosten eines Optimierungsprogramms sind.“[35]. Nun auf eine Rationalisierbarkeit des Risikos und auf eine Ethik der Verantwortung zu hoffen, so Luhmann, sei vermutlich enttäuschend, unsere Gesellschaft habe vielmehr im Horizont möglicher Katastrophen zu leben.[36] Die Grenzen der Legitimierbarkeit sind damit offenkundig erreicht, oberhalb schwer bestimmbarer aber dennoch zu erahnender kritischer Schwellen ist das Versagen sämtlicher Strategien zur Mobilisierung von Vertrauen zu erwarten. Wenn Luhmann an einer Stelle seiner Monographie über Vertrauen / Systemvertrauen bemerkt, letzteres baue darauf auf, daß auch andere vertrauten, so kann hinzugefügt werden, dasselbe gelte eben auch für Mißtrauen.[37] Krisen sind demnach Legitimitätsverluste sozialer Systeme, die Iteration von Vertrauen als Conditio sine qua non und Legitimation durch Funktionsfähigkeit kann durchaus auch — allen Emergenz-Versprechen zum Trotz — in entgegengesetzter Richtung verlaufen.

---

[33] Ebd. S. 3.

[34] Ein Erziehungsprozeß, der Resultate erzielen wolle, könne es kaum vermeiden, die Zöglinge wie Trivialmaschinen zu behandeln. „Die Kommunikation wird als Input, das richtige Verhalten als Output angesehen.“ (Niklas Luhmann: Sozialisation und Erziehung. In: Soziologische Aufklärung 4. Beiträge zur funktionalen Differenzierung der Gesellschaft; Opladen 1987. S. 179.)

[35] H. Gerhard Beisenherz: Legitimation durch Vertrauen. A.a.O. S. 293.

[36] Vgl.: Niklas Luhmann: Sicherheit und Risiko ... a.a.O. S. 66.

[37] Vgl.: Niklas Luhmann: Vertrauen. A.a.O. S. 77.
In diesem Kontext erscheinen Aussagen, wie die folgende, geradezu grotesk: „Wer Vertrauen erweist, nimmt Zukunft vorweg.“ (Ebd. S. 8.).

Einer der nachhaltigsten und generell nicht mehr kompensierbaren Verluste von Vertrauen dürfte allerdings derjenige sein, der die Wissenschaften beträfe, das aber läßt auf eine gesamtgesellschaftliche Funktion schließen, die in diesem Fall umfassender sein muß, als die eines Subsystems. Möglicherweise ist es gerade die funktionale Differenzierung selbst, die, im Prozeß der Zivilisation, im Zuge der Ablösung (von) der Theologie, eine Möglichkeit universeller Deutung hatte stets offenhalten müssen, so daß die einzugehenden Risiken von Historizität erschienen, als seien sie zu bewältigen. Sollte diese Vermutung zutreffen, dann wäre Wissenschaft mehr als nur ein Subsystem, sondern zugleich auch das historisch ständig erneuerte Versprechen gesamtgesellschaftlicher und letztgültiger Integration. Im Unterschied zu anderen Systemen kann Wissenschaft sich selbst legitimieren. Dennoch ist auch hier die Bereitschaft zur Anerkennung kaum mehr ungebrochen, dem herkömmlichen Wissenschaftsglauben tritt zunehmend Wissenschaftsskepsis entgegen. Zwei unterschiedliche Phänomene sind mittlerweile zu verzeichnen, zum einen die ökologisch motivierte Kritik der Wissenschaften, zum anderen eine Wissenschaftspolitik, die über die Funktionalisierbarkeit einzelner Disziplinen neue ‚Wert'maßstäbe zur Geltung bringt. Tendenziell erfordern die Kriterien beider Momente eine Legitimation durch Funktion, doch während sich der Zweifel in der ökologischen Kritik gerade gegen die vorgebliche Funktionalität der funktionalisierbaren Disziplin richtet, wird andererseits dagegen Funktionalisierung gefordert, um sodann auf Kosten anderer Disziplinen gefördert zu werden. Es erübrigt sich fast, hier nochmals darauf hinzuweisen, daß auch diese Funktionalisierung verheerende Folgen haben wird; denn sobald Wissenschaft als solche nicht mehr statthaft wäre, würde auch Legitimation durch Wissenschaft kaum mehr mit dem Anspruch auf Integrität vertretbar sein: Wo aber bliebe dann die Erneuerung des Versprechens auf Integration?

> „Entscheidungen müssen daher über ihre gratifikatorische Funktionalität hinaus durch die Begründung ihrer Selektivität ausgewiesen und legitimiert werden. Hier liegt der kritische Legitimationsbedarf, der durch Wissenschaft und Vertrauen absorbiert wird. Zugleich treibt die Funktionalisierung von Wissenschaft für diesen Legitimationsprozeß eine Kluft zwischen zwei Arten der Wissenschaft, die zunehmend unvermittelt nebeneinander bestehen: die kritische und die systemtechnologische Form von Wissenschaft. Entsprechend bezieht sich die öffentliche Diffamierung von Wissenschaft, wie sie zunehmend Mode geworden ist, auch nur auf die legitimatorische nicht funktionalisierbare kritische Wissenschaft."[38]

Die von der Wissenschaft erfaßte Wirklichkeit sei, so Kurt Hübner, nicht die Wirklichkeit an sich, sondern eine auf bestimmte Weise gedeutete.

[38] H. Gerhard Beisenherz: Legitimation durch Vertrauen. A.a.O. S. 203.

„Die Antworten, die sie uns gibt, hängen von unseren Fragen ab.“[39] Die Wissenschaft sei durch Wissenschaftstheorie längst in jenes Stadium der Selbstreflexion übergegangen, „... das stets das Ende einer Sache ankündigt.“[40]. — Es bleibt zu fragen, ob die bisherige Wissenschaftstheorie, deren Geschichte bislang vornehmlich durch den geblendeten Hinblick auf die vermeintlichen Erfolge der Natur- und Technikwissenschaften geprägt wurde, als Maß für eine Selbstreflexion von Wissenschaft gelten kann und ob es ferner sinnvoll sein kann, Selbstreflexion ihrerseits als Zeichen für das Ende einer Sache zu nehmen. Dagegen sucht Luhmann gerade durch die Einführung von Metatheoremen der Reflexivität den Bestand seiner Theorie zu retten, die Systeme sollen und müssen sich in ihrer Umweltwirkung selbst beobachten können, um sich an dieser Orientierung wiederum orientieren zu können. Ist es nicht eher die Aussichtslosigkeit dieser Manöver, verbunden mit dem Eingeständnis ihrer Notwendigkeit, die vermutlich seiner Sache ein Ende bereiten wird?

Unter den Versuchen, die Möglichkeit der Selbstreflexivität zu eröffnen, ist allerdings der voraussichtliche Verlauf einer bestimmten Variante, hinsichtlich der Systemtheorie und der von ihr beschriebenen sozialen Phänomene, besonders instruktiv: Was wäre, wenn sich Legitimationsverluste nur noch durch Veränderung hin zur Selbstreflexivität kompensieren ließen, wenn aber ein solcher Prozeß stets am Solipsismus der Systeme scheitern würde? Um dieser Frage nachzugehen, versetzen wir uns in die Szenarien der von Luhmann beschriebenen systeminternen Operationen. — Den Irritationen in der Praxis der Funktionssysteme, die mit zunehmend kritischer gestellten Vertrauensfragen konfrontiert werden, entsprechen auf der Theorieebene — neuerdings von Luhmann selbst attestierte — Probleme ihrer Plausibilität.[41] Allen daraufhin unternommenen Revisionsversuchen, ob sie nun als Supertheorie, Selbstreferenz, Autopoiesis oder mit der Forderung nach einem Wechsel der Leitdifferenz konzipiert wurden, ist gemeinsam, daß sie die Einzelsysteme in den Selbstwiderspruch treiben, die Theorie ihrerseits aber steht dabei vor der Aporie, sich aufzugeben — um sich zu erhalten.

Vermutlich reagieren die Funktionssysteme moderner Gesellschaften, sobald sie mit den sogen. ‚Nebenfolgen‘ ihrer Umweltwirkungen, mit ihrer Kontraproduktivität konfrontiert werden, stets mit Symptomen der Selbstdestruktion. Das ökologische Ideal einer ‚Nullemission‘ scheint auf herkömmliche Verfahrensweisen nicht anwendbar zu sein, daran wird die

[39] Kurt Hübner: Die Wahrheit des Mythos; München 1985. S. 252.

[40] Ebd. S. 413.

[41] Luhmann konstatiert ‚Zusammenhänge zwischen Gesellschaftsstruktur und Systemsemantik‘, „... die darauf hinweisen, daß die Systemtheorie über kognitive und dann wissenschaftliche Beweisführungen hinaus mit einer Art Plausibilitätszufuhr bzw. Plausibilitätsentzug von seiten der Gesellschaft zu rechnen hat.“ (Niklas Luhmann: Paradigmawechsel in der Systemtheorie. Ein Paradigma für Fortschritt? In: Reinhart Herzog, Reinhart Koselleck (Hrsg.): Epochenschwelle und Epochenbewußtsein (Poetik und Hermeneutik 12); München 1982. S. 321.).

Brisanz der Konzepte einer Wiedereinführung von Umweltwirkungen ins System, im Sinne von mega–feed–backs erkennbar. Vereinbar sind und das gilt für ganze Operationsbereiche, allenfalls Kompensationstechniken; emittierte Dysfunktionalität wiedereinführen zu wollen, bedeutet daher unmittelbar, die Funktionen selbst in Frage zu stellen. Wie immer die Vorschläge zur Lösung dieser Aporie auch lauten mögen, es liegen stets Prämissen zugrunde, durch die jeweils bestimmte Erwartungshaltungen die Perspektiven bestimmen. So lautet ein häufig in ökologischen Debatten vorgebrachter Einwand, die Folgen von Technik seien wiederum durch den Einsatz neuerer Technik zu beheben. Das Emergenz–Prinzip in der Konzeption Luhmanns ist vergleichbar, es liegt die unbegründete Annahme zugrunde, wonach einer schicksalhaft zunehmenden Komplexität der Welt nur mit einer zunehmenden Differenzierung der Systeme begegnet werden kann. Diese Spekulation setzt auf den Eingriff der invisible hand, daß nämlich ganz natürlich sich das Gleichgewicht einer post–stabilisierten Welt schon einstellen wird.

In der Geschichte der Luhmannschen Theorieproduktion läßt sich ein stetig zunehmender Einfluß von Umweltproblemen beobachten. Anfangs, im ursprünglichen Modell, wenn beim kybernetischen feed back über Meßfühler die Umweltinformationen als Regelungsprobleme wieder im System erschienen, reagierten diese Systeme letztlich immer nur auf ‚sich' selbst. Frühzeitig hatte Luhmann bereits darauf aufmerksam gemacht, daß die Problematik im Verhältnis des Systems zu seiner Umwelt nicht ignoriert werden dürfe.[42] Dieser Anspruch, selbstinduzierte Umweltveränderungen einzubeziehen, wurde daraufhin jedoch längere Zeit von ihm in gewissen Grenzen gehalten: ein System könne Umweltveränderungen durch Selbständerung kompensieren, es brauche Veränderungen der Umwelt daher weder vorauszusehen noch vorher einzuplanen.[43] In einer der frühen Arbeiten wird noch empfohlen, die Arbeitsleistungen durchorganisierter, maschinisierter Verwaltungen zu rationalisieren und zunächst eine ‚gewisse Fehlerquote in Kauf zu nehmen', ‚in gewissen Grenzen, die kontrollierbar und variabel gehalten werden', ‚Fehler erst zu machen und nachher auszugleichen'.[44] Otto–Peter Obermeier glaubt nun jedoch in jüngeren Publikationen, Anzeichen für einen ‚späten Luhmann' entdeckt zu haben.[45] An der von Obermeier angeführten Textstelle läßt sich ermessen, daß der Einfluß der ökologischen Kommunikation noch weiter zugenommen hat; Luhmann räumt bereits ein, es gebe eine ‚Neigung, Systemprobleme durch Wachstum und Umweltbelastung zu lösen'.[46] Hier dürfte

---

[42] Vgl.: Niklas Luhmann: Zweck–Herrschaft–System: Grundbegriffe und Prämissen Max Webers (erstmals erschienen 1964). In: Politische Planung. Aufsätze zur Soziologie von Politik und Verwaltung; Opladen 1971. S. 92.

[43] Vgl.: Niklas Luhmann: Zweckbegriff und Systemrationalität. A.a.O. S. 158f.

[44] Vgl.: Franz Becker, Niklas Luhmann: Verwaltungsfehler und Vertrauensschutz. A.a.O. S. 13.

[45] Vgl.: Otto–Peter Obermeier: Zweck–Funktion–System. A.a.O. Siehe S. 225 u. 269, Anm. 133.

[46] Vgl.: Niklas Luhmann: Organisation und Entscheidung (erstmals erschienen 1978).

die Grenze des theoretisch Zuträglichen bereits erreicht sein, daraufhin erfolgte ein von Luhmann für die eigene Theorie seither unermüdlich geforderter Paradigmenwechsel.[47] Inkonsistenzen sind jedoch die Folge, die zu sichernden Systembestände der Theorie erweisen sich den (metatheoretisch, ökologisch) selbstverordneten Therapieanforderungen gegenüber als unheilbar, sie verlieren als erstes, angesichts der ökologischen Kommunikation, genau jene Anschlußfähigkeit, die bisher ihr ganzer Stolz war. Während sich bereits unübersehbare Divergenzen zwischen Theorie und Theoremen auf allen Ebenen bemerkbar machen, glaubt Luhmann nach wie vor, universelle, einzige Gültigkeit für seine Theorie beanspruchen zu dürfen. Was auf der theoretischen Ebene eher noch zumutbar zu sein scheint, unterminiert in der Praxis den Funktions-Solipsismus der Systeme. Wenn Systeme so differenziert werden sollen, daß sie sich selbst zur Umwelt werden, so wendet sich die bislang emittierte Dysfunktionalität gegen sie selbst.

Wie zu erwarten war, werden die neuesten Konzeptionen Luhmanns auf seiner Suche nach einem Ausweg aus dem Dilemma von Selbsterhaltung und Selbstgefährdung keinesfalls die bereits frühzeitig relativierten Systemzwecke wieder als eigentliche Kriterien für Verantwortung rehabilitieren. Die Aussicht auf eine ökologische Moral hat für ihn etwas äußerst Beunruhigendes, die Pflichten einer ökologischen Ethik liegen
seiner Meinung nach zu allererst darin, eine solche zu verhindern. Moral ist, seiner Theorie zufolge, ein überwundenes Prinzip gesamtgesellschaftlicher Orientierung; das neuerliche Auftreten einer ökologischen Moral käme schließlich für autonom und ‚moralfrei' operierende Systeme gleichsam aus dem Jenseits. Die Errungenschaften der funktionalen Differenzierung würden dadurch relativiert und so erscheint jegliche Moralisierung als retardierendes Moment. Es fragt sich nur, ob die von Luhmann eingeforderte Entmoralisierung ihrerseits beanspruchen darf, das nicht zu sein, wogegen

In: Soziologische Aufklärung 3. Soziale Systeme, Gesellschaft, Organisation; Opladen 1981. S. 377.

[47] ‚Ökologische Bedingungen', so Luhmann, zwängen dazu, den älteren Begriff geschlossener Systeme aufzugeben: „Damit war ein System gemeint gewesen, das (so gut wie) ohne Umwelt auskommt, ... " (Niklas Luhmann: Paradigmawechsel in der Systemtheorie. A.a.O. S. 315.).

„Achtet man auf das Ausmaß und die Radikalität der theoretischen Umstellungen, kommt man nicht umhin, einen ‚Paradigmawechsel' zu vermuten." (Niklas Luhmann: Autopoiesis als soziologischer Begriff. In: Hans Haferkamp, Michael Schmid (Hrsg.): Sinn, Kommunikation und soziale Differenzierung. Beiträge zu Luhmanns Theorie sozialer Systeme; Frankfurt 1987. S. 308.)

„... ein System, das sich an seiner Differenz zur Umwelt orientiert, orientiert sich damit auch an sich selbst als Komponente dieser Differenz. Diese Entwicklung führt an den Punkt, an dem erneut ein Paradigmenwechsel erforderlich werden wird." (Niklas Luhmann: Paradigmawechsel in der Systemtheorie. A.a.O. S. 311.) „Theoriegeschichtlich gesehen ist diese Einsicht und das daraus folgende Rationalitätskonzept die Konsequenz des ... Paradigmawechsels: der Überführung der System/Umwelt-Theorie in die Theorie selbstreferentieller Systeme." (Niklas Luhmann: Soziale Systeme. A.a.O. S. 641.)

sie sich richtet — Moral, mit dem Anspruch, die einzig wahre zu sein.[48] Auch ein — nach eigenem Verständnis — Supertheoretiker neigt offenbar eher zur Wahl des kleineren Übels und zieht einen Paradigmenwechsel vor, um die Theorieproduktion fortsetzen zu können, anstatt sich nochmals den Grundlagen zuzuwenden, um ggf. den Ansatz der Theorie einer Revision ihrer Grundlagen zu unterziehen. Es ist zudem nicht einmal wahrscheinlich, daß der allzuoft bereits verkündete Wandel auch tatsächlich einmal vollzogen wird, was von den Systemen selbst noch weniger erwartet werden darf. Die aus der Konfrontation zwischen ökologischer Kommunikation und systemtheoretischer Rationalität hervorgegangene Einsicht in die Unzulänglichkeit dieser Theorie stellt ihren Theoretiker vor die zweifelhafte Wahl, die Theorie aufzugeben, um sie zu erhalten.

Luhmann wird in seiner weiteren Konzeption kaum den sich hier abzeichnenden Widerspruch zwischen Theorie und Praxis hinnehmen wollen, was als vermeintlicher Ausweg daraufhin noch bleibt, wird daher zur ‚Plausibilitätsfrage', diese wiederum läßt sich als erhöhter Bedarf an ‚Systemvertrauen' deuten. Aber dem Anspruch, ‚Gegner' und Kritiker mit einzubeziehen, kann ein Verfahren der Parolen–Piraterie kaum gerecht werden. Nachdem wir die desaströsen Folgen von Funktionalisierungen hinlänglich kennengelernt haben, weckt sein Vorschlag, neue ‚Leitdifferenzen' einzuführen, eher Mißtrauen. Wieder ist mit einer Neubildung systemischer Surrogate zu rechnen, hier handelt es sich — aus Plausibilitätsgründen — vermutlich um eine systemische Zweck–Moral. Eine theorietechnisch vorauszusetzende binäre Codierung der Szene hat Luhmann daraufhin bereits vorgenommen; es gilt den ‚querulantischen Njet–Set der Protestler von '68 zu unterscheiden von einer ‚Ökologiebewegung, die endlich mit den erforderlichen technischen und wissenschaftlichen Kenntnissen' ausgestattet ist.[49] Im Gegenzug übernimmt Luhmann — unter theorietypischem Vorbehalt — die Diktionen der ökologischen Fortschrittsskepsis; man müsse sich fragen, ob die Folgeprobleme eines derart unbalancierten Wachstums mit den gleichen Mitteln zu lösen seien, die zuvor als Antriebsfaktoren gewirkt hätten.[50] Die Selektion der Selektion reiche weit über die Ebene der sozialen Systeme hinaus und treibe sie in eine ökologische Problematik hinein, der sie, vorerst hilflos, ausgeliefert seien.[51]

---

[48] „Wer darauf besteht, daß Politik und Moral streng auseinanderzuhalten seien, gebraucht selbst ein moralisches Argument ... (...)(...) Wodurch soll denn die ‚höhere' Amoralität, von der Luhmann spricht, im Zweifelsfall von der ‚gewöhnlichen' unterscheidbar sein?" (Claus Offe: Demokratie und ‚höhere Amoralität'. Eine Erwiderung auf Niklas Luhmann. In: Der Traum der Vernunft. Vom Elend der Aufklärung. Eine Veranstaltung der Akademie der Künste, Berlin. Zweite Folge; Berlin 1986. S. 228f.)

[49] Niklas Luhmann: Njet–Set und Terror–Desperados. Die Protestler von '68 waren ein querulantischer Njet–Set, der endlich dank der Ökologiebewegung und der von ihr aufgeworfenen Fragestellungen von einer Generation mit den erforderlichen technischen und wissenschaftlichen Kenntnissen abgelöst wird. In: die tageszeitung, v. 4. Aug. 1988. S. 11–12.

[50] Vgl.: Niklas Luhmann: Gesellschaftsstrukturelle Bedingungen ... a.a.O. S. 117.

[51] Vgl.: Niklas Luhmann: Soziale Systeme. A.a.O. S. 589.

— Der Wortlaut dieser jüngsten Verlautbarungen sollte keinesfalls vorschnell als Hinweis für die Berechtigung von Erwartungen genommen werden, Luhmann wolle nun seine Systemtheorie ökologisch umgestalten. Die hier zu verzeichnende Übernahme theoriefremder Begriffe und Diktionen dient einzig dem Zwecke, die eigene Theorie in Expansionsrichtung und Expansionstempo wie bisher, unter Einsatz modifizierter Mittel, fortsetzen zu können.[52] Das System seiner Theorietechnik ist so angelegt, daß auch paradoxe Zielvorgaben operationalisiert werden können, letztlich entscheidend sind dabei die Metastrukturen; mit ihrer Hilfe gelingt es durchaus, zunächst das zuvor noch vertretene Vertrauen in Systemevolutionen in Frage gestellt sein zu lassen, um dann auf der Metaebene eine solche Relativierung des Glaubens in Emergenz nochmals wieder zu relativieren. — „Wird die eigene Selbstbeschreibung jedoch von anderen, den Konfliktgegnern etwa, in deren Selbstbeschreibung übernommen — etwa beim Ökologiethema — dann verliert die Bewegung ihren kritischen Impuls, ..."[53] So wird aus einem ehemaligen ‚Parasiten'[54] durch Funktionalisierung schließlich doch noch ein Symbiont, unter Aporien und Dilemmata hat die Theorie die Vorzüge der prosperierenden Branche der Umwelttechnologien für sich entdeckt. Das gesuchte Umweltbewußtsein der Systeme, ihre Selbstreferenz, ist demnach nur eine Frage der ‚Entsorgung' und diese wiederum legitimiert durch vermeintliches Unschädlichmachen des Mitproduzierten eine längst nicht mehr legitimierbare Dysfunktionalität der Verfahrensweisen.

Angesichts der drohenden Einsicht in ihre theoretische und praktische Kontraproduktivität verspricht die Einführung von Verfahren einer Kontra-Kontraproduktivität den Funktionssystemen zumindest — Zeitgewinn; ohnehin erscheint die vorrangige Frage, ob sich sogen. ‚Nebenfolgen' überhaupt wieder aufheben lassen, aus Systemperspektive nicht als vordringlichste. Die Präferenz für business as usual dekretiert daher diese ‚funktionale Differenzie-

[52] „Aus der Perspektive der Systemsteuerung weiß man, daß durch die Verunsicherung der an sich durch die routinisierte Erfahrung auf Sicherheit gestellten Erwartungen gegenüber den Systemen diese ihre Funktionsgrundlage verlieren könnten. Daher wird es bedeutsam, diese mögliche ‚Verunsicherung durch Dynamisierung' aufzufangen. (...) Die Steuerung muß einer offenen Diskussion entzogen werden. Dies geschieht, indem die Steuerung nicht als Steuerung unter praktischen Prämissen sondern als technisches Optimierungsproblem dargestellt wird. Die Expansionstendenzen werden dabei mit den Erhaltungsbedingungen und den Funktionserfüllungen der Systeme so verknüpft, daß letztlich ihre Funktionsbedingungen und nicht ihr Expansionstempo und Expansionsrichtung zur Diskussion stehen." (H. Gerhard Beisenherz: Legitimation durch Vertrauen. A.a.O. S. 316.)

[53] Werner Bergmann: Was bewegt die soziale Bewegung? Überlegungen zur Selbstkonstitution der ‚neuen' sozialen Bewegungen. In: Theorie als Passion. A.a.O. S. 385.

[54] Die beharrlich beanspruchte Analogie zwischen sozialen Systemen und Organismen führt dementsprechend zu schlechterdings nicht mehr vertretbaren quasi-physiologischen Deutungsweisen (Immunsystem, Allergie, Parasit, Wirtssystem etc.). (Siehe hierzu: Werner Bergmann: Was bewegt die soziale Bewegung? A.a.O. S. 365, 367 u. 389. — Niklas Luhmann: Ökologische Kommunikation. A.a.O. S. 79, 191 u. 234. — Ders.: Soziale Systeme. A.a.O. S. 17 u. 504f.)

rung'; fraglich ist allerdings, ob die dabei den Ökologiebewegten zugedachte Rolle als theorietechnisch veritables Kompensationsgewerbe, von diesen auch tatsächlich übernommen werden wird.

Dem Solipsismus der Systeme entspricht in der Theorie Luhmanns das Prinzip ihrer Emergenz, es bleibt die Flucht nach vorn als Alternative alternativlos, währenddessen nimmt der Zeitdruck in Theorie und Praxis zu. Das systemtheoretisch heilsgeschichtliche Versprechen einer poststabilisierten Welt wäre letztlich nicht anders einzulösen, als daß Systeme ihre Umwelten in sich hineinnähmen, tendenziell zunehmend kann dann die Kontraproduktivität der Systeme als Dysfunktionalität von Umwelt uminterpretiert werden. Das zuvor relativierte Emergenz–Prinzip soll auf der Meta–Meta–Ebene wiederhergestellt werden, durch Instrumentalisierung der instrumentellen Vernunft. Die gesuchte ‚Theorie dynamischer Stabilität'[55] soll in ihrer Dynamik diese stabilisieren, ein Unternehmen, das nur gelingen kann, wenn Umwelten nunmehr durch Eingriffe stabil gehalten werden; es gilt die Anpassung der Umwelt an die Gesellschaft vorzunehmen.[56] Die Stellgröße dieser Regelkreise von Regelkreisen kann letztlich wiederum nur so beschaffen sein, daß daraufhin für die Bestandserhaltung der Systeme eine weitere, dennoch stets kürzer werdende Frist zu weiterer Disposition erwartet wird. Die Theorie der Systeme nimmt das Desaster ihrer Theoreme vorweg, jeder neuerliche Zeitgewinn wird kürzer, weil die Folgen der Interventionen nicht nur schneller sondern auch vehementer eintreten.

> „Aber heimlich kehrt der ausgeschlossene Dritte ins System zurück. Oder er rächt sich hinterrücks für seinen Ausschluß. Die Operationen der Wissenschaft, der Wirtschaft, der Politik und des Rechts haben Folgen, vielleicht katastrophale Folgen; und zwar Folgen, die mit den Mitteln dieser Systeme unter ihren Codes nicht mehr aufgefangen werden können."[57]

Dem Reiz–Reaktions–Schema der experimentellen Verantwortung korrespondieren vorausweisend die bislang stets mißlungenen Versuche Luhmanns, im Rahmen seiner Theorie überzeugend eine den Systemen konvenierende, dennoch aber hinreichende Möglichkeit systemischen Umweltbewußtseins zu konzipieren. Die ungelösten Fragen der Systemtheorie verweisen möglicherweise auf Entwicklungen in der von ihr abgebildeten Praxis der Systeme, in der Theorie jedenfalls dürfte eine Wiederkehr des Verdrängten kaum noch zu verhindern sein. Man fände sich am Ende, so Luhmann, mit allen Bemühungen

---

[55] Vgl.: Niklas Luhmann: Paradigmawechsel in der Systemtheorie. A.a.O. S. 317.

[56] „Die Evolution scheint auf Bedingungen hinauszulaufen, die mit der menschlichen und der natürlichen Umwelt des Gesellschaftssystems nicht mehr abgestimmt sind, also hohen und beständigen Einfluß der Gesellschaft auf ihre Umwelt zur Anpassung der Umwelt an die Gesellschaft voraussetzen." (Niklas Luhmann: Soziale Systeme. A.a.O. S. 592.)

[57] Niklas Luhmann: Brauchen wir einen neuen Mythos? In: Soziologische Aufklärung 4. A.a.O. S. 267.

wieder dort, wo man angefangen habe: Bei dem Problem, das man habe loswerden wollen.[58]

Vom Programm der ‚Wiedereinführung des ausgeschlossenen Dritten' wäre demnach nichts anderes zu erwarten, als eine ‚Weltgesellschaft', die nunmehr daran ginge, über die vorgeblichen Belange von Umweltschutz sich die endgültige Kontrolle der Umwelt zu verschaffen, so daß schließlich zu Recht nur noch von Systemen gesprochen werden könnte. — Zunächst ist zu erwarten, daß die von Habermas beklagte Kolonialisierung der Lebenswelten auch auf Naturräume ausgedehnt werden wird. Aber das Verfahren des Aufschubs von Folgen läßt sich nur solange fortsetzen, bis die Zeitdifferenz zwischen den Wirkungen schließlich kein Handeln mehr erlauben wird. Noch bevor jedoch die letzte Wirkung als Folge wieder zurückgekehrt sein wird zu ihrem Ausgangspunkt und damit den empirischen Beweis für die systematische Selbstvernichtung der systemischen, instrumentellen Vernunft erbringen kann, wird ihr das währenddessen stetig gewachsene Unbehagen unwiederbringlich verlorenen ‚Systemvertrauens' zuvorkommen, dann wird sich die ursprüngliche Komplexität der Welt als Chaos wieder in Erinnerung rufen.

> „Eine Generation, die den Himmel auf die Erde heruntergeholt hat, und welcher die Keplerschen Planetenbahnen zu Fahrbahnen geworden sind, wird sich von ihrem einmal eingeschlagenen Weg nicht abbringen lassen. Sie fühlt sich Manns genug, die Bremsen anzuziehen, wenn die Fahrt ins Ungewisse das beherrschbare Tempo überschreitet."[59]

[58] Vgl. ebd. S. 267.

[59] Helmuth Plessner: Die Frage nach der Conditio humana. A.a.O. S. 363.

Kapitel 5

Bedingungen und Möglichkeiten einer ökologischen Heuristik

5.1 Prolegomena einer Diskursethik der Wissenschaften

Je dringender moralphilosophische Versuche angeraten und unternommen werden, den modernen Lebenswelten eine neue Ethik zu verschreiben, umso auswegloser erscheinen dennoch deren Aporien, selbst wenn ihre Ideale zuvor vom Eukosmos zur Eukratie, von der Eupraxie zu jenem nicht nur ethischen sondern auch anthropologischen Minimalismus herabgemindert werden, dem letztlich nur noch die Erhaltung nackten Überlebens geblieben ist; mit dem Anspruch auf eine ökologische Ethik bringt sich dennoch die bisherige quantité négligeable einer jeden Sozialethik stets wieder in Erinnerung: im Begriff von der Ökosphäre kehren die Ideale von Eukosmos und Eupraxie wieder zurück, aber zugleich entwickeln sich für eine jede Ethik die bereits gegebenen Aporien damit zum Dilemma. Gewiß erscheint es vielversprechend, wie es Oswald Schwemmer auch unternommen hat,[1] zunächst einmal am Verbot des naturalistischen Fehlschlusses zu rütteln, so, daß zumindest, wo nicht der Schluß von Sein auf Sollen zugelassen ist, doch der Philosophie erhalten bleibe, überhaupt noch fragen zu dürfen, welches Prinzip von Sollen sein soll im Hinblick auf Praxis, die schließlich doch alles entscheidet. Die Zahl solcher Verdikte läßt sich fast beliebig vermehren, vom naturalistischen über normative bis zu genetischen Fehlschlüssen, wobei über den etwaigen voluntaristischen Fehlschluß schließlich auch noch selbst jene Instanz in die Nähe der Vindikation geraten könnte, von der die Verbote ausgesprochen werden: Zwar wird sich die Möglichkeit eines ‚rationalen Fehlschlusses' schlechterdings kaum erweisen lassen, gleichwohl aber wäre auch der Modus

[1] Siehe hierzu: Oswald Schwemmer: Die Bildung der Vernunft aus der Erfahrung. Zu den anthropologischen Grundlagen der Ethik. In: Ethische Untersuchungen. Rückfragen zu einigen Grundbegriffen; Frankfurt 1986. S. 33–53.

eines solchen Schlusses zu verwerfen, der von einem faktisch Gegebenen (etwa einem bestimmten technischen Verfahren) auf das normative Sein–Sollen (desselben Verfahrens) zu schließen veranlassen möchte. Eine pragmatistische Moralität vollzieht mit der von ihr nahegelegten Normativität des Faktischen eben genau jenen Fehlschluß mit dem sie ihre eigene Praxis naturaliter zu verteidigen trachtet. Sollen nun auch derartige faktizistische Fehlschlüsse vermieden werden, so bleibt noch der Rekurs auf die zur Begründung von Handlungsorientierungen jeweils geltend gemachten voluntaristischen Motive; damit eröffnet sich dann auch der Ausweg aus der ethischen Ratlosigkeit. Willensäußerungen haben im Unterschied zu allen erdenklichen anderen Ausdrucksweisen von Menschen für eine Philosophie immerhin den Vorzug, daß sie beim Wort genommen werden können und in der Tat intendiert sein müssen, denn das menschliche Bewußtsein verfügt mit seiner exzentrischen Positionalität über das Prinzip einer Differenziation, durch die nicht nur ein einzelnes und autonomes Bewußtsein intendierte Handlungsziele und bewirkte Handlungsfolgen einander zurechnet, sondern dasselbe gilt auch für dasjenige menschliche Bewußtsein, von dem die Handlung eines Anderen beobachtet wird, ebenso wie auf der Metaebene für Beobachtung von Beobachtung. Auf gesellschaftlicher Ebene fehlt offenbar dieses Vermögen; die exzentrische Positionalität ‚höheren Bewußtseins' einer Gesellschaft sich selbst gegenüber steht dieser selbst nicht zur Verfügung. Stattdessen orientieren Kulturen das Orientierungsvermögen über Begriff, Tradition und Gesetz, charakteristisch ist dabei ihre ambivalente Haltung der potentiellen Vernunft–Autonomie des einzelnen Subjekts gegenüber, sie setzen dieser einerseits die Gegenpotentiale heteronomer Ordnungsstrukturen entgegen und sind dennoch andererseits mitunter gerade in Krisenzeiten auf diese Vernunftfähigkeit angewiesen, über die sie selbst nicht verfügen. Je disparater eine Gesellschaft zur natürlichen Umwelt steht, umso mehr bedürfte sie solcher Exzentrizität, das genaue Gegenteil ist jedoch der Fall, und so formierte sich das ökologische Bewußtsein nicht nur als Reaktion auf diese Disparatheit selbst, sondern auch als antizipierendes Bewußtsein hinsichtlich der Folgen, die noch ausstehen und gegebenenfalls noch zu erwarten sind. Die Wiederkehr des allzu beflissentlich verabschiedeten Subjektes kündigt sich an, Mißtrauen in die Funktionsfähigkeit der Systeme formiert sich nicht nur außerhalb ihrer beim laienhaft gescholtenen Publikum einer zunehmend kritischer werdenden Öffentlichkeit; auch im Innern der Systeme suchen Akteure die Loslösung vom Diktat etablierter Zwecksetzungen, denn es gibt kein systemisches Umweltbewußtsein, nur die Vernunft des Einzelnen, der aus Verantwortung eine systemisch angezeigte, verordnete Handlungsanweisung nicht oder anders ausführt.

Die Konfliktpotentiale sind vorhersehbar, durch eine wie immer motivierte Autonomie von ‚Funktionsträgern' würden möglicherweise Systeme zweckentfremdet und Verfahren umfunktioniert, so daß mit der einzig verbleibenden Rettung zugleich jene Gefahr wächst, die symbolisch in der babylonischen

Sprachverwirrung zum Ausdruck gebracht wurde. Die Phänomene der zu erwartenden Dekompensation mögen je nach Standpunkt als höchste Gefahr, notwendiges Übel oder als Schimmer letzter Hoffnung gewertet werden, nicht zu vergessen ist dabei die bereits von uns dargestellte Ätiologie des zunehmend komplexer werdenden Syndroms jener Kontraproduktivität, die seit Anbeginn als bislang niemals überwundene Nemesis das Experiment unserer Zivilisation begleitet. Die dagegen dem vermeintlichen ‚Naturmenschen' zugeschriebene Angst vor den ‚Mächten der Natur' blieb bislang noch in jedem Zivilisationsprojekt präsent und ruft sich seit ihrem Anbeginn in der neolithischen Revolution immer wieder neu in Erinnerung. Dabei sind mittlerweile viele Zivilisationsmythen bereits brüchig geworden, sei es das Bild erbärmlicher Lebensumstände sogen. primitiver Kulturen, die angeblich geringe Lebenserwartung unter derartigen Verhältnissen, etc. So ist auch die Anthropologie selbst, obwohl es ihre Aufgabe wäre, noch immer nicht frei vom Mythos des technikbedürftigen Mängelwesens Mensch. Wie wir gezeigt haben, entstand dieses Menschenbild vor einem bestimmten historischen Hintergrund, — es stellt nicht so etwas wie eine Urerfahrung dar, die unabhängig wäre vom soziokulturellen Kontext; dabei handelt es sich auch weniger um den vermeintlichen Vergleich mit Tieren als vielmehr um den Vergleich mit Göttern, erst von dort aus nahm die Anthropodizee des homo absconditus ihren Lauf.

Eine neue Ethik ist allenfalls im Entstehen begriffen, jeder Versuch aber, eine solche jetzt bereits konzipieren zu wollen, führt unmittelbar in das von Oswald Schwemmer beschriebene moralphilosophische Dilemma:

> „Jeder Versuch, durch ethisches Argumentieren — und das heißt, durch für jedermann einsehbare Begründungsschritte zu Willensänderungen — zur Auszeichnung allgemein verbindlicher handlungsleitender Vorstellungen oder Vorschriften zu kommen, erreicht entweder nicht sein Ziel — diese allgemeine Verbindlichkeit — oder verstößt gegen jede Idee der Moralität — die wirkliche Anerkennung eines jeden anderen als einer vernunftfähigen Person. Soll das Ziel erreicht werden, so müssen auf irgendeine Weise die eigenen Vorstellungen von dem, was für alle einsichtig gewollt werden kann und soll, zu den Vorstellungen aller von dem, was gewollt werden soll, erklärt und damit letztlich die eigenen Überzeugungen zum obersten Maßstab des Guten oder Gebotenen erhoben werden — was ersichtlich gegen die Idee der Moralität verstößt. Soll hingegen die Idee der Moralität verwirklicht werden, so scheint kein Weg mehr zu einer Begründung von verbindlichen handlungsleitenden Vorstellungen zu führen — wenn nicht alle Betroffenen sich ohnehin schon selbst geeinigt haben."[2].

[2] Oswald Schwemmer: Die Bildung der Vernunft aus der Erfahrung. A.a.O. S. 47.

Demnach läßt sich ein exogen induzierter Normenwandel nicht einmal mehr in Erwägung ziehen und so bleibt nur noch die Möglichkeit einer Diskursethik, damit aber entfallen sämtliche Deduktionen, maßgeblich wäre nur noch die autonome Einsichtnahme des Einzelnen. Eine Ethik, deren Letztinstanz nicht weitergehender legitimiert würde, als durch die Notwendigkeit einer Setzung ihrer jeweiligen Normen, liefe dagegen Gefahr zu revozieren, wogegen sie sich zu wenden hätte, Inhumanität; was im positiven Recht möglich wäre, gilt zunächst einmal nicht für eine Philosophie. — Auf der Grundlage des Vertrauens in die Kompetenz Einzelner, die als ‚Experten auf ihrem Gebiet' angesprochen sind, werden allenthalben Werte einem so zugeschriebenen Verantwortungsbewußtsein überantwortet, wobei schlechterdings wiederum nur ab experto beurteilt werden kann, ob eine zur Disposition gestellte Handlungsweise vertretbar ist oder nicht. Aber gerade in diesem Zusammenhang läßt sich zunehmend mehr Mißtrauen beobachten, womit schließlich die Bereitschaft zu restriktiven Maßnahmen auf der Grundlage gesetzten Rechtes beständig zunimmt.

Nicht nur auf der Makroebene der Wissenschaftsgeschichte lassen sich Phänomene beobachten, die nach Thomas S. Kuhn als Paradigmenwechsel bezeichnet werden, sondern auch auf der Mesoebene sind Palastrevolutionen alltäglich, wie sie von Robert K. Merton als Prioritätsstreitigkeiten beschrieben werden, ferner aber lassen sich auch noch auf der Mikroebene der Forschungspraxis selbst die Feinstrukturen von Werturteilen nachweisen, die letztlich von jedem Beteiligten gefällt werden.[3] Diese Mikrostrukturen könnten als ‚Präferenzwechsel' bezeichnet werden, es handelt sich dabei um die Aktualisierung von Wertvorstellungen im Vollzug einer Induktion, und eine dementsprechende Entscheidung ist stets die Voraussetzung für einen induktiven Schluß, eine spezifische Art der Güterabwägung, ein Tausch. Es zeigt sich, daß bei jedem Forschungsprozeß eine Krypto-Philosophie mitbeteiligt ist, die nicht nur die Meso- oder die Makrostrukturen betrifft, sondern tatsächlich über den bestimmten Vollzug einer Induktionspräferenz alltäglich entscheidet. — Es gebe keinen neutralen Algorithmus der Theoriewahl, der bei richtiger Anwendung, so Thomas S. Kuhn, jeden einzelnen in der Gruppe zu derselben Entscheidung führen müßte, vielmehr stünde stets ein bestimmtes System gemeinsamer Werte mit den gemeinsamen Erfahrungen einer Fachgemeinschaft in Wechselwirkung.[4] Ebensowenig gebe es allgemein anwendbare Induktionsregeln, so Carl Gustav Hempel, mit denen man Hypothesen oder Theorien aus empirischen Daten mechanisch ableiten oder erschließen könne.[5]

---

[3] Thomas S. Kuhn: Die Struktur wissenschaftlicher Revolutionen; 2. rev. u. um d. Postskr. v. 1969 erg. Aufl., 4. Aufl., Frankfurt 1979. — Robert K. Merton: Prioritätsstreitigkeiten in der Wissenschaft. In: Entwicklung und Wandel von Forschungsinteressen. Aufsätze zur Wissenschaftssoziologie. Übers. v. R. Kaiser; Frankfurt 1985. S. 258–300.

[4] Vgl.: Thomas S. Kuhn: Ebd. Postskriptum v. 1969. S. 211.

[5] Vgl.: Carl Gustav Hempel: Philosophie der Naturwissenschaften. Übers. v. W. Lenzen; 2. Aufl., Nördlingen 1977. S. 27.
„Der Übergang von den Daten zu einer Theorie erfordert schöpferische Erfindungskraft.

In der Frage, wie sich die Legitimität von Wissenschaft erweisen ließe, hat sich mittlerweile, im Vergleich zur Frühzeit der modernen Wissenschaften, der Schwerpunkt in der Wahl von Argumenten für ihre ‚Nützlichkeit' zum einen und für ihren ‚Wert an sich' zum anderen entscheidend verlagert. Konnte vormals noch ein jeder Aufwand für Forschungsprojekte zur Rechenschaft gerufen werden, hinsichtlich seines religiösen, technischen, ökonomischen, nationalen, militärischen oder persönlichen Nutzens, in Bezug also auf außerwissenschaftliche Werte, so zeigt sich, daß die Verhältnisse zwischen Gesellschaft und Wissenschaft einem Wandlungsprozeß unterliegen, demzufolge es nunmehr auch angebracht sein kann, die Legitimationsfrage mit einem Hinweis auf den Wert von Erkenntnis als solcher zu beantworten.[6] Eine Relation zwischen Anwendungs- und Grundlagenforschung wird zwar nach wie vor noch vertreten, aber den Gesichtspunkten solcher Beurteilungen zufolge, sind mittlerweile beide Seiten gleichermaßen zum Prinzip erhoben worden, auf der einen Seite die Nützlichkeit und auf der anderen Seite der Wert von Erkenntnis als solcher. Merklich distanzierter aber wird das Verhältnis dieser beiden Reiche zueinander, denn von der einen Seite wird die Notwendigkeit interdisziplinärer Diskurse gefordert, während auf der anderen Seite die Wissenschaftslandschaft zunehmend in hochspezialisierte Kleinstaaten unterteilt wird. Je vorbehaltloser sich jedoch die angewandten Wissenschaften in den Dienst jedweder Zwecksetzung stellen, umso dringender bedürfen sie einer Reputation, über die sie selbst immer weniger verfügen. So wird dann versucht, Anwendungsforschung durch gleichzeitige Aufwendungen für Grundlagenforschung zu legitimieren, oder ein hochdotiertes Projekt zur Entwicklung neuer Verfahrensweisen sogen. ‚high-tech' soll gleichfalls dadurch legitimierbar werden, daß im mitprojektierten ‚technological assessment' sich auch Vertreter von Geisteswissenschaften zu Gehör bringen dürfen. Der Kreis schließt sich, wenn in einer Studie über das Gutachterwesen der DFG festgestellt wird, die Finanzierung von Grundlagenforschung sei für die ‚Integrität des Wissenschaftssystems entscheidend', sie sei ‚im Zentrum der Wissenschaft' auf ‚deren spezifische Erkenntnisinteressen bezogen'.[7] Offenbar ist das Bild von Wissenschaft in der Öffentlichkeit generell abhängig von ihrer Autonomie, fremdbestimmte Forschung aber gefährdet dieses Bild, daher sollen, so Neidhardt, ‚Wahrheitsfragen' für die Anerkennung von Forschungsergebnissen bestimmend sein und die ‚Marktgängigkeit' von Resultaten bliebe von ‚sekundärer Bedeutung', solange es gelänge, die ‚Selbststeuerungsmechanismen der Wissenschaft zu sichern'.[8]

Wissenschaftliche Hypothesen oder Theorien werden nicht aus beobachteten Tatsachen abgeleitet, sondern in der Absicht erfunden, sie zu erklären." (Ebd. S. 27.)

[6] Vgl. hierzu: Robert K. Merton: Der soziale und kulturelle Kontext von Wissenschaft. In: Entwicklung und Wandel von Forschungsinteressen. A.a.O. S. 47ff.

[7] Vgl.: Friedhelm Neidhardt: Selbststeuerung in der Forschungsförderung. Das Gutachterwesen der DFG; Opladen 1988. S. 10f.

[8] Vgl. ebd. S. 10.

Unter dem Eindruck des vielbeschworenen Pragmatismus der Dringlichkeit bliebe abschließend nur, gleichsam mit letzter Konsequenz, die Normativität ökologischer Utilitarismen einzufordern. Dagegen wäre dann zwar der generelle Einwand möglich, ob denn durch utilitaristische oder gar pragmatische Prinzipien Ethik sich überhaupt begründen ließe; zugleich ergäbe sich aber auch die vorteilhafte Lage, über den gewissen Evidenzvorteil dieser Ansätze, der sich im Verlaufe unserer Untersuchungen immer wieder zeigte, verfügen zu können. Als Ergebnis dieser Studien könnte daher durchaus ein solcher ökologisch erweiterter Utilitarismus als ‚einzig realistische Konsequenz' vertreten werden. Grundsätzliche Einwände halten jedoch davon ab, die Quintessenz philosophischer Erwägungen am Maßstab politisch–praktischer ‚Relevanz' auszurichten und vom vielversprechenden Seitenblick auf eine stets zeitbedingte ‚Konsensfähigkeit' — die selbst mitunter überraschenden Wandlungen unterliegt — abhängig machen zu wollen. Es wäre daraufhin nicht mehr zu gewährleisten, ob interessenshalber nicht geradewegs die naheliegendsten Schlüsse gezogen würden, mit den zwar konsensfähigeren und beruhigenderen Konsequenzen, aber auch mit den möglicherweise umso verheerenderen Folgen.

Der Ruf nach ökologischer Ethik erging vorschnell, noch ehe entschieden war, ob die ökologischen Probleme moderner Industriegesellschaften nicht gerade als Anzeichen für ein generelles Versagen normativ–praktischer Rahmenbedingungen genommen werden müssen. Eilfertig wurde stattdessen attestiert, herkömmliche Ethiken seien zu erweitern, was aber daraufhin unter den verschiedenen Typen möglicher ‚Erweiterungsethiken', von anthropozentrischen über bio– und pathozentrische bis zu den holistischen Konzepten, entwickelt wurde, erwies sich jedoch stets als nicht hinreichend begründbar. Je umfassender der Anspruch, den Wertbereich einer ökologischen Ethik auszudehnen, umso größer ist die Gefahr, dem naturalistischen Fehlschluß zu erliegen, und schließlich gerät jeder Versuch in ein mittlerweile notorisches Dilemma, entweder das Ansinnen auf universale Geltung aufzugeben oder aber eine Letztbegründung nachzuweisen. So läßt sich nur noch eine umfassende ethische Ratlosigkeit konstatieren, die sich jedem Versuch von Normensetzung erfolgreich widersetzt; jeder weitere Versuch zu ethisieren bestätigt daraufhin letztlich, freiwillig oder unfreiwillig, allenfalls noch die utilitaristische Option, worin Ethik als solche bereits disponibel wird. Zudem verfällt schließlich auch noch ein ökologisch erweiterter Utilitarismus, selbst wenn dieser bereitwillig durchsetzt wurde mit pragmatistisch orientierten Gelegenheits–Normen, je ambitionierter, umso leichter, jenem Komplex von Verdikten nach Maßgabe dessen, was als ‚Praktikabilität' sich längst als ethikfreie Meta–‚Norm' absolut setzte und sich einer kaum noch angefochtenen Anerkennung erfreut. Die argumentative Stärke des Utilitarismus beruht auf seiner Schwäche, dem, was ohnehin geschieht, den Usancen dessen, was sachzwang–zweckmäßig geboten scheint, fast vorbehaltlos sich anzudienen. Ein ökologisch erweiterter Nutzensbegriff erscheint zunächst zwar vielversprechend konsensfähig zu sein, in der Praxis würde damit jedoch lediglich jener Zeitaufschub bewirkt, der es ermöglichte, das Eingeständnis jener Ratlosigkeit, die im ökologischen Desaster letztlich nur eine ihrer Erscheinungsweisen zeitigt, programmatisch zu vertagen.

Die Proposition dieser Ratlosigkeit läßt sich zwar verallgemeinern und ebenso auch allgemein beschreiben, dennoch aber scheint es ausgeschlossen zu sein, dem erst sich formierenden Problembewußtsein unverzüglich die Anerkennung allgemeingültiger Normen abverlangen zu wollen. Vermutlich ist generell eher mit der entgegengesetzten Tendenz zu rechnen: So läßt sich etwa die Produktivität neuethischen Theoriedesigns in ständig variierten Sortimenten, die gezeichnet sind von einer Geschäftigkeit, unter der mitunter allzu unbedacht Gebrauchsethiken konzipiert werden, heute bereits als bitterböse Realsatire auf den kommenden Abschied vom Prinzipiellen deuten. Der mittlerweile grassierende Probabilismus dürfte eigentlich nicht einmal verwundern, bislang wurde noch jede Normativität vom Wissenschaftsprozeß gleichsam überrannt, Begriffe für Anschauungen, die vormals noch Werthaltungen verbrieften, wie etwa derjenige, wonach sich beim Tode Leib und Seele voneinander trennten, fielen schließlich insbesondere einer sich als ‚wertneutral' verstehenden Forschung zum Opfer.[9] Es ist daher eine nur trügerische Hoffnung, auf die Selbstheilungskräfte der Systeme zu vertrauen und nun darauf setzen zu wollen, Subsysteme sollten und könnten ‚Umweltbewußtsein' oder gar ‚Verantwortung' erlangen. Systeme sind institutionalisierte Verfahrensweisen, sie verfügen nicht über Bewußtsein qua ‚Selbstreferenz', auch nicht über Selbstbewußtsein als Vermögen die Rahmenbedingungen ihrer Funktionen qua ‚Autopoiesis', durch Steuerung von Steuerungsprinzipien, durch Wiedereinführung emittierter Wirkungen, vornehmen zu können. Der Hypertrophierung des Nutzensbegriffs im erweiterten Utilitarismus korrespondiert im System–Pragmatismus die monochrome Universalisierung von Funktionalität. Im Vorangegangenen haben wir am Beispiel des Ornithologenstreites gezeigt, daß es sich beim Nutzens–Begriff um eine Leerformel handelt, ebenso, wie bei der Bestimmung dessen, was nach dem Modell von Forrester und Meadows unter ‚Lebensqualität' verstanden, ausgedeutet und quantifiziert werden sollte. Die Ökonomisierung standardisierter Momente, die zuvor der Lebenswelt entlehnt wurden — und schließlich stand am Beginn der Theorietradition des Utilitarismus einmal nicht nur das Prinzip von Nutzensmaximierung, sondern dasjenige der ‚Vermehrung' von Glück — kommt einer gesellschaftlichen Tendenz entgegen, die in der Theorie von Niklas Luhmann nicht nur ihre Beschreibung, sondern auch Bestätigung und Fürsprache findet. Einer Metatheorie des Nutzensprinzips korrespondiert sein Projekt einer Rationalisierung der Rationalität, so sollen unter dem Eindruck des reflexiven Arguments die Nutzungsverhältnisse schlechterdings rational und die orientierenden Werte als Rahmenbedingungen wiederum schlechterdings nützlich werden. Wie bereits

[9] Siehe hierzu: Sebastian Schellong: Künstliche Beatmung. A.a.O.

ausgeführt, hat der Systempragmatismus nach dem ihm eigenen Verständnis von Rationalität die Neutralisierung von Werten zur Voraussetzung, an deren Stelle treten dann Funktions-Zwecke, die alle ausgerichtet sind am sogen. Bestandsproblem als Prinzip systemischer ‚Selbsterhaltung'. Für diesen Verzicht auf Wertpräferenzen wurde von der Theorie der Systeme für deren Praxis die Fähigkeit und das Vermögen funktionaler Äquivalenz versprochen. Das Gegenteil aber ist letztlich der Fall: Die systemische Rationalität sucht und findet alternativlos immer nur sich selbst. Es kann also nicht einmal vom Pragmatismus ‚Wertfreiheit' und schon gar nicht ‚Wertneutralität' erwartet werden — ein Befund, auf den wir noch zurückkommen werden.
Die theoretischen Probleme mit der verwirrenden Vielfalt möglicher Umwelt- oder Verantwortungs-Ethiken erweisen sich für die Praxis in Einzelfällen dagegen mitunter dennoch als vorteilhaft. So wäre die Frage nach der Leidensfähigkeit von Tieren als Grundsatz einer pathozentrischen Ethik, würden die Erkenntnisse und Methoden von Tierpsychologie und Verhaltensbiologie konkrete Anwendung finden, praktisch ein durchaus lösbares Problem. Währenddessen arbeitet der im Vorausgegangenen erwähnte Landschaftsplaner praktisch-ethisch unter einer anderen Voraussetzung, mithilfe einer Als-Ob-Fiktion sucht er seine Orientierung am hypothetischen Subjekt jener Landschaft, an die jeweils Forderungen ‚herangetragen' werden, die es abzuwägen gilt, wobei, nach eigenem Bekunden, Landschaftsplanung ‚die Seite der Natur' zu vertreten habe. — Anhand dieser Beispiele dürfte einsichtig werden, daß spezifische Professionen in der Tat über spezifische ethische Optionen verfügen könnten, die mitunter speziell auf die jeweilige Praxis zugeschnitten sein müßten. So wäre es im Gegenteil eher überraschend, etwa in der angewandten Geologie einerseits und der Intensivmedizin andererseits, gemeinsame, vergleichbare oder auch nur ähnliche Zielkonflikte zu entdecken; letztlich ist jedoch die ethische Ratlosigkeit in allen Disziplinen dennoch dieselbe, wobei wiederum die Bereitschaft zum interdisziplinären Diskurs selbst innerhalb einzelner Disziplinen unterschiedlich ausgeprägt ist. — So soll also, wie die Forschungsprojekte selbst, auch die Forschungsverantwortung dem Einzelnen überantwortet werden?
Die Conditio sine qua non der geforderten Verantwortungsethik ist nicht, sie wird erst, ihr Ursprung aber ist das einzelne Subjekt, denn wie im Vorangegangenen ersichtlich wurde, sind, ausgelöst durch die ökologische Wende, allgemeine Phänomene eines endogenen Normenwandels zu verzeichnen, ökologische Ethik ist daher stets zunächst Individualethik. So könnte sich der mitunter nur noch zynisch kommentierte Spruch Hölderlins, wo Gefahr ist, wächst das Rettende auch, doch noch als letztes Hoffnungsprinzip erweisen, wenn der ‚ausgeschlossene Dritte', im Innern als Subjekt und im Äußeren als Umweltwirkung doch noch wieder in die Systeme zurückkehrte. Das ökologische Bewußtsein als zunehmend kritischer werdender Hinblick auf die Folgen des Szientismus ist allerdings der einzig mögliche und der letztmögliche Ansatz einer Ethik für die technologische Zivilisation. Systemische Irritationen sind

gleichwohl in jedem Falle zu erwarten, denn dieses Bewußtsein sucht seine Orientierungsdefizite zu kompensieren durch eine latent–mystische Grundstimmung, was weniger innerhalb der Wissenschaften der Fall sein dürfte, dafür aber umso mehr in der Öffentlichkeit. So gefährdet die ökologische Frage, oder allgemein das Problem von Verantwortbarkeit, letztlich tendenziell die Wissenschaften als solche, und diese müssen daher der immer nachdrücklicher geforderten Verantwortlichkeit nachkommen, wollen sie — um ihrer selbst willen — einer offenen Wissenschaftsfeindschaft zuvorkommen. Es dürfte zu spät sein, wenn in den Medien konstatiert würde, die Voraussetzung aller Wissenschaft sei Verantwortungslosigkeit. — In vielerlei Hinsicht kommt den Wissenschaften eine wesentliche Schlüsselrolle zu, denn sie erneuern nicht nur das Versprechen gesamtgesellschaftlicher Integration, sondern sie sind auch (noch) in der außerordentlichen Lage, sich selbst zu legitimieren.
Aus diesen Gründen hatten wir das Projekt ‚Wissenschaftsrecht' gefordert, denn es kann nicht genügen, lediglich an das allzu oft beschworene Verantwortungsbewußtsein des Forschers zu appellieren und die Forschungspolitik im Vorfeld der eigentlichen Forschung den lobbyistischen Interventionen der Geheim–, Industrie– und Militärforschung zu überlassen. Daher haben wir die Rückführung sämtlicher Forschungsprojekte an die Universitäten gefordert, denn nur dort wäre es möglich, Studiengänge und Forschungsprozesse so einzurichten, daß es möglich wäre, eine vielfach bereits empfundene Verantwortlichkeit tatsächlich auch wahrnehmen zu können. Es gilt, das Augenmerk wieder auf die Systemzwecke zu richten, denn Systeme operieren in der Tat weder moral– noch wertfrei, sie verfügen nicht über das versprochene Vermögen funktionaler Äquivalenz, daher legitimieren sie sich auch nicht überwiegend durch Funktionserweise, sondern vor allem durch einen Glauben in ihre Funktionalität, der noch der Aufklärung dringend bedarf. Die für technologische Zwecksetzungen verantwortlichen Instanzen liegen außerhalb ihrer Objektbereiche, und die Kriterien für die Grenzen des Zuträglichen liegen außerhalb ihrer Phänomenbereiche, Innovationsprozesse sind stets heterogen motiviert und ergeben sich nicht ‚von sich aus'; über Präferenzentscheidungen sind an entscheidender Stelle in den Mikrostrukturen einer jeden Induktion Werturteile maßgeblich, die kontingent sind. Es ist daher eines der entscheidenden Probleme, im Horizont eines zukünftigen Experten, einer zukünftigen Expertin, wieder dem fachübergreifenden Blick im interdisziplinären Diskurs zu seinem mittlerweile lebensnotwendigen Recht zu verhelfen.
Die eingehendere Konzeption einer derartigen ‚Ethik der Wissenschaften' wird allerdings kaum von neuen Konstruktionen ethischer Theorien zu erwarten sein, denn offenbar führen die Fragen der Ethik stets von ihr fort, auch die Suche nach den möglichen Kriterien einer ökologisch motivierten Verantwortung der Wissenschaften verweist in andere Themenbereiche; hier wären konkret die Probleme und Möglichkeiten einer kritischen Wissenschaftstheorie angesprochen. Nachdem nun allenthalben die Empirie über die begrenzte Funktionalität bisheriger Technik–Wissenschaften ebenso, wie über die eher

vermeintliche, noch bis vor kurzem ungebrochen als universalisierbar gefeierte Idealität naturwissenschaftlicher Methodologie gleichsam selbst aufklärte, kann demzufolge nun auch der bislang eher neidvolle Hinblick auf die ‚Erfolge der Naturwissenschaften' in einer kritischen Wissenschaftstheorie endlich wieder vom eigenständigen Blick der Kulturwissenschaften abgelöst werden. — Vor diesem Hintergrund wäre die gesuchte Handlungspraxis qualitativ voraussetzungsreicher als lediglich eine solche von Hyperrationalität durch Instrumentalisierung der instrumentellen Vernunft, es ist eine neue Qualität praktischer Vernunft erforderlich — das ‚Mindeste', das am Schluß dieser Studien gefordert werden muß —, die im Namen der intendierten Verantwortlichkeit allerdings dem Einzelnen aufgebürdet würde. Zur formalen Bestimmung der Bedingungen für die Möglichkeit der für eine solche Praxis erforderlichen, zusätzlichen Kompetenz, muß im Weiteren die inhaltliche Bestimmung dessen hinzutreten, was im Falle einer solchen Praxis konkret gefordert wäre. Wofür, wovor und wie soll sich also eine säkular gewordene Verantwortlichkeit noch verantworten müssen?

Es stellt sich unversehens, das sei als erstes festgehalten, die geforderte Praxis als Utopie heraus. Für uns kommt dieser Befund nicht mehr überraschend, denn allein der Wille zu ökologischer Verantwortung verfügt seinerseits bereits die Geltung einer Utopie, derjenigen einer umfassenden Heuristik, speziell für technogen–anthropogene Folgenabschätzung. Die von Hans Jonas behauptete Antinomie von Utopie und Verantwortung war nicht nur der Sache nach undifferenziert, denn die Verhältnisse dieser Aporie sind komplizierter, sondern zudem auch wenig hilfreich. Die Bedingung für Verantwortbarkeit obliegt einer Umsicht, die über eine Heuristik des Vorhersehen–Könnens verfügen muß; damit aber entspricht sie genau einem wesentlichen Charakteristikum des Utopischen: Intendiert wäre idealiter — wodurch sich Utopie doch von Prophetie noch unterschied — ideale Antizipation. Mittlerweile stehen Utopie und Verantwortung im Verhältnis wechselseitiger Substitution, der Schwerpunkt liegt dabei allerdings nun auf der Seite der Verantwortung, die dem Utopischen zu Recht nachhaltige Skepsis entgegensetzt; im Hinblick auf die von ihr anvisierte ideale Praxis kann sie nicht in reiner Negativität verhaftet bleiben, und so muß sie sich, wenn auch in kritischer Hinsicht, erneut der Seite des Utopischen zuwenden.

Zunächst geriet nach der ökologischen Wende von 1972 jeglicher utopischer Impetus in ironischen, mitunter auch in zynischen Verruf, zuvor war im dürftigen Genre selbsternannter Zukunftsforscher das Utopische allerdings bereits weitgehend reduziert worden, auf die Verheißungen technischer Machbarkeit für zu erwartende künstliche Paradiese im Stile des ‚Ihr werdet es erleben'; der weitaus umfassendere Fundus utopischer Ideale, wie etwa Ernst Bloch ihn beschrieben hat, sollte nur noch als technisches Problem gelten. Insbesondere die sozialen Probleme sollten sich, wie versprochen, ein für alle Male und dazu wie von selbst erledigen; der noch ausstehende Überfluß war zuvor nur noch dem Reichtum der Natur abzupressen mit der richtigen Technik, durch die auch jegliche Arbeit zur Muße hatte werden sollen. Mit allzu naiver, prometheischer Vermessenheit wurde die Technik in ihrer Ästhetisierung zum Sinnbild für die Größe des Menschen, und die hegelsche List war der Inbegriff für seine ‚erhabenste' Aufgabe, dem ‚Kampf gegen die Naturgewalten'; doch dann erfolgte, unter dem Eindruck der ‚Grenzen des Wachstums', ein sehr plötzlicher Abschied von dieser Idee globaler und totaler Naturbeherrschung, und unter vormaligen Utopisten grassiert seither der Katzenjammer. Der Utopismus hat dennoch damit dem Utopischen unfreiwillig einen wesentlichen Dienst erwiesen, zwar war zuvor jeglicher Utopie der Geist ausgetrieben worden, ebenso wie auf eklatanteste Weise das für Utopien verbindliche Bilderverbot verletzt wurde, und doch war für die darauf folgende Erkenntis der Unmöglichkeit globaler Bemächtigung offenbar gerade eine zuvor darauf zielende Intention als Voraussetzung notwendig gewesen, so daß es dann aus der Perspektive ökologisch motivierter Verantwortung möglich wurde, die durch solches Ansinnen herausgeforderte, totale Überforderung der menschlichen Verantwortungsfähigkeit schließlich überhaupt erst ermessen zu können.

Die Utopie der Verantwortung liegt im Prinzip ihrer Heuristik, die möglichst umfassend sein soll; im Postulat der Verantwortlichkeit jeglicher Utopie erhält das Verbot, ein genaues Bildnis idealer Verhältnisse zu verfertigen, seine bislang umfangreichste Auslegung, wenn bereits die Formulierung von Idealen ausschließlich den Diskursen einer idealen Kommunikationsgemeinschaft vorbehalten bleiben soll. Die Einführung dieser Kondition soll jene bislang nie ganz ausschließbare, oftmals aber auch bewußt mit inbegriffene ultima ‚ratio' einschränken, die oft genug der strategischen Praxis, vollendete Tatsachen zu schaffen, ihrerseits mit einer Strategie vollendeter Taten hatte begegnen wollen. Daher nennt Jürgen Habermas auch nur diejenigen Interaktionen ‚kommunikativ',

> „... in denen die Beteiligten ihre Handlungspläne einvernehmlich koordinieren; dabei bemißt sich das jeweils erzielte Einverständnis an der intersubjektiven Anerkennung von Geltungsansprüchen. (...) Während im strategischen Handeln einer auf den anderen empirisch, mit der Androhung von Sanktionen oder der Aussicht auf Gratifikationen einwirkt, um die erwünschte Fortsetzung einer Interaktion zu veranlassen, wird im kommunikativen Handeln einer vom anderen zu einer Anschlußhandlung rational motiviert, und dies kraft des illokutionären Bindungseffekts eines Sprechaktangebots."[10].

Häufig wird dieser Konzeption entgegengehalten, kommunikatives Handeln als diskursive Interaktion über folgenrelevante Geltungsansprüche für Werte

[10] Jürgen Habermas: Diskursethik — Notizen zu einem Begründungsprogramm. In: Moralbewußtsein und kommunikatives Handeln; Frankfurt 1983. S. 68.

und Normen, setze immer schon genau diejenige ideale gesellschaftliche Formation voraus, die ihrerseits doch erst aus den Ergebnissen herrschaftsfreier Intersubjektivität hervorgehen könne. Der zugrunde liegende Zirkel dieser Selbst–Voraussetzung ist dennoch nicht vitiös, sondern zunächst einfach exklusivisch mit einem entscheidenden Argument, auf das wir mittlerweile rekurrieren können, so daß die Begründungsfrage für eine Diskursethik endlich nicht mehr als Glaubensproblem verhandelt werden muß. — Es handelt sich zwar auch hier wieder um ein unvermeidliches Utopicum und doch befinden sich die Bedingungen dieser Möglichkeit bereits in der Phase ihrer Latenz; allzu unbedacht wird dagegen nach wie vor mit vermeintlichem Realismus und beiläufigen Hinweisen auf nicht gegebene ‚Verhältnisse' beanstandet, was, bislang kaum bemerkt, gerade durch den Diskurs zwischen ökologischem Bewußtsein und dem Geist der instrumentellen Vernunft mit der dort gestellten Vertrauensfrage längst schon gegeben ist. Im aufkommenden Spannungsverhältnis zwischen Wissenschaftsloyalität und Legitimität von Wissenschaft ist währenddessen die vorauszusetzende Bedingung über ideale Diskursivität bereits in das Stadium ihrer Notwendigkeit eingetreten. Die im strategischen Diskurs fehlende Vernunft wird zum despektierlichen Kennzeichen, wenn weiterhin in beiderseitigem Selbstgenügen an der jeweiligen Richtigkeit der jeweils eigenen Überzeugung, vollendete Tatsachen einerseits und vollendete Taten andererseits sich wechselseitig eskalieren; dagegen avanciert diese fehlende Vernunft allmählich zur unverzichtbaren Voraussetzung, die zunehmend instabile Reputation von Wissenschaft und das in sie gesetzte Vertrauen schließlich doch noch legitimieren zu können. Die Utopie der ökologisch motivierten Verantwortung erfordert eine erweiterte Heuristik, bei dieser aber kann es sich letztlich um nichts anderes handeln, als um die neue Gestalt einer selbstkritischen Vernunft, deren Selbstaufklärung somit in das Stadium der Bedingung ihrer Notwendigkeit eingetreten ist.
Als solche wird die fehlende ökologisch–praktische Vernunft allenthalben als unumstrittenes Erfordernis durchaus anerkannt, doch dem angepriesenen Gebrauch von als ‚umweltfreundlich' nahegelegten Produkten liegt charakteristischerweise nach wie vor noch das ursächliche Bekenntnis zugrunde, die verlorene Souveränität über ‚die' Natur sei auf diese Weise wiederzugewinnen, als habe sie jemals dieserart zur Verfügung gestanden; das verständliche Beruhigungsbedürfnis rechnet darauf, und ihm wird im Marketing dann auch Rechnung getragen, es geschieht etwas. Allein der Versuch, die offenbar fehlende Vernunft hinreichend zu deuten, etwa als Gestalt einer unbefriedigten Aufklärung, die im Umweltproblem nur eine spezifische Erscheinungsweise ihrer Defizienz zum Ausdruck bringt, führt dagegen zwangsläufig zu fundamentaleren Fragestellungen. Vor dem Hintergrund der immer noch unzureichenden Debatten über Anthropologie, Ethnologie und Kulturanthropologie und den daraus resultierenden Schwierigkeiten mit der Geschichtsphilosophie erscheint jedweder Anspruch auf Universalisierbarkeit als schlechterdings nicht mehr begründbar. Es wäre zu entscheiden, ob es der Philosophie zu-

stehe, Aufklärung im weitestgefaßten Sinne, nunmehr als dreifache –, zu einer Permanenz–Epoche zu erklären. Selbst die Kritik der Aufklärung, solange sie skeptisch, aber nicht defätistisch vorgenommen würde, sei, so Jürgen Habermas, nichts anderes als diese selbst.

> „Als unvernünftig galt immer schon, wer die Grenzen des Verstandes nicht kennt. Wenn sich der Verstand zur Totalität aufspreizt und den Platz der Vernunft usurpiert, verliert der Geist das Vermögen der Reflexion auf die Grenzen der Verstandestätigkeit. Daß die Aufklärung sich über sich selbst, auch über das von ihr angerichtete Unheil aufklärt, gehört also zu ihrer eigenen Natur."[11]

Betrachten wir zunächst nur jene zwei Parteien im Universalismus–Streit, die beide denselben Anspruch für sich reklamieren, Aufklärungs–Kritik und skeptische Aufklärung: „Aufklärungs–Kritik: Es muß doch möglich sein, über die Geschichtlichkeit der Aufklärung zu reden, ohne als Anti–Aufklärer denunziert zu werden."[12]. Kritik ist demnach für beide Seiten das entscheidende Motiv und dementsprechend wären anderweitige und möglicherweise konkurrierende Prinzipien, wenn sie einem selbstkritischen, selbstreflektierten Denken entgegenstehen, entweder zurückzuweisen oder im Stellenwert ihrer Inanspruchnahme zumindest unterzuordnen; dazu gehören insbesondere solche Positionen, wie neue Gnosis, neue Mythen, New Age, etc., also diejenigen einer fieberhaft gesuchten ‚neuen Unmittelbarkeit' ebenso, wie auf eigene aber durchaus vergleichbare Weise jener bequeme Glaube unter Pragmatisten, wonach die letzte Verantwortung einem zuguter Letzt zu erwartenden, poststabilisierenden Eingriff der invisible hand zur eigenen Entlastung tunlichst überlassen werden könne. Jürgen Habermas diagnostiziert ebenfalls eine Unzulänglichkeit der herrschenden praktischen Vernunft, allerdings als aufzuklärendes Aufspreizen eines endlichen, bedingten und partikularen Verstandes, der unzulässigerweise den Platz einer unendlichen, unbedingten und absoluten Vernunft usurpiert habe; der Fluchtpunkt seiner Darstellung erinnert anspielungsreich an den hegelschen absoluten Geist, an die kantische und von Hegel radikalisierte Distinktion von Verstand und Vernunft ebenso, wie an die Beziehung zwischen Endlichkeit und Unendlichkeit in der hegelschen Logik und das Verfahren der bestimmten Negation. Dem advocatus dei steht bei diesem Versuch, einer Dekonstruktion des Begriffs von Aufklärung mit der gesamten Macht seiner Geschichte zuvorzukommen — obwohl tatsächlich in ihrem Namen genau jener Szientismus in Szene gesetzt wurde, dessen

---

[11] Jürgen Habermas: Die neue Intimität zwischen Politik und Kultur. In: Jörn Rüsen, Eberhard Lämmert u. Peter Glotz (Hrsg.): Die Zukunft der Aufklärung; Frankfurt 1988. S. 63f.

[12] Friederike Hassauer, Peter Roos: Aufklärung: Futurologie oder Konkurs. Acht Behauptungen: In: Jörn Rüsen u.a. (Hrsg.): Die Zukunft der Aufklärung. A.a.O. S. 41.

Folgen wir nunmehr zu gewärtigen haben — allerdings die durchaus nicht kleinmütige Seite des advocatus diaboli entgegen:

> „Aufklärung ist ein Epochen–Begriff, der seinen Kredit verspielt hat, ein Epochen–Begriff für vergangene Zukunft. Aufklärung ist kein Orientierungs–Begriff. Aufklärung ist eine Begriffs–Antiquität. Der blinde Fleck der Aufklärung sind die Grenzen ihrer Vernunft, deren sie sich nicht bewußt ist. Aufklärung: das ist aggressiver Euro–Zentrismus und Logo–Zentrismus. Dieser Art von Vernunft der Machbarkeit hat abgewirtschaftet."[13].

Aus dieser Konfrontation geht schließlich keine der beiden Seiten unbeschadet hervor, die Antinomie zwischen einem begründbaren Anspruch auf Universalismus und einem ebenso begründeten Anspruch auf Vermeidung von Euro–Zentrismus scheint sich jedem Vermittlungsversuch zu entziehen. Ebensowenig, wie es Habermas bislang gelungen ist, dem eigenen Anspruch zufolge, den ‚ethnozentrischen Fehlschluß' zu vermeiden,[14] ebenso dürftig sind andererseits bislang die Alternativen im Anschluß an jene radikale Kritik, denn was etwa ist ‚weibliche Wissenschaft' anderes, als eine gutgemeinte Metapher? Die Parteilichkeit einer dementsprechenden Wissenschaft wäre schließlich ebenfalls nur ein spezifischer Verstand, der sich nun seinerseits zur Vernunft aufspreizte, aber nach einem magnetisierten Kompaß, so Hartmut von Hentig, sei kein Schiff zu steuern.[15]

Die Selbstverständlichkeit dieser Metaphorik von Schiff, Kurs und Kompaß ist allerdings auch nur vordergründig, der vorausgesetzte archimedische Punkt ist nicht gegeben; nicht einmal die magnetischen Pole stehen in der Erdgeschichte ein für alle Male fest, sie wandern ebenso, wie die ‚Fix'sterne und was die Navigation betrifft, so läßt sich anmerken, daß während der ‚Fahrt' bislang stets auch die Ziele verändert wurden. Die vom Relativismus ausgehenden Irritationen sind fundamental und trotz des bereits betriebenen immensen Aufwandes kann dennoch der von Habermas beanspruchte Universalismus nach wie vor nicht als hinreichend begründet anerkannt werden.[16] Nicht nur gelegentlich, wenn er auf seine Theorie kultureller Evolution zu sprechen kommt, findet sich zwar das Eingeständnis, es sei zudem notwendig, auch jene Verluste in Erinnerung zu rufen, die der Weg in die Moderne forderte, aber unter dem Verdikt des Romantisierungsverbotes hat er es bisher unterlas-

[13] Ebd. S. 41.

[14] Vgl.: Jürgen Habermas: Diskursethik — Notizen zu einem Begründungsprogramm. A.a.O. S. 89.

[15] Vgl.: Hartmut von Hentig: Gegen die Gleichheit der Menschen, für die Gleichheit der Bürger. Die Aufklärung und das Geschlechterverhältnis. In: Jörn Rüsen u.a. (Hrsg.): Die Zukunft der Aufklärung. A.a.O. S. 155.

[16] „Wissenschaftliche Rationalität gehört zu einem Komplex kognitiv–instrumenteller Rationalität, der gewiß über den Kontext einzelner Kulturen hinaus Gültigkeit beanspruchen kann." (Jürgen Habermas: Theorie des kommunikativen Handelns. Bd. 1. A.a.O. S. 101.)

sen, Gewinn und Verlust gegeneinander aufzurechnen.[17] Die zur Rechtfertigung der universalistischen Position geltend gemachte ,evolutionstheoretische Annahme', daß sich die Rationalisierung von Weltbildern über zunehmende Lernprozesse vollziehe, präjudiziert kulturanthropologisch, gegen seine Versicherung, in Fragen der Entwicklungsdynamik doch.[18] Habermas beschreibt die ,soziale Evolution' allzu konsequent aus der Perspektive der Systemtheorie als Steigerung von Systemkomplexität und Systemdifferenzierung; gemeint ist jedoch das Rollendifferenzierungsvermögen, worüber ein Individuum in einer modernen Gesellschaft — letztlich aber nur in dieser — verfügen muß, um sich zurechtzufinden.[19] Klaus Eder konstatierte daher eine ,eigentümliche Komplementarität in der Theoriebildung' von Habermas und Luhmann jenseits ihrer Kontroverse, die aber nicht nur in Fragen ,sozialer Evolution', sondern auch im beiderseits anerkannten Dualismus von System- und Lebenswelt, offenbar nach dem Grundsatz divide et impera entschieden wurde.[20] Aber auch ,Systeme' werden aus Individualsicht lebensweltlich erfahren und jede Systemdifferenzierung muß daher nicht nur in der Lebenswelt verankert sein, sondern im Bewußtsein derer, die sich in den eigenstrukturierten Sinnwelten zweiter Natur orientieren können und orientieren müssen, auch wenn dabei das jeweils zugrunde liegende Gefüge der Ordnungen von Sinn als kontingent erfahren wird. — Daraufhin wäre der neuerliche Versuch einer dementsprechenden Bewußtseinsphilosophie vielversprechend, um zu erwägen, ob Zivilisationsprozesse — im Unterschied zur Institutionentheorie Arnold Gehlens ebenso wie zu der daran anschließenden Theorie Luhmanns — nicht eher von zunehmenden Orientierungsleistungen abhängig werden, die, in Kompetenzfragen und Entscheidungskompetenzen, allenthalben nur noch autonom verantwortlichen Subjekten anheimgestellt werden können. Das Konzept von Entlastung wäre daraufhin umzukehren, anzunehmen wäre stattdessen, daß

[17] Vgl. ebd. S. 101. — „Furchtbares hat die Menschheit sich antun müssen, bis das Selbst, der identische, zweckgerichtete, männliche Charakter des Menschen geschaffen war, und etwas davon wird noch in jeder Kindheit wiederholt. Die Anstrengung, das Ich zusammenzuhalten, haftet dem Ich auf allen Stufen an, und stets war die Lockung, es zu verlieren, mit der blinden Entschlossenheit zu seiner Erhaltung gepaart." (Max Horkheimer, Theodor W. Adorno: Dialektik der Aufklärung. A.a.O. S. 33.)

[18] Vgl. Jürgen Habermas: Theorie des kommunikativen Handelns. Bd. 1. A.a.O. S. 103.

[19] „Ich habe die soziale Evolution bisher unter dem Gesichtspunkt der Steigerung von Systemkomplexität behandelt; die Institutionalisierung neuer Ebenen der Systemdifferenzierung wird aber auch aus der Innenperspektive der betroffenen Lebenswelten wahrgenommen." (Jürgen Habermas: Theorie des kommunikativen Handelns. Bd. 2: Zur Kritik der funktionalistischen Vernunft; 4. durchges. Aufl., Frankfurt 1987. S. 257, siehe 257ff.).

[20] Vgl.: Klaus Eder: Die Vergesellschaftung der Natur. Studien zur sozialen Evolution der praktischen Vernunft; Frankfurt 1988. S. 288ff.
— Neuerdings geht Habermas allerdings daran, die gegebene Anerkennung der Systemwelten wieder zurückzuziehen: „Die Lebenswelt bildet keine Umwelt, gegen deren kontingente Einwirkungen sich das Individuum behaupten müßte. Individuum und Gesellschaft bilden keine Systeme, die sich in ihrer Umwelt vorfinden und als Beobachter extern aufeinanderbeziehen würden." (Jürgen Habermas: Handlungen, Sprechakte, sprachlich vermittelte Interaktionen und Lebenswelt. In: Nachmetaphysisches Denken. Philosophische Aufsätze; 2. Aufl., Frankfurt 1988. S. 100.).

Ordnungsstrukturen sozialhistorisch von einem bestimmten Zeitpunkt ab an und unter genauer zu bestimmenden Umständen emergent werden, wenn die Erfahrung ihrer Kontingenz mehr und mehr zur Belastung autonomisierter Subjekte wird. Eine Bemerkung von Habermas geht in diese Richtung, im Vergleich der Konzepte von Luhmann und Parsons gesteht er letzterem zu, dieser könne die wachsende Systemautonomie mit fortschreitender Autonomie im moralisch-praktischen Verstande zusammenbringen.[21] Systemautonomie ist, wie wir bereits dargelegt haben, abhängig vom Vertrauen in ihre Funktionalität; spätestens im Desaster und frühestens bereits bei einsetzendem Mißtrauen steht ihre Autonomie regelmäßig zur Disposition und damit auch die zuvor noch anhand von ‚wertneutraler' Zwecksetzung und Mittelwahl entschiedenen Steuerungsfragen; der ‚moralisch-praktische Verstand' kann nur im Einzelnen zur Vernunft kommen und hierin sehen wir die einzige aber auch letzte Möglichkeit einer ökologischen Ethik.

Eine Theorie sozialer Evolution hält auch Klaus Eder für unverzichtbar, bemerkenswert an seiner Studie ist jedoch, daß ihm die Verteidigung zur Anklage gerät.[22] Nach der Lektüre bleibt dem Rezipienten letztlich nur noch die Möglichkeit, auf einem Vergleich zu insistieren. Sein Versuch, die ‚natürliche Evolution der Gesellschaft an eine Menschengeschichte der Natur zurückzubinden' ist in dieser Theorietradition ebenso aussichtslos, wie jener von Serge Moscovici und solchen ‚Evolutionärer Erkenntnistheorie', mit denen wir uns bereits auseinandergesetzt haben.[23] Allenfalls wäre eine Kultur- und Sozialgeschichte von Naturbildern zu erreichen, aber kein historischer Universalismus mit der Grundsatz-Annahme, ‚die', d.h. unsere ‚soziale Evolution', wäre die Fortsetzung der ‚natürlichen Evolution' mit anderen Mitteln; Eder hat jedoch nicht nur diesen Anspruch bereits aufgegeben: „Diese Soziologisierung macht das moderne Naturverhältnis nicht mehr zum Maßstab anderer kultureller Formen eines Naturverhältnisses, sondern zu einer spezifischen Evolution, die auch anders möglich ist."[24]. Sein Versuch ist ökologisch motiviert, der Rückschluß von Rekonstruktionen normativer Vergesellschaftung von ‚Natur' auf die Bedingungen für die Möglichkeit einer ökologischen Gesellschaftskritik gelingt ihm auf diese Weise nicht. Es wäre angeraten gewesen, auf die Evolutionsmetaphorik gänzlich zu verzichten, seine Spekulationen auf eine ‚soziologische Theorie der Natur' richten sich stattdessen auf ‚notwendige Evolutionsschritte'.[25] Es gelte, „... die objektiven Voraussetzungen einer gesellschaftlichen Praxis zu lokalisieren, die den spezifischen Pfad der sozialen Evolution der praktischen Vernunft festlegt."[26]. Es stellt sich die Frage nach dem extrakulturalen Standort für

---

[21] Vgl.: Jürgen Habermas: Theorie des kommunikativen Handelns. Bd. 2. A.a.O. S. 421.
[22] Klaus Eder: Die Vergesellschaftung der Natur. A.a.O.
[23] Vgl. ebd. S. 49.
[24] Ebd. S. 51.
[25] Vgl. ebd. S. 62 u. S. 82, Anm. 22.
[26] Ebd. S. 322.

derartige Ratschlüsse, selbst wenn letztlich aber auch wiederum gerade weil er seinen Evolutionsbegriff nicht mehr universalgeschichtlich setzt.[27] Nachdem dann am Ende seiner Studien die Evolutionsbegrifflichkeit jegliche Substanz verloren hat und nur noch als regulative Idee fungiert, zeigt sich — worauf nun einzugehen sein wird — in der Kritik der ökologischen Vernunft die andere Seite der ökologischen Moral: „Die Naturfrage ist dazu prädestiniert, eine erneute Ideologisierung der modernen praktischen Vernunft in Gang zu setzen."[28].

5.2 Philosophie im Spannungsfeld zwischen orientierungsbedürftiger Alltagspraxis und Expertenwissen

Begriffe, ebenso wie die Texte in denen diese ausformuliert, umgedeutet oder verworfen werden, unterliegen stetigen Neuinterpretationen; noch jede Gegenwart suchte durch je eigene Arbeit an Begriffen sich neuer Orientierungen zu versichern, die doch mit der neolithischen Revolution, wie wir anhand unserer Studien zur historischen Anthropologie gezeigt haben, im Grunde fragwürdig wurden. Philosophien sind seit der selbst bereits häretischen Frage Hesiods, was denn — vor — den Göttern war, kulturspezifische ‚Therapieversuche' für Sinndefizite, die sich oftmals dabei gerade wiederum ihren Interventionen selbst verdanken. Sind Mythen einmal zerbrochen, so ist die zuvor fraglose Einheit von Himmel und Erde, von Göttern und Ahnen einerseits, Mensch- und Naturwelt andererseits auseinandergetreten; mit den ersten Kontingenzerfahrungen, wenn in den Lebenswelten Irritationen spürbar werden, entstehen, wo der Sinn nicht mehr vom Unbedingten getragen wird, die Impulse philosophischen Fragens, — daraufhin löst sich das Eingebundensein individueller Erfahrung von der vormaligen universellen Fraglosigkeit. In der Geschichte der Philosophie wird seither stets die Erinnerung ihrer eigenen Anfangsgründe aufrechterhalten in den Fragen nach der Möglichkeit von Metaphysik und Ontologie, deren Beantwortung — nicht nur in der Theorie, sondern auch für eine erfahrbare Praxis — wäre nichts geringeres als die Selbstaufhebung der Philosophie durch Philosophie. Keinesfalls kann jedoch davon ausgegangen werden — auch nicht im Bemühen um eine ökologische Ethik —, es stünde der Philosophie zu Gebote, die Prinzipien einer heiligen Ordnung zu reformulieren und glaubhaft machen zu können, was als ‚schlechte Metaphysik' doch der Konfrontation mit den einmal gegebenen Möglichkeiten der Nachfrage schließlich nicht würde entgehen können. Eine letzte Möglichkeit zur

[27] Vgl. ebd. S. 192, Anm. 21.
[28] Ebd. S. 378.

Remythisierung einer säkularisierten Lebenswelt und zur Reanimation der Natur könnte u.U. auch vorsehen, nun die Empfindung von Fragwürdigkeiten selbst zu anästhesieren, etwa durch einen neuen religiösen Fundamentalismus mit drastischen und keinesfalls nur für Philosophen und ‚Intellektuelle' bedrohlichen Denkverboten einer gemeinen Despotie. — Aufklärung ist dagegen mehr als lediglich die Bezeichnung einer bestimmten Epoche, sondern eine funktionale Antwort auf die Frage, was — im Abendland bei allen Schulen, Zeiten und noch in jedem Dissenz — Philosophie sei.

Es gebe nicht ‚die' Philosophie, sondern allenfalls Philosophien, so Willi Oelmüller, die aus jeweils begrenzt verallgemeinerungsfähiger Perspektive mehr oder weniger voraussetzungsreiche Versuche unternehmen, philosophisches Orientierungswissen für Erkennen, Handeln und Leiden zu entwickeln, für Kritik ebenso wie für Zustimmung gilt dabei in jedem Fall, daß zu begründen ist.[29]

> „Die europäische Philosophie entwickelte sich im Unterschied zu außereuropäischen Weisheitstraditionen von Anfang an, ... in Distanz zu vor- und außerphilosophischen Weisheitsvorstellungen und in den Spannungen von Weisheit und Wissenschaft, von Religion und Philosophie. Philosophie, das ist seitdem der Versuch von Menschen, dann, wenn überlieferte alltägliche, religiöse, wissenschaftliche Orientierungen an Glaubwürdigkeit verlieren, neues philosophisches Orientierungswissen für das Denken, Handeln und Leiden zu entwickeln und zu diskutieren."[30]

Oelmüller warnt dagegen vor den Gefahren ‚ungezügelter Spekulationen' auf einen heiligen, neugnostizistischen und neu dämonisierten Kosmos, vor einer ontologisch bzw. metaphysisch gedachten Natur an sich oder den im New Age gesuchten Erfahrungen neuer Unmittelbarkeit.[31] — Woran aber ließe sich dagegen eine Philosophie ihrerseits orientieren, die es sich zur Aufgabe macht, ein solches philosophisches Orientierungswissen gerade im Hinblick auf eine ökologisch versierte Handlungstheorie zu entwickeln?

Angesichts einer, wie bereits dargestellt, latent mystischen Grundstimmung, die den Zeitgeist des ökologischen Bewußtseins prägt, einer fast verzweifelten Suche nach religiöser Rückbindung und dementsprechender Versuche ökologisch-politischer Theologie, wäre es ratsam, den Schwerpunkt der Debatten zunächst einmal auf Verfahrensfragen zu legen und nicht, wie häufig zu beobachten ist, sogleich mit der Propagierung neuer Inhalte zu beginnen. Die aus ökologischen Motiven entstandene Einsicht in die Unverfügbarkeit totaler

---

[29] Vgl.: Willi Oelmüller: ‚Der kritische Weg ist allein noch offen.' Sechs Thesen zu alten und neuen Weisheitsvorstellungen. In: Ders. (Hrsg.): Philosophie und Weisheit (Kolloquien zur Gegenwartsphilosophie. Bd. 12); Paderborn, München, Wien, Zürich; erscheint voraussichtl. 1989; Zit. n. Mskr. S. I/3 u. I/6.

[30] Ebd. S. I/4.

[31] Vgl. ebd. S. I/12.

Verfügbarkeit ist zunächst als diese Erkenntnis doch nur eine neue Skepsis und ohne eigenen Begriff. Selbst wenn bereits allenthalben globaler Verfügungsanspruch herrscht, so sollte dennoch die Suche nach Kriterien für das Unverfügbare eröffnet werden, um endlich zu einer positiven Bestimmung dessen zu gelangen, was ggf. der technologischen Disponibilität wieder zu entziehen wäre. Da aber nicht ohne weiteres davon ausgegangen werden kann, die Folgeprobleme der instrumentellen Vernunft wiederum durch deren Instrumentalisierung auf der Meta Ebene tatsächlich auch aufheben zu können, macht sich in den ökologischen Diskursen stets — selbst wenn dabei Verfahrensweisen, die in etwa mit denen der phänomenologischen Reduktion verglichen werden könnten, Anwendung finden — die Erfahrung von Ratlosigkeit geltend. Diese Konstellation erklärt zumindest die latente Bereitschaft zu Irrationalismen — wobei es allerdings immer noch darauf ankommt, welches Verständnis von Rationalität insbesondere diesem Exkommunikations–Argument zugrunde liegt — und zur Gegenaufklärung, intentional richtet sich solche Vernunftskepsis gegen die Freiheit des uneingeschränkten Verfügens über Dinge, Pflanzen, Tiere und Menschen, über Landschaften, Ökosysteme und letztlich auch über die Biosphäre des gesamten Planeten; so können diese Erscheinungen des Irrationalen auch als Ausdruck der Verzweiflung genommen werden, wenn die letzte Hoffnung nur noch in der Wiedereinsetzung von bereits entwerteten Wertordnungsprinzipien gesehen wird. Die Neigung zur politischen Theologie ist also durchaus nachvollziehbar, doch muß von einer solchen Konsequenz gänzlich abgeraten werden, denn damit brächte sich eine diskursiv verfahrende Ökologie–Debatte nicht nur in ihrer Theorie, sondern auch noch in ihrer eigenen Praxis in jeder Hinsicht um das ursprünglich Intendierte. So würde genau jener Ausnahmezustand, der verhindert werden sollte, lediglich vorweggenommen, und da ein Fundamentalismus im allgemeinen keine Diskurse vorsieht, würde einer solchen Öko–Diktatur gerade diejenige Kompetenz entgehen, als deren Sachwalter sie sich inthronisierte; neben der Kompetenz fehlten ihr ferner noch Legitimität und demzufolge auch jegliche Loyalität, zudem würde sich vermutlich auch noch die unter solchen Umständen oft zu beobachtende Kombination von Inkompetenz, Machtgelüsten und geistiger Ignoranz einstellen. — Eine nicht derart voraussetzungsreiche Alternative wird den Schwerpunkt dagegen auf Verfahrensfragen legen; anstelle einer Hoffnung auf Einsicht in Unverfügbarkeiten sollte zunächst die Orientierung von Orientierungswissen am Prinzip von Verantwortungsüberforderung vorgenommen werden. Zuvor wären allerdings sämtliche bislang vom Entlastungstheorem geprägten Institutionstheorien zu revidieren, die Inanspruchnahme des Absoluten kann sich nicht mehr länger vom absoluten Ausspruch entlasten, wenn Folgen eintreten, mit denen sich die Legitimität der Neuzeit vor die Offenbarung illegitimer, d.h. in jeder Hinsicht dysfunktionaler und kontraproduktiver Machtentfaltung gestellt sieht. Die erst jetzt subjektiv erfahrbare Überforderung des Einzelnen wird, wie in der Phänomenologie Hegels, auch in diesem Fall nicht finden, wozu sie ehedem aufgebrochen war; anstatt durch neue Religiösität die erwünschte Entlastung von Orientierungsproblemen zu erhalten, wird die Verantwortungsbelastung, passiv wie aktiv — im Sinne der Metaphorik von der Risikogesellschaft — spürbar zunehmen, und nur eine Verminderung des Zu–Verantwortenden durch Minimierung der Verfügungs–Ansprüche könnte wirklich ‚entlasten' von den Lasten des zunehmenden Bewußtseins der Folgenverantwortung.

Neben dem in der Alltagswelt vorfindbaren Lebensweltwissen einerseits und dem Wissenschaftswissen andererseits, gebe es noch ein drittes, so Oelmüller, ein philosophisches Orientierungswissen jenseits von Lebensweisheit, Lebenserfahrung und wissenschaftlichem Fallibilismus, mit einer gewissen Distanz zu beiden Seiten.[32] Das Vermögen jeglicher Orientierung ist stets abhängig von dem, woran sich ein im Bewußtsein gegebenes Orientierungsvermögen seinerseits wiederum orientiert, daher sind in Fragen der Orientierung stets auch solche ihrer Kritik mitangesprochen, insbesondere aber in Hinsicht darauf, „... was in dem modernen Komplex der Wissenschaft – Technik – Wirtschaft – Politik zu oft verdrängt und vergessen wird ...“[33]. Nur innerhalb gewisser Grenzen, so Oelmüller weiter, ließen sich Kritiken ebenso wie Konzeptionen von Orientierungswissen vornehmen; die Erfahrungshorizonte sind demzufolge nicht auf geschichtsfreie, immer gültige anthropologische Konstanten zurückführbar, sondern jeweils nur als ‚geschichtliche Aprioris' gültig; von einer beliebigen Veränderbarkeit ‚letzter Erfahrungshorizonte' etwa als Gegenstände wissenschaftlich–technischer Verfügbarkeit könne dagegen allerdings ebensowenig ausgegangen werden.[34] — Im Anschluß an diesen Ansatz sind jedoch zwei weiterführende Fragen noch genauer zu beantworten: Erstens, wie lassen sich Kriterien für keinesfalls Disponibles bestimmen? Zweitens, wie lauten speziell die Kriterien für ein ökologisches Orientierungswissen und welcher Anspruch auf Universalisierbarkeit wäre dabei nicht nur noch legitimierbar sondern zugleich auch notwendig und hinreichend?
In einem vergleichbaren Sinne spricht Habermas vom ‚Lebensweltlichen Hintergrundwissen': „Dieses steht unter anderen Bedingungen der Thematisierung. Es läßt sich nicht in der gleichen Weise intentional zu Bewußtsein bringen und bildet eine Tiefenschicht unthematischen Wissens, ...“[35]. Ein Versuch, aus der Perspektive teilnehmender Beobachtung, Lebenswelt ‚als ganze' in den Blick zu bekommen, gelingt, wie Habermas hervorhebt, jedoch nur dann, wenn es der Interpret versteht, sich ‚im Rücken des Aktors' aufzustellen, so daß sich nun vor allem auch das nicht thematisierte aber gleichwohl ausgesprochen relevante Hintergrundwissen wahrnehmen läßt.[36]

[32] Vgl.: Willi Oelmüller: Philosophisches Orientierungswissen für unser Erkennen, Handeln und Erleiden. In: Ders. (Hrsg.): Philosophie und Wissenschaft (Kolloquien zur Gegenwartsphilosophie. Bd. 11); Paderborn, München, Wien, Zürich 1988. S. 87.

[33] Ebd. S. 88.

[34] Vgl. ebd. S. 89.

[35] Jürgen Habermas: Handlungen, Sprechakte, sprachlich vermittelte Interaktionen und Lebenswelt. A.a.O. S. 90.

[36] Vgl. ebd. S. 95.

— Auch Habermas sieht die Philosophie in einer Sonderstellung zwischen Assimilation und Distanzierung vom Wissenschaftssystem, wobei sie sich allerdings auf die Probleme des Fallibilismus und der Verfahrensrationalität von Erfahrungswissenschaften einzulassen habe.[37] Keineswegs dürfe dabei aber Philosophie den Bezug zum Ganzen preisgeben, ihren definitiven Totalitätsbezug verortet Habermas in ihrem ambivalenten Verhältnis zur Lebenswelt als zugleich ‚intime und gebrochene Beziehung', daher sei sie prädestiniert für die „... Rolle eines Interpreten, der zwischen den Expertenkulturen von Wissenschaft und Technik, Recht und Moral einerseits, der kommunikativen Alltagspraxis andererseits vermittelt — und zwar auf eine ähnliche Weise, wie die Literatur- und Kunstkritik zwischen Kunst und Leben vermittelt."[38]. Zwischen orientierungsbedürftiger Alltagspraxis und Expertenwissen soll nun die Philosophie jene Interpretenrolle wahrnehmen, die Adorno seinerseits vornehmlich der Kunst, ihrer Theorie in der Ästhetik und insbesondere der Neuen Musik zugestehen mochte — ‚Mimesis von Nicht-Identischem' authentisch zu Gehör und zu Bewußtsein bringen zu können. — Diese Aufgabe, ‚Deformationen der Lebenswelt zu Bewußtsein zu bringen' mutet Habermas nun der Philosophie zu, aber nicht nur ihr allein, sondern dem ‚Zusammenwirken der rekonstruktiven Wissenschaften'.[39]
Die gesuchten Antworten auf unsere Fragestellung, woran sich ein ökologisch-motivierter Wille zur Verantwortung orientieren könne und wie das Prinzip einer dementsprechenden Individualethik beschaffen sein könnte, lassen sich, so ist zu vermuten, durch eine Theorie erweiterter Rationalität entwickeln. Die ökologisch gebotene Selbstaufklärung der instrumentellen Vernunft — die als technologischer Sach-Verstand erst noch zur Selbstanschauung und dadurch zur Vernunft kommen muß — wäre möglich, wenn das von Adorno insbesondere in seiner ‚Ästhetischen Theorie' entwickelte Verfahren von Mimesis des Nicht-Identischen Anwendung fände. Eine derart erweiterte Rationalität würde ebenso über die von Jonas zwar geforderte aber nicht hinreichend dargestellte Heuristik verfügen, wie über das von Luhmann für die vorgenommene Neutralisierung von Werten zu Systemzwecken versprochene aber nicht gewährleistete Vermögen funktionaler Äquivalenz. — Dieses Problem, die herkömmlichen Verfahrensweisen der Rationalität heuristisch auf das ganz und gar nicht mehr nebensächlich Mitproduzierte ihrer ‚Nebenwirkungen' zu erweitern, hinsichtlich derer zu Recht behauptet werden darf, die bisherige Technik funktioniere letztlich nicht, stellt sich nur dort, wo damit zu rechnen ist, daß jede erdenkliche Möglichkeit des Verfügen-Könnens — ‚rein technisch gesehen', wie die Losung lautet — ihrer freien Verfügung tatsächlich früher oder später einmal anheim gestellt werden könnte. Weitergehende Ansprüche

[37] Vgl.: Jürgen Habermas: Motive nachmetaphysischen Denkens. In: Nachmetaphysisches Denken. A.a.O. S. 45.
[38] Ebd. S. 46.
[39] Vgl. ebd. S. 59 u. vgl.: Ders.: Die Einheit der Vernunft in der Vielfalt ihrer Stimmen. In: Nachmetaphysisches Denken. A.a.O. S. 186.

auf Universalisierbarkeit, wie sie bei Habermas vorgesehen sind, sollen und können daher hier ausgeblendet werden:

> „Denn Konzepte wie Wahrheit, Rationalität oder Rechtfertigung spielen in jeder Sprachgemeinschaft, obwohl sie verschieden interpretiert und nach verschiedenen Kriterien angewendet werden, dieselbe grammatische Rolle."[40];

> „Philosophische Denkmodelle über letzte Gründe und letzte Motive des Menschen sind ... wahr im Sinne von bedeutsam, ja verbindlich. Sie sind jedoch nicht für alle Menschen unabhängig von Raum und Zeit universal und immer gültig."[41].

5.3 Mimesis als Prinzip einer erweiterten Rationalität

Wenn davon auszugehen ist, daß die Bedingung für die Möglichkeit ökologischer Verantwortung in der Theorie wie in der Praxis darin liegt, intendierte ebenso wie nicht intendierte Handlungsfolgen vorhersehen zu können, wenn daher die Voraussetzung zu jeglicher Verantwortungsfähigkeit abhängig ist von der Kompetenz einer dementsprechenden Heuristik, so sind die Anforderungen an die Verfahrensweisen der gesuchten Heuristik ausgesprochen anspruchsvoll. Wir vermuten das Prinzip dieser Heuristik im Theorem von Mimesis, damit lassen sich immerhin auch die bislang nicht besonders erkenntnisreichen Debatten um mögliche ökologische Ethiken endlich auf genauere Fragestellungen, wie etwa solche nach neuer Erkenntnistheorie und neuer kritischer Wissenschaftstheorie, konzentrieren. Die von einer solchen Theorie betroffenen Problemfelder sind jedoch umfassender, denn mit ‚Mimesis' als Verfahrensprinzip wäre nicht nur eine Methodologie zu begründen, die als Theorie Praxis anzuleiten verstünde, sondern zudem müßte sich anhand der Kriterien einer solchen Theorie–Praxis auch metatheoretisch noch entscheiden lassen, ob eine jeweils versicherte Intention zur Verantwortung authentisch sei, d.h. ob der von irgendeiner Seite behauptete Anspruch auf Verantwortbarkeit zu Recht erhoben und vertreten werden kann.
Ein solches Unternehmen — das wir hier aus verständlichen Gründen nicht zu Ende bringen werden — läuft gleich bei der Rezeption bereits Gefahr, sich in heillose philologische Spitzfindigkeiten zu verlieren. Gerade für das hier anvisierte Verständnis von Mimesis ist jedoch die Auseinandersetzung mit der Begriffsgeschichte in der Theorietradition kritischer Theorie bei Benjamin, Horkheimer und Adorno erforderlich, um nachzuweisen, daß es möglich ist,

[40] Jürgen Habermas: Die Einheit der Vernunft in der Vielfalt der Stimmen. A.a.O. S. 178.
[41] Willi Oelmüller: ‚Der kritische Weg ist allein noch offen.' A.a.O. S. I/16.

dieses Theorem aus dem Eingebundensein in die komplexen Zusammenhänge jener Theorie zu lösen, um ihm schließlich die gesuchte theoretisch zentrale Funktion zu verleihen.

Im Jahre 1933, im Abstand von einigen Monaten, entstanden zwei Arbeiten von Walter Benjamin, ‚Lehre vom Ähnlichen‘[42] und ‚Über das mimetische Vermögen‘[43], dabei kann die spätere Fassung als stilistische Umarbeitung des ersten Textes angesehen werden, wobei Benjamin allerdings auch leichte inhaltliche Verschiebungen vornimmt. Vor allem treten im zweiten Text die ursprünglich okkulten und sprachmythischen Motive in den Hintergrund.[44] Zwar erzeuge auch die Natur selbst Ähnlichkeiten in der Mimikry, so Benjamin, daher sei die Gabe der Nachahmung beim Menschen nichts als ein Rudiment, aber zugleich besitze gerade der Mensch die höchste Fähigkeit beim Herstellen von Ähnlichkeiten und möglicherweise seien sämtliche seiner höheren Fertigkeiten entscheidend bedingt durch sein mimetisches Vermögen. Seiner eigenen Gegenwart attestiert er daraufhin, in Entsprechung zu seiner These vom Aura–Verlust, eine zunehmende Hinfälligkeit ihres mimetischen Vermögens, wobei er sich allerdings nicht sicher ist, ob es sich dabei tatsächlich um Verfall oder vielleicht eher um Transformation handeln könnte.[45] Wesentlich für Mimesis sind ihm Sinnzusammenhänge, in denen Ähnliches ‚blitzartig‘ und ‚im Nu‘ zum Vorschein kommen kann. — Damit sind bereits wesentliche Momente des Begriffs versammelt, der später bei Adorno und Horkheimer als zentrales theoretisches Prinzip wiederzuerkennen sein wird, das sind: Die Mimikry als Rudiment, die Parallelisierung von Onto– und Phylogenese, die Behauptung eines onomapoetischen Ursprungs der Sprache und deren Entwicklung über die Wortmagie; schließlich wird die von Benjamin nur angeschnittene Frage nach einer möglichen Gefährdung des mimetischen Vermögens bereits in der ‚Dialektik der Aufklärung‘ zu ihrem konstituierenden Moment.

Im Jahre 1941 erhielt Adorno den Nachlaß Benjamins und damit auch die erwähnten Texte. Josef Früchtl verzeichnet Mimesis qua Mimikry bei Adorno erstmals in den 1942 erschienenen ‚Reflexionen zur Klassentheorie‘; erst in der ‚Dialektik der Aufklärung‘, 1947, werden die Autoren dann den Begriff definitiv einführen.[46] Bei seiner Rekonstruktion sollte der Begriff nicht auf den Kontext der ‚Ästhetischen Theorie‘ verengt werden, denn Mimesis ist, neben psychoanalytischen und epistemologischen Konnotationen, vornehmlich anthropologischer Provenienz. Und so finden sich dann gerade in die-

[42] Walter Benjamin: Lehre vom Ähnlichen. In: Gesammelte Schriften. Zweiter Bd. Erster Teil, hrsg. v. R. Tiedemann u. H. Schweppenhäuser; Frankfurt 1977. S. 204–210.

[43] Walter Benjamin: Über das mimetische Vermögen. In: Ges. Schr. Bd. II.1. A.a.O. S. 210–213.

[44] Siehe hierzu: Josef Früchtl: Mimesis. Konstellation eines Zentralbegriffs bei Adorno (Epistemata. Würzb. wiss. Schr.: Reihe Philosophie. Bd. XXVIII); Würzburg 1986. Vgl. S. 17.

[45] Vgl.: Walter Benjamin: Über das mimetische Vermögen. A.a.O. S. 211.

[46] Vgl.: Josef Früchtl: Mimesis. A.a.O. S. 13f.

sem Zusammenhang jene mittlerweile schlechterdings nicht mehr vertretbaren großen Entsprechungen, Gleichsetzungen von religiösen, historischen und psychologischen ‚Stufen' sowie ethnologisch-anthropologisch-historische Global-Konzepte von ‚Magie', ‚Mana' und ‚Totemismus', die allesamt, angesichts der Ergebnisse heutiger Ethnologie und Anthropologie, einfach nicht mehr aufrechterhalten werden können.

Ein Beispiel für die problematischen Theorie-Ansätze der zu jener Zeit noch jungen Ethnologie, auf die sich Horkheimer und Adorno stützten, finden wir bei Wilhelm E. Mühlmann.[47] Er beschreibt die Vorgehensweise von Frazer, Hubert und Mauss, auf die sich die Autoren beziehen, folgendermaßen:

> „... man legte der Ur- oder Vorstufe des Religiösen ein ‚magisches' Denken bei, ... an Stelle eines Ausdrucksdenkens, das schlicht ‚meint', was es ausdrückt — und zwar von ‚magischen Handlungen', vorgenommen, ‚um' diesen oder jenen Zweck ‚zu' erreichen (also wieder eine rationalistische Hineindeutung an Stelle der Erfassung ritueller Handlungen als primärer Ausdrucksphänomene)."[48].

Wenn dann in der ‚Dialektik der Aufklärung' grundsätzlich behauptet wird: „Die Zauberei ist wie die Wissenschaft auf Zwecke aus, aber sie verfolgt sie durch Mimesis, nicht in fortschreitender Distanz zum Objekt."[49], so ist damit genau in der oben beschriebenen Weise zuvor jener Zweck in die Zauberei hineingelegt worden — zumeist mit Magie als Proto-Technik —, der schließlich dann auch wieder herauspräpariert wird. Derartige Verfahren sagen viel über die Zauberkunst solcher Rationalität, nichts hingegen über den Zauber selbst, dementsprechende Anthropologien auf der Grundlage großer Entsprechungen sind stets nur Versuche zur Selbstbespiegelung des abendländischen Geistes.

Bei der Konstitution ihres Verständnisses von Mimesis haben die Autoren sich offenbar unterschiedlichster Quellen bedient, die Spannweite reicht von den religionspsychologischen Gedanken des Theologen Rudolf Otto, der 1923 ‚Aufsätze das Numinose betreffend' verfaßt hatte und darin den Ursprung des Religiösen in Erfahrungen des Grauens, der Scheu, des Unbehagens und des Faszinierenden vermutet, bis hin zum biologischen Phänomen von Mimikry, das der englische Naturforscher Henry W. Bates 1862 erstmals beschrieben hatte.[50] Als Rudiment ist Mimesis qua Mimikry, so wie sie in der ‚Dialektik der Aufklärung' dargestellt wird, mitunter durchaus noch erfahrbar:

[47] Siehe: James Georg Frazer: The golden bough. Zwei Bde.; London 1890. — Marcel Mauss u. Henri Hubert: Théorie générale de la Magie. In: L'Année Sociologique. Bd. 7; 1902/03. S. 1-146. — Roger Caillois: Le Mythe et L'Homme; Paris 1938.

[48] Wilhelm E. Mühlmann: Geschichte der Anthropologie; 3.Aufl., Wiesbaden 1984. S. 205.

[49] Max Horkheimer, Theodor W. Adorno: Dialektik der Aufklärung. A.a.O. S. 13.

[50] Siehe: Rudolf Otto: Das Gefühl des Überweltlichen (Sensus Numinis) A.a.O. — Rudolf Otto: Das Heilige; München 1917. — Wolfgang Wickler: Mimikry. Nachahmung und Täuschung in der Natur; München 1968.

> „Die Motive, auf die Idiosynkrasie anspricht, erinnern an die Herkunft. Sie stellen Augenblicke der biologischen Urgeschichte her: Zeichen der Gefahr, bei deren Laut das Haar sich sträubte und das Herz stillstand. In der Idiosynkrasie entziehen sich einzelne Organe wieder der Herrschaft des Subjekts; ... (...) Für Augenblicke vollziehen sie die Angleichung an die umgebende unbewegte Natur.“[51].

Unschwer ist hier eine der zentralsten utopischen Figuren der Ökologie wiederzuerkennen, die ‚Angleichung an die umgebende Natur‘, das zeigt zunächst die Nähe der Begrifflichkeit zur Problematik, das zeigt aber auch, daß sich die beiden Autoren derartiges allenfalls vorstellen konnten als Situation haarsträubender Grauenhaftigkeit. Mit dieser Annahme, menschliche Mimesis sei rudimentär bereits in der biologischen Mimikry angelegt, setzten die Autoren den Anfangspunkt für ein durchgängiges Prinzip einer noch um Naturgeschichte verlängerten Geschichtsphilosophie:

> „Nachahmung wird ... “, so Früchtl, „ ... zum zentralen Begriff der in die Prähistorie prolongierten Anthropologie ... Die Geschichte der Gattung ist Nachahmung der Natur unter dem Signum von Herrschaft und Schrecken, ... Funktion der Nachahmung unter diesen Umständen ist Selbsterhaltung, Überlebenssicherung und Beschwichtigung von Furcht, ... “[52].

Es ist der Augenblick der Bedrohung, in dem die Mimesis als Mimikry ihre lebenserhaltende Funktion übernimmt, im Sich–Totstellen oder Sich–Verbergen, das damit angesprochene Phänomen verweist allerdings weiter auf die Möglichkeit der gesuchten Heuristik. Ein Mensch könne, so Benjamin, im höchsten Schrecken dazu kommen, das nachzuahmen, vor dem er erschrickt.[53] In Entsprechung zur Sprachphilosophie Benjamins behaupten die Autoren, der Ruf des Schreckens, mit dem das Ungewohnte erfahren werde, würde diesem zum Namen.[54] Eine vergleichbare Stelle bei Heidegger lautet:

> „Das Geschick der Entbergung ist als solches
> in jeder seiner Weisen und darum notwendig
> Gefahr.“[55].

---

[51] Max Horkheimer, Theodor W. Adorno: Dialektik der Aufklärung. A.a.O. S. 161.

[52] Josef Früchtl: Mimesis. A.a.O. S. 71.

[53] Walter Benjamin: Über das Grauen. Mskr. 807. Benjamin–Archiv; Frankfurt. Zit. n.: Hermann Schweppenhäuser: Mythisches und historisches Katastrophenbewußtsein. In: Tractanda. Beiträge zur kritischen Theorie der Kultur und Gesellschaft; Frankfurt 1972. Vgl. S. 120.

[54] Vgl.: Max Horkheimer, Theodor W. Adorno: Dialektik der Aufklärung. A.a.O. S. 17.

[55] Martin Heidegger: Die Technik und die Kehre. A.a.O. S. 26.

In der ‚Dialektik der Aufklärung' wird die Ratio, wie Stefano Cochetti nachweist, sowohl antimimetisch als auch mimetisch verstanden.[56] „Die Ratio, welche die Mimesis verdrängt, ist nicht bloß deren Gegenteil. Sie ist selber Mimesis: die ans Tote."[57] Demnach verfügt also die Ratio über eine spezifische Weise von Mimesis, aber:

> „Zivilisation hat anstelle der organischen Anschmiegung ans andere, anstelle des eigentlich mimetischen Verhaltens, zunächst in der magischen Phase, die organisierte Handhabung der Mimesis und schließlich, in der historischen, die rationale Praxis, die Arbeit, gesetzt."[58].

Fraglich wird also, was die Autoren unter ‚eigentlich mimetischem Verhalten' verstehen. Diese eigentliche Mimesis wäre dabei zu deuten als eine, sich an ihr Objekt anschmiegende Verhaltensweise, entsprechend jener Sehnsucht, die nach Adorno kennzeichnend ist, für das Versprechen von Philosophie, ‚eins zu sein mit der Wirklichkeit'.[59]
Aber zwischen die unmittelbare Erscheinung und deren Erkenntnis muß sich, soll Erkenntnis überhaupt statthaben, der Begriff als Vermittlung schieben. Begriffliches Erkennen schafft allerdings auch Distanz zum Objekt der Erkenntnis, denn als „... distanzlose ist Mimesis ...", so Früchtl, „... keine Erkenntnis, gegen die ‚fortschreitende Distanz' wissenschaftlicher Erkenntnis aber hat sie das Recht der Nähe auf ihrer Seite, ..."[60]. — Die Aporie ist damit unübersehbar geworden. Wollte es daraufhin die Philosophie der begrifflosen Unmittelbarkeit der Kunst gleichtun, so wäre sie ihrerseits doch stets an das begriffliche Erkennen gehalten; es bleibt ihr daher einzig nur die Möglichkeit der Anstrengung, mit dem Begriff über den Begriff hinauszugelangen.
Diese Voraussetzung philosophischer Erkenntnis, die bei Bloch als Distanznehmen vom dunklen Augenblick beschrieben wird,[61] ist nach Auffassung Adornos in der magischen Mimesis noch nicht gegeben, sie wird erst durch fortschreitende Distanzierung vom Objekt ermöglicht. Es geht also bei dieser

[56] Stefano Cochetti: Mythos und ‚Dialektik der Aufklärung' (Monographien zur Philosophischen Forschung. Bd. 229); Königstein 1985. S. 27.

[57] Max Horkheimer, Theodor W. Adorno: Dialektik der Aufklärung. A.a.O. S. 53.

[58] Ebd. S. 162.

[59] Vgl.: Theodor W. Adorno: Negative Dialektik; Frankfurt 1975. S. 15.

[60] Josef Früchtl: Mimesis. A.a.O. S. 59.

[61] „Wir fangen immer wieder mit dem Bin an, das sich so dunkel ist. (...)(...) Die Frage kommt aus unserem Verwundern, unserem Staunen, aus dem Urstaunen, daß überhaupt etwas ist. In der sichtig machenden Drehung über sich hinaus bleibt aber das bohrende Staunen darin, ... Betrifft den Nullpunkt in allem, das Nicht, das es nicht bei sich aushält, den Hunger, das Dunkel des gerade gelebten Augenblicks im Jetzt und Hier alles Erscheinenden. (...) Nicht oben, droben also steckt das Geheimnis, sondern gerade in der Nähe; ... (...) Und doch hätte die Nähe der Ort zu sein, wo Deutlichkeit am wichtigsten vorkäme, wenn er aus dem Dunkel herausgetreten wäre." (Ernst Bloch: Experimentum Mundi. Frage, Kategorien des Herausbringens, Praxis; Frankfurt 1975. S. 239f.)

Distanzierung von Subjekt und Objekt der eigentlichen Mimesis ihre Unmittelbarkeit verloren, wenn Erkenntnis nur als durch Begriffe vermittelte möglich ist. Der Begriff jedoch faßt Verschiedenes gleich und Besonderes ununterschieden auf, und vor diesem Hintergrund wurde nun für die Kritische Theorie jegliche Dialektik negativ; die Mimesis wird zum erkenntnistheoretischen Prinzip, die Forderung nach ,Vorrang des Objektes' aber verharrt im Negativen, weil die Möglichkeit einer System–Philosophie nicht mehr in Betracht kommt. Das Prinzip unmittelbarer Erkenntnis, das als eigentliche Mimesis postuliert wird, gereicht daraufhin jeder erdenklichen Begrifflichkeit zur Kritik, Mimesis wird zur Anwaltschaft des Nichtidentischen: „Differenziert ist, ...", so lautet die dementsprechende Stelle in der ,Negativen Dialektik', „... wer ... noch das Kleinste und dem Begriff Entschlüpfende zu unterscheiden vermag; ..."[62]. — Insofern verwirklicht zwar jede Auffassung von Wirklichkeit auf irgendeine Weise Mimesis als Nachahmung, etwa als unmittelbare sinnliche Gewißheit, Magie, Rationalität oder auch als Kunst, fraglich ist jedoch, ob und wie Mimesis als begriffliche Erkenntnis jeweils einer ,Sache gerecht wird'. Als Eigentliche avanciert ideale Mimesis damit zum erkenntnistheoretischen Korrektiv in Hinsicht auf das jeweils Unbedachte, sie wird zur Statthalterin des Nichtidentischen in seinen Erscheinungsweisen als Ausdruck von Subjekt, Natur oder auch Vernunft.

Der daraufhin einsetzende Disput unter Interpreten, ob jene Deutung zutreffend sein kann, derzufolge Adorno, gleichsam unter dem Einfluß letzter Resignation, die Kritische Theorie schließlich nur noch als ästhetische– habe gelten lassen wollen und ob er damit nicht jeglicher Philosophie jedwedes mimetisches Vermögen aberkannt habe, dieser Streit kann dergestalt gar nicht entschieden werden. Die Frage selbst wäre — was eigentlich kaum verwunderlich sein sollte — auf dialektische Weise zu formulieren, andernfalls provoziert jeder Versuch, bei Adorno die zunehmende Hinwendung zur Ästhetik als letztliche Entsagung von Philosophie deuten zu wollen, stets evidentermaßen auch das Ansinnen auf ebenso vertretbare Gegenthesen. Dagegen wäre es eher angeraten, im ,ästhetischen Verhalten' und dem Versuch ihrer Theorie mehr als nur das ästhetische Paradigma Adornos zu vermuten, daß sich zunächst in Hinsicht auf die stets präsente Konnotation ,interesselosen Wohlgefallens' mutatis mutandis hinreichend charakterisieren läßt. — Der gefesselte Odysseus wird vor diesem Hintergrund zum idealen Rezipienten einer vollendeten künstlerischen Darbietung; unter dem Schutz gebotener Sicherheitsmaßnahmen setzte er sich immerhin den Gefahren des Zuhörens überhaupt erst aus. Das vergleichsweise leicht behäbig wirkende interesselose Wohlgefallen wird daraufhin um sein wesentlichstes Moment erst bereichert, denn mit dem über die sinnliche Wahrnehmung im Bewußtsein jeweils erst zu realisierenden Nichtidentischen geht die Erinnerung an das Vergessen einher. Die Bereitschaft, das Vergessene zumindest

[62] Theodor W. Adorno: Negative Dialektik. A.a.O. S. 55.

wiederzuerinnern — und die Fesseln halten schließlich sicherheitshalber davon ab, es in der Tat wiedergewinnen zu wollen —, sich mit dem Disparaten, Befremdenden oder auch nur fremd gewordenen auch nur abgeben zu wollen, kann dabei letztlich gar nicht vornehmlich auf Wohlgefallen und Kunst-Genuß spekulieren, dagegen polemisierte Adorno stets aus nachvollziehbarem Grund: Die Fesseln des Odysseus entsprechen jener ausweglosen Situation der Zurückgekehrten im Höhlengleichnis, und die Anamnesis hat nichts Geringeres zu gewärtigen als die Entfremdung von der Entfremdung. Nach Adorno bewegt sich Kunst, so Karl Markus Michel, in der Spannung zwischen mimetischem Erschauern und verdinglichter Rationalität, und dabei steht sie dem durch Naturbeherrschung unterdrückten Anderen bei.[63] — Aus der vollendeten Negativität ihrer unlöslichen Dialektik von Subjektivierung und Verdinglichung, Herrschaft, Freiheit und Selbstbeherrschung, von Beherrschtwerden durch Natur oder Beherrschen von innerer und äußerer Natur, entsteht daraufhin die Ausweglosigkeit dieser Philosophie; was ihr noch bleibt — so scheint es — ist einzig die Kunst, doch das Erkenntnisideal eigentlicher Mimesis bliebe ihr dann als Philosophie unerreichbar.
Das so entstandene Dilemma läßt sich folgendermaßen beschreiben: Einerseits wird der Anspruch auf eine quasi vorgeschichtliche Positionalität unmittelbarer und authentischer Sinnlichkeit erhoben, andererseits wird dieser jedoch aus Erkenntnisgründen die Rationalität vorgezogen. Daraufhin folgt, was Hans Robert Jauß nicht ohne Ironie so formulierte: „Die Philosophie hofiert die Kunst um ihrer eigenen Schwierigkeiten willen, ...“[64]. Aber Philosophie geht dennoch dabei, so läßt sich einwenden, keinesfalls ultimativ an die Ästhetik, sondern deren Theorie soll vielmehr erweisen, was für philosophisches Erkennen insgesamt zu beanspruchen wäre. Die Mimesis steht insofern für die Haltung offener Aisthesis, sie gilt dem Ansinnen idealer, unmittelbarer Erkenntnis überhaupt: „Am Ende wäre das ästhetische Verhalten zu definieren als die Fähigkeit, irgend zu erschauern, ...“[65]. Allein bereits die Möglichkeit einer Analogiebildung für unsere Fragestellung erweist, daß es bei der hier dargestellten Grundhaltung des Ästheten um mehr geht als um eine nicht alltägliche Bereitschaft zur Kunsterfahrung. Auch verantwortliches Verhalten wäre zu definieren als die Fähigkeit, bislang als relevant erachtete Zweck-Mittel-Relationen prinzipiell in Frage stellen zu können.

An der Schlüsselstellung des Subjekts beim Erkenntnisvorgang wird festgehalten, die Anstrengung habe dabei, so Adorno, ohne Gewalt gegen das Objekt vonstatten zu gehen — dann erst werde das Subjekt fähig,

[63] Karl Markus Michel: Versuch, die ‚Ästhetische Theorie‘ zu verstehen. In: Burckhard Lindner, W. Martin Lüdke (Hrsg.): Materialien zur ästhetischen Theorie Theodor W. Adornos. Konstruktion der Moderne; Frankfurt 1980. S. 64.

[64] Hans Robert Jauß: Negativität und ästhetische Erfahrung. Adornos ästhetische Theorie in der Retrospektive. In: Materialien zur ästhetischen Theorie Theodor W. Adornos. A.a.O. S. 134.

[65] Theodor W. Adorno: Ästhetische Theorie. A.a.O. S. 489.

den von ihm selbst um das Objekt gewobenen Schleier zu zerreißen. „... wo es in angstloser Passivität der eigenen Erfahrung sich anvertraut."[66]. Rüdiger Bubner zufolge, restituiert hier in der Mimesis der Geist eine quasi vorgeschichtliche Einstellung zu den Sachverhalten: „Er schmiegt sich ihnen als seinem Andern widerstandslos an und gibt die ihm eignen Überwältigungsbedürfnisse angesichts des Konkreten auf."[67] Unschwer läßt sich darin das ‚interesselose Wohlgefallen' Kants wiedererkennen, aber mit der Ästhetischen Theorie Adornos ist dieser Topos anspruchsvoller geworden, ein aber auch noch darüber hinausgehendes, weiteres Ansinnen Adornos sollte in diesem Zusammenhang nicht länger unbeachtet bleiben, der Anspruch auf die mimetische Erkenntnistheorie einer erweiterten Rationalität.

> „Aber dieses mimetische Vermögen entzieht sich einer Begrifflichkeit, die einzig auf Subjekt-Objekt-Beziehungen zugeschnitten ist; so tritt Mimesis als bloßer Impuls, als das schlichte Gegenteil von Vernunft in Erscheinung. Die Kritik der instrumentellen Vernunft kann als Makel nur denunzieren, was sie in seiner Makelhaftigkeit doch nicht zu erklären vermag. Denn sie ist in Begriffen gefangen, die einem Subjekt die Verfügung über äußere und innere Natur ermöglichen, die aber nicht dazu taugen, einer objektivierten Natur die Sprache zu leihen, damit diese sagen kann, was ihr von den Subjekten angetan wird."[68]

Durchaus zutreffend läßt sich so der stets wiederkehrende Selbstwiderspruch beschreiben, an dem bislang noch ein jeder Konstruktivismus im Anschluß an die Desiderate kritischer Theorie scheiterte; fraglich bleibt dennoch, ob konsequenterweise nur noch durch eine sprachphilosophisch auf Intersubjektivität gewendete Bewußtseinsphilosophie — die keine solche mehr sein soll — sich endlich die gesuchte Möglichkeit zur Naturalisierung des Menschen und zur Humanisierung der Natur ergeben könnte. „Am unklarsten ...", wie Habermas auch nach dem linguistic turn noch einräumt, „... sind die Phänomene, die für einen moralisch-praktischen, einen ‚geschwisterlichen' Umgang mit Natur exemplarisch sind, ..."[69].

Diese Frage, wie Versöhnung von Kultur, resp. Zivilisation und Natur möglich sein konnte, hatte insbesondere Bloch, Marcuse, Horkheimer, Adorno und Heidegger immer wieder neu beschäftigt. Überlegungen zum Verhältnis von Natur und Technik gehörten jenseits aller Differenzen zu dem, was ein jeder von ihnen für nicht nur bedenkenswert, sondern für notwendig erachtete. Dabei wußten sie ihre Einsichten in diese Notwendigkeit mitunter nicht

---

[66] Theodor W. Adorno: Zu Subjekt und Objekt. In: Stichworte. A.a.O. S. 162.

[67] Rüdiger Bubner: Kann Theorie ästhetisch werden? Zum Hauptmotiv der Philosophie Adornos. In: Materialien zur ästhetischen Theorie Theodor W. Adornos. A.a.O. S. 124.

[68] Jürgen Habermas: Der philosophische Diskurs der Moderne. Zwölf Vorlesungen; Frankfurt 1985. S. 85.

[69] Jürgen Habermas: Theorie des kommunikativen Handelns. Bd. 1. A.a.O. S. 325.

anders zu vertreten, als durch Formulierungen hochspekulativer Gedankenfiguren zum einen, aber dann wieder auch auf jene kosmologisch-mystisch raunende Art, derer sich mittlerweile auf herabgesetztem Niveau auch die New-Age-Protagonisten befleißigen. In dieser Frage sind Argumentationsvorteile für einen sich realistisch wähnenden Kontrahenten mühelos zu erlangen; es ist nur die Frage, ob sich solcher ‚Realismus' selbst eigentlich rechtfertigen läßt, wenn er sich seinerseits auch nur auf unhinterfragte Zivilisations-Mythen eines Hintergrundwissens stützt, von dem naiverweise ausgegangen und in dessen Namen dekretiert wird, die Welt sei auf die nämliche Weise der Fall. Keine der beiden Seiten kann exklusiv nur für sich beanspruchen, was sie der anderen vorenthalten möchte, im Hintergrund von Antworten auf Grundsatz-Fragen stehen zumeist unbegründbare Hypothesen von Fundamentalismen beliebiger Provenienz, etwa: Fundamentalanthropologie, Fundamentalontologie, Fundamentalutopie oder eben der besagte Fundamental-‚Realismus'.
Das wohl schwerwiegendste Problem stellt sich schließlich im Hinblick auf die Unsicherheit, ob sich nicht auch jede Kritik von Fundamentalismen wiederum nur fundamentalistisch vornehmen läßt. Selbst wenn daraufhin nun die Ära nachmetaphysischen Denkens ausgerufen wird, so bleiben doch die Fragen; genügend Anlaß zur Erörterung letztinstanzlicher Deutungsweisen besteht weiterhin. Würde schlimmstenfalls dieser Aufruf als einer zum Problemverzicht verstanden und nicht als Aufforderung zu begründender und begründeter Gedankenführung, dann blieben anstelle der Fragen dennoch die Problemerfahrungen stellvertretend weiterhin präsent. Vor solchem Hintergrund kann dann ein vermeintlicher Realismus sehr schnell als ein leidlich nur noch aufs Notwendigste sich beschränkender Fatalismus erweisen.

Es mutet an als sei es auch Anklage, wenn Habermas im Hinblick auf den wohl umfassendsten topos utopicum von Versöhnung zwischen Mensch und Natur, über die Autoren der ‚Dialektik der Aufklärung' bemerkt, diese hätten sich nicht entschließen können, anzuerkennen, daß jener sympathetische Zusammenhang zur Natur, der dem Anspruch nach universeller Versöhnung zufolge wiederherzustellen wäre, ein für alle Male zerrissen sei, ob indessen „... universale Versöhnung nicht vielmehr eine überschwengliche Idee ist."[70]. — Fraglich ist nur, ob sich beide Seiten der Natur auf diese Weise voneinander abkoppeln lassen, denn es besteht seit jeher ein äußerst sensibles aber vor allem diffiziles Wechselwirkungsverhältnis zwischen äußerer und innerer Natur. Die häufig in ökologischen Debatten vorgebrachten Verweisungsargumentationen sind symptomatisch dafür, daß sich die Einsicht in die Dialektik dieser wechselseitigen Rückbezüge erst seit der ökologischen Wende von 1972 vollends entfalten konnte. Daher entstehen stets antinomische Konstellationen, wenn, unter Mißachtung dieser gegenseitigen Bedingungsverhältnisse, von Seiten eines Physiozentrismus oder

[70] Jürgen Habermas: Theodor W. Adorno. Urgeschichte der Subjektivität und verwilderte Selbstbehauptung (1969). In: Philosophisch-politische Profile; 3.erw. Aufl., Frankfurt 1981. S. 177.

aber von Seiten eines Anthropozentrismus jeweils nur auf eine der beiden ‚Reiche' rekurriert wird. Die einseitige Problemfeststellung motiviert im Diskurs dann stets, auf das bereits durch die Wahl der Ausgangsperspektive jeweils ausgeschlossene Dritte zu insistieren. Darin liegt letztlich auch einer der Hauptgründe für die ethische Ratlosigkeit, daß sich nicht o.w. entscheiden läßt, ob wir Natur um ihrer selbst willen oder aber um willen menschlichen Daseins schützen sollten, ob die Kolonialisierung von Lebenswelten in der Beherrschung äußerer Physis–Natur oder aber in der Instrumentalisierung innerer Psyche–Natur ihre Voraussetzung habe.
Seitdem ökologische Kriterien in den Gesichtskreis der Erwägungen getreten sind, wissen wir von beiden Seiten der ‚Natur' gleich viel. Beim Ansinnen auf den Schutz menschlicher Natur steht allenfalls eine negative Anthropologie zur Verfügung, die immerhin als Antidotum gegen jeden Fundamentalismus verläßlich ist. Die Sicherheit positiver Wesensaussagen im Sinne konkreter Anthropina, wie etwa demjenigen von Habermas, der anstelle von ‚Arbeit' ‚Lernen' setzte, ist dagegen ebenso gering, wie diejenige solcher Momente, die die Natur der Natur betreffen. In der Ökologie liegt die dementsprechende Schwierigkeit schlicht in der Komplexität mitzuberücksichtigender Faktoren, wenn etwa ‚Grenzwerte' für Umweltbelastungen nicht etwa aus anderweitigen Gründen festgelegt, sondern nachweislich gefunden werden sollen. Das, was uns für diese beiden Seiten damit zur Verfügung steht, für die verantwortungsrelevante Instanz der Heuristik ökologischer Verantwortung, für eine ökologische Mimesis, die beide Seiten der Natur im Wechselwirkungsverhältnis zu berücksichtigen hat, muß also bis auf Weiteres genügen; der Verweisungscharakter beider Naturen steht dabei der Erkenntnis weniger im Wege, als es zunächst den Anschein haben mag, denn mit der sich dabei bietenden zusätzlichen Erkenntnismöglichkeit ist eher das Gegenteil der Fall.

> „Vornehmlich interpretiert durch den Begriff des Mangels oder des Bedürfnisses, wird der Leib zu einem Hauptfeld objektivierbarer Bedürfnisse und deren Befriedigung durch entsprechende Objekte. (...)(...) Der Leib spricht nicht seine eigene Sprache, sondern er wird zum Ausdrucksmittel für etwas anderes, als er selber ist, herabgesetzt. (...)(...) Die Instrumentalisierung des Leibes durch eine halbierte Intelligenz macht jenen zu einem Leichnam und diese zur Willkür. (...) Die Bedingung, die sich im Umkehrverfahren erschließen läßt, wäre die, daß die Natur für die Freiheit mehr sein muß als Mittel zum Zweck. Aufgrund der nicht objektivierbaren Ursprünglichkeit der Natur müßte ihr eine Freiheit sui generis zugebilligt und diese analog so geachtet werden wie die eigene Freiheit. Diese bestünde auch darin, die Natur als einen anderen Ausdruck jenes Ursprungs zu verstehen, aus dem sie, die Freiheit selber, stammt. (...)(...) Vielleicht liegt für den modernen Menschen in der Anerkennung der Freiheit des anderen

ein Hinweis, zu einer Anerkennung der Natur zurückzufinden; denn der Mensch ist das Naturwesen, das als Freiheitswesen existiert. Die Anerkennung des Naturwesens, das der Mensch ist, könnte einen Weg öffnen zu einer Anerkennung der Natur, die nicht nur die Umwelt des Menschen ist, sondern über eine eigene Subjektivität verfügt, für die uns der Sinn abhanden gekommen ist. (...)(...) In solcher Anerkennung der Natur als das dem Menschen ebenbürtige, unbewußte Erscheinen würde die Freiheit einen Gehalt gewinnen, den Mensch und Gesellschaft allein sich nicht geben können. Die Natur aber könnte sich in der ihr eigenen, uns derzeit nicht zugänglichen Freiheit zeigen.“[71]

5.4 Die Ökologische Wende in der Kulturkritik — Abkehr vom technologischen Ideenplatonismus

Das nach 1972 unter der Diktion der ‚Grenzen des Wachstums‘ formierte ökologische Bewußtsein einer neuorientierten kritischen Öffentlichkeit läßt sich im Nachhinein vor allem auch als fulminante Ironie der Geschichte beschreiben. Die Rechnung des Verdinglichungstheorems, demzufolge es in der subjektiven Natur des Menschen ein Reservat an Resistenz gegen Verdinglichung gebe, sollte auf eine von den Theoretikern unvorhergesehene Weise aber gerade nicht als ‚Revolte innerer Natur‘ aufgehen. Während zuvor noch Kulturphilosophen und Kulturkritiker jeder Couleur fast einmütig darauf hofften, der zunehmenden Verdinglichung möchten sich schließlich doch noch innere Grenzen entgegenstellen, so sollte sich, durch den über Nacht in Szene gesetzten ökologischen Diskurs im Hinblick auf die andere Seite der Nemesis einer möglichen ‚Rache der Natur‘, ausgerechnet die desakralisierte Umwelt–Natur im Bild ökologisch–verfaßter, natürlicher Lebenswelten wieder in Erinnerung bringen. Der von irritierten Zeitgenossen daraufhin unverzüglich vorgebrachte und seitdem unermüdlich wiederholte Vorwurf des Romantizismus, resp. des Rousseauismus, war seit jeher als Abwehrhaltung allenfalls dazu angetan, daß die ökologischen Implikationen, im Diskurs der Experten einerseits und jenem in der Öffentlichkeit andererseits, zunehmend differenzierter wurden, nicht aber waren diese Diskurse als solche noch zu verhindern. Wie wir in unserer Studie zur Geschichte der Landschaftsästhetik nachgewiesen haben, geht mit der tatsächlich revozierten Romantik auch deren legitimer Beitrag zur Selbstkritik der unbefriedigten Aufklärung einher, denn bereits im englischen Landschaftsgarten unternahm es der Gartenkünstler seinerzeit Natur

[71] Hermann Krings: Natur und Freiheit. Zwei konkurrierende Traditionen. In: Zeitschr. f. Phil. Forschg. Bd. XXXIX; Meisenheim/Glan 1985. S. 19f.

als solche zu inszenieren; eine Resurrektion solcherart aber entspricht genau dem, was — als die andere Seite der ‚Kultivierung' — hundertfünfzig Jahre später als Wieder–Einrichtung von Biotopen praktiziert werden sollte. In der Moderne erscheint einzig dem Ästheten die Natur noch als Ganze, aber erst mit der Ökologie erhielt diese Hinsicht quasi die höheren Weihen möglicher Wissenschaftlichkeit; was vordem nur als äußerst voraussetzungsreiche Spekulation auf eine ‚umruhende Natur' zum Ausdruck gebracht werden konnte, wurde in der allzu leicht wiederum technomorphisierenden Rede von ‚vernetzten Systemen' sagbar. — So sollte es auch keinesfalls noch verwundern, daß eines der zentralen Momente jeder Technik–Kritik ursprünglich auf ein originäres Prinzip ästhetischer Erfahrung zurückgeht, auf die Erfahrung einer ‚Naturmacht' unter der Kategorie des Erhabenen und die damit verbundenen Reaktionen unmittelbaren Grauens. Die Projektion von Kriterien der Kategorie des Erhabenen auf technische ‚Wunderwerke', das sich daran heftende Faszinosum bei gleichzeitiger Versicherung ihrer Zweckmäßigkeit und Beherrschbarkeit wird in der ästhetischen Intuition zum Verdachtsmoment; dieser verweist auf den ursprünglichen Schrecken des Erhabenen in der Natur wieder zurück, der offenkundig doch hatte bewältigt werden sollen, der aber gerade im Faszinosum genau jener Drohung Ausdruck verleiht, welcher man eigentlich hatte entgehen wollen. Die empfundene Erhabenheit der Großtechnik motiviert so unmittelbar den Zweifel in ihre Funktionsfähigkeit selbst und setzt an deren Stelle die Furcht vor der Nemesis wieder ein. — Mit der ökologischen Wende wurden auf eine fast völlig unvorhergesehene Weise die zuvor geltenden Paradigmen der Naturbeherrschung bis hin zum endgültigen Zweifel in deren Möglichkeit disponibel, seither ist an die Stelle jener Eschatologie, die noch auf Sieg im Kampf gegen die Naturgewalten setzte und sich davon den Dispens von der Lösung sozialer Konflikte erhoffte, das Grauen vor einer durch und durch diesseitigen Apokalypse getreten.

In seiner überzeugenden Rekonstruktion der Grundzüge des Denkens von Adorno beschreibt Reinhard Kager die Mimesis als mustergültige Interaktion mit der Natur, als Muster eines behutsameren selbsterhaltenden Verhaltens.[72] Adorno habe dabei die Möglichkeit zu umschreiben gesucht, durch Selbstbesinnung der Vernunft deren verdinglichenden Charakter aufzubrechen.[73]

> „Die Adornosche Utopie der Versöhnung von Geist und Natur zielt ... auf ein Modell zwangfreier Kommunikation der beiden geschiedenen Momente, auf einen friedvollen Dialog, in dem die Menschen der Natur durch ein geschwisterliches, empathisches Vorgehen nicht länger das zwar ordnende, jedoch das Nichtidentische

[72] Vgl.: Reinhard Kager: Herrschaft und Versöhnung. Einführung in das Denken Theodor W. Adornos; Frankfurt, New York 1988. S. 189.

[73] Vgl. ebd. S. 199.

> erdrückende Identitätsprinzip aufzwingen und der Natur gleichzeitig das den Menschen unmittelbar Existenzbedrohende genommen ist.“[74]

Kager deutet so, mit an Habermas erinnernden Formulierungen, die Mimesis als Statthalterin einer ursprünglichen aber von ihrer eigentlichen Intention auf Wahrheit abgelenkten Vernunft.[75] Dieses Vermögen zur bewußten Reflexion auf das jeweils Nichtidentische kann als paradigmatische Vorgehensweise für Verfahren der Technikfolgenabschätzung geltend gemacht werden, dabei wäre insbesondere angesichts des Eingeständnisses von Herbert Schnädelbach, auch die Vernunft selbst sei fehlbar, das Nichtidentische weithin mehr als nur die Funktion einer ‚logischen Metapher, deren Faszination auf lauter nichtanalysierten Assoziationen beruht, die sie nahelegt‘[76].
Die Absetzbewegungen vom Programm der frühen Kritischen Theorie werden mitunter zu vehement vorgenommen und gereichen vor den Augen des Rezipienten letztlich nur beiden Seiten zum Nachteil, wenn unter ausgewechselter Paradigmatik nach Bekunden von Jürgen Habermas doch Kontinuität gewahrt werden soll, als ‚Rückkehr zu einem abgebrochenen Unternehmen‘ und ‚Wiederaufnahme der liegengebliebenen Aufgaben‘[77]. Dabei ist die Intention der Kritik instrumenteller Vernunft, bei der ‚Rekonstruktion ihres unaufhaltsamen Ganges an die Opfer zu erinnern‘, gebotener denn je und zugleich ist das Ansinnen von Habermas nicht nur berechtigt, sondern notwendig, ‚mimetische Impulse in Einsichten zu verwandeln‘.[78] — Der Vorwurf aber, Adorno habe mit seiner ‚Ästhetischen Theorie‘ die Abtretung der Erkenntniskompetenz an die Kunst besiegeln wollen, wurde zu unrecht erhoben.[79] Dieser Deutung liegt, wie Reinhard Kager nun herausstellen konnte, ein ‚weit verbreitetes Mißverständnis‘ zugrunde, daß wiederum, so Kager, vermutlich auf die vielzitierte Arbeit von Friedemann Grenz zurückzuführen ist:

> „Dieses Mißverständnis, Adorno wolle Philosophie in Ästhetik überführen oder gar ein philosophisches Kunstwerk inszenieren, geht völlig am dialektisch konzipierten Verhältnis von Philosophie und Kunst vorbei. Es basiert auf der falschen These, Vernunft sei für Adorno prinzipiell verblendet und enthalte überhaupt kein Wahrheitsmoment. Diese Fehldeutung findet sich u.a. bei: Bubner, in: Lindner/Lüdke 1980, S. 130ff.; Baumeister/Kulenkampff

[74] Ebd. S. 167.

[75] Vgl.: Jürgen Habermas: Theorie des kommunikativen Handelns. Bd. 1. A.a.O. S. 512.

[76] Vgl.: Herbert Schnädelbach: Dialektik und Diskurs. In: Vernunft und Geschichte. Vorträge und Abhandlungen; Frankfurt 1987. S. 153. — Ders.: Dialektik als Vernunftkritik. Zur Konstruktion des Rationalen bei Adorno. In: Ebd. S. 183.

[77] Vgl.: Jürgen Habermas: Theorie des kommunikativen Handelns. Bd. 1. A.a.O. S. 518.

[78] Vgl. ebd. S. 514.

[79] „Erst die ‚Ästhetische Theorie‘ besiegelt dann die Abtretung der Erkenntnis-Kompetenzen an die Kunst, ...“ (Jürgen Habermas: Theorie des kommunikativen Handelns. Bd. 1. A.a.O. S. 514.)

1973, S. 100f.; Kaiser 1974, S. 109; Puder 1976, S. 470f.; Rohrmoser 1970, S. 38f.; Scheible, in: Arnold 1977, S. 102; und Werckmeister 1971, S. 29f.

Die vielen Hinweise Adornos, daß Philosophie wie Ästhetik das begriffliche Medium nicht verlassen dürfen, wenn sie sich nicht selbst durchstreichen wollen, und daß adäquate Kunstrezeption darüber hinaus der Begriffe bedarf, um an die Wahrheit der Kunstwerke reflektierend–deutend herantasten zu können, bleiben von den genannten Autoren unbeachtet. (Vgl. ÄT, S. 137, S. 141, S. 148ff., S. 185, S. 191, S. 193ff., S. 197f., S. 200f., S. 391, S. 507, S. 510, S. 518ff. u. S. 524.) Diese Fehldeutungen dürften auf die Dissertation von Grenz zurückzuführen sein, der dort von einem ‚notwendigen' Übergang von der Philosophie zur Ästhetik spricht (vgl. Grenz 1974, S. 182ff.), dem aber das große Verdienst zugesprochen werden muß, seine ursprüngliche Interpretation dahingehend korrigiert zu haben, daß Mimesis und Rationalität, Natur und Geist, Kunst und Philosophie in Adornos Denken eben nicht antithetisch polarisiert werden, so daß ein Moment uneingeschränkt als das positive erscheinen kann, sondern daß gerade der dialektischen Vermittlung der beiden getrennten, aber für Erkenntnis unverzichtbaren Momente Adornos ganze Anstrengungen gelten. (Vgl. Grenz, in: Arnold 1977, S. 120f.)"[80] — „Rolf Tiedemann hat darauf hingewiesen, daß Adorno auch ein moralphilosophisches Buch plante. (Vgl. das editorische Nachwort in: ÄT, S. 537–544. Hier: S. 537. Vgl. dazu auch Burger 1985, S. 167f.; Schurz 1985; und Wiggershaus 1986, S. 666.) Auch die mögliche Konzeption einer Ethik spricht gegen jene Deutungen, die glauben machen, Adornos Denken münde oder terminiere in der Ästhetik."[81].

Die Möglichkeit dieser Mißdeutung ist jedoch zum Teil auch Adorno selbst anzulasten, weil er durch die Wahl von Sprachfiguren parataktischer Aussagesequenzen, die in ihrer Darstellung dem Inbegriff ‚umkreisenden' Denkens entsprechen sollten, diese Lesart zumindest nicht explizit ausgeschlossen hat. Darüber hinaus muß es der Spekulation überlassen bleiben, ob die fehlende letzte Hand — insbesondere an einer bestimmten Stelle seiner Ästhetischen Theorie — doch noch korrigierend oder zumindest dezidierend eingegriffen hätte. So ließe sich zunächst nicht zu Unrecht, zur Verteidigung der von uns im Anschluß an Kager kategorisch zurückgewiesenen Deutung, auf jene Passage verweisen, in der Adorno immerhin weit genug geht, eine mögliche ‚Konvergenz von Philosophie und Kunst' nahezulegen.[82] Vor

[80] Reinhard Kager: Herrschaft und Versöhnung. A.a.O. S. 274. Anm. 348. Vgl. S. 225.
[81] Ebd. S. 274. Anm. 356.
[82] Vgl.: Theodor W. Adorno: Ästhetische Theorie. A.a.O. S. 137.

diesem Hintergrund muß sich also unsere Deutung bewähren, wobei es uns hier weder in der einen noch in der anderen Ausrichtung um Applikationsfragen dogmatisierender, bzw. unorthodoxer Exegese geht, sondern in erster Linie um die für unsere Theorie vorauszusetzende Bedingung, daß es sich bei der Mimesis um das verallgemeinerbare Prinzip einer kritischen Heuristik handelt, die sich ex negativo, durch bewußte Hinsicht auf Unberücksichtigtes und daher Nichtidentisches, auf ideale, d.i. umfassende Erkenntnis richtet, in dem Bewußtsein, diesem Anspruch auf letzte Erkenntnis positiv doch niemals genügen zu können. Es bliebe letztlich nur eine Möglichkeit, das umstrittene Konvergenztheorem terminal auszulegen, dann aber wäre konsequenterweise derselbe Vorwurf, den Adorno seinerzeit dem Zeitgeist Spenglers machte, nun gegen seinen Autor selbst zu wenden: „In der Welt des gewalttätigen und unterdrückten Lebens ist Dekadenz, die diesem Leben, seiner Kultur, seiner Roheit und Erhabenheit die Gefolgschaft aufsagt, das Refugium des Besseren.“[83]. Dagegen ist jedoch die Annäherung von Philosophie und Kunst insgesamt als Transition angelegt, trotz negativer Dialektik und abgründiger Skepsis jedem Versuch gegenüber, aufs Ganze zu gehen; der Erfolg des Transformationsprozesses von Philosophie durch Ästhetik (hindurch) ist und bleibt eine Frage der Kunstfertigkeit — von Philosophie. Die Ästhetische Theorie stellt dabei nur das exemplarische Durchgangsstadium einer philosophischen Heuristik dar, die nicht bereit ist, den Anspruch auf Erkennbarkeit des Dings an sich aufzugeben, aber zugleich sich auch nicht befähigt sieht ihrem Ideal zu entsprechen. Die idealiter gerade in dieser Ästhetik gesuchte Weise der Erkenntnis richtet sich mit ihrer anspruchsvolleren Variante interesselosen Wohlgefallens gerade darum auf das ‚einheimische Reich von Mimesis‘, um die Perspektivität einer (erweiterten) Rationalität einnehmen zu können, ‚welche diese kritisiert‘; das metatheoretische Prinzip dieser Heuristik ist die Hinsicht auf ‚Zweckmäßigkeit ohne Zweck‘.[84]

Soweit folgen wir Adorno, von der Negativen Dialektik über die Ästhetische Theorie, bis zur Grundlegung einer mimetischen Erkenntnistheorie; dann aber stellt sich seine Deutung von Technik dem Versuch einer Aktualisierung seiner Philosophie letztlich doch noch entgegen. Allzu unverhohlen gereicht ihm der Stand von Technizität zum mustergültigen Gradmesser für höhere Kunst. Dieselbe Kontraproduktivität der technologisch induzierten ‚Negation des Lebendigen‘ soll allein durch einfach wiederkehrende Wiederholung im ‚a priori negativen Kunstwerk‘ zum ‚Einspruch der Kunst‘ gegen die schlechte Wirklichkeit werden, vom ‚beigemischten Giftstoff‘ soll — wie immer auch und was fraglich ist — Immunität oder gar Heilwirkung ausgehen.[85] Wie Adorno attestiert, werde so in der Kunst die Naturbeherrschung ihrerseits wiederum

[83]Theodor W. Adorno: Spengler nach dem Untergang. In: Kulturkritik und Gesellschaft I. Prismen. Ohne Leitbild. Ges. Schr. Bd. 10. 1; Frankfurt 1977. S. 71.
[84]Vgl.: Theodor W. Adorno: Ästhetische Theorie. A.a.O. S. 142 u. S. 87.
[85]Theodor W. Adorno: Ästhetische Theorie. A.a.O. S. 201.

beherrschbar: „Durch Beherrschung des Beherrschenden revidiert Kunst zuinnerst die Naturbeherrschung."[86]. Aber die gedoppelte Negation wäre daraufhin keinesfalls dem Ideal von Versöhnung gleichrangig, Beherrschung von Beherrschbarkeit bleibt Herrschaft und als solche befangen; auf diese Weise wird zwar das stets herangezogene Kriterium von ‚Materialbeherrschung' als technischer Standard etwa von Kompositions–Techniken stets herangezogen, weil es gilt, Fortschrittlichkeit zu ermessen, aber der Maßstab von Fortschritt läßt sich daraufhin nicht explizieren: „Der Platzhalter dessen, was Fortschritt wäre über allen Fortschritt hinweg, steht schief zu jenem Fortschritt, der stattfindet, ..."[87].

Hier zeigt sich das zentrale Moment einer Technikphilosophie in der spezifischen Ambivalenz, wie sie vor 1972 noch vertretbar schien, nicht nur bei Adorno und Horkheimer, sondern auch bei Marcuse und Bloch ebenso wie bei Heidegger.

Die vielfach den Künsten allzu vorbehaltlos zuerkannte kritische Perspektivität, in der Hoffnung auf das von ihnen erwartete kulturkritische Potential, sollte jedoch hinter allen Erwartungen zurückbleiben. Zuviel Gemeinsamkeiten liegen dagegen, wie bereits dargelegt,[88] in den Problemen, wie sie sich Technologen und Künstlern gleichermaßen stellen; hier wie dort gilt das erste Augenmerk dem Stand der Technizität, und allenfalls den sekundären Stellenwert erhalten daraufhin die Fragen möglicher Wirkungen und später Folgen. Der Enthusiasmus des Glaubens in die Technisierbarkeit der Welt mußte schließlich gegen vielerlei Ressentiments erst in Szene gesetzt und in Erfahrung gebracht werden; so wurde etwa durch Darstellungen erhabener Landschaft zuvor jener Geist gebannt, vor dem ehedem noch Furcht empfand, wer sich auch nur einen Schritt zu weit vorwagte. Daher ruhen die ersten Eisenbahnbrücken mit ihren Fundamenten in einem von der Kunst zuvor bereiteten, entzauberten Boden; Künstler zu jener Zeit — wie mitunter heute noch —, verstanden sich als Wegbereiter ‚des' Fortschritts und sind somit in erster Linie — Prototechniker.

> „Die Ideologie der Innerlichkeit erfährt von der informatisierten Gesellschaft eine neue Modifikation. Bacons Vision von den ‚Häusern für Akustik' aus dem Romanfragment ‚New Atlantis', deren Inneres in einer noch ungeahnten Weise sich ausdifferenzieren und erforschen lassen soll, findet in Nonos Allegorese des Raums ihre technische Verwirklichung. Noch die kleinste Nische des klanglichen und intervallischen Spektrums wird durch die musikelektronischen Hilfsmittel buchstäblich vergrößert. Der Zusammenhang von Information und ästhetischem Angebot folgt einem

---

[86] Ebd. S. 207.

[87] Theodor W. Adorno: Fortschritt. In: Stichworte. A.a.O. S. 45. — „Alle Fortschritte in den kulturellen Bereichen sind solche von Materialbeherrschung, von Technik." (Ebd. S. 45.)

[88] Siehe hierzu S. 150 dieser Arbeit.

Plan fortschreitender Sensibilisierung, dessen Nachvollzug zum kategorischen Imperativ der ästhetischen Erfahrung wird. Aisthesis, der Bedeutung nach Wahrnehmung schlechthin, ist unter dem Zeitzeichen der Information bereits Produkt einer Konditionierung und somit unfrei. Indem der Künstler sich zur Aufgabe macht, an den Grenzen des Wahrnehmbaren und des Erfahrbaren zu experimentieren, schafft er einen Raum, der mittels der verwendeten Technologie den Weg frei macht für subtilste Eingriffe technokratischer Herrschaftsinteressen. Erstmals am Werk Richard Wagners wurde die Funktion des Künstlers als Wegbereiter technischer Innovation evident; sprachlich verankert ist sie in der geniekulthaften Redewendung vom Künstler, der seiner Zeit voraus ist."[89]

In seinem programmatischen Aufsatz ‚Traditionelle und kritische Theorie' hatte Max Horkheimer 1937 geltend gemacht, was sich letztlich mutatis mutandis vergleichsweise als zentraler Gedanke noch in den Werken aller oben genannten Philosophen nachweisen läßt: Sie spekulieren darauf, daß sich Technik — wesensgemäß — gegen sich selbst und damit zum Besseren wende. Allein die Mittel wären bereits vorhanden, es erschien als ermangele es nur noch ihrer richtigen Anwendung, so etwa Horkheimer: „Die Anwendung der gesamten geistigen und physischen Mittel der Naturbeherrschung wird dadurch behindert, daß sie unter den herrschenden Verhältnissen partikularen, sich widerstreitenden Interessen anheimgegeben sind."[90]. — Als Ausnahme wäre noch am ehesten Ernst Bloch anzuführen, eine Aktualisierung seiner Natur- und Technikphilosophie scheitert aber an Problemen, die letztlich doch nur zum selben Befund zurückführen würden. Reinhart Maurer hat dieses Phänomen als ‚technologischen Chiliasmus' beschrieben: „Erst Technik und Sozialtechnik erschließen einen konkreten Weg zum chiliastischen Ziel, ..."[91]. Seiner Forschungshypothese unterliegen dann jedoch alle genannten Philosophien, — aber, so wäre zu entgegnen, ebenso auch die Heideggers; auch dieser geht mit der Paraphrasierung der bekannten Hölderlin-Stelle davon aus, das ‚Wesen' der Technik ‚entberge' zugleich mit der Gefahr auch das Rettende.[92] Gleichfalls auch bei Heidegger ist ‚ein fortwirkender Chiliasmus am Werke', und es ist daher fraglich, ob es Maurer gelingen kann, dessen

[89] Eberhard Hüppe: Transformation in der Musik. Technologische Ästhetik. Mskr.; Diss. Münster 1991.

[90] Max Horkheimer: Traditionelle und kritische Theorie. In: Traditionelle und kritische Theorie. Vier Aufsätze; Frankfurt 1986. S. 33.

[91] Reinhart Maurer: Warum in Europa? Geschichtsphilosophische Überlegungen zur Entstehung der modernen Technik. In: Der Mensch und die Wissenschaften vom Menschen. A.a.O. S. 471.

[92]

„Voll Güt' ist. Keiner aber fasset
Allein Gott.
Wo aber Gefahr ist, wächst
Das Rettende auch."

Technikphilosophie ohne dieses zentrale Moment zu rekonstruieren.[93] Ein Rekurs auf Jonas ist dabei wenig hilfreich, weder läßt sich einerseits Bloch als gänzlich verantwortungsloser Chiliast darstellen, — gerade seine Theorie einer möglichen ‚Allianztechnik', sein im Gesamtwerk durchaus nicht marginales Bemühen um Kriterien für ‚Zusammenarbeit mit der Natur', ist als Suche nach anderer Technik gerade vor der ökologischen Wende einzigartig —, noch läßt sich andererseits, quasi im Gegenzug, Heidegger vom zu Recht erhobenen Verdacht ausnehmen.

> „Technik ist eine Weise des Entbergens. Die Technik west in dem Bereich, wo ... Wahrheit geschieht."[94]
>
> „Vor der anderen Möglichkeit, daß überall das Rasende der Technik sich einrichtet, bis eines Tages durch alles Technische hindurch das Wesen der Technik west im Ereignis der Wahrheit."[95]

Der Rekurs auf Platon in diesem Vortrag, kurz nachdem Heidegger seine Begrifflichkeit ‚Ge-stell' einführt, geschieht nicht von ungefähr, denn der Fluchtpunkt — das Rettende — ist die Ideenlehre; chiliastisch gedeutet erscheint Technik — potentialiter — als Anamnesis, denn ‚die Unverborgenheit in der sich das Bestellen entfaltet', ‚hat sich schon ereignet'.[96] Während Heidegger der technischen Erfindung durch Lokalisation im platonischen Ideenhimmel eine kosmologische Bedeutung zukommen läßt, die ihr nicht zusteht, verfährt Bloch auf eine vergleichbare Weise, er sieht die Anlage zur jeweiligen Erfindung als Latenz in der Natur selbst vorausgesetzt, Technik erscheint bei ihm als Entbindung von Materieeigenschaften, und der bei Bloch formulierte Materie–, resp. Materialbegriff ist seinerseits wiederum demjenigen Adornos eng verwandt. — Wie Günter Ropohl gezeigt hat, liegt die Gemeinsamkeit der Technikphilosophien von Bloch und Heidegger in der Identifikation von Erfindung und Anamnesis: „Wenn auch Heidegger unentschieden bleibt, ob die Verborgenheit idealistisch wie bei Dessauer oder materialistisch wie bei Bloch zu verstehen ist, so teilt er doch mit jenen den Irrglauben, der Mensch könne nichts erfinden, was nicht schon von sich aus, aller menschlichen Kreativität vorausgehend, präexistent sei."[97]. Zu Recht weist Ropohl darauf hin,

(Friedrich Hölderlin: ‚Patmos'. Dem Landgrafen von Homburg (Vorstufe einer späteren Fassung). In: Sämtliche Werke. Bd. 2: Gedichte nach 1800; hrsg. v. F. Beissner; Stuttgart 1951. S. 173.).
— Vgl.: Martin Heidegger: Die Technik und die Kehre. A.a.O. S. 28f.

[93] „Falls es zutreffend ist, daß ein fortwirkender Chiliasmus am Werke ist, dann müßten an der so erkannten ersten Ursache Kritik und Änderungsbestrebungen ansetzen, wenn sie nicht nur an Symptomen kurieren sollen ..." (Reinhart Maurer: Warum in Europa? A.a.O. S. 473.)

[94] Martin Heidegger: Die Technik und die Kehre. A.a.O. S. 13.

[95] Ebd. S. 35.

[96] Vgl. ebd. S. 18.

[97] Günter Ropohl: Technik als Gegennatur. In: Der Mensch und die Wissenschaften vom Menschen. A.a.O. S. 107.

daß technische Erfindungen als ‚äquifunktionale Mittel' aufzufassen sind, nicht als alternativlos authentische Realisation einer platonischen Idee.[98]

Jürgen Habermas schrieb 1969 in einem anderen Zusammenhang einmal gegen den ‚Aktionismus einiger Schüler (Adornos)': „... daß die ungeduldigen Praktiker von der Unvollkommenheit der Theorie keinen rechten Begriff haben. Sie wissen nicht, was alles, beim gegenwärtigen Stand, sie gar nicht wissen können."[99]. — Nirgends wurde die Mimesis als erkenntnisleitendes Prinzip einer gerade auf das Nichtidentische, das Unvorhergesehene, auf ‚Nebenwirkungen' und Unwägbarkeiten gerichteten und erst damit zur Vernunft erweiterbaren Rationalität charakteristischer beschrieben als hier, wo der Autor vermutlich nicht daran dachte. Mimesis soll auch und insbesondere im Diskurs, so Habermas, vom unbewußten Impuls zu bewußter Einsicht werden, wir schätzen die Möglichkeit hierzu geringer ein als deren Notwendigkeit. Kann Mimesis, die eigentlich den Einzelnen im Bewußtsein seiner Betroffenheit betrifft, allgemeingültig und als Erkenntnis–Defizit–Theorie operationalisierbar werden? — Die Voraussetzungen wären vielfältig: Zunächst einmal die Einsicht in die funktionale Äquivalenz, daß die Zweck–Mittel–Relationen nach beiden Seiten hin völlig disponibel sind. Die Zielsetzungen sind wiederum von Wertungsgesichtspunkten abhängig, deren Verbindlichkeit in Diskursen über Geltungsansprüche zu verhandeln sein wird; die Mittelwahl ihrerseits muß abhängig werden, von einer durch mimetische Verfahren — etwa solche der Simulation — hinreichend erweiterten Heuristik und das Sachzwangargument ist vor diesem Hintergrund nichts als die Schwundstufe des technologischen Ideenplatonismus. Um Verantwortbarkeit überhaupt erst zu ermöglichen, wären systemisch segmentierte Handlungsweisen und Handlungsanweisungen zu entflechten, um überschaubar zu werden, nicht jedoch als ‚Reduktion von Komplexität', denn gerade dabei wird die Hinsicht auf die entscheidungsrelevanten Werte, Normen und Zielsetzungen im Hintergrund generell eher verdeckt. Daher käme keine Diskursethik letztlich umhin, die Autonomie systemisch–operationalisierter Verfahrens- und Verhaltensweisen zur Disposition zu stellen. Systeme können keine Verantwortung übernehmen, es sollte daher ihre Legitimität insbesondere dann in Frage stehen, wenn es der Entscheidungsbefugnis Einzelner hinsichtlich partikularer Interessen anheimgestellt ist, über die Handlungspotentiale solcher Systeme verfügen zu können, deren Wirkungen jedes Vorstellungsvermögen übersteigt.

[98] Vgl. ebd. S. 110.

[99] Jürgen Habermas: Theodor W. Adorno. Urgeschichte der Subjektivität ... a.a.O. S. 179.

„Möge die Nachwelt wissen, wir haben
nicht sorglos schweigend den Dingen erlaubt
dahin zu gehen wie in einem Traum."

Richard Hooker

Literaturverzeichnis

ADORNO, THEODOR W.

1975. *Negative Dialektik;* Frankfurt.

1977. *Spengler nach dem Untergang.* In: Kulturkritik und Gesellschaft I. Prismen. Ohne Leitbild. Ges. Schr. Bd. 10.1; Frankfurt.

1980. *Vernunft und Offenbarung.* In: Stichworte. Kritische Modelle 2; 5. Aufl., Frankfurt. S. 20–28.

1980. *Zu Subjekt und Objekt.* In: Stichworte. Kritische Modelle 2; 5. Aufl., Frankfurt. S. 151–168.

1980. *Fortschritt.* In: Stichworte. Kritische Modelle 2; 5. Aufl., Frankfurt. S. 29–50.

1981. *Ästhetische Theorie;* hrsg. v. G. Adorno u. R. Tiedemann; 5. Aufl., Frankfurt.

ADORNO, THEODOR W.; BLOCH, ERNST

1978. *Etwas fehlt ... über die Widersprüche der utopischen Sehnsucht (Ein Rundfunkgespräch, 1964).* In: Ernst Bloch: Tendenz–Latenz–Utopie. Ergänzungsbd. z. Gesamtausg.; Frankfurt 1978. S. 350–368.

ALTENKIRCH, WOLFGANG

1977. *Ökologie;* Frankfurt, Berlin, München.

ALTNER, GÜNTER

1981. *Darwin, seine Theorie und ihr Zustandekommen.* In: Ders. (Hrsg.): Der Darwinismus. Die Geschichte einer Theorie (Wege der Forschung Bd. CDIL); Darmstadt. S. 5–8.

ALTNER, GÜNTER; LIEDKE, GERHARD, U.A.

1984. *Manifest zur Versöhnung mit der Natur.* Die Pflicht der Kirchen in der Umweltkrise; Neukirchen–Vluyn.

ANAXIMANDROS

1935. *Fragment 21.* In: Die Vorsokratiker. Die Fragmente und Quellenberichte. Übers. u. eingel. v. Wilhelm Capelle; Leipzig.

1935. *Fragment 39.* In: Die Vorsokratiker. Die Fragmente und Quellenberichte. Übers. u. eingel. v. Wilhelm Capelle; Leipzig.

ARIÈS, PHILIPPE

1960. *L'enfant et la vie familiale sous l'ancien régime;* Paris.

BADINTER, ELISABETH

1981. *Die Mutterliebe.* Geschichte eines Gefühls vom 17. Jahrhundert bis heute. Übers. v. F. Griese; München.

BAGGESEN, JENS

1836. *Jens Baggesens's poetische Werke in deutscher Sprache.* Bd. II; hrsg. v. C. u. A. Baggesen; Leipzig.

BARTHELMEß, ALFRED

1972. *Wald. Umwelt des Menschen.* Dokumente zu einer Problemgeschichte von Naturschutz, Landschaftspflege und Humanökologie (Orbis Academicus, Problemgeschichte der Wiss. i. Dok. u. Darst., Sonderbd. 2/1); Freiburg, München.

1981. *Vögel. Lebendige Umwelt.* Probleme von Vogelschutz und Humanökologie geschichtlich dargest. u. dok. (Orbis Academicus. Problemgeschichte von Naturschutz, Landschaftspflege und Humanökologie, Sonderbd. 2/3); Freiburg, München.

BATESON, GREGORY

1983. *Ökologie des Geistes.* Anthropologische, psychologische, biologische und epistemologische Perspektiven. Übers. v. H. G. Holl; 2. Aufl., Frankfurt.

BAUMGARTNER, HANS-MICHAEL

1984. *Die innere Unmöglichkeit einer evolutionären Erklärung der menschlichen Vernunft.* In: Robert Spaemann, Peter Koslowski, Reinhard Löw (Hrsg.): Evolutionstheorie und menschliches Selbstverständnis. Zur philosophischen Kritik eines Paradigmas moderner Wissenschaft (CIVITAS. Resultate. Bd. 6); Weinheim. S. 55–72.

DE BEAUVOIR, SIMONE

1985. *Das andere Geschlecht.* Sitte und Sexus der Frau. Übers. v. E. Rechel-Mertens u. F. Montfort; Hamburg.

BECK, ULRICH

1986. *Risikogesellschaft.* Auf dem Weg in eine andere Moderne; Frankfurt.

BECKER, FRANZ; LUHMANN, NIKLAS

1963. *Verwaltungsfehler und Vertrauensschutz.* Möglichkeiten gesetzlicher Regelung der Rücknehmbarkeit von Verwaltungsakten (Schriftenreihe der Hochschule Speyer. Bd. 16); Berlin.

BEISENHERZ, H. GERHARD

1980. *Legitimation durch Vertrauen.* Eine Untersuchung zum Wandel der Legitimation im fortgeschrittenen Kapitalismus; Marburg.

BÉKY, GELLÉRT

1972. *Die Welt des Tao;* Freiburg, München.

BENJAMIN, WALTER

1977. *Lehre vom Ähnlichen.* In: Gesammelte Schriften. Zweiter Bd. Erster Teil; hrsg. v. R. Tiedemann u. H. Schweppenhäuser; Frankfurt. S. 204–210.

1977. *Über das mimetische Vermögen.* In: Gesammelte Schriften. Zweiter Bd. Erster Teil; hrsg. v. R. Tiedemann u. H.Schweppenhäuser; Frankfurt. S. 210–213.

BENZ, ERNST

1972. *Grand Canyon.* In: Geist und Landschaft; Stuttgart. S. 104–128.

VAN DEN BERG, JAN HENDRIK
1960. *Metabletica.* Über die Wandlung des Menschen. Grundlinien einer historischen Psychologie; Göttingen.

BERGNER, GÜNTHER
1965. *Geschichte der menschlichen Phylogenetik seit dem Jahre 1900.* In: Gerhard Heberer (Hrsg.): Menschliche Abstammungslehre. Fortschritte der ‚Anthropogenie' 1863–1964; Stuttgart. S. 20–55.

BERGMANN, KLAUS
1968. *Studien zur Großstadtfeindschaft und ‚Landflucht'-Bekämpfung in Deutschland seit dem Ende des 19. Jahrhunderts;* Diss. Münster.

BERGMANN, WERNER
1987. *Was bewegt die soziale Bewegung?* Überlegungen zur Selbstkonstitution der ‚neuen' sozialen Bewegungen. In: Theorie als Passion. Niklas Luhmann zum 60. Geburtstag; hrsg. v. D. Baecker, Jürgen Markowitz, u.a.; Frankfurt. S. 362–393.

BERKENHOFF, HANS ALBERT
1937. *Tierstrafe, Tierbannung und Rechtsrituelle Tiertötung im Mittelalter;* Diss. Bonn.

BEZZEL, CHRISTOPH
1964. *Natur bei Kafka.* Studien zur Ästhetik des poetischen Zeichens (Erlanger Beitr. z. Sprach- u. Kunstwiss. Bd. 15); Nürnberg.

BIRNBACHER, DIETER
1986. *Sind wir für die Natur verantwortlich?* In: Ders. (Hrsg.): Ökologie und Ethik; Stuttgart. S. 103–139.

1986. *Ökologische Ethik.* In: Allg. Ztschr. f. Philosophie. 11. Jg. (1); Stuttgart. S. 57–64.

BLOCH, ERNST
1964. *Verfremdungen II. Geographica;* Frankfurt.

1975. *Experimentum Mundi.* Frage, Kategorien des Herausbringens, Praxis; Frankfurt.

1977 *Die Angst des Ingenieurs (1929).* In: Gesamtausgabe Bd. 9: Literarische Aufsätze; Frankfurt. S. 347–358.

1977. *Zwischenwelten in der Philosophiegeschichte.* Aus Leipziger Vorlesungen. Gesamtausgabe. Bd. 12; Frankfurt.

1978. *Das Prinzip Hoffnung.* Bd. 1; 5. Aufl., Frankfurt.

1978. *Tendenz-Latenz-Utopie.* Ergänzungsbd. z. Gesamtausg.; Frankfurt.

1981. *Subjekt-Objekt.* Erläuterungen zu Hegel; erw. Ausg., 2. Aufl., Frankfurt.

BLUMENBERG, HANS
1974. *Säkularisierung und Selbstbehauptung.* Erw. u. überarb. Neuausg. v. ‚Die Legitimität der Neuzeit'. Erster und zweiter Teil; Frankfurt.

BÖHEIM, JULIUS
1934. *Das Landschaftsgefühl des ausgehenden Mittelalters.* (Beiträge zur Kulturgeschichte des Mittelalters und der Renaissance. Bd. 46); Leipzig, Berlin.

BOLLNOW, OTTO FRIEDRICH

1962. *Mass und Vermessenheit des Menschen.* Philosophische Aufsätze N. F.; Göttingen.

BOSSELMANN, KLAUS

1985. *Wendezeit im Umweltrecht.* Von der Verrechtlichung der Ökologie zur Ökologisierung des Rechts. In: Kritische Justiz. 18. Jg. S. 345–361.

1986. *Eigene Rechte für die Natur?* Ansätze einer ökologischen Rechtsauffassung. In: Kritische Justiz. 19. Jg. S. 1–22.

BRAUNFELS, WOLFGANG

1979. *Nimbus und Goldgrund.* Wege zur Kunstgeschichte 1949–1975; Mittenwald.

V. BRAUNMÜHL, EKKEHARD

1975. *Antipädagogik.* Studien zur Abschaffung der Erziehung; Weinheim, Basel.

BRENNER, PETER J.

1982. *Aspekte und Probleme der neueren Utopiediskussion in der Philosophie.* In: Utopieforschung. Interdisziplinäre Studien zur neuzeitlichen Utopie. Bd. 7; hrsg. v. W. Voßkamp; Stuttgart. S. 11–63.

BRUSTEN, MANFRED; EBERWEIN, WOLF-DIETER, U.A.

1981. *Freiheit der Wissenschaft — Mythos oder Realität?* Eine empir. Analyse von Forschungskonflikten u. d. rechtl. Regulierung der Forschungsabwehr a. d. Sicht d. Sozialwissenschaftler; Frankfurt, New York.

BUBER, MARTIN

1951. *Urdistanz und Beziehung;* Heidelberg.

BUBNER, RÜDIGER

1980. *Kann Theorie ästhetisch werden? Zum Hauptmotiv der Philosophie Adornos.* In: Burckhard Lindner, W. Martin Lüdke (Hrsg.): Materialien zur ästhetischen Theorie Theodor W. Adornos. Konstruktion der Moderne; Frankfurt. S. 108–137.

BUCHWALD, KONRAD

1978. *Umwelt-Mensch-Gesellschaft.* Die Entstehung der Umweltproblematik. In: Konrad Buchwald, Wolfgang Engelhardt (Hrsg.): Hb. für Planung, Gestaltung und Schutz der Umwelt. Bd. I; München. S. 1–46.

BÜCHEL, WOLFGANG

1975. *Gesellschaftliche Bedingungen der Naturwissenschaft;* München.

BURCKHARDT, JACOB

1938. *Die Kultur der Renaissance in Italien;* 18. Aufl., Stuttgart.

BURKE, EDMUND

1980. *Philosophische Untersuchung über den Ursprung unserer Ideen vom Erhabenen und Schönen.* Übers. v. F. Bassenge; neu eingel. u. hrsg. v. W. Strube; Hamburg.

BUSCH, KARL-FRANZ; UHLMANN, DIETRICH; WEISE, GÜNTHER (HRSG.)

1983. *Ingenieurökologie;* Jena.

CAILLOIS, ROGER
1938. *Le Mythe et L'Homme;* Paris.

CAMUS, ALBERT
1959. *Der Mythos von Sisyphos.* Ein Versuch über das Absurde. Übers. v. H.G. Brenner u. W. Rasch; Hamburg.

CAPELLE, WILHELM
1935. *Die Vorsokratiker.* Die Fragmente und Quellenberichte. Übers. u. eingel. v. W. Capelle; Leipzig.

CARUS, CARL GUSTAV
o.J. *Reisen und Briefe.* Zweiter Teil. Ausgew. v. Eckart von Sydow; Leipzig.

CHARGAFF, ERWIN
1982. *Warnungstafeln.* Die Vergangenheit spricht zur Gegenwart; Stuttgart.

CHIAROMONTE, NICOLA
1973. *Das Paradox der Geschichte.* Zur Krise des modernen Bewußtseins; Wien.

CHILDE, GORDON
o.J.. *Stufen der Kultur.* Von der Urzeit zur Antike; Stuttgart, Zürich, Salzburg.
The Urban Revolution. In: Town Planning Review 21 (1) S. 3–17.

CLAESSENS, DIETER
1980. *Das Konkrete und das Abstrakte.* Soziologische Skizzen zur Anthropologie; Frankfurt.

CLARKE, G. L.
1954. *Elements of ecology;* New York.

CLIFFORD, DEREK
1981. *Geschichte der Gartenkunst;* 2. Aufl., München.

COCHETTI, STEFANO
1985. *Mythos und ‚Dialektik der Aufklärung'.* (Monographien zur Philosophischen Forschung. Bd. 229); Königstein.

COMMONER, BARRY
1973. *Wachstumswahn und Umweltkrise.* Übers. v. E. Schöfer; München, Gütersloh, Wien.

DAHL, JÜRGEN
1984. *Der unbegreifliche Garten und seine Verwüstung.* Über Ökologie und über Ökologie hinaus; Stuttgart.

DARWIN, CHARLES
1899. *Die Abstammung des Menschen und die geschlechtliche Zuchtwahl.* Bd. I. Gesammelte Werke. Bd. V. Übers. v. J. V. Carus; 5. durchges. Aufl., Stuttgart.
o.J. *Die Entstehung der Arten durch natürliche Zuchtwahl oder die Erhaltung der bevorzugten Rassen im Kampfe ums Dasein.* Übers. v. D. Haek; Leipzig.

DARWIN, FRANCIS (HRSG.)
1887. *Leben und Briefe von Charles Darwin.* Bd. II u. Bd. III. Übers. v. J. V. Carus; Stuttgart.

DELBRÜCK, MAX
1986. *Wahrheit und Wirklichkeit: Über die Evolution des Erkennens.* Übers. v. E. P. Fischer; Hamburg, Zürich.

DETERING, KLAUS; SCHWABE, GERHARD HELMUT
1978. *System, Natur und Sprache.* In: Scheidewege. Vierteljahresschr. f. skept. Denken. 8. Jg. (4). S. 104–132.

DEUTSCHER UMWELTTAG.
1986. *Programmheft;* hrsg. v. Deutscher Umwelttag e. V.; Bonn [1986]

DEVEREUX, GEORGES
1967. *Angst und Methode in den Verhaltenswissenschaften.* Übers. v. C. Neubaur u. K. Kersten; München.

DILLER, HANS
1971. *Hesiod und die Anfänge der griechischen Philosophie (1946).* In: Kleine Schriften zur antiken Literatur; hrsg. v. H.-J. Newiger u. H. Seyffert; München. S. 19–34.

DISCHNER, GISELA
1972. *Ursprünge der Rheinromantik in England.* Zur Geschichte der romantischen Ästhetik (Stud. z. Philos. u. Lit. d. neunzehnten Jhdts. Bd. 17); Frankfurt.

VON DROSTE-HÜLSHOFF, ANNETTE
1925. *Sämtliche Werke.* Bd. 3; München.

DSCHUANG DSI
1977. *Das wahre Buch vom südlichen Blütenland.* A. d. Chin. übertr. u. erl. v. R. Wilhelm; Düsseldorf, Köln.

DUERR, HANS PETER
1979. *Traumzeit.* Über die Grenze zwischen Wildnis und Zivilisation; 3. Aufl., Frankfurt.

EBELING, HANS
1983. *Gelegentlich Subjekt.* Gesetz: Gestell: Gerüst; Freiburg, München.

EBERLE, MATTHIAS
1980. *Individuum und Landschaft.* Zur Entstehung und Entwicklung der Landschaftsmalerei (Kunstwiss. Untersuch. d. Ulmer Vereins, Verband für Kunst- u. Kulturwiss. Bd. 8); Gießen.

EDER, KLAUS
1988. *Die Vergesellschaftung der Natur.* Studien zur sozialen Evolution der praktischen Vernunft; Frankfurt.

ELIAS, NORBERT
1969. *Die höfische Gesellschaft;* Neuwied, Berlin.

1969. *Über den Prozeß der Zivilisation.* Soziogenetische und psychogenetische Untersuchungen. Zwei Bde.; 2. Aufl., Bern, München.

ENGELS, FRIEDRICH

1962. *Dialektik der Natur.* In: Karl Marx, Friedrich Engels: Werke. Bd. 20; Berlin.

1966. *Brief v. 12.-17. Nov. 1875 an Pjotr Lawrowitsch Lawrow.* In: Karl Marx, Friedrich Engels: Werke Bd. 34; Berlin 1966. S. 170.

1969. *Umrisse zu einer Kritik der Nationalökonomie.* In: Karl Marx, Friedrich Engels: Werke. Bd. 1; Berlin. S. 499–524.

ENZENSBERGER, HANS MAGNUS

1973. *Zur Kritik der politischen Ökologie.* In: Kursbuch 33; Berlin, Okt. S. 1–42.

EVANS-PRITCHARD, E.E.

1968. *Theorien über primitive Religion.* Mit einer Vorlesung ‚Sozialanthropologie gestern und heute' als Einleitung. Übers. v. K. Monte; Frankfurt.

FELLMANN, FERDINAND

1987. *Sentimentale Schwärmerei.* Eine Warnung vor falschen Folgen in der Naturphilosophie. In: Frankf. Allg. Ztg. Nr. 41, v. 18. Febr. S. 33.

FLEMMING, WILLI

1931. *Der Wandel des deutschen Naturgefühls vom 15. zum 18. Jahrhundert.* (Dt. Vierteljahrschr. f. Literaturwiss. u. Geistesgesch. Bd. 18); Halle.

FORKE, ALFRED

1964. *Geschichte der alten chinesischen Philosophie.* (Abhandl. a. d. Gebiet der Auslandskunde. Bd. 25. Reihe B: Völkerkunde, Kulturgeschichte u. Sprachen. Bd. 14); 2. Aufl., Hamburg.

FORRESTER, JAY W.

1972. *Der teuflische Regelkreis.* Das Globalmodell der Menschheitskrise. Übers. v. H.-D. Heck; hrsg. v. E. Pestel; Stuttgart.

FRAZER, JAMES GEORG

1890. *The golden bough.* Zwei Bde.; London.

FREUD, SIGMUND

1948. *Totem und Tabu.* Einige Übereinstimmungen im Seelenleben der Wilden und der Neurotiker. Gesammelte Werke. Bd. 9; London.

FREYER, HANS

1955. *Theorie des gegenwärtigen Zeitalters;* Stuttgart.

FRIEDELL, EGON

1984. *Kulturgeschichte der Neuzeit.* Die Krisis der europäischen Seele von der schwarzen Pest bis zum Ersten Weltkrieg. Zwei Bde.; 5. Aufl., München.

FRIEDERICHS, KARL

1937. *Ökologie als Wissenschaft von der Natur oder biologische Raumforschung.* (BIOS. Abh. z. theoret. biol. u. ihrer Gesch., sowie zur Phil. d. organ. Naturwiss. Bd. VII); Leipzig.

FRIEDLÄNDER, MAX J.

1963. *Über die Malerei.* Essays über die Landschaftsmalerei und andere Bildgattungen; München.

FRIEDREICH, J. B.
1972. *Die Symbolik und Mythologie der Natur.* Unveränd. Nachdr. d. Ausg. Würzburg 1859; Wiesbaden.

FRISCH, MAX
1976. *Homo faber.* In: Ges. Werke in zeitl. Folge. Bd. IV; hrsg. v. H. Meyer; Frankfurt.

FRÜCHTL, JOSEF
1986. *Mimesis.* Konstellation eines Zentralbegriffs bei Adorno (Epistemata. Würzb. wiss. Schr.: Reihe Philosophie. Bd. XXVIII); Würzburg.

GADAMER, HANS–GEORG
1986. *Die dreifache Aufklärung.* In: Neue Deutsche Hefte. Nr. 190. 33. Jg. (2); Berlin. S. 227–233.

GAMM, GERHARD
1985. *Simulierte Natur.* Zur Kritik der ökologischen Vernunft. In: Heidrun Hesse (Hrsg.): Natur und Wissenschaft. Konkursbuch 14. Ztschr. f. Vernunftkritik; Tübingen. S. 47–74.

GASSNER, ERICH
1984. *Treuhandklage zugunsten von Natur und Landschaft.* Eine rechtsdogmatische Untersuchung zur Verbandsklage (Beiträge zur Umweltgestaltung A 94); Berlin.

GEBSER, JEAN
1949. *Ursprung und Gegenwart.* Bd. I: Die Fundamente der aperspektivischen Welt. Beitrag zu einer Geschichte der Bewußtwerdung; Stuttgart.

GEHLEN, ARNOLD
1951. *Stellungnahme zu den Hauptsachen.* In: Zeitschr. f. Phil. Forschg. Bd. VI. 1951/52. S. 71–93.
1978. *Der Mensch.* Seine Natur und seine Stellung in der Welt; 12. Aufl., Wiesbaden.

GERNDT, SIEGMAR
1981. *Idealisierte Natur.* Die literarische Kontroverse um den Landschaftsgarten des 18. und frühen 19. Jahrhunderts in Deutschland; Stuttgart.

GLOBAL 2000
1980. *Der Bericht an den Präsidenten;* hrsg. v. R. Kaiser; Frankfurt.

VON GOETHE, JOHANN WOLFGANG; SCHILLER, FRIEDRICH
1833. *Die Xenien aus Schiller's Musenalmanach für das Jahr 1797.* Geschichte, Abdruck u. Erläuterung derselben; Danzig.

GRASS, GÜNTER
1986. *Die Rättin;* Darmstadt, Neuwied.

GRIMM, JACOB U. WILHELM
1984. *Deutsches Wörterbuch.* Bearb. v. V. Dollmayr. Bd. 23; München.

GRUENTER, RAINER

1975. *Landschaft.* Bemerkungen zur Wort– und Bedeutungsgeschichte. In: Landschaft und Raum in der Erzählkunst (Wege der Forschung. Bd.CCCCXVIII); Darmstadt. S. 192–207.

GRUHL, HERBERT

1975. *Ein Planet wird geplündert.* Die Schreckensbilanz unserer Politik; Frankfurt.

HABERMAS, JÜRGEN

1971. *Theorie der Gesellschaft oder Sozialtechnologie?* Eine Auseinandersetzung mit Niklas Luhmann. In: Jürgen Habermas, Niklas Luhmann: Theorie der Gesellschaft oder Sozialtechnologie – Was leistet die Systemforschung? Frankfurt. S. 142–290.

1977. *Philosophische Anthropologie (Ein Lexikonartikel, 1958).* In: Kultur und Kritik. Verstreute Aufsätze; 2. Aufl., Frankfurt. S. 89–111.

1981. *Theodor W. Adorno.* Urgeschichte der Subjektivität und verwilderte Selbstbehauptung (1969). In: Philosophisch–politische Profile; 3. erw. Aufl., Frankfurt. S. 167–179.

1983. *Diskursethik — Notizen zu einem Begründungsprogramm.* In: Moralbewußtsein und kommunikatives Handeln; Frankfurt. S. 53–125.

1985. *Der philosophische Diskurs der Moderne.* Zwölf Vorlesungen; Frankfurt.

1987. *Theorie des Kommunikativen Handelns.* Zwei Bde.; Bd. 1: Handlungsrationalität und gesellschaftliche Rationalisierung. Bd. 2: Zur Kritik der funktionalistischen Vernunft; 4. durchges. Aufl., Frankfurt.

1988. *Die neue Intimität zwischen Politik und Kultur.* In: Jörn Rüsen, Eberhard Lämmert u. Peter Glotz (Hrsg.): Die Zukunft der Aufklärung; Frankfurt. S. 59–72.

1988. *Handlungen, Sprechakte, sprachlich vermittelte Interaktionen und Lebenswelt.* In: Nachmetaphysisches Denken. Philosophische Aufsätze; 2. Aufl., Frankfurt. S. 63–104.

1988. *Motive nachmetaphysischen Denkens.* In: Nachmetaphysisches Denken. Philosophische Aufsätze; 2. Aufl., Frankfurt. S. 35–60.

1988. *Die Einheit der Vernunft in der Vielfalt ihrer Stimmen.* In: Nachmetaphysisches Denken. Philosophische Aufsätze; 2. Aufl., Frankfurt. S. 153–186.

HAECKEL ERNST.

1870. *Natürliche Schöpfungsgeschichte.* Gemeinverst. wiss. Vorträge ü. d. Entwicklungslehre; 2. verb. u. verm. Aufl., Berlin.

1893. *Der Monismus als Band zwischen Religion und Wissenschaft.* Glaubensbekenntniss eines Naturforschers; Bonn.

1904. *Die Lebenswunder.* Gemeinverständliche Studien über Biologische Philosophie. Ergbd. zu dem Buche über die Welthrätsel; Stuttgart.

1924. *Natürliche Schöpfungsgeschichte.* Erster Teil. Gemeinverständliche Werke. Bd. I; hrsg. v. H. Schmidt–Jena; Leipzig, Berlin.

1924. *Vorträge und Abhandlungen.* In: Gemeinverständliche Werke. Bd. V; hrsg. v. H. Schmidt–Jena; Leipzig.

1984. *Biographie in Briefen.* Zusammengest. u. erl. v. G. Uschmann; Gütersloh.

HÄRTLING, PETER
1983. *Das Windrad.* Roman; Darmstadt.

HAGÈGE, CLAUDE
1987. *Der dialogische Mensch.* Sprache–Weltbild–Gesellschaft. Übers. v. M.Hübner; Hamburg.

HALBACH, UDO
1981. *Der Beitrag der biologischen Ökologie zum Umweltproblem.* In: Jürgen Lehmann (Hrsg.): Hochschulcurriculum Umwelt; Köln. S. 9–32.

HAMER, HEYO E.; NEU, RAINER
1986. *Buddhismus.* (Ethik der Religionen. Lehre und Leben. Bd. 5: Umwelt); München, Göttingen. S. 70–105.

HARDACH–PINKE, IRENE
1986. *Zwischen Angst und Liebe.* Die Mutter–Kind–Beziehung seit dem 18. Jahrhundert. In: Jochen Martin, Thomas Nipperdey (Hrsg.): Zur Sozialgeschichte der Kindheit (Veröff. d. Inst. f. Histor. Anthropologie e. V. Bd. 4: Kindheit, Jugend, Familie II); München. S. 525–590.

HARTMANN, GÜNTER
1981. *Die Ruine im Landschaftsgarten.* Ihre Bedeutung für den frühen Historismus und die Landschaftsmalerei der Romantik (Grüne Reihe. Quellen u. Forschungen zur Gartenkunst. Bd. 3); Worms.

HASSAUER, FRIEDERIKE; ROOS, PETER
1988. *Bankerotte der Kategorie A.* Vort. geh. am 11. Dez. 1987 in Frankfurt. In: die tageszeitung. Nr. 2420. 11. Jg., v. 30. Jan. 1988. S. 8–9.

1988. *Aufklärung: Futurologie oder Konkurs.* Acht Behauptungen. In: Jörn Rüsen u.a. (Hrsg.): Die Zukunft der Aufklärung; Frankfurt. S. 40–47.

HASSENPFLUG, DIETER
1980. *Umweltökonomie und Fachökologie als Gegenstände philosophischer Aufhebung zu einer ‚Ökonomie der Natur'.* Eine philosophische Studie zum Ökologieproblem der Industriegesellschaft; Diss. Kassel.

HEBERER, GERHARD
1965. *Über den systematischen Ort und den physisch–psychischen Status der Australopithecinen.* In: Ders. (Hrsg.): Menschliche Abstammungslehre. Fortschritte der ‚Anthropogenie' 1863–1964; Stuttgart. S. 310–356.

1968. *Der gerechtfertigte Haeckel.* Einblicke in seine Schriften aus Anlaß des Erscheinens seines Hauptwerkes ‚Generelle Morphologie der Organismen' vor 100 Jahren; Stuttgart.

HEGEL, GEORG WILHELM FRIEDRICH
1958. *System der Philosophie.* Zweiter Teil. Die Naturphilosophie. Sämtliche Werke. Bd. 9; hrsg. v. H. Glockner; Stuttgart.

1964. *Grundlinien der Philosophie des Rechts oder Naturrecht und Staatswissenschaft im Grundrisse.* Sämtliche Werke. Bd. 7.; hrsg. v. H. Glockner; Stuttgart.

HEIDEGGER, MARTIN
1962. *Die Technik und die Kehre;* Pfullingen.
1966 *Nur noch ein Gott kann uns retten.* Spiegel–Gespräch mit Martin Heidegger am 23. Sept. 1966. In: Der Spiegel. Nr. 23. 1976. S. 93–219.
1969. *Das Ende der Philosophie und die Aufgabe des Denkens.* In: Zur Sache des Denkens; Tübingen. S. 61–80.
1979. *Sein und Zeit;* 15. durchges. Aufl., Tübingen.

HEINE, HEINRICH
1973. *Die Harzreise (1824).* Reisebilder. Erster Theil. In: Hist.–krit. Ges.–Ausg. d. Werke. Bd. 6; hrsg. v. M. Windfuhr; Hamburg.

HEINRICH, KLAUS
1966. *Parmenides und Jona.* Vier Studien über das Verhältnis von Philosophie und Mythologie; Frankfurt.

HEISENBERG, WERNER
1963. *Das Naturbild der heutigen Physik;* Hamburg.

HEMPEL, CARL GUSTAV
1977. *Philosophie der Naturwissenschaften.* Übers. v. W. Lenzen; 2. Aufl., Nördlingen.

HENNEBA, DIETER; HOFFMANN, ALFRED
1963. *Geschichte der deutschen Gartenkunst in 3 Bänden.* Hamburg.

VON HENTIG, HARTMUT
1988. *Gegen die Gleichheit der Menschen, für die Gleichheit der Bürger.* Die Aufklärung und das Geschlechterverhältnis. In: Jörn Rüsen u.a. (Hrsg.): Die Zukunft der Aufklärung; Frankfurt. S. 148–156.

HERDER, JOHANN GOTTFRIED
1967. *Abhandlung über den Ursprung der Sprache.* Zweite ber. Ausg. Berlin 1789. In: Sämtl. Werke. Bd. V; hrsg. v. B. Suphan. Hildesheim. S. 1–158. [Reprographischer Nachdruck der Ausg. Berlin 1887.]
1967. *Kalligone.* Dritter Theil: Vom Erhabnen und vom Ideal. In: Sämtl. Werke. Bd. XXII; hrsg. v. B. Suphan; Hildesheim. S. 225–332.
1967. *Ideen zur Philosophie der Geschichte der Menschheit.* Erster Theil. Sämtliche Werke. Bd. XIII; hrsg. v. B. Suphan. Hildesheim.

HESIOD
o.J. *Theogonie.* In: Sämtliche Werke. Übers. v. Thassilo von Scheffer; hrsg. v. E. G. Schmidt; Leipzig. S. 3–48.
o.J. *Werke und Tage.* In: Sämtliche Werke. Übers. v. Thassilo von Scheffer; hrsg. v. E. G. Schmidt; Leipzig. S. 51–90.

HESIODI
1984. *Opera et Dies.* Ed. F. Solmsen. Scriptorum classicorum bibliotheca Oxoniensis; Repr. Oxford.

HESSE, HEIDRUN
1985. *,... wissen, wie die Natur es macht ...'.* Zu Gerüchten, die Überwindung des mechanistischen Denkens betreffend. In: Dies. (Hrsg.): Natur und Wissenschaft. Konkursbuch 14. Ztschr. f. Vernunftkritik; Tübingen. S. 15–25.

HIRSCH, EMANUEL
1925. *Der Kulturbegriff.* Eine Lesefrucht. In: Dtsch. Vierteljahresschr. f. Literaturwiss. u. Geistesgesch. Bd. III. S. 398–400.

HÖLDERLIN, FRIEDRICH
1953. *,Patmos.'* In: Sämtliche Werke. Bd.2: Gedichte nach 1800; hrsg. v. F.Beißner; Stuttgart.

HÖRZ, HERBERT, U.A. (HRSG.)
1978. *Philosophie und Naturwissenschaften;* Wörterb. z. d. philos. Fragen d. Naturwiss. Berlin.

HÖFFE, OTFRIED
1975. *Strategien der Humanität.* Zur Ethik öffentlicher Entscheidungsprozesse (Praktische Philosophie. Bd. 2); Freiburg, München.

HOFER, HELMUT
1972. *Prolegomena primatologiae.* In: Ders. u. Günter Altner: Die Sonderstellung den Menschen. Naturwissenschaftliche und geisteswissenschaftliche Aspekte; Stuttgart. S. 145–226.

HOFFMANN, ALFRED
1963. *Der Landschaftsgarten.* Dieter Henneba, Alfred Hoffmann: Geschichte der deutschen Gartenkunst in drei Bänden. Bd. III; Hamburg.

HOLZHEY, H.
1980. *,Lebensqualität'.* In: Hist. Wörterb. d. Phil. Bd. V; hrsg. v. J. Ritter u. K. Gründer; Basel, Stuttgart. Sp. 141–143.

HORKHEIMER, MAX
1986. *Traditionelle und kritische Theorie.* In: Traditionelle und kritische Theorie. Vier Aufsätze; Frankfurt. S. 12–56.

HORKHEIMER, MAX U. ADORNO, THEODOR W.
1969. *Dialektik der Aufklärung.* Philosophische Fragmente; Frankfurt.

HORSTMANN, ULRICH
1985. *Die Menschenleere ist ausdenkbar.* Plädoyer für eine Philosophie des Abschieds. In: die tageszeitung, v. 4. Febr. S. 10–11.

HÜBNER, KURT
1985. *Die Wahrheit des Mythos;* München.

HÜPPE, EBERHARD
1991. *Transformation in der Musik. Technologische Ästhetik;* Mskr., Diss. Münster.

HUBER, JOSEPH
1982. *Die verlorene Unschuld der Ökologie.* Neue Technologien und superindustrielle Entwicklung; Frankfurt.

HUNING, ALOIS
1976. *Philosophie der Technik.* In: Hans Sachsse (Hrsg.): Technik und Gesellschaft. Bd. 3: Ausgewählte und kommentierte Texte: Selbstzeugnisse der Techniker. Philosophie der Technik; München. S. 127–253.

HUXLEY, ALDOUS
1949. *Die ewige Philosophie.* Philosophia perennis. Übers. v. H. R. Conrad; Zürich.
1977. *Schöne neue Welt.* Ein Roman der Zukunft. Übers. v. H. E. Herlitschka; Frankfurt.

ILLICH, IVAN
1975. *Selbstbegrenzung.* Eine politische Kritik der Technik. Übers. v. N. T. Lindquist; Hamburg.

ILLIES, JOACHIM
1983. *Im Wunderwald der Stammbäume.* Dendrologie einer Illusion. In: Alfred Locker (Hrsg.): Evolution — kritisch gesehen; Salzburg, München. S. 97–124.

IMDAHL, MAX
1958. *Baumstellung und Raumwirkung.* Zu verwandten Landschaftsbildern von Domenichino, Claude Lorrain und Jan Frans von Bloemen. In: Festschrift zum 75. Geburtstag v. Martin Wackernagel; hrsg. v. kunstgeschichtl. Sem. d. Univ. Münster; Köln. S. 153–184.

IMMERMANN, KARL LEBRECHT
o.J. *Immermanns Werke. Zweiter Teil. Erste Abt.: Münchhausen.* Bd. 1; hrsg. v. M. Koch; Deutsche National-Litteratur. Hist.-krit. Ausg. Bd. 160; hrsg. J. Kürschner; Berlin, Stuttgart.

JACOB, HARTMUT
1973. *Zur Messung der Erlebnisqualität von Erholungs-Waldbeständen.* Eine experimentalpsychologische Analyse als Beitrag zur Umweltgestaltung (Landschaft u. Stadt. Beih. 9); Stuttgart.

JAMME, CHRISTOPH; SCHNEIDER, HELMUT (HRSG.)
1984. *Mythologie der Vernunft.* Hegels 'ältestes Systemprogramm des deutschen Idealismus'; Frankfurt.

JANETSCHEK, HEINZ
1982. *Sekundärproduktivität.* In: Ders. (Hrsg.): Ökologische Feldmethoden. Hinweise zur Analyse von Landökosystemen; Stuttgart. S. 137–143.

JONAS, HANS.
1970. *Wandel und Bestand.* Vom Grunde der Verstehbarkeit des Geschichtlichen (Wissenschaft und Gegenwart. Geisteswiss. Reihe. Heft 46); Frankfurt.
1973. *Organismus und Freiheit.* Ansätze zu einer philosophischen Biologie; Göttingen.
1980. *Das Prinzip Verantwortung.* Versuch einer Ethik für die technologische Zivilisation; Frankfurt.

1984. *Der Gottesbegriff nach Auschwitz.* Eine jüdische Stimme. In: Reflexionen finsterer Zeit. Zwei Vorträge von Fritz Stern und Hans Jonas, hrsg. v. Otfried Hofius; Tübingen.

1985. *Technik, Medizin und Ethik.* Zur Praxis des Prinzips Verantwortung; Frankfurt.

1987. *Hoffnung wächst aus Verantwortung für die Welt, Technik, Freiheit und Pflicht:* Rede anl. d. Verl. d. Friedenspr. d. dtsch. Buchhandels. In: Südd. Ztg. Nr. 234, v. 12. Okt. S. 35.

JAUß, HANS ROBERT

1980. *Negativität und ästhetische Erfahrung.* Adornos ästhetische Theorie in der Retrospektive. In: Burckhard Lindner, W. Martin Lüdke (Hrsg.): Materialien zur ästhetischen Theorie Theodor W. Adornos. Konstruktion der Moderne; Frankfurt. S. 138–168.

JÜNGER, FRIEDRICH GEORG

1960. *Gärten im Abend- und Morgenland;* München, Eßlingen.

KAGER, REINHARD

1988. *Herrschaft und Versöhnung.* Einführung in das Denken Theodor W. Adornos; Frankfurt, New York.

KAISER, RUDOLF U. MICHAELA

1985. *Diese Erde ist uns heilig.* Die Rede des Indianerhäuptlings Seattle. Legende und Wirklichkeit; 3. Aufl., Münster.

KAMMERER, FRIEDRICH

1909. *Zur Geschichte des Landschaftsgefühls im frühen achtzehnten Jahrhundert;* Berlin.

KANT, IMMANUEL

1913. *Kritik der Urtheilskraft.* In: Werke. Kant's ges. Schr. hrsg. v. d. Königlich Preußischen Akademie der Wissenschaften. Bd. V; Berlin.

1917. *Der Streit der Fakultäten.* In: Werke. Kant's ges. Schr. hrsg. v. d. Königlich Preußischen Akademie der Wissenschaften. Bd. VII. Berlin.

KAPP, ERNST

1845. *Philosophische oder Vergleichende allgemeine Erdkunde als wissenschaftliche Darstellung der Erdverhältnisse und des Menschenlebens nach ihrem inneren Zusammenhang.* Zwei Bde.; Braunschweig.

KAULBACH, FRIEDRICH

1982. *Einführung in die Philosophie des Handelns;* Darmstadt.

1984. *Ästhetische Welterkenntnis bei Kant;* Würzburg.

KEITER, FRIEDRICH

1966. *Verhaltensbiologie des Menschen auf kulturanthropologischer Grundlage.* (Monographien und Studien zur Konflikt-Psychologie. Abt. I: Konflikt-Analyse. Bd. 4); München, Basel.

KELLER, GOTTFRIED

1950. *Gesammelte Briefe in 4 Bänden.* Bd. I; hrsg. v. C. Helbling; Bern.

KELSEN, HANS

1940. *Die Entstehung des Kausalgesetzes aus dem Vergeltungsprinzip.* In: Erkenntis. The Journal of Unified Science. Vol. 8. 1939/40; Hamburg. S. 69–130.

KLUGE, FRIEDRICH (HRSG.)

1960. *Etymologisches Wörterbuch der deutschen Sprache;* Berlin.

KOHL, KARL-HEINZ

1981. *Entzauberter Blick.* Das Bild vom Guten Wilden und die Erfahrung der Zivilisation; Berlin.

KORTLÄNDER, BERND

1977. *Die Landschaft in der Literatur des ausgehenden 18. und beginnenden 19. Jahrhunderts.* In: Alfred Hartlieb von Wallthor, Heinz Quirin (Hrsg.): ‚Landschaft' als interdisziplinäres Forschungsproblem (Veröffentlg. d. Provinzialinst. f. westf. Landes- u. Volksforschg. d. Landschaftsverb. Westf.-Lippe. Reihe 1. Heft 21); Münster. S. 36–44.

KOSLOWSKI, PETER

1987. *Die postmoderne Kultur.* Gesellschaftlich-kulturelle Konsequenzen der technischen Entwicklung (Perspektiven und Orientierungen. Schriftenreihe des Bundeskanzleramtes. Bd. 2); München.

KRAUSE, ERNST (HRSG.)

1885. *Gesammelte kleinere Schriften von Charles Darwin.* Ein Supplement zu seinen größeren Werken. Bd. I; Leipzig.

KRINGS, HERMANN

1985. *Natur und Freiheit.* Zwei konkurrierende Traditionen. In: Zeitschr. f. Phil. Forschg. Bd. XXXIX; Meisenheim/Glan. S. 3–20.

KROPOTKIN, PETER

1976. *Gegenseitige Hilfe in der Tier- und Menschenwelt.* Dt. Ausg. bes. v. G. Landauer; m. e. Nachw. neu hrsg. v. H. Ritter; Frankfurt, Berlin, Wien.

KÜHNELT, WILHELM

1965. *Grundriß der Ökologie.* Mit besonderer Berücksichtigung der Tierwelt; Jena.

KUHN, THOMAS S.

1979. *Die Struktur wissenschaftlicher Revolutionen;* 2. rev. u. um das Postskr. v. 1969 erg. Aufl., 4. Aufl., Frankfurt.

KUMMER, BENNO

1965. *Die mechanischen Probleme der Aufrichtung auf die Hinterextremität im Hinblick auf die Evolution der Bipedie des Menschen.* In: Gerhard Heberer (Hrsg.): Menschliche Abstammungslehre. Fortschritte der ‚Anthropogenie' 1863–1964; Stuttgart S. 227–248.

KUNERT, GÜNTER

1974. *Im weiteren Fortgang.* Gedichte; München.

1978. *Unterwegs nach Utopia.* Gedichte; 3. Aufl., München, Wien.

1980. *Zum allerneuesten Bewußtsein.* In: Jürgen Manthey (Hrsg.): Literaturmagazin 13. Wie halten wir es mit dem Neuen? Innovation und Restauration im Zeichen einer vergangenen Zukunft; Hamburg.

1980. *Abtötungsverfahren.* Gedichte; München, Wien.

1984. *Zurück ins Paradies.* Geschichten; München, Wien.

1987. *Berlin beizeiten.* Gedichte; München, Wien.

KURZ, PAUL KONRAD

1969. *Über moderne Literatur II.* Standorte und Deutungen; Frankfurt.

1986. *Zwischen Widerstand und Wohlstand.* Zur Literatur der frühen 80er Jahre; Frankfurt.

1987. *Apokalyptische Zeit.* Zur Literatur der mittleren 80er Jahre; Frankfurt.

LANDMANN, MICHAEL

1982. *Philosophische Anthropologie.* Menschliche Selbstdarstellung in Geschichte und Gegenwart; 5. durchges. Aufl., Berlin, New York.

LANGEN, AUGUST

1975. *Verbale Dynamik in der dichterischen Landschaftsschilderung des 18. Jahrhunderts.* In: Landschaft und Raum in der Erzählkunst (Wege der Forschung. Bd. CCCCXVIII); Darmstadt. S. 112–191.

LAUFFER, SIEGFRIED

1953. *Der antike Fortschrittsgedanke.* In: Actes du XIème Congrès International de Philosophie. Bruxelles, 20.–26. Août 1953, Vol. XII: Histoire de la Philosophie: Méthodologie Antiquité et Moyen Age; Amsterdam. S. 37–44.

LEGASSOW, WALERI

1988. *‚Memoiren'* In: die tageszeitung. Nr. 2513. 10. Jg., v. 21. Mai. S. 6.

LEHMANN, JÜRGEN

1981. *Zur Umwelterziehung im tertiären Bildungsbereich.* In: Ders. (Hrsg.): Hochschulcurriculum Umwelt; Köln. S. 7–9.

LENK, HANS

1983. *Verantwortung für die Natur.* Gibt es moralische Quasirechte von oder moralische Pflichten gegenüber nichtmenschlichen Naturwesen? In: Allg. Ztschr. f. Philosophie. 8. Jg. (3); Stuttgart. S. 1–17.

LEPENIES, WOLF

1977. *Soziologische Anthropologie.* Materialien; erw. Ausg., Frankfurt, Berlin, Wien.

LESER, HARTMUT

1982. *Der ökologische Natur- und Landschaftsbegriff.* — Überlegungen zu seiner Bedeutung für Nutzung, Planung und Entwicklung des Lebensraums. In: Jörg Zimmermann (Hrsg.): Das Naturbild des Menschen; München. S. 74–117.

LESSING, THEODOR

1962. *Geschichte als Sinngebung des Sinnlosen.* Oder: Die Geburt der Geschichte aus dem Mythos; Hamburg.

LÉVI-STRAUSS, CLAUDE
1972. *'Primitive' und 'Zivilisierte'*. Nach Gesprächen aufgezeichnet von G. Charbonnier. Übers. von A. Kuoni u. K. Reinhart; Zürich.
1975. *Strukturale Anthropologie II.* Übers. v. E. Moldenhauer u.a.; Frankfurt.

LITT, THEODOR
1948. *Die Sonderstellung des Menschen im Reiche des Lebendigen;* Wiesbaden.

LOBSIEN, ECKHARD
1981. *Landschaft in Texten.* Zur Geschichte und Phänomenologie der literarischen Beschreibung (Stud. zur Allg. u. Vergl. Literaturwiss. Bd. 23); Stuttgart.

LÖW, REINHARD
1980. *Philosophie des Lebendigen.* Der Begriff des Organischen bei Kant, sein Grund und seine Aktualität; Frankfurt.
1983. *Kann das Gehirn sich selbst erkennen?* In: Alfred Locker (Hrsg.): Evolution — kritisch gesehen; Salzburg, München. S. 157–171.

LÖW, REINHARD; KOSLOWSKI, PETER; KREUZER, PHILIPP (HRSG.)
1981. *Fortschritt ohne Maß?* Eine Ortsbestimmung der wissenschaftlich-technischen Zivilisation; München.

LÖWITH, KARL
1981. *Natur und Humanität des Menschen (1957).* In: Sämtliche Schriften 1; hrsg. v. K. Stichweh; Stuttgart. S. 259–294.
1981. *Töten, Mord und Selbstmord: Die Freiheit zum Tode (1962).* In: Sämtliche Schriften 1; hrsg. v. K. Stichweh; Stuttgart. S. 399–425.

LUHMANN, NIKLAS
1971. *Zweck-Herrschaft-System: Grundbegriffe und Prämissen Max Webers.* In: Politische Planung. Aufsätze zur Soziologie von Politik und Verwaltung; Opladen. S. 90–112.
1973. *Vertrauen.* Ein Mechanismus der Reduktion sozialer Komplexität; 2. erw. Aufl., Stuttgart.
1973. *Zweckbegriff und Systemrationalität.* Über die Funktion von Zwecken in sozialen Systemen; Frankfurt.
1978. *Soziologie der Moral.* In: Niklas Luhmann, Stephan H. Pfürtner (Hrsg.): Theorietechnik und Moral; Frankfurt. S. 8–116.
1981. *Gesellschaftsstrukturelle Bedingungen und Folgeprobleme des naturwissenschaftlich-technischen Fortschritts.* In: Reinhard Löw, Peter Koslowski, Philipp Kreuzer (Hrsg.): Fortschritt ohne Maß? Eine Ortsbestimmung der wissenschaftlich-technischen Zivilisation; München. S. 113–131.
1981. *Organisation und Entscheidung.* In: Soziologische Aufklärung 3. Soziale Systeme, Gesellschaft, Organisation; Opladen. S. 335–389.
1982. *Paradigmawechsel in der Systemtheorie.* Ein Paradigma für Fortschritt? In: Reinhart Herzog, Reinhart Koselleck (Hrsg.): Epochenschwelle und Epochenbewußtsein (Poetik und Hermeneutik 12); München. S. 305–322.

1985. *Kann die moderne Gesellschaft sich auf ökologische Gefährdungen einstellen?* (Vorträge. Rhein.-Westf. Akad. d. Wiss.: Geisteswiss. G 278); Opladen. S. 17–31.

1985. *Soziale Systeme.* Grundriß einer allgemeinen Theorie; 2. Aufl., Frankfurt.

1986. *Alternative ohne Alternative.* Die Paradoxie der ‚neuen sozialen Bewegungen' In: Frankf. Allg. Ztg. Nr. 149, v. 2. Juli. S. 29.

1986. *Ökologische Kommunikation.* Kann die moderne Gesellschaft sich auf ökologische Gefährdungen einstellen? Opladen.

1987. *Autopoiesis als soziologischer Begriff.* In: Hans Haferkamp, Michael Schmid (Hrsg.): Sinn, Kommunikation und soziale Differenzierung. Beiträge zu Luhmanns Theorie sozialer Systeme; Frankfurt. S. 307–324.

1987. *Brauchen wir einen neuen Mythos?* In: Soziologische Aufklärung 4. Beiträge zur funktionalen Differenzierung der Gesellschaft; Opladen. S. 254–274.

1987. *Sicherheit und Risiko aus der Sicht der Sozialwissenschaften.* In: Die Sicherheit technischer Systeme. Akademie–Forum der Rhein.-Westf. Akad. d. Wiss.4 (Vorträge. Rhein.-Westf. Akad. d. Wiss.: Natur–, Ingenieur- und Wirtschaftswiss. N 351); Opladen. S. 63–66.

1987. *Sozialisation und Erziehung.* In: Soziologische Aufklärung 4. Beiträge zur funktionalen Differenzierung der Gesellschaft; Opladen. S. 173–181.

1988. *Njet-Set und Terror-Desperados.* Die Protestler von '68 waren ein querulantischer Njet-Set, der endlich dank der Ökologiebewegung und der von ihr aufgeworfenen Fragestellungen von einer Generation mit den erforderlichen technischen und wissenschaftlichen Kenntnissen abgelöst wird. In: die tageszeitung, v. 4. Aug. S. 11–12.

LURKER, MANFRED (HRSG.)

1985. *Wörterbuch der Symbolik;* 3. Aufl., Stuttgart.

LÜTZELER, HEINRICH

1950. *Vom Wesen der Landschaftsmalerei.* In: Studium Generale. Ztschr. f. d. Einh. d. Wiss. im Zus. ihrer Begriffsbildungen u. Forschungsmethoden. 3. Jg. (4/5), April 1950; Berlin, Göttingen, Heidelberg. S. 210–232.

MACHIAVELLI, NICCOLÒ

1978. *Regierungskunst eines Fürsten.* Repr. d. Ausg. v. 1745; Dortmund 1978.

MAKOWSKI, HENRY; BUDERATH, BERNHARD

1983. *Die Natur dem Menschen untertan.* Ökologie im Spiegel der Landschaftsmalerei; München.

MALINOWSKI, BRONISLAW

1975. *Eine wissenschaftliche Theorie der Kultur (1941).* In: Eine wissenschaftliche Theorie der Kultur. Übers. v. F. Levi; Frankfurt. S. 45–172.

MANNHEIM, KARL

1978. *Ideologie und Utopie;* 6. Aufl., Frankfurt.

MARCUSE, LUDWIG

1982. *Sigmund Freud.* Das Geheimnis Mensch; München.

MARKL, HUBERT

1983. *Die Dynamik des Lebens: Entfaltung und Begrenzung biologischer Populationen.* In: Ders. (Hrsg.): Natur und Geschichte; München, Wien. S. 71–100.

MARQUARD, ODO

1962. *Kant und die Wende zur Ästhetik.* In: Ztschr. f. Phil. Forschg. Bd. XVI; Meisenheim/Glan. S. 231–243 u. 363–374.

1981. *Ende des Schicksals?* Einige Bemerkungen über die Unvermeidlichkeit des Unverfügbaren. In: Abschied vom Prinzipiellen. Philosophische Studien; Stuttgart. S. 67–90.

1982. *Zur Geschichte des philosophischen Begriffs ‚Anthropologie' seit dem Ende des achtzehnten Jahrunderts.* In: Schwierigkeiten mit der Geschichtsphilosophie. Aufsätze; Frankfurt. S. 122–144.

1983. *homo compensator.* Zur Anthropologischen Karriere eines metaphysischen Begriffs. In: Der Mensch und die Wissenschaften vom Menschen. Die Beitr. d. XII. Dtsch. Kongr. f. Phil. in Innsbruck v. 29. Sept. bis 3. Okt. 1981. Bd. I: Anthropologie der Gegenwart; hrsg. v. G. Frey u. J. Zelger; Innsbruck. S. 55–66.

1984. *Neugier als Wissenschaftsantrieb oder die Entlastung von der Unfehlbarkeitspflicht.* In: Elisabeth Ströker (Hrsg.): Ethik der Wissenschaften? Philosophische Fragen (Ethik der Wissenschaften. Bd. I); München. S. 15–26.

MARQUARDT, JOACHIM

1884. *Römische Staatsverwaltung.* Bd. II. Hb. d. Röm. Alterthümer. Bd. 5; hrsg. v. J. Marquardt u. Th. Mommsen; 2. Aufl., Leipzig.

MARTEN, HEINZ-GEORG

1983. *Sozialbiologismus.* Biologische Grundpositionen der politischen Ideengeschichte; Frankfurt, New York.

MARX, WERNER

1983. *Gibt es auf Erden ein Maß?* Grundbestimmungen einer nichtmetaphysischen Ethik; Hamburg.

MATURANA, HUMBERTO R.

1982. *Erkennen: Die Organisation und Verkörperung von Wirklichkeit.* Ausgewählte Arbeiten zur biologischen Epistemologie (Wissenschaftstheorie, Wissenschaft und Philosophie 19); Braunschweig, Wiesbaden.

MAURER, REINHART

1982. *Ökologische Ethik?* In: Allg. Ztschr. f. Philosophie. 7. Jg. (1); Stuttgart. S. 17–39.

1983. *Warum in Europa?* Geschichtsphilosophische Überlegungen zur Entstehung der modernen Technik. In: Der Mensch und die Wissenschaften vom Menschen. Die Beitr. d. XII. Dtsch. Kongr. f. Phil. in Innsbruck v. 29. Sept. bis 3. Okt. 1981. Bd. I: Anthropologie der Gegenwart; hrsg. v. G. Frey und J. Zelger; Innsbruck 1983. S. 463–476.

MAUSS, MARCEL; HUBERT, HENRI
1903. *Théorie générale de la Magie. In: L'Année Sociologique. Bd. 7.* 1902/03. S. 1–146.

MAY, ROBERT M. (HRSG.)
1980. *Theoretische Ökologie.* Übers. v. O. Hoffrichter u. K. P. Sauer; Weinheim, Basel.

MAYER-TASH, PETER CORNELIUS (HRSG.)
1981. *Im Gewitter der Geraden.* Deutsche Ökolyrik 1950–1980; München.

MAYR, ERNST
1984. *Die Entwicklung der biologischen Gedankenwelt.* Vielfalt, Evolution und Vererbung. Übers. v. K. de Sousa Ferraira; Berlin, Heidelberg, New York, Tokyo.

MEADOWS, DENNIS U.A.
1973. *Die Grenzen des Wachstums – Bericht des Club of Rome zur Lage der Menschheit;* 3. Aufl., Hamburg.

MECKEL, CHRISTOPH
1979. *Ausgewählte Gedichte 1955–1978;* Königstein.

MERTON, ROBERT K.
1985. *Prioritätsstreitigkeiten in der Wissenschaft.* In: Entwicklung und Wandel von Forschungsinterressen. Aufsätze zur Wissenschaftssoziologie. Übers. v. R. Kaiser; Frankfurt. S. 258–300.
1985. *Der soziale und kulturelle Kontext von Wissenschaft.* In: Entwicklung und Wandel von Forschungsinteressen. Aufsätze zur Wissenschaftssoziologie. Übers. v. R. Kaiser; Frankfurt. S. 33–58.

MEYER-ABICH, KLAUS MICHAEL
1982. *Vom bürgerlichen Rechtsstaat zur Rechtsgemeinschaft der Natur.* Bedingungen einer verfassungsmäßigen Ordnung der menschlichen Herrschaft in der Naturgeschichte. In: Scheidewege. Vierteljahresschr. f. skept. Denken. 12. Jg. (3/4). S. 581–606.
1984. *Wege zum Frieden mit der Natur.* Praktische Naturphilosophie für die Umweltpolitik; München, Wien.

MICHEL, KARL MARKUS
1980. *Versuch die ‚Ästhetische Theorie' zu verstehen.* In: Burckhard Lindner, W. Martin Lüdke (Hrsg.): Materialien zur ästhetischen Theorie Theodor W. Adornos. Konstruktion der Moderne; Frankfurt. S. 41–107.

MOEWES, FRANZ
1926. *Zur Geschichte der Naturdenkmalpflege.* In: Walther Schoenichen (Hrsg.): Wege zum Naturschutz; Breslau. S. 28–71.

MOLLENHAUER, DIETER
1985. *Ökologie — das enfant terrible der Biologie.* In: Scheidewege. Jahresschr. f. skept. Denken. 15. Jg. 1985/86. S. 126–141.

MOORE, GEORGE EDWARD
1970. *Principia Ethica.* Übers. u. hrsg. v. B. Wisser; Stuttgart.

MOSCOVICI, SERGE

1982. *Versuch über die menschliche Geschichte der Natur.* Übers. v. M. Bischoff; Frankfurt.

MÜHLMANN, WILHELM E.

1984. *Geschichte der Anthropologie.* 3. Aufl., Wiesbaden.

MÜLLER, HANS WERNER

1974. *Wechselbeziehungen von Technik und Gesellschaft im Laufe der Geschichte.* In: Hans Sachsse (Hrsg.): Technik und Gesellschaft. Bd. 1: Literaturführer; München. S. 22–55.

MÜLLER, PAUL

1977. *Biogeographie und Raumbewertung;* Darmstadt.

MÜLLER, WERNER

1984. *Die Rede des Häuptlings Seattle eine Fälschung?* Ein Interview. In: Greenpeace-Nachrichten. Nr. V. 4. Jg. S. 24–31.

MÜLLER-BECK, HANSJÜRGEN

1983. *Die späte Mittelsteinzeit.* In: Ders. (Hrsg.): Urgeschichte in Baden-Württemberg; Stuttgart. S. 393–404.

MÜLLER-KARPE, HERMANN

1976. *Geschichte der Steinzeit;* 2. durchges. u. erg. Aufl. München.

MUSCHG, ADOLF

1981. *Literatur als Therapie?* Ein Exkurs über das Heilsame und das Unheilbare. Frankfurter Vorlesungen; Frankfurt.

1981. *Die Tücke des verbesserten Objekts;* Bern.

1985. *‚Im Wasser Flamme'* Goethes grüne Wissenschaft (Abhdl. d. Klasse d. Lit./Akad. d. Wiss. u. d. Lit., Jg. 1985, Nr. 4); Mainz, Stuttgart.

NADOLNY, STEN

1983. *Die Entdeckung der Langsamkeit.* Roman; München.

NEGEV, ABRAHAM (HRSG.)

1972. *Archäologisches Lexikon zur Bibel.* Bearb. v. J. Rehork; München, Wien, Zürich.

NEIDHARDT, FRIEDHELM

1988. *Selbststeuerung in der Forschungsförderung.* Das Gutachterwesen der DFG; Opladen.

NEUSÜSS, ARNHELM

1968. *Schwierigkeiten einer Soziologie des utopischen Denkens.* In: Ders. (Hrsg.): Utopie. Begriff und Phänomen des Utopischen; Neuwied, Berlin. S. 13–112.

NIEDERMANN, JOSEPH

1941. *Kultur.* Werden und Wandlungen des Begriffs und seiner Ersatzbegriffe von Cicero bis Herder (Biblioteca dell' ‚Archivum Romanicum' Serie I: Storia–Letteratura–Paleografia. Vol. 28°); Firenze.

Nietzsche, Friedrich
1966. *Jenseits von Gut und Böse.* Vorspiel einer Philosophie der Zukunft. Werke in sechs Bänden. Bd. IV; hrsg. v. K. Schlechta; 5. Aufl., München, Wien.
1966. *Menschliches, Allzumenschliches.* Ein Buch für freie Geister. Erster Band. In: Ders.: Werke in sechs Bänden. Bd. II; hrsg. v. K. Schlechta; 5. Aufl., München, Wien.

Nöldner, Wolfgang
1984. *Psychologie und Umweltprobleme.* Beiträge zur Entstehung umweltverantwortlichen Handelns aus psychologischer Sicht; Diss. Regensburg.

Novalis
1977. *Schriften.* Die Werke Friedrich von Hardenbergs. Bd. I: Das dichterische Werk; hrsg. v. P. Kluckholm u. R. Samuel; 3., nach den Handschr. erg., erw. u. verb. Aufl. in vier Bänden u. e. Begleitbd.; Stuttgart.

Obermeier, Otto-Peter
1988. *Zweck-Funktion-System.* Kritisch konstruktive Untersuchung zu Niklas Luhmanns Theoriekonzeptionen; Freiburg, München.

Oelmüller, Willi
1985. *Zum Begriff der Verantwortung und des politischen Handelns.* In: Hans Michael Baumgartner, Hansjürgen Staudinger (Hrsg.): Entmoralisierung der Wissenschaften? Physik und Chemie (Ethik der Wissenschaften. Bd. II); München. S. 110–115.
1988. *Philosophisches Orientierungwissen für unser Erkennen. Handeln und Erleiden.* In: Ders. (Hrsg.): Philosophie und Wissenschaft (Kolloquien zur Gegenwartsphilosophie. Bd. 11); Paderborn, München, Wien, Zürich. S. 79–92.
1989. *‚Der kritische Weg ist allein noch offen.'* Sechs Thesen zu alten und neuen Weisheitsvorstellungen. In: Ders. (Hrsg.): Philosophie und Weisheit (Kolloquien zur Gegenwartsphilosophie. Bd. 12); Paderborn, München, Wien, Zürich, erscheint voraussichtl. 1989.

Offe, Claus
1986. *Demokratie und ‚höhere Amoralität'.* Eine Erwiderung auf Niklas Luhmann. In: Der Traum der Vernunft. Vom Elend der Aufklärung. Eine Veranstaltung der Akademie der Künste, Berlin. Zweite Folge; Berlin. S. 218–232.

Oppitz, Michael
1981. *Schamanen, Hexen, Ethnographen.* In: Der Wissenschaftler und das Irrationale. Bd. 1: Beiträge aus Ethnologie und Anthropologie; hrsg. v. H. P. Duerr; Frankfurt. S. 37–59.

Ortega y Gasset, José
1978. *Betrachtungen über die Technik (1933).* In: Gesammelte Werke. Bd. IV; Stuttgart. S. 7–69.

ORTH, ERNST WOLFGANG
1976. *Externe Bestimmung der Geisteswissenschaften?* In: Kurt Hübner, Nikolaus Lobkowicz, u.a. (Hrsg.): Die politische Herausforderung der Wissenschaft. Gegen eine ideologisch verplante Forschung; Hamburg. S. 111–124.

OTT, JÖRG A.
1985. *Ökologie und Evolution.* In: Jörg A. Ott, Günter P. Wagner, Franz M. Wuketits (Hrsg.): Evolution, Ordnung und Erkenntnis; Berlin, Hamburg. S. 47–68.

OTTO, RUDOLF
1917. *Das Heilige;* München.

1932. *Das Gefühl des Überweltlichen (Sensus Numinis).* Aufsätze das Numinose betreffend; 5./6. Aufl., München.

PAETZOLD, HEINZ
1983. *Ästhetik des deutschen Idealismus.* Zur Idee ästhetischer Rationalität bei Baumgarten, Kant, Schelling, Hegel und Schopenhauer; Wiesbaden.

PATZIG, GÜNTHER
1983. *Ökologische Ethik — innerhalb der Grenzen bloßer Vernunft.* (Vortragsr. d. Nieders. Landesreg. z. Förd. d. wiss. Forschg. in Nieders. Heft 64); Göttingen.

PAUL, JEAN
1815. *Vorschule der Ästhetik nebst einigen Vorlesungen in Leipzig über die Parteyen der Zeit.* Zweiter Bd.; Wien.

PEDERSEN, JOHANNES
1972. *Kanaanäische Religion.* In: Handbuch der Religionsgeschichte. Bd. 2; hrsg. v. J. P. Asmussen u.a.; Göttingen.

PEKING RUNDSCHAU
1974. Zit. n.: Frankf. Allg. Ztg. Nr. 74, v. 28. März. S. 2.

PFLUG, WOLFRAM
1981. *Dürfen Naturschutz und Landschaftspflege Fachplanung für den Nutzungsanspruch Erholung sein?* (Analyse und Fortentwicklung des neuen Naturschutzrechts in der Bundesrepublik Deutschland. Schriftenreihe des Deutschen Rates für Landespflege. Heft 36); Bonn. S. 561–563.

PIANKA, ERIC R.
1980. *Konkurrenz und Theorie der ökologischen Nische.* In: R. M. May (Hrsg.): Theoretische Ökologie. Übers. v. O. Hoffrichter u. K. P. Sauer; Weinheim, Basel. S. 105–128.

PICO DELLA MIRANDOLA, GIOVANNI
1968. *De dignitate hominis.* Lat. u. Dtsch., übers. v. H. H. Reich (Respublica Literaria. Studienreihe zur Europäischen Bildungstradition vom Humanismus bis zur Romantik. Bd. 1); Berlin, Zürich.

PIEPMEIER, RAINER
1980 *‚Landschaft'.* In: Hist. Wörterb. d. Phil. Bd. V; hrsg. v. J. Ritter u. K. Gründer; Basel, Stuttgart. Sp. 15–28.

1984. *Religionsbegriff und Vernunftbegriff.* In: Willi Oelmüller (Hrsg.): Kolloquium Religion und Philosophie. Bd. 1: Wiederkehr von Religion? Perspektiven, Argumente, Fragen; Paderborn, München, Wien, Zürich. S. 74–92.

1986. *Utopie: Phantasie und Erinnerung.* In: Utopia. Ref. u. Texte d. 6. Int. Symp. 1984; hrsg. v. d. Griech. Humanist. Ges.; Athen. S. 69–86.

PLATON

1956. *Protagoras.* Übers. u. erl. v. O. Apelt; 3. neubearb. Aufl. Hamburg.

PLESSNER, HELMUTH

1980. *Anthropologie der Sinne (1970).* In: Ges. Schr. Bd. III: Anthropologie der Sinne; hrsg. v. G. Dux, O. Marquard u. E. Ströker; Frankfurt. S. 317–394.

1981. *Die Stufen des Organischen und der Mensch.* Einleitung in die philosophische Anthropologie. Ges. Schr. Bd. IV: Die Stufen des Organischen und der Mensch; hrsg. v. G. Dux, O. Marquard u. E. Ströker; Frankfurt.

1981. *Macht und menschliche Natur. Ein Versuch zur Anthropologie der geschichtlichen Weltansicht (1931).* In: Ges. Schr. Bd. V: Macht und Menschliche Natur; hrsg. v. G. Dux, O. Marquard u. E. Ströker; Frankfurt. S. 135–234.

1983. *Die Aufgabe der philosophischen Anthropologie (1937).* In: Ges. Schr. Bd. VIII: Conditio humana; hrsg. v. G. Dux, O. Marquard u. E. Ströker; Frankfurt. S. 33–51.

1983. *Zur Anthropologie der Sprache (1975).* In: Ges. Schr. Bd. VIII: Conditio humana; hrsg. v. G.Dux, O.Marquard u. E.Ströker; Frankfurt. S. 400–408.

1983. *Der Aussagewert einer Philosophischen Anthropologie (1973).* In: Ges. Schr. Bd. VIII: Conditio humana; hrsg. v. G. Dux, O. Marquard u. E. Ströker; Frankfurt. S. 380–399.

1983. *Die Frage nach der Conditio humana (1961).* In: Ges. Schr. Bd. VIII: Conditio humana; hrsg. v. G. Dux, O. Marquard u. E. Ströker; Frankfurt. S. 136–217.

PÖGGELER, OTTO

1987. *Die Ethik vor der Zukunftsperspektive.* In: Die Sicherheit technischer Systeme. Akademie–Forum der Rhein.-Westf. Akad. d. Wiss. 4 (Vorträge. Rhein-Westf. Akad. d. Wiss.: Natur-, Ingenieur- und Wirtschaftswiss. N 351); Opladen. S. 67–72.

POKORNY, JULIUS

1959. *Indogermanisches etymologisches Wörterbuch.* Bd. I; Bern, München.

PORTMANN, ADOLF

1951. *Biologische Fragmente zu einer Lehre vom Menschen;* 2. erw. Aufl., Basel.

1950. *Zoologie und das neue Bild vom Menschen.* Biologische Fragmente zu einer Lehre vom Menschen; 2. Aufl., Basel.

1982. *Das Ursprungsproblem.* In: Biologie und Geist; 3. Aufl., Frankfurt. S. 50–72.

1982. *Der naturforschende Mensch.* In: Biologie und Geist; 3. Aufl., Frankfurt. S. 73–95.

VAN DER POT, JOHAN HENDRIK JACOB
1985. *Die Bewertung des technischen Fortschritts.* Eine systematische Übersicht der Theorien. Zwei Bde.; Assen, Maastricht.

PRIGOGINE, ILYA; ISABELLE STENGERS
1981. *Dialog mit der Natur.* Neue Wege naturwissenschaftlichen Denkens. Übers. v. F. Griese; 2. Aufl., München, Zürich.

PROTAGORAS
1935. *Fragment 18.* In: Die Vorsokratiker. Die Fragmente und Quellenberichte. Übers. u. eingel. v. W. Capelle; Leipzig.

V. PÜCKLER-MUSKAU, HERMANN FÜRST
1977. *Andeutungen über Landschaftsgärtnerei, verbunden mit der Beschreibung ihrer praktischen Anwendung in Muskau;* Stuttgart.

RAABE, WILHELM
1970. *Pfisters Mühle.* In: Sämtliche Werke. Bd. XVI; hrsg. v. K. Hoppe; 2. Aufl., Göttingen.

RADNITZKY, GERHARD
1987. *Erkenntnistheoretische Probleme im Lichte von Evolutionstheorie und Ökonomie: Die Entwicklung von Erkenntnisapparaten und epistischen Ressourcen.* In: Rupert Riedl, Franz M. Wuketits (Hrsg.): Die Evolutionäre Erkenntnistheorie. Bedingungen, Lösungen, Kontroversen; Berlin, Hamburg. S. 115–132.

RATZEL, FRIEDRICH
1904. *Über Naturschilderung;* München, Berlin.

RAULET, GÉRARD
1986. *Gehemmte Zukunft.* Zur gegenwärtigen Krise der Emanzipation; Darmstadt, Neuwied.

REHBINDER, ECKARD, U.A.
1972. *Bürgerklage im Umweltrecht;* (Beiträge zur Umweltgestaltung A 4); Berlin.

REICHELT, HELMUT (HRSG.)
1972. *Texte zur Interpretation der ‚Rechtsphilosophie‘* In: Georg Wilhelm Friedrich Hegel: Grundlinien der Philosophie des Rechts; Frankfurt, Berlin, Wien. S. 697–725.

RICKEN, FRIEDO
1987. *Anthropozentrismus oder Biozentrismus? Begründungsprobleme der ökologischen Ethik.* In: Theologie und Philosophie. Vierteljahresschrift. 62. Jg. (1); Freiburg, Basel, Wien.

RIEHL, WILHELM HEINRICH
1861. *Die Naturgeschichte des Volkes als Grundlage einer deutschen Social-Politik.* Bd. I: Land und Leute; 5. Aufl., Stuttgart.
1862. *Das landschaftliche Auge (1850).* In: Culturstudien aus drei Jahrhunderten; Stuttgart. S. 57–79.

RILKE, RAINER MARIA
1952. *Worpswede.* Monographie einer Landschaft und ihrer Maler; Bremen.

1957. *Der Magier.* In: Sämtl. Werke. Zweiter Bd.: Gedichte. Zweiter Teil; hrsg. v. Rilke-Archiv. In Verb. m. R. Sieber-Rilke, bes. d. E. Zinn; Wiesbaden. S. 150.

RITTER, JOACHIM
1971. *‚Ästhetik'.* In: Hist. Wörterb. d. Phil. Bd. I; hrsg. v. J. Ritter; Basel, Stuttgart. Sp. 555–580.

1980. *Landschaft (1963).* Zur Funktion des Ästhetischen in der modernen Gesellschaft. In: Subjektivität. Sechs Aufsätze. Frankfurt. S. 141–163.

1980. *Über den Sinn und die Grenze der Lehre vom Menschen (1933).* In: Subjektivität. Sechs Aufsätze; Frankfurt. S. 36–61.

ROPOHL, GÜNTER
1981. *Technik als Gegennatur.* In: Der Mensch und die Wissenschaften vom Menschen. Die Beitr. d. XII. Dtsch. Kongr. f. Phil. in Innsbruck v. 29. Sept. bis 3. Okt. 1981. Bd. I: Anthropologie der Gegenwart; hrsg. v. G. Frey und J. Zelger; Innsbruck. S. 99–114.

ROTHACKER, ERICH
1975. *Philosophische Anthropologie;* 4. Aufl., Bonn.

ROUSSEAU, JEAN-JACQUES
1955. *Bekenntnisse.* Ungek. Ausg. übertr. v. E. Hardt; 3. Aufl., Leipzig.

1983. *Emil oder Über die Erziehung.* Vollst. Ausg.; 6. Aufl., Paderborn, München, Wien, Zürich.

RÜHMKORF, PETER
1976. *Gesammelte Gedichte;* Hamburg.

1979. *Haltbar bis Ende 1999.* Gedichte; Hamburg.

SAHLINS, MARSHALL
1981. *Kultur und praktische Vernunft.* Übers. von B. Luchesi; Frankfurt.

SANDERS, DANIEL
1860. *Wörterbuch der Deutschen Sprache.* Mit Belegen von Luther bis auf die Gegenwart. Bd. 1; Leipzig.

SCHELER, MAX
1983. *Die Stellung des Menschen im Kosmos;* 10. Aufl., Bern, München.

SCHELLONG, SEBASTIAN
1990. *Künstliche Beatmung.* Strukturgeschichte eines ethischen Dilemmas. Medizin-Ethik Bd. 2; Stuttgart 1991.

SCHILLER, FRIEDRICH
1958. *Über den Gartenkalender auf das Jahr 1795.* In: Werke. Bd. 22: Vermischte Schriften; hrsg. v. H. Meyer; Weimar. S. 285–292.

1962. *Ueber die ästhetische Erziehung des Menschen in einer Reihe von Briefen.* In: Werke. Bd. 20: Philosophische Schriften. Erster Teil; hrsg. v. B. v. Wiese; Weimar. S. 309–412.

1980. *Die Braut von Messina.* In: Werke. Bd. 10; hrsg. v. S. Seidel; Weimar.

SCHIRMACHER, WOLFGANG

1983. *Technik und Gelassenheit.* Zeitkritik nach Heidegger; Freiburg, München.

SCHMID, RUDOLF

1876. *Die Darwin'schen Theorien und ihre Stellung zur Philosophie, Religion und Moral;* Stuttgart.

SCHMIDT, JENS-UWE

1986. *Adressat und Paraineseform.* Zur Intention von Hesiods ‚Werken und Tagen' (Hypomnemata. Untersuchungen zur Antike und zu ihrem Nachleben. Heft 86); Göttingen.

SCHNÄDELBACH

1987. *Dialektik und Diskurs.* In: Vernunft und Geschichte. Vorträge und Abhandlungen; Frankfurt. S. 151–176.

1987. *Dialektik als Vernunftkritik.* Zur Konstruktion des Rationalen bei Adorno. In: Vernunft und Geschichte. Vorträge und Abhandlungen; Frankfurt. S. 179–206.

SCHOPENHAUER, ARTHUR

1977. *Die Welt als Wille und Vorstellung.* Erster Teilbd. Zürcher Ausgabe. Werke in zehn Bänden. Bd. I; Zürich.

SCHOTT, SIEGFRIED

1945. *Mythe und Mythenbildung im alten Ägypten.* (Untersuchungen zur Geschichte und Altertumskunde Ägyptens. Bd. 15); Leipzig.

SCHUA, LEOPOLD U. ROMA

1981. *Wasser. Lebenselement und Umwelt.* Die Geschichte des Gewässerschutzes in ihrem Entwicklungsgang dargest. u. dok. (Orbis Academicus. Problemgeschichte von Naturschutz, Landschaftspflege u. Humanökologie. Sonderbd. 2/4); Freiburg, München.

SCHULZ, CARL

1926. *Der Naturschutz und die Tierwelt.* In: Walther Schoenichen (Hrsg.): Wege zum Naturschutz; Breslau. S. 98–119.

SCHWEMMER, OSWALD

1986. *Die Bildung der Vernunft aus der Erfahrung.* Zu den anthropologischen Grundlagen der Ethik. In: Ethische Untersuchungen. Rückfragen zu einigen Grundbegriffen; Frankfurt. S. 33–53.

SCHWEPPENHÄUSER, HERMANN

1972. *Mythisches und historisches Katastrophenbewußtsein.* In: Tractanda. Beiträge zur kritischen Theorie der Kultur und Gesellschaft; Frankfurt. S. 118–130.

SEIFERT, FRIEDRICH

1934. *Zum Verständnis der anthropologischen Wende in der Philosophie.* In: Blätter f. Dtsch. Phil. Bd. 8 (6); Berlin 1934/35. S. 393–410.

SERVICE, ELMAN R.

1977. *Ursprünge des Staates und der Zivilisation.* Der Prozeß der kulturellen Evolution. Übers. v. H. Fliessbach; Frankfurt.

SHORTER, EDWARD

1986. *Die große Umwälzung in den Mutter-Kind-Beziehungen vom 18. bis zum 20. Jahrhundert.* In: Jochen Martin, Thomas Nipperdey (Hrsg.): Zur Sozialgeschichte der Kindheit. (Veröffentl. d. Inst. f. Histor. Anthropologie e. V. Bd. 4: Kindheit, Jugend, Familie II); München. S. 503–524.

SIEP, LUDWIG

1987. *Macht ohne Maß?* Medizinische Technik und der Ruf nach Ethik. In: Frankf. Allg. Ztg. Nr. 48, v. 26. Febr. S. 25.

SIMMEL, GEORG

1957. *Philosophie der Landschaft.* In: Brücke und Tür. Essays des Philosophen zur Geschichte, Religion, Kunst und Gesellschaft. Im Verein mit M. Susmann hrsg. v. M. Landmann; Stuttgart. S. 141–152.

SLOTERDIJK, PETER

1983. *Kritik der zynischen Vernunft.* Zwei Bde; Frankfurt.

1985. *Der Zauberbaum.* Die Entstehung der Psychoanalyse im Jahr 1785. Epischer Versuch zur Philosophie der Psychologie; Frankfurt.

SPAEMANN, ROBERT, LÖW, REINHARD

1981. *Die Frage Wozu?* Geschichte und Wiederentdeckung des teleologischen Denkens; München, Zürich.

STAHL, DIETRICH

1979. *Wild. Lebendige Umwelt.* Probleme von Jagd, Tierschutz u. Ökologie geschichtl. dargest. u. dok. (Orbis Academicus. Problemgeschichte von Naturschutz, Landschaftspflege und Humanökologie. Sonderbd. 2/2); Freiburg, München.

STARCK, DIETRICH

1965. *Die Neencephalisation.* In: Gerhard Heberer (Hrsg.): Menschliche Abstammungslehre. Fortschritte der ‚Anthropogenie' 1863–1864; Stuttgart. S. 103–144.

STEGMÜLLER, WOLFGANG

1985. *Evolutionäre Erkenntnistheorie, Realismus und Wissenschaftstheorie.* In: Robert Spaemann, Peter Koslowski, Reinhard Löw (Hrsg.): Evolutionstheorie und menschliches Selbstverständnis. Zur philosophischen Kritik eines Paradigmas moderner Wissenschaft (CIVITAS. Resultate. Bd. 6); Weinheim. S. 5–35.

STICHWEH, RUDOLF

1987. *Die Autopoiesis der Wissenschaft.* In: Theorie als Passion. Festschrift zum 60. Geburtstag v. Niklas Luhmann; hrsg. v. D. Baecker, J. Markowitz, u.a.; Frankfurt.

THIENEMANN, AUGUST

1955. *Die Binnengewässer in Natur und Kultur;* Berlin, Göttingen, Heidelberg.

TIECK, LUDWIG

1972. *Der Jahrmarkt.* In: Werke in 4 Bänden. Bd. III: Novellen; Darmstadt. S. 625–754.

TISCHLER, WOLFGANG
1984. *Einführung in die Ökologie;* 3. stark veränd. u. erw. Aufl., Stuttgart, New York.

TONELLI, G.
1972. *‚Erhaben, das Erhabene'.* In: Hist. Wörterb. d. Phil. Bd. II; hrsg. v. J. Ritter; Basel, Stuttgart. Sp. 626–627.

TREPL, LUDWIG
1983. *Ökologie — Eine grüne Leitwissenschaft?* Über Grenzen und Perspektiven einer modischen Disziplin. In: Kursbuch 74; Berlin, Dez. S. 6–27.
1987. *Geschichte der Ökologie.* Vom 17. Jahrhundert bis zur Gegenwart. Zehn Vorlesungen; Frankfurt.

TRIER, JOST
1941. *First. Über die Stellung des Zauns im Denken der Vorzeit.* In: Nachrichten aus der neueren Philologie und Literaturgeschichte. Bd. 3. 1940–41 (Nachr. v. d. Akad. d. Wiss. z. Göttingen, Phil.-Hist. Kl., N. F. Fachgr. IV); Göttingen. S. 55–137.

UERPMANN, HANS-PETER
1983. *Die Anfänge von Tierhaltung und Pflanzenbau.* In: Hansjürgen Müller-Beck (Hrsg.): Urgeschichte in Baden-Württemberg; Stuttgart. S. 405–428.

VON UEXKÜLL, JACOB
1909. *Umwelt und Innenwelt der Tiere;* Berlin.

VON UEXKÜLL, JACOB; KRISZAT, GEORG
1970. *Streifzüge durch die Umwelten von Tieren und Menschen.* Ein Bilderbuch unsichtbarer Welten. Bedeutungslehre; Frankfurt.

VICO, GIAMBATTISTA
1924. *Die Neue Wissenschaft über die gemeinschaftliche Natur der Völker.* Übers. v. E. Auerbach; München.

VOLLBRECHT, RALF
1983. *Die Entstehung der modernen Familie.* Umrisse einer Theorie der Privatheit; München.

VOLLMER, GERHARD
1985. *Kant und die Evolutionäre Erkenntnistheorie.* In: Was können wir wissen? Bd. 1: Die Natur der Erkenntnis. Beiträge zur Evolutionären Erkenntnistheorie; Stuttgart. S. 166–216.

VOSSENKUHL, WILHELM
1983. *Moralische und nicht-moralische Bedingungen verantwortlichen Handelns: Eine ethische und handlungstheoretische Analyse.* In: Hans Michael Baumgartner, Albin Eser (Hrsg.): Schuld und Verantwortung. Philosophische und juristische Beiträge zur Zurechenbarkeit menschlichen Handelns; Tübingen. S. 109–140.

WAHRIG, GERHARD
1980. *Deutsches Wörterbuch;* überarb. Neuausg., Gütersloh.

WEBER, ALFRED
1950. *Kulturgeschichte als Kultursoziologie;* 2. erw. Aufl., München.

WEBER, MAX
1968. *Die drei reinen Typen der legitimen Herrschaft.* In: Gesammelte Aufsätze zur Wissenschaftslehre; hrsg. v. J. Winckelmann; 3. erw. u. verb. Aufl., Tübingen. S. 475–488.

WEDEWER, ROLF
1984. *Landschaftsmalerei zwischen Traum und Wirklichkeit.* Idylle und Konflikt; 3. Aufl., Köln.

WEIß, JOHANNES
1971. *Weltverlust und Subjektivität.* Zur Kritik der Institutionenlehre Arnold Gehlens; Freiburg.

WHEATLEY, PAUL
1971. *The Pivot of the Four Quarters: A Preliminary Inquiry into the Origins and Character of the Ancient Chinese City;* Chicago.

WICKLER, WOLFGANG
1968. *Mimikry.* Nachahmung und Täuschung in der Natur; München.

WITTVOGEL, KARL AUGUST
1962. *Die orientalische Despotie.* Eine vergleichende Untersuchung totaler Macht. Übers. v. F. Kool; Köln, Berlin.

WOLF, CHRISTA
1983. *Kassandra.* Erzählung; 2. Aufl., Darmstadt, Neuwied.

1983. *Voraussetzungen einer Erzählung: Kassandra.* Frankfurter Poetik–Vorlesungen; Darmstadt, Neuwied.

1987. *Störfall.* Nachrichten eines Tages; 6. Aufl., Darmstadt, Neuwied.

XENOPHANES
1935. *Fragment 45.* In: Die Vorsokratiker. Die Fragmente und Quellenberichte. Übers. u. eingel. v. Wilhelm Capelle; Leipzig.

ZEMB, JEAN MARIE
1974. *Modell und Realität – Epistemologische Fragmente zum Modelldenken.* In: Grenzen der Menschheit; Hamburg. S. 47–57.

ZIMMERMANN, JÖRG
1982. *Zur Geschichte des ästhetischen Naturbegriffs.* In: Ders. (Hrsg.): Das Naturbild des Menschen; München. S. 118–154.

Personenregister

Stichwortverzeichnis

GPSR Compliance

The European Union's (EU) General Product Safety Regulation (GPSR) is a set of rules that requires consumer products to be safe and our obligations to ensure this.

If you have any concerns about our products, you can contact us on ProductSafety@springernature.com

In case Publisher is established outside the EU, the EU authorized representative is:

Springer Nature Customer Service Center GmbH
Europaplatz 3
69115 Heidelberg, Germany

Batch number: 10809468

Printed by Printforce, the Netherlands